UTB 1249

W0072818

Eine Arbeitsgemeinschaft der Verlage

Beltz Verlag Weinheim · Basel · Berlin
Böhlau Verlag Köln · Weimar · Wien
Wilhelm Fink Verlag München
A. Francke Verlag Tübingen und Basel
Haupt Verlag Bern · Stuttgart · Wien
Lucius & Lucius Verlagsgesellschaft Stuttgart
Mohr Siebeck Tübingen
C. F. Müller Verlag Heidelberg
Ernst Reinhardt Verlag München und Basel
Ferdinand Schöningh Verlag Paderborn · München · Wien · Zürich
Eugen Ulmer Verlag Stuttgart
UKV Verlagsgesellschaft Konstanz
Vandenhoeck & Ruprecht Göttingen
Verlag Recht und Wirtschaft · Heidelberg
VS Verlag für Sozialwissenschaften Wiesbaden
WUV Facultas · Wien

Jürgen Bähr

Bevölkerungsgeographie

4., aktualisierte und überarbeitete Auflage

83 Abbildungen
35 Tabellen

Verlag Eugen Ulmer Stuttgart

Prof. Dr. Jürgen Bähr, geb. 1940 in Kassel, Studium der Geographie und Mathematik an der Universität Marburg/Lahn, Staatsexamen f. d. höhere Lehramt und Promotion 1967 (Marburg/L.), Habilitation 1973 (Bonn). Lehrtätigkeit an den Universitäten Bonn, Mannheim, Kiel, Innsbruck und Santiago de Chile. Zahlreiche Forschungsreisen in das südliche Afrika und nach Lateinamerika. Seit 1977 o. Professor der Geographie an der Christian-Albrechts-Universität zu Kiel.

Bibliografische Information der Deutschen Bibliothek

Die Deutsche Bibliothek verzeichnet diese Publikation in der Deutschen Nationalbibliografie; detaillierte bibliografische Daten sind im Internet über http://dnb.ddb.de abrufbar.

ISBN 3-8001-2817-9 (Ulmer)
ISBN 3-8252-1249-1 (UTB)

© 1983, 2004 Verlag Eugen Ulmer GmbH & Co.
Wollgrasweg 41, 70599 Stuttgart (Hohenheim)
E-Mail: info@ulmer.de · Internet: www.ulmer.de
Lektorat: Dr. Nadja Kneissler
Herstellung: Otmar Schwerdt
Grafiken: Petra Sinuraya
Umschlagentwurf: Atelier Reichert, Stuttgart
Satz: U+U, Ludwigsburg
Druck: Gutmann, Talheim
Bindung: Dollinger, Metzingen
Printed in Germany

ISBN 3-8252-1249-1 (UTB-Bestellnummer)

Inhaltsverzeichnis

1 Einleitung

1.1 Grundfragen der Bevölkerungsforschung

Seit den 1970er Jahren hat das Interesse an Bevölkerungsfragen in Wissenschaft und Öffentlichkeit erheblich zugenommen. Dies kommt beispielsweise darin zum Ausdruck, dass die Bundesregierung im Jahre 1973 ein „Bundesinstitut für Bevölkerungsforschung" einrichtete, das sich u. a. der wissenschaftlichen Forschung über Bevölkerungs- und damit zusammenhängenden Familienfragen und der Beratung der Bundesregierung auf diesem Gebiet widmen soll. Die Gründung des Max-Planck-Instituts für Demographie in Rostock (1996) bildete eine weitere Verstärkung der bevölkerungsbezogenen Forschung.

Auf internationaler Ebene erklärten die Vereinten Nationen das Jahr 1974 zum „Weltbevölkerungsjahr" und luden zu einer internationalen Konferenz nach Bukarest ein, auf der vor allem die mit dem raschen Wachstum der Weltbevölkerung verbundenen Probleme erörtert wurden. Weitere Konferenzen folgten 1984 in Mexiko-Stadt und 1994 als „Internationale Konferenz für Bevölkerung und Entwicklung" in Kairo. Die neue Bezeichnung bedeutet zugleich eine gewandelte Perspektive, indem Bevölkerungsfragen nicht mehr isoliert betrachtet, sondern in umfassendere Entwicklungskonzepte eingeordnet werden. Allerdings sind dadurch die Diskussionen noch kontroverser geworden, sodass es zwar 1999 in New York eine Konferenz „Kairo + 5" gegeben hat, man sich aber nicht auf eine große Folge-Konferenz im Jahre 2004 verständigen konnte.

Einige häufig diskutierte, zentrale Themenkreise der Bevölkerungsforschung seien zur Einführung kurz angesprochen und thesenartig zusammengefasst; sie aus geographischer Sicht genauer zu analysieren und mit regionalen Beispielen in verschiedenen Betrachtungsmaßstäben zu belegen, ist das Hauptanliegen der folgenden Kapitel.

– Die Bevölkerung ist höchst ungleich über die Erde verteilt. Ausgesprochenen Dichtezentren stehen sehr dünn besiedelte und weitgehend unerschlossene Gebiete gegenüber. Ein solcher Gegensatz tritt nicht nur in weltweiter Perspektive in Erscheinung, sondern wiederholt sich sehr oft innerhalb einzelner Staaten oder Regionen. In einigen Teilräumen unserer Erde leben heute schon so viele Menschen, dass man angesichts einer besorgniserregenden Ernährungssituation bereits von „Übervölkerung" spricht und verstärkt die Frage nach der Tragfähigkeit der verschiedenen menschlichen Lebensräume stellt.

– Die seit jeher ungleiche räumliche Verteilung der Bevölkerung wird durch eine rasch fortschreitende Verstädterung noch verstärkt. Während um 1800 nur etwa 3% der Weltbevölkerung in städtischen Siedlungen der verschiedenen Größenordnungen wohnte, sind es heute knapp 50%, sodass schon in naher Zukunft mehr Menschen in Städten als auf dem Land leben werden. In vielen Staaten der Dritten Welt wird das schnelle Wachstum der großen Ballungszentren nicht zuletzt deshalb zu einem Problem, weil es unabhängig von einer entsprechenden Industrialisierung verläuft und daher die Zahl der neu geschaffenen Arbeitsplätze nicht mit der Bevölkerungszunahme Schritt halten kann. Ganz anders sieht indes die Situation in den hoch entwickelten Staaten aus. Hier ist fast überall eine Stagnation oder sogar ein Rückgang der Bevölkerung in den Kernstädten der Verdichtungsräume zu beobachten, und es wird eher diskutiert, wie man den Verdrängungsprozessen entgegenwirken und die Attraktivität städtischer Wohnstandorte steigern kann.

– Die Bevölkerungszusammensetzung einzelner Länder und Regionen nach demographischen, wirtschaftlichen, sozialen, aber auch rassisch-ethnischen, sprachlichen und religiösen Merkmalen zeichnet sich zum Teil durch extrem einseitige räumliche Strukturen aus. In weltweiter Betrachtung kommt das z. B. im Gegensatz zwischen der „Jugendlichkeit" der Bevölkerung in allen Entwicklungsländern und einer „Überalterung" in den meisten Industriestaaten zum Ausdruck. Unmittelbare Probleme für das Zusammenleben der Menschen resultieren jedoch vorwiegend aus kleinräumigen Segregationserscheinungen, sei es die Konzentration bestimmter Bevölkerungsgruppen in Teilräumen eines Staates oder in einzelnen Stadtvierteln. Hingewiesen sei hier nur auf die Slums und Ghettos in US-amerikanischen Ballungsgebieten, auf die „Gastarbeiterviertel" deutscher Großstädte oder auf die ausgedehnten Hüttensiedlungen an der Peripherie der Metropolen in den meisten Staaten der Dritten Welt.

– Seit etwa 50 Jahren hat sich das Wachstum der Weltbevölkerung außerordentlich beschleunigt. Die globale Progressionsrate, die jahrhundertelang nur sehr langsam angestiegen war und noch im 19. Jh. unter einem halben Prozent lag, beträgt heute etwa 1,3% pro Jahr. Hinter diesem Durchschnittswert verbergen sich jedoch auffällige regionale Unterschiede. Während in einzelnen Entwicklungsländern die jährliche Bevölkerungszunahme 3% übersteigt, stagnieren die Einwohnerzahlen in vielen Industriestaaten oder gehen sogar zurück. In der Bundesrepublik Deutschland und anderen europäischen Staaten hat die Zahl der Geburten seit mehr als drei Jahrzehnten derartig schnell abgenommen, dass vielerorts schon die Frage gestellt wird, inwieweit die Europäer bzw. einzelne Nationen vom „Aussterben" bedroht sind. Rasches Bevölkerungswachstum einerseits und zurückgehende Geburtenzahlen andererseits führten zu einer intensiven Diskussion über die Ursachen dieser Prozesse und die Möglichkeiten und Grenzen einer staatlichen Bevölkerungspolitik.

– Auf regionaler Ebene werden Bevölkerungszahl und Bevölkerungszunahme meist weniger durch Unterschiede der natürlichen Bevölkerungsbewegung, d. h. der Differenz zwischen Geburten und Sterbefällen, sondern durch Wanderungsvorgänge bestimmt. Wenn auch Wanderungen über Staatsgrenzen hinweg heute anders als im 19. und beginnenden 20. Jh. überall durch Gesetze und Verordnungen eingeschränkt werden, so sehen sich doch die meisten Industriestaaten einem wachsenden Zustrom von Ausländern ausgesetzt, die vielfach illegal oder als Asylsuchende in die jeweiligen Länder kommen. Mit dem Wirksamwerden der Reisefreiheit in Osteuropa und der Erweiterung der Europäischen Union sind weitere zwischenstaatliche Bevölkerungsverlagerungen zu erwarten. Trotz allem haben in der Regel Binnenwanderungen für die Bevölkerungsentwicklung von Teilräumen einzelner Staaten eine größere Bedeutung als internationale Migrationen. Richtung und Stärke der einzelnen Wanderungsströme können regional aber sehr verschieden sein. Während sich in den meisten Ländern Asiens, Afrikas und Lateinamerikas die Regierungen darum bemühen, der Landflucht mit all ihren negativen Begleiterscheinungen entgegenzuwirken, sind es in den hoch entwickelten Staaten eher Fragen der Suburbanisierung und der Zersiedlung des ländlichen Raumes, mit denen sich Stadt- und Regionalplaner auseinander zu setzen haben.

1.2 Entwicklung, Inhalt und Stellung der Bevölkerungsgeographie

Die zunehmende Aufmerksamkeit, die heute Fragen der Bevölkerungsverteilung, der Bevölkerungsstruktur und der Bevölkerungsdynamik nicht nur in der öffentlichen Diskussion, sondern auch in der wissenschaftlichen Forschung erfahren, steht in auffälligem Gegensatz zu einer langjährigen Vernachlässigung demographischer Sachverhalte in allen Sozial-, Wirtschafts- und Gesellschaftswissenschaften (WRIGLEY 1965, S. 62). THOMAS ROBERT MALTHUS löste zwar schon vor gut 200 Jahren mit seinem berühmt gewordenen Essay „On the Principle of Population" (1798) eine lebhafte Auseinandersetzung um die Gesetzmäßigkeiten des Bevölkerungswachstums und der Möglichkeiten seiner Beeinflussung aus (vgl. PETERSEN 1999), seine Anregungen und Ideen sind jedoch in der Folgezeit kaum mehr beachtet worden, und die „Bevölkerung" blieb in der wissenschaftlichen Forschung eine Variable von sekundärer Bedeutung.

Speziell auf die Geographie bezogen, kommt TREWARTHA (1953) zu einem ähnlichen Ergebnis. Obwohl die Wurzeln der Bevölkerungsgeographie bis in die Mitte des vorigen Jahrhunderts zurückreichen, gehörte die Auseinandersetzung mit Fragen der Bevölkerungsverteilung und -struktur sowie der Bevölkerungsentwicklung in räumlicher Differenzierung lange Zeit nicht zu den zentralen Forschungsanliegen des Faches. Das gilt trotz des bedeutsamen Einflusses, den gerade deutsche Wissenschaftler auf die frühe Bevölkerungsgeographie ausgeübt haben, in besonderem Maße für die Situation in der Bundesrepublik Deutschland. Erst in den 1960er und 70er Jahren setzte ein allmählicher Wandel ein. 1980 erschien eine erste Einführung in das Gesamtgebiet der Bevölkerungsgeographie (KULS 1980), der innerhalb kurzer Zeit weitere Lehrbücher (BÄHR 1983; LEIB und MERTINS 1983; DE LANGE 1991; BÖRSCH 1993; HEINEBERG 2003, S. 49 ff.) und vor einem guten Jahrzehnt auch ein umfangreiches Handbuch (BÄHR u.a. 1992) folgten. Ergänzt werden die Lehrbücher seit kurzem durch den Teilband „Bevölkerung" des Nationalatlas der Bundesrepublik Deutschland (GANS und KEMPER 2001).

Zwar finden sich schon in den **Länder- und Reisebeschreibungen** früherer Jahrhunderte zahlreiche Hinweise auf die Bevölkerungszahl und die Bevölkerungszusammensetzung einzelner Regionen sowie auf die Lebensweise und den wirtschaftlichen und kulturellen Entwicklungsstand der dort lebenden Menschen, eine systematische Sammlung, Auswertung und kartographische Darstellung weltweiter Bevölkerungsdaten wurde aber erst seit Mitte des 19. Jh. betrieben. 1833 erarbeitete GEORGE J. D. P. SCROPE eine erste Karte der Weltbevölkerungsverteilung, und 1859 entwarf AUGUST PETERMANN eine „Skizze zur Übersicht der Bevölkerung in den verschiedenen Theilen der Erde". Seit 1866 enthalten die „Geographischen Jahrbücher" regelmäßige Zusammenstellungen zur Bevölkerungsstatistik, die ab 1872 von den jährlichen Berichten zur „Bevölkerung der Erde" in den Ergänzungsheften zu „Petermanns Geographische Mitteilungen" abgelöst wurden. Diese Tradition ist später von WITTHAUER (z. B. 1969) fortgesetzt worden.

Noch wesentlich länger dauerte es, bis durch FRIEDRICH RATZEL, den Begründer einer wissenschaftlichen Anthropogeographie, ein erstes **theoretisches und methodisches Grundgerüst** der Bevölkerungsgeographie gelegt wurde. Im Hauptwerk RATZELS, seiner „Anthropogeographie" aus dem Jahre 1891, nehmen Bevölkerungsverteilung und deren Erklärung einen wichtigen Platz ein. Dabei geht es RATZEL in erster Linie um die Analyse des Beziehungsgeflechtes zwischen Mensch und Umwelt. Bei aller Betonung der Prägung des Menschen durch Naturgegebenheiten hat RATZEL jedoch nie von direkten, kausalen Beziehungen zwischen Natur und Mensch im Sinne von Ursache und gesetzmäßiger Wirkung gesprochen, sondern auch die wirtschaftlichen und gesellschaftlichen Verhältnisse mit berücksichtigt, sodass der später vielfach erhobene Vorwurf eines einseitigen Naturdeterminismus in dieser Form sicher zu Unrecht besteht (vgl. BARTELS 1968, S. 127 ff.; THOMALE 1972, S. 22 ff.).

In der Auseinandersetzung mit dem RATZELschen Gedankengebäude entwickelten französische Geographen der Schule um VIDAL DE LA BLACHE die Lehre vom geographischen Possibilismus, in der der Mensch nicht mehr nur als Reagens auf seine Umwelt, sondern auch als aktiv eingreifendes Agens gesehen wird (THOMALE 1972, S. 42). Bei einem solchen Ansatz kommt naturgemäß Fragen der Bevölkerungsverteilung und der Bevölkerungsdichte, aber auch der Wanderungsbewegungen eine besondere Bedeutung zu. Einer der Leitbegriffe VIDAL DE LA BLACHES, das Konzept der Lebensformgruppe *(genre de vie)*, wurde später auch in die deutsche Geographie übertragen (BOBEK 1948).

Trotz einer solchen vom Menschen ausgehenden Betrachtungsweise haben sich daraus keine unmittelbaren Impulse für die weitere Ausformung der Bevölkerungsgeographie ergeben, weil man sich in der Folgezeit weniger der Bevölkerung selbst, sondern in erste Linie den **kulturlandschaftlichen Auswirkungen** menschlicher Aktivitäten zuwandte. So wird der Bevölkerungsgeographie von OTTO SCHLÜTER, dessen Konzept einer „Morphologie der Kulturlandschaft" zu Beginn des 20. Jh. die Ausrichtung der Anthropogeographie vor allem in Deutschland entscheidend bestimmte, ein nur sehr begrenztes Aufgabenfeld zugewiesen. Eine Durchsicht der 1940 erschienenen kritischen Bibliographie von DÖRRIES macht deutlich, dass sich die bevölkerungsgeographischen Forschungen der damaligen Zeit im Wesentlichen auf die räumlich quantitative Analyse von Bevölkerungsverteilung und -dichte beschränkten, wobei Fragen der kartographischen Darstellung eine große Rolle spielten. Die **Trag-fähigkeit** bzw. **Bonitierung** der Erde ist ein weiteres Problem, das sich in diesen thematischen Rahmen einordnen lässt, und das bis heute eher noch an Aktualität gewonnen hat. ALBRECHT PENCK hatte dazu entscheidende Anstöße gegeben und die damit verbundenen Fragen als das „Hauptproblem der physischen Anthropogeographie" gekennzeichnet (PENCK 1925). Allerdings endete die Diskussion um die räumliche Tragfähigkeit damals noch sehr häufig in der „Sackgasse des physisch-geographischen Determinismus", und die gesellschaftlichen und wirtschaftlichen Voraussetzungen und Kräfte wurden unterschätzt (SCHÖLLER 1970, S. 36).

Ebenfalls auf die 1920er Jahre gehen wichtige Grundlagen und Anregungen für eine kleinräumige Analyse der Bevölkerungs- und Sozialstruktur zurück. Die von der Chicagoer Soziologenschule um PARK, BURGESS und McKENZIE begründete „Humanökologie" hat namentlich die Ausrichtung der US-amerikanischen Geographie entscheidend beeinflusst und bereits 1923 HARLAN H. BARROWS dazu veranlasst, im Titel eines Aufsatzes von „Geography as Human Ecology" zu sprechen. In Deutschland wurde das **sozialökologische Konzept** und insbesondere das inzwischen entwickelte methodische Instrumentarium erst nach dem Zweiten Weltkrieg aufgegriffen und in die Geographie integriert.

Zwar hat sich in den 1930er Jahren in der deutschen Geographie eine „anthropogeographische Wende" (SCHULTZ 1980, S. 127) im Sinne einer völkisch variierten anthropozentrischen Sichtweise vollzogen, zentraler Bezugspunkt blieb aber auch weiterhin die Kulturlandschaft, die man als „völkische Tat", als „Spiegel einer völkischen Kultur" (SCHULTZ 1980, S. 205) sah, wobei eine enge Beziehung zwischen „Volk" und „Rasse" hergestellt wurde. Eine vom Menschen selbst ausgehende Betrachtung war damit nicht verbunden, und die von RÜHL schon 1938 erhobene Forderung, der Ausgangspunkt der Anthropogeographie könne nicht die Erdoberfläche, sondern nur der Mensch sein, hatte keine nachhaltigen Konsequenzen. So änderte sich auch an der eher **randlichen Stellung der Bevölkerungsgeographie** kaum etwas. Als deren Hauptfrage nannte HETTNER (1947 postum veröffentlicht, S. 295) „das Verhältnis der Bevölkerung zu ihrem Lebens- und Nahrungsspielraum oder, anders ausgedrückt, zur Bevölkerungskapazität des Landes".

Auch in der ersten Nachkriegszeit hat es in Deutschland, von wenigen Ausnahmen abgesehen, kaum Fortschritte in der bevölkerungsgeographischen Forschung gegeben. Erst Anstöße von außen, vornehmlich aus Frankreich und den Vereinigten Staaten, leiteten eine Wende ein. Diese Stagnation hatte im Wesentlichen zwei Gründe (KULS 1982, S. 1): Während der nationalsozialistischen Gewaltherrschaft stand die Bevölkerungswissenschaft wie kaum ein anderer Wissenschaftszweig unter dem Einfluss rassistischen Gedankengutes und einer menschenverachtenden Bevölkerungspolitik, wenn auch der Weg dazu schon vorher bereitet worden war. Jede Beschäftigung mit Bevölkerungsfragen war deshalb nach 1945 ideologisch belastet und wurde weitgehend gemieden. Im Falle der Bevölkerungsgeographie sind insbesondere Überlegungen zum Problem der Tragfähigkeit und Bevölkerungsdichte von den Nationalsozialisten zur „wissenschaftlichen" Begründung geopolitischer Doktrinen mißbraucht worden und haben zu einer Disqualifizierung der ganzen Fragestellung geführt (SCHÖLLER 1970, S. 37). Aber auch von der fachspezifischen Entwicklung in den

1950er und 60er Jahren sind wenig Impulse ausgegangen, denn nicht nur das Ganzheitskonzept der Landschaftsgeographie, sondern auch die Anthropozentrierung der Vorkriegszeit fanden in der spezifisch deutschen **Konzeption der Sozialgeographie** ihre Fortsetzung und Weiterentwicklung (SCHULTZ 1980, S. 237). Dabei kamen die Hauptvertreter der sozialgeographischen Richtung zu einer vollständigen Neuordnung des anthropogeographischen Systems (Abb. 1; RUPPERT und SCHAFFER 1969): Die objektbezogenen Teildisziplinen sind gänzlich aufgehoben, stattdessen treten sich überschneidende Funktionsfelder auf. Zwar gehören Teilaspekte der Grundfunktion „Sich fortpflanzen und in Gemeinschaft leben" zum Untersuchungsgegenstand der Bevölkerungsgeographie, insgesamt bildete sie aber unter sozialgeographischem Vorzeichen einen eher untergeordneten Forschungszweig (WIRTH 1977, S. 170 f.). Das hängt auch damit zusammen, dass sich die deutsche Sozialgeographie lange Zeit vor allem auf diejenigen sozialen Prozesse konzentrierte, die sich landschaftlich niederschlagen: Die Landschaft wurde als „Prozessfeld" gesehen, das die Aktivitäten verschiedener Sozialgruppen widerspiegelt. Mit Recht hat daher SCHYMIK (1980, S. 42) die damals weit verbreitete Auffassung, die Sozialgeographie habe den Aufgabenkreis der Bevölkerungsgeographie nahezu vollständig übernommen, kritisch hinterfragt.

Aus ganz anderen Gründen billigte man der Bevölkerungsgeographie auch in der **ehemaligen DDR** nur eine begrenzte Eigenständigkeit zu. Wie in anderen sozialistischen Ländern wurde sie dort der Ökonomischen Geographie zugeordnet, um dadurch zum Ausdruck zu bringen, dass die Gründe für räumlich unterschiedliche Bevölkerungsstrukturen nicht so sehr im Menschen selbst, sondern in erster Linie in den sozialen und wirtschaftlichen Bedingungen zu suchen sind (WEBER u. a. 1986, S. 15 ff.).

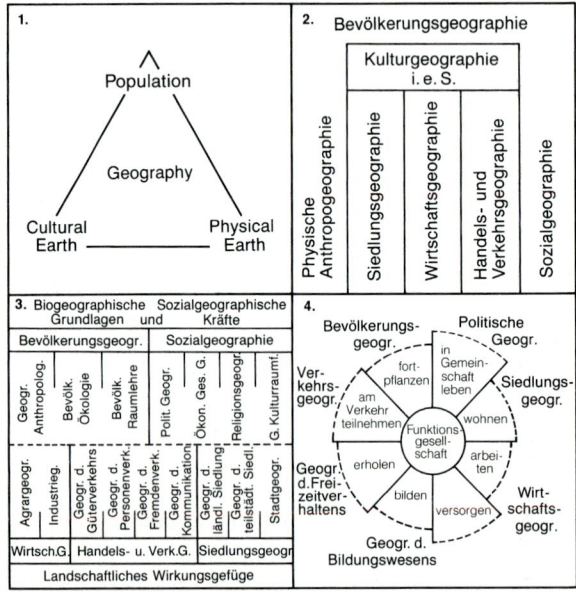

Abb. 1. Stellung der Bevölkerungsgeographie im System der geographischen Wissenschaft. 1: TREWARTHA (1953), 2: PAFFEN (1959), 3: SCHÖLLER (1968), 4: RUPPERT und SCHAFFER (1969). Quelle: THOMALE (1972), verändert und ergänzt.

Die stärkere Hinwendung zu bevölkerungsgeographischen Themen begann im französischen und angelsächsischen Sprachraum früher als in Deutschland. In Frankreich veröffentlichte PIERRE GEORGE schon 1951 eine „Introduction à l'Étude Géographique de la Population du Monde", die als erste Zusammenfassung geographischer Aspekte der Bevölkerungsforschung gewertet werden kann. Weitere Gesamtdarstellungen folgten von BEAUJEU-GARNIER (1956/58), erneut von GEORGE (1965) und zuletzt von NOIN (1979), NOIN und THUMERELLE (1993) sowie BAUDELLE 2000. Aus dem angelsächsischen Sprachraum sind namentlich die frühen Einführungen in die Bevölkerungsgeographie von CLARKE (1965) sowie ZELINSKY (1966) zu nennen, denen später die Lehrbücher von JONES (1981) sowie – mit anwendungsbezogenem Schwerpunkt – von PLANE und ROGERSON (1994) folgten. Vor allem ist es jedoch GLENN T. TREWARTHA gewesen, der sich in seiner berühmt gewordenen *presidential address* vor der „American Geographical Society" im Jahre 1953 für eine stärkere Beachtung und Förderung der Bevölkerungsgeographie einsetzte, der er als Verbindungsglied zwischen Kultur- und Naturgeographie eine herausgehobene Stellung innerhalb der geographischen Wissenschaft beimaß (Abb. 1).

Im deutschsprachigen Bereich ist PAFFEN (1959) diesem Konzept am nächsten gekommen und hat eine umfassend verstandene Bevölkerungsgeographie vertreten. Dabei unterscheidet er zwischen einer „Bevölkerungsgeographie im engeren Sinne", die sich mit der zahlenmäßigen Verteilung und Entwicklung der Bevölkerung befasst, und einer „Bevölkerungsgeographie im weiteren Sinne", die zusätzlich die „Physische Anthropogeographie" als die Lehre vom Naturwesen Mensch und die „Sozialgeographie" als die Lehre von den Sozialgruppen und ihren Verhaltensweisen im geographischen Raum einschließt (Abb. 1). Allerdings hat sich dieses Konzept nicht durchgesetzt, und es blieb bei der verhältnismäßig engen Abgrenzung des bevölkerungsgeographischen Aufgabenfeldes. Stellvertretend für diese Auffassung ist in Abbildung 1 der Vorschlag von SCHÖLLER (1968) wiedergegeben. Hier steht die Bevölkerungsgeographie gleichrangig neben der Sozialgeographie; beide zusammen bilden mit der Wirtschaftsgeographie, der Handels- und Verkehrsgeographie sowie der Siedlungsgeographie die fünf großen Teilgebiete der Anthropogeographie. Davon widmet sich die Bevölkerungsgeographie den biogeographischen Grundlagen, die Sozialgeographie analysiert die sozialgeographischen Grundlagen und Kräfte, und die drei anderen Teildisziplinen untersuchen das landschaftliche Wirkungsgefüge selbst.

Die Diskussion um **Einordnung und Stellung der Bevölkerungsgeographie** im System der geographischen Wissenschaft, wie sie in den 1950er und 60er Jahren geführt wurde, hat zunächst noch nicht zu einer vermehrten Beschäftigung mit bevölkerungsgeographischen Themen beigetragen. Erst unter dem Eindruck zunehmender Probleme der Bevölkerungsverteilung und Bevölkerungsentwicklung – sowohl auf regionaler wie nationaler und internationaler Ebene – stießen Fragen der Bevölkerung auch innerhalb der deutschen Geographie auf verstärktes Interesse. Überdies hat die Einrichtung eines mehrjährigen Schwerpunktprogramms der Deutschen Forschungsgemeinschaft (1969–1974) den Ausbau bevölkerungsgeographischer Forschung in der Bundesrepublik Deutschland nachhaltig gefördert. Vor allem im methodischen Bereich konnten so größere Fortschritte erzielt werden, kamen doch jetzt erstmals vermehrt quantitative Arbeitstechniken zur Anwendung, die die Möglichkeit eröffneten, große Datenmengen zu verarbeiten und Zusammenhänge mittels mathematisch-statistischer Verfahren zu analysieren.

Thematisch konzentrierten sich die Untersuchungen in dieser Zeit vor allem auf den Problemkreis der „räumlichen Mobilität", sodass SCHÖLLER (1970, S. 37) die Frage aufwarf, ob die allseitige **Erforschung des Wanderungsgeschehens** nicht die zentrale Aufgabe einer dynamisch verstandenen Bevölkerungsgeographie sein könnte. Dominierte zunächst unter dem Einfluss der „Sozialphysik" der makroanalytische Ansatz, so eröffnete später das verhaltensorientierte Konzept einen stärkeren Zugang zur mikroanalytischen Betrachtungsweise. Auch ist schon früh versucht worden, Makro- und Mikroebene miteinander zu verbinden, so z. B. durch die Analyse gruppenspezifischer Wanderungen mit entsprechenden Segregationsvorgängen. Bis heute ist die Wanderungsforschung zumindest in Deutschland der Teilbereich der Bevölkerungsgeographie geblieben, in dem in besonderem Maße theoretischen und methodischen Fragen nachgegangen wird. Dagegen ist das Interesse an räumlichen Unterschieden der **natürlichen Bevölkerungsbewegung** und deren Auswirkungen gering geblieben, obwohl die „Innsbrucker Schule" (u. a. KINZL, FLIRI, TROGER) diesen Fragen bei kleinräumigen Untersuchungen im Alpenraum schon recht früh nachgegangen war (FLIRI 1996).

Heute besteht Einigkeit darüber, Bevölkerungsgeographie als Teil einer umfassend verstandenen Bevölkerungswissenschaft zu sehen. Eine solche „Demographie im weiteren Sinne" lässt sich nach JÜRGENS (1975, S. 7) als „Lehre vom Wesen, den Ursachen und den Wirkungen der Bevölkerungsvorgänge" umschreiben. Ihr steht die „Demographie im engeren Sinne" oder „formale Demographie" als die „Lehre von den formalen Verfahren zur Ermittlung von Bevölkerungsvorgängen" gegenüber (vgl. MUELLER u. a. 2000; ROWLAND 2003). Entsprechend wird im englischen Sprachbereich häufig zwischen „demographic analysis" *(formal demography)* und „population studies" *(social demography)* unterschieden (vgl. CALDWELL 1996; MACKENSEN 2000). Die enge **Beziehung zwischen Bevölkerungsgeographie und Demographie** bedeutet einerseits, dass sich bevölkerungsgeographische Untersuchungen grundlegender demographischer Arbeitsmethoden und Kennziffern bedienen müssen, daraus folgt andererseits aber auch, dass man durch die Berücksichtigung der räumlichen Dimension zu einem vertieften Verständnis und zur weiterführenden Erklärung von Bevölkerungsvorgängen kommen kann. Ein solcher interdisziplinärer Ansatz ist vor allem von WOODS mit seinem 1979 erschienenen Lehrbuch in die deutsche Geographie hineingetragen worden. WOODS sieht die zentrale Aufgabe der Bevölkerungsgeographie darin, die räumlichen Unterschiede und raumzeitlichen Veränderungen von Mortalität, Fertilität und Migration zu analysieren und zu erklären, oder – anders ausgedrückt – die räumliche Perspektive auf die Analyse demographischer Strukturen anzuwenden. In dieser Sichtweise wird Bevölkerungsgeographie zur *demographic geography*, und die Unterschiede zur *spatial demography* verwischen.

Ohne Zweifel sind von der Forderung WOODS' (1979, S. 3), „population geography should become more demographic", wesentliche Anregungen zur Überwindung bestehender Forschungsdefizite ausgegangen. Allerdings bringt ein so verengter Aufgabenbereich den Nachteil mit sich, dass viele „klassische Forschungsfelder" der Bevölkerungsgeographie ausgeklammert bleiben, zumindest jedoch in den Hintergrund treten (FINDLAY und GRAHAM 1991). Das wird in einer jüngeren Arbeit auch von WOODS

(1986, S. 16 f.) eingeräumt und die enge **Definition der Bevölkerungsgeographie** durch eine breite Definition ergänzt, in der zusätzlich die schon von ZELINSKY (1966, S. 5 f.) genannten Hauptarbeitsgebiete berücksichtigt werden:

1. die Beschreibung räumlicher Bevölkerungsverteilungen und -strukturen (the where?),
2. die Erklärung dieser Verteilungsmuster (the why where?).

Eine ähnliche Auffassung wird in allen neueren deutschsprachigen Lehrbüchern der Bevölkerungsgeographie vertreten und entspricht auch der französischen Forschungstradition. Danach ließe sich Bevölkerungsgeographie in einem umfassenderen Sinne wie folgt definieren (BÄHR 1988, S. 8):

„Die Bevölkerungsgeographie analysiert auf verschiedenen Maßstabsebenen die räumliche Differenzierung und raumzeitlichen Veränderungen der Bevölkerung nach ihrer Zahl, ihrer Zusammensetzung und ihrer Bewegung; sie versucht, die beobachteten Strukturen und Prozesse zu erklären und zu bewerten sowie ihre Auswirkungen und räumlichen Konsequenzen in Gegenwart und Zukunft zu erfassen."

Daran orientiert sich auch der weitere **Aufbau des Buches**. Die Gliederung ist derart konzipiert, dass die beiden Hauptgebiete der Bevölkerungsgeographie – die Untersuchung der räumlichen Differenzierung von Bevölkerungsverteilung und -struktur sowie die Analyse der Bevölkerungsdynamik – nacheinander betrachtet werden. Eine solche Zweiteilung hat sich seit langem in den grundlegenden Lehrbüchern nicht nur der Bevölkerungsgeographie, sondern auch anderer mit Bevölkerung befasster Disziplinen bewährt.

Bevölkerungsstruktur und Bevölkerungsveränderung beeinflussen sich gegenseitig, sodass schon deshalb eine strenge Trennung der beiden großen Bereiche nicht möglich ist; das Verständnis für derartige Zusammenhänge wird jedoch erleichtert, wenn man zunächst von einem Zustandsbild ausgeht und erst anschließend nach den dahinterstehenden Prozessen und wechselseitigen Interdependenzen fragt.

Jedem Teilkapitel ist ein methodischer Abschnitt vorangestellt, in dem die notwendigen Grundbegriffe erläutert sowie statistische und kartographische Analyse- und Darstellungsverfahren behandelt werden. Die im Anschluss daran exemplarisch vorgestellten Ergebnisse bevölkerungsgeographischer Forschungen beziehen sich auf Räume ganz unterschiedlicher Größenordnung; die Abfolge von der weltweiten Perspektive über die Analyse auf der Ebene einzelner Staaten bis hin zur kleinräumigen Betrachtung bildet gleichzeitig das bei der weiteren Untergliederung der einzelnen Abschnitte verfolgte Ordnungsprinzip.

Der jeweils gewählte Maßstab spielt nicht nur für die zu beleuchtenden Sachverhalte und die anzuwendenden Untersuchungsmethoden eine entscheidende Rolle, auch der **theoretische Bezugsrahmen** und die daraus entwickelten Modelle sind maßstabsabhängig. WOODS (1986, S. 13 ff.) unterscheidet dabei zwischen drei Theorieebenen (und entsprechenden Modelltypen):

1. die umfassenden Theorien *(grand theories)*, die grundlegende Veränderungen im sozialen, wirtschaftlichen und demographischen Bereich zu erklären versuchen,

2. die Theorien mittlerer Reichweite *(middle range theories)*, bei denen Bevölkerungsgruppen und ihre Aufgliederung in einzelne Kategorien betrachtet werden,
3. die Mikrotheorien *(micro-theories)*, die sich auf Individuen, Familien oder Haushalte beziehen.

Im forschungsgeschichtlichen Rückblick lässt sich sagen, dass bis in die 1970er Jahre vorwiegend auf Theorien mittlerer Reichweite Bezug genommen und aggregierte Daten zur Hypothesenüberprüfung herangezogen wurden, während in jüngerer Zeit Mikrotheorien, wie insbesondere verhaltens- und handlungstheoretische Ansätze, zu einer vermehrten Arbeit mit Individualdaten führten. Heute spielt allerdings die Bevölkerungsgeographie in der Theoriediskussion des Faches keine führende Rolle mehr und neuere theoretische Strömungen aus den Sozial- und Wirtschaftswissenschaften sind kaum aufgegriffen worden, sodass WHITE und JACKSON (1995) sowie GRAHAM (2000) die Forderung nach „(Re)theorising Population Geography" erheben (vgl. auch die regelmäßigen Reports in der Zeitschrift „Progress in Human Geography", zuletzt BOYLE 2003).

Bei der **Auswahl der erörterten Themen** wurde nicht streng zwischen einer Bevölkerungsgeographie im engeren Sinne und der Sozialgeographie unterschieden. Wie immer man die Beziehungen zwischen beiden Forschungsansätzen sehen mag, eine scharfe Abgrenzung erscheint in keinem Falle sinnvoll, denn schon die Verteilung und Zusammensetzung der Bevölkerung und erst recht die Bevölkerungsveränderung durch Geburten und Sterbefälle oder durch Wanderungsvorgänge können nicht ohne den Blick auf die sozialen Grundbedingungen und Verflechtungen verstanden werden (vgl. SCHYMIK 1980, S. 45). Ähnliche Überlegungen gelten auch für die Berücksichtigung mancher Sachverhalte, die man ebenso gut der Wirtschafts- oder Stadtgeographie zuordnen könnte.

Auf der anderen Seite wird aber auch nicht der Anspruch erhoben, mit dieser Einführung eine umfassende Darstellung der Bevölkerungsgeographie vorzulegen. Viele Fragen konnten in dem gegebenen Rahmen nicht ausführlich behandelt werden, und manche Probleme ließen sich nur in stark gekürzter und vereinfachter Form diskutieren. Die bei einer exemplarischen Darstellungsform notwendige Auswahl der Themenkreise und Fallstudien orientierte sich vor allem an dem mit der Gliederung vorgegebenen Aufbauprinzip, durch das eine möglichst systematische Stoffanordnung erreicht werden sollte.

1.3 Datengrundlagen bevölkerungsgeographischer Untersuchungen

Ein rascher Zugang zu den Grundfragen der Bevölkerungsforschung und ein tieferes Verständnis für Bevölkerungsfragen unserer Zeit werden durch die geringe Anschaulichkeit und die Langfristigkeit des Bevölkerungsgeschehens erschwert. Zwar trägt jeder Einzelne durch sein persönliches Verhalten und durch Veränderungen seiner Lebensumstände dazu bei, die Zusammensetzung und weitere Entwicklung der Bevölkerung in eine bestimmte Richtung zu lenken, die mit dieser Einflussnahme verbundenen Vorgänge und die daraus erwachsenen Konsequenzen werden jedoch nicht direkt und unmittelbar erfahren, sondern können nur durch Auswertung einer Vielzahl von Daten, oft unter Zuhilfenahme statistischer Verfahren, sichtbar gemacht werden. Außerdem werden die aktuellen Bevölkerungsprobleme weniger von den Einstellungen und Entscheidungen der gegenwärtigen Generation bestimmt, sondern sie sind Auswirkungen von Ereignissen, die ein bis zwei Jahrzehnte oder sogar noch länger zurückliegen.

Dies hat zur Folge, dass alle mit der Bevölkerung befassten Wissenschaften möglichst detailliertes Zahlenmaterial benötigen, und zwar nicht nur Daten, die sich auf die gegenwärtige Situation beziehen, sondern auch Statistiken vorangegangener Zeitabschnitte. Gerade Bevölkerungsgeographen stoßen hier auf eine doppelte Schwierigkeit. Für sie ist nicht nur eine weitreichende **sachliche Aufschlüsselung** des Materials wichtig, sie sind darüber hinaus auch auf eine möglichst differenzierte **räumliche Unterteilung** angewiesen. Die wenigsten Statistiken erfüllen jedoch beide Anforderungen in gleicher Weise. Hinzu kommt, dass die Grenzen der Raumeinheiten, für die Auszählungen vorgenommen und veröffentlicht werden, häufig recht willkürlich gezogen oder zwischen einzelnen Erhebungen verändert werden und somit die Vergleichbarkeit der Ergebnisse eingeschränkt ist. Ein weiteres Problem liegt in der meist wenig homogenen Bevölkerungszusammensetzung innerhalb der ausgewiesenen Teilräume und in ihrer oftmals sehr unterschiedlichen Flächenausdehnung bzw. Einwohnerzahl. Daraus wird ersichtlich, dass Umfang und Qualität der für bevölkerungsgeographische Auswertungen zur Verfügung stehenden Zahlenangaben sowohl in zeitlicher Hinsicht als auch nach Ländern und Regionen erheblich schwanken können. Zwei **Hauptgruppen von Datenzusammenstellungen** lassen sich unterscheiden:

1. Die Statistik des Bevölkerungsstandes: Es wird die Bevölkerung in ihrer Zahl, Zusammensetzung und räumlichen Verteilung für einen Stichtag festgestellt.
2. Die Statistik der Bevölkerungsbewegungen: Es werden die Bevölkerungsveränderungen durch Geburten, Sterbefälle und Wanderungen registriert.

Die umfassendsten Angaben über den Bevölkerungsstand und die Bevölkerungsstruktur eines Gebietes lassen sich im Allgemeinen den **Volkszählungen** (Zensus) entnehmen. Darunter wird gemäß einer Definition der Vereinten Nationen der gesamte Prozess der Sammlung, Aufbereitung und Veröffentlichung demographischer, ökonomischer und sozialer Daten über alle Personen eines Landes oder eines genau abgegrenzten Gebietes zu einem bestimmten Zeitpunkt verstanden. In der Regel handelt es sich dabei um Primärstatistiken in Form einer vollständigen Befragung der Bevölkerung. Einzelne Staaten führen ihre Volkszählungen auch als Kombination zwischen Vollerhebung und Stichprobe durch (z. B. USA) oder greifen ergänzend auf die Auszählung von Verwaltungsregistern zurück (z. B. Schweden).

Im Rahmen der meisten modernen Volkszählungen ist die Ermittlung des Bevölkerungsstandes mit einer Berufszählung verbunden, z. T. auch mit einer Betriebs- oder Wohnungszählung, d. h. es werden auch Daten zur augenblicklichen Beschäftigung, zur Stellung im Beruf oder zur Wohnungsausstattung erhoben. So war die 1987 in der

Bundesrepublik Deutschland durchgeführte Großzählung eine Kombination aus Volks-, Arbeitsstätten- sowie Gebäude- und Wohnungszählung; neben der Standardaufbereitung bietet sie somit eine Fülle von Möglichkeiten auch zur kleinräumigen Auswertung (vgl. VON KLITZING 1989).

Alle Volkszählungen sollten in regelmäßigen Abständen wiederholt werden, um die Bevölkerungsveränderungen über eine längere Zeitspanne hinweg verfolgen zu können. Heute wird ein zehnjähriges Zählintervall als optimale Lösung angesehen und ist am weitesten verbreitet. Ein häufigeres Zählen wäre zwar wünschenswert, ist aber zu aufwändig und zu teuer. Nur wenige Staaten zählen in kürzeren Zeitabständen (z. B. 5-Jahres-Abstand u. a. in Japan, Kanada, Australien; 7-Jahres-Abstand in Frankreich), wobei allerdings nicht immer der volle Fragenkatalog zur Anwendung kommt. In Deutschland wurde nur vor dem Ersten Weltkrieg alle 5 Jahre gezählt, teilweise jedoch in eingeschränkter Form unter Verzicht auf eine Ermittlung von Angaben zur Berufstätigkeit. Die bisherigen Zählwerke der Bundesrepublik Deutschland stammen aus den Jahren 1950, 1961, 1970 und zuletzt – nach mehrfacher Verschiebung und Anrufung des Bundesverfassungsgerichtes – aus dem Jahre 1987. Während alle Staaten der Europäischen Union um das Jahr 2000 einen Zensus durchgeführt haben oder ihn für die nächste Zeit vorsehen – soweit sie sich nicht gänzlich auf Registerstatistiken umgestellt haben (Dänemark, Niederlande) –, ist in Deutschland weder über den Termin noch über die Vorgehensweise eine Entscheidung getroffen worden. Geplant ist eine auf Register (insbesondere Einwohnermelderegister) gestützte Volkszählung. Die Testverfahren dazu laufen aber noch (GROHMANN u. a. 1999; BIERAU 2001; ROTHENBACHER 2001).

Die Bemühungen um eine Feststellung des Bevölkerungsstandes sind ebenso alt wie die Zusammenschlüsse der Menschen zu organisierten Gemeinschaften. Die älteste Überlieferung einer Volkszählung stammt aus China. Dort wurde im Jahre 2255 v. Chr. nach einer Überschwemmungskatastrophe eine Erhebung durchgeführt, um einen Überblick bezüglich Zahl und Verteilung der Bevölkerung zu gewinnen (WITTHAUER 1969, S. 28). Im Altertum fanden auch in Babylonien, Ägypten, Griechenland und im Römischen Reich z. T. regelmäßige statistische Erhebungen statt. Am bekanntesten ist die von Kaiser Augustus angeordnete „Schätzung" geworden, d. h. die Zählung und steuerliche Erfassung der Bevölkerung zur Zeit Christi Geburt, über die der Evangelist Lukas berichtet.

Als erste Volkszählung im modernen Sinne gilt die 1666 in Französisch-Kanada durchgeführte Erhebung, bei der nicht nur die Personenzahl, sondern auch weitere Merkmale, wie Alter, Geschlecht, Familienstand, Beruf und Stellung zum Haushaltsvorstand, ermittelt wurden (WITTHAUER 1969, S. 29). Unter den Ländern, die besonders früh in regelmäßigen Abständen wiederkehrende „statistische Inventuraufnahmen" einführten, sind Island (1703), Schweden (1749), Dänemark und Norwegen (1769) sowie die Vereinigten Staaten (1790) zu nennen. Etwas später folgten auch England und Frankreich (1801), die meisten anderen europäischen Staaten im weiteren Verlauf des 19. Jh. In der (ehemaligen) Sowjetunion fand eine erste Zählung bereits im zaristischen Russland statt (1897), seit 1920 dann in vergleichsweise regelmäßigen Abständen, wobei jedoch meist nur ein sehr kleiner Teil der Daten der Öffentlichkeit zugänglich gemacht wurde.

In Deutschland gab es aufgrund der territorialen Zersplitterung bis in die zweite Hälfte des 19. Jh. keine umfassenden Ermittlungen von Bevölkerungszahlen. Nur wenige Städte haben gelegentlich Bürgerzählungen vorgenommen. Erst mit dem Entstehen zentraler Landesverwaltungen gewannen umfangreichere Erhebungen an Bedeutung. Der erste große, mit einer Berufszählung verbundene Zensus des Deutschen Reiches wurde 1882 durchgeführt, nachdem in eingeschränkter Form bereits 1871 gezählt worden war.

Sehr viel später setzten in den meisten Ländern der Dritten Welt die Bemühungen um eine exakte Erfassung von Zahl und Zusammensetzung der Bevölkerung ein. Indien und einige südamerikanische Staaten begannen damit schon im 19. Jh., dagegen blieben die Einwohner des größten Teiles von Tropisch-Afrika sowie auch einzelner asiatischer Länder bis zum Zweiten Weltkrieg und z. T. sogar darüber hinaus ungezählt. So wurde in Obervolta (Burkina Faso) erstmals im Jahre 1975 und in Mauretanien 1976/77 ein Zensus organisiert. In den 1980er und 90er Jahren gab es dann auch in Äthiopien (1984), Laos (1985) und Oman (1993) erste Zählungen, sodass heute zumindest für alle größeren Staaten der Erde einigermaßen zuverlässige Angaben zum Bevölkerungsstand zur Verfügung stehen (vgl. Cleland 1996).

Vielfach erfolgten die Erhebungen aber nur sehr unregelmäßig oder in großen zeitlichen Abständen. Selbst in den vergleichsweise weit entwickelten Staaten des außertropischen Südamerikas traten zeitweilig lange Unterbrechungen auf; so wurde in Argentinien zwischen 1914 und 1947 und in Uruguay sogar in der Zeit von 1908 bis 1963 nicht gezählt.

Man kann davon ausgehen, dass um die Mitte des vorigen Jahrhunderts nur etwa 17% der Weltbevölkerung durch Zensuserhebungen erfasst waren. Ein erster Höchststand wurde in der Dekade von 1945–54 mit 78% erreicht. Zu Beginn der 1980er Jahre lag dieser Wert wieder niedriger, da im bevölkerungsreichsten Land der Erde, der VR China, zwischen 1953 und 1982 nicht gezählt worden war (Esenwein-Rothe 1982, S. 19). Seit 1990 sind in 165 Ländern Zensuserhebungen durchgeführt worden, die ca. 95% der Weltbevölkerung eingeschlossen haben (Rothenbacher 2001, S. 20).

Seit längerem bemühen sich die Vereinten Nationen um eine Vereinheitlichung der Volkszählungstermine und des zu erfragenden Merkmalskataloges sowie der dabei zugrunde liegenden Definitionen und Abgrenzungen, um die bislang noch sehr mangelhafte Vergleichbarkeit der verschiedenen nationalen Zählwerke zu verbessern und dadurch zu einer Art von „Weltzensus" zu kommen. Angestrebt werden eine Zählung zu Beginn oder am Ende eines jeden Jahrzehnts und ein einheitliches Grundprogramm, das Fragen nach der Gesamtzahl der Bevölkerung, nach Geschlecht, Alter und Familienstand, nach Geburtsort und Nationalität, nach Muttersprache, Analphabetentum und Schulwesen, nach der wirtschaftlichen Tätigkeit, nach städtischem oder ländlichem Wohnort, nach der Familien- und Haushaltsstruktur sowie nach der Fertilität enthält. Entsprechende Bemühungen zur Vereinheitlichung des Zählprogramms gibt es auch auf der Ebene der Europäischen Union (Störtzbach 1987, S. 207).

Die Zuverlässigkeit der einzelnen nationalen Erhebungen ist außerordentlich unterschiedlich. Selbst in den Vereinigten Staaten geht man von einer 1,6%igen Unterschätzung der Einwohner aus, bei einzelnen Bevölkerungsgruppen (insbesondere *Hispanics* und *Blacks*) dürften die Abweichungen mehr als 5% betragen (vgl. Prewitt

2000; Henning 2001). Eine ähnliche Fehlerquote kann für die Zählungen der meisten Industriestaaten angenommen werden. Wesentlich unsicherer sind dagegen die Angaben in allen Ländern der Dritten Welt. Selbst für vergleichsweise entwickelte Staaten, wie Chile und Venezuela, rechnet man mit einer Unterschätzung der Bevölkerung von etwa 5%. Weit größere Fehler (z. T. auch Überschätzungen) finden sich in den Zählwerken von Staaten des tropischen Afrikas. Diese weisen oft so erhebliche Mängel auf, dass eine annähernd der Wirklichkeit entsprechende Bevölkerungsverteilung auf der Basis kleinerer räumlicher Einheiten nur unter Schwierigkeiten zu ermitteln ist. Erst recht gilt dies für die Zusammensetzung der Bevölkerung nach demographischen, wirtschaftlichen oder sozialen Merkmalen oder für Angaben zu Wanderungsvorgängen.

Besonders groß sind die Fehlermöglichkeiten immer dann, wenn mangels geeigneter Karten nicht alle Siedlungen eines Landes lokalisiert werden können oder die Straßenverhältnisse schlecht sind und damit die Erreichbarkeit aller Wohnplätze nicht gewährleistet ist. Teilweise kann hier die Auswertung von Luft- oder Satellitenbildern weiterhelfen (vgl. Lechtenbörger 1997). Zusätzliche Fehlerquellen treten auf, wenn ein Teil der Bevölkerung nicht sesshaft ist bzw. regelmäßig über Landesgrenzen hinweg wandert oder die Mehrzahl der Einwohner aus Analphabeten besteht. Gelegentlich kommt es aus politischen Gründen auch zu bewussten Verfälschungen von Zensusdaten. Eine quantitative Abschätzung derartiger Ungenauigkeiten ist schwierig, wenn nicht vollständig unmöglich (für das Beispiel Nigeria vgl. Fricke und Malchau 1994).

Je länger eine Volkszählung zurückliegt, desto geringer ist die Übereinstimmung der dort genannten Zahlen mit der gegenwärtigen Situation. Deshalb bemühen sich die meisten Staaten heute darum, mit Hilfe verschiedener Verfahren die Zahl und z. T. auch die Zusammensetzung der Bevölkerung für die Zeit zwischen zwei Erhebungen festzustellen. Eine dieser Möglichkeiten ist die sog. **Fortschreibung**. Dabei gewinnt man die aktuelle Bevölkerungszahl eines Gebietes dadurch, dass zu dem im Zensus ausgewiesenen Bestand die Zahl der Geborenen und Zugezogenen addiert und die Zahl der Gestorbenen und Weggezogenen subtrahiert wird. Vom Prinzip her lässt sich eine solche Fortschreibung nicht nur für Einwohnerzahlen, sondern auch für einzelne sachliche Merkmale, wie für Geschlecht, Alter oder Familienstand, durchführen. Voraussetzung dafür ist jedoch eine genaue Registrierung der Geburten, Sterbefälle und Heiraten sowie eine gesetzlich geregelte Meldepflicht. Aber selbst in denjenigen Staaten, in denen diese Bedingungen erfüllt sind, kann eine Fortschreibung niemals den nächsten Zensus ersetzen, denn die dafür zur Verfügung stehenden Daten sind häufig ungenau oder unvollständig (insbesondere bei der Wanderungsstatistik), ganz abgesehen davon können viele Merkmale überhaupt nicht fortgeschrieben werden, weil eintretende Veränderungen nicht registriert werden (z. B. Beruf, Ausbildung).

In der Bundesrepublik Deutschland wird die Bevölkerung mindestens einmal jährlich fortgeschrieben, und zwar für die Länder nach Zahl sowie Geschlecht und Alter und für die Gemeinden ohne eine weitere Untergliederung. Daraus wird schon ersichtlich, dass Fortschreibungszahlen sehr viel begrenztere Auswertungsmöglichkeiten als Volkszählungsergebnisse bieten. Erhebliche Informationslücken treten selbst für größere räumliche Einheiten in den Bereichen Erwerbstätigkeit, Haushaltsstruktur und bei differenzierten sozio-ökonomischen Tatbeständen auf.

Eine weitere Möglichkeit, die Lücke zwischen zwei Großzählungen zu schließen, bietet der **„Mikrozensus"**. Dabei handelt es sich um eine Stichprobenerhebung, mit der in regelmäßigen Abständen ein Teil der Bevölkerung erneut befragt wird. Der Mikrozensus zum Thema „Bevölkerung und Erwerbstätigkeit" wurde in der Bundesrepublik im Jahre 1957 durch Gesetz eingeführt. Auf dieser Basis fanden die Erhebungen bis 1982 statt, wobei teilweise auch thematische Schwerpunkte gesetzt wurden, die über den Standardkatalog der Volkszählungen hinausgehen. Dann jedoch geriet auch der Mikrozensus in die Datenschutzdiskussion im Zusammenhang mit der für 1983 vorgesehenen Volkszählung und wurde deshalb für 1983 und 1984 ausgesetzt. Das neue Mikrozensusgesetz von 1985 enthält zusätzliche Bestimmungen hinsichtlich des Auswahlverfahrens, des Erhebungskataloges, der organisatorischen Durchführung und des Schutzes der erhobenen Daten. Außerdem wurde für einzelne Bereiche (z. B. Urlaub und Gesundheit) die Beantwortung freigestellt. Seitdem wird der Mikrozensus, verbunden mit der EU-Arbeitskräftestichprobe, wieder regelmäßig einmal pro Jahr, ab 1991 auch in den neuen Bundesländern (für die meisten Erhebungstatbestände als 1%-(Flächen-)Stichprobe) durchgeführt (vgl. Lüttinger und Riede 1997).

Aus den Ergebnissen des Mikrozensus lassen sich die Werte für die Gesamtbevölkerung hochrechnen. Die so erhaltenen Zahlen sind zwar mit einem (berechenbaren) Stichprobenfehler behaftet, dafür werden aber die nur schwer quantifizierbaren Unzulänglichkeiten der Fortschreibung vermieden. Für kleinräumige Untersuchungen ist der Mikrozensus allenfalls bedingt geeignet. Vor 1990 war eine regionale Aufschlüsselung nur bis zur Länderebene und für wenige Kernmerkmale bis auf die Stufe von Regierungsbezirken gegeben; eine Veränderung des Auswahlverfahrens ermöglicht seitdem einen Nachweis für Großstädte ab 200 000 Ew. und größere Kreise.

Die **Statistik der natürlichen Bevölkerungsbewegungen** ist vielfach sogar älter als die systematische Erfassung des Bevölkerungsstandes. Abgesehen von einzelnen Aufzeichnungen im Altertum, sind hier die schon seit Ende des 15. Jh. üblichen Registrierungen in den Kirchenbüchern zu nennen (Tauf-, Sterbe- und Heiratsregister). Diese Individualdaten gestatten trotz der oft lückenhaften Angaben detaillierte Aussagen über das generative Verhalten und die Familienbildung, wobei häufig auch eine Differenzierung nach Gruppen oder Schichten möglich ist. Sie stellen daher für die Bevölkerungsgeschichte und Historische Demographie unentbehrliche Quellenwerke dar (Henry 1972). Ihre entscheidende Schwäche hingegen liegt in der eingeschränkten Repräsentativität, die im Wesentlichen auf die schmale räumliche Untersuchungsbasis und den nur schwer abschätzbaren Einfluss von Wanderungsvorgängen zurückzuführen ist (Laux 1982, S. 104).

In den skandinavischen Ländern reichen die genauen und weitgehend flächendeckenden Aufzeichnungen der Geburten und Sterbefälle sowie der Eheschließungen bis ins 18. Jh. zurück; in den meisten anderen europäischen Staaten sind systematische Registrierungen erst im Laufe des 19. Jh. eingeführt worden. 1875 wurde in Deutschland diese Aufgabe den damals eingerichteten Standesämtern übertragen und dadurch eine äußerst exakte Statistik der natürlichen Bevölkerungsbewegungen geschaffen, deren Fehlerquote sehr gering ist.

Von einem solchen Stand ist der größte Teil der Erde noch weit entfernt. Man kann davon ausgehen, dass in fast allen afrikanischen, in den meisten asiatischen und in vielen lateinamerikanischen Staaten keine korrekten Registrierungen stattfinden und daher nur Schätzungen möglich sind (vgl. CLELAND 1996, S. 434 f.). Vielfach werden die offiziellen Statistiken auch „geschönt" und vermitteln ein falsches Bild. So soll die Säuglingssterblichkeit nach Angaben der UNICEF (www.unicef.de) in vielen zentralasiatischen Ländern zwei- bis viermal größer als amtlich festgestellt sein.

Die **Statistik der Wanderungsbewegungen** ist selbst in den hoch entwickelten Staaten vergleichsweise wenig zuverlässig. Prinzipiell bieten sich zwei Möglichkeiten zur Erfassung von Wanderungen an. Bei den **direkten Methoden** wird auf Daten zur Wanderung selbst zurückgegriffen, die indirekten Methoden basieren auf einer Berechnung der Wanderungen aus anderen Größen (vgl. ESENWEIN-ROTHE 1982, S. 170 ff.; COURGEAU 1988 sowie HUSA 1991 mit speziellem Bezug auf die Dritte Welt). Im Falle der direkten Methoden kann man weiter zwischen einer unmittelbaren und einer nachträglichen Erfassung unterscheiden. Eine Registrierung zum Zeitpunkt der Wanderung setzt ein staatlich geordnetes Meldewesen voraus, das allerdings außerhalb Europas kaum verbreitet ist. Die den Meldeformularen (bzw. aus einem Bevölkerungsregister) entnommenen Angaben werden den jeweiligen Statistischen Ämtern zugeleitet und ermöglichen nicht nur eine Fortschreibung der Bevölkerungszahlen, sondern auch eine Aufschlüsselung der Wanderungen nach den erfragten Merkmalen und Herkunftsgebieten. In der Bundesrepublik Deutschland wird seit 1950 von den Statistischen Landesämtern und vom Statistischen Bundesamt eine bundeseinheitliche Wanderungsstatistik geführt; Erhebungsgrundlage bilden die bei einem Wohnsitzwechsel anfallenden Anmeldescheine.

Trotzdem sind auf diese Weise ermittelte Daten mit einer Reihe von Fehlern und Unzulänglichkeiten behaftet. So werden An- und Abmeldungen gelegentlich unterlassen oder die Meldescheine unrichtig bzw. unvollständig ausgefüllt. Darüber hinaus werden im Meldeschein nur wenige Merkmale zur gewanderten Person registriert, und aufgrund von mehrmaligen Umzügen eines Individuums im Laufe eines Jahres ist die Zahl der ausgewiesenen jährlichen Wanderungen nicht mit der Zahl der Personen identisch, die ihren Wohnsitz gewechselt haben.

Eine nachträgliche Erfassung der Wanderungen erfolgt gewöhnlich mit Hilfe von Volkszählungen (z. B. USA, Großbritannien), indem sämtliche Mitglieder eines Haushaltes nach ihrem Wohnsitz zu einem bestimmten Referenzzeitpunkt (gelegentlich auch nur nach dem Geburtsort) gefragt werden. Wesentliche Mängel dieses Verfahrens liegen darin, dass Rückwanderungen, mögliche Zwischenstationen sowie Migrationen unterdessen verstorbener Personen so nicht erfasst werden können und alle Angaben zur Person nur für den Zeitpunkt der Erhebung gelten.

Indirekte Methoden der Wanderungsstatistik haben vor allem in solchen Staaten eine große Bedeutung, die organisatorisch nicht in der Lage sind, direkte Erhebungen durchzuführen. Allen Verfahren gemeinsam ist die Tatsache, dass ausschließlich Nettowanderungen quantifiziert werden können und Aussagen über Richtung und Stärke einzelner Wanderungsströme nicht möglich sind. Am bekanntesten ist die Differenz- oder Residualmethode. Dabei errechnet sich die Nettowanderung – meist untergliedert nach Alter und Geschlecht – aus der Differenz zwischen zwei Bevölkerungsständen (z. B. Volkszählungsergebnissen) und der Entwicklung der natürlichen Bevölkerungsbewegung.

Die bisher genannten Datenquellen können durch eine Vielzahl anderer Informationen der amtlichen und nichtamtlichen Statistik ergänzt werden. Genannt seien landwirtschaftliche und gewerbliche Betriebszählungen, Angaben zur Situation auf dem Arbeitsmarkt, Wahlstatistiken oder Daten zum Gesundheits- und Schulwesen.

In der Regel werden alle Daten nur in aggregierter Form zur Verfügung gestellt. So ist insbesondere aus Datenschutzgründen ein Zugang zum Individualdatensatz der amtlichen Statistik im Allgemeinen nicht möglich. Erst seit kurzem werden faktisch anonymisierte Einzeldaten des Mikrozensus für Forschungszwecke zur Verfügung gestellt *(Scientific Use File)*. Hier können Individualdaten, die von der **nicht-amtlichen Sozialforschung** erhoben werden, weiterhelfen, z. B. das Sozio-oekonomische Panel (SOEP), eine jährliche Befragung von 8.000 Haushalten zu den Themenbereichen Einkommen, Arbeitsmarkt, Bildung, Haushalts- und Wohnsituation u. a. (vgl. Spiess 2003) oder die Allgemeine Bevölkerungsumfrage der Sozialwissenschaften (ALLBUS), die seit 1980 alle zwei Jahre als Zufallsstichprobe der erwachsenen Bevölkerung (2.200 Personen in den alten, 1.100 in den neuen Bundesländern) durchgeführt wird und zur Untersuchung des sozialen Wandels dient (vgl. Koch 2002). Für spezielle Fragen wird man gleichwohl ohne eigene Erhebungen nicht auskommen.

Es würde zu weit führen, auch nur die wichtigsten für Bevölkerungsforschungen relevanten **Quellenwerke** nennen zu wollen. Einige wenige Hinweise müssen daher genügen (vgl. Rinne 1994).

In der Bundesrepublik Deutschland werden die Ergebnisse der jeweiligen Volkszählungen länderweise von den Statistischen Landesämtern publiziert; eine Zusammenfassung dieser und anderer Bevölkerungsdaten, aber auch eine ganze Reihe weiterer Angaben zum Wirtschafts- und Kulturleben enthält das vom Statistischen Bundesamt herausgegebene „Statistische Jahrbuch für die Bundesrepublik Deutschland" (seit 1952; seit 1989 werden in einem Ergänzungsband internationale Vergleichsstatistiken zusammengestellt). Darüber hinaus berichtet das „Bundesinstitut für Bevölkerungsforschung" einmal im Jahr in der „Zeitschrift für Bevölkerungswissenschaft" über die demographische Lage in Deutschland (zuletzt Höhn und Mai 2004), und das „Bundesamt für Bauwesen und Raumordnung" publiziert in der Serie „Aktuelle Daten zur Entwicklung der Städte, Kreise und Gemeinden" regelmäßig Daten aus der „Laufenden Raumbeobachtung" (zuletzt BBR 2002).

Für internationale Vergleiche sind vor allem die von den Vereinten Nationen (UN) herausgegebenen Quellenwerke wichtig, so z. B. das „Statistical Yearbook", in dem neben grundlegenden Angaben zur Bevölkerung vorwiegend wirtschaftliche Daten zu finden sind, das ganz auf die Bevölkerung bezogene „Demographic Yearbook" sowie der vierteljährliche „Population and Vital Statistics Report". Darin werden neueste Ergebnisse nationaler Zählungen und Registrierungen, aber auch Schätzungen und Berechnungen der UN festgehalten.

In zweijährigem Rhythmus erscheinen die Serien „World Population Prospects" (zuletzt UN 2003) und „World Urbanization Prospects" (zuletzt UN 2004), die Vorausschätzungen der zukünftigen Entwicklung einbeziehen. Jeweils einem bestimmten Thema gewidmet, aber auch zahlreiche Übersichtsstatistiken enthaltend, sind der

„Weltbevölkerungsbericht" des „Bevölkerungsfonds der UN" (zuletzt UNFPA 2003), der „Bericht über die menschliche Entwicklung" des „UN Development Programme" (zuletzt UNDP 2003) sowie der „Weltentwicklungsbericht" der Weltbank (zuletzt World Bank 2004), die sämtlich auch in deutscher Übersetzung publiziert werden. Grundlegende demographische Vergleichsdaten auf Länderebene bietet der jährlich vom „Population Reference Bureau" herausgegebene „World Population Data Sheet". Für Spezialfragen können z. B. auch Publikationen der „World Health Organization" (WHO), des „International Labour Office" (ILO), der „Food and Agricultural Organization" (FAO) oder der „Organization for Economic Cooperation and Development" (OECD) herangezogen werden. Auf Europa bezogene Zahlenangaben sind u. a. den Berichten des Europarates (Committee for Population Studies) oder den Zusammenstellungen des Statistischen Amtes der Europäischen Gemeinschaften (EUROSTAT) zu entnehmen.

Viele dieser Institutionen stellen ausgewählte Datensätze auch über *home pages* im „World Wide Web" zur Verfügung. Für die internationale Ebene seien das „United Nations Population Information Network" *(http://www.un.org/popin)*, das „Population Reference Bureau" *(http://www.prb.org)* und die „International Data Base" des U.S. Census Bureau *(http://www.census.gov/pub/ipc/www/world.html)* genannt. Darüber hinaus gibt es vielfältige Angebote, die statistische Daten verschiedener Produzenten kompilieren und kostenlos im WWW zur Verfügung stellen (z. B. *www.citypopulation.de/index_d.html; www.geohive.com/; www.worldgazetteer.com/;* vgl. auch SWIACZNY 2001).

Wenn auch demographische wie bevölkerungsgeographische Forschung ohne quantitative Analysen nicht auskommt, so reichen diese zum vollen Verständnis von Bevölkerungsvorgängen oft nicht aus. Insbesondere demographisches Verhalten wird man nur dann angemessen erklären können, wenn man die Beweggründe vertiefend mittels qualitativer Methoden untersucht (OBERMEYER 1998). Speziell auf die Bevölkerungsgeographie bezogen, hat deshalb McKENDRICK (1999) jüngst eine Umorientierung in Richtung „multi-method research" gefordert (vgl. dazu auch FINDLAY 2003).

1.1 Welches sind die Hauptarbeitsgebiete innerhalb der Bevölkerungsgeographie?
1.2 Welche Beziehungen bestehen zwischen Bevölkerungs- und Sozialgeographie?
1.3 Skizzieren Sie die Vor- und Nachteile bei der Arbeit mit aggregierten Daten und Individualdaten!
1.4 Warum sind Volkszählungen gerade für geographische Untersuchungen so wichtig?
1.5 Was ist unter „Statistik der natürlichen Bevölkerungsbewegung" zu verstehen?
1.6 Wie unterscheiden sich direkte und indirekte Methoden der Wanderungsstatistik?
1.7 Warum ist die Statistik der Wanderungen oft ungenau?
1.8 Wo lassen sich Daten für internationale Vergleiche der Bevölkerungsentwicklung finden?

2 Bevölkerungsverteilung und Bevölkerungsstruktur

2.1 Methoden der Analyse und Darstellung

2.1.1 Grundbegriffe und Definitionen

Unter **„Bevölkerung"** kann man sowohl ein weit gefasstes Begriffsspektrum, das den gesamten Entwicklungsprozess einer Bevölkerung in Raum und Zeit anspricht, als auch eine sehr viel engere statistische Begriffsdefinition verstehen (Schymik 1980, S. 43 f.). In einem formalen, statistischen Sinne, auf den hier zunächst Bezug genommen wird, bedeutet „Bevölkerung" die Summe der Einwohner eines Gebietes zu einem bestimmten Zeitpunkt. Aber selbst bei der Ermittlung eines so einfachen Tatbestandes können bereits Zuordnungsprobleme auftreten. Es ist daher von Fall zu Fall zu überprüfen, auf welchen Personenkreis sich die angegebenen Zahlenwerte beziehen. Bei der Registrierung kann zwischen einer de jure- und einer de facto-Methode unterschieden werden. Im ersten Fall wird die „Wohnbevölkerung", im zweiten die „ortsanwesende Bevölkerung" gezählt. Das zuletzt genannte Verfahren, das alle Personen einschließt, die sich am Zählungsstichtag an dem betreffenden Ort aufhalten, lässt sich zwar einfacher handhaben, es können jedoch leichter Verfälschungen auftreten (z. B. in Fremdenverkehrsgebieten). Bei den meisten Volkszählungen – so auch in der Bundesrepublik Deutschland – geht man daher heute von der Wohnbevölkerung aus. Besondere Regelungen gelten u. a. für Bundeswehrangehörige, Strafgefangene, Patienten in Krankenhäusern usw. Gar nicht in der Statistik geführt werden die ausländischen Stationierungsstreitkräfte einschließlich ihrer Familienangehörigen und etwa 20.000 Personen im diplomatischen und konsularischen Dienst (vgl. Vogel und Grünewald 1996).

Eines der ältesten und bis heute sehr wichtigen Anliegen der Bevölkerungsgeographie kann in der Beschreibung und Erklärung der räumlichen **Bevölkerungsverteilung und -dichte** gesehen werden. Beide Begriffe sind zwar eng miteinander verwandt, jedoch nicht vollkommen identisch, sodass näher darauf eingegangen werden muss. Während mit der ersten Bezeichnung die Streuung der Bevölkerung im Raum nach ihrer absoluten Zahl oder auch nach ihren Wohnplätzen gemeint ist und damit das Distanzmoment im Mittelpunkt der Betrachtung steht, bezieht sich der zweite Begriff auf das Verhältnis der Bevölkerung zur Fläche und ist demnach eine Relativzahl, mit der die „Belastung" des Raumes durch die in ihm wohnenden Menschen zum Ausdruck gebracht wird (Boustedt 1975, S. 73 f.).

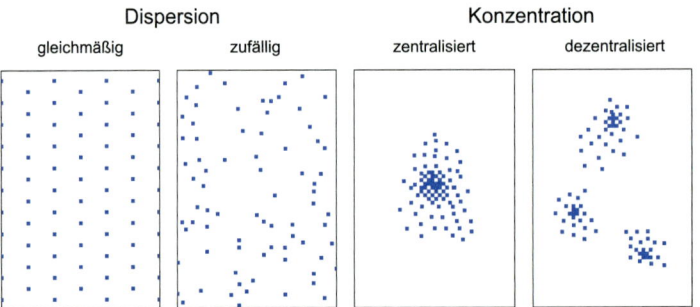

Abb. 2. Grundformen räumlicher Bevölkerungsverteilung. Quelle: BAHRENBERG und GIESE (1975); BOUSTEDT (1975).

In Abbildung 2 sind vier Grundformen räumlicher Bevölkerungsverteilungen dargestellt, die zur Einordnung und Typisierung beobachteter Raummuster dienen können. Bei einer „Bevölkerungsdispersion" liegt eine mehr oder weniger systematische Streuung der Bevölkerung vor. Die Spanne möglicher Verteilungsformen reicht hier von der zufälligen bis zur völlig gleichmäßigen Anordnung. Bei einer „Bevölkerungskonzentration" oder „Verdichtung" kommt es dagegen zu einer Häufung von Menschen und Wohnstandorten auf einer relativ begrenzten Fläche. Dabei ist es denkbar, dass eine solche Verdichtung einen deutlich erkennbaren Kern aufweist. In diesem Fall spricht man auch von „Zentralisation" oder „Ballung" und stellt sie der „dezentralen Konzentration" gegenüber (zu den Analyseverfahren vgl. Kap. 2.1.3).

Den Begriff der „Bevölkerungsdichte" hat STÖCKL (1952) ausführlich diskutiert und seine Vorzüge gegenüber anderen, auf den gleichen Sachverhalt bezogenen Bezeichnungen (z. B. Volksdichte) herausgestellt. Die arithmetische Dichte gibt die Zahl der Einwohner pro Flächeneinheit an (meist pro km²). Gelegentlich wird aber auch umgekehrt die Fläche (meist in ha) durch die Zahl der dort wohnenden Personen dividiert, man spricht dann von der „Arealitätsziffer". Diese vermittelt eine Vorstellung von der Flächengröße, die bei gleichmäßiger Bevölkerungsverteilung auf jeden Einwohner entfallen würde (Tab. 1). Beide Kennziffern ermöglichen einen schnellen Vergleich von unterschiedlich großen Räumen mit verschiedenen Einwohnerzahlen. Ergänzend kann auch noch die sog. Abstandsziffer (Proximität) herangezogen werden, die sich unter der Annahme einer gleichmäßig über die Fläche verteilten Bevölkerung (jeweils im Mittelpunkt von Sechsecken gedacht) wie folgt errechnet (Ableitung bei ESENWEIN-ROTHE 1982, S. 44):

$$A = 1{,}0746 \cdot \sqrt{\frac{Fläche}{Bevölkerung}}$$

Vor jeder **Berechnung von Dichtemaßen** müssen zunächst drei Fragen geklärt werden:

1. Welche räumlichen Einheiten sollen als Bezugsbasis dienen?

Tab. 1 Bevölkerungszahl und Bevölkerungsdichte in Großräumen und Staaten Mitte 2003; Quelle: UN (2003); FAOSTAT 07. 08. 2002.

Land/Kontinent	Bevölkerung (Mio.)	Anteil an der Weltbevölkerung (%)	Anteil an der Landfläche ohne Antarktis (%)	Bev.-dichte (Ew./km²)	Arealitätsziffer (ha/Ew.)	Abstandsziffer (m)	physiologische Dichte (Ew./km²)*
Welt	**6301**	**100**	**100**	**47,0**	**2,1**	**156,8**	**126,7**
Afrika	**851**	**13,5**	**22,6**	**28,1**	**3,6**	**202,8**	**77,3**
Ägypten	71,9			71,8	1,4	126,8	2184,7
Burundi	6,8			244,3	0,4	68,7	309,8
Asien	**3823**	**60,7**	**23,6**	**120,4**	**0,8**	**97,9**	**230,9**
Indien	1065,5			324,1	0,3	59,7	589,9
Bangladesch	146,7			1018,8	0,1	33,7	1614,9
Nordamerika	**326**	**5,2**	**15,0**	**16,3**	**6,1**	**265,8**	**66,3**
Lateinamerika	**543**	**8,6**	**15,4**	**26,4**	**3,8**	**209,2**	**71,3**
El Salvador	6,5			349,4	0,3	57,5	405,2
Argentinien	38,4			13,8	7,2	289,2	22,7
Europa	**726**	**11,5**	**17,1**	**31,6**	**3,2**	**191,2**	**148,6**
Deutschland	82,5			231,1	0,4	70,7	483,4
Frankreich	60,1			109,0	0,9	102,9	202,3
Russland	143,2			8,4	11,9	371,1	66,1
Australien/Ozeanien	**32**	**0,5**	**6,4**	**3,7**	**26,8**	**555,9**	**6,7**

*) Bezugsgröße: Ackerland, Dauerkulturen und Dauerweiden (agricultural area).

2. Sollen bestimmte Teilflächen eines Gebietes bei der Berechnung unberücksichtigt bleiben?
3. Sollen die Kennwerte für die Gesamtbevölkerung oder einzelne Teilgruppen ermittelt werden?

In den meisten Fällen werden die Bevölkerungszahlen nur für administrative Einheiten vorliegen. Je nach Fragestellung wird man dann zu entscheiden haben, ob die Berechnung für Gemeinden, Kreise oder für Länder und Staaten erfolgen soll. Zur Veranschaulichung innerstädtischer Dichteunterschiede kommen auch Stadtbezirke oder sogar einzelne Baublöcke in Frage. Am Beispiel der städtischen Bevölkerungsdichte haben BUCKWALTER und RUGG (1986) gezeigt, wie sehr die Wahl der Bezugsfläche das Ergebnis beeinflusst.

Im Vergleich dazu ist die Ermittlung von Dichtewerten für natur- oder wirtschaftsräumliche Einheiten mit einem erheblich größeren Aufwand verbunden, da hier die in der amtlichen Statistik angeführten Zahlen zunächst entsprechend umgeordnet und neu aggregiert werden müssen. Als Beispiel seien die Berechnungen von MEYNEN und HAMMERSCHMIDT (1967) für die „naturräumlichen Einheiten" der Bundesrepublik Deutschland genannt. Auch bei der Verwendung von Gitternetzsystemen als Berechnungsgrundlage sind meist umfangreiche Vorarbeiten zu leisten. Dank der Fortschritte in der elektronischen Datenverarbeitung und der Entwicklung „Geographischer Informationssysteme (GIS)" stehen heute weltweite Bevölkerungszahlen in einem 5 × 5 Minuten Längen- und Breitenkreis-Gitternetz zur Verfügung, die auch für die Berechnung von Dichtewerten verwendet werden können (TOBLER u. a. 1997).

Angesichts der Tatsache, dass bei solchen allgemeinen Dichtemessungen die unterschiedliche Beschaffenheit des Merkmals Fläche nicht berücksichtigt wird, sind für Spezialuntersuchungen verschiedene Möglichkeiten vorgeschlagen worden, bestimmte Teile der Bodenfläche von der Ermittlung der Dichtewerte auszuschließen. Als bekanntestes Beispiel für diese Vorgehensweise kann die Berechnung der „physiologischen Bevölkerungsdichte" dienen, bei der nur die wirklich besiedelten und genutzten Areale eines Staates oder einer anderen Raumeinheit berücksichtigt werden (Tab. 1). Ähnlich verfährt man auch bei der Bestimmung der „Nettowohndichte" für einzelne Stadtviertel. Diese gibt die Einwohnerzahl je ha Bauland ohne Straßen und öffentliche Wege an.

Gelegentlich wird nicht nur die Bezugsfläche reduziert, sondern es bleiben auch einzelne Bevölkerungsgruppen außer Betracht. So basiert die Berechnung der „agraren Dichte" nur auf den in der Landwirtschaft tätigen Personen einschließlich ihrer Familienangehörigen, welche im Allgemeinen auf die landwirtschaftliche Nutzfläche bezogen werden (vgl. LENDL 1954/55). Aus der Diskussion um die Abgrenzung von Verdichtungsräumen ist die Arbeitsplatzdichte bzw. die Einwohner-Arbeitsplatzdichte hervorgegangen, wobei Erstere alle Beschäftigten außerhalb der Landwirtschaft mit Arbeitsplatz im jeweiligen Untersuchungsgebiet zur Gemarkungsfläche in Beziehung setzt, während Letztere im Zähler auch noch die Wohnbevölkerung berücksichtigt (zu weiteren Dichtemaßen vgl. SCHWARZ 1972, S. 95).

In der englischsprachigen Literatur wird häufig zwischen der Bevölkerungsdichte im engeren Sinne *(density)* und dem nur schwer übersetzbaren Begriff des *crowding* unterschieden, mit dem ein mehr oder weniger starkes „sich Drängen" von Menschen auf begrenztem Raum gemeint ist. In älteren Arbeiten definierte man *density* meist – wie allgemein üblich – als die Zahl der Personen bezogen auf eine beliebige Flächeneinheit und *crowding* als die Dichte innerhalb einer Wohnung bzw. pro Wohnraum. Clarke (1960) hat solche Berechnungen *(persons per room)* für Großbritannien durchgeführt und auffällige regionale Unterschiede feststellen können, die er in Beziehung zu anderen Merkmalen, wie z. B. „Haustyp" und „Haushaltsgröße", setzte. Von *overcrowding* spricht Clarke, wenn im statistischen Mittel mehr als zwei Personen auf einen Raum entfallen. Aber auch aus der pro Person zur Verfügung stehenden Wohnfläche lassen sich Aussagen zum *overcrowding* ableiten. Weltweit schwanken diese Werte zwischen 1,2 m² in Lahore und etwas über 3 m² in Bamako und Bombay (Mumbai) bis zu 30 m² in Paris und 55 m² in Melbourne (Population Today 27 (8), 1999).

Boots (1979), der sich um eine Systematisierung der verschiedenen Dichtebegriffe bemühte, möchte den von Clarke untersuchten Sachverhalt mit der Bezeichnung *internal density* belegt wissen. Mit dem Begriffspaar *external* und *internal density* würde damit zum einen Bezug genommen auf den Raum, der außerhalb der Wohnung zur Verfügung steht, zum anderen auf die Wohnungsgröße selbst. Von *crowding* sollte man demgegenüber nur sprechen, wenn Dichte als unerwünscht oder unangenehm empfunden wird. Stokols (1972) unterscheidet zusätzlich zwischen *social (personal)* und *non-social (neutral) crowding*. Im ersteren Fall wird die *crowding*-Erfahrung durch die Anwesenheit anderer Menschen, sei es in der Wohnung oder in der Wohnumgebung, verursacht, mit dem zweiten Begriff sind solche Situationen gemeint, in denen das Gefühl des „beschränkten Raumes" durch andere Faktoren, wie z. B. eine zu dichte Bebauung, verursacht wird.

Bisher wurde lediglich von absoluten und relativen Bevölkerungszahlen gesprochen und dabei die qualitative Zusammensetzung der Bevölkerung außer Acht gelassen. Zum tieferen Verständnis und zur Erklärung aller Verbreitungs- und Dichtemuster ist eine solche Erweiterung jedoch unumgänglich. Mit der Einführung des Begriffs „**Bevölkerungsstruktur**" wird diesem Gesichtspunkt Rechnung getragen. Der Strukturbegriff spricht den inneren Aufbau eines als komplexe Einheit gegebenen Beziehungsgefüges oder Systems an. Ausgehend von dieser Definition, gehört zur Kennzeichnung der Bevölkerungsstruktur die Aufgliederung einer Bevölkerung nach einzelnen Attributen und die Analyse der zwischen ihnen bestehenden Relationen. Häufig wird der Begriff der Bevölkerungsstruktur auch in weniger umfassendem Sinne verstanden und synonym mit „Bevölkerungszusammensetzung" verwandt.

Welche Merkmale sind für die Charakterisierung der Bevölkerungsstruktur heranzuziehen bzw. stehen dafür im Allgemeinen zur Verfügung? Es empfiehlt sich von einer Einteilung in drei Gruppen auszugehen:

1. demographische Merkmale,
2. wirtschaftliche und soziale Merkmale,
3. ethnisch-rassische und kulturelle Merkmale.

Unter den **demographischen Merkmalen** nehmen Geschlecht und Alter als fundamentale, unveränderliche Gliederungsmerkmale einer Bevölkerung eine Sonderstel-

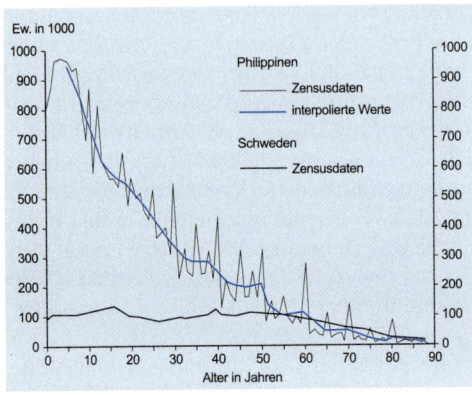

Abb. 3. Zensusauszählungen der Bevölkerung nach Altersjahren für die Philippinen und für Schweden 1960. Quelle: SHRYOCK *u. a. (1971).*

lung ein. Deshalb werden sie auch als „natürliche demographische Merkmale" bezeichnet und damit sowohl gegen die übrigen angeborenen Merkmale, wie z. B. Rasse oder Hautfarbe, als auch gegen die „sozio-demographischen Merkmale", wie z. B. Familienstand, abgegrenzt.

Die Zusammensetzung einer Bevölkerung nach Alter und Geschlecht ist nicht nur von ganz entscheidender Bedeutung für die Beurteilung vergangener und zukünftiger Bevölkerungsbewegungen, sondern sie ermöglicht auch eine erste Abschätzung volkswirtschaftlich und sozialpolitisch wichtiger Größen. Grundlegende Forschungsansätze einer *geography of gender* und einer *geography of ageing*, die z. T. weit über bevölkerungsgeographische Fragestellungen im engeren Sinne hinausgehen, werden von LONGHURST (2002) bzw. HARPER und LAWS (1995) sowie STRÜDER (1999) diskutiert.

In allen Ländern gehört die Feststellung von Geschlecht und Alter zu den Kernfragen jeder demographischen Bestandsaufnahme. Besonders in den Staaten der Dritten Welt treten jedoch schon bei Altersangaben gelegentlich Unstimmigkeiten und Unsicherheiten auf. Das äußert sich unter anderem darin, dass überproportional häufig auf „Null" oder „Fünf" endende Altersjahre genannt werden (Abb. 3). Für vergleichende Übersichten ist es daher ratsam, sich nicht auf einzelne Jahrgänge, sondern auf „Altersklassen" zu beziehen (vgl. Kap. 2.4.1).

Alle Charakteristika einer Bevölkerung, die über rein biologische Tatsachen hinausgehen, stehen in enger Wechselbeziehung zu sozialen und wirtschaftlichen Faktoren. Das gilt schon für die ebenfalls in fast allen Volkszählungen erfassten Angaben zum Familienstand (Untergliederung in Ledige, Verheiratete oder Frei-Zusammenlebende, Verwitwete und Geschiedene), denn Heiratshäufigkeit und Heiratsalter können zwischen verschiedenen Gesellschaften oder sozialen Gruppen stark schwanken. Aufgrund des engen Zusammenhangs zwischen Eheschließung und Geburten ist die Gliederung einer Bevölkerung nach dem Familienstand auch für die Statistik der Bevölkerungsbewegungen von Bedeutung.

Neben den Angaben zur Familienstandsgliederung sind in diesem Zusammenhang Daten zur Größe und Zusammensetzung der Familie als der rechtlichen und sozio-biologischen Einheit und/oder des Haushaltes als der durch eine gemeinsame Wohnung und Wirtschaftsführung gekennzeichneten Einheit von Interesse. Zur Definition der Familie wird das Kriterium der Verheiratung und das Eltern-Kind-Verhältnis (auch Adoption) herangezogen, wobei allerdings zu beachten ist, dass unter einer Familie im Sinne der Statistik (anders als in der Familiensoziologie) immer nur die in einem Haushalt zusammenlebende Familie verstanden wird. Daraus ergibt sich, dass Familie und Haushalt in vielen Fällen identisch sind (Familienhaushalt), zu einem Haushalt jedoch auch familienfremde Personen gehören können (z. B. häusliches Dienstpersonal, landwirtschaftliche oder gewerbliche Arbeitskräfte). Die weitere Untergliederung in Familientypen erfolgt international nicht einheitlich. Gebräuchlich ist es jedoch, der „Kernfamilie" (Eltern und Kinder) die „erweiterte Familie" (zusätzlich noch andere Verwandte) gegenüberzustellen bzw. von „vollständigen Familien" (Ehepaare mit Kindern) und „unvollständigen Familien" (z. B. Ehepaare ohne Kinder, Verwitwete oder Geschiedene mit Kindern) zu sprechen.

Die Statistik der Privathaushalte (daneben werden noch Anstaltshaushalte ausgewiesen) baut einerseits auf der Zahl der Haushaltsmitglieder auf, zum anderen dienen verschiedene Merkmale des Haushaltsvorstandes oder verwandtschaftliche Beziehungen zwischen den einzelnen Haushaltsmitgliedern zu einer weiteren Differenzierung. Unter dem „Haushaltsvorstand" versteht man im Allgemeinen jene Person, die den überwiegenden Beitrag zum Lebensunterhalt leistet. In der Bundesrepublik wird neuerdings stattdessen der Begriff der „Bezugsperson" verwandt, ohne allerdings dafür eine Präzisierung vorzunehmen. Die Bezugsperson ist vielmehr diejenige Person, die sich im Erhebungsbogen als solche bezeichnet. Weithin üblich ist eine Untergliederung der Haushalte nach Ein- und Mehrpersonenhaushalten und diese weiter nach der Haushaltsgröße sowie nach verschiedenen Haushaltstypen (z. B. Haushalte mit und ohne familienfremde Mitglieder, Ein- und Mehrgenerationenhaushalte). Der tief greifende Wandel von Ehe und Familie, wie er sich gegenwärtig in allen Industrieländern vollzieht, hat dazu geführt, dass „neue Haushaltstypen" zunehmend an Bedeutung gewinnen (z. B. nicht-eheliche Lebensgemeinschaften) und eine Anpassung der Statistik erforderlich machen.

Mit dem nicht sehr präzisen Sammelbegriff **„sozio-ökonomische Merkmale"** sind in erster Linie Statistiken zur Erwerbstätigkeit, zur Beschäftigung nach Wirtschaftszweigen, zur Stellung im Beruf und zum Bildungsstand gemeint.

Für die Beurteilung der Existenzgrundlagen einer Bevölkerung sind Daten über die Art des Lebensunterhaltes von maßgeblicher Bedeutung. Hinsichtlich der Beteiligung am Erwerbsleben unterscheidet man zwischen den zwei großen Gruppen der „Erwerbspersonen" und der „Nicht-Erwerbspersonen". Zur Einordnung in die Rubrik der „Erwerbspersonen" lehnt sich die Mehrzahl der Länder, so auch die Bundesrepublik Deutschland, an das *labour force concept* der OECD-Staaten an. Zur Gruppe der Erwerbspersonen gehören danach sowohl Erwerbstätige als auch Erwerbslose und diejenigen, die erstmalig einen Arbeitsplatz suchen. Der Anteil der Erwerbspersonen an der Gesamtbevölkerung ergibt die „Erwerbsquote", die eine erste Beurteilung des Umfangs der Erwerbsbeteiligung ermöglicht. Da diese Quote von der Sexualproportion der Bevölkerung sowie vom Anteil der noch nicht oder nicht mehr für eine Erwerbstätigkeit in Frage kommenden Personen beeinflusst wird, empfiehlt es sich, ergänzend

Erwerbsquoten für die männliche und für die weibliche Bevölkerung sowie für verschiedene Altersgruppen zu berechnen (SCHWARZ 1972, S. 176).

Die Gliederung der Erwerbspersonen nach Wirtschaftszweigen und Berufsgruppen vermag weitere Anhaltspunkte für die Einschätzung der Wirtschaftsstruktur eines Raumes zu geben. Dabei ist jedoch zu berücksichtigen, dass die Erwerbstätigkeit nicht immer am Wohnort ausgeübt wird. Insbesondere bei kleinräumigen Analysen wird man daher zusätzlich auf die Pendlerstatistik zurückgreifen müssen.

Zahl und Abgrenzung der in eine solche wirtschaftssystematische oder berufliche Gliederung der Erwerbspersonen einbezogenen Sektoren sind international nicht einheitlich. Für die Aufschlüsselung nach Wirtschaftszweigen nennt die „International Labour Organization (ILO)" zehn Hauptgruppen: Land- und Forstwirtschaft sowie Fischerei; Bergbau; verarbeitende Industrie; Elektrizitäts-, Gas- und Wasserversorgung; Bauwirtschaft; Handel und Gastgewerbe; Transport und Kommunikation; Banken und Versicherungen; andere Dienstleistungen; übrige Aktivitäten; teilweise wird auch in 18 Kategorien untergliedert (Yearbook of Labour Statistics 2002, S. 1603 ff.). Die in der Bundesrepublik übliche Einteilung ist recht ähnlich (vgl. Statistisches Jahrbuch 2003, S. 111 f.).

Für sehr viele Zwecke dürfte es ausreichen, gemäß dem Vorschlag von CLARK (1951) nach nur drei Sektoren zu unterscheiden, dem primären mit der Land- und Forstwirtschaft sowie der Fischerei, dem sekundären mit Bergbau, Handwerk und Industrie sowie der Energie- und Bauwirtschaft und dem tertiären, in dem alle Dienstleistungen zusammengefasst sind. Um der Vielfalt des Dienstleistungsbereiches Rechnung zu tragen, wird neuerdings häufig ein „quartärer Sektor" (höherwertige Dienstleistungen) zusätzlich ausgegliedert.

Eine sehr viel stärkere soziale Komponente als die bisher genannten Charakteristika beinhalten die Angaben zum Beruf und zur Stellung im Beruf. Neben Ausbildung und Einkommen gehören diese Variablen zu den gebräuchlichsten Indikatoren, die zur Abgrenzung verschiedener Sozialschichten herangezogen werden. International wird bei der beruflichen Zuordnung der Erwerbspersonen von neun großen Gruppen ausgegangen (Yearbook of Labour Statistics 2002, S. 1626); in einzelnen nationalen Zählwerken finden sich auch wesentlich feinere Untergliederungen. Hinsichtlich der Stellung im Beruf wird im Allgemeinen zwischen Selbständigen, mithelfenden Familienangehörigen, Angestellten und Arbeitern unterschieden, in der Bundesrepublik Deutschland daneben auch nach Beamten und Auszubildenden. Die zunehmenden Nivellierungstendenzen zwischen den genannten Gruppen lassen es wünschenswert erscheinen, zusätzlich weitere Sozialindikatoren (z. B. Einkommensverhältnisse) zu erfragen, was jedoch auf wachsende Schwierigkeiten stößt.

Für eine sozio-ökonomische Gliederung der Bevölkerung können ergänzend Statistiken zum Schulbesuch und zum Ausbildungsniveau benutzt werden. Dabei ist zunächst zu differenzieren zwischen Personen, die sich noch in der Ausbildung befinden, und solchen, die entweder nie eine Schule besucht oder diese bereits verlassen haben. Im ersten Fall wird normalerweise die Schulart (z. B. Primar- oder Sekundarschule, Fachschule oder Universität), gelegentlich auch das erreichte Schuljahr ermittelt, für den zweiten Personenkreis gewöhnlich nach dem höchsten Schulabschluss ausgezählt. In vielen Entwicklungsländern wird darüber hinaus eine erste Grundeinteilung in Alphabeten und Analphabeten vorgenommen. Detaillierte Angaben zu Bildungsstatistiken – auch in historischer Perspektive – finden sich bei MEUSBURGER (1998).

Zu der bisher noch nicht besprochenen Gruppe der **ethnisch-rassischen und kulturellen Merkmale** zählen Angaben zur Staatsangehörigkeit, zur Konfession sowie zur völkischen und sprachlichen Gliederung einer Bevölkerung. Die Zugehörigkeit zu einer bestimmten rassischen Gruppierung ist zwar biologisch vorgegeben, sie hat jedoch vielfältige soziale und kulturelle Implikationen, sodass sie an dieser Stelle mit eingeschlossen wird. Die genannten Variablen haben regional eine sehr unterschiedliche Bedeutung für die Charakterisierung der Bevölkerungsstruktur. So gibt es Länder, in denen keine größeren Personengruppen mit ausländischer Staatsangehörigkeit leben oder in denen die Bevölkerung in ethnischer, sprachlicher oder religiöser Hinsicht sehr homogen zusammengesetzt ist, sodass man auf entsprechende Fragen in den nationalen Erhebungen verzichten kann. In anderen Ländern wäre eine Analyse der Bevölkerungsstruktur ohne Berücksichtigung derartiger Gesichtspunkte unvollständig. Teilweise versucht man dem bei der Aufstellung des Merkmalskatalogs für Volkszählungen Rechnung zu tragen; es kann aber auch vorkommen, dass trotz ethnischer, sprachlicher oder religiöser Heterogenität aus unterschiedlichen Gründen von entsprechenden Fragen abgesehen wird. Für die Bundesrepublik Deutschland sind aus dieser Merkmalsgruppe lediglich Nachweise zur konfessionellen Gliederung und zur Staatsbürgerschaft wichtig. Lange Zeit bildete die Religionszugehörigkeit eine der Schlüsselvariablen zum Verständnis eines unterschiedlichen sozialen Verhaltens und zur Erklärung regionaler Differenzierungen aus den verschiedensten Lebensbereichen. Derartige Zusammenhänge haben sich in jüngster Zeit mehr und mehr verwischt. Demgegenüber gewinnen Zahlenangaben zur Staatsangehörigkeit als Folge einer vermehrten Zuwanderung von Ausländern an Bedeutung.

2.1.2 Kartographische Darstellungsformen

Bevölkerungskarten geben Auskunft über Verteilung, Dichte, Strukturen sowie die dauernden oder vorübergehenden räumlichen Veränderungen der Bevölkerungszahlen und -schichtungen (WITT 1971, S. 1). Sie sind daher für die Bevölkerungsgeographie eines der wichtigsten Forschungs- und Darstellungsmittel; d. h. einerseits können Bevölkerungskarten analysiert, interpretiert und miteinander verglichen werden, um daraus zu neuen Erkenntnissen zu gelangen, zum anderen ist es vielfach sinnvoll, die Ergebnisse bevölkerungsgeographischer Untersuchungen durch die Verwendung von Karten und Diagrammen zu veranschaulichen. Gute Beispiele für beide Funktionen bilden der von NOIN (1996) vorgelegte Weltbevölkerungsatlas sowie der Bevölkerungsband im Nationalatlas für die Bundesrepublik Deutschland (GANS und KEMPER 2001).

Es kann nicht Aufgabe dieses kurzen Überblicks sein, den Gesamtbereich der Bevölkerungskartographie, wie er in der obigen Definition umrissen wurde, systematisch zu behandeln. Zur ergänzenden Information sei auf die umfangreichen Lehrbücher der Thematischen Kartographie und insbesondere auf die bislang einzige eigenständige Bearbeitung der Bevölkerungskartographie durch WITT (1971) verwiesen. Obwohl sich die Methoden der Kartenerstellung dank der Fortschritte der rechnergestützten Kartographie vollständig gewandelt haben, sind Grundbegriffe und inhaltliche Vorüberlegungen zur Kartengestaltung nach wie vor aktuell, und auch die Karteninhalte haben sich kaum verändert (vgl. BOLLMANN und KOCH 2001, S. 80). Hier wird nur auf „Bevölkerungskarten im engeren Sinne" (WILHELMY 2002, S. 282 ff.), d. h. auf Karten zur Bevölkerungsverteilung und -dichte eingegangen. Hinweise und Beispiele zu den Darstellungsmöglichkeiten anderer Sachverhalte finden sich später an den entsprechenden Textstellen.

Bei der Erarbeitung von Bevölkerungskarten im oben charakterisierten Sinn lässt sich zwischen zwei Wegen, der absoluten und der relativen Methode, unterscheiden. Die absolute Methode dient der Erfassung von Bevölkerungszahlen nach ihrer Verbreitung in absoluten Mengen, d. h. die Zahlen werden auf keine anderen Größen bezogen: Man erhält Karten der Bevölkerungsverteilung. Bei der relativen Methode wird demgegenüber die Bevölkerung zu Flächenangaben in Beziehung gesetzt: Man erhält Karten der Bevölkerungsdichte.

Bevölkerungskarten in absoluter Darstellung basieren auf der „Punktmethode", die entweder in reiner oder in abgewandelter Form zur Anwendung kommt (Punktstreuungskarten). Dabei repräsentiert ein Punkt eine bestimmte Anzahl von Menschen und wird möglichst lagerichtig in die Karte eingetragen. Die Punkte übersetzen damit das Nacheinander der Statistik in ein übersichtliches Nebeneinander der Karte (WILHELMY 2002, S. 282).

Treten im darzustellenden Raum ausgeprägte Bevölkerungskonzentrationen auf, so wird man nicht nur mit gleichwertigen, sondern auch mit ungleichwertigen Mengensignaturen arbeiten müssen, sei es mit feststehenden oder mit proportional zur jeweiligen Bevölkerung anwachsenden Größenwerten (meist Kreise oder Quadrate). In sehr dicht besiedelten Gebieten muss man darüber hinaus nach Wegen suchen, um die Skala der darstellbaren Werte auszuweiten, ohne dass die einzelnen Signaturen zu groß werden, sich gegenseitig stark überschneiden oder gar verdecken. Für diesen Fall hat STEN DE GEER in den 1920er Jahren ein Verfahren entwickelt, bei dem dreidimensionale Mengensignaturen Verwendung finden. Dadurch werden die auftretenden Größengegensätze deutlich gemildert, jedoch nicht vollständig verwischt, und die Karte bleibt gut lesbar.

Karten der Bevölkerungsdichte sind wesentlich älter als Karten der Bevölkerungsverteilung. Bereits 1833 veröffentlichte GEORGE J. D. P. SCROPE in seinen „Principles of Political Economy" eine Weltkarte der Bevölkerungsdichte, in der drei verschiedene Stufen unterschieden werden; nur wenig jünger ist die ebenfalls schon in anderem Zusammenhang erwähnte Darstellung von AUGUST PETERMANN aus dem Jahre 1859.

Bevölkerungsdichtekarten geben nach WILHELMY (2002, S. 285) die Anzahl der Bewohner pro Flächeneinheit (meist in km²) als Durchschnittswert und zusammengefasst in Dichtestufen für kleinere oder größere Einheiten wider. Die Bevölkerungsdichte ist damit in gewisser Weise ein „fiktiver" Begriff, denn sie wird in flächenhafter Verbreitung dargestellt, obwohl eine gleichmäßige Verteilung der Menschen im Sinne der errechneten Dichte nirgends vorhanden ist. Die Hauptprobleme bei der Anfertigung von Bevölkerungsdichtekarten liegen in der Wahl der Bezugsfläche sowie der

Festlegung der Gruppenanzahl und Schwellenwerte. Mögliche Bezugsflächen sind im Zusammenhang mit der Diskussion des Dichtebegriffes schon genannt worden (vgl. Kap. 2.1.1). Am häufigsten werden administrative Gebietseinheiten herangezogen. Die Wahl sog. geographischer Einheiten (z. B. Natur- oder Wirtschaftsräume) scheitert meist daran, dass von der amtlichen Statistik kein in geeigneter Weise aufgeschlüsseltes Zahlenmaterial bereitgestellt wird. Dagegen haben Dichtedarstellungen auf der Basis von Gitternetzen mit der Entwicklung moderner Datenverarbeitungsanlagen zunehmend an Bedeutung gewonnen (vgl. ÖBERG und SPRINGFIELDT 1991). Seit langem gebräuchlich ist auch eine Veranschaulichung der Dichteverhältnisse mittels „Pseudo-isolinien" (Isodensen), die gewöhnlich aus Punktkarten der Bevölkerungsverteilung abgeleitet werden.

Die zweite wichtige und bis zu einem gewissen Grade subjektive Entscheidung bei der Erarbeitung von Karten zur Bevölkerungsdichte muss bei der Ausgliederung der Dichtegruppen und der damit einhergehenden Bestimmung von Schwellenwerten getroffen werden (vgl. JENKS 1963). Was die Gruppenanzahl betrifft, so ist abzuwägen zwischen der angestrebten Übersichtlichkeit, die bei einer kleineren Klassenzahl im Allgemeinen besser gegeben ist, und dem mit einer Reduzierung der Gruppenzahl verbundenen Informationsverlust. Auch für die Festlegung der Schwellenwerte lassen sich keine allgemein verbindlichen Kriterien angeben. Von Fall zu Fall ist zu entscheiden, ob man von schematisierten Intervallen (z. B. in arithmetischer oder geometrischer Progression oder unter Berücksichtigung von Mittelwert und Streuungsmaßen) ausgeht oder ob man „Sinngruppen" zugrunde legt, indem man zunächst eine Häufigkeitsverteilung erstellt und diese auf Sprungstellen hin analysiert. Besonders bei extrem schiefen Verteilungen haben unterschiedliche Schwellenwerte einen erheblichen Einfluss auf das sich ergebende Raummuster. Dieser Nachteil ent-

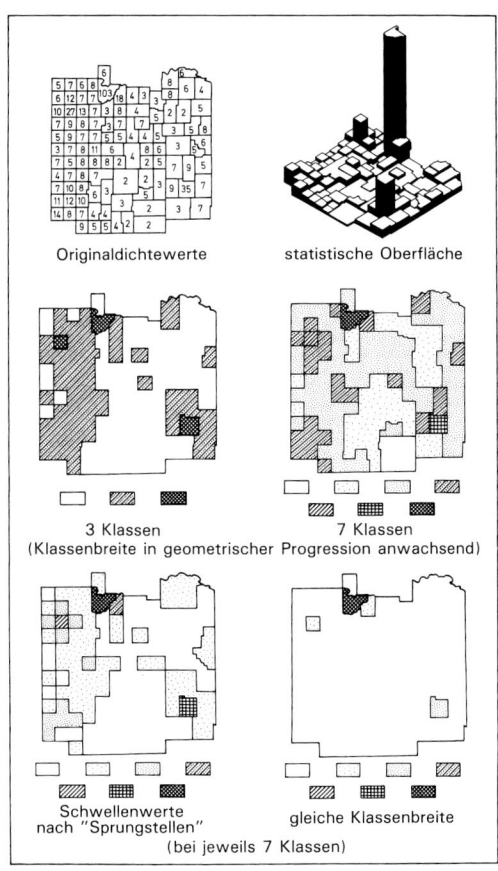

Originaldichtewerte   statistische Oberfläche

3 Klassen
(Klassenbreite in geometrischer Progression anwachsend)

7 Klassen

Schwellenwerte
nach „Sprungstellen"   gleiche Klassenbreite
(bei jeweils 7 Klassen)

Abb. 4. Der Einfluss von Gruppenzahl und Schwellenwerten auf Karten der Bevölkerungsdichte. Quelle: JENKS (1963).

fällt, wenn eine dreidimensionale Darstellung in Form einer statistischen Oberfläche gewählt wird (Abb. 4).

Beziehungen zwischen Fläche und Bevölkerung können darüber hinaus auch durch **Diagramme oder Kartogramme** veranschaulicht werden. Dafür seien hier zwei Beispiele genannt. Ein „Flächen-Bevölkerungsdiagramm" entsteht, indem man auf der x-Achse die Einwohnerzahlen und auf der y-Achse die entsprechenden Flächen jeweils in logarithmischem Maßstab abträgt (Abb. 5). Punkte gleicher Bevölkerungsdichte liegen dadurch auf parallel verlaufenden Geraden. Eine solche Darstellung hat den Vorzug, dass unmittelbar sichtbar wird, ob sich eine bestimmte Dichte auf große oder nur sehr kleine Flächen bezieht (vgl. WITTHAUER 1956).

Eine andere Möglichkeit, die unterschiedlich dichte Besiedlung verschiedener Raumeinheiten zum Ausdruck zu bringen, bieten „isodemographische Karten". Dabei werden die einzelnen Teilräume des Untersuchungsgebietes (z. B. Staaten, Provinzen) nicht maßstabsgetreu entsprechend ihrer Fläche, sondern proportional zu ihren Einwohnerzahlen gezeichnet. Eine Flächeneinheit auf der Karte entspricht danach einer bestimmten Bevölkerungszahl. Die Konstruktion derartiger Karten ist besonders dann nicht ganz einfach, wenn die Deformation gegenüber der „wirklichen" Konfiguration möglichst gering gehalten werden soll und die Raumeinheiten nicht einfach in Quadrate oder Rechtecke umgewandelt werden. SKODA und ROBERTSON (1972) haben ein

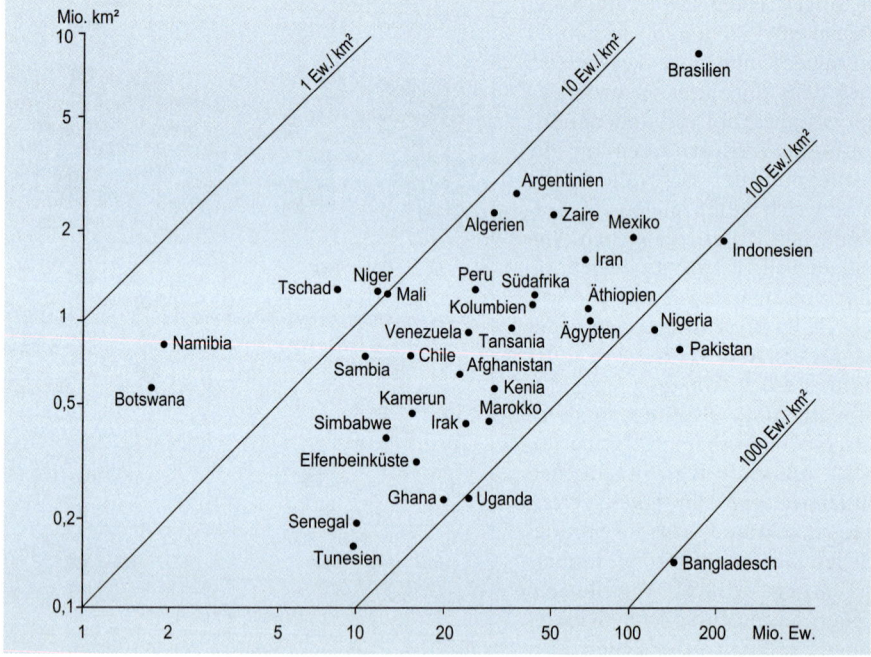

Abb. 5. Flächen-Bevölkerungsdiagramm für ausgewählte Staaten der Dritten Welt 2003. Quelle: UN (2003).

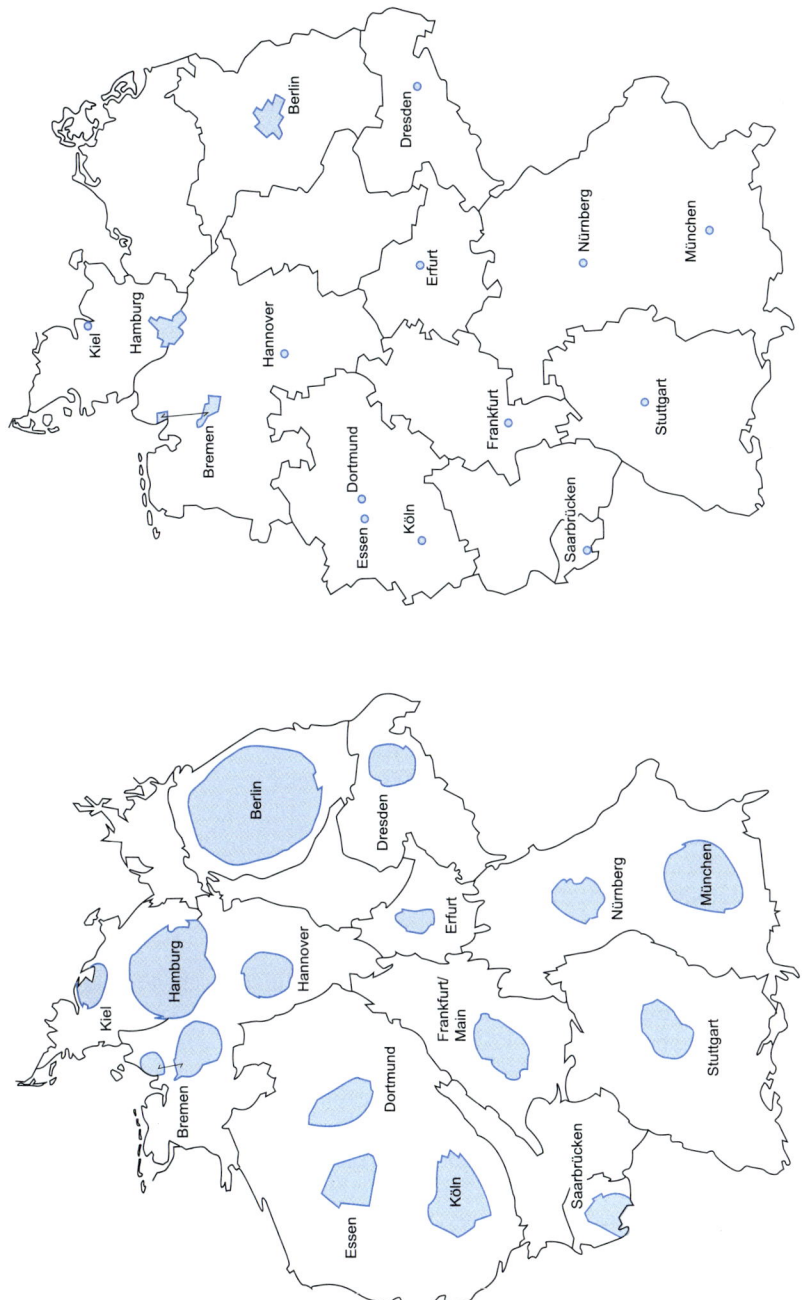

Abb. 6. Isodemographische Karte der Bundesrepublik Deutschland. Quelle: RASE (in GANS und KEMPER 2001).

(mechanisches) Verfahren am Beispiel Kanadas ausführlich erläutert; im Nationalatlas findet sich eine von RASE entwickelte isodemographische Karte Deutschlands (Abb. 6). Gebräuchlicher sind stark schematisierte isodemographische Weltkarten, die die höchst ungleiche Bevölkerungsverteilung über die Erde sehr gut veranschaulichen können (vgl. NOIN 1996; STRUCK 2000). Teilweise werden auch nur Teilbevölkerungen dargestellt, so bei MÜLLER (1988) die Zahl der Kinder oder bei BIRG (1996) die Zahl der Geburten in den Staaten der Erde.

2.1.3 Statistische Arbeitstechniken und Kennwerte

Für eine quantitativ vergleichende Analyse von Bevölkerungsverteilungen und Bevölkerungsstrukturen erweist es sich oft als notwendig, in Ergänzung zu den verschiedenen Formen kartographischer Darstellung statistische Maßzahlen heranzuziehen. Die Vielfalt der bestehenden Möglichkeiten, die von einfachen Beziehungszahlen über verschiedene Mittelwerte und Streuungsmaße bis hin zu komplexen Indikatoren reicht, kann hier nur exemplarisch erläutert werden. Vorgestellt seien lediglich solche statistischen Kennwerte, die sich unmittelbar auf Raummuster, d. h. auf zweidimensionale Verteilungen, beziehen. Wenn dabei auch in besonderem Maße auf Bevölkerungsverteilungen Bezug genommen wird, so lassen sich die meisten Verfahren ganz analog auf die Analyse beliebiger Punktmuster anwenden. Parameter eindimensionaler Datenreihen und Größen, die den Zusammenhang zwischen mehreren Merkmalen kennzeichnen, werden nicht ausführlich diskutiert. Dazu sei auf die einschlägigen statistischen Lehrbücher verwiesen (z. B. BAHRENBERG und GIESE 1975; GÜSSEFELDT 1996).

Neben den schon behandelten Möglichkeiten zur Berechnung der Bevölkerungsdichte nennt DUNCAN (1957) vier Gruppen von Kennziffern, die zur Charakterisierung räumlicher Bevölkerungsverteilungen dienen können:

1. Konzentrationsmaße,
2. *nearest neighbour*-Maße (Nächst-Nachbar-Analyse),
3. zentrographische Maße (Lageparameter),
4. Potenzialberechnungen.

Zwar sind auf Karten der Bevölkerungsverteilung mehr oder weniger starke **Konzentrationserscheinungen** meist gut zu erkennen, ohne dass es aber schon möglich wäre, dieses „mehr oder weniger" in exakte Zahlen zu fassen. Statistische Maßzahlen, oft verbunden mit Diagrammdarstellungen, können dazu beitragen, den Begriff der „Bevölkerungskonzentration" zu operationalisieren. Am bekanntesten sind die „Lorenzkurve" und daraus abgeleitete Konzentrationsindizes. Die Lorenzkurve wurde ursprünglich allerdings nicht auf Bevölkerungsverteilungen, sondern zur Beschreibung verschiedener anderer Ungleichheiten, beispielsweise der Einkommensverhältnisse, angewandt. Als datenmäßige Voraussetzung für ihre Konstruktion muss sich das betrachtete Untersuchungsgebiet in eine Anzahl von (nach Möglichkeit gleich großen) Untereinheiten mit bekannter Fläche und Einwohnerzahl untergliedern lassen. Zunächst bestimmt man für die einzelnen Teilräume die Bevölkerungsdichte und bringt die in Einzel- oder in Dichteklassen (bzw. Größengruppen) zusammengefassten Werte in eine Rangordnung. Für jeden Teilraum bzw. für jede Dichteklasse wird ihr Anteil an der Gesamtfläche und an der Gesamtbevölkerung des jeweiligen Untersuchungsgebietes berechnet. Die aufkumulierten Prozentwerte trägt man anschließend in ein Diagramm ein und verbindet sie miteinander (Abb. 7). Bei einer völlig gleichmäßigen Bevölkerungsverteilung würde die Lorenzkurve mit der Diagonalen des Diagramms zusammenfallen, die deshalb auch als „Gleichverteilungsgerade" bezeichnet wird. Das umgekehrte Extrem wäre gegeben, wenn sich die gesamte Bevölkerung auf einer sehr kleinen Fläche, theoretisch einem Punkt, zusammendrängen würde. Die Lorenzkurve entspräche dann der Verbindungslinie zwischen den Koordinaten (0,0), (100,0) und (100,100). Ganz allgemein lässt sich die folgende Regelhaftigkeit formulieren: Je weiter die erhaltene Kurve von der Gleichverteilungsgeraden abweicht, desto größer ist die Bevölkerungskonzentration im betreffenden Gebiet.

Beispiele für die Anwendung von Lorenzkurven zur Charakterisierung von Bevölkerungsverteilungen finden sich z. B. bei BUCHER (1989) für die Bundesrepublik Deutschland (vgl. Abb. 7), bei DE RUDDER (1977) für Belgien oder ALESTALO (1983) für Finnland. Für raumzeitliche Vergleiche sind Lorenzkurven allerdings nur bedingt geeignet, da es selten möglich sein dürfte, völlig äquivalente Raumeinheiten bzw. Klassen zugrunde zu legen. Wenn diese Bedingung nicht erfüllt ist, kann sich jedoch die Gestalt der Kurve auch unabhängig von einer zu- oder abnehmenden Bevölkerungskonzentration verändern (vgl. DE SMET 1962).

Aus der Lorenzkurve lassen sich verschiedene statistische Konzentrationsmaße ableiten, die hier nicht im Einzelnen besprochen werden, da sie heute kaum noch gebräuchlich sind (vgl. WRIGHT 1937; GÜSSEFELDT 1996, S. 176 ff.). Genannt sei davon lediglich der Konzentrationskoeffizient nach GINI (Gini-Index), der sich geometrisch gut veranschaulichen lässt. Er entspricht gerade dem (mit 100 multiplizierten) Quotienten aus der Fläche zwischen der Diagonalen und der Kurve (die im Zähler steht) sowie zwischen der Diagonalen und den beiden Achsen (die den Nenner bildet). In den

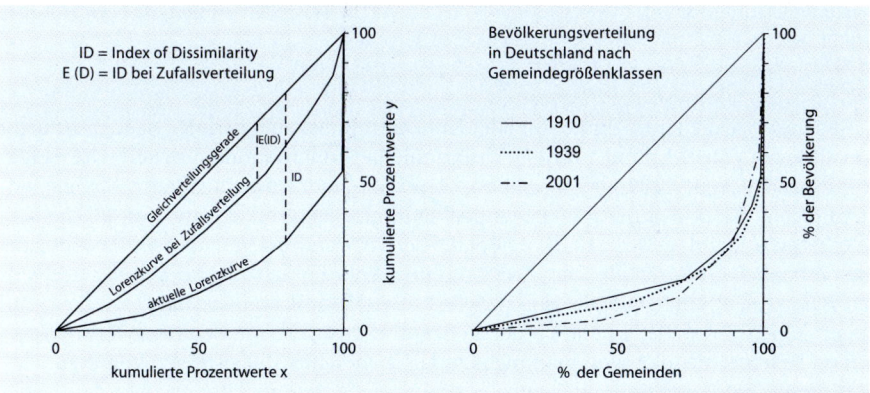

Abb. 7. Konstruktionsprinzip und Anwendungsbeispiel der Lorenzkurve. Quelle: WINSHIP (1977); Statistische Jahrbücher für die Bundesrepublik Deutschland.

oben charakterisierten Extremfällen nimmt der Index die Werte 0 bzw. 100 an. Für seine Berechnung nennt DUNCAN (1957, S. 30) die folgende Formel:

$$K_G = \left(\sum_{i=1}^{k} X_{i-1}Y_i - \sum_{i=1}^{k} X_iY_{i-1} \right) : 100$$

wobei: X_i, Y_i = kumulierte Prozentwerte für Fläche
bzw. Bevölkerung mit $X_0 = 0$ und $Y_0 = 0$
k = Zahl der Raumeinheiten bzw. Klassen

Für Deutschland ergeben sich nach den Daten der Abbildung 7 folgende Indexwerte: 1910 = 56,9; 1939 = 64,0; 2001 = 78,7. Sie weisen ebenso wie die Lorenzkurve selbst auf eine zunehmende Konzentration der Bevölkerung hin.

Einen ähnlichen Sachverhalt kann der sehr einfach zu bestimmende *index of dissimilarity* (ID) veranschaulichen. Er stellt die maximale Differenz zwischen den kumulierten Prozentwerten X und Y oder, geometrisch gesprochen, die maximale vertikale Distanz zwischen der Diagonalen und der Lorenzkurve dar (Abb. 7). Liegen keine kumulierten Häufigkeiten vor, so empfiehlt sich eine einfache Berechnungsmethode, die auf HOOVER zurückgeht. Daher wird der *index of dissimilarity* gelegentlich auch als „Hoover-Index" bezeichnet, der sich wie folgt ergibt:

$$ID = \frac{1}{2} \sum_{\iota=1}^{k} | x_i - y_i |$$

wobei: x_i, y_i = unkumulierte Prozentwerte für Fläche bzw. Bevölkerung.

Wiederum seien als Beispiel die für Deutschland kennzeichnenden Indexwerte genannt: 1910 = 50,1; 1939 = 60,3; 2001 = 62,5.

Aus einem Vergleich dieser Zahlenreihe mit der für den Gini-Index angeführten wird ersichtlich, dass ID jeweils kleiner als K_G ist. Es lässt sich zeigen, dass ganz allgemein gilt:

$$ID \leq K_G \leq 2\,ID - (ID^2 : 100)$$

Ebenso wie die Lorenzkurve und der Konzentrationskoeffizient K_G ist auch ID nicht unabhängig von Zahl und Größe der zugrunde liegenden Raumeinheiten. Um es klarer auszudrücken: Der Index nimmt zu, wenn in einem Untersuchungsgebiet die Anzahl der in die Berechnung eingehenden Teilräume vergrößert bzw. ihre Fläche verkleinert wird (z. B. USA 1950: ID = 58,9 bei der Verwendung von *counties*, ID = 39,2 bei den erheblich größeren *divisions*). Bei Zeitreihen können sich allein durch unterschiedliche Bezugseinheiten völlig gegensätzliche Entwicklungstrends ergeben (vgl. LONG und NUCCI 1997). Diese Eigenschaften der Konzentrationsmaße müssen bei jeder Interpretation beachtet werden, will man nicht zu falschen Schlussfolgerungen kommen.

Sowohl die Lorenzkurve als auch der *index of dissimilarity* können über den bisher genannten Anwendungsbereich hinaus auch zur Kennzeichnung von räumlichen Segregationserscheinungen herangezogen werden. Das sei am Beispiel des Dissimilaritätsindex näher erläutert. In Verallgemeinerung des bisher Ausgeführten lässt sich sagen, dass ID den Grad der Ähnlichkeit in der räumlichen Verteilung zweier statistischer Populationen prüft; das aber heißt, für x_i und y_i können anstelle von Bevölkerung und Fläche beispielsweise auch zwei verschiedene Sozialschichten oder ethnische Gruppen stehen. Wird ID für eine beliebige Teilgruppe (Minderheit) einer Bevölkerung und die verbleibende Restbevölkerung berechnet, so spricht man auch vom *index of segregation* (vgl. Blasius 1988).

Duncan und Duncan (1955) haben diese und andere Segregationsmaße ausführlich diskutiert. In den Vereinigten Staaten wurden sie insbesondere zur Analyse des räumlichen Verteilungsmusters von weißer und nicht-weißer Bevölkerung herangezogen (vgl. Kap. 2.6.2). Dabei gelten für alle raumzeitlichen Vergleiche die oben genannten Vorbehalte (vgl. die Beispiele bei Woods 1976). Hinzu kommt, dass die Indizes auch vom prozentualen Anteil der betrachteten Teilgruppe an der Gesamtbevölkerung beeinflusst werden. So kann sich bei sehr geringen Anteilswerten schon bei reiner Zufallsverteilung ein recht hoher Dissimilaritätsindex errechnen (Cortese u. a. 1976). Um diese Nachteile zu vermeiden und dem Index über die rein mathematische Bedeutung hinaus eine realistische Bezugsbasis zu verleihen, ist vorgeschlagen worden, bei der Festlegung des Nullpunktes nicht von völlig unsegregierten Verhältnissen, wie sie der Gleichverteilungsgeraden in der Lorenzkurve entsprechen würden, auszugehen, sondern stattdessen als Maßstab eine empirisch ermittelte „Standardverteilung" (Stephan 1977) oder eine „Zufallssegregation" (Winship 1977) zugrunde zu legen und einen darauf bezogenen Index zu berechnen (geometrische Erläuterung siehe Abb. 7); komplexere Erweiterungen finden sich bei Wong (1999).

Auch die von Duncan und Duncan (1955, S. 211) gegebene Interpretation des Dissimilaritätsindex als Anteil der betreffenden Minderheit, die ihren Wohnstandort wechseln müsste, um eine Gleichverteilung zu erreichen, kann leicht zu Missverständnissen führen und sollte daher näher erläutert werden. Gemeint ist nämlich nicht ein Austausch von Minderheits- und Mehrheitsbevölkerung, sondern eine „Umsiedlung" ohne entsprechenden Ersatz. Es ist aber wirklichkeitsnäher, bei der Beurteilung von Segregationserscheinungen vom Umfang des Bevölkerungsaustausches auszugehen, der für eine Gleichverteilung nötig wäre. Bezeichnet man den Quotienten aus Minderheits- und Gesamtbevölkerung mit q, so ergeben sich für diesen Fall: $(1 - q) \cdot ID$ als Prozentsatz der Minderheitsbevölkerung, $q \cdot ID$ als Prozentsatz der Mehrheitsbevölkerung und $2 \cdot q \cdot (1 - q) \cdot ID$ als Prozentsatz der Gesamtbevölkerung, die ihren Wohnstandort wechseln müsste (Cortese u. a. 1976, S. 635).

Nearest neighbour-Maße basieren auf der Messung von Distanzen zwischen verschiedenen Wohnstandorten (Punkten). Inhaltlich hängen sie eng mit den beschriebenen Konzentrationsparametern zusammen, wenn sie auch weniger darauf ausgerichtet sind, die Konzentrationserscheinungen selbst zu analysieren, sondern diese gegenüber zufälligen oder regelmäßigen Verbreitungsmustern abzugrenzen (vgl. Abb. 2). Es sind vor allem Pflanzenökologen gewesen, die sich schon früh mit diesen Fragen beschäftigt und die heute gebräuchlichen Verfahren entwickelt haben (Clark und Evans 1954). Um Grundgedanken und Prinzip der **Nächst-Nachbar-Methode** kennen zu lernen, gehen wir von einem Untersuchungsgebiet aus, das n Punkte (Bevölkerungseinheiten, d. h. Individuen oder Gruppen von Individuen) umfasst. Für jeden dieser Punkte lässt sich seine lineare Distanz zu dem nächstliegenden Punkt, dem „nächsten Nachbarn", bestimmen. Diese wird gewöhnlich mit d_i $(i = 1 \ldots n)$ bezeichnet, das arithmetische Mittel aller gemessenen Entfernungen mit $\overline{d}$. Diesem empirischen Mittelwert kann man einen „theoretischen" $(\overline{d}_t)$ gegenüberstellen, der sich bei zufälliger Platzierung der Punkte ergeben würde. Er berechnet sich wie folgt:

$$\overline{d}_t = \frac{1}{2\sqrt{\dfrac{n}{F}}}$$

wobei: n = Anzahl der Punkte
F = Fläche des betrachteten Gebietes

Bildet man nun noch aus $\overline{d}$ und $\overline{d}_t$ die Prüfgröße

$$R = \frac{\overline{d}}{\overline{d}_t},$$

so lässt sich festhalten:

1. R wird 1 bei einer reinen Zufallsverteilung

$$(\text{d. h. } \overline{d} = \overline{d}_t),$$

2. R geht gegen 0 bei einer in „Klumpen" konzentrierten Verteilung

$$(\text{d. h. } \overline{d} < \overline{d}_t),$$

3. R geht gegen einen oberen Grenzwert von 2,149 (hier nicht bewiesen) bei einer völlig regelmäßigen Anordnung der Punkte

$$(\text{d. h. } \overline{d} > \overline{d}_t).$$

Ob die beobachtete Abweichung des Wertes R von 1 statistisch signifikant ist, kann zusätzlich getestet werden. Eine Modifikation und Erweiterung der von CLARK und EVANS (1954) entwickelten Methode ist dadurch denkbar, dass nicht nur die Distanz zum nächsten Nachbarn, sondern zusätzlich Entfernungen zu einer größeren Anzahl benachbarter Werte berücksichtigt werden (vgl. DE VOS 1973; GÜSSEFELDT 1996, S. 413 ff.).

Mit Hilfe von *nearest neighbour*-Techniken sind insbesondere Siedlungsverteilungen untersucht worden (vgl. z. B. DACEY 1962). Dabei war das Hauptinteresse meist darauf gerichtet, die Hypothese einer regelmäßigen Anordnung zu überprüfen. Folgt man DUNCAN (1957, S. 34), so ist das Verfahren in erster Linie für diesen Zweck geeignet, da es keine ausreichende Differenzierung zwischen verschiedenen „Klumpenmustern" vornimmt.

In den 1920er und frühen 30er Jahren hat sich der russische Geograph SVIATLOVSKY erstmals darum bemüht, Mittelwerte eindimensionaler Größen auf den zweidimensionalen, d. h. den räumlichen Fall zu übertragen (bivariate Verteilungen). Solche

„zentrographischen Maßzahlen" haben gerade in der Bevölkerungsgeographie häufiger Anwendung gefunden, weil damit für ein beliebiges Untersuchungsgebiet ein Punkt angegeben werden kann, der die Bevölkerung des Raumes gleichsam repräsentiert. Bei HART (1954) sowie bei WARNTZ und NEFT (1960) sind die gebräuchlichsten Lageparameter räumlicher Verteilungen systematisch zusammengestellt; weitere auf Bevölkerungsverteilungen bezogene Anwendungsbeispiele finden sich bei MARR (1964).

In Analogie zum arithmetischen Mittelwert, dem Median und dem Modus eindimensionaler Verteilungen spricht man im Falle von Arealverteilungen vom (arithmetischen) Mittelzentrum oder Mittelpunkt *(mean center/point)*, vom Medianpunkt *(median point)* und vom Modalpunkt *(modal point)*. In der Bevölkerungsstatistik spielen nur die ersten beiden Maßzahlen eine Rolle. In diesem speziellen Anwendungsbereich wird das arithmetische Mittelzentrum als „Bevölkerungsschwerpunkt" bezeichnet. Dieser kann als die „klassische Maßzahl" zur zusammenfassenden Charakterisierung von Bevölkerungsverteilungen angesehen werden. Seine Berechnung erfolgt in ganz ähnlicher Weise wie im Falle eindimensionaler Größen, indem das arithmetische Mittel getrennt für die x- und die y-Koordinaten der n betrachteten Punkte bestimmt wird. Die sich ergebenden Mittelwerte $\bar{x}$ und $\bar{y}$ stellen die Koordinaten des Bevölkerungsschwerpunktes dar.

Meist ist es allerdings nicht möglich, jedem Einwohner eines Raumes eine x- und y-Koordinate zuzuordnen, sondern man geht stattdessen von Teilmassen aus, indem man etwa zu Gemeinden zusammenfasst oder ein Quadratraster zugrunde legt und die Bevölkerung für einzelne Felder auszählt. Für die weitere Berechnung stellt man sich dann die Einwohnerzahl in einem als Mittelpunkt der Gemeinde oder des Quadrates angenommenen Punkt konzentriert vor (gewogene Berechnung).

Der Bevölkerungsschwerpunkt bietet sich besonders dazu an, großräumige Bevölkerungsbewegungen über einen längeren Zeitraum zu verfolgen. So ging die schrittweise Erschließung und Besiedlung des amerikanischen Westens mit einer auffälligen Verlagerung des Schwerpunktes einher. Während er 1790 noch recht küstennah auf der Höhe des 76. Längenkreises bei Baltimore lag, „wanderte" er bis 1980 um ca. 15 Längengrade nach Westen und ist heute südwestlich von St. Louis im Staate Missouri zu lokalisieren (Abb. 8).

Für die Bundesrepublik Deutschland hat z. B. KUNZ (1986) ähnliche Berechnungen durchgeführt. Seit der Nachkriegszeit hat sich hier der Bevölkerungsschwerpunkt kontinuierlich zunächst in südwestliche, dann in südliche Richtung bewegt. Er lag 1987 nordwestlich von Marburg/Lahn. Als Folge der Vereinigung Deutschlands trat eine Verschiebung in östliche Richtung bis in die Nähe der Stadt Homberg im nordöstlichen Hessen ein (Abb. 9; HEILIG und BÜTTNER 1990, S. 20).

Ein Nachteil des Bevölkerungsschwerpunktes besteht darin, dass seine Lage aufgrund des Berechnungsverfahrens (Multiplikation von Bevölkerungszahl und Distanz) von einigen wenigen Extremwerten erheblich beeinflusst werden kann. Bei stark asymmetrischen Verteilungen bietet sich daher als Alternative die Berechnung des Medianpunktes an. Im eindimensionalen Fall ist der Median als derjenige Mittelwert definiert, der eine Verteilung in zwei gleich große Hälften aufspaltet, d. h., auf beiden Seiten des Medians liegen jeweils 50% der Werte. Seine Bestimmung ist recht einfach, da zu diesem Zwecke die Daten lediglich in eine Rangordnung zu

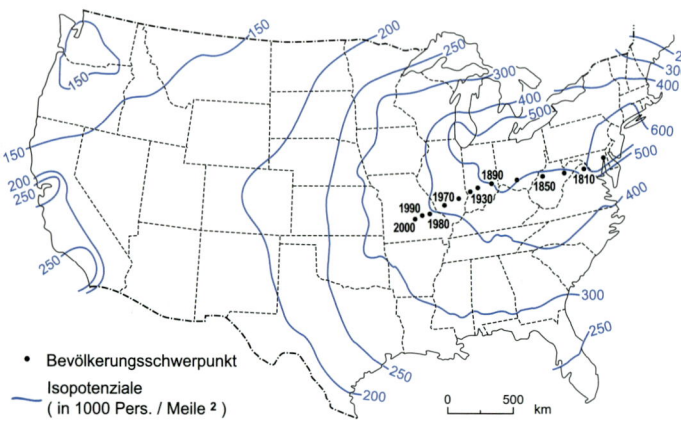

Abb. 8. Bevölkerungspotenzial 1960 und Bevölkerungsschwerpunkt 1790–2000 der USA. Quelle: BAHRENBERG und GIESE (1975); BOUSTEDT (1975), ergänzt.

bringen und anschließend abzuzählen sind. Diesen Grundgedanken der Medianberechnung kann man wieder auf Arealverteilungen übertragen. Die x-Koordinate des Medianpunktes entspricht dabei dem Median der x-Werte, die y-Koordinate dem

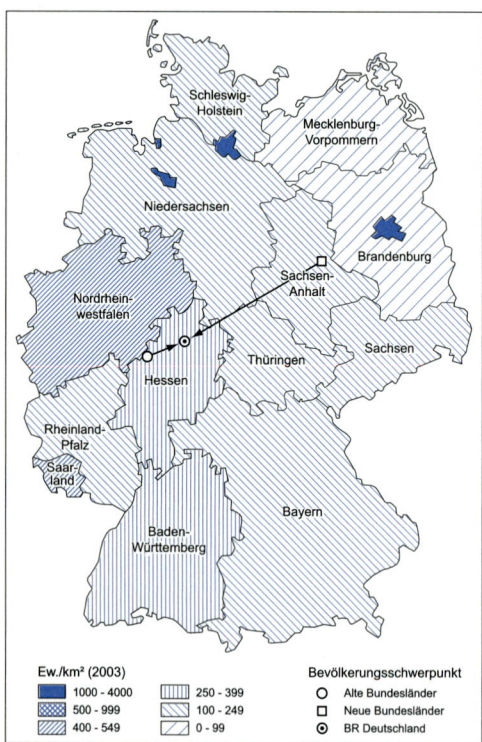

Median der y-Werte. Trotz dieses sehr einfachen Verfahrens und ungeachtet seiner Vorzüge gegenüber dem Schwerpunkt wird der Medianpunkt aber nur selten zur Kennzeichnung von Bevölkerungsverteilungen herangezogen, da er nicht invariant gegenüber dem gewählten Koordinatensystem ist. Außerdem besitzt er nicht die sachlogisch wichtige Eigenschaft des (eindimensionalen) Medians, der gleichzeitig Distanzminimumspunkt ist.

Es lässt sich aber zeigen, dass es auch für räumliche Verteilungen einen Punkt gibt, zu dem die Summe aller Luftlinien ein Minimum ist. In der englischsprachigen Lite-

Abb. 9. Bevölkerungsdichte in den Ländern der Bundesrepublik Deutschland 2003 und Verschiebung des Bevölkerungsschwerpunktes 1990. Quelle: HEILIG und BÜTTNER (1990), ergänzt.

ratur wird dieser Punkt im Unterschied zum eben charakterisierten meist als *median center* bezeichnet, FLASKÄMPER (1962, S. 121) spricht vom „Zentralpunkt", BOUSTEDT (1975, S. 79) nennt ihn „Bevölkerungsmittelpunkt". Die Vielfalt der Bezeichnungen kann allerdings leicht zu Verwechslungen führen. Deshalb wäre es zweckmäßig, dem Vorschlag von MARR (1964, S. 164) zu folgen und den Begriff „Distanzminimums-punkt" zu verwenden.

Eine exakte Berechnung dieses Distanzminimumspunktes ist in der Regel nicht möglich; mit Hilfe von Iterationsverfahren kann jedoch eine Näherungslösung erreicht werden (vgl. dazu BAHRENBERG und GIESE 1975, S. 36 f.). RUTZ (1979) hat diesen Punkt und weitere „Bevölkerungszentren" für die ganze Erde bestimmt. HEILIG und BÜTTNER (1990) gingen von einem ähnlichen Konzept aus, indem sie für ausgewählte deutsche Großstädte die mittlere Distanz zu allen übrigen Land- und Stadtkreisen der Bundes-republik einschließlich der neuen Bundesländer (gewichtet nach ihrer Bevölkerungs-zahl) berechneten. Diese beträgt beispielsweise für Berlin 370 km, für Köln 279 km, für Frankfurt jedoch nur 247 km und für Kassel gar nur 230 km.

Über solche großräumigen Betrachtungen hinaus hat der Distanzminimumspunkt – vor allem wenn er nicht nur für die Gesamtbevölkerung, sondern auch für ausge-wählte Teilgruppen berechnet wird – eine große praktische Bedeutung, z. B. bei der Standortbestimmung von Schulen, Krankenhäusern und anderen öffentlichen Ein-richtungen (vgl. BAHRENBERG 1974). Für planerische Zwecke wäre es allerdings günsti-ger, nicht auf die Luftlinienentfernung zurückgreifen zu müssen, sondern die tatsäch-lichen Wege oder Reisezeiten berücksichtigen zu können („Vialpunkt" nach FLASKÄMPER 1962, S. 122). Vom Prinzip her bereitet ein solches Vorgehen keine Schwierigkeiten, wohl aber ist die Festlegung der konkreten Wege oder Zeiten außer-ordentlich aufwändig, sodass man meist darauf verzichtet und sich mit dem Punkt kleinster Entfernungssummen begnügt.

Will man bei der Standortbestimmung die den Bewohnern entlegener Gebiete ent-stehenden Nachteile abmildern, so lässt sich das durch die Verwendung progressiv stei-gender Kostenfunktionen anstelle eines pro Distanzeinheit einheitlichen Kostenansat-zes (wie beim Distanzminimumspunkt) erreichen (vgl. dazu RUTZ 1979).

Bei eindimensionalen Größen ist es üblich, eine Häufigkeitsverteilung nicht nur durch die Angabe des Mittelwertes zu charakterisieren, sondern diesem noch ein Streuungsmaß zur Seite zu stellen. Dadurch soll der Tatsache Rechnung getragen wer-den, dass sich auch bei sehr unterschiedlichen Verteilungsbildern ganz ähnliche Mit-telwerte ergeben können. Dieses Konzept lässt sich ebenfalls auf den räumlichen Fall übertragen. An die Stelle der „Standardabweichung" tritt dann die „Standarddistanz" (BACHI 1963), die als mittlere quadratische Abweichung vom arithmetischen Mittel-zentrum (Bevölkerungsschwerpunkt) definiert werden kann:

$$d_s = \sqrt{\frac{\sum\limits_{i=1}^{n} d_i^2}{n}}$$

wobei: d_i = Distanz der einzelnen Punkte (i = 1 ... n) vom arithmetischen Mittelzentrum

Allerdings ist die Berechnung der „einfachen" Standarddistanz für räumliche Vergleiche nicht ausreichend, da die unterschiedliche flächenhafte Ausdehnung und die Einwohnerdichte des jeweiligen Untersuchungsgebietes den Wert beeinflussen. In solchen Fällen empfiehlt es sich, die Standarddistanzen zu normieren und damit zu „relativen Standarddistanzen" überzugehen (vgl. BAHRENBERG und GIESE 1975, S. 49 ff.). Es gibt noch eine Reihe weiterer Verfahren zur Kennzeichnung der räumlichen Streuung von Punkten um ein Zentrum (z. B. Standardabweichungsellipsen). Diese bleiben hier unerwähnt, da sie in der Bevölkerungsstatistik bislang nur eine untergeordnete Rolle spielen (vgl. dazu z. B. JONES 1980).

Bei der Berechnung des Bevölkerungsschwerpunktes wurde davon ausgegangen, dass der Einfluss eines einzelnen Individuums, ausgedrückt durch sein mathematisches Gewicht, proportional mit der Entfernung zunimmt. Es würde aber der Wirklichkeit eher entsprechen, eine umgekehrt proportionale Beziehung zwischen „Einfluss" und „Distanz" anzusetzen. STEWART (zitiert in DUNCAN 1957, S. 35) hat deshalb die Berechnung des Bevölkerungsschwerpunktes sogar als „bürokratischen Hokuspokus" bezeichnet und ihm ein anderes Konzept zur Charakterisierung der räumlichen Bevölkerungsverteilung gegenübergestellt, das er aus dem physikalischen Gravitationsgesetz ableitete *(social gravitation)*. Bei seinen Überlegungen ging er davon aus, dass sich die Bevölkerung im Normalfall nicht vollständig gleichmäßig im Raum verteilt, sondern dass mehr oder weniger ausgeprägte Konzentrationserscheinungen auftreten. Die Konzentrationspunkte vergleicht STEWART mit physikalischen Massen. Analog zu den physikalischen Gesetzen wird die Stärke möglicher Beziehungen (Interaktionen) bzw. die Anziehungskraft zwischen einzelnen Konzentrationspunkten (Orten) als proportional zur Größe ihrer Bevölkerung und als umgekehrt proportional zur dazwischenliegenden Distanz angesehen. Für einen beliebigen Ort (Punkt) i ergeben sich danach die Interaktionsmöglichkeiten mit allen anderen Orten (Punkten) des betrachteten Systems wie folgt:

$$V_i = \sum_{j=1}^{n} \frac{P_j}{d_{ij}^b} \quad \text{für } i = 1 \ldots n$$

wobei: P_j = Bevölkerungszahl des Ortes j
d_{ij} = Distanz zwischen den Orten i und j
b = Distanzexponent (bei STEWART = 1)

V_i selbst wird als **„Bevölkerungspotenzial"** des Ortes i bezeichnet und lässt sich als Maß für die Nähe des betrachteten Ortes zu allen anderen einbezogenen Orten bzw. als ein Maß der aggregierten Erreichbarkeit interpretieren. Im Vergleich zu den verschiedenen Dichtewerten ist es von Vorteil, dass dabei die Bevölkerungsverteilung im gesamten betrachteten Raum in die Berechnung eingeht und nicht nur die Einwohnerzahl eines begrenzten Areals. Abwandlungen des Potenzialkonzeptes sind in der Weise denkbar, dass die Bevölkerungszahlen durch Angaben zum Einkommen (Einkommenspotenzial) oder zu den Arbeitsplätzen (Arbeitsplatzpotenzial) ersetzt werden.

Berechnet man das Potenzial für eine größere Anzahl von Punkten des jeweiligen Untersuchungsgebietes, so kann man Punkte gleichen Potenzials durch Isolinien ver-

binden und kartographisch als „Isopotenziale" darstellen (Abb. 8). Erste Isopotenzial-
karten hat STEWART für die USA und für Europa auf der Basis administrativer Einheiten gezeichnet (STEWART 1947); später wurde die Berechnungsmethode und damit
auch die Aussagekraft derartiger Karten weiter verfeinert (vgl. CZYZ 1995). Darüber
hinaus konnten mit Hilfe von Korrelationsanalysen vielfältige Beziehungen zwischen
der Höhe des Potenzials und verschiedenen sozialen und wirtschaftlichen Sachverhalten herausgearbeitet werden (STEWART und WARNTZ 1958).

Besondere methodische Probleme treten bei der Potenzialberechnung in drei Bereichen auf (STOKKAN 1975):

1. Bei der Wahl der Bezugseinheiten: Je größer die der Berechnung zugrunde liegenden Einheiten sind, desto willkürlicher ist generell jede Potenzialbestimmung. Den
   Einfluss unterschiedlich großer Raumeinheiten kann man durch die Verwendung
   eines Quadratrasters ausschalten (DZIEWOŃSKI u. a. 1975).
2. Bei der Festlegung des Exponenten der Distanz: Durch Modifizierung des Distanzexponenten lässt sich zwar der Stand der Transporttechnologie und der Verkehrs-
   erschließung berücksichtigen, zugleich geht damit jedoch ein weiteres subjektives
   Moment in die Berechnung ein.
3. Bei der Festlegung der „Eigendistanz" d_{ii}, die zur Bestimmung des „Eigenpotenzials"

$$\frac{P_i}{d_{ii}^b}$$

benötigt wird: Dafür sind verschiedene Ansätze vorgeschlagen und erprobt worden.
Sofern das Potenzialmodell zur großräumigen Lagebeurteilung herangezogen wird,
sollte man d_{ii} größer als 1 wählen, um das Eigenpotenzial nicht zu stark hervorzu-
heben. KEMPER u. a. (1979) sowie BRESSLER (in GANS und KEMPER 2001), die Potenzialberechnungen für die Bundesrepublik Deutschland durchgeführt haben, entschieden sich z. B. für eine Eigendistanz, die dem Radius der Durchschnittsfläche
der einbezogenen Raumeinheiten (in diesem Falle Kreise) entspricht.
4. Gewöhnlich werden bei Potenzialberechnungen nur die Lagebeziehungen innerhalb eines Landes berücksichtigt, wodurch grenznahe Regionen systematisch niedrigere Werte aufweisen. Welche Bedeutung Interaktionen über Staatsgrenzen hinweg haben, ist aber von Fall zu Fall sehr verschieden (verkehrliche, sprachliche,
   administrative Einschränkungen). Ein Beispiel für eine grenzüberschreitende Poten-
   zialanalyse bilden die Berechnungen von CALLSEN und HIRSCHFELD (1998) für
   Deutschland.

Tiefere Einblicke in großräumige Bevölkerungsverschiebungen bieten Karten der
Potenzialveränderungen. Als Beispiel seien die Berechnungen von BRESSLER (in GANS
und KEMPER 2001) für Deutschland vor und nach der Wiedervereinigung angeführt
(Abb. 10). Vor 1990 sind die beiden deutschen Staaten als getrennte Systeme zu betrachten. Der von Norden nach Süden gerichtete Gradient der Potenzialveränderungen in der alten Bundesrepublik von 1970 bis 1987 ist wesentlich durch die Nord-Süd-
Wanderung aufgrund der günstigeren ökonomischen Lage im Süden bedingt. Dagegen

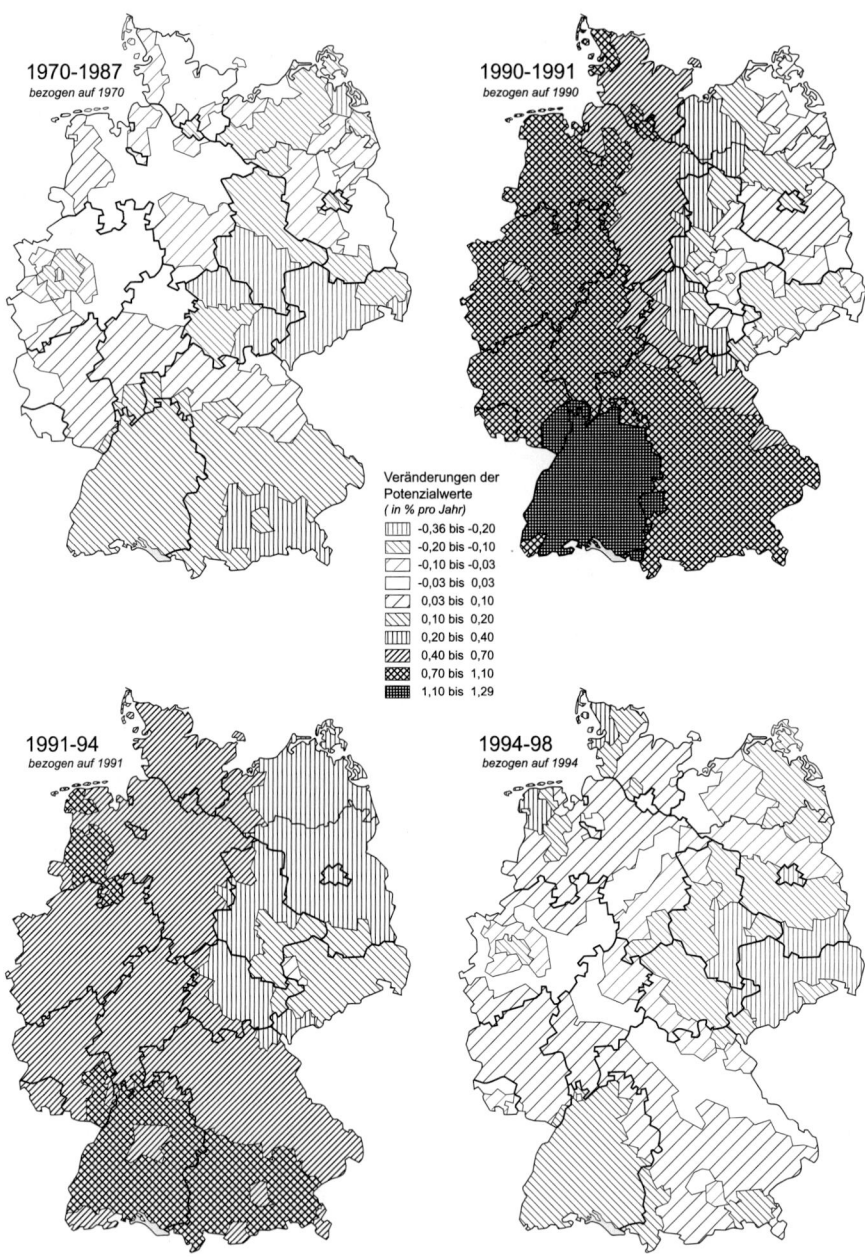

Abb. 10. Mittlere jährliche Veränderung des Bevölkerungspotenzials der Bundesrepublik Deutschland 1970–98. Quelle: BRESSLER (in GANS und KEMPER 2001).

weist die ehemalige DDR bei insgesamt deutlich abnehmenden Potenzialwerten ein stärker zentral-peripheres Muster auf. Mit der Wiedervereinigung 1990 verändert sich das Bild grundlegend: Nordost-Vorpommern und Sachsen verlieren auch weiterhin an Potenzial, während die Gebiete westlich der ehemaligen Grenze sowie der Großraum Berlin eine zunehmende Lagegunst verzeichnen. Zwischen 1994 und 1998 verstärken sich die Ungleichheiten. Mit bedingt durch den deutlichen Rückgang der Asylbewerber und auch der Aussiedler erhöhen sich die Werte selbst in großen Teilen der süddeutschen Bundesländer nur geringfügig. Klar hervor tritt jetzt eine Ost-West-Komponente, wobei Sachsen, Thüringen und der Berliner Raum die größten Verluste zeigen. Abnehmende Potenzialwerte sind aber auch in den altindustrialisierten Räumen Ruhrgebiet und Saarland zu erkennen. Darüber hinaus machen sich Umverteilungsprozesse in den suburbanen Raum bemerkbar (Hamburg, Bremen, München).

2.2 Grundzüge und Regelhaftigkeiten räumlicher Bevölkerungsverteilungen

2.2.1 Horizontale und vertikale Differenzierung von Bevölkerungsverteilung und Bevölkerungsdichte über die Erde

In Abbildung 11 ist die für 2003 geschätzte **Verteilung der Weltbevölkerung** nach Staaten wiedergegeben; zugleich wurden die überdurchschnittlich schnell an Einwohnern zunehmenden Länder unserer Erde besonders gekennzeichnet. Die Kreise, die die jeweiligen Bevölkerungszahlen repräsentieren, sind so angelegt, dass sich bei einer Bevölkerungsdichte von 100 Ew./km^2 gerade eine Fläche entsprechend der Größe des betreffenden Landes auf der Karte ergibt (WITTHAUER 1979). Auf diese Weise ermöglicht die Darstellung auch eine überblicksartige Beurteilung der Bevölkerungsdichten.

Bei einer Betrachtung der Karte fällt sofort die außerordentlich ungleiche Verteilung der Bevölkerung über die Erde auf. Zwei Zahlenangaben mögen dies verdeutlichen: Etwa die Hälfte der Weltbevölkerung lebt auf nur 5% der Erdoberfläche, und umgekehrt wohnen auf ungefähr 50–60% der Fläche lediglich 5% der Bevölkerung. Ausgesprochene Dichtekonzentrationen treten in Ostasien (östliches China, Japan, Korea, Taiwan) sowie im tropischen und randtropischen Südasien (Indien, Pakistan, Sri Lanka), aber auch in Europa und im östlichen Anglo-Amerika auf. Allein auf diese vier Gebiete, die nur ein Zehntel der Landoberfläche ausmachen, entfallen nach den Berechnungen von GRIGG (1969; aktualisiert nach NOIN 1988, S. 58) 62% der Weltbevölkerung. Die gesamte Südhalbkugel ist vergleichsweise dünn besiedelt. Hier gibt es nur in Teilen der südostasiatischen Inselwelt, im südöstlichen Afrika und entlang der südamerikanischen Ostküste größere zusammenhängende Zonen höherer Bevölkerungsdichte. Insgesamt hat die Südhemisphäre nur einen Anteil von 10% an der Weltbevölkerung.

Schlüsselt man nach Kontinenten genauer auf, so wird deutlich, dass heute von der geschätzten Gesamtbevölkerung der Erde, die etwa 6,3 Mrd. Menschen beträgt (2003),

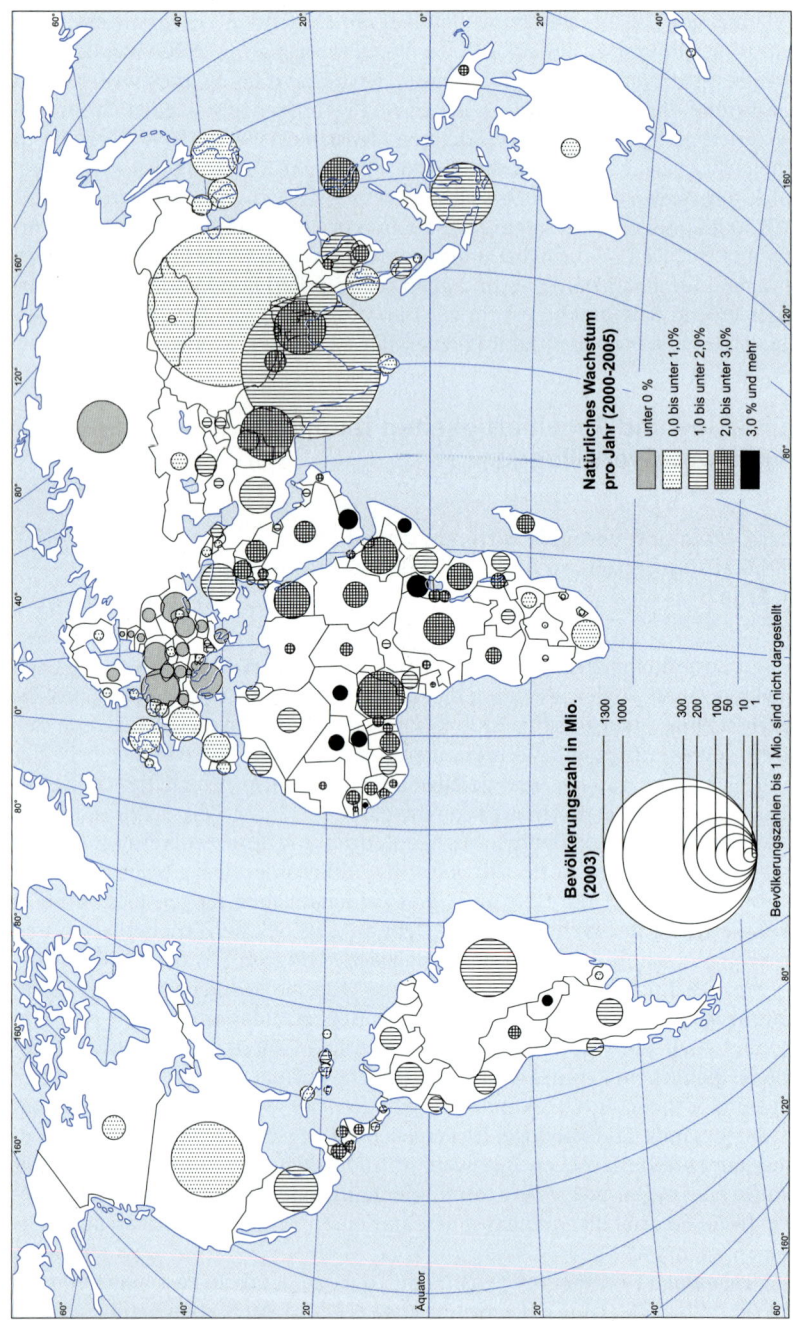

Abb. 11. Verteilung und natürliches Wachstum der Weltbevölkerung nach Ländern um 2003. Quelle: WITTHAUER (1979); UN (2003).

etwas mehr als 60% auf Asien entfallen; es folgen Afrika und Europa mit 14 bzw. 12%. Der bei weitem höchste Dichtewert wird in Asien erreicht; dabei wird der oben genannte Schwellenwert von 100 Ew./km² noch deutlich überschritten. Alle anderen Großräume sind im Vergleich dazu und auch bezogen auf den weltweiten Mittelwert (ohne Antarktis) von 47 Ew./km² sehr viel weniger dicht besiedelt. So wird beispielsweise in Australien/Ozeanien nur eine durchschnittliche Dichte von 4 Ew./km² registriert, d. h. hier kommen rein statistisch auf einen Einwohner knapp 27 ha Fläche (Tab. 1). Auf Länderebene sind die Unterschiede noch größer (Abb. 11): Fast drei Viertel der Menschheit konzentrieren sich auf nur 23 Staaten mit jeweils mehr als 50 Mio. Einwohnern; in der VR China, dem bevölkerungsreichsten Land der Erde, lebt mehr als ein Fünftel der Erdbevölkerung, in China und Indien zusammen bereits 37%. Unter den Flächenstaaten haben Bangladesch (1019 Ew./km²), Taiwan (624), Südkorea (483), der Libanon (403), die Niederlande (398) sowie Japan (337) die höchsten Einwohnerdichten. In Stadt- oder Inselstaaten können allerdings noch weit extremere Werte auftreten (vgl. z. B. Buchholz 1973 für Hongkong). Auf der anderen Seite haben Länder wie Libyen, Botswana oder Kanada im statistischen Mittel 3 und weniger Ew./km² aufzuweisen.

Aus einer solchen Zahlengegenüberstellung darf man nun nicht schließen, dass alle dünn besiedelten Erdräume als „untervölkert" und alle Regionen mit einer hohen Bevölkerungsdichte schon als „übervölkert" zu gelten haben. Diese Begriffe sollten nur dann Anwendung finden, wenn das Verhältnis zwischen Mensch und Raum durch unzureichende Lebensbedingungen gekennzeichnet ist. Es gibt zahlreiche Beispiele dafür, dass ganz ähnliche Dichteverhältnisse sehr unterschiedliche Auswirkungen haben und sowohl zu einer ausgesprochenen Drucksituation als auch zum Zustand der Untervölkerung führen können. So ist im Rahmen der tropischen Landwechselwirtschaft bereits bei vergleichsweise niedrigen Einwohnerdichten eine ausreichende Ernährung der Bevölkerung oft nicht mehr gewährleistet, während umgekehrt bei nicht sehr viel anderen Dichtewerten im Norden Skandinaviens gerade die zu geringe Zahl der dort lebenden Menschen die Sicherstellung befriedigender Lebensumstände erschwert, da Errichtung und Unterhaltung einer ausreichenden Infrastruktur nur durch umfangreiche staatliche Hilfen möglich sind.

Bevölkerungskarten auf der Basis einzelner Staaten sind bei weitem zu grob, um die ungleiche Verteilung der Erdbevölkerung genauer zu analysieren, zumal dabei die sehr erheblichen Unterschiede innerhalb der Länder völlig verdeckt werden. Jedoch ist bereits aus einer solchen Darstellung abzulesen, dass sich das Raummuster aus dicht und weniger dicht besiedelten Gebieten kaum in einem einfachen Ordnungsschema zusammenfassen lässt, denn extrem gegensätzliche Bevölkerungsdichten gibt es sowohl in der Alten wie in der Neuen Welt, in den Tropen ebenso wie in den gemäßigten Zonen, in Industrie- und in Entwicklungsländern sowie in den von Weißen und Farbigen bewohnten Räumen unserer Erde. Schon aus dieser Aufzählung wird ersichtlich, dass zur Erklärung unterschiedlicher Bevölkerungsdichten sehr verschiedene Ursachen herangezogen werden müssen und physisch-geographische Tatbestände, wie Höhenlage, Klima oder Böden, allein kaum ausreichen. Sicher ist ihr Einfluss in einzelnen menschlichen Lebensräumen größer als in anderen, immer treten jedoch demographische, historisch-kulturelle, soziale, wirtschaftliche und politische Bestimmungsgründe hinzu, die sich zu einem komplizierten Beziehungsgeflecht zusammenfügen, sodass es meist schwierig ist, die Wirkung eines bestimmten Faktors zu isolieren.

Trotz aller auf den ersten Blick nur schwer fassbaren Unterschiede im weltweiten Bild der Bevölkerungsverteilung gibt es jedoch auch eine ganze Reihe von **Regelhaftigkeiten** – meist allerdings nicht im Sinne direkter Kausalbeziehungen –, die mit Besonderheiten der Lage und des Naturraumes verknüpft sind. Diese sollen zunächst betrachtet werden.

Zum eigentlichen Siedlungs- und Lebensraum des Menschen gehört nicht die gesamte Erdoberfläche, neben den großen Ozeanen sind auch weite festländische Bereiche ausgeschlossen. Die dauernd oder zeitweilig von Menschen bewohnten Gebiete fasst man gewöhnlich unter dem Begriff „Ökumene" zusammen. Diese Bezeichnung diente im alten Griechenland zur Umschreibung der damals bekannten Welt und wurde später von Ratzel in abgewandelter Bedeutung in die Anthropogeographie eingeführt. Zwischen die ständig bewohnten (Vollökumene) und die völlig unbewohnten Zonen (Anökumene) schiebt sich fast immer ein mehr oder weniger breiter Grenzsaum, in dem es nur zeitweilig bewohnte Siedlungsplätze gibt (Sub- oder Semiökumene). Aber selbst inmitten der Anökumene können einzelne Siedlungsinseln vorkommen (z. B. Wetterstationen, Stützpunkte der Schifffahrt etc.), diese werden gewöhnlich als „Periökumene" bezeichnet. Von der Landoberfläche der Erde (ohne Antarktis) zählen schätzungsweise knapp 50% zur Vollökumene, etwa 40% zur Subökumene und etwas mehr als 10% zur absoluten Anökumene (Hambloch 1982, S. 43).

Bei der Abgrenzung von **Ökumene und Anökumene** lässt sich zwischen „Außengrenzen" (z. B. Küsten- oder Polargrenzen) und „Innengrenzen" (z. B. Höhen- oder Trockengrenzen) unterscheiden. Alle derartigen Grenzen sind zwar annähernd durch bestimmte topographische oder klimatische Schwellenwerte beschreibbar, die immer wieder zu beobachtenden Schwankungen und Veränderungen zeigen jedoch, dass von einer naturgesetzlichen Abhängigkeit nicht die Rede sein kann. So hat der wirtschaftende Mensch, bedingt durch technische Fortschritte und Erfolge in der Pflanzenzüchtung, gerade in Sibirien und z. T. auch in Kanada, die ackerbaulich genutzten Areale weit nach Norden ausdehnen und damit auch seine Wohnplätze bis zu 10 Breitengrade in nördliche Richtung verschieben können (Hambloch 1982, S. 42). Allerdings trifft der dadurch vielfach entstandene Eindruck eines kontinuierlichen Vorrückens des polaren Grenzsaums der Ökumene nicht zu, denn es gibt ebenfalls eine Reihe von Beispielen für die junge Entvölkerung von Subpolarräumen (z. B. Skandinavien, Grönland, Alaska, z. T. auch Kanada), sodass man nach Becker (1977) besser von einer oszillierenden Entwicklung sprechen sollte.

Trotz dieser Einschränkung lässt sich aus jeder Bevölkerungskarte ablesen, dass neben den Eiskappen der Arktis und Antarktis auch weite Tundrengebiete in Asien und Nordamerika unbewohnt sind und nur von Jägern und Fischern, in Europa auch von einer nomadischen, sich der Rentierhaltung widmenden Bevölkerung zeitweilig aufgesucht werden. Selbst die sich südlich anschließenden borealen Nadelwälder sind größtenteils unbesiedelt geblieben und werden lediglich in Form einer extensiven Holzwirtschaft genutzt. Die wenigen Dauersiedlungen liegen meist entlang der Flussläufe.

Ebenso tritt die Siedlungsleere der großen Wüstengebiete im Kartenbild in Erscheinung. Nur einzelne Randbereiche werden noch periodisch oder episodisch von Nomadenstämmen aufgesucht, und gelegentlich können reiche Vorkommen von Bodenschätzen einzelne Bergwerksinseln inmitten der absoluten Anökumene entstehen lassen. Auf größeren Flächen wird die Menschenleere der Wüsten nur von einigen, z. T. sehr dicht bevölkerten Oasen unterbrochen. So tritt z. B. selbst im Weltmaßstab das Niltal als ein ausgesprochenes Dichtezentrum der Bevölkerung hervor.

Auch für die Trockengrenzen der Ökumene gilt, dass sie nicht als starre und unveränderliche Linien aufzufassen sind. Es gibt sowohl Beispiele für das stetige Vorrücken der Grenze geschlossener ländlicher Besiedlung gegen die Wüste (z. B. Israel; vgl. RICHTER 1980) als auch Belege für eine Zurücknahme allzu weit vorgeschobener Siedlungsplätze (z. B. Australien; vgl. DAHLKE 1976).

Neben den Wüsten gehören auch Teile der immerfeuchten Tropen zu den dünn oder gar nicht besiedelten Räumen der Erde; im Gegensatz zu den Polar- und Wüstengebieten kommen in den Tropen sämtliche Dichtevariationen vor. Überall dringt der Mensch in die letzten noch von einem geschlossenen tropischen Regenwald bedeckten Areale ein und vernichtet ausgedehnte Waldbestände durch Holzeinschlag und Brandrodung ohne Rücksicht auf die damit verbundenen Risiken und Gefahren. Man schätzt, dass von den ursprünglich vorhandenen 12 Mio. km^2 tropischen Regenwaldes bis heute etwa die Hälfte gerodet worden ist. Der überwiegende Teil dieser Zerstörung fand während der letzten 40 Jahre statt, wobei sich der Prozess von Jahr zu Jahr beschleunigte (BRUENIG 1989, S. 47). Trotzdem wird aber durch das Vorrücken der Siedlungsfront nur ein vergleichsweise geringer Teil des natürlichen Bevölkerungszuwachses absorbiert.

Dass man gerade im Bereich des tropischen Regenwaldes lange Zeit die besten Möglichkeiten zur Ausdehung des menschlichen Siedlungsraumes gesehen hat, liegt in erster Linie daran, dass es hier bei nahezu gleichen klimatischen Bedingungen extreme Dichteunterschiede gibt, die zwischen weniger als 1 Ew./km^2 (z. B. im brasilianischen Amazonasgebiet) und mehr als 1.500 Ew./km^2 (in Mitteljava) liegen. Die außerordentliche Bevölkerungskonzentration in Teilen der südostasiatischen Tropen ist als Ergebnis besonders günstiger Umstände (u. a. natürliche Düngung der Böden durch vulkanische Aschenregen) zu werten und kann keinesfalls in allen Bereichen der feuchten Tropen erreicht werden. Darauf wird bei einer Beurteilung der Tragfähigkeit der verschiedenen menschlichen Lebensräume nochmals zurückzukommen sein (vgl. Kap. 3.5.1).

Die bisher besprochenen Regelhaftigkeiten in der Verteilung der Weltbevölkerung lassen sich am besten in der Weise quantifizieren, dass man den **Anteil einzelner Klimazonen** an der Landfläche der Erde und an der Weltbevölkerung berechnet. STASZEWSKI (1961) hat das für die Klimagebiete nach KÖPPEN getan; später hat MÜLLER-WILLE (1978) auf der Basis der Klimakarte von TROLL und PAFFEN ähnliche Berechnungen durchgeführt (Tab. 2). Die von ihm ermittelten Zahlenangaben beziehen sich zwar auf die Zeit um 1965, das Gesamtbild dürfte sich aber bis heute, besonders wenn man relative Werte heranzieht, kaum grundlegend geändert haben.

In der modellhaften Darstellung der Bevölkerungsverteilung auf einem „Idealkon-

Tab. 2 Die Verteilung der Weltbevölkerung auf einzelne Klimazonen um 1965; Quelle: MÜLLER-WILLE (1978).

Klima- und Vegetationsgebiete	% der Landoberfläche	% der Weltbevölkerung	Ew./km² (um 1965)
Polarer Wüstengürtel	11,6	0,004	0,007
Subpolare Tundrenzone	3,1	0,06	0,4
Boreale Nadelwaldzone	12,9	1,1	1,8
Kühlgemäßigter Laub- und Mischwald	10,0	28,9	63,5
Kühlgemäßigte Steppen- und Wüstenzone	10,4	7,1	15,1
Kühlgemäßigter Vegetationsgürtel (insgesamt)	20,4	36,0	38,8
Zone der mediterran-klimatischen Winterregenvegetation	4,3	6,5	33,2
Subtropische sommer- und immerfeuchte Steppen und Wälder	5,4	15,9	60,6
Subtropische Wüstenzone	8,2	1,5	3,9
Subtropischer Vegetationsgürtel (insgesamt)	17,9	22,9	28,1
Zone der tropischen Regenwälder	8,5	8,3	21,5
Zone der Savannen	21,9	31,3	31,4
Zone der tropischen Wüsten	3,7	0,4	2,1
Tropischer Vegetationsgürtel (insgesamt)	34,1	40,0	25,8

tinent" (Abb. 12) wird außerdem eine weitere Regelhaftigkeit erkennbar. Gemeint ist die ausgeprägte Konzentration der Menschen auf einen recht **schmalen Küstenstreifen**. Darin spiegeln sich so unterschiedliche Einflussgrößen wie der geologisch-geomorphologische Bau der Festländer, die klimatische Differenzierung zwischen maritimen und kontinentalen Bereichen, der Gang der kolonisatorischen Erschließung, die wirtschaftlichen und politischen Verflechtungen in Vergangenheit und Gegenwart sowie der unterschiedliche Ausbau der Verkehrsinfrastruktur wider.

STASZEWSKI (1959) hat sich darum bemüht, auch dieses Phänomen zu quantifizieren. Für die Zeit um 1950 ermittelte er, dass in einem Küstenstreifen von nur 50 km Breite und damit auf 12% der Fläche der bewohnten Erde (ohne Antarktis und Grönland) 28% und in einem Küstenabstand von 200 km (etwa 30% der Fläche) sogar mehr als die Hälfte der Menschheit lebte. Am extremsten treten diese Gegensätze in Australien/Ozeanien hervor. Hier haben 80% der Einwohner ihren Wohnsitz in einer Küstendistanz von weniger als 50 km.

Neben dem „zentral-peripheren" und „planetarischen Formenwandel" im Sinne von LAUTENSACH kommt in Abbildung 12 auch die grundverschiedene Bevölkerungsverteilung auf der **Ost- und Westseite der Kontinente** zum Ausdruck (west-östlicher Formenwandel). Besonders deutlich wird das im Bereich der großen Trockengürtel in Höhe der Wendekreise. Im Westen reichen hier die Wüsten bis an das Meer heran, und die Küsten sind mit Ausnahme einzelner Hafenplätze völlig unbewohnt. Auf nahezu gleicher geographischer Breite liegen im Osten die mit am dichtesten bevölkerten Gebiete der Erde.

Bisher wurde die Verteilung der Weltbevölkerung ausschließlich im Hinblick auf die geographische Länge und Breite analysiert. Bezieht man zusätzlich die **vertikale Dimension** mit ein (hypsometrischer Formenwandel), lassen sich die gewonnenen Aussagen noch erweitern. Erste Berechnungen zu diesem Fragenkomplex hat wiederum STASZEWSKI (1957) durchgeführt. Später hat sich HAMBLOCH (1966) sehr eingehend mit diesem Problemkreis auseinander gesetzt und die Situation am Ende der 1950er Jahre festgehalten. Für die alten Bundesländer wurden von TELBIS (1964) entsprechende Werte vorgelegt.

Eine Betrachtung der Globalzahlen zeigt zunächst eine mehr oder weniger kontinuierliche Abnahme der durchschnittlichen Bevölkerungsdichte mit der Höhe. In der Höhenstufe von 0–200 m, die 28% der Landfläche ausmacht, lebten Mitte der 1940er Jahre 56% der Erdbevölkerung, in über 1.000 m Höhe (22% der Fläche) dagegen nur 8% (vgl. die „hypsographischen Kurven" in Abb. 12). Das be-

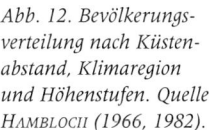

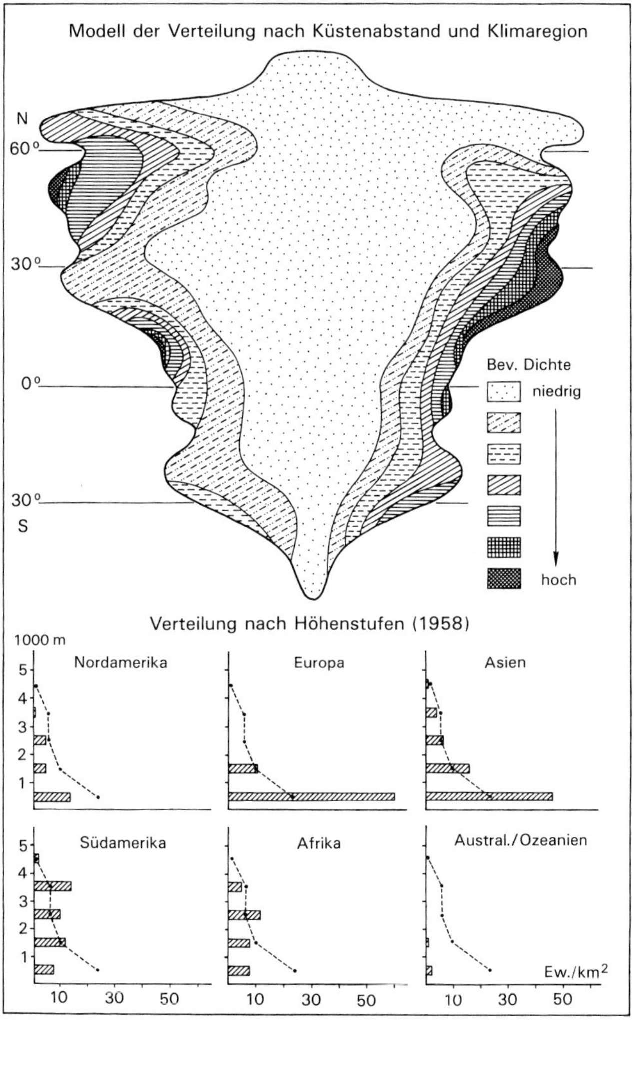

Abb. 12. Bevölkerungsverteilung nach Küstenabstand, Klimaregion und Höhenstufen. Quelle: HAMBLOCH (1966, 1982).

deutet, dass die Bevölkerungsdichte in der untersten Höhenstufe (0–200 m) genau doppelt so groß wie der weltweite Mittelwert ist (STASZEWSKI 1957, S. 17 f.).

Aber schon wenn man nach Kontinenten weiter differenziert, wird der Höhenwandel der Bevölkerungsdichte eher durch Ausnahmen als durch regelhafte Veränderungen bestimmt. Besonders deutliche Unterschiede werden bei einer Gegenüberstellung von Europa und Australien/Ozeanien einerseits sowie Afrika und Südamerika andererseits sichtbar. Während in Europa die Bevölkerungsdichte mit der Höhe schnell abnimmt und die Zahl der Menschen, die in Gebieten über 2.000 m Meereshöhe leben, verschwindend gering ist, werden in Südamerika die höchsten Dichtewerte erst in Höhenstufen zwischen 3.000 und 4.000 m erreicht (Abb. 12). In einer solchen Interpretation erhält auch die ebenfalls von STASZEWSKI (1957, S. 24) berechnete mittlere Wohnhöhe nach Kontinenten einen Sinn. In der Rekordziffer von 644 m für Südamerika (im Vergleich zum Weltdurchschnitt von 320 m) kommt die Tatsache zum Ausdruck, dass auf dem bolivianisch-peruanischen Altiplano selbst Höhen um 4.000 m noch recht dicht besiedelt sind. Die dort lebenden Völker erreichten in aktiver Anpassung an die extremen klimatischen Verhältnisse schon sehr früh Spitzenleistungen in Bodenkultur und Viehhaltung, auf deren Basis sich später die altindianischen Hochkulturen entwickeln konnten (TROLL 1943).

Der menschliche Siedlungs- und Wirtschaftsraum reicht in den peruanisch-bolivianischen Anden bis über 5.000 m hinauf, ähnliche Werte werden nur noch in Zentralasien erreicht. Von diesen extremen Beispielen abgesehen, unterliegt die obere Schranke des Höhengrenzsaums der Ökumene zwischen 40° nördl. und 30° südl. Breite nur geringen Schwankungen von etwa ± 400 m um die 2.000-m-Linie, um dann zu den Polen hin rasch abzusinken (HAMBLOCH 1966, S. 83). Während in den Tropen aufgrund des Tageszeitenklimas die Dauersiedlungen oft unmittelbar bis an die absolute Anökumene heranreichen, schiebt sich in den Außertropen gewöhnlich noch eine nur jahreszeitlich genutzte und bewohnte Zone zwischen Voll- und Anökumene, in der sich besondere Wirtschaftsformen herausgebildet haben, wie Almwirtschaft, Transhumance und Halbnomadismus.

Zusammenfassend lässt sich feststellen, dass es eine ganze Reihe von räumlichen Koinzidenzen zwischen dem Grundmuster der Bevölkerungsverteilung und klimatisch-topographischen Sachverhalten gibt. Das gilt insbesondere, wenn man lediglich die gar nicht oder nur sehr dünn besiedelten Räume der Erde betrachtet und sich nicht so sehr für die Dichteunterschiede im Einzelnen interessiert. Solche durchaus vorhandenen Zusammenhänge dürfen jedoch nicht einseitig im Sinne einer einfachen kausalen Verknüpfung interpretiert werden. Zwar kann man von klimatischen Gunst- und Ungunsträumen sprechen und auch davon ausgehen, dass die Einflüsse des Klimas in räumlicher und zeitlicher Hinsicht stark differieren und insbesondere in Gesellschaften ohne weit reichende technische Errungenschaften noch deutlich spürbar sind; alle Umweltfaktoren üben jedoch nie einen direkten Zwang auf den Menschen aus, sondern lassen immer einen mehr oder weniger breiten Spielraum an Möglichkeiten zu und werden erst durch **die vom Menschen ausgehende Bewertung** voll wirksam. So gibt es zahlreiche Beispiele dafür, dass ehemals günstig beurteilte Naturbedingungen heute als ungünstig angesehen und umgekehrt ehemals negativ bewertete Sachverhalte heute überwiegend positiv eingeschätzt werden. Daher wird man auch die Verteilung der Bevölkerung über die Erde und innerhalb der einzelnen natürlichen Lebensräume nur verstehen und erklären können, wenn man neben physisch-geographischen Ausstattungsmerkmalen und den daraus wenigstens z. T. ableitbaren materiellen Kulturleistungen die historische Dimension berücksichtigt und den sozialen und wirtschaftlichen Entwicklungsstand einbezieht.

Dieser Gedankengang wird im folgenden Kapitel in einer anderen Maßstabsdimension weiter fortgeführt, ohne damit eine auch nur annähernd erschöpfende Behandlung dieses Problemkreises anzustreben. Vielmehr sollen die Einflussfaktoren, die auf die Verteilung und Dichte der Bevölkerung und ihre zeitlichen Veränderungen einwirken, exemplarisch verdeutlicht werden. Weitere Bestimmungsgründe werden auch in späteren Kapiteln noch genannt, wenn beispielsweise über die Entwicklung der Weltbevölkerung und die Herausbildung früher Dichtezentren, die gegenwärtig sehr unterschiedlichen Wachstumsraten, den Verstädterungsgrad einzelner Regionen oder über die Bedeutung von Wanderungsvorgängen berichtet wird.

2.2.2 Bestimmungsgründe kleinräumiger Bevölkerungsverteilungen

Betrachtet man die Bevölkerungsverteilung nicht mehr ausschließlich in weltweiter Perspektive, sondern analysiert sie zusätzlich auf nationaler oder regionaler Ebene, so steigt die Zahl möglicher Einflussgrößen eher noch an, und eine Erklärung der sich ergebenden Raummuster wird damit schwieriger. Drei Beispiele mögen das verdeutlichen. Im ersten geht es um eine kartographische Darstellung derartiger Koinzidenzbeziehungen und ihre Interpretation, im zweiten um Versuche, die räumlichen Bezüge zwischen Bevölkerungsdichte und Merkmalen der Raumausstattung zu quantifizieren, und im dritten um Veränderungen von Verteilungsmustern im zeitlichen Verlauf.

Abbildung 13a vermittelt einen Überblick der räumlichen **Bevölkerungsverteilung in Sambia**, mit den Abbildungen 13b–f werden mögliche Erklärungsansätze für das beobachtete Raummuster aufgezeigt. Zunächst lässt sich feststellen, dass sich die Bevölkerung sehr ungleich über das Staatsgebiet verteilt. Bezogen auf den statistischen Mittelwert (2003: 14 Ew./km^2) ist das Land nur dünn besiedelt. Dieser Durchschnitt verdeckt jedoch weit reichende regionale Unterschiede und Konzentrationserscheinungen. Unter Einbeziehung der städtischen Siedlungen lebt etwa jeder zweite Sambier in einem unterschiedlich breiten Korridor entlang der Eisenbahnverbindung zwischen Simbabwe und dem Kupfergürtel an der Grenze zu Zaire. Obwohl es außerhalb dieser *line of rail* so gut wie keine größeren städtischen Siedlungen gibt, ist auch hier die Bevölkerungsverteilung recht unterschiedlich. Relativ hohe Dichtewerte werden in Teilen von Ost- und Nordsambia erreicht. Diesen Gebieten stehen ausgedehnte Räume gegenüber, die außerordentlich dünn besiedelt sind.

Der Vergleich dieses Verteilungsbildes mit grundlegenden Merkmalen zur physisch-geographischen Ausstattung lässt nur geringe Übereinstimmungen erkennen (Abb. 13b). Verhältnismäßig dicht besiedelte Gebiete und kaum bevölkerte Räume finden sich sowohl im höheren Bergland als auch in tiefer gelegenen Landesteilen. Ebenso zeigt die mittlere jährliche Niederschlagshöhe, die von weniger als 800 mm im Süden auf über 1.000 mm im Norden ansteigt, nur eine geringe Beziehung zur Bevölke-

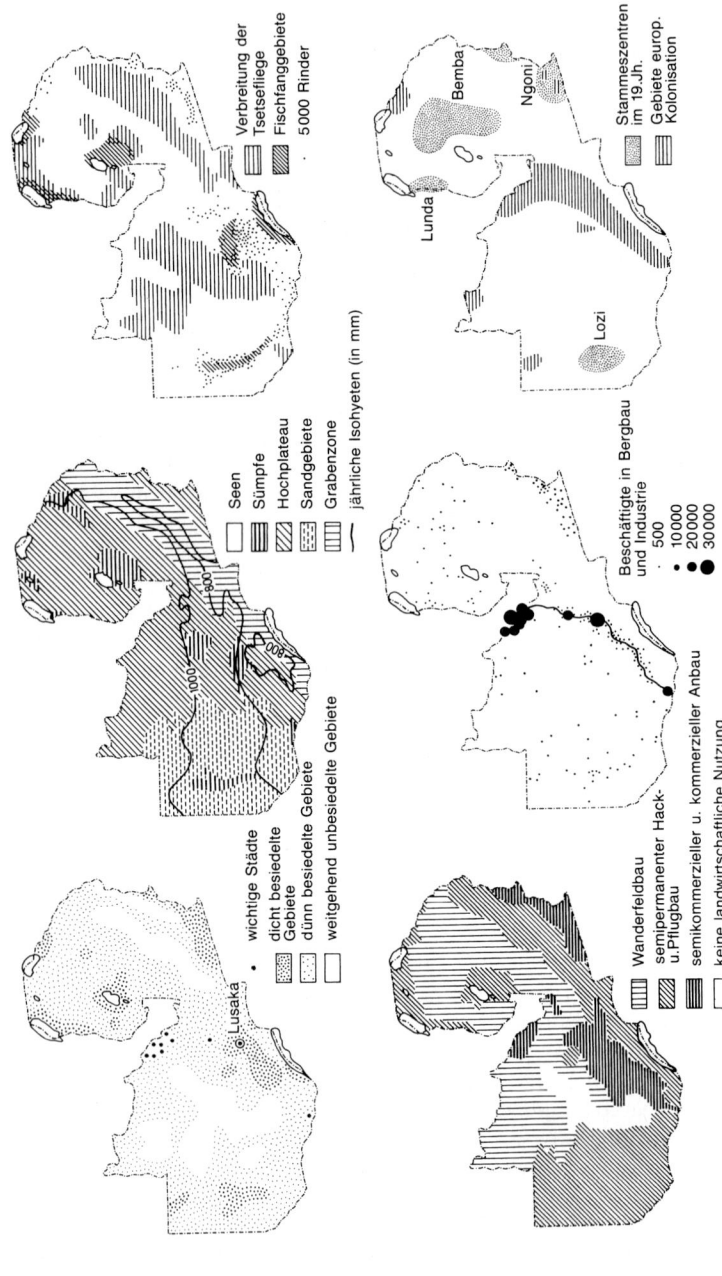

Abb. 13. Bestimmungsgründe kleinräumiger Bevölkerungsverteilungen am Beispiel Sambias. Quelle: SCHULTZ (1976); NOIN (1979), verändert.

rungsverteilung. Ausgeprägtere Koinzidenzen sind dagegen aus Abbildung 13c ableitbar. Die weitgehend siedlungsleeren Regionen decken sich ziemlich genau mit dem Verbreitungsgebiet der Tsetsefliege. Ähnliche Beobachtungen konnte GILLMAN schon 1936 für weite Teile Ostafrikas machen. Daraus lässt sich jedoch nicht auf eine einfache Kausalbeziehung zwischen dem Vorkommen der Tsetsefliege und der Bevölkerungsdichte im ländlichen Raum schließen, denn die Zusammenhänge sind komplexer, als man gemeinhin annimmt. Zwar ist es richtig, dass die Tsetsefliegen *(glossina)* als Überträger der Schlafkrankheit und der Nagana-Seuche beim Vieh die Lebensmöglichkeiten des Menschen in doppelter Weise einschränken, ebenso richtig ist es aber auch, dass eine intensivere landwirtschaftliche Nutzung, die mit einer Rodung der Buschvegetation verbunden ist, zu einer Reduzierung der verseuchten Gebiete und damit zur Unterbrechung der Infektionskette beiträgt. Gerade für Ostafrika kann man nachweisen, dass sich die Tsetsefliege immer dann ausbreiten konnte, wenn es aus ganz anderen Gründen zu einer Entvölkerung größerer Räume kam und eine dauerhafte Landbewirtschaftung aufgegeben wurde (JAHNKE 1976).

Besonders enge Verknüpfungen bestehen zwischen der Bevölkerungsdichte und der wirtschaftlichen Raumstruktur (Abb. 13d). In ländlichen Gebieten treten immer dann höhere Dichtewerte auf, wenn die traditionelle Landwechselwirtschaft (Chitimene-System) durch intensivere Landnutzungsformen abgelöst oder aber durch Viehhaltung und Fischfang ergänzt wird.

Die auffälligsten Bevölkerungskonzentrationen sind jedoch an die Standorte des Bergbaus sowie der sekundären und tertiären Aktivitäten gebunden (Abb. 13e). Erst dadurch erklärt sich die eingangs herausgestellte bevölkerungsmäßige Dominanz der *line of rail.* Da sich zudem die marktorientierte Landwirtschaft fast ausschließlich auf diese Achse beschränkt, wird verständlich, dass schätzungsweise 85% aller Lohnbeschäftigten Sambias hier ihren Arbeitsplatz haben.

Tiefere Einblicke in das ungleiche Verteilungsmosaik dichter und schwächer besiedelter Gebiete gewinnt man, wenn zusätzlich die historische Entwicklung des Landes einbezogen wird (Abb. 13f). Schon in voreuropäischer Zeit konnten sich einzelne Stammesgruppen die Vorherrschaft über größere Räume sichern, z. B. die Lozi im Westen, die Lunda im Norden, die Bemba im Nordosten oder die Ngami im Osten. In den Kerngebieten ihrer jeweiligen Einflusssphären ist bis heute die ländliche Bevölkerungsdichte überdurchschnittlich hoch. Aber auch in diesem Falle ist die Frage nach Ursache und Wirkung nicht nur in eine Richtung zu stellen. Es lässt sich nicht mit Sicherheit entscheiden, inwieweit die höhere Bevölkerungsdichte als Folgeerscheinung einer strafferen politisch-militärischen Organisation anzusehen ist oder inwieweit umgekehrt eine überdurchschnittliche Bevölkerungsdichte zur Herausbildung herrschaftlicher Organisationsformen beigetragen hat.

Eine nachhaltige und bis heute wirksame Umverteilung der Bevölkerung setzte mit der europäischen Durchdringung und Erschließung des Landes zu Beginn unseres Jahrhunderts ein. In der Zeit von 1905 bis 1909 wurde die Eisenbahn zwischen Livingstone im Süden und Ndola im Norden gebaut, und entlang der Bahnlinie vergab die Kolonialverwaltung Farmen an europäische Siedler, die hier eine marktorientierte Landwirtschaft betrieben. Das wirtschaftliche Übergewicht der *line of rail* verstärkte sich in den 1920er und 30er Jahren, als die Briten damit begannen, die reichen Kupfervorkommen an der Grenze zum ehemals Belgischen Kongo intensiver auszubeuten.

Dem unabhängigen Sambia ist es bis heute nicht gelungen, die in der Kolonialzeit angelegten räumlichen Disparitäten abzubauen (vgl. dazu GAEBE 1983). Wie in vielen Entwicklungsländern, so sind auch hier die wenigen größeren Städte und insbesondere die Landeshauptstadt überproportional angewachsen. Der Verstädterungsgrad Sambias hat sich von weniger als 20% (1960) auf heute fast 40% erhöht. Im Gegensatz zum raschen Ansteigen der Einwohnerzahlen in allen Siedlungen entlang der *line of rail* stagniert die Bevölkerungsentwicklung in den noch überwiegend ländlich geprägten Nord- und Westprovinzen.

Schon diese knappe Fallstudie belegt, dass eine Erklärung unterschiedlicher Bevölkerungsdichten im Einzelfall auf große Schwierigkeiten stoßen kann. Häufig tritt zwar das Beziehungsgeflecht zwischen der Bevölkerungsverteilung und verschiedenen anderen Sachverhalten sehr deutlich in Erscheinung, damit ist jedoch die Frage nach der Richtung der Kausalzusammenhänge noch nicht beantwortet, und es bleibt offen, ob einzelnen Faktoren eher ein direkter oder indirekter Einfluss zugeschrieben werden muss.

Es gibt bisher nur wenige Arbeiten, in denen der Versuch unternommen wird, die Beziehungen zwischen der Bevölkerungsdichte und möglichen Bestimmungsgrößen quantitativ zu erfassen. Als methodisches Beispiel sei hier die **regressions- und korrelationsanalytische** Untersuchung von ROBINSON und BRYSON (1957) deshalb kurz referiert, weil Fragestellung und Vorgehensweise sich auch bei komplexeren Problemen nicht grundsätzlich unterscheiden. Auf andere Arbeiten ähnlicher Zielsetzung kann nur verwiesen werden (z. B. WEBBER 1974; HAINING 1981).

Den zuerst genannten Autoren geht es um den Nachweis eines Zusammenhangs zwischen der ländlichen Bevölkerungsdichte im Farmgebiet von Nebraska und der durchschnittlichen Niederschlagshöhe. Dazu bedienen sie sich nicht nur kartographischer, sondern auch statistischer Verfahren. Grundlage ihrer Überlegungen bilden zwei Karten, in denen die betrachteten Variablen als Isolinien eingetragen sind (Abb. 14). Die rein visuelle Interpretation zeigt bereits eine weitgehende räumliche Koinzidenz der beiden Muster. Für eine daran anknüpfende statistische Analyse sind zwei Ausgangsfragen denkbar:

1. In welcher Form hängt ein Merkmal vom anderen ab, oder anders ausgedrückt, wie lässt sich von einer Größe auf die andere schließen? Die Regressionsanalyse hilft mit, darauf eine Antwort zu geben. Im gewählten Beispiel ist es nahe liegend, die ländliche Bevölkerungsdichte als „Zielgröße" (abhängige Variable) und die Niederschlagshöhe als „erklärendes" Merkmal (unabhängige Variable) anzusehen.

2. Wie stark ist der beobachtete Zusammenhang zwischen den in Beziehung gesetzten Größen? Eine Antwort auf diese Frage kann mit Hilfe der Korrelationsanalyse erfolgen. Der Korrelationskoeffizient r, der zwischen 0 und $|1|$ schwankt, ist ein Maß für die Stärke des statistischen Zusammenhangs zwischen zwei Größen. Gleichzeitig wird durch das Vorzeichen die Richtung der Beziehung zum Ausdruck gebracht.

Das Grundprinzip beider Fragestellungen lässt sich anhand einer graphischen Darstellung noch besser veranschaulichen (Abb. 14). Trägt man in einem Streuungsdiagramm die beobachteten Wertepaare ein, so wird aus der Anordnung der Punktewolke unmittelbar ersichtlich, dass zwischen der ländlichen Bevölkerungsdichte und der Niederschlagshöhe eine lineare Beziehung besteht, d. h. dass mit zunehmenden Niederschlägen im Allgemeinen auch die Bevölkerungsdichte ansteigt. Diese Tendenz lässt sich am besten durch eine „mittlere Gerade" ausdrücken, die so durch die Punktewolke zu legen ist, dass die Summe aller Abweichungen (genauer: Abstandsquadrate) minimiert wird. Die mathematisch exakte Bestimmung einer solchen Geraden erfolgt mit Hilfe der Regressionsrechnung (Methode der kleinsten Quadrate).

Darüber hinaus gibt das Streuungsdiagramm auch einen ersten Hinweis auf die Stärke der Beziehungen zwischen den beiden Variablen. Eine streng funktionale Abhängigkeit würde dazu führen, dass alle Punkte auf der Geraden selbst liegen, während ein nur wenig ausgeprägter Zusammenhang eine starke Streuung der Punkte um die mittlere Gerade zur Folge hätte. Entsprechend dazu ergäbe sich im ersten Fall ein Korrelationskoeffizient von +1 (größtmöglicher positiver Zusammenhang), im zweiten Fall ein solcher nahe 0 (kein Zusammenhang).

Im diskutierten Beispiel ermöglicht es die Regressionsgleichung, für eine beliebig vorgegebene Regenmenge eine erwartete Bevölkerungsdichte zu bestimmen. Bei einem errechneten Korrelationskoeffizienten von 0,76 werden im Allgemeinen die Abweichungen zwischen dem empirisch ermittelten und diesem Erwartungswert nicht

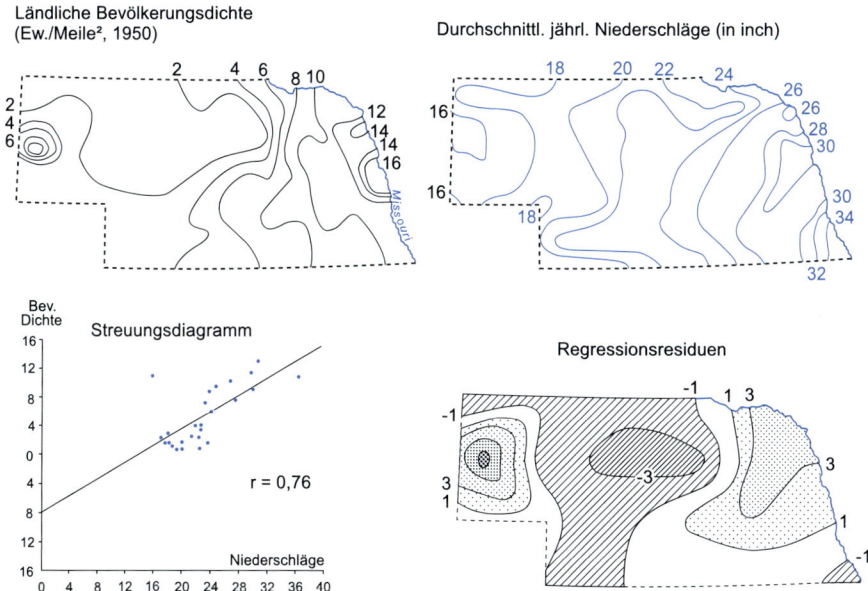

Abb. 14. Beziehung zwischen ländlicher Bevölkerungsdichte und Niederschlagshöhe in Nebraska (USA). Quelle: ROBINSON und BRYSON (1957).

sehr hoch sein. Trotzdem ist eine kartographische Darstellung der dabei auftretenden Differenzen (Residuen) oft sinnvoll, da sich dadurch der Erklärungsansatz weiter ausbauen lässt. Denn in vielen Fällen wird sich zeigen, dass sich positive und negative Abweichungen vom „theoretischen Wert" nicht völlig zufällig verteilen, sondern ein mehr oder weniger ausgeprägtes Raummuster erkennen lassen. Man kann nun versuchen, diese Regelhaftigkeiten mit dem räumlichen Verteilungsbild anderer Merkmale in Zusammenhang zu bringen, um so weitere Erklärungsmomente (z. B. Nähe zu größeren Städten, Bodenunterschiede, Bewässerungsmöglichkeiten) zu finden und in eine neue (multiple) Regressionsrechnung einzubeziehen (vgl. ROBINSON u. a. 1961).

Abgesehen von speziellen mathematischen Problemen, die mit der Anwendung der Regressions- und Korrelationsanalyse verbunden sind und die hier ausgeklammert bleiben müssen, sollte bei allen derartigen Berechnungen bedacht werden, dass sich auf diesem Wege lediglich „statistische Zusammenhänge" aufdecken und quantifizieren lassen. Damit ist jedoch nicht gleichzeitig eine inhaltliche Erklärung der gestellten Fragen verbunden, denn es sind auch „unsinnige" Korrelationen denkbar, und es ist ebenfalls möglich, dass die gemessenen Abhängigkeiten aus der Überlagerung sehr verschiedener Einflussgrößen entstehen, d. h. statistische Analysen der beschriebenen Art leisten nur dann einen Beitrag zur Lösung eines Problems, wenn gleichzeitig auf die von der Ursache zur Wirkung führenden Prozesse eingegangen wird.

Zu Beginn dieses Kapitels wurde betont, dass die Grenzen der Ökumene nicht als starre und unveränderliche Linien aufzufassen sind, sondern dass sich hier häufig sehr dynamische Entwicklungen vollziehen, die zu einer raschen **Veränderung der Bevölkerungsverteilung** führen können. Im Gegensatz zu anderen Grenzsäumen der Ökumene muss entlang der Höhengrenze überwiegend eine negative Bevölkerungsbilanz konstatiert werden (vgl. HAMBLOCH 1966).

In den europäischen Gebirgen ist der Entvölkerungsprozess teilweise derartig weit fortgeschritten, dass schon von „Höhenflucht" (ULMER 1935) gesprochen wird. Nach LEIDLMAIR (1958, S. 84 f.) trifft diese Bezeichnung allerdings nicht ganz zu, weil die Menschen weniger durch die absolute oder die relative Höhenlage zur Abwanderung veranlasst werden, sondern in erster Linie durch die wirtschaftlichen Schwierigkeiten und ungünstigen Lebensbedingungen im Bergland. Daher hat er den Vorgang einer bergab gerichteten Wanderungsbewegung als „Bergflucht" bezeichnet.

Im Apennin ist die jüngere Bevölkerungsentwicklung besonders eingehend studiert worden (KÜHNE 1974; ROTHER und WALLBAUM 1975). Hier hatte die Abwanderung aus dem Gebirge eine deutliche Verschiebung der oberen Siedlungsgrenze zur Folge. Am Beispiel eines Dorfes soll dieser, in mehreren Phasen ablaufende Prozess genauer nachvollzogen werden (vgl. KÜHNE 1974, S. 91 ff.).

Palazzuolo (Abb. 15) liegt im tief zerklüfteten und schroffen höheren Teil des romagnolischen Apennin (südwestlich von Forli). Die Gemarkung der Gemeinde reicht bis zum etwa 1.200 m hohen Gebirgskamm. Ihr Siedlungsbild wird überwiegend von Einzelhöfen bestimmt, die sich an den Hängen um das im Haupttal gelegene Kerndorf hinaufziehen. In den 1950er Jahren setzte in Palazzuolo, wie im gesamten Apennin, ein beträchtlicher Bevölkerungsrückgang ein. Die Abwanderung erfasste jedoch nicht alle Teile der Gemarkung in gleicher Weise und zum gleichen Zeitpunkt. Abbildung 15 belegt, dass sich die Bevölkerungsumverteilung in mehreren Etappen vollzogen hat.

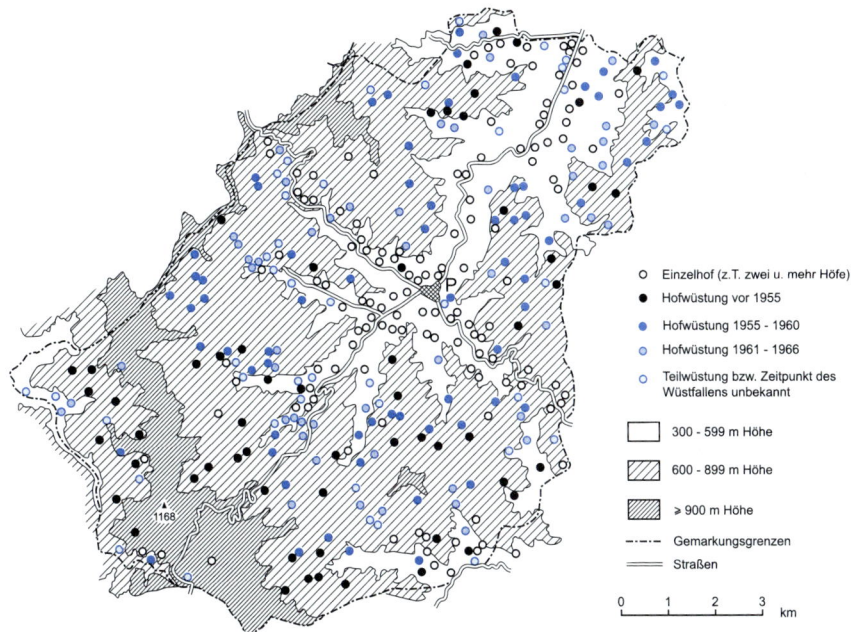

Abb. 15. Wüstungserscheinungen in der Umgebung von Palazzuolo (Apennin). Quelle: KÜHNE (1974).

Zunächst wurden nur die am höchsten gelegenen Wohnplätze aufgegeben, und erst später griff der Abwanderungsprozess auch auf die Täler über. Parallel dazu reduzierte sich die Höhengrenze der Dauersiedlung von mehr als 900 m auf weniger als 600 m.

Um Ursachen und Ablauf dieses Wüstungsvorganges verstehen zu können, ist es nötig, auf eine in diesem Teil des Apennin besonders verbreitete Form landwirtschaftlicher Grundbesitzverfassung, die *mezzadria,* einzugehen. Darunter versteht man jene Art des Teilbaus, bei der ein im Dorf oder in der Stadt wohnender Landeigentümer seine in einzelne Höfe aufgeteilten Ländereien an sog. *mezzadri* vergibt. Diese stellen ihre Arbeitskraft und die ihrer Familie zur Verfügung und teilen sich die jeweiligen Betriebskosten mit dem Eigentümer. Dafür erhalten sie etwa die Hälfte des Naturalertrages (KÜHNE 1974, S. 191). Trotz schwieriger Lebensbedingungen und sehr niedriger Einkommen verließen bis zur Zwischenkriegszeit nur wenige *mezzadri* das Gebirge. Erst die allgemeine Verbesserung der Kontaktmöglichkeiten zu den nahe gelegenen Städten leitete in den 1950er und 60er Jahren eine massive Bergflucht ein. Jetzt begannen die Bewohner der Höhengebiete ihre wirtschaftliche Situation mit derjenigen in anderen Räumen zu vergleichen, neu zu sehen und einzuschätzen.

Zunächst erfasste die Abwanderungswelle die verkehrsmäßig besser erschlossenen Täler und Hügelländer. Indem die Bewirtschafter der hier liegenden Höfe in städtische Berufe überwechselten, ergaben sich für die *mezzadri* aus höheren Gebirgsteilen zahlreiche Möglichkeiten, günstiger gelegene Betriebe zu übernehmen und so ihr Einkommen in bescheidenem Maße zu verbessern. Durch weitere Abwanderungen in die Städte wurden später auch die Höfe in mittleren Höhenlagen aufgegeben, und schließlich blieben nur noch diejenigen in unmittelbarer Nähe des Hauptortes bewohnt. Jüngere Bevölkerungsstatistiken deuten darauf hin, dass der Höhepunkt der Bergflucht mittlerweile überschritten ist. Während kleinere Gemeinden mit günstiger Lage zu prosperierenden Städten auch weiterhin Einwohner verlieren, verzeichnen größere Orte und solche in der Nähe der Provinzhauptstädte bescheidene Zunahmen, zu einem guten Teil aus Rückwanderungen (Rother und Tichy 2000, S. 148).

In anderen Gebirgsräumen, wie insbesondere in den Alpen, ist die Entwicklung weniger einheitlich verlaufen (Grötzbach 1985; Bätzing u. a. 1996). Zwar wird auch hier seit langem vom „Bergbauernproblem" (Lichtenberger 1965) gesprochen und damit zum Ausdruck gebracht, dass die landwirtschaftliche Nutzung in den Höhenlagen im Rückgang begriffen ist, in jüngerer Zeit hat sich jedoch der damit verbundene Abwanderungsprozess vor allem in den Fremdenverkehrsgebieten verlangsamt, und teilweise ist sogar eine Trendumkehr zu beobachten (vgl. Furrer und Wegmann 1977; Haimayer 1988; Riegler 1995).

2.3 Städtische und ländliche Bevölkerung

2.3.1 Die Verstädterung der Erde

Die ersten städtischen Siedlungen entstanden vor mehr als 5.000 Jahren im Vorderen Orient (Mesopotamien, Ägypten). Sie unterschieden sich von dorfbäuerlichen und nomadischen Niederlassungen durch ihre differenziertere Bebauung und die vergleichsweise größere Bedeutung sekundärer und tertiärer Aktivitäten. Etwas später setzte die städtische Entwicklung auch im Indusgebiet, im mediterranen Europa und in China ein und nochmals gut 1.000 Jahre danach in der Neuen Welt (Sjoberg 1965).

Die damaligen Städte waren nicht sehr groß und zählten selten mehr als 5.000 bis 10.000 Ew., d. h. in den frühen Phasen der Stadtgeschichte lebte der weit überwiegende Teil der Bevölkerung nach wie vor auf dem Lande und ging einer landwirtschaftlichen Tätigkeit nach. Noch um 1800 betrug der Anteil der Stadtbewohner an der Gesamtbevölkerung der Erde nur 3%, und selbst zu Beginn des 20. Jh. waren es erst knapp 15%. Heute dagegen entfällt fast die Hälfte der Weltbevölkerung auf städtische Siedlungen verschiedener Größenordnungen, in den Industriestaaten sind es oft 80% und mehr (zum weltweiten Verstädterungsprozess vgl. z. B. Davis 1969/72; Stewig 1983; Gaebe 1987; Brockerhoff 2000; Clark 2000; Brunn u. a. 2003).

Hinzu kommt die von den Städten ausgehende Überformung ihres Umlandes. Während sich früher mit der Gegenüberstellung von Dorf und Stadt ein Nebeneinander verschiedener Lebens- und Wirtschaftsweisen verband, so ist diese Dichotomie heute in den hoch entwickelten Ländern weitgehend verwischt. Städtisch-industrielle Lebens-, Wirtschafts- und Wohnformen haben sich mehr und mehr auch auf dem Lande durchgesetzt, und aus einem Stadt-Land-Gegensatz ist ein in vielfältiger Weise verflochtenes Stadt-Land-Kontinuum geworden. Diese mit dem Wandel von der Agrar- zur Industriegesellschaft einhergehende Überprägung des ländlichen Raumes macht es notwendig, zwischen „**Verstädterung**" im engeren Sinne und „**Urbanisierung**" zu unterscheiden. Verstädterung meint dabei die Vermehrung, Ausdehnung oder Vergrößerung von Städten nach Zahl, Fläche oder Einwohnern sowohl absolut als auch im Verhältnis zur ländlichen Bevölkerung bzw. zu den nichtstädtischen Siedlungen, während Urbanisierung auch die Ausbreitung und Verstärkung städtischer Lebens-, Wirtschafts- und Verhaltensweisen einschließt bzw. sich (in eingeschränkter Begriffsdefinition) nur darauf bezieht (z. B. MAIER u. a. 1977, S. 101 ff.). Oftmals verwendet man allerdings Verstädterung und Urbanisierung auch als Synonyme und subsumiert darunter eine Reihe von Prozessen, zu denen sowohl das Wachstum der Stadtbevölkerung und die Städteverdichtung wie auch die Ausbreitung städtischer Elemente in ländlichen Gemeinden gehören. Dies geschieht nicht zuletzt deshalb, weil im Englischen eine solche Unterscheidung nicht möglich ist (vgl. HEINEBERG 2001, S. 28 ff.).

Im Folgenden soll zunächst der quantitative Aspekt der Verstädterung behandelt werden. Aber selbst in dieser Einschränkung ist der Begriff nicht eindeutig. Verstädterung kann u. a. aufgefasst werden als:

– demographischer Zustand, d. h. Anteil der Stadtbevölkerung an der Gesamtbevölkerung eines Landes (Verstädterungsquote, Verstädterungsgrad),
– demographischer Prozess, d. h. Wachstum der Stadtbevölkerung eines Landes (Zuwachsrate der städtischen Bevölkerung bzw. des Verstädterungsgrades),
– Prozess der Verdichtung des Städtenetzes, d. h. Erhöhung der Zahl der Städte innerhalb eines Landes (Städteverdichtung).

Bei allen raumzeitlichen Vergleichen ergeben sich weitere Schwierigkeiten dadurch, dass die Definitionsbasis für die Ausgliederung städtischer Bevölkerungen stark schwankt; sei es, dass man von unterschiedlichen Einwohnerschwellenwerten ausgeht, dass der Abgrenzung historische oder verwaltungsrechtliche Gesichtspunkte zugrunde liegen, dass ein bestimmter Ausstattungskatalog herangezogen wird oder eine Kombination dieser Kriterien Verwendung findet. Häufig erfolgt auch gar keine klare Definition, oder die Einordnung einer Siedlung ändert sich von Zensus zu Zensus.

Am häufigsten kommen **Stadtdefinitionen** vor, bei denen mit Mindesteinwohnerzahlen gearbeitet wird. Aber auch dabei sind die benutzten Schwellenwerte wenig einheitlich und man berücksichtigt z. T. die gesamte Einwohnerzahl der kleinsten Verwaltungseinheit, z. T. auch nur die des Hauptortes. Die Untergrenze kann bei lediglich 200 Bewohnern, wie in Norwegen, Island und Spanien, oder auch bei 10.000 Ew., wie in der Schweiz, in Griechenland oder Malaysia, liegen (Demographic Yearbook 2000, S. 20 ff.). Am gebräuchlichsten sind Werte zwischen 2.000 und 5.000 Ew. (z. B. 2.000 Ew. in Deutschland und Argentinien, 2.500 Ew. in den USA und Venezuela, 5.000 Ew. in Österreich und Sambia). Eine Vereinheitlichung der Kriterien wäre für weltweite Vergleiche zwar wünschenswert, ist aber angesichts der Heterogenität der nationalen Erhebungen kaum durchführbar. Hilfskonstruktionen, wie z. B. die ausschließliche Verwendung der Bevölkerungsdichte, stoßen schon in vergleichsweise homogenen Räumen auf Schwierigkeiten, wie BÄTZING u. a. (1996) am Beispiel der Alpen gezeigt haben. In allen Publikationen internationaler Organisationen werden daher die nationalen Definitionen übernommen und daraus aggregierte Werte für größere Erdräume berechnet (UN 2004).

Besondere Probleme bereitet die Abgrenzung der großen Städte gegenüber ihrem Umland, da diese meist über die ursprünglichen administrativen Grenzen hinausgewachsen sind. Hier besteht international ebenfalls keine Einheitlichkeit, und jedes Land definiert seine Stadtgebiete, Großstadtregionen, metropolitanen Distrikte, Agglomerationen oder Verdichtungsräume anders (vgl. Kap. 2.3.2).

In der weltweiten Übersichtskarte (Abb. 16) ist die sehr unterschiedliche **Verstädterungsquote** klar zu erkennen. Das eine Extrem bilden Länder wie Großbritannien, Belgien, Italien und Island, aber auch Uruguay und Israel, in denen 90% und mehr der Bewohner in städtischen Siedlungen leben, das andere Extrem sind einzelne afrikanische und asiatische Staaten (z. B. Ruanda, Malawi, Nepal) mit Prozentsätzen unter 15.

Auf der Basis einzelner Großräume liegen Nord- (79%) und Lateinamerika (75%) sowie Europa (73%) an der Spitze, gefolgt von Australien/Ozeanien (69%). Recht wenig verstädtert sind nach wie vor Afrika (33%) und Asien (38%) (World Population Data Sheet 2003).

Der auch gegenwärtig noch bestehende Gegensatz zwischen Industrie- und Entwicklungsländern hinsichtlich des Verstädterungsgrades wird durch eine Häufigkeitsauszählung unterstrichen (Abb. 17). In den Entwicklungsländern liegen die am stärksten besetzten Klassen zwischen 40 und 60%, in den Industrieländern dagegen zwischen 60 und 100%.

Die bisher gemachten Angaben umschreiben nur den augenblicklichen Stand des Verstädterungsgrades und sagen wenig über die dahinter stehende Dynamik aus. Um diese besser beurteilen und damit auch zukünftige Entwicklungstendenzen richtiger einschätzen zu können, ist es notwendig, ergänzend die durchschnittlichen jährlichen **Wachstumsraten der städtischen Bevölkerung** zu betrachten. Eine entsprechende Häufigkeitsauszählung (Abb. 17) belegt, dass die Zahl der Stadtbewohner nicht in den Industrieländern mit ihrer hohen Verstädterungsquote, sondern in den Entwicklungsländern besonders rasch ansteigt. Während in der Dritten Welt jährliche Zuwachsraten von mehr als 5% nicht selten sind und das Maximum des Häufigkeitsdiagramms zwischen 3,0 und 3,5% liegt, nimmt die städtische Bevölkerung in den meisten Industrieländern sehr viel langsamer zu (Maximum 0–0,5%).

Die Zuwachsraten der städtischen Bevölkerung in den Staaten der Dritten Welt können auch dann noch als außergewöhnlich hoch gelten, wenn man sie mit entsprechenden Werten für die Industrieländer aus der zweiten Hälfte des 19. Jh. vergleicht. Nach DAVIS (1965, S. 49) nahm die Zahl der Stadtbewohner in neun europäischen Staaten damals im Durchschnitt nur um 2,1% pro Jahr zu, und selbst ausgesprochene Einwanderungsländer, wie die Vereinigten Staaten, Australien, Neuseeland oder Kanada und Argentinien, erreichten zurzeit ihres schnellsten Wachstums im Mittel lediglich 4,2% pro Jahr.

Eine besonders dynamische Entwicklung weisen die Städte mit mehr als 1 Mio. Ew. auf, die im Allgemeinen als **Metropolen** bezeichnet werden, auch wenn dieser Begriff ursprünglich stärker auf eine herausgehobene politische und wirtschaftliche Bedeu-

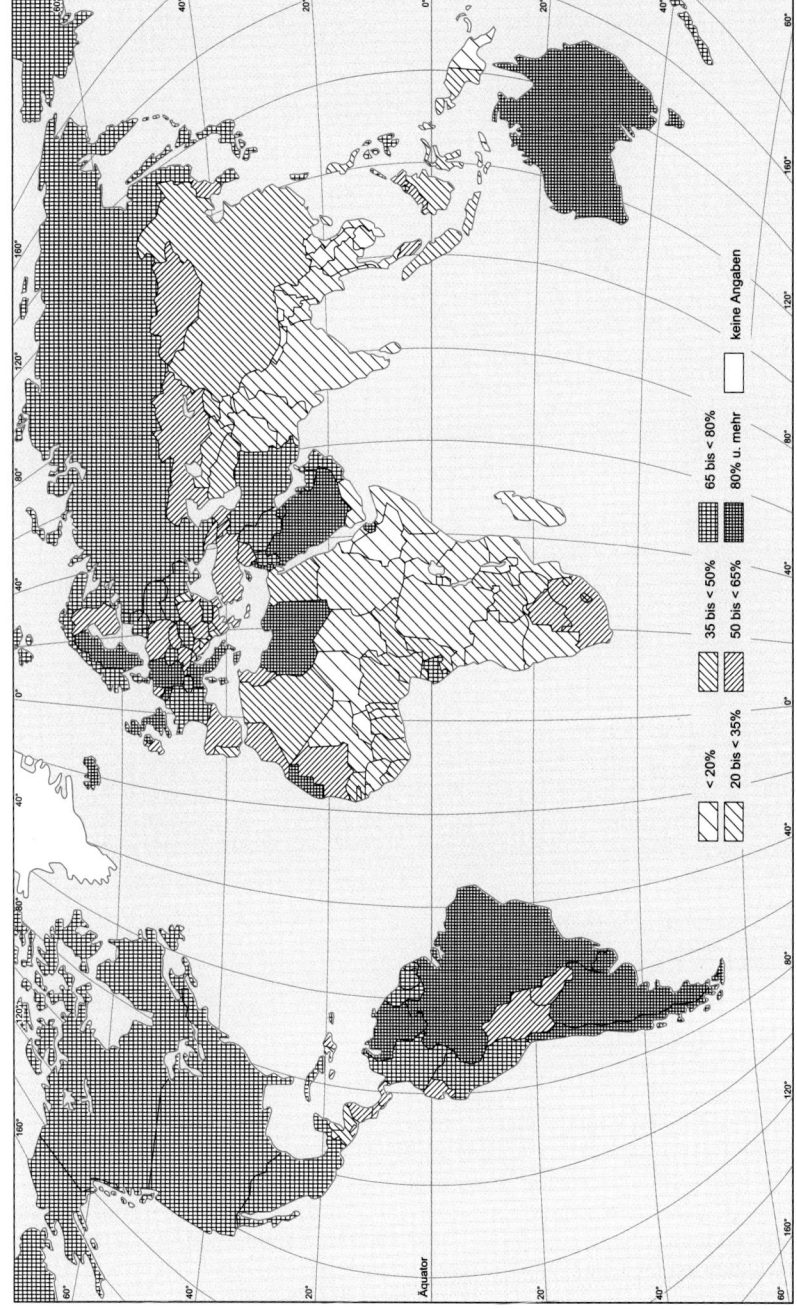

Abb. 16. Verstädterungsgrad in den Staaten der Erde um 2003. Quelle: World Population Data Sheet 2003.

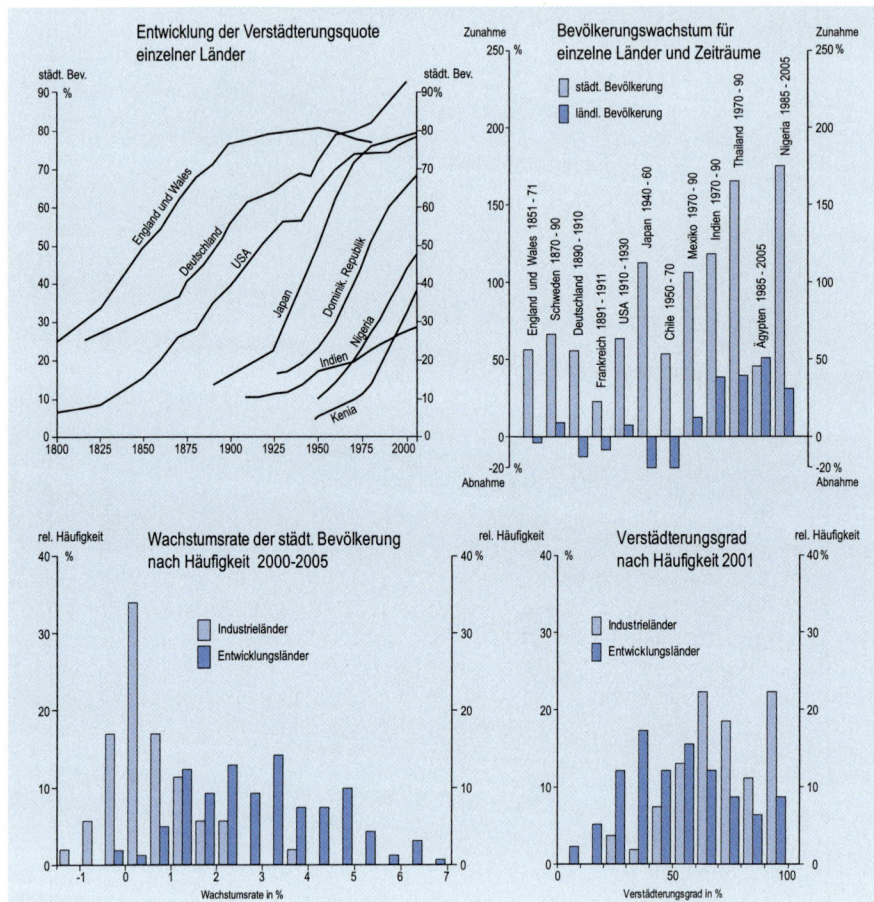

Abb. 17. Angaben zum Verstädterungsprozess in Industrie- und Entwicklungsländern. Quelle: DAVIS (1965); UN (2002).

tung abzielte (vgl. BRONGER 1997; BLOTEVOGEL 2001). Analog zu Verstädterung kann auch Metropolisierung in doppelter Weise als demographischer Zustand oder als demographischer Prozess verstanden werden.

Während es um die Wende vom 19. zum 20. Jh. lediglich 13 Millionenstädte gab, in denen ca. 2% der Erdbevölkerung lebten, hatte sich deren Zahl schon bis 1950 auf 86 vermehrt, und ihr Anteil an der Weltbevölkerung war auf knapp 8% gestiegen (Tab. 3). Der dann einsetzende Wachstumsprozess sprengte freilich alle bisherigen Dimensionen: Jedes Jahr kamen im Durchschnitt 6 neue Metropolen hinzu, sodass die Zahl der Millionenstädte auf 195 im Jahre 1975 und 430 in 2005 zunahm (UN 2004). Bei Anhalten dieses Trends ist damit zu rechnen, dass in naher Zukunft mehr als 20% der Weltbevölkerung in Millionenstädten leben werden (Tab. 3).

Weil immer mehr Städte in die Gruppe der Metropolen hineinwachsen, erscheint es sinnvoll, innerhalb dieser Kategorie weiter zu differenzieren und die größten Städte der Erde als sog. **Megastädte** gesondert auszugliedern. Auch in diesem Fall wird die Abgrenzung nicht einheitlich vorgenommen (5, 8 oder 10 Mio. Ew.). Vieles spricht aber dafür, nur Riesenmetropolen im Sinne von BRONGER (1997), d. h. Metropolen mit mehr als 10 Mio. Ew., zu den Megastädten zu zählen und sie eindeutig von den sog. *global cities,* den bedeutendsten internationalen Steuerungszentralen, abzugrenzen, die zwar meistens Millionenstädte, nicht aber Megastädte sind (vgl. BEAVERSTOCK u. a. 1999; HALL 2002). Gab es 1960 erst 2 Megastädte (New York, Tokyo), so ist ihre Zahl bis 2005 auf 20 angestiegen. Nach den Vorausberechnungen der UN werden es im Jahre 2015 22 sein, die 5% der Weltbevölkerung aufnehmen werden.

Aber nicht nur die Zahl, auch das räumliche Verteilungsmuster von Metropolen und Megastädten hat sich in der zweiten Hälfte des 20. Jh. entscheidend geändert (vgl. Abb. 18). Während um 1900 lediglich 2 der damals 13 und um 1940 nur 14 von 40 Millionenstädten in den Entwicklungsländern zu finden waren, darunter keine einzige der 4 Groß-Metropolen mit mehr als 5 Mio. Ew. (London, New York, Tokyo, Paris), entfällt heute die Mehrzahl der Millionenstädte auf die Dritte Welt (309 von 430); im Jahre 2015 werden es 416 von 541 sein (UN 2004). Noch deutlicher treten die Verschiebungen bei den Megastädten in Erscheinung. Neben Tokyo und New York zählen aus den Industriestaaten nur noch Los Angeles, Moskau und Osaka dazu, alle übrigen Städte liegen in der Dritten Welt. Tokyo wird zwar nach den UN-Vorausberechnungen bis 2015 den ersten Rangplatz unter den Megastädten mit dann 36,2 Mio. Ew. halten, auf den nächsten Plätzen werden aber nicht mehr die großen lateinamerikanischen Agglomerationsräume São Paulo und Mexiko-Stadt folgen, sondern die sehr viel schneller wachsenden Städte des indischen Subkontinentes (Mumbai mit 22,6 Mio., Delhi mit 20,9 Mio. Ew.).

Auf die mit dem raschen Städtewachstum in den Entwicklungsländern verbundenen Probleme kann hier nur stichwortartig hingewiesen werden. Genannt seien die gravierenden Schwierigkeiten auf dem Arbeitsmarkt, die menschenunwürdigen Wohnbedingungen in den randstädtischen Hüttenvierteln, die mangelhafte Infrastrukturausstattung, die unzureichenden öffentlichen Verkehrsmittel und nicht zuletzt die zunehmende Umweltverschmutzung (vgl. MERTINS 1994; FELDBAUER 1997; BÄHR und MERTINS 2000; COY und KRAAS 2003).

Tab. 3 Entwicklung der städtischen Bevölkerung auf der Erde 1800–2015; Quelle: Eigene Zusammenstellung vorwiegend nach UN-Angaben.

Jahr	Weltbevölkerung (Mrd.)	Städtische Bevölkerung (%)	Bevölkerung in Städten ≥1 Mio. Ew. (%)	Bevölkerung in Städten ≥10 Mio. Ew. (%)
1800	0,9	3,2	–	–
1850	1,2	6,9	–	–
1900	1,6	13,6	1,6	–
1950	2,5	29,3	7,7	0,5
2000	6,1	47,1	17,7	4,1
2015	7,2	53,6	21,4	5,0

Der **weltweite Verstädterungsprozess** nahm seinen Ausgang im nordwestlichen Europa und war eng mit der Industrialisierung des 19. und beginnenden 20. Jh. verbunden. In den Jahrhunderten zuvor waren Anteil und Wachstumsrate der städtischen Bevölkerung auch in Europa außerordentlich niedrig geblieben; so zählte Europa in der Vergangenheit gar nicht zu denjenigen Regionen unserer Erde, in denen sich sehr früh größere städtische Zentren entwickelten. Man schätzt, dass während des ganzen 16., 17. und 18. Jh. die durchschnittliche jährliche Bevölkerungszunahme in den Städten unter 0,6% pro Jahr und damit nur geringfügig über der Wachstumsrate der Gesamtbevölkerung lag. Selbst um 1800 lebten nur etwas mehr als 2% der europäischen Bevölkerung in den wenigen Städten über 100.000 Ew.

Erst zu Beginn des 19. Jh. zeichnete sich ein entscheidender Wandel ab. Der Umbruch setzte im Mutterland der Industrialisierung, in England/Wales, besonders früh ein, folgte mit einer gewissen zeitlichen Verzögerung aber auch in den übrigen nordwest- und mitteleuropäischen Staaten. Im Allgemeinen nahm die städtische Bevölkerung gerade in jenen Ländern besonders schnell zu, in denen die Industrialisierung verhältnismäßig spät begann. Einige Beispiele mögen das verdeutlichen. Zum Zeitpunkt der ersten Volkszählung (1801) lebten in England/Wales etwa 10% der Bevölkerung in Großstädten. Es dauerte ungefähr 40 Jahre, bis sich dieser Prozentsatz verdoppelte und nochmals fast die gleiche Zeitspanne, bis er auf 30% gestiegen war. Die gleichen Veränderungen spielten sich in den Vereinigten Staaten in 66 Jahren, in Deutschland in 48 Jahren, in Japan in 36 Jahren und in Australien in 26 Jahren ab (DAVIS 1965, S. 43).

Die Zunahme des **Verstädterungsgrades im zeitlichen Verlauf** lässt sich idealtypisch durch eine S-förmige Kurve charakterisieren. Wieder bietet England/Wales ein Musterbeispiel für diesen Entwicklungsablauf (Abb. 17). Zu Beginn des 19. Jh. nahm der Anteil der städtischen Bevölkerung recht langsam zu, um nach 1825 sehr schnell auf über 50% anzusteigen. In den folgenden Jahrzehnten machten sich erste Anzeichen einer Trendwende bemerkbar, und nach 1900 erhöhte sich der Prozentsatz nicht mehr wesentlich. In anderen hoch entwickelten Ländern setzt die Stagnationsphase in der Gegenwart ein (vgl. Kap. 2.3.2). Die meisten Staaten der Dritten Welt stehen dagegen noch ganz am Anfang dieser Entwicklung. Selbst im Jahre 2003 entsprach ihr Verstädterungsgrad mit 40% erst demjenigen der Industriestaaten im Jahre 1925. Zwar deuten die Länderbeispiele aus Abbildung 17 auf gewisse Gemeinsamkeiten im Ablauf hin, wobei die Phase der schnellen Zunahme der Stadtbevölkerung um so kürzer zu sein scheint, je später sie einsetzt; es ist jedoch strittig und heute auch noch gar nicht voll absehbar, ob der Verstädterungsprozess, vor allem wenn man sich nicht nur auf demographische Sachverhalte bezieht, weltweit ähnlich und nur zeitlich versetzt oder räumlich und zeitlich unterschiedlich abläuft. So steht der These einer „multilinearen Konvergenz" von HAWLEY die u. a. von BERRY vertretene Anschauung einer gesellschafts- und kulturabhängigen Entwicklung gegenüber (HOFMEISTER 1982, S. 10; GAEBE 1987, S. 24 f.). Umstritten ist auch die Einordnung und Bewertung der zunehmenden Verstädterung in der Dritten Welt. Entsprechend den verschiedenen theoretischen Grundpositionen wird einerseits von einer im Wesentlichen intern verursachten, notwendigen Entwicklungsstufe gesprochen, und die Städte werden als „Innovationszentren" und „Motor einer Modernisierung" aufgefasst, andererseits be-

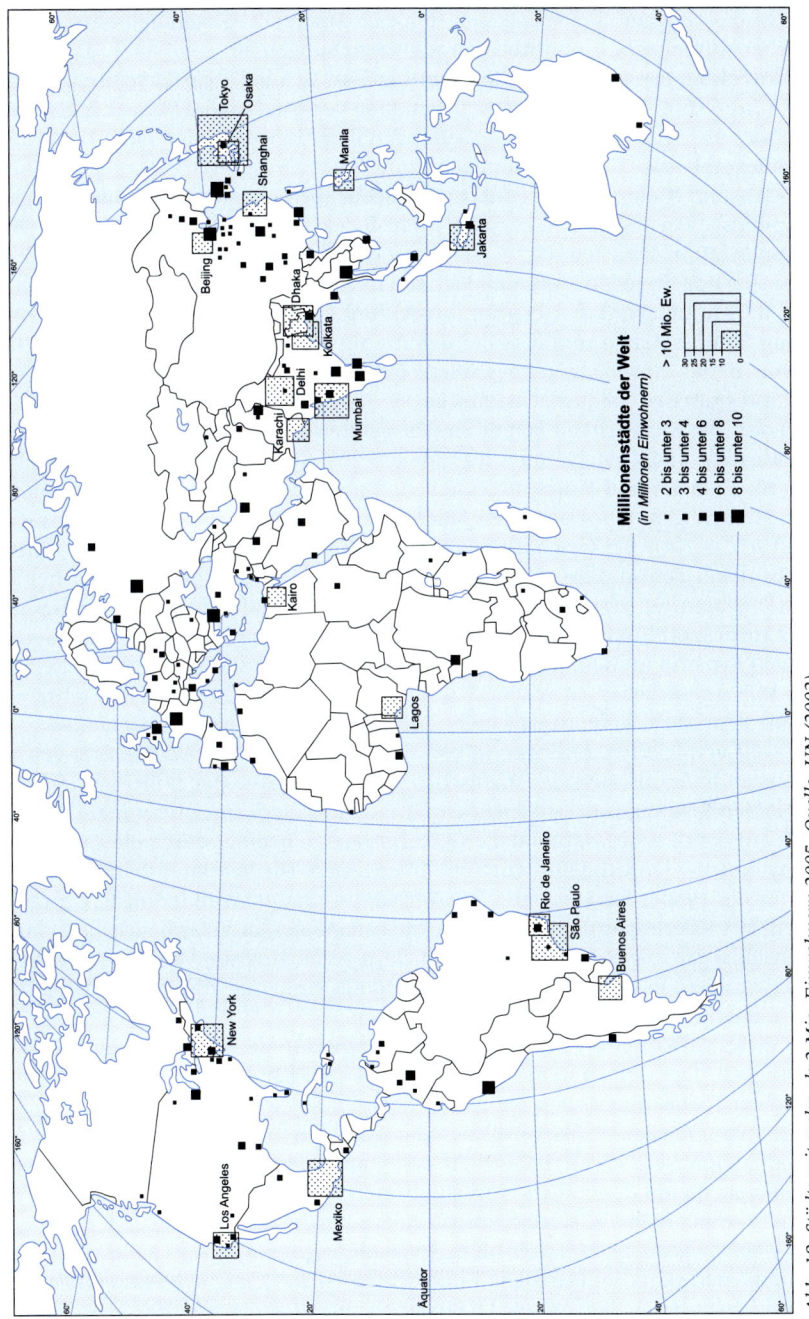

Abb. 18. Städte mit mehr als 2 Mio. Einwohnern 2005. Quelle: UN (2002).

tont man die exogene Steuerung und sieht die Städte als Bestandteil eines Systems weltweiter Ausbeutungs- und Abhängigkeitsbeziehungen an.

Die Zunahme der städtischen Bevölkerung lässt sich auf **drei Ursachengruppen** zurückführen: zum einen auf eine Neugründung von Städten oder eine Umklassifizierung bisher als „rural" eingestufter Siedlungen nach Überschreiten einer bestimmten Einwohnerzahl bzw. Eingemeindungen, zum zweiten auf das natürliche Bevölkerungswachstum (Geburtenüberschüsse) und schließlich auf die Land-Stadt gerichteten Wanderungsbewegungen, z. T. auch auf grenzüberschreitende Zuwanderungen (Wanderungsgewinne). Welchem dieser drei Faktoren die größte Bedeutung beizumessen ist, lässt sich nur für jeden einzelnen Fall und nicht generell entscheiden. Fest steht lediglich, dass normalerweise Neugründungen und Umklassifizierungen vergleichsweise wenig Einfluss haben und dass die Geburtenüberschüsse in den Entwicklungsländern von heute eine bedeutend größere Rolle spielen als in den Industriestaaten zurzeit ihres raschen Städtewachstums im 19. Jh. Zu Beginn des Industriezeitalters in Europa war die Sterblichkeit gerade in den Städten äußerst hoch. So betrug die Lebenserwartung 1841 in Liverpool und Manchester nur 26 Jahre, verglichen mit 41 Jahren für England und Wales insgesamt, und noch zu Beginn unseres Jahrhunderts lag die Sterberate in den englischen Städten um ein Drittel höher als auf dem Land (DAVIS 1965, S. 44). Bei gleichzeitig niedrigeren Geburtenziffern blieb der natürliche Zuwachs daher gering. Dass die Städte der damaligen Zeit dennoch ganz erhebliche Wachstumsraten zu verzeichnen hatten, ist überwiegend auf Zuwanderungsüberschüsse zurückzuführen. So kommt LAUX (1984, S. 96) für preußische Städte mit mehr als 20.000 Ew. und für den Zeitraum von 1875–1905 auf einen Wanderungseffekt von knapp 55% (natürlicher Zuwachs 31%, Eingemeindungen 14%), der in tertiärwirtschaftlich geprägten Städten sogar mehr als 60% betrug. Dagegen machen – konträr zu der weit verbreiteten Ansicht – in den Entwicklungsländern Wanderungsgewinne heute selten mehr als 50% des städtischen Wachstums aus. Der hohe natürliche Zuwachs in den Städten ist darauf zurückzuführen, dass die Sterbeziffern meist niedriger sind als auf dem Lande, während die Geburtenraten – bedingt durch die „jugendliche Altersstruktur" – den Landesdurchschnitt übersteigen. Die Vereinten Nationen errechneten für die 1960er bis 80er Jahre ein Verhältnis von 40 (Wanderungen einschließlich Umklassifizierungen):60 (UN 2001); in Lateinamerika beläuft sich der Wanderungsanteil sogar nur auf ca. 35%. Lediglich in Asien sind die Verhältnisse teilweise anders: Vor allem in China dominieren neuerdings eindeutig Wanderungen als Quelle des städtischen Wachstums (vgl. TAUBMANN 2003).

Aus dieser Situation ergibt sich für viele Entwicklungsländer heute eine doppelte Schwierigkeit. Einerseits nimmt die Zahl der auf dem Lande und von einer landwirtschaftlichen Tätigkeit lebenden Menschen noch immer schnell zu (vgl. Abb. 17), und die Ernährungsbasis der dort wohnenden Familien wird dadurch weiter eingeschränkt; andererseits können die Städte den vom Lande Abgewanderten keine Alternative bieten, da mit den hohen Wachstumsraten im Allgemeinen keine entsprechende Zunahme neuer Arbeitsplätze, insbesondere im industriellen Sektor, einhergeht. Dieses Ungleichgewicht zwischen dem Verstädterungsgrad eines Landes und seiner wirtschaftlichen bzw. industriellen Entwicklung ist auch als *hyperurbanization* oder *overurbanization* bezeichnet worden (FRIEDMANN und LACKINGTON 1967). Eine solche

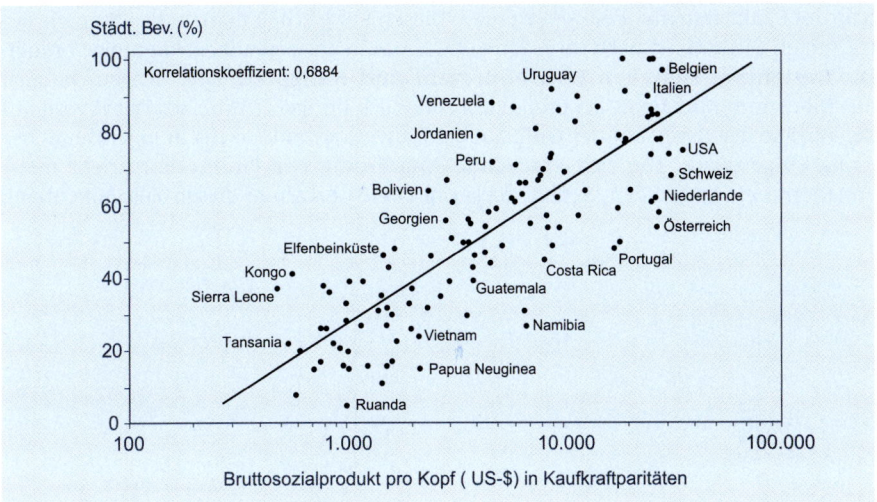

Abb. 19. Zusammenhang zwischen Verstädterungsgrad und wirtschaftlichem Entwicklungsstand um 2003. Quelle: World Population Data Sheet 2003.

Hyperurbanisierung einzelner Staaten wird deutlich erkennbar, wenn man in einem Streuungsdiagramm auf einer Achse den Anteil der in städtischen Siedlungen lebenden Menschen als Ausdruck der Verstädterungsquote und auf der anderen das Bruttosozialprodukt pro Kopf als Indikator des wirtschaftlichen Entwicklungsstandes einträgt (in logarithmierter Form). Die einzelnen Punkte scharen sich dann um die Regressionsgerade (Abb. 19), und die mehr oder weniger starken Abweichungen von dieser Geraden sind Ausdruck eines im Vergleich zum Durchschnitt zu hohen oder zu niedrigen Verstädterungsgrades. Die in die beiden extreme Bereiche fallenden Länder zeigen allerdings hinsichtlich ihrer Wirtschafts- und Bevölkerungsstruktur kein einheitliches Bild. So umfasst die hyperurbanisierte Gruppe hoch industrialisierte Staaten wie Belgien und Italien, Länder mittleren sozio-ökonomischen Niveaus wie Uruguay und Venezuela, aber auch ausgesprochene Entwicklungsländer wie Bolivien und Sierra Leone. Ähnliches gilt für die Gruppe der wenig verstädterten Länder unterhalb der in Abbildung 19 eingetragenen Regressionsgeraden. Daraus lässt sich schließen, dass zwar ein gewisser Zusammenhang zwischen dem Verstädterungsgrad eines Landes und seiner wirtschaftlichen Entwicklung besteht, dass jedoch die Abweichungen von allgemeinen Tendenzen kaum einer pauschalen Erklärung zugänglich sind, sondern nur aufgrund einer Analyse jedes Einzelfalls verständlich gemacht werden können.

Auch die häufig mit der rasch fortschreitenden Verstädterung in den Entwicklungsländern in Verbindung gebrachte übermäßige Bevölkerungskonzentration auf die größte Stadt eines Landes bzw. auf einige wenige, eindeutig dominierende Ballungsräume trifft in dieser allgcmeinen Form nicht zu. Die „Bedeutung" einer Stadt kann einmal an ihrer Bevölkerungszahl, zum anderen auch an ihrem „Rang" innerhalb des Städtesystems gemessen werden. Diesen Rang erhält man, indem man die betrachteten Siedlungen nach ihrer Einwohnerzahl in absteigender Reihenfolge ordnet. Die **Beziehung zwischen Einwohnerzahl und Rangplatz** lässt sich anschaulich mit Hilfe eines *rank-size*-Diagramms zum Ausdruck bringen (Abb. 20). Dabei wird auf der Abzisse der Rang, auf der Ordinate die Einwohnerzahl jeweils in logarithmischer Skala eingetragen. Die sich ergebende Anordnung der Punkte entspricht meist annähernd einer Geraden. Schon AUERBACH (1913) erkannte diesen Zusammenhang

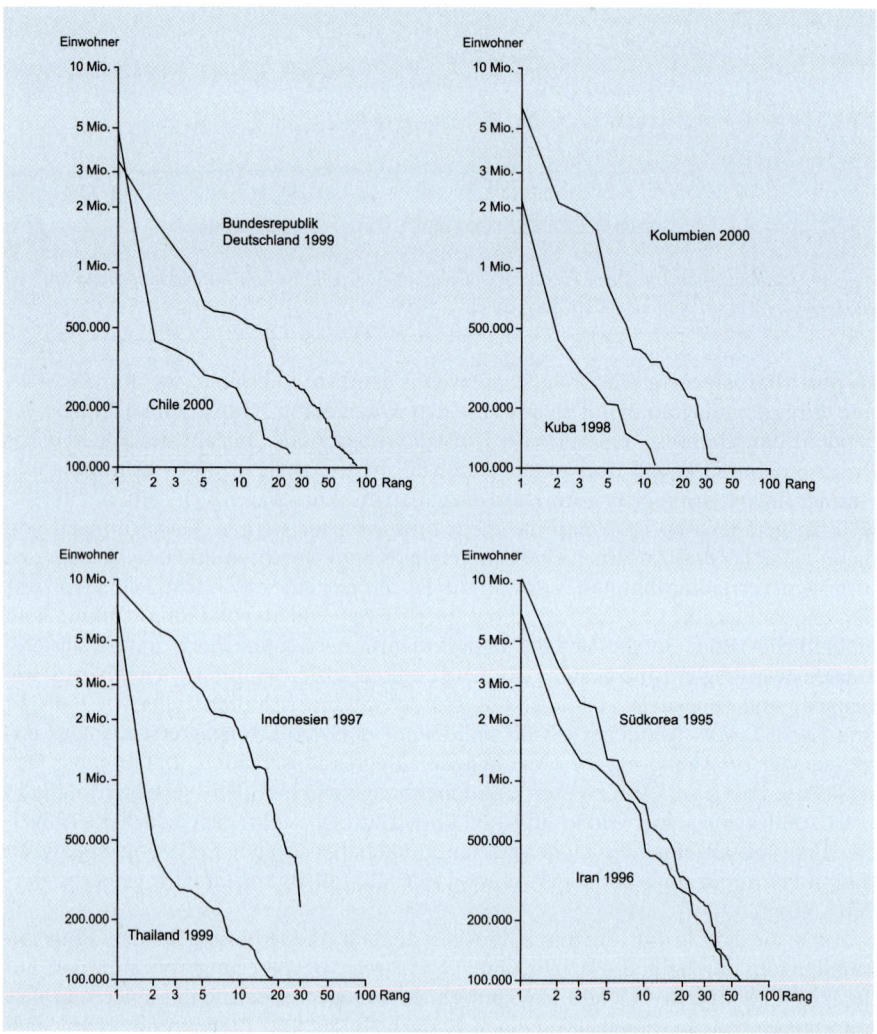

Abb. 20. Ranggrößendiagramme für verschiedene Länder. Quelle: Demographic Yearbook 2000.

und nahm mit seinem „Gesetz der Bevölkerungskonzentration" die später von ZIPF formulierte *rank-size-rule* vorweg. Das AUERBACHsche Konzentrationsgesetz besagt, dass das Produkt aus Rangplatz und Bevölkerungszahl für die Städte eines Landes ziemlich konstant bleibt und nur geringfügig um einen Mittelwert schwankt.

In allgemeinerer Form lässt sich die Ranggrößenordnung wie folgt formulieren:

$$P_r \cdot r^q = k$$

wobei: P_r = Einwohnerzahl der r-größten Stadt
k, q = Konstante

Nach der Logarithmierung ergibt sich daraus eine Geradengleichung der Form:

$$\log P_r = \log k - q \log r$$

Einen Spezialfall davon stellt die eigentliche, von ZIPF (z. B. 1949) postulierte *rank-size-rule* dar (mit q = 1 und k = P_1):

$$P_r \cdot r = P_1$$
$$\text{d. h. } \log P_r = \log P_1 - \log r$$

Verbal ausgedrückt bedeutet dies, dass das Produkt aus Bevölkerungszahl und Rangplatz gerade der Einwohnerzahl der rangersten Stadt entspricht.

Aus systematischen (regressionsanalytischen) Überprüfungen der Ranggrößenregel für verschiedene Länder und Zeiträume lassen sich zwei wichtige Folgerungen ziehen:

1. Die Steigung der Geraden stimmt meist annähernd mit dem Wert –1 überein, wie es ZIPF (1949) an US-amerikanischen Daten feststellte. q-Werte über 1 deuten auf eine Dominanz der Metropole(n) hin, q-Werte unter 1 stehen für eine relative Überrepräsentation der Städte mittlerer Größenordnung (RICHARDSON 1973).
2. Einzelne Städtegruppen und dabei insbesondere die großen Agglomerationen, vielfach aber auch die kleinsten Siedlungen, weichen z. T. erheblich von der „idealen Geraden" ab, sodass man die *rank-size-rule* nur mit Vorbehalt als eine allgemein gültige Regel ansprechen kann (DZIEWOŃSKI 1972).

Die Bemühungen um eine theoretische Begründung der Ranggrößenverteilung sind vielfältig. KARSCH (1977) hat die wichtigsten derartigen Ansätze zusammengestellt. Am bekanntesten wurde das von BECKMANN (1958) entwickelte Modell, in dem eine leicht abgewandelte *rank-size-distribution* aus dem hierarchisch aufgebauten CHRISTALLER-LÖSCH-System der zentralen Orte abgeleitet wird.

Das bevölkerungsmäßige **Übergewicht der größten Städte** eines Landes wird seit JEFFERSON (1939) als *primacy* bezeichnet und lässt sich quantitativ durch den *index of primacy* erfassen. Je nachdem, ob man nur die Bevölkerung der beiden größten Städte zueinander in Beziehung setzt oder zusätzlich auch noch die nächst kleineren Zentren berücksichtigt, kann man zu verschiedenen Indizes kommen. Im einfachsten Fall wird der *index of primacy* – ähnlich wie bei JEFFERSON – als Quotient aus der Einwohnerzahl der größten und zweitgrößten Stadt definiert. Im Falle einer „normalen", weitgehend an eine Gerade mit der Steigung –1 angenäherten Ranggrößenordnung würde sich ein Index von 2 ergeben. Von einer *primate city* spricht man deshalb dann, wenn der errechnete Wert erheblich darüber liegt, wenn also die Einwohnerzahl der größten Stadt eines Landes die der zweitgrößten um ein Vielfaches übertrifft.

Wird nicht nur die größte Stadt zu einer oder mehreren nächstkleineren in Relation gesetzt, sondern die Anordnung aller Städte im Streuungsdiagramm und ihre Beziehung zur errechneten Geraden betrachtet, so lässt sich der *primacy*-Begriff noch erweitern. Eine Primatverteilung wäre in diesem Falle auch dann gegeben, wenn zwei oder drei „führende Städte" auftreten und anschließend ein erheblicher Abfall der Einwohnerzahlen auftritt. Von dieser Begriffsbildung ging BERRY (1961) aus, der die Ranggrößenverteilung weltweit analysierte und dabei drei Typen unterschied: eine *primate*-Gruppe mit einer ausgeprägten Dominanz der größten Städte, eine *rank-size* (log-normale)-Gruppe mit einem gut an die Regressionsgerade angepassten Verteilungsbild und eine dazwischen liegende mittlere Gruppe mit nur leichtem Übergewicht der rangersten Städte.

Die Frage nach räumlichen Regelhaftigkeiten und Bestimmungsgründen der verschiedenen Verteilungstypen führt allerdings zu keinen klaren Ergebnissen. In allen Gruppen finden sich sowohl große wie kleine Staaten, Industrie- und Entwicklungsländer, aber auch Länder mit einem hohen und niedrigen Verstädterungsgrad. Die Abbildungen 20 und 21 geben dafür einige Hinweise (vgl. auch die Zusammenstellung bei ROSEN und RESNICK 1980 sowie CARROLL 1982). Eine Primatverteilung haben Länder wie Frankreich, Chile oder Thailand, in die mittlere Gruppe sind z. B. Schweden, Kolumbien oder der Iran einzuordnen, und ein log-normales Muster ist für die USA, Deutschland oder Indonesien kennzeichnend.

Die engste (negative) Beziehung zum Auftreten von *primate cities* weist nach LINSKY (1965) noch die Flächengröße eines Staates bzw. die Ausdehnung der verhältnismäßig dicht besiedelten Gebiete auf. Alle anderen von ihm getesteten Hypothesen (z. B. Einfluss des Prokopf-

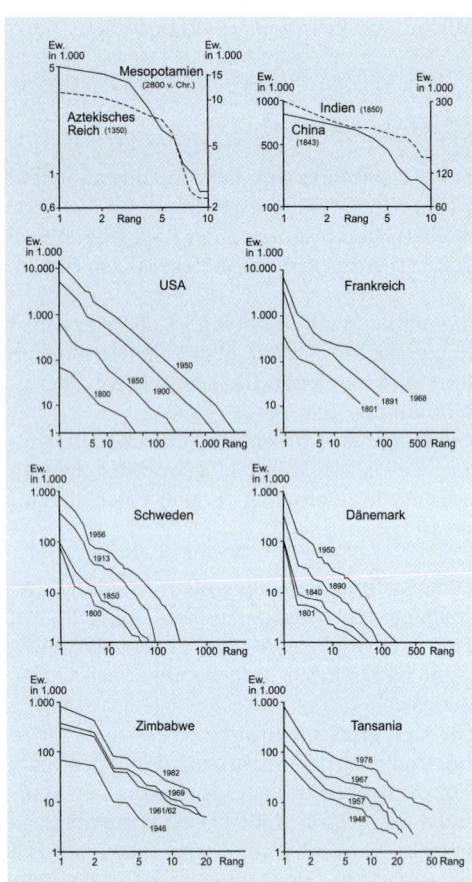

Abb. 21. Veränderung der Ranggrößenordnung im zeitlichen Verlauf. Quelle: JOHNSON (1980); NOIN (1979); STEWART (1958); HENKEL (1986).

einkommens, exportorientierte Volkswirtschaft, koloniale Vergangenheit, agrarisch geprägte Wirtschaftsstruktur, Bevölkerungswachstum) konnten nur dann gestützt werden, wenn zuvor der Größenfaktor statistisch eliminiert wurde.

Auch das von Berry postulierte Entwicklungsmodell von der *primacy-* zur *rank-size-*Verteilung lässt sich nur mit Einschränkungen aufrechterhalten. So muss man nach den Untersuchungen von Johnson (1980) annehmen, dass für die frühe Zeit der Stadtentwicklung keine *primacy,* sondern eher eine konvexe Anordnung gegeben war (Abb. 21).

Auch zeitliche Längsschnittanalysen deuten auf eine wenig einheitliche Entwicklung hin (vgl. Nuhn 1981 für Zentralamerika, Mirucki 1986 für die Sowjetunion, Henkel 1986 für Süd- und Ostafrika, Burdack 1993 für Frankreich sowie Abb. 21). Allerdings gibt es in jüngster Zeit vermehrt Hinweise auf eine stagnierende Polarisation oder den Beginn eines *polarization reversal-*Prozesses in einzelnen Großmetropolen wie Buenos Aires, Mexiko-Stadt und São Paulo (Bähr und Wehrhahn 1995; Müller 2002). Eine Verallgemeinerung der vorliegenden Befunde ist daher kaum möglich und eine theoretische Einordnung der verschiedenen Entwicklungstypen wurde bisher nur in Ansätzen versucht (vgl. z. B. Parr 1976). Wendet man die Ranggrößenregel in weltweiter Betrachtung an, wie es erstmals Ettlinger und Archer (1987) unter Einbezug der 100 größten Städte der Erde getan haben, so tendiert die Kurve im zeitlichen Verlauf auf eine konvexe Form hin. Nach Ansicht der Autoren kommt in diesem Abbau der Primatstruktur das zunehmend stärker integrierte Weltwirtschaftssystem zum Ausdruck.

2.3.2 Die jüngere Bevölkerungsentwicklung in den Ballungsräumen hoch industrialisierter Staaten

Um der Entwicklung der Verstädterung im zeitlichen Verlauf in den hoch industrialisierten Staaten genauer nachzugehen, reicht die bisher vorgenommene Gegenüberstellung von „städtischer" und „ländlicher" Bevölkerung nicht aus, sondern man muss sich auf umfassendere Agglomerationsräume einschließlich ihres Umlandes beziehen, wie es z. B. mit dem Konzept der *Metropolitan Statistical Area* (MSA) in den USA oder der „Stadtregion" in der Bundesrepublik Deutschland geschehen ist, wobei als Abgrenzungskriterien sowohl strukturelle Gesichtspunkte (z. B. Einwohnerdichten) als auch funktionale Verflechtungen (z. B. Pendelbeziehungen) herangezogen werden (Abb. 22; vgl. Gaebe 1987, S. 176 ff.). Das liegt nicht nur an der stetigen Expansion städtischer Siedlungsflächen und der mangelhaften Anpassung von siedlungsräumlichen und administrativen Grenzen, sehr viel entscheidender ist, dass sich parallel zur räumlichen Erweiterung der Stadt eine Umverteilung und Dekonzentration von Bevölkerung und Produktion, Verwaltung und Handel vollzogen hat.

Die dadurch gekennzeichnete spätindustrielle Phase der Stadtentwicklung wird gewöhnlich mit dem Begriff der **„Suburbanisierung"** umschrieben. Aufgrund einer frühen Motorisierung setzte das räumliche Wachstum der Verdichtungsräume und die Redistribution der Bevölkerung *(urban sprawl)* in den USA besonders früh ein. Hier zeichneten sich schon in den 1920er Jahren weitgehende Bevölkerungsverlagerungen zwischen Kern und Umland der großen Agglomerationen ab; in der

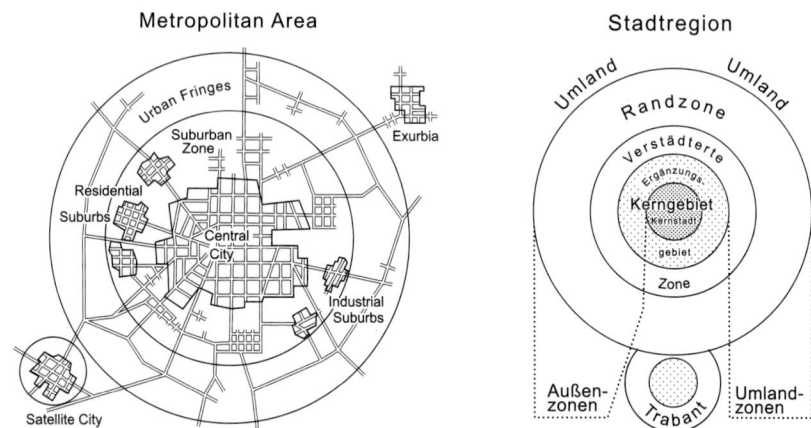

Abb. 22. Schematische Darstellung einer metropolitan area und einer Stadtregion. Quelle: FRIEDRICHS (1981).

Bundesrepublik Deutschland sind ähnliche Erscheinungen erst seit den 1950er und 60er Jahren zu beobachten.

In der Gegenwart mehren sich allerdings die Hinweise, dass sich dieser Suburbanisierungsprozess abschwächt bzw. von einer gegenläufigen Entwicklung überlagert wird. Einerseits gibt es Beispiele dafür, dass die Bevölkerungszunahme im Umland die -abnahme der Kernstadt (Stadt in ihren administrativen Grenzen) nicht mehr ausgleicht, andererseits ist zumindest regional eine gewisse Wiederaufwertung der Kernstadt, verbunden mit einem erneuten Bevölkerungsanstieg bzw. einer Abschwächung des Bevölkerungsverlustes, festzustellen.

Zur Einordnung und Weiterführung dieser Beobachtungen sei die von GIBBS (1963) erarbeitete **Phasengliederung des Verstädterungsprozesses** herangezogen:

1. In der Frühphase städtischer Entwicklung wächst die ländliche Bevölkerung noch schneller als die städtische.
2. Bedingt durch Land-Stadt gerichtete Migrationen treten erste Konzentrationserscheinungen auf, und die Zuwachsrate der städtischen Bevölkerung übertrifft die der ländlichen.
3. Die ländliche Bevölkerung nimmt nicht mehr nur relativ, sondern auch in absoluten Zahlen ab. Die Gründe dafür sind in einer beschleunigten Abwanderung, insbesondere junger Menschen, und in den dadurch gegebenen rückläufigen Geburtenüberschüssen zu suchen.
4. Die Einwohnerzahlen kleinerer Städte gehen ebenfalls zurück, da die Abwanderung jetzt auch auf Orte dieser Größengruppe übergreift und diese zugleich als Folge der Bevölkerungsverluste auf dem Lande wichtige Funktionen der Umlandversorgung verlieren.
5. Der Konzentrationsprozess kommt zum Stillstand, denn Verbesserungen im Transport- und Kommunikationssystem ermöglichen eine gleichmäßigere Bevölkerungs-

verteilung. Die Wanderungsbewegungen sind jetzt von den hoch verdichteten Räumen in weniger dicht besiedelte Zonen gerichtet.

Das Modell der *differential urbanization* von GEYER und KONTULY (1993) knüpft an diese Überlegungen an und differenziert insbesondere die jüngere Entwicklungsphase weiter aus (Abb. 23a). Betrachtet werden Bevölkerungsveränderungen bzw. Wanderungsbilanzen von drei städtischen Hierarchiestufen, den großen, mittleren und kleinen Städten. Während der Urbanisierungsphase sind die Wanderungsbewegungen hauptsächlich auf die großen Agglomerationen gerichtet, die dadurch an Einwohnern zunehmen. Ihr folgt die Phase des *polarization reversal,* wobei das von RICHARDSON (1980) in Bezug auf Entwicklungsländer entwickelte Konzept der Ballungsumkehr aufgegriffen wird: Von *polarization reversal* wird gesprochen, wenn mittelgroße Städte und nicht länger die großen Ballungszentren die höchsten Wanderungsgewinne aufweisen. Die Ballungsumkehr geht über in die Phase der *counterurbanization:* Jetzt sind die stärksten Migrationsströme auf kleinere Städte gerichtet, mittelgroße Städte weisen rückläufige Wanderungsgewinne, große Städte sogar eine negative Wanderungsbilanz auf.

Die These von der *counterurbanization* ist in den 1970er Jahren vor allem aufgrund von Befunden aus den **Vereinigten Staaten** viel diskutiert worden (vgl. BERRY 1976), wobei die Begriffsbildung allerdings nicht einheitlich erfolgte. Anlass für die Behauptung eines *urban turnaround* waren die folgenden Beobachtungen: Das schnelle Wachstum der großen Verdichtungsräume hat sich in den 1970er Jahren verlangsamt und mündete teilweise, vor allem im Nordosten und Mittleren Westen, in eine Stagnation oder sogar einen Bevöl-

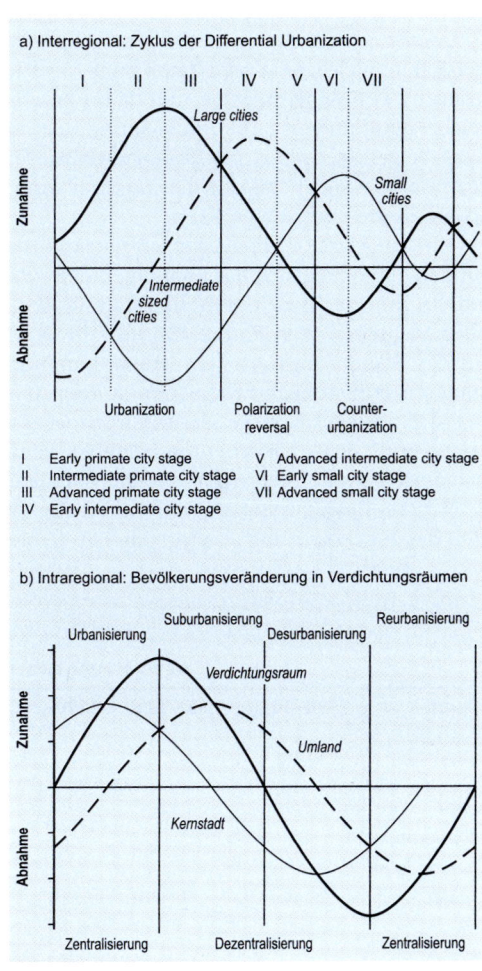

Abb. 23. *Beschreibungsmodelle inter- und intraregionaler Konzentration und Dekonzentration im Verlauf des Verstädterungsprozesses. Quelle: GAEBE (1987); GEYER und KONTULY (1993).*

kerungsrückgang ein (vgl. Tab. 4). Davon betroffen waren nicht allein die *central cities*, sondern auch die *suburbs*. Die vorherrschende Land-Stadt-Wanderung der Urbanisierungsphase und die ausgeprägte Bevölkerungsverlagerung von der Kernstadt in das unmittelbare Umland während der Suburbanisierungsphase wandelten sich in ein Wanderungsmuster, das einerseits zu einer Bevölkerungszunahme im exurbanen Raum im Sinne einer räumlich weiter ausgreifenden Suburbanisierung führte, andererseits zu Bevölkerungszunahmen in ländlichen Regionen und insbesondere in kleinen Landstädten. Damit einher gingen großräumige Bevölkerungsverschiebungen zugunsten des Südens und des Westens.

Counterurbanization und *urban turnaround* sind aber nicht nur demographisch zu verstehen; gleichzeitig wird damit zum Ausdruck gebracht, dass es auch zu einer Verlagerung von Arbeitsplätzen und damit zu einer Veränderung der Pendlereinzugsbereiche gekommen ist. Die Entwicklung leistungsfähiger Kommunikationssysteme hat dazu beigetragen, dass *transportation* teilweise durch *communication* ersetzt wird und man dann weitgehend auf die unmittelbaren „Fühlungsvorteile" in den großstädtischen Zentren verzichten kann.

Mit den Standortverlagerungen von Industrieunternehmen und tertiären Einrichtungen allein lässt sich das Phänomen der *rural renaissance* aber nicht ausreichend erklären. Eine nicht zu unterschätzende Rolle spielen auch die zunehmende Mobilität alter Menschen (vgl. Kap. 2.4.2) und die wachsende Bedeutung der Umweltqualität für das Wanderungsverhalten. Hinzu kommt, dass viele Menschen sich bewusst von städtisch-industriellen Lebensformen lösen möchten und den ländlichen Raum in einer Art nostalgischer Verklärung im Gegensatz zu den großen Städten als „offen", „rein" und „sicher" ansehen und glauben, hier ihren bisherigen Lebensstil grundsätzlich ändern zu können (*rural mystique* nach PHILLIPS und BRUNN 1978, S. 282).

Neuere Bevölkerungs- und Wanderungsdaten lassen allerdings erkennen, dass sich das Wachstum nichtmetropolitaner Gebiete seit Beginn der 1980er Jahre deut-

Tab. 4 Bevölkerungszunahme in *metropolitan* und *nonmetropolitan* areas der USA 1970–2000; Quelle: FREY (in GEYER 2002).

Raum-einheit	Bevölkerungswachstum (%)					
	1970–1980	1980–1990	1990–2000	1990–2000 Nordosten/ Mittl. Westen	1990–2000 Süden	1990–2000 Westen
High immigration metros[*)]	8,9	13,9	13,4	9,2	20,8	12,6
Andere metros	12,0	10,6	14,2	6,2	18,7	26,7
Nonmetro-politan areas	13,3	2,6	10,2	5,4	11,5	20,8

*) New York, Chicago, Washington D. C., Miami, Dallas, Houston, Los Angeles, San Francisco, San Diego.

lich abgeschwächt hat und von 14,3% (1970–80) auf knapp 4% (1980–90) und damit ungefähr auf den Stand der 1960er Jahre zurückgefallen ist, während gerade die großen Verdichtungsräume einen ausgeprägten Wachstumsschub erlebten (FREY 1990; DE LANGE 1993; GEPPERT 1996). Dieser *turnaround* des *turnaround* wurde in den 1990er Jahren erneut von einer gegenläufigen Entwicklung abgelöst, denn die Zunahmerate der *nonmetropolitan areas* stieg im Jahrzehnt bis 2000 wieder auf 10,2% an. Von einer grundsätzlichen Trendumkehr seit den 1970er Jahren kann man daher nicht sprechen (GÜSSELFELDT 2001); es hat vielmehr den Anschein, dass die jüngeren Phasen des Verstädterungsprozesses durch kürzere zeitliche Schwankungen bestimmt werden.

Die These der *differential urbanization* und insbesondere der *counterurbanization* ist verschiedentlich auch auf andere Industrie- und sogar auf Entwicklungsländer übertragen worden. Teilweise ging damit eine Ausweitung der Begriffsbildung einher (vgl. SCHMIED 2000, S. 20 f.). So spricht man z. B. in Großbritannien von *international counterurbanization*, wenn die Wanderungen in den ländlichen Raum eines anderen Landes (hier insbesondere nach Frankreich) führen. In den von GEYER (2002) sowie KONTULY und GEYER (2003) herausgegebenen Sammelwerken finden sich Längsschnittanalysen für eine größere Anzahl von Staaten. Die Befunde sind aber nicht eindeutig (vgl. zusammenfassend KONTULY und DEARDEN 1998; GANS und OTT 2003). So zeichnet sich z. B. Finnland durch einen idealtypischen Ablauf aus: *Urbanization* (bis 1955), *polarization reversal* (1955–65) und *counterurbanization* (1965–75) folgen sehr schnell aufeinander, und es wird sogar der Beginn eines zweiten Zyklus mit erneuter Urbanisierung erkennbar, den GEYER und KONTULY (1993) für die Zukunft prognostiziert hatten (vgl. Abb. 23 a). In anderen Staaten, z. B. in Großbritannien, sind die einzelnen Phasen nicht nur erheblich länger, was man mit dem früheren Beginn des Verstädterungsprozesses erklären kann, sondern es treten auch Brüche und kurzfristige Schwankungen auf, wodurch die Abfolge wesentlich komplizierter wird. Wiederum in anderen Ländern lässt sich bis heute keine *counterurbanization* nachweisen (z. B. Italien), und noch weniger Belege gibt es im Allgemeinen für eine interregionale Dekonzentration von Unternehmen und Arbeitsplätzen.

Am **Beispiel der Bundesrepublik Deutschland** lässt sich zeigen, dass weniger von einer grundsätzlichen Veränderung die Rede sein kann, sondern es vielmehr zu einer deutlichen Auseinanderentwicklung innerhalb verschiedener Regionstypen gekommen ist. Den in Tabelle 5 genannten Zahlen liegt die vom Bundesamt für Bauwesen und Raumordnung (BBR) im Rahmen der „Laufenden Raumbeobachtung" vorgenommene Zusammenfassung von Raumordnungsregionen zu drei Gebietstypen zugrunde, wobei vorwiegend Einwohnerdichtewerte zur Abgrenzung herangezogen werden. Das bis 1970 benutzte Konzept der Stadtregion (vgl. Abb. 22) ist später nicht mehr fortgeschrieben worden (zur Entwicklung bis 1970 vgl. FRIEDRICHS 1981). Wie schon in den beiden Jahrzehnten zuvor, sind in den alten Ländern auch zwischen 1980 und 2000 die Agglomerationsräume im Hinblick auf ihre Bevölkerungsentwicklung hinter den anderen Gebietstypen zurückgeblieben. Für Deutschland insgesamt ist dieser Trend weniger stark ausgeprägt, weil in den neuen Ländern die Raumkategorien außerhalb der großen Verdichtungsräume besonders stark an Einwohnern verloren haben. Zu bedenken ist außerdem, dass die Veränderungen

Tab. 5 Bevölkerungsentwicklung in den verschiedenen Regionstypen der Bundesrepublik Deutschland 1980–2000; Quelle: BBR (2002).

Siedlungs-strukureller Regionstyp	Einw. (in 1000)	Bevölkerungs-dichte (Ew./km²)	Bevölkerungs-anteil (%)	Bevölkerungsentwicklung (%)	
	2000	2000	2000	1980–2000	1990–2000
Alte Länder					
Agglomerations-räume	34 805	518	53,5	6,5	4,2
Verstädterte Räume	22 945	196	35,3	11,5	7,3
Ländliche Räume	7278	113	11,2	11,9	7,4
Neue Länder*)					
Agglomerations-räume	8171	281	47,4	–1,3	–2,0
Verstädterte Räume	5622	159	32,6	–13,4	–8,3
Ländliche Räume	3439	78	20,0	–10,9	–7,4

*) einschließlich Berlin

in den strukturstarken (z. B. Stuttgart, München) und den strukturschwachen, altindustrialisierten Räumen der alten Länder (Ruhrgebiet, Saar) höchst unterschiedlich waren, sodass die Durchschnittswerte nur von begrenzter Aussagekraft sind. Fasst man *counterurbanization* ausschließlich als Veränderungen im Prozess der großräumigen Bevölkerungsverteilung auf, wie es VOGELSANG und KONTULY (1986) getan haben, so ergeben sich für die alten Länder gewisse Analogien zur Situation in den Vereinigten Staaten (vgl. auch KANAROGLOU und BRAUN 1992), während die neuen Länder nach diesem Kriterium in die *urbanization*-Phase einzuordnen wären, weil die Agglomerationsräume hier zu Lasten der anderen Gebiets-Kategorien an demographischem Gewicht gewinnen (Tab. 5).

Im Laufe des Verstädterungsprozesses ändert sich aber nicht nur die großräumige (interregionale) Bevölkerungsverteilung, sondern diese wird begleitet von **kleinräumigen Verschiebungen innerhalb der einzelnen Gebietskategorien.** In den Verdichtungsräumen von Industrieländern, differenziert nach Kernstadt und Umland, gliedert sich der „räumliche Zyklus" nach einem von GAEBE (1987, S. 159 ff.) in Anlehnung an andere Autoren erarbeiteten Beschreibungsmodell (Abb. 23 b) in eine

– Urbanisierungsphase (Bevölkerungswachstum in der Kernstadt größer als im Umland),
– Suburbanisierungsphase (Bevölkerungswachstum im Umland größer als in der Kernstadt),

– Desurbanisierungsphase (Bevölkerungsabnahme im Verdichtungsraum als Ganzem) und
– Reurbanisierungsphase (relative/absolute Bevölkerungszunahme in der Kernstadt).

Demgemäß sind Urbanisierung und Reurbanisierung durch Zentralisierungsprozesse, Suburbanisierung und Desurbanisierung durch Dezentralisierungsprozesse bestimmt. Das Phänomen der *counterurbanization* ordnet sich in dieses Modell als Spezialfall der Desurbanisierung ein. Desurbanisierung meint aber nicht nur großräumige Bevölkerungsumverteilung zugunsten ländlicher Periphergebiete, sondern schließt die über die Grenzen der Verdichtungsräume hinausgreifende Suburbanisierung (Exurbanisierung) mit ein.

Als Beleg für den Beginn einer Reurbanisierung wird im Allgemeinen die Tatsache angesehen, dass einzelne Kernstädte in den Agglomerationsräumen wieder an Bevölkerung zunehmen bzw. sich der Einwohnerverlust abschwächt (vgl. Tab. 35). Dazu hat beigetragen, dass Verbesserungen der Wohnbedingungen und gewandelte Ansprüche an Wohnung und Wohnumfeld zu einer Aufwertung einzelner innerstädtischer Wohngebiete geführt und Zu- bzw. Rückwanderungen von Mittel- und Oberschichthaushalten, namentlich junger Menschen mit akademischem Beruf und überdurchschnittlichem Einkommen, ausgelöst haben (*gentrification;* vgl. BLASIUS und DANGSCHAT 1990). Von einer umfassenden Revitalisierung kann aber nicht gesprochen werden, da die Kernstädte als Ganzes in aller Regel negative Bilanzen für das natürliche Wachstum und die Binnenwanderungen aufweisen, die allerdings vom positiven Außenwanderungssaldo z. T. mehr als ausgeglichen werden (GANS 2000).

Einschränkend ist darauf hinzuweisen, dass die vier genannten Entwicklungsabschnitte nicht unbedingt aufeinander folgen müssen. Das trifft – wie die oben diskutierten Beispiele zeigen – insbesondere für die letzten beiden Phasen zu. So ist es denkbar, dass es trotz einer gewissen Wiederaufwertung der Kernstädte zu einem Bevölkerungsverlust des Verdichtungsraumes als Ganzem kommt und sich somit Desurbanisierung und Reurbanisierung überlagern; ebenso denkbar sind unterschiedliche Abläufe in den einzelnen Teilräumen oder Stadtgrößenkategorien eines Landes.

2.3.3 Struktur und Veränderung innerstädtischer Bevölkerungsdichten

Das Kern-Rand-Gefälle ist immer wieder als eines der wichtigsten Wesensmerkmale städtischer Siedlungen herausgestellt worden. Die Bevölkerungssdichte gehört zu denjenigen Größen, deren Verteilungsmuster regelhafte Veränderungen vom Stadtzentrum zur Peripherie zeigt. Normalerweise werden in den zentral gelegenen Stadtteilen am Rande der City die höchsten Dichtewerte erreicht. Nach außen verläuft die Dichtekurve dann mehr oder weniger steil abwärts. Dabei konnten sowohl Beziehungen zwischen dieser Dichtekurve und der Stadtgröße als auch zwischen Dichtekurve und Ranggrößenregel nachgewiesen werden (PARR und JONES 1983).

Die Bemühungen um eine mathematisch präzise Formulierung der beobachteten Zusammenhänge zwischen Bevölkerungsdichte und Entfernung vom Stadtzentrum sind schon recht alt. Erstmals hat BLEICHER (1892/95) implizit von exponential abnehmenden Dichtewerten innerhalb des Stadtgebietes gesprochen. CLARK (1951) fasste diese Beziehung in der folgenden Gleichung zusammen:

$$d_x = d_0 \cdot e^{-bx}$$

wobei: d_x = Bevölkerungsdichte in der Distanz x vom Stadtzentrum
     d_0 = (extrapolierte) Bevölkerungsdichte im Stadtzentrum
     b   = Dichtegradient

Nach logarithmischer Transformation lässt sich daraus ableiten:

$$\log \; (oder: \ln) \; d_x = \log d_0 - bx$$

Der Parameter d_0, die „zentrale Dichte", ist dabei ein Maß für die Bevölkerungskonzentration in einer Stadt, der Parameter b, der „Dichtegradient", kennzeichnet ihre Kompaktheit (Abb. 24).

Nach einer Analyse des **Dichtegradienten** in 20 verschiedenen Städten der Vereinigten Staaten, Europas, Australiens und Ceylons kam CLARK zu drei wichtigen Ergebnissen:

1. Regressionsansätze mit dem Logarithmus der Bevölkerungsdichte als abhängiger und der Distanz als unabhängiger Variablen zeigen für alle untersuchten Beispiele und Zeiträume eine gute Anpassung an die empirisch festgestellten Werte.
2. Die Kompaktheit einer Stadt hängt ceteris paribus von ihrer Größe ab; kleinere Städte sind in der Regel kompakter als größere. *unter gleichen Umständen*
3. Der Dichtegradient verändert sich im zeitlichen Längsschnitt. In den meisten Städten geht eine Bevölkerungszunahme mit abnehmender Kompaktheit einher.

Die Thesen CLARKS wurden in der Folgezeit an vielen anderen Beispielen aus allen Teilen der Welt überprüft, und es haben sich dabei nach BERRY u. a. (1963, S. 391) noch keine Anhaltspunkte ergeben, die CLARKS Behauptung von der Allgemeingültigkeit der Gleichung widerlegen. Auch die meisten Versuche, die darauf abzielten, die empirisch gewonnene Dichte-Distanz-Relation CLARKS durch mathematisch kompliziertere Modelle zu ersetzen, erwiesen sich als wenig erfolgreich (vgl. THRALL 1988; BATTY und KIM 1992). Von allen derartigen Vorschlägen hat lediglich der von NEWLING (1969) eine häufigere Anwendung erfahren (quadratische negativ-exponentiale Funktion), da sich auf diese Weise der „Dichtekrater" im Stadtzentrum am einfachsten berücksichtigen lässt.

Alle weiteren Forschungsbemühungen konzentrierten sich daher in erster Linie auf eine theoretische Begründung der von CLARK postulierten Zusammenhänge und auf eine Präzisierung und Erweiterung der von ihm nur vermuteten unterschiedlichen zeitlichen Veränderung des Dichtegradienten. BERRY u. a. (1963) haben nachgewiesen, dass die Theorie der städtischen Flächennutzung die erforderliche Grundlage für die von CLARK ermittelte empirische Regelhaftigkeit darstellt (vgl. ALSONSO 1960). Danach sind die Standorte in einer Stadt durch zwei „Güter" zu charakterisieren, durch die Fläche und durch ihre Lage. Geht man davon aus, dass Zentralität die erstrebenswerteste Lageeigenschaft ist und jeder Standort von derjenigen Nutzung eingenommen wird, mit der sich der höchste Bodenpreis realisieren lässt, so ergeben sich eine zonal angeordnete Flächenstruktur und eine Abnahme der Bodenpreise von innen nach außen. Das bedeutet zugleich, dass die Intensität der Flächennutzung zur Peripherie hin zurückgehen wird und – als ein spezieller Aspekt dieser Tatsache – in zentralen Stadtteilen hohe, in randlichen Lagen niedrige Wohndichten zu erwarten sind. Nur für das unmittelbare Stadtzentrum gilt die zuletzt genannte Regelhaftigkeit nicht, da hier die Wohnnutzung im Wettbewerb mit anderen Formen der Bodennutzung unterlegen ist. Daher sind in diesem Bereich die Dichtewerte sehr niedrig, und die Dichte-Distanz-Kurven weisen im Zentrum einen mehr oder weniger ausgeprägten „Krater" auf.

MUTH (1961) und CASETTI (1967) haben diese allgemeinen Überlegungen für den Spezialfall des Wettbewerbs auf dem Wohnungsmarkt präzisiert und unter bestimmten Voraussetzungen hinsichtlich Wohnungspreis, Wohnungsnachfrage und Wohnungsbau explizit abgeleitet, dass die Bevölkerungsdichte mit der Entfernung vom Stadtzentrum negativ exponential abnehmen muss.

Bisher wurde das „Relief der Bevölkerungsdichte" jeweils nur für einen ganz bestimmten Zeitpunkt betrachtet. Bezieht man zusätzlich die **zeitliche Dimension** mit ein, lassen sich eine Reihe weiterer wichtiger Ergebnisse ableiten. Schon CLARK stellte die Behauptung auf, dass Städte mit zunehmendem Wachstum zunächst eine Abnahme des Dichtegradienten und später auch der zentralen Dichte erfahren, und belegte seine These an zahlreichen europäischen und nordamerikanischen Beispielstädten (Abb. 24).

Eine zusätzliche Berücksichtigung von Daten aus anderen Teilen der Welt trug zu einer Modifizierung dieser Auffassung bei. Es zeigte sich, dass der zeitliche Wandel nicht in allen Kulturräumen gleichartig verläuft. Städte westlicher und nicht-westlicher Prägung, worunter in Anlehnung an SJOBERG industrielle und vorindustrielle Städte verstanden werden, unterscheiden sich vor allem in zwei Punkten (Abb. 25):

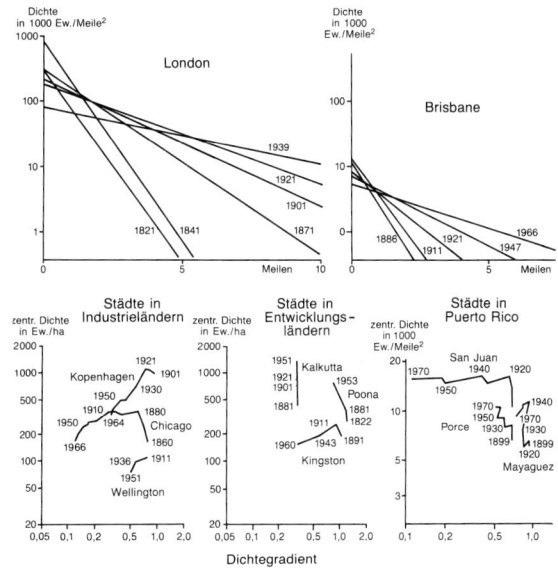

1. In westlichen Städten nimmt die zentrale Dichte im zeitlichen Verlauf zunächst zu, danach geht sie zurück (deconcentration). In nicht-westlichen Städten ist dagegen ein stetiger Anstieg des Parameters d_0 zu beobachten (overcrowding).

Abb. 24. Veränderungen von Dichtegradient und zentraler Dichte im zeitlichen Verlauf. Quelle: CLARK (1951); BERRY und HORTON (1970); MARSDEN (1970); VAUGHAN und SCHWIRIAN (1979).

2. Der Dichtegradient b und damit die Kompaktheit zeigt in westlichen Städten eine abnehmende Tendenz *(suburbanization* oder *decompaction)*, während sie in nicht-westlichen Städten im zeitlichen Schnitt weitgehend konstant bleibt *(urban expansion without suburbanization)*.

Dieser Gegensatz resultiert nach BERRY u.a. (1963, S. 402 ff.) aus den unterschiedlichen räumlichen Verhaltensmustern der höher- und niederrangigen sozio-ökonomischen Gruppen. In allen vorindustriellen Städten blieb die Zahl der reichen Familien verhältnismäßig gering, und diese strebten möglichst zentral gelegene Wohnstandorte an. Infolge unzureichender Transportmittel konnten auch die unteren Sozialschichten nur begrenzt in entlegenere Stadtviertel ausweichen. Dadurch war eine starke Nachfrage nach zentrumsnahen Wohnungen gegeben, die Bevölkerungskonzentration in den zentralen Stadtbereichen stieg ständig an, und die Städte wuchsen nur langsam nach außen. Dagegen nahmen in den Städten der westlichen Welt im Zuge der Industrialisierung die wohlhabenderen und mobilen Bevölkerungsschichten sowohl nach ihrer absoluten Zahl als auch hinsichtlich ihres relativen Anteils zu. Aufgrund verbesserter Verkehrssysteme bevorzugten diese Gruppen Wohnstandorte mit hohem Flächenverbrauch an der Peripherie der Städte und bewirkten so eine rasche Ausweitung der bebauten Fläche und eine Abnahme des Dichtegradienten.

Beispiele für raumzeitlich differierende Veränderungen der Dichte-Distanz-Relation sind Abbildung 24 zu entnehmen (vgl. GAEBE 1987, S. 169 ff.). Chicago und Kopenhagen stehen dabei für den Entwicklungsablauf in westlichen, Kalkutta bzw. Poona für denjenigen in nicht-westlichen Städten. Der darin zum Ausdruck kommende Gegensatz verwischt sich jedoch heute mehr und mehr (vgl. MILLS und JEE 1980). Auch in vielen Ländern der Dritten Welt nimmt die Kompaktheit der Städte z. T. sehr schnell ab, und die zentrale Dichte wächst ebenfalls nicht weiter. Daraus lässt sich schließen, dass die beiden genannten Typen richtiger als zwei Phasen eines längeren Prozesses anzusprechen und ungefähr mit dem Übergang von der Urbanisierungs- zur Suburbanisierungsphase zu parallelisieren sind.

Buenos Aires (Abb. 26) kann als Beispiel für einen sehr frühzeitigen Übergang vom nicht-westlichen zum westlichen Typ dienen. Der Dichtegradient ist hier seit der ersten Volkszählung von 1869 anfangs nur langsam, später dann sehr schnell zurückgegangen. Während zunächst

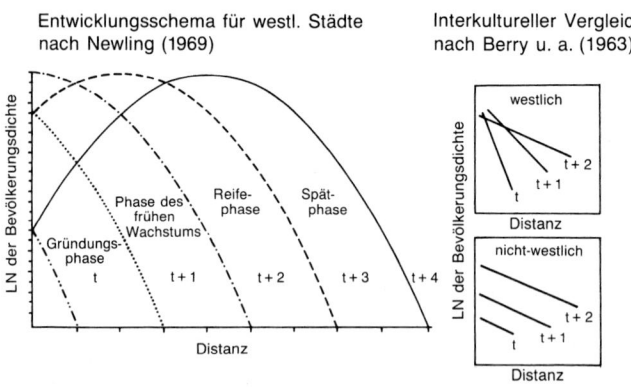

Abb. 25. *Modellhafte Darstellung der Veränderung der Dichte-Distanz-Relationen im zeitlichen Verlauf. Quelle: BERRY u. a. (1963); NEWLING (1969).*

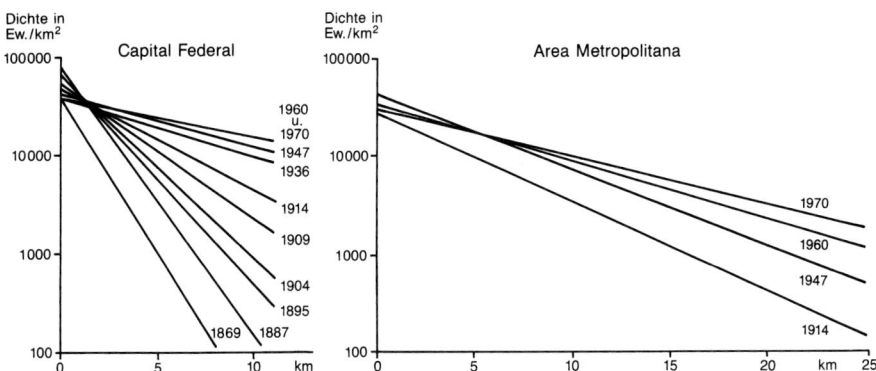

Abb. 26. Dichte-Distanzrelationen für Buenos Aires 1869–1970. Quelle: Nationale Zensuserhebungen.

auch die zentrumsnahen Bereiche am Bevölkerungswachstum beteiligt waren und zu einem Anstieg der zentralen Dichte als Indikator der Bevölkerungskonzentration führten, ging später die ungestüme Zunahme der Einwohnerzahlen mit einer Bevölkerungsumverteilung innerhalb der Stadt einher und führte zu einem Rückgang der zentralen Dichte.

Dass die für die Metropolen einzelner Länder erarbeiteten Befunde nicht immer auch für kleinere Städte zutreffen, ist Abbildung 24 für das Beispiel Puerto Rico zu entnehmen (vgl. VAUGHAN und SCHWIRIAN 1979). Während im Falle von San Juan die Dichte-Distanz-Funktion der für die Industriestaaten postulierten Gesetzmäßigkeit folgt, gelten für Ponce und Mayaguez nach wie vor diejenigen der vorindustriellen Stadt.

Neben solchen räumlichen Unterschieden lassen sich häufig auch beträchtliche Abweichungen der Dichte-Distanz-Beziehung zwischen einzelnen Bevölkerungsgruppen nachweisen. Ein Musterbeispiel dafür bildet eine getrennte Berechnung der Dichtefunktionen für den weißen und nicht-weißen Bevölkerungsteil in den großen US-amerikanischen Metropolen, wobei sich deutlich zeigt, dass die schwarzen Bewohner am Suburbanisierungsprozess zunächst kaum einen nennenswerten Anteil hatten (REID 1977). Für Nairobi hat KAHIMBAARA (1986) ausgeprägte Unterschiede zwischen dem „europäischen Sektor" und dem „afrikanischen Sektor" belegen können. Während sich im ersten Fall eine gute Anpassung an das CLARKsche Modell ergibt, wird die regelhafte Abfolge im zweiten Fall durch die hohen Dichtewerte in den *squatter settlements* modifiziert.

Parallel zu den charakterisierten Veränderungen von Dichtegradient und zentraler Dichte tritt in den meisten Städten auch der Dichtekrater im Zentrum immer deutlicher in Erscheinung und dehnt sich weiter nach außen aus. Diese Regelhaftigkeit lässt sich mit Hilfe der einfachen negativ exponentialen Dichtefunktion nicht erfassen, sondern allenfalls indirekt aus einer Verringerung ihres Bestimmtheitsmaßes erschließen. Für Städte mit ausgeprägter Bevölkerungsentleerung in den zentralen Bereichen ist daher die von NEWLING (1969) verwandte quadratische negative Exponentialfunktion weit besser zur mathematischen Beschreibung der Dichte-Distanz-Relation geeignet als der CLARKsche Ansatz. Für das metropolitane Gebiet von Tel Aviv konnte SHACHAR (1975) nachweisen, dass noch 1961 beide Funktionen zu annähernd gleich guten Ergebnissen, d. h. zu hohen Bestimmtheitsmaßen, führten, dass jedoch 1972 das quadratische Modell eindeutig überlegen war. Damit bestätigt sich der von NEWLING idealtypisch dargestellte Entwicklungsablauf (Abb. 25). Allerdings ist in den großen Metropolen der Industriestaaten die Distanz zum Stadtzentrum immer weniger gut geeignet, die auftretenden Dichteunterschiede modellhaft zu verdeutlichen. Nach einer Analyse der Dichte-Distanz-Beziehungen in 17 *metropolitan areas* der USA im Zeitraum von 1940–1970 kommt GUEST (1975, S. 281) zu dem Ergebnis, dass die Bevölkerungsverteilung um den *Central Business District* mehr und mehr einem formlosen Muster gleicht und die Dichte-Distanz-Relation im CLARKschen oder NEWLINGschen Sinn ein „fact of the past" ist. Zur Erklärung des innerstädtischen Dichtemosaiks müssen daher weitere Faktoren, wie z. B. die Nähe zu einzelnen *shopping centers,* die Verkehrsgunst bzw. -ungunst, die Lage zu Industriegebieten oder andere Umwelteinflüsse, herangezogen werden.

2.4 Gliederung der Bevölkerung nach Geschlecht, Alter, Familien- und Haushaltsstruktur

2.4.1 Gliederungsprinzipien und Überblick im Weltmaßstab

Während bei den bisherigen Betrachtungen die Zusammensetzung der Bevölkerung nach demographischen, sozialen oder wirtschaftlichen Merkmalen weitgehend außer Acht gelassen wurde, sollen in den folgenden Ausführungen die Vielfalt und Verschiedenartigkeit räumlicher Bevölkerungsstrukturen und die wechselseitigen Beziehungen zwischen einzelnen Merkmalen verdeutlicht werden.

Jede quantitative Untersuchung der Bevölkerungszusammensetzung wird noch weit stärker als die der reinen Bevölkerungsverteilung durch fehlende Zahlenangaben, die sehr unterschiedliche Qualität des zur Verfügung stehenden statistischen Materials und voneinander abweichende Definitionen und Gliederungsprinzipien erschwert. Eine exakte Vergleichbarkeit der ausgewiesenen Daten ist daher sowohl in räumlicher wie in zeitlicher Hinsicht meist nicht gegeben.

Eine weitere Schwierigkeit ist auf die Interdependenzen zwischen den einzelnen Kenngrößen der Bevölkerungsstruktur zurückzuführen. So sind z. B. Unterschiede hinsichtlich der Merkmale „Familienstand" oder „Erwerbstätigkeit" häufig nur Ausdruck einer differierenden Altersgliederung. Man müsste daher vor jedem Vergleich den Einfluss aller anderen Größen statistisch „kontrollieren", d. h. ihren Einfluss auf das betrachtete Merkmal ausschalten. Das ist aber nicht immer möglich, ganz abgesehen davon, dass die Übersichtlichkeit jeder Darstellung leidet, wenn sehr viele Faktoren in eine mehrdimensionale Tabulierung einbezogen werden.

Zur Charakterisierung der **Geschlechtsgliederung** einer Bevölkerung verwendet man im Allgemeinen die Sexualproportion. Diese gibt an, wie viele männliche Personen auf je 100 oder 1.000 weibliche kommen. In einzelnen Statistiken sind Zähler und Nenner auch vertauscht, d. h. die männliche Bevölkerung tritt anstelle der weiblichen als Bezugsgröße auf. Die Sexualproportion lässt sich nicht nur für die Gesamtbevölkerung, sondern auch für einzelne Altersstufen oder andere (z. B. ethnische) Teilgruppen berechnen.

Bei einer weltweiten Betrachtung dieses Kennwertes fallen wesentliche Unterschiede zwischen Industrie- und Entwicklungsländern auf. Einem höheren Anteil von Männern in den weniger entwickelten Staaten (103:100) steht ein geringerer in den übrigen Ländern gegenüber (94:100), während im Weltmittel das Verhältnis annähernd ausgeglichen ist (101:100) (2003 nach UN 2003).

Diese großräumigen Unterschiede werden nur verständlich, wenn man zusätzlich nach Altersgruppen differenziert. Bedingt durch den leicht höheren Knabenanteil an den Geburten (etwa 106:100), ist die Sexualproportion in den unteren Jahrgangsklassen zugunsten des männlichen Bevölkerungsteils verschoben. Die allmähliche Angleichung der Prozentanteile und das spätere Überwiegen der Frauen wird durch die alters- und geschlechtsspezifischen Sterblichkeitsverhältnisse bestimmt, die zwar regional schwanken, jedoch generell in höherem Alter durch eine Übersterblichkeit der Männer gekennzeichnet sind (vgl. Abb. 47). Daraus folgt, dass in Ländern mit einer jugendlichen Altersstruktur die Sexualproportion gewöhnlich über 100, im umgekehrten Fall unter 100 liegt.

Die angeführten Mittelwerte für Industrie- und Entwicklungsländer werden von einigen Staaten zum Teil weit über- oder unterschritten (vgl. BÄHR 1994; CLARKE 2000). Extreme Sexualproportionen sind immer dann gegeben, wenn die Sterblichkeit bei Frauen überdurchschnittlich hoch ist (z. B. Indien 106), Ein- oder Auswanderungen einen größeren Umfang einnehmen (z. B. Kuwait 151, Portugal 93) oder durch Kriege besonders große Bevölkerungsverluste bei den Männern aufgetreten sind (z. B. Russland 88, Ukraine 87; UN 2003). Auch im zeitlichen Verlauf sind mehr oder weniger ausgeprägte Veränderungen zu erkennen, die auf Wandlungen der natürlichen Bevölkerungsbewegung, namentlich der Sterblichkeit, aber auch auf Wanderungen zurückzuführen sind. So errechnete sich in Australien, einem klassischen Einwanderungsland, für die Zeit um 1860 eine Sexualproportion von 138. Diese ging bis heute auf einen Wert von knapp unter 100 zurück.

Zur Beurteilung der **Altersstruktur** einer Bevölkerung reicht es meist nicht aus, sich lediglich auf das „mittlere Alter" oder „Medianalter" zu beziehen. Hinzu treten sollte die Bestimmung von Prozentanteilen für ausgewählte Jahrgangsgruppen. Für eine erste Übersicht ist es international gebräuchlich, zwischen den Kindern und Jugendlichen (meist 0–14 oder 0–19 Jahre), den Erwachsenen bzw. den Personen im erwerbsfähigen Alter und den alten Menschen (meist 60 bzw. 65 Jahre und älter) zu unterscheiden. Als graphische Darstellungsform bietet sich bei dieser Art der Einteilung das Dreiecksdiagramm an (vgl. WITTHAUER 1970 und Abb. 27).

Setzt man einzelne Altersgruppen zueinander in Beziehung, so ergeben sich verschiedene Möglichkeiten einer Indexbildung. Neben den „einfachen" Prozentzahlen (z. B. Anteil Jugendlicher an der Gesamtbevölkerung) sind folgende Indizes gebräuchlich:

1. Index für die „Jugendlichkeit einer Bevölkerung": Zahl der Kinder und Jugendlichen auf 100 alte Menschen oder auf 100 Erwachsene,

2. Altersindex: Zahl der alten Menschen auf 100 Kinder und Jugendliche bzw. auf 100 Erwachsene,
3. Abhängigkeitsindex (Belastungsquote): Zahl der Kinder und Jugendlichen sowie der alten Menschen (z. T. mit unterschiedlicher Gewichtung) auf 100 der Bevölkerung im erwerbsfähigen Alter.

Gelegentlich werden auch weitere bzw. anders abgegrenzte Altersgruppen zueinander in Beziehung gesetzt, so bei BILLETER (1954) oder BACKÉ (1971). Speziell auf regionale Vergleiche bezogen, haben ROGERS und WOODWARD (1992) zusätzliche Kennwerte vorgeschlagen.

Dass derartige Indizes für detaillierte und erklärende Analysen kaum ausreichen, hat VEYRET-VERNER (1971) in Bezug auf die Definition einer „überalterten Bevölkerung" genauer ausgeführt. Zum einen können alle Indexwerte das Ergebnis ganz verschiedener Kombinationen sein, zum anderen lässt sich auf diese Weise lediglich ein statistisches Zustandsbild zeichnen, und die Dynamik der dahinter stehenden Vorgänge wird nur unzureichend zum Ausdruck gebracht. Während beispielsweise eine „Überalterung", die durch einen Rückgang der Fertilität verursacht wird, das Ergebnis einer langjährigen Entwicklung ist und sich zunächst nur in der Abnahme der unteren Jahrgangsgruppen zeigt, kann eine „Überalterung durch Abwanderung" innerhalb sehr kurzer Zeit eintreten. Betroffen sind in diesem ersten Falle meist zuerst die Altersgruppen zwischen 20 und 40 Jahren. VEYRET-VERNER hat deshalb verschiedene Typen „überalterter Bevölkerungen" unterschieden und durch eine Kombination mehrerer Schwellenwerte gekennzeichnet.

Genauere Einsichten in die Alters- und Geschlechtsgliederung einer Bevölkerung, als sie durch die Verwendung von einfachen Indexwerten möglich sind, lassen sich durch eine Auswertung und Interpretation von Alterspyramiden gewinnen. Darauf beruht auch die Entwicklung komplizierter Indikatoren (vgl. z. B. die regressions- bzw. faktoranalytisch oder mit Hilfe eines Entropie-Maßes bestimmten Indizes bei COULSON 1968, FOGGIN und BISSONNETTE 1976 sowie FORREST und JOHNSTON 1981).

Eine **Alterspyramide** ist ein modifiziertes Häufigkeitsdiagramm, bei dem die Häufigkeiten nicht, wie normalerweise üblich, auf der Ordinate, sondern auf der Abzisse abgetragen (meist prozentuale, auf die Gesamtbevölkerung bezogene Angaben) und gleichzeitig getrennt für den männlichen und weiblichen Bevölkerungsanteil ausgezählt werden. Vom Prinzip her lassen sich für jeden Altersjahrgang die absoluten

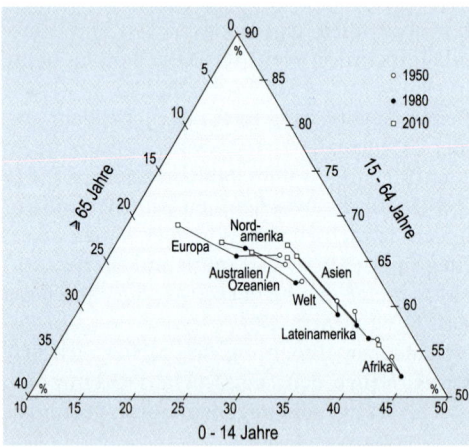

Abb. 27. Veränderungen der Alterszusammensetzung einzelner Großräume 1950–2010. Quelle: Eigene Zusammenstellung nach UN-Angaben.

und prozentualen Häufigkeiten ermitteln und in das Diagramm eintragen, meist fasst man jedoch zu Fünf-Jahrgangs-Gruppen zusammen, nicht zuletzt auch wegen der bei vielen Volkszählungen auftretenden Unstimmigkeiten (vgl. Abb. 3).

Die Bezeichnung „Pyramide" beschreibt die bei einer derartigen Darstellung auftretende Formenvielfalt allerdings nur unzureichend, vielmehr sind mindestens drei Grundtypen zu unterscheiden, die in den meisten Ländern auch als eine Entwicklungsabfolge interpretiert werden können: die Pyramiden- oder Dreiecksform, die Bienenkorb- sowie die Urnenform.

Am unterschiedlichen Aufbau einer Bevölkerungspyramide lassen sich die Bevölkerungsdynamik der betreffenden Region und die sie bestimmenden Faktoren sehr genau ablesen. Klammert man zunächst den Einfluss von Wanderungsbewegungen aus, so kann die Fertilität als die entscheidende Bestimmungsgröße der Altersstruktur gelten. Die „Alterung" bzw. das „demographische Altern" einer Bevölkerung ist in erster Linie das Ergebnis eines Geburtenrückgangs. Abbildung 28 ist zu entnehmen, dass sich bei einer Abnahme der Mortalität (und gleichzeitig konstanter Fertilität) zwar gewisse

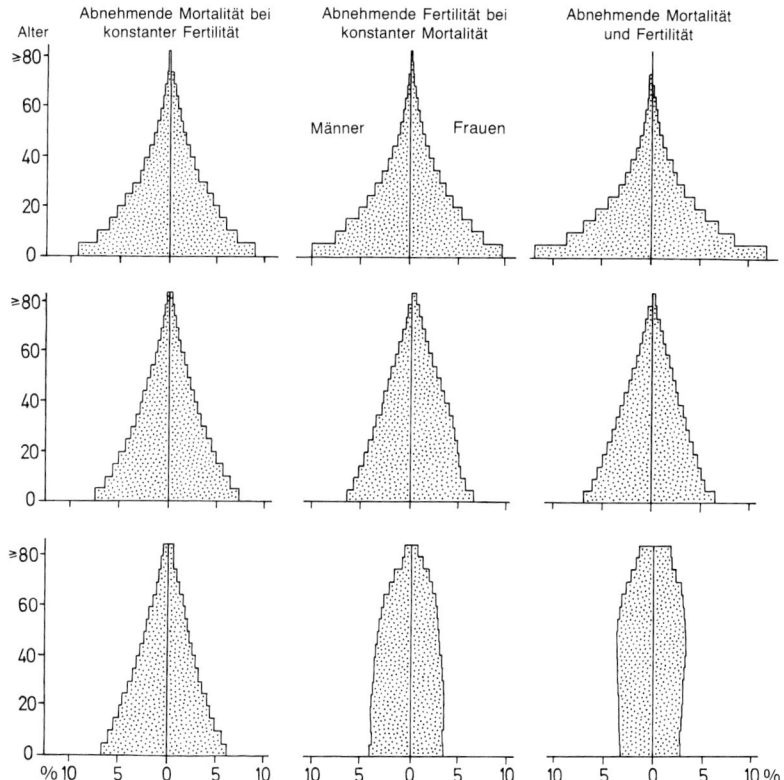

Abb. 28. Beziehungen zwischen Altersaufbau und Fertilität bzw. Mortalität. Quelle: Woods (1979), vereinfacht.

Veränderungen im Verhältnis zwischen den einzelnen Jahrgangsgruppen ergeben, dass jedoch die Form der Pyramide grundsätzlich erhalten bleibt, während im umgekehrten Fall (konstante Mortalität und zurückgehende Fertilität) ein allmählicher Übergang von der Pyramiden- zur Bienenkorbform festzustellen ist. Diese Tendenz verstärkt sich noch, wenn sowohl eine Reduzierung der Sterblichkeit wie auch der Fruchtbarkeit angenommen wird. Als Ergebnis einer solchen Entwicklung tritt dann ein urnenförmiges Diagramm auf.

Extreme Verschiebungen zwischen den einzelnen Jahrgangsklassen, die auch mit den genannten Grundformen der Alterspyramiden nicht hinreichend erfasst werden können, sind immer dann festzustellen, wenn außergewöhnliche Einwirkungen auf Sterblichkeit und Geburtenhäufigkeit (z. B. Kriege) oder selektive Wanderungsvorgänge einen erheblichen Einfluss auf die Zusammensetzung einer Bevölkerung haben. Besonders bei einer kleinräumigen Analyse kommt dieser Gesichtspunkt stärker zum Tragen. In Abbildung 29 werden dafür einige Beispiele gegeben. Sowohl in der indischen Metropole Bombay als auch im agrarischen Kolonisationsgebiet des äußersten Südens von Chile (Region Magallanes) wird die Alterszusammensetzung durch die Zuwanderung von jungen Menschen, insbesondere Männern, im erwerbsfähigen Alter bestimmt. Im Gegensatz dazu weist die für ein typisches Abwanderungsgebiet in Mecklenburg-Vorpommern gezeichnete Pyramide in den Jahrgängen zwischen 20 und 35 Jahren ein erhebliches Defizit auf.

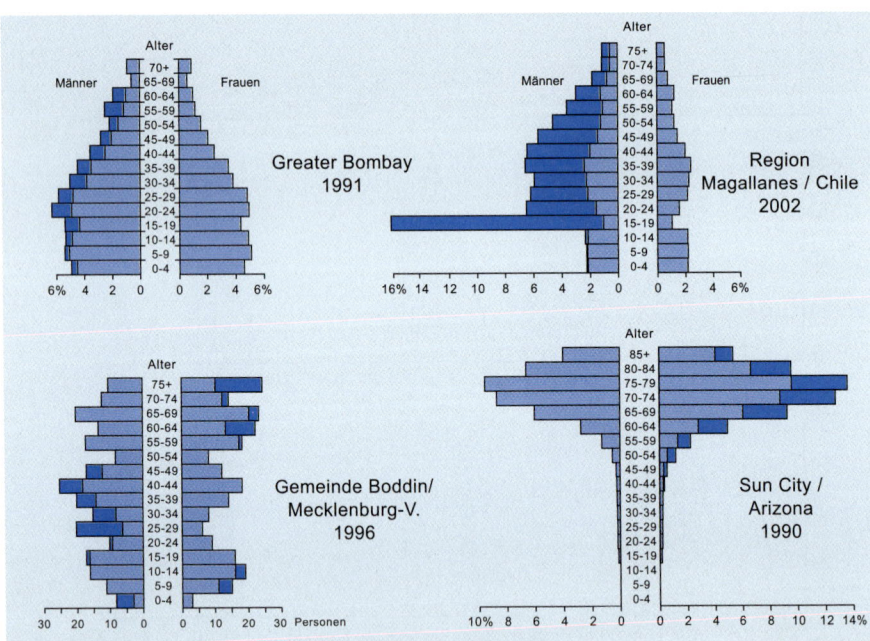

Abb. 29. Extremformen von Alterspyramiden. Quelle: GANS und TYAGI 2000; Chilenischer Bevölkerungszensus von 2002; U. S. Bureau of Census; WEISS und HILBIG 1998.

Tab. 6 Bevölkerung nach Altersgruppen für ausgewählte Länder und Regionen 2005; Quelle: UN (2003, mittlere Prognosevariante).

Raum	Prozentualer Anteil der Altersgruppen			Abhängigkeitsindex
	0–14 Jahre	15–64 Jahre	≥ 65 Jahre	
Afrika	41	55	3	81
Algerien	31	65	4	55
Mali	49	48	2	107
Kenia	40	57	3	76
Asien	28	66	6	53
Syrien	36	61	3	65
Pakistan	41	56	4	80
VR China	22	71	8	66
Japan	14	66	20	51
Nordamerika	21	67	12	50
Lateinamerika	30	64	6	55
Honduras	39	57	4	75
Ecuador	32	63	5	59
Uruguay	24	63	13	60
Europa	16	68	16	46
Schweden	17	65	18	53
Irland	20	68	11	47
Deutschland	14	67	19	49
Portugal	17	67	16	49
Russland	15	71	14	40
Australien/Ozeanien	25	65	10	54
Australien	19	68	13	47
West-Samoa	40	56	5	79
Welt insgesamt	28	64	7	55

Die Beziehungen zwischen Alters- und Geschlechtsgliederung und der Bevölkerungsdynamik sind allerdings nicht nur einseitig gerichtet zu sehen. Die Zusammensetzung einer Bevölkerung nach den natürlichen demographischen Merkmalen beeinflusst ihrerseits die zukünftigen Geburten- und Sterberaten und bis zu einem gewissen Grade auch die Wanderungsbewegungen (vgl. Kap. 3 und 4).

Ein ähnlicher **Kontrast zwischen Industrie- und Entwicklungsländern**, wie er bei einer Betrachtung der Geschlechtsgliederung in Erscheinung tritt, lässt sich auch bei einem Vergleich ihrer Altersstruktur aufzeigen. Das wird schon bei einer Gegenüberstellung des jeweiligen Medianalters deutlich. Bekanntermaßen gibt der Median die 50%-Stelle einer Häufigkeitsverteilung an. Das bedeutet für den betrachteten Fall, dass genau die Hälfte der Bevölkerung jünger, die andere Hälfte älter als das Medianalter ist. Für die weiterentwickelten Regionen unserer Erde stieg diese Kennziffer zwischen 1950 und 2000 von 28,2 auf 37,3 Jahre an, in den Entwicklungsländern veränderte sie sich verhältnismäßig wenig und liegt heute bei 24,1 gegenüber 21,2 Jahren im Jahre 1950. Die höchsten Werte werden in einigen europäischen Ländern (darunter Italien und Deutschland) sowie in Japan mit 40 Jahren und darüber registriert, die niedrigsten u. a. in Niger, Mali, Uganda und Jemen mit weniger als 16 Jahren (UN 2003).

Noch deutlicher treten die Unterschiede bei einer Aufgliederung der Bevölkerung nach den großen, oben erwähnten Altersgruppen in Erscheinung. Die in Abbildung 27 und Tabelle 6 zum Ausdruck kommenden Gegensätze seien beispielhaft an einem Vergleich zwischen Afrika und Europa erläutert. Afrika ist heute der Kontinent mit der jugendlichsten Bevölkerung unserer Erde; über 40% der hier lebenden Menschen sind jünger als 15 Jahre, und nur gut 3% haben das 64. Lebensjahr überschritten. Grundverschieden davon ist die Situation in Europa. Hier entfallen heute nur noch 16% der Bevölkerung auf die Altersjahrgänge unter 15 Jahre, aber ebenfalls schon 16% auf diejenigen über 64 (vgl. auch Tab. 7).

Analysiert man die Alterszusammensetzung der Bevölkerung auf der Basis einzelner Staaten, so differieren die Werte noch stärker. Aus der Zusammenstellung in Tabelle 6 ist abzuleiten, dass insbesondere in Ländern mit einer sehr jugendlichen, aber auch in denjenigen mit einer stark gealterten Bevölkerung der Anteil von Personen im erwerbsfähigen Alter verhältnismäßig klein ist und dadurch die jeweiligen Volkswirtschaften einer großen Belastung ausgesetzt sind. Quantitativ lässt sich dieser Sachverhalt mit Hilfe des oben definierten Abhängigkeitsindex ausdrücken. Für die Weltbevölkerung insgesamt liegt dieser Kennwert heute bei 55, d. h. 100 Personen im erwerbsfähigen Alter müssen für 55 Kinder, Jugendliche oder alte Menschen aufkommen und ihre Ernährung, Ausbildung oder Altersversorgung sicherstellen. In vielen Staaten der Dritten Welt ist diese Relation aufgrund ihrer hohen Jugendlichen-Antei-

Tab. 7 Alterung der Bevölkerung in ausgewählten Industieländern 1900–2005; Quelle: KAUFMANN (1960); UN (2003).

Land	Anteil der über 64-Jährigen (%)					Anteil der über 79-Jährigen (%)	
	1900	1920	1950	1970	2005	1970	2005
Dänemark	6,7	6,9	9,1	12,3	15,3	2,1	4,2
Norwegen	7,9	7,7	9,7	12,9	15,1	2,2	4,9
Schweden	8,4	8,4	10,2	13,7	17,7	2,3	5,6
Großbritannien	4,7	6,0	10,7	12,9	15,9	2,2	4,4
Frankreich	8,2	9,1	11,8	12,9	16,3	2,3	4,5
Österreich	5,0	6,2	10,6	14,1	16,5	2,1	4,4
Deutschland*)	4,9	5,8	9,3	13,7	18,6	1,9	4,2
Italien	6,2	6,8	8,2	10,9	19,6	1,8	4,9
USA	4,1	4,7	8,2	9,8	12,3	1,8	3,5
Australien	4,0	4,4	8,1	8,3	12,8	1,4	3,4

*) 1950 und 1970: alte Länder

le weit ungünstiger, z.T. wird, wie im Falle von Mali, sogar die Gleichgewichtsschwelle von 100 überschritten (UN 2003). Die daraus ableitbaren sozialen und wirtschaftlichen Implikationen sind offensichtlich. Begünstigt sind dagegen diejenigen Länder, in denen zwar ein Rückgang der Fertilität und eine Abnahme der Jugendlichen-Anteile eingesetzt haben, ohne jedoch schon zu einer nachhaltigen Erhöhung der älteren Jahrgangsgruppen zu führen (Nordamerika, Australien/Neuseeland, Teile Europas und Lateinamerikas). In diesen Fällen ist der Abhängigkeitsindex noch nicht einmal halb so hoch wie in der zuvor charakterisierten Gruppe, und die dort lebenden Menschen profitieren heute von einer Erleichterung bei den Kinderversorgungslasten, ohne schon stark überhöhte Altersversorgungslasten tragen zu müssen. Dabei besteht allerdings die Gefahr, dass die Bevölkerung „über ihre Verhältnisse lebt" und einen Teil der eigentlich ihr zukommenden Aufgaben auf die nächste Generation abwälzt (vgl. HÖHN und STÖRTZBACH 1994).

Der unterschiedliche Altersaufbau in Industrie- und Entwicklungsländern lässt sich am besten durch die Gegenüberstellung der jeweiligen „mittleren" Alterspyramiden zum Ausdruck bringen. Aus Abbildung 30 wird deutlich, dass die für die weniger entwickelten Gebiete unserer Erde charakteristische Häufigkeitsverteilung angenähert einer Pyramide entspricht, während für die Industrieländer ein Übergang von der Bienenkorb- zur Urnenform typisch ist. Als Länderbeispiel für eine pyramidenförmige Altersgliederung ist in Abbildung 30 Kolumbien angeführt, das mittlere Geburten- und niedrige Sterberaten aufweist. Somit nimmt die absolute Zahl der Geburten ständig zu. Ein extremes Übergewicht der unteren Pyramidenabschnitte trifft für solche Länder zu, in denen die Sterberaten und insbesondere die Säuglingssterblichkeit rasch zurückgehen, die Geburtenziffern aber noch sehr hoch liegen (z. B. Nigeria). Eine Bienenkorbform entsteht immer dann, wenn die absolute Zahl der Geborenen von Jahr zu Jahr ungefähr konstant bleibt und nur die mit dem Alter steigende Sterbewahrscheinlichkeit wirksam wird (z. B. lange Zeit Japan). Geht die Geburtenzahl über einen längeren Zeitraum ständig zurück, bildet sich schließlich ein urnenförmiges Verteilungsbild heraus. Sieht man von den Geburtenausfällen während der Weltkriege, dem „Baby-Boom" in den 1960er Jahren und dem ausgeprägten Frauenüberschuss bei den älteren Menschen ab, so nähert sich die Alterspyramide Deutschlands diesem Typ (Abb. 30).

Die weltweiten altersstrukturellen Unterschiede sind das **Ergebnis eines längeren demographischen Prozesses**. Sie hängen eng mit dem zunächst in Europa einsetzenden Übergang von hohen zu niedrigen Geburten- und Sterberaten zusammen (vgl. Kap. 3.2.2). In zeitlicher Phasenverschiebung dazu vollzog sich eine globale Diffusion des *demographic ageing* (vgl. SCHULZ 2000). Vergleicht man die Alterszusammensetzung, wie sie heute in den Entwicklungsländern gegeben ist, mit derjenigen in den Industriestaaten zu Beginn des 19. Jh., so sind die Kontraste sehr viel weniger klar zu erkennen. So wurde in England im Jahre 1821 ein Anteil von Kindern und Jugendlichen von 38%, in den Vereinigten Staaten im Jahre 1820 sogar von 44% festgestellt. Die jeweiligen Alten-Anteile betrugen damals nur etwa 2–4% (NOIN 1988, S. 169). Eine sehr viel ausgeprägtere Jugendlichkeit zeigen heute nur einzelne Entwicklungsländer, in denen die Fertilität ausgesprochen hoch und gleichzeitig die Sterblichkeit schon stark abgesunken ist (vgl. Tab. 6).

Deutschland bildet ein besonders gutes Beispiel für den entgegengesetzten Kurvenverlauf des Anteils ganz junger und ganz alter Personen (SCHWARZ 1997). Während vor 100 Jahren noch etwa 35% aller Deutschen jünger als 15 Jahre waren und nur knapp 5% über 64 Jahre, liegen heute die entsprechenden Prozentwerte bei 14 bzw. 17% (2001).

In ähnlicher Weise hat sich auch die Sexualproportion im zeitlichen Verlauf verschoben. Von einem nur geringfügigen Frauenüberschuss um die Wende vom 19. zum 20. Jh. (97:100) stieg das Verhältnis auf 95,5:100 (für die deutsche Bevölkerung sogar auf 93,6:100) an (2001), nur unmittelbar nach dem Zweiten Weltkrieg war der Wert noch etwas höher. Der steigende Frauenanteil ist eine direkte Folge der gestiegenen Lebenserwartung bei alters- und geschlechtsspezifisch unterschiedlichen Sterblichkeitsverhältnissen (vgl. Kap. 3.2.2 und Abb. 47).

Zwischen der Alters- und Geschlechtsgliederung einer Bevölkerung und der **Zusammensetzung nach dem Familienstand** bestehen sehr enge Beziehungen. Normalerweise ist der Prozentsatz der Ledigen in Gebieten mit einer sehr jungen Bevölkerung überdurchschnittlich hoch, während umgekehrt Räume mit einer älteren Bevölkerung durch einen höheren Anteil von Verwitweten gekennzeichnet sind. Was den Anteil von Verheirateten anbetrifft, so spielen dafür auch das durchschnittliche Heiratsalter, die Heiratsquote sowie die Häufigkeit von Ehelösungen eine Rolle, und damit wirken sich unterschiedliche rechtliche, soziale und wirtschaftliche Verhältnisse, aber auch die jeweiligen Lebensgewohnheiten und gesellschaftliche Normen aus.

In globaler Perspektive zeigt sich demzufolge ein sehr differenziertes Bild: So ist etwa der Ledigenanteil in den Entwicklungsländern durchweg groß, während der Prozentsatz der Verwitweten meist deutlich unter dem der Industrieländer bleibt. Das gilt selbst dann noch, wenn man die Familienstandsgliederung

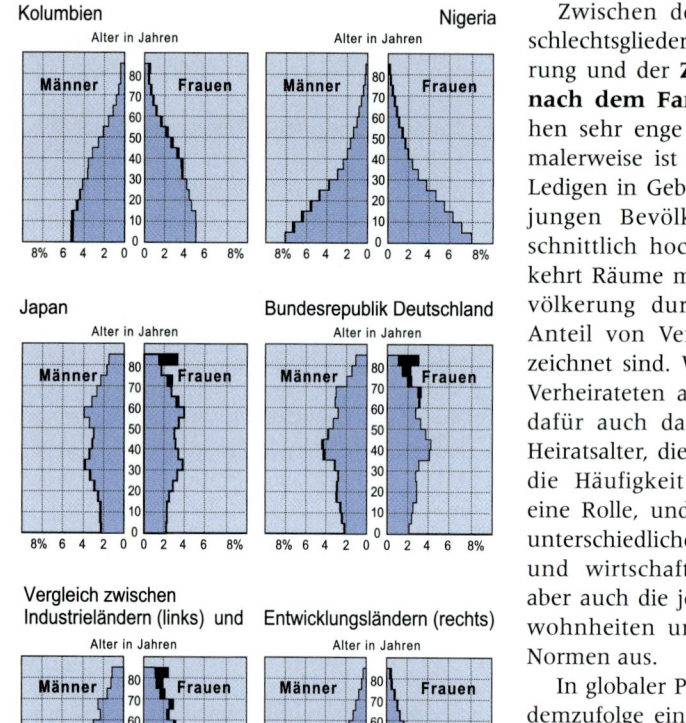

Abb. 30. Alterspyramiden für ausgewählte Länder und Großräume 2005. Quelle: UN (2003).

nicht auf die Gesamtbevölkerung, sondern – wie international üblich – auf die Bevölkerung im Alter von 15 Jahren und darüber bezieht (vgl. Demographic Yearbook 1990). Dass jedoch die Altersstruktur allein zur Erklärung der weltweiten Unterschiede nicht ausreicht und namentlich das Heiratsalter eine wichtige modifizierende Rolle spielt, zeigt das Beispiel Schweden, wo der Prozentsatz Lediger mittlerweile (2001) auf 39% angestiegen ist. Umgekehrt liegt er in Ländern mit niedrigem Heiratsalter bei unter 30% (z. B. Iran 1996 mit 29,8%). Entsprechend hoch ist hier der Verheiratetenanteil (65,3% im Vergleich zu Schweden mit 42,7%).

Da Frauen üblicherweise im Mittel früher heiraten als Männer, gibt es in der Regel mehr ledige männliche als ledige weibliche Personen. Noch stärker wird der Ledigenanteil bei den Frauen dadurch gedrückt, dass die Zahl der Verwitweten meist weit über dem Durchschnitt liegt. So waren in Deutschland Ende 2001 14,3% der weiblichen gegenüber 3,2% der männlichen Bevölkerung ($\geq$ 15 J.) verwitwet, und für die Ledigenanteile errechneten sich 25,5% (weiblich) bzw. 34,2% (männlich). Für raumzeitliche Veränderungen der Familienstandsgliederung und einzelner Steuerungsfaktoren werden in Kap. 3.3 im Zusammenhang mit einer Erörterung von Bestimmungsgründen der Fertilität weitere Beispiele gegeben.

Auch beim Vergleich von Bevölkerungen hinsichtlich ihrer **Familien- und Haushaltsstruktur** ist es unerlässlich, neben der Alters- und Geschlechtsgliederung die jeweilige wirtschaftliche und gesellschaftliche Gesamtsituation und deren Veränderungen zu berücksichtigen.

Meist beschränken sich die statistischen Informationen zur Familien- und Haushaltszusammensetzung auf Angaben zur **durchschnittlichen Haushaltsgröße**. Betrachtet man die heutigen Gegebenheiten in verschiedenen Erdräumen, so wird erneut der Gegensatz zwischen Industrie- und Entwicklungsländern deutlich. Nach Schätzungen von MACKELLAR u. a. (1995) beträgt die mittlere Haushaltsgröße für die Erde insgesamt 4,1 Personen; in den weiter entwickelten Regionen liegt sie bei 2,7, in den Staaten der Dritten Welt bei 4,8 Personen. Auf der Basis einzelner Großräume weisen Nordafrika und Südasien (je 5,7) die höchsten und Westeuropa sowie Nordamerika (je 2,6) die niedrigsten Werte auf.

Die im statistischen Mittel sehr großen Haushalte in den meisten Entwicklungsländern sind nicht nur das Resultat kinderreicher Familien, zugleich kommt darin die Tatsache zum Ausdruck, dass vor allem auf dem Lande mehrere Generationen unter einem Dach zusammenleben und gewöhnlich die erwachsenen Kinder die Versorgung der Eltern übernehmen. Dagegen wird in vielen Städten der Durchschnittswert durch eine beträchtliche Zahl nicht zur engeren Familie gehörender Haushaltsmitglieder angehoben; sei es, dass Dienstboten oder andere Beschäftigte im Hause ihrer Arbeitgeber wohnen oder dass neu Zugewanderte zunächst bei Freunden, Bekannten oder entfernten Verwandten einen ersten Unterschlupf finden. Die Abnahme der durchschnittlichen Haushaltsgröße geht daher langsamer vonstatten, als man es nach dem Fertilitätsrückgang erwarten würde (BONGAARTS 2001).

Umgekehrt werden die kleineren Haushalte in den Industriestaaten nicht nur durch die geringeren Kinderzahlen, sondern auch durch den allgemeinen Trend zu der nur aus Eltern und Kindern bestehenden Kernfamilie sowie durch die gegenüber früher geringere Zahl familienfremder Haushaltsmitglieder bestimmt. So waren z. B. in Leipzig im Jahre 1890 nur 44% aller Haushalte reine Familienhaushalte, alle anderen hatten noch familienfremde Mitglieder (z. B. Gewerbegehilfen, Dienstboten, Schlafgänger). Nach der Jahrhundertwende ist dieser Prozentsatz schnell auf 78% (1925) und 84% (1939) angestiegen (ROTHENBACHER 1997, S. 283).

In der Bundesrepublik Deutschland wurden die für Europa genannten Durchschnittswerte schon Mitte der 1960er Jahre erreicht. Heute (2002) leben bei uns im Mittel lediglich 2,14 Personen in einem Haushalt, während es vor 100 Jahren noch 4,6 Personen waren. Sehr viel größer sind die Haushalte auch in noch weiter zurückliegenden Zeiträumen nicht gewesen, weil damals im Normalfall sehr viel später geheiratet wurde, eine größere Zahl von Menschen ledig blieb, die Kindersterblichkeit sehr hoch und damit die Lebenserwartung außerordentlich niedrig war. Für das vorindustrielle England errechnete sich auf der Basis umfassender Stichproben für das 16., 17. und 18. Jh. eine nahezu gleich bleibende Haushaltsgröße von durchschnittlich 4,8 Personen. Hier wie in anderen europäischen Industrienationen lässt sich überdies kein direkter Zusammenhang zwischen dem Industrialisierungsprozess und einer Reduzierung der in einem Haushalt zusammenwohnenden Personen beobachten. Der starke Abfall der mittleren Haushaltsgröße setzt erst zu Beginn des 20. Jh. ein. Er dürfte mit den verbesserten Wohnverhältnissen, der Zunahme von Einzelhaushalten und dem Rückgang der Kinderzahlen zusammenhängen (MITTERAUER in MITTERAUER und SIEDER 1980, S. 42).

Freilich gab es auch schon vor der Industrialisierung erhebliche regionale Unterschiede. Dazu können wiederum einige der von MITTERAUER genannten Zahlenwerte angeführt werden. So hatte Antwerpen 1755 dieselbe durchschnittliche Haushaltsgröße wie England heute (ca. 3 Personen), und in Florenz lebten 1427 im Mittel nur 3,8 Personen in einem Haushalt zusammen. Auffallend hohe Werte und eine Dominanz von Mehrgenerationenhaushalten ließen sich dagegen für weite Teile des ost- und südosteuropäischen Raumes nachweisen; teilweise belief sich hier die Haushaltsgröße noch bis ins 19. Jh. auf mehr als zehn Personen.

In jüngster Zeit ist in der Bundesrepublik Deutschland und anderen Industrieländern vor allem **der Anteil der Einpersonenhaushalte** deutlich angestiegen, geringfügig auch derjenige der Zweipersonenhaushalte. Alle anderen Größengruppen verzeichneten in den letzten Jahrzehnten eine kontinuierliche Abnahme (Tab. 8). Aber auch unter den Mehrpersonenhaushalten gibt es bemerkenswerte Umschichtungen, die in erster Linie mit einem späteren Heiratsalter und einem generellen Bedeutungsverlust der Ehe in Verbindung zu bringen sind. Die „Pluralisierung der Lebensformen" (WAGNER und FRANZMANN 2000) drückt sich in der starken Zunahme der Mehrpersonenhaushalte nicht miteinander Verwandter sowie der Mehrpersonenhaushalte mit unvollständigen Familien aus. So ist in den alten Ländern die Zahl der nicht-ehelichen Lebensgemeinschaften von 137.000 (1972) auf 1,59 Mio. (2000) gestiegen (Deutschland 2002: 2,28 Mio.), die der Alleinerziehenden (überwiegend Mutter-Kind-Familien) seit 1975 um ca. 50% auf 1,77 Mio. (ENGSTLER und MENNING 2003; vgl. KRAAS und SAILER-FLIEGE 1995; STEGMANN 1997; SCHNEIDER u. a. 2001; KLEIN u. a. 2002).

Trotz des allgemeinen Rückgangs der Haushaltsgröße besteht noch immer ein merklicher Stadt-Land-Gegensatz, in dem sich differierende Wohnbedingungen und Wohnansprüche, Besonderheiten der Erwerbsstruktur und der Beschäftigungsmöglichkeiten, aber auch eine unterschiedliche Einstellung zu Familie und Ehe widerspiegeln. Am höchsten ist der Anteil der Einpersonenhaushalte in den Großstädten. Er betrug hier im Jahre 2002 durchschnittlich über 45%, während er in Klein- und Mittelstädten zwischen 30 und 35% und in Orten unter 5.000 Ew. sogar noch darunter lag (Tab. 8). Auf weitere Bestimmungsgrößen der Haushaltsstruktur ist KEMPER (1986) eingegangen. Ihre genaue Kenntnis ist für planerische Zwecke von großer Wichtigkeit, weil daraus Aussagen über Wohnansprüche und Bedarf an Infrastruktureinrichtungen abgeleitet werden können. Viele der beobachteten räumlichen Unterschiede wurzeln in der Vergangenheit und zeigen eine bemerkenswerte Persistenz (KEMPER 1997).

2.4.2 Regionale Unterschiede und Konzentrationserscheinungen

Eine Analyse der Alters- und Geschlechtsgliederung eines bestimmten Gebietes, die sich lediglich auf die Angaben für alle Einwohner stützt und diese zu Kennziffern oder Diagrammdarstellungen zusammenfasst, wird immer nur „einen ziemlich schablonenhaften Durchschnittscharakter" beschreiben können (NORDSTRÖM 1953, S. 20). Zu einem tieferen Verständnis und zur Erklärung der jeweiligen Gegebenheiten ist eine feinere sachliche und regionale Differenzierung notwendig.

Kennzeichnend für alle Industrieländer ist eine mehr oder weniger weit fortgeschrittene Alterung, verbunden mit einer zur weiblichen Seite verschobenen Sexualproportion. Trotzdem gibt es auch hier ausgeprägte räumliche Unterschiede innerhalb der jeweiligen Länder. Das ist neben Fruchtbarkeitsunterschieden darauf zurückzuführen, dass das „natürliche Altern" der Bevölkerung sowohl durch die Abwanderung junger Erwerbspersonen als auch die Zuwanderung alter Menschen verstärkt werden

Tab. 8 Entwicklung der Haushaltsstruktur in der Bundesrepublik Deutschland 1950–2002; Quelle: Statistische Jahrbücher für die Bundesrepublik Deutschland.

Jahr	Haushalte nach Personenzahl (%)					Durchschnittsgröße
	1	**2**	**3**	**4**	**≥5**	
1950	19,4	25,3	23,0	16,2	16,1	2,99
1970	25,1	27,1	19,6	15,2	12,9	2,74
1980	30,2	28,7	17,7	14,6	8,8	2,48
1991	33,6	30,8	17,1	13,5	5,0	2,27
2002	36,7	33,7	14,2	11,1	4,2	2,14
Gemeindegrößenklassen (2002)						
< 5 000 Ew.	27,2	34,3	17,5	15,1	6,0	2,41
5 000–20 000 Ew.	30,8	34,8	15,7	13,5	5,1	2,29
20 000–100 000 Ew.	35,6	34,8	14,3	11,0	4,2	2,15
≥ 100 000 Ew.	45,8	31,9	11,5	7,9	2,8	1,91

kann und gegenteilige Effekte in den Ziel- und Herkunftsgebieten dieser Wanderungen eintreten.

Italien bietet als Ganzes und in seinen Teilräumen besonders instruktive Belege für **interregionale Unterschiede** hinsichtlich der Alters- und Geschlechtszusammensetzung (vgl. dazu ACHENBACH 1976 und 1981). Trotz eines bemerkenswerten Anpassungsprozesses hinsichtlich des generativen Verhaltens ist der Kontrast zwischen Nord und Süd noch immer spürbar, und es treten auch innerhalb dieser beiden Großregionen beträchtliche Differenzierungen auf. Schon die Berechnung des Medianalters macht die Gegensätze zwischen dem unterentwickelten, noch stark agrarisch geprägten *Mezzogiorno* und dem hoch entwickelten, industrialisierten Norden deutlich. Bis heute liegt der Medianwert im Süden und auf den Inseln, aber auch in der Provinz Bozen unter demjenigen für Gesamtitalien (1995: 37,7 Jahre), während er in den „überalterten" Provinzen Piemont, Toskana, Emilia-Romagna, Friaul-Julisch Venetien auf über 40 Jahre ansteigt und das Maximum mit 44,2 Jahren in Ligurien erreicht (ROTHER und TICHY 2000, S. 127).

Die Bevölkerungsstruktur Italiens wäre jedoch durch die Gegenüberstellung des wirtschaftsschwachen Südens und des wirtschaftlich starken Nordens nur unzureichend charakterisiert. Vielmehr treten zu diesen großräumigen innerstaatlichen Gegensätzen noch kleinräumigere, aus den historischen Ausgangsbedingungen ableitbare Unterschiede innerhalb der jeweiligen Teilräume. Die Regionen Piemont und Lombardei mit ihren beiden großstädtischen Zentren Turin und Mailand können als Beispiele dafür herangezogen werden, „dass in Italien nationalstaatliche Eingliederung und industrielle Wirtschaftsentwicklung bis heute nicht zwangsläufig von gleichgerichteten Entwicklungsprozessen in der Bevölkerungsdynamik begleitet sind" (ACHENBACH 1976, S. 184). Trotz der gemeinsamen Industrialisierung stellen beide Räume hinsichtlich der strukturellen Gliederung ihrer Bevölkerung ausgeprägte Individualitäten dar und unterscheiden sich im Altersaufbau grundlegend. Piemont erlebte nach französischem Vorbild eine frühe Reduzierung der Familiengrößen verbunden mit einer starken Auswanderung. Im ländlichen Raum ist daher die Bevölkerungsdichte heute gering und die Überalterung weit fortgeschritten. Nur das unmittelbare Einflussfeld der Metropole Turin weist eine durch Zuwanderung bedingte positive Bevölkerungsbilanz und ein Übergewicht von jungen Menschen im erwerbsfähigen Alter auf. Dagegen war die Lombardei bis in die jüngere Vergangenheit durch eine „originär italienische Bevölkerungsdynamik" mit vergleichsweise höherer Fruchtbarkeit gekennzeichnet. Auch die Wanderungsgewinne sind hier räumlich weniger stark konzentriert, da die Wirtschaftsentwicklung der Region zwar auf Mailand ausgerichtet ist, sich jedoch dezentralisiert vollzieht, sodass die gesamte nordlombardische Ebene als eine zusammenhängende Wachstumszone anzusprechen ist.

In den Vereinigten Staaten sind die regionalen Differenzierungen hinsichtlich des **Anteils älterer Menschen** und die in den letzten Jahrzehnten abgelaufenen Veränderungen besonders ausgeprägt. Zum einen ist auch hier eine zunehmende Alterung der Bevölkerung zu beobachten, und der Anteil über 64-Jähriger Personen stieg von 4,1% im Jahre 1900 auf 12,4% im Jahre 2000 (vgl. Tab. 7). Zum anderen setzte die Abwanderung älterer Menschen aus den umweltbelasteten Verdichtungsräumen schon verhältnismäßig früh ein und blieb nicht auf die Mittel- und Oberschicht beschränkt. Wachsender Wohlstand und billige Wohnformen (z. B. *mobile homes*) ermöglichten es immer mehr Rentnern und Pensionären, sich für das Alter einen neuen Wohnstandort in landschaftlich reizvollen und klimatisch begünstigten Gegenden zu suchen.

GRAFF und WISEMAN (1978) haben das räumliche Verteilungsbild der Altenanteile (65 Jahre und darüber) der Jahre 1950 und 1970 miteinander verglichen. Als bestes Beispiel für die in der beobachteten Zeitspanne eingetretenen Veränderungen mag die Entwicklung in Florida dienen. Im Jahre 1950 waren nur 8,6% der in Florida lebenden Menschen 65 Jahre und älter. Das entsprach noch beinahe dem für die Vereinigten Staaten registrierten Mittelwert. Bis 1970 stieg der Prozentsatz auf 14,6% und bis 2000 sogar auf 17,6% an. Damit liegt Florida heute an der Spitze aller US-amerikanischen Bundesstaaten, gegenüber einem 21. Platz im Jahre 1950, und repräsentiert am besten den Gebietstyp einer Überalterung durch Zuwanderung *(immigration of elderly)*. Dagegen stehen die in der Rangliste mit Altenanteilen um 15% (2000) folgenden Staaten des Nordostens und Mittleren Westens (z. B. Pennsylvania, Iowa) für den Typ eines *ageing-in-place,* d. h. ein natürliches Altern der Wohnbevölkerung, das durch die Abwanderung junger Erwerbspersonen verstärkt wird (HIMES 2001, S. 9 f.).

Die Zuwanderung alter Menschen nach Florida und in andere Staaten des *sunbelt* lässt sich als *retirement migration* vergleichsweise wohlhabender Bevölkerungsgruppen beschreiben und wird überwiegend von den sog. *young-old* (65–74 J.) getragen. Nicht selten findet in höherem Alter *(older-old)* eine Rückwanderung statt, um bei Familienangehörigen eine Bleibe zu finden. Dieser Gegenstrom trägt mit dazu bei, dass in den Staaten des Nordostens und Mittleren Westens die Problemgruppen unter der alten Bevölkerung (Armut, Pflegebedürftigkeit) besonders groß sind.

Extreme Konzentrationen alter Menschen treten in den „Rentnerstädten" Floridas, Kaliforniens oder anderen Staaten des Südwestens auf (vgl. das Beispiel in Abb. 29 sowie KOCH 1975; NAGEL und OBERBECK 1982). Hier haben Bauunternehmer seit den 1950er Jahren systematisch einen neuen Absatzmarkt für Immobilien erschlossen. Sie entwarfen auf dem Reißbrett regelrechte **„Altenstädte"** – vielfach in Form von *gated communities* –, die auf die besonderen Wünsche und Ansprüche dieser Bevölkerungsgruppen ausgerichtet sind und gewöhnlich ein Mindestalter beim Zuzug vorschreiben (vgl. HINZ und VOLLMAR 1993; PIHET 1999). Diese liegen häufig fernab jeder anderen Siedlung; gelegentlich sind aber auch ältere, gewachsene Städte durch die Angliederung von speziellen Wohngebieten für ältere Menschen zu Rentnerstädten geworden. Konflikte sind dann nicht ausgeschlossen, wie die „Sun City Wars" (McHUGH u. a. 2002), die Auseinandersetzungen um die Bezahlung von *school taxes,* zeigen.

Auch in Europa haben „Altenwanderungen" und die damit verbundenen siedlungsstrukturellen Konsequenzen an Bedeutung gewonnen (KING u. a. 1998). Im Unterschied zur USA wird jedoch der Ruhesitz vielfach in einer fremdsprachigen und gleichzeitig kulturell fremdartigen Umgebung, z. B. auf Mallorca oder den Kanarischen Inseln, gesucht (vgl. KAISER und FRIEDRICH 2002; BREUER 2003). Nicht selten kommt dabei ein saisonales Pendeln zwischen altem und neuem Wohnsitz vor (GUSTAFSON 2002).

Über die Gründe für die große Bereitschaft von Rentnern und Pensionären, ihren bisherigen Wohnort aufzugeben und in *retirement*-Siedlungen zu ziehen, gehen die

Auffassungen auseinander. Gemeinsamer Ausgangspunkt aller Erklärungsansätze ist die Einordnung und Bewertung derartiger Umzüge unter dem Aspekt des „erfolgreichen Alterns". Dabei spricht man einerseits von einem verstärkten *disengagement* im Rahmen des unvermeidbaren und notwendigen Prozesses einer langsamen Ausgliederung aus den bestehenden Sozialbeziehungen (Disengagementtheorie), andererseits betont man gerade die in den Rentnerstädten gegebenen Möglichkeiten, unter Gleichaltrigen ein neues Kontaktnetz aufbauen zu können (Aktivitätstheorie). Disengagement und Aktivität schließen sich jedoch nicht unbedingt gegenseitig aus. Es ist durchaus vorstellbar, dass es nach einer vorübergehenden Disengagementphase zu Beginn des Ruhestandes später wieder zu einer erhöhten Aktivität kommt, durch die die Zufriedenheit mit der Lebenssituation positiv beeinflusst wird (FRIEDRICH 1995, S. 16 f.).

Die *retirement*-Siedlungen können auf Dauer nur existieren, wenn ständig neue Bewohner zuziehen, was sowohl von der wirtschaftlichen Entwicklung und den davon ausgehenden Einflüssen auf die Einkommenssituation der Rentner und Pensionäre als auch von den zukünftigen demographischen Trends abhängt. Vorausschätzungen gehen dahin, dass in den USA der Anteil der alten Menschen zwar bis 2020 auf 16,5 und bis 2040 gar auf über 20% steigen wird, jedoch werden damit Verschiebungen innerhalb der Gruppe der Alten einhergehen. Während bis 2020 die „jungen Alten" ihren Anteil von heute 53 auf 58% steigern werden, verschieben sich anschließend die höchsten Wachstumsraten insbesondere auf die „oldest-old" (85 Jahre und älter), die gewöhnlich weniger mobil und eher pflegebedürftig sind. Das würde bedeuten, dass das Potenzial an Ruhesitzwanderern langfristig nicht mehr so stürmisch wie in der Vergangenheit zunehmen wird. Dafür spricht auch, dass ärmere Bevölkerungsgruppen, z. B. die *Hispanics* oder *Blacks*, ein steigendes Gewicht unter der alten Bevölkerung einnehmen werden. Während beide Gruppen zusammen heute nur 13% der Alten ausmachen, werden es 2050 ca. 28% sein (HIMES 2001, S. 6 ff.).

Für **Staaten der Dritten Welt** liegen bisher nur wenige genauere Untersuchungen zur regionalen Differenzierung der Geschlechts- und Altersstruktur vor. Vielfach belegt ist lediglich die unterschiedliche Zusammensetzung der städtischen und ländlichen Bevölkerung, wofür sowohl Veränderungen im generativen Verhalten als auch Wanderungen eine Rolle spielen: Geburtenbeschränkung führt zu einer schmaleren Basis der Alterspyramide und zu einem wachsenden Anteil älterer Menschen, Zuwanderungen bedingen meist ein Übergewicht der jüngeren, ökonomisch aktiven Bevölkerung. Hinsichtlich der Geschlechterproportion finden sich allerdings bedeutsame Unterschiede zwischen den einzelnen Kulturräumen. In der Mehrzahl afrikanischer und asiatischer Großstädte übersteigt der Anteil der männlichen Bevölkerung deutlich den der weiblichen, weil lange Zeit die Männer unter den Stadtwanderern dominierten. Erst in der Gegenwart zeichnen sich hier Veränderungen ab, wenn auch die Sexualproportion in den meisten Fällen noch immer deutlich über 100 liegt. Dagegen sind in lateinamerikanischen Städten in der Regel weibliche Migranten in der Überzahl, weil sie eher als Männer einen Arbeitsplatz, vorwiegend in häuslichen Diensten, finden können. So errechnet sich z. B. in Chile für den ländlichen Raum eine Sexualproportion von 114, für die Hauptstadt Santiago hingegen von lediglich 94 (Zensus 2002). Aus diesem Wanderungsmuster ergeben sich Konsequenzen für die Haushaltsstruktur der Zielgebiete, in denen Haushalte mit familienfremden Mitgliedern überdurchschnittlich stark vertreten sind (DE VOS 1987). Speziell in den Armenvierteln der Städte sind *women-headed-households* im Steigen begriffen, weil sich die Männer ihren Verpflichtungen zur Versorgung der Familie entziehen (CHANT 1997).

2.4.3 Die Differenzierung innerhalb großstädtischer Agglomerationen

Beobachtungen in verschiedenen Staaten haben ergeben, dass die altersstrukturellen Disparitäten innerhalb einzelner Städte oft noch größer sind als die Gegensätze zwischen den verschiedenen Teilräumen eines Landes. Insbesondere für nordamerikanische Ballungsgebiete sind solche innerstädtischen Segregationserscheinungen gut belegt. Zu ihrer quantitativen Erfassung und für zeitliche Längsschnittanalysen wird meist der Dissimilaritäts- bzw. Segregationsindex (vgl. Kap. 2.1.3) herangezogen. Die bislang umfassendste Bestandsaufnahme hat COWGILL (1978) vorgenommen. Als Ergebnis seiner auf den *census tract*-Ergebnissen der Volkszählungen von 1950, 1960 und 1970 aufbauenden Studie lässt sich festhalten:

1. Die **altersmäßige Segregation** (bezogen auf die Gruppe der über 64-Jährigen) schwankt in den einzelnen *metropolitan areas* erheblich. Als arithmetisches Mittel errechnete sich ein Dissimilaritätsindex von 23,1 (1970), der für eine insgesamt gemäßigte räumliche Konzentration spricht, wenn man als Vergleichsmaßstab die Segregation der schwarzen Bevölkerung heranzieht (vgl. Kap. 2.6.2).
2. Im zeitlichen Verlauf ist eine leicht ansteigende Tendenz zu erkennen. Dabei ist allerdings zu berücksichtigen, dass die Vergleichbarkeit der Indexzahlen durch nichtäquivalente Raumeinheiten eingeschränkt ist (vgl. Kap. 2.1.3). Eine geringfügige Zunahme des durchschnittlichen Index bleibt jedoch auch dann bestehen, wenn die Gebietsveränderungen entsprechend berücksichtigt werden.
3. Neben lokalen Besonderheiten, wie z. B. einer Häufung von militärischen Einrichtungen oder von Bildungsstätten, und den dadurch gegebenen, weit überproportionalen Anteilen bestimmter Jahrgangsgruppen wird das Ausmaß der altersmäßigen Segregation in erster Linie von der differierenden Bevölkerungsentwicklung bestimmt. Metropolitane Gebiete mit überdurchschnittlichen Wachstumsraten zeigen im Allgemeinen auch die höchsten Indexwerte, während in stagnierenden Städten die Segregation verhältnismäßig gering bleibt. Die rasche Bevölkerungszunahme einzelner Verdichtungsräume und die damit verbundene räumliche Expansion führten ganz offensichtlich zu einer „Differenzierung und ökologischen Spezialisierung" innerhalb des Stadtgebietes (COWGILL 1978, S. 450 f.). In den neuen Vororten an der Peripherie siedeln sich vor allem junge, noch wachsende Familien an, während die älteren Menschen ihre Wohnung im Stadtzentrum beibehalten (*ageing-in-place*).

Tendenziell sind die Raummuster in den Städten anderer Industriestaaten, darunter auch in der Bundesrepublik Deutschland, ähnlich. Die höchsten Segregationswerte treten generell bei den 65-Jährigen und älteren auf, wobei zentrumsnahe Wohnviertel in besonderem Maße überaltert sind. Allerdings scheint sich diese Tendenz – und auch hier gibt es eine Parallele zur Entwicklung in den USA – mit dem *ageing of the suburbs* abzuschwächen (vgl. Schütz 1985; Thomi 1985; Vaskovics 1990). Umgekehrt weisen einzelne innenstadtnahe Wohngebiete aufgrund überdurchschnittlicher Ausländer- bzw. Migrantenanteile vergleichsweise hohe Konzentrationen von kleineren Kindern auf (vgl. Kemper 2002 für Berlin). Das liegt zum einen daran, dass die Geburtenrate von Ausländern noch immer höher als von Deutschen ist, zum anderen können sich Ausländer aus ökonomischen Gründen einen Umzug in die Vororte oft nicht leisten.

Die Berechnung von Indexwerten vermag zwar einen ersten Überblick zur altersmäßigen Segregation städtischer Bevölkerungen zu geben, sagt jedoch über das **räumliche Verteilungsbild** im Einzelnen nichts aus. Hier kann eine von Coulson (1968) entwickelte Analysemethode weiterführen (zur Anwendung auf deutsche Städte vgl. Böhm 1985). Um die Altersgliederung einzelner Stadtbereiche zusammenfassend charakterisieren zu können, konstruierte er einen „Altersstrukturindex". Dieser unterscheidet sich von anderen, bisher gebräuchlichen Kennziffern (vgl. Kap. 2.4.1) dadurch, dass zur Berechnung nicht nur einige wenige Anteilswerte herangezogen werden, sondern die gesamte, nach Fünf-Jahrgangs-Gruppen aufgegliederte Häufigkeitsverteilung Berücksichtigung findet. Das gelingt Coulson mit Hilfe der Regressionsrechnung. Aus dem als Beispiel angeführten Histogramm der Abbildung 31 lässt sich entnehmen, dass der prozentuale Anteil einzelner Jahrgangsgruppen an der Gesamtbevölkerung im Allgemeinen mit zunehmendem Alter abnimmt. Bei einer sehr „jungen" Bevölkerung und einer großen Zahl von Kindern und Jugendlichen erfolgt dieser Rückgang recht schnell, bei einem höheren Anteil älterer Menschen entsprechend langsamer, und bei stark überalterten Bevölkerungen kann sich die Relation sogar in das Gegenteil verkehren. Die in den Häufigkeitsdiagrammen zum Ausdruck kommende Tendenz lässt sich durch eine mittlere, regressionsanalytisch bestimmbare Gerade beschreiben, deren Steigung damit als Kenngröße für die Altersstruktur der Bevölkerung herangezogen werden kann.

Das räumliche Verteilungsmosaik der Indizes zeigt im Falle von Kansas City eine klare zentral-periphere Abfolge (Abb. 31). Zur Erklärung dieses Raumbildes werden von Coulson eine ganze Reihe von Hypothesen formuliert und anschließend unter Verwendung einfacher und multipler Korrelationsanalysen getestet. Die engsten Beziehungen zum Altersstrukturindex weisen einzelne Merkmale zur Familien- und Haushaltsstruktur auf (z. B. Anteil Verheirateter, Zahl der Kinder), signifikante Korrelationen errechnen sich auch für Wanderungsdaten und für Angaben zum Wohnungseigentum. Weniger gut erkennbar ist der Einfluss sozio-ökonomischer Faktoren (z. B. Einkommen, Erwerbstätigkeit).

Die von Coulson gefundenen räumlichen Regelhaftigkeiten werden von Böhm u. a. (1975) bzw. Kemper und Kosack (1988) im Generellen bestätigt. Für Bonn ergibt sich eine fast modellhafte Abfolge der einzelnen Zonen in Form von konzentrischen Kreisen (Abb. 32), nur stellenweise wird das Bild von anderen Raummustern überlagert und damit verwischt. Dabei kommt insbesondere dem Nord-Süd-Gegensatz eine größere Bedeutung zu, der eng mit der Funktion Bonns als (ehemaliger) Bundeshauptstadt und der Entstehung eines Regierungsviertels im Süden des alten Stadtkerns zusammenhängt.

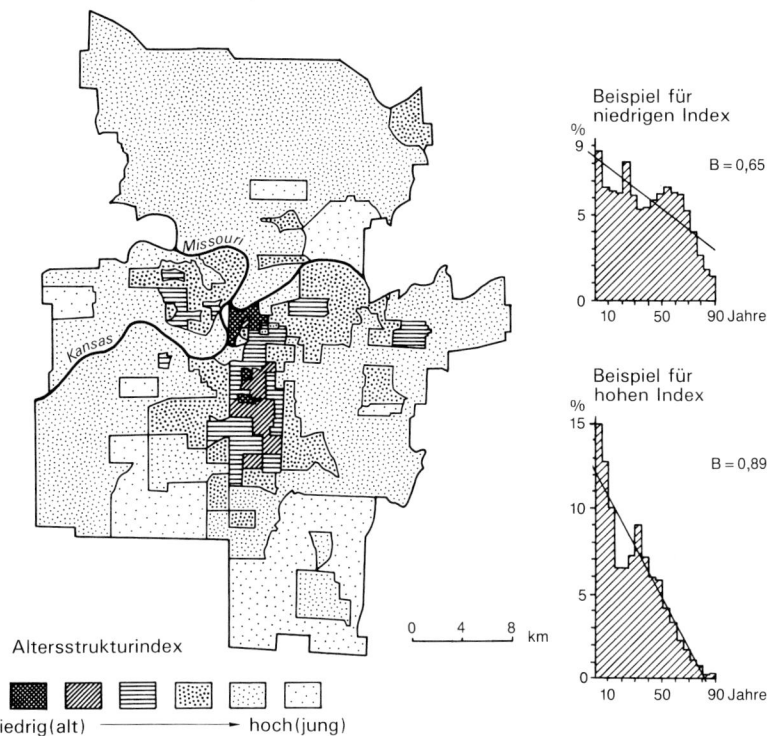

Abb. 31. Altersstrukturindex am Beispiel von Kansas City. Quelle: Coulson (1968).

Zur Erklärung der alters- und haushaltsmäßigen Viertelsbildung innerhalb großstädtischer Agglomerationen, wie sie exemplarisch aufgezeigt wurde, sei auf den Zusammenhang zwischen räumlicher Mobilität und einer **Veränderung im Familienlebenszyklus** hingewiesen (vgl. Kap. 4.5.1). Zahlreiche empirische Untersuchungen konnten belegen, dass ein Wechsel in der demographischen Struktur einer Familie bzw. eines Haushalts sehr häufig eine Wanderungsentscheidung auslöst, um den gewandelten Wünschen und Ansprüchen an Wohnung und Wohnstandort gerecht zu werden. Die Beziehungen zwischen Lebenszyklus und Wanderungsverhalten besitzen dadurch eine räumliche Komponente, dass sich junge Ein- und Zweipersonenhaushalte, unter denen sich besonders viele neu in die Stadt zugezogene Menschen befinden, bevorzugt eine Wohnung nahe dem Stadtkern suchen. Haushalte mit Kindern dagegen beziehen größere Wohnungen in weniger dicht bebauten und ruhigeren Stadtvierteln an der Peripherie, und Erwachsenen-Haushalte, aus denen die Kinder ausgezogen sind, streben teilweise wieder die Nähe des Stadtzentrums an (Böhm u. a. 1975, S. 2 f.). Dieses modellhaft skizzierte Wanderungsmuster wird durch den Einfluss zusätzlicher Steuerungsfaktoren modifiziert. Zum einen führt eine starke Neubautätigkeit in bestimmten Stadtbereichen hier vorübergehend zu vermehrten Zuzügen, zum anderen ergeben sich deutliche sozialgruppenspezifische Präferenzen und Unterschiede.

Die Überlagerung der verschiedenen Einflussgrößen hat zur Folge, dass in einigen Wohnvierteln bestimmte Lebenszyklusgruppen eindeutig dominieren, während für

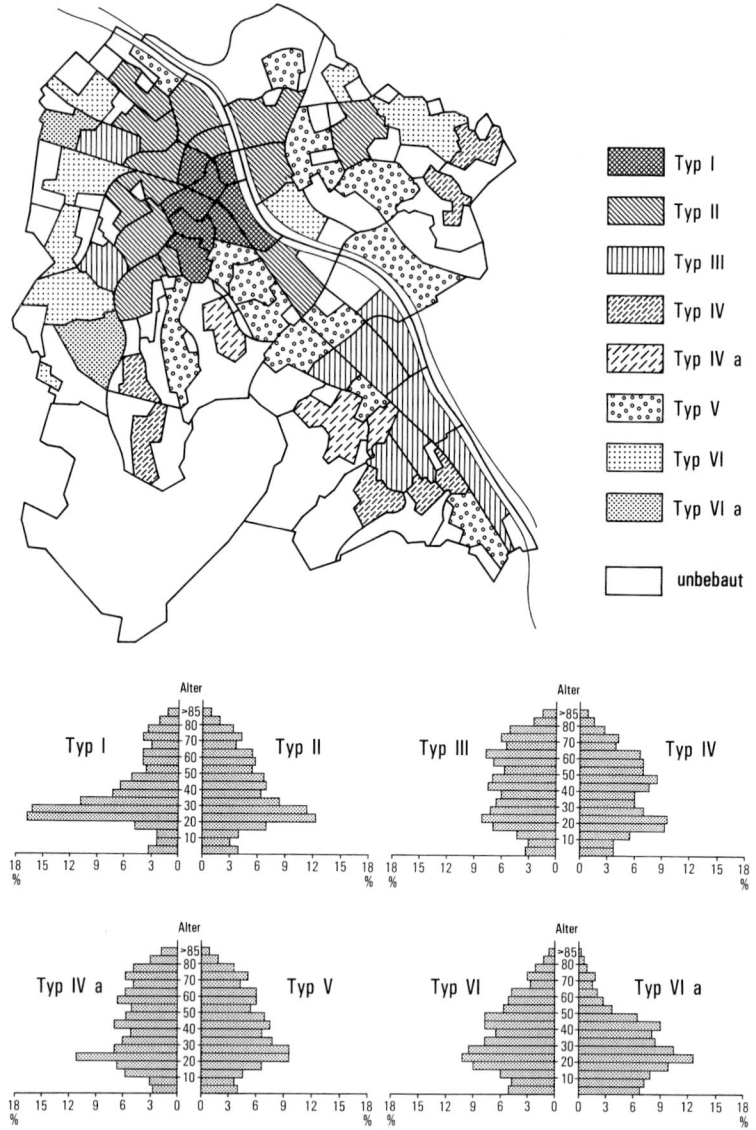

Abb. 32. Gebietstypen gleicher Altersstruktur in Bonn 1984. Quelle: KEMPER und KOSACK (1988).

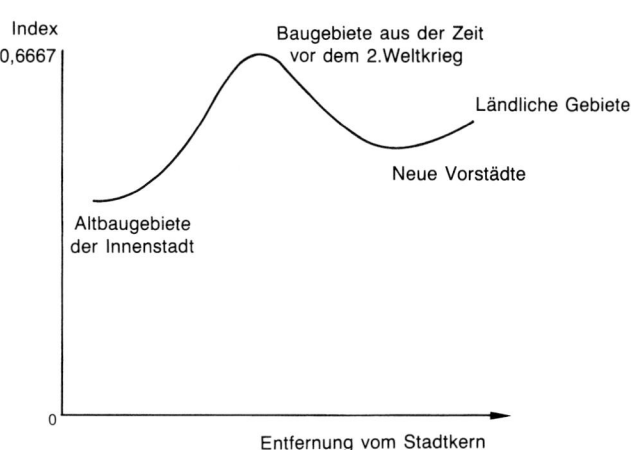

andere Bereiche eine Mischung verschiedener Typen kennzeichnend ist. Diesem Gesichtspunkt ist PALM (1976) am Beispiel von Minneapolis genauer nachgegangen. Er hat versucht, die **haushaltsmäßige Homogenität bzw. Heterogenität einzelner Stadtviertel** mittels eines *index of household diversity* zu erfassen, den er unter Verwendung von drei im Zensus ausgewiesenen haushaltsstrukturellen Variablen [Anteil von Haushalten aus Ehepaaren und Kindern (x_1), Anteil von Haushalten aus Ehepaaren ohne Kinder (x_2), Anteil übriger Haushalte (x_3)] konstruierte. Aus den genannten Merkmalen wird der Index in der folgenden Form gebildet:

$$H_D = 1 - (x_1^2 + x_2^2 + x_3^2)$$

Bei heterogener Haushaltsstruktur, d. h. bei jeweils gleichen Anteilswerten, errechnet sich dafür

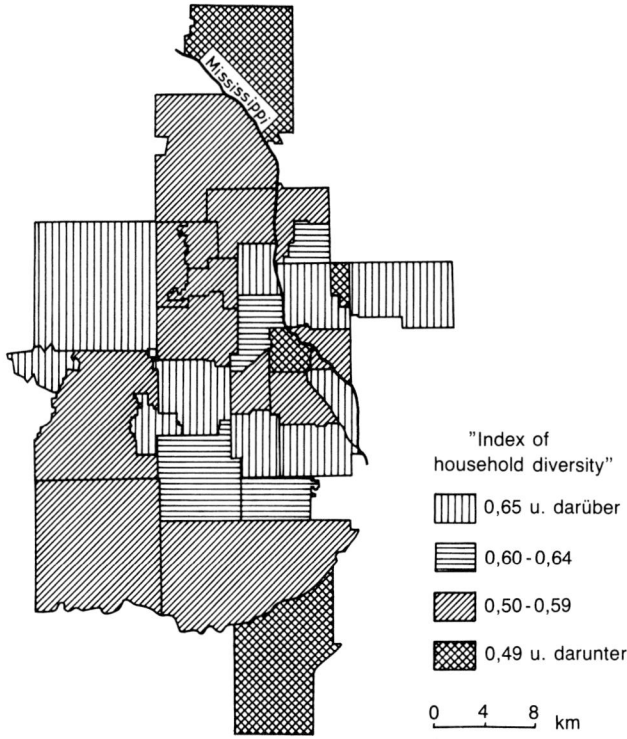

Abb. 33. Index of household diversity am Beispiel Minneapolis. Quelle: PALM (1976).

ein Wert von 0,67, je homogener die Haushaltszusammensetzung wird, desto stärker weicht der Index davon nach unten ab.
Die räumliche Ausprägung dieser Kennziffer (Abb. 33) weist zwar ebenfalls gewisse Regelmäßigkeiten auf, eine klare Abfolge vom Zentrum zur Peripherie, wie sie für das Merkmal Haushaltsgröße charakteristisch ist, lässt sich allerdings in Minneapolis nicht erkennen. Bereiche mit besonders niedrigen Indexwerten als Ausdruck weitreichender innerer Homogenität hinsichtlich der Lebenszyklustypen kommen sowohl nahe dem Stadtkern als auch im suburbanen Raum vor. In den dazwischen liegenden Wohnvororten aus der Zeit vor dem Zweiten Weltkrieg ist die Heterogenität hinsichtlich ihrer Haushaltszusammensetzung weit größer. Durch ergänzende Befragungen konnte ermittelt werden, dass in dieser Zone die Bewohner mit ihrem Wohnstandort besonders zufrieden sind und daher die räumliche Mobilität nur gering ist. Damit wirken sich die Siebungseffekte von Wanderungsvorgängen kaum aus, und die Entwicklung zu einseitigen demographischen Strukturen wird weitgehend verhindert.

Während die innerstädtische Differenzierung nach demographischen und haushaltsstrukturellen Merkmalen in den Industrieländern relativ gut erforscht ist, sind unsere Kenntnisse über bestehende **Strukturen in Entwicklungsländern** noch unzureichend. Gewisse Anhaltspunkte lassen sich aus faktorenanalytischen Untersuchungen außereuropäischer Städte entnehmen (vgl. Kap. 2.5.2). Daraus geht hervor, dass lange Zeit ein Altersstruktur- bzw. Lebenszyklusfaktor nicht nachweisbar war und sich erst in jüngerer Zeit Veränderungen abzeichnen. Wo dies der Fall ist, tendiert das Raummuster zu einer zentral-peripheren Abfolge.

2.5 Bevölkerungszusammensetzung nach wirtschaftlichen und sozialen Merkmalen

„Wir leben in einer ungleichen Welt." Diese Feststellung von COATES u. a. (1977, S. 1) bildet den Ausgangspunkt einer Forschungsrichtung innerhalb der angelsächsischen Geographie, die die Beschäftigung mit den Ursachen und Konsequenzen gesellschaftlicher und räumlicher Ungleichheiten in den Mittelpunkt des geographischen Interesses rückt. Zwar gehört es seit langem zu den zentralen Aufgaben der Geographie, räumliche Muster zu erfassen, zu beschreiben und zu erklären, das Grundanliegen der *welfare geography* (SMITH 1977) oder *geography of social well-being* (KNOX 1975) geht jedoch darüber hinaus und lenkt das Augenmerk auf unerwünschte, weil ungleiche Lebenschancen verkörpernde Komponenten interregionaler Ungleichheiten, die wir als räumliche Disparitäten bezeichnen (BARTELS 1981, S. 1). Sofern solche räumlichen Disparitäten nicht durch andere, vorteilhaftere Ungleichheitsmomente oder durch Ausgleichsleistungen, z. B. im finanziellen Bereich, kompensiert werden, resultiert daraus eine räumliche Ungleichwertigkeit der Lebensbedingungen im Sinne eines absoluten Schlechtergestelltseins einzelner Regionen. Für die *geography of welfare* werden die sozialen Bezüge derartiger räumlicher Ungleichwertigkeiten zum Kernproblem, d. h. der Mensch selbst und die Verbesserung seiner Lebensumstände stehen im Zentrum aller Forschungsanstrengungen. BARTELS spricht deshalb auch von einer „engagierten Geographie", deren „Fahnenwort" von der „Gleichwertigkeit der Lebensbedingungen" zugleich auch als Herausforderung an die bisherige Geographie zu verstehen ist (BARTELS 1978, S. 229). Daran anknüpfend, hat BOESCH (1989) ein umfassenderes Konzept für eine engagierte Geographie entworfen, die er als praxis- und politikorientierte Raumwissenschaft sieht und die zwischen wissenschaftlicher Analyse und Handlung vermitteln soll (HANTSCHEL 1984, S. 143).

Vor allem auf drei Betrachtungsebenen wird nach der Differenzierung von Lebenschancen gefragt (SCHMIDT-WULFFEN 1980, S. 108): Die internationale Ebene thematisiert weltweite Unterschiede der Lebensbedingungen, die regionale Ebene erfasst nationale Disparitäten, und auf der lokalen Ebene interessieren in erster Linie inter- und intraurbane Ungleichwertigkeiten. Dabei geht es der „engagierten Geographie" um mehr als nur um die wertende Beschreibung von Disparitäten und die kritische Analyse der dahinter stehenden Prozesse; zugleich wird die Frage nach den Instrumenten und Strategien zum Abbau der Unterschiede aufgeworfen, und es werden die dabei auftretenden Zielkonflikte und Grenzen zu identifizieren versucht (BARTELS 1978, S. 229). Die folgende Darstellung möchte einen ersten Eindruck von den Ungleichwertigkeiten der Lebensbedingungen und Lebenschancen in den verschiedenen Teilräumen der Erde vermitteln und damit zum Verständnis für das Grundanliegen der „engagierten Geographie" beitragen. Dabei ist davon auszugehen, dass eine erschöpfende Behandlung der Thematik in dem gegebenen Rahmen nicht möglich ist und die Konstatierung räumlicher Disparitäten nur der erste Schritt auf dem Weg zu einer vertieften Beschäftigung mit diesem Problem sein kann.

2.5.1 Regionalisierung der Erde nach der Erwerbsstruktur und dem Entwicklungsstand der Länder

Trotz aller Anstrengungen und Hilfsmaßnahmen hat sich die Kluft zwischen reichen und armen Ländern, zwischen Gesellschaften des Überflusses und des Mangels bis heute nicht verringert, sondern ist in den letzten Jahrzehnten eher noch breiter geworden. Eine Auseinandersetzung mit diesen globalen Disparitäten erfordert zunächst eine genauere Charakterisierung des Begriffs **„Entwicklungsland"**. Das ist jedoch kaum mit einigen wenigen Sätzen möglich, dafür sind die Unterschiede innerhalb dieser Ländergruppe zu groß. Überdies ist die im deutschen Sprachgebrauch übliche Gegenüberstellung von Industrie- und Entwicklungsländern wenig treffend, denn zum einen wird die Wirtschafts- und Gesellschaftsstruktur der meisten Staaten, die zur Gruppe der Industrieländer zählen, heute gar nicht mehr überwiegend von der „Industrie", sondern sehr viel stärker vom „Dienstleistungsbereich" bestimmt, zum anderen beinhaltet der Begriff „Entwicklung" eine dynamische Komponente, und damit wird für die Entwicklungsländer eine fortschreitende Veränderung der gegenwärtigen Situation unterstellt. Eine solche Veränderung findet aber in vielen Staaten der Dritten Welt nicht oder nur sehr langsam statt.

Auf eine weitere, mit der Anwendung der Bezeichnung „Entwicklungsland" häufig verbundene Fehleinschätzung hat BOBEK am Beispiel orientalischer Länder alter Kultur aufmerksam gemacht. Aufgrund ihrer eigenständigen und mit dem Abendland nicht vergleichbaren Sozial- und Wirtschaftsgeschichte sind diese Staaten – so BOBEK (1962, S. 14 f.) – nicht nur „auf dem Wege zum Industrialismus aus verschiedenen

Gründen ein Stück zurückgeblieben", sie befanden sich vielmehr „überhaupt nicht auf dem Weg dahin. Das industrielle System hätte in ihrem Schoße niemals geboren werden können." Das aber heißt zugleich: Nur aus der historischen Perspektive wird man die heutigen Gegensätze zwischen Industrie- und Entwicklungsländern richtig verstehen und zu ihrer Erklärung beitragen können. Dazu genügt es freilich nicht, lediglich bis ins 18. oder 19. Jh. zurückzugehen, denn die Basis für die sich in den Industrieländern vollziehenden Veränderungen wurde bereits sehr viel früher gelegt. Die Wurzeln des modernen „produktiven Kapitalismus" im Sinne von Bobek reichen bis ins hohe Mittelalter zurück. Schon damals begann sich in den mitteleuropäischen Staaten ein allen Neuerungen gegenüber aufgeschlossenes Bürgertum herauszubilden. In ihm verbanden sich, „erstmals in der Weltgeschichte, nicht nur kaufmännischer, sondern auch gewerbebürgerlicher, an der Fertigung selbst interessierter Geist mit politischer Freiheit und Geltung zu einer besonderen Haltung und Weltanschauung, der letztlich alles zu danken ist" (Bobek 1962, S. 14).

Aber selbst wenn man – um einigen der genannten Einwände Rechnung zu tragen – das Gegensatzpaar Industrie- und Entwicklungsländer analog zu den von den Vereinten Nationen gebräuchlichen Bezeichnungen durch eine Gegenüberstellung von *more developed* und *less developed countries* ersetzt, muss man sich darüber im Klaren sein, dass auch dabei als Maßstab und indirekt meist auch als erstrebenswertes Entwicklungsziel die Verhältnisse in den Industrieländern herangezogen werden.

In den meisten Statistiken, wie sie internationale Organisationen erarbeiten, werden die definitorischen Schwierigkeiten umgangen, indem eine an den Großräumen der Erde orientierte Abgrenzung gewählt wird, ohne diese jedoch inhaltlich näher zu begründen. Man könnte diese Vorgehensweise als **Definition im statistischen Sinne** bezeichnen (Abb. 37). Danach werden zu den Industrieländern (*more developed countries;* entwickelte Länder) alle europäischen Staaten einschließlich Russland, Nordamerika, Japan sowie Australien und Neuseeland gerechnet. Demgemäß zählen zu den Entwicklungsländern (*less developed countries;* unterentwickelte Länder) alle Staaten Afrikas, Lateinamerikas, Asiens (bis auf Japan) sowie Ozeaniens (bis auf Australien und Neuseeland).

Unter den inhaltlichen Definitionsversuchen dominierte lange Zeit ein rein **ökonomischer Entwicklungsbegriff**, d. h. Entwicklung wurde mit „wirtschaftlichem Wachstum" im Sinne einer Steigerung der Produktionsleistung einer Volkswirtschaft gleichgesetzt. Erst als sich zeigte, dass wirtschaftliches Wachstum nicht in jedem Falle zu einer Verbesserung des Lebensstandards für die breite Masse der Bevölkerung führte, versuchte man, durch Berücksichtigung zusätzlicher Gesichtspunkte (z. B. Umfang der absoluten Armut, Verteilung des Wachstums, Arbeitslosigkeit) zu einem erweiterten wirtschaftlichen Entwicklungsbegriff zu kommen. Aus der Diskussion um die Grundbedürfnisse des Menschen resultierte schließlich ein **gesellschaftspolitischer Entwicklungsbegriff**, d. h. es wurden auch politische, soziale und kulturelle Aspekte einbezogen, die nicht automatisch mit wirtschaftlicher Entwicklung und erst recht nicht mit wirtschaftlichem Wachstum verbunden sind. Die Tatsache, dass weltweite (materielle) Entwicklung immer häufiger an ökologische Grenzen stößt, macht nach Hauser (1990, S. 277 ff.) eine erneute Erweiterung des Entwicklungsbegriffes hin zu einer umfassenden, ganzheitlichen Konzeption notwendig. Dabei ist Fragen der Umwelterhaltung im Verlaufe eines wirtschaftlichen und gesellschaftlichen Wandlungsprozesses vermehrte Aufmerksamkeit zu schenken (*sustainable development*).

Diese begriffliche Ausweitung kommt auch in den gewandelten Vorschlägen einer Operationalisierung zum Ausdruck. Noch in den 1950er und 60er Jahren beschränkte man sich in der Regel auf einen eindimensionalen, d. h. nur ein Merkmal berücksichtigenden Ansatz und wählte als Indikator meist das durchschnittliche Prokopfeinkommen oder das Bruttosozialprodukt pro Kopf, das zum offiziellen Wechselkurs in US-Dollar umgerechnet wurde, d. h. Entwicklungsländer wurden in erster Linie als „arme" Länder verstanden. Bis heute differenziert die Weltbank nach diesem Kriterium in *low, middle* und *high income countries* (Abb. 37).

Allein die Berechnungsmodalitäten (z. B. Beschränkung auf die Erfassung von Marktvorgängen, Wechselkursproblematik, Ungenauigkeit der Erhebung etc.) lassen Zweifel aufkommen, ob das Prokopfeinkommen und ähnliche Größen wirklich als Maß für einen mehr oder weniger hohen Entwicklungsstand geeignet sind. Darüber hinaus sind unterschiedliche Lebenshaltungskosten und Bedarfsstrukturen und vor allem aber die Einkommensverteilung, d. h. die Gegensätze zwischen Arm und Reich innerhalb eines Landes, auf diese Weise nicht zu erfassen. Ebenso stehen viele Errungenschaften, die nicht unmittelbar in den Bereich der Wirtschaft gehören, die wir aber als wesentlich für höher entwickelte Staaten erachten, nicht immer in enger Beziehung zum Prokopfeinkommen. Der sprunghaft gestiegene Wohlstand in einigen ölexportierenden Staaten ohne gleichzeitige soziale und gesellschaftliche Veränderungen (reiche Entwicklungsländer) unterstreicht die Notwendigkeit, weitere Indikatoren zur Charakterisierung des Komplexes „Entwicklung – Unterentwicklung" heranzuziehen (vgl. Coy und Kraas 2003).

Das sei beispielhaft an der Gegenüberstellung der Abbildungen 34 und 36 erläutert. Abbildung 34 gibt die räumliche Differenzierung der Staaten unserer Erde nach der **Höhe des Bruttosozialproduktes pro Kopf** (in Kaufkraftparität) wider und veranschaulicht damit auf internationaler Ebene die extremen Unterschiede hinsichtlich Wohlstand und Einkommen. Noch krasser sind die Verhältnisse, wenn man die Kaufkraft unberücksichtigt lässt. Nach Schätzungen der Weltbank machten 2002 die aufsummierten Bruttosozialprodukte aller Staaten ungefähr 31.500 Mrd. US-Dollar aus; daran hatten die *low income countries* nur einen Anteil von 3,4%, obwohl darin 40,2% der Weltbevölkerung leben. Ungekehrt entfielen auf die *high income countries* 80,6% bei einem Bevölkerungsanteil von lediglich 15,6% (World Bank 2004). Sehr klar kommen diese globalen Wohlstandsdisparitäten in einer Gegenüberstellung der Weltkarten des Bevölkerungs- und Einkommenspotenzials zum Ausdruck (Abb. 35). Die großen Dichtezentren der Menschheit in Süd- und Ostasien treten in der Darstellung des Einkommenspotenzials überhaupt nicht in Erscheinung; das Bild wird hier einseitig von den reichen Ländern Mittel- und Westeuropas sowie Nordamerikas bestimmt (Warntz 1975).

Dass sich die Schere zwischen armen und reichen Ländern erst im Zuge der Industrialisierung so weit geöffnet hat, belegen die von Bairoch (1971) vorgenommenen Schätzungen. Danach unterschied sich um 1770 das Bruttosozialprodukt pro Kopf in Europa kaum von demjenigen in Lateinamerika, Asien oder Afrika, und selbst um

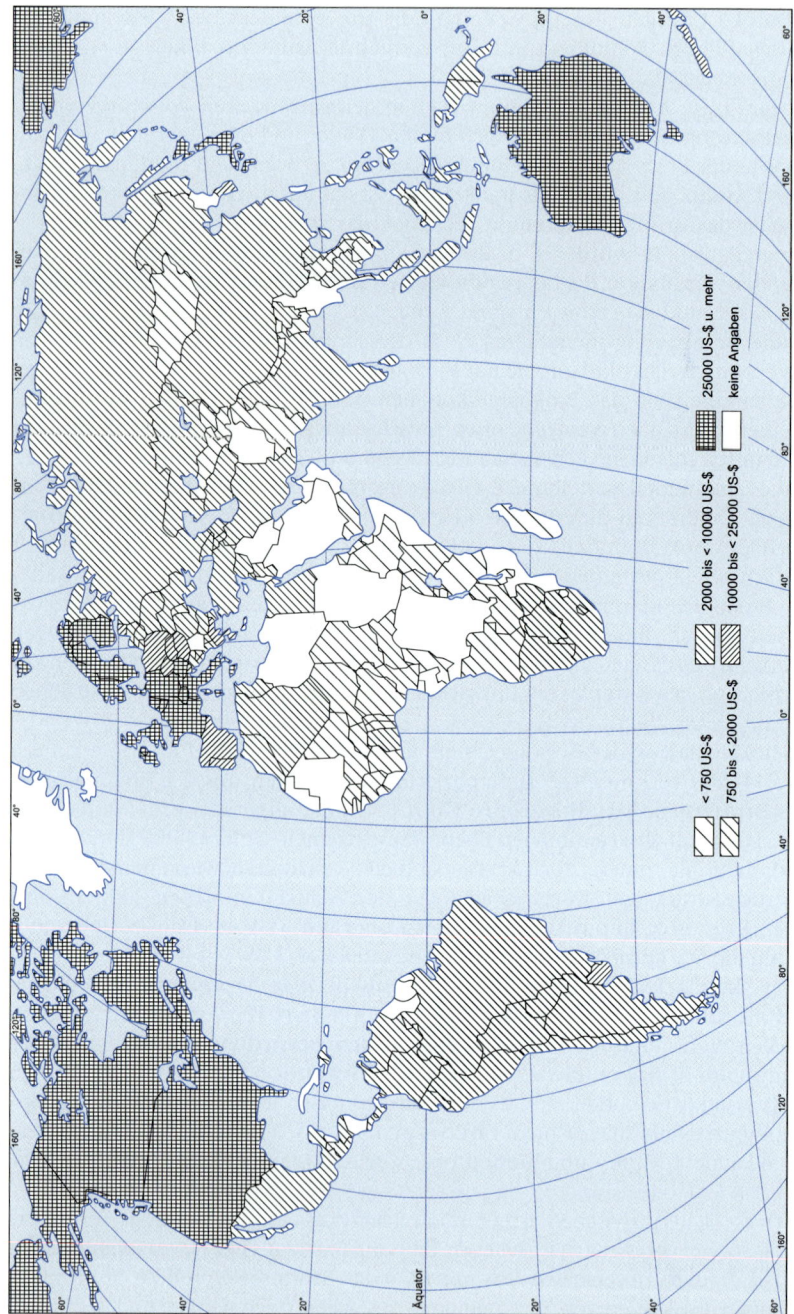

Abb. 34. Bruttosozialprodukt pro Kopf der Bevölkerung in den Staaten der Erde nach Kaufkraftparität 2002. Quelle: World Bank 2004.

1870 betrug das Verhältnis zwischen Industrie- und Entwicklungsländern erst 3:1, heute dagegen etwa 16:1.

Ein in mancher Hinsicht ähnliches, in anderer jedoch stark abweichendes Bild zeigt Abbildung 36, in der ein weiterer möglicher Indikator des Entwicklungsstandes in seiner räumlichen Ausprägung festgehalten wurde, und zwar der **Anteil der Analphabeten** an der Bevölkerung von 15 Jahren und älter als Ausdruck des unterschiedlichen Bildungsniveaus. Beim Vergleich mit der zuvor interpretierten Darstellung fällt auf, dass zwar sehr viele, jedoch keineswegs alle reichen Länder verhältnismäßig geringe Analphabetenanteile aufweisen. Für die Ölstaaten am Persischen Golf und in Afrika trifft eine solche Koinzidenz nur bedingt zu. Hier sind die Unterschiede zwischen materiellem Wohlstand und einem nach wie vor unzureichenden Ausbildungsstand besonders auffällig. Umgekehrt gibt es aber auch Beispiele für ein recht hoch entwickeltes Schulwesen bei vergleichsweise niedrigen durchschnittlichen Einkommen. In diese Gruppe können fast alle osteuropäischen Staaten (einschließlich ehe-

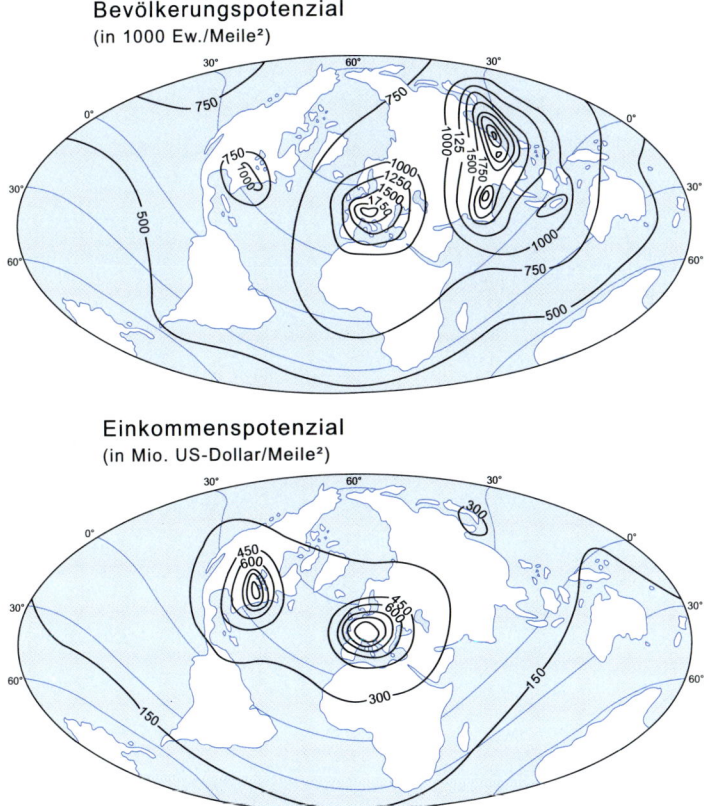

Abb. 35. Weltbevölkerungs- und -einkommenspotenzial um 1960. Quelle: WARNTZ *(1975).*

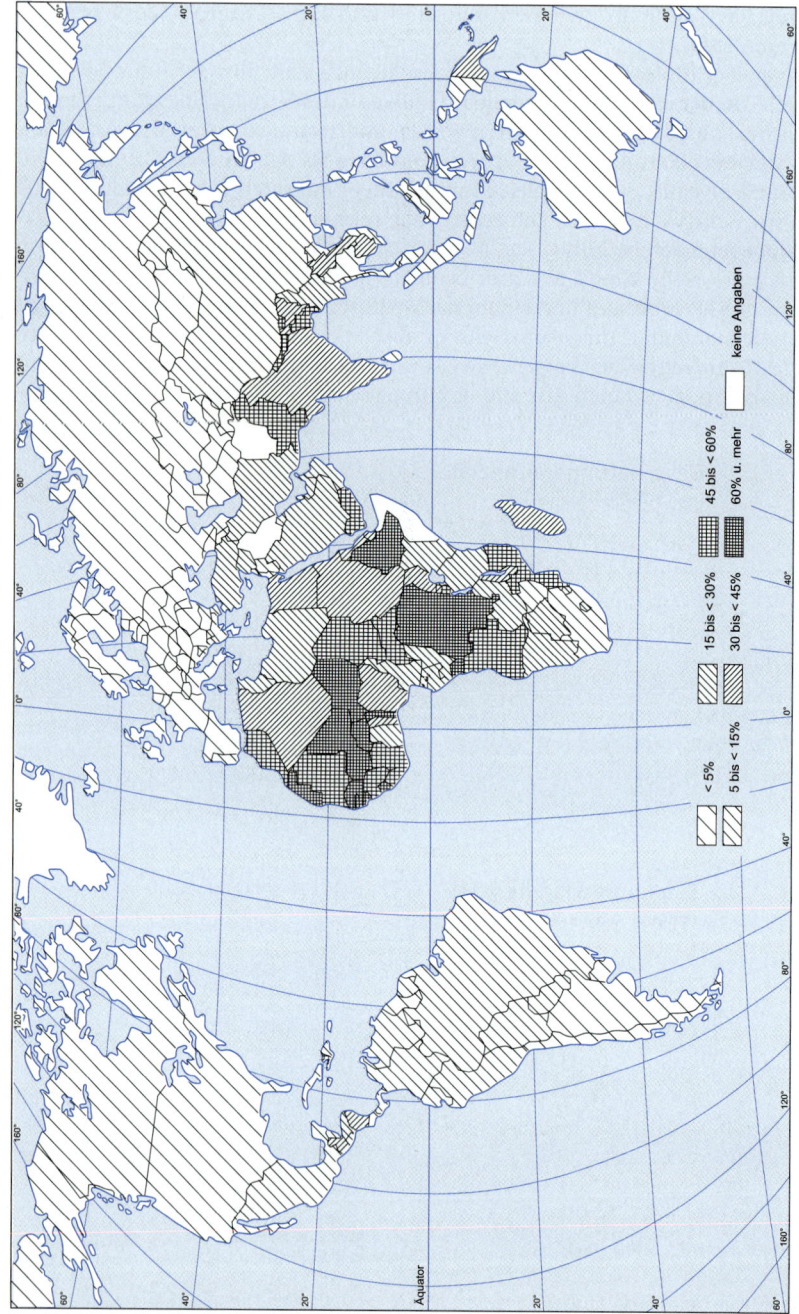

Abb. 36. Analphabetenrate in den Staaten der Erde 2001. Quelle: Human Development Report 2003.

maliger UdSSR), eine Reihe von lateinamerikanischen Staaten, aber auch Länder wie Sri Lanka, Thailand oder die Philippinen eingeordnet werden. In Übereinstimmung mit dem Indikator Bruttosozialprodukt sind die Verhältnisse in großen Teilen des tropischen Afrika außergewöhnlich schlecht. Hier zählen teilweise mehr als 70% der Bevölkerung zu den Analphabeten. Bei der Interpretation solcher Zahlenwerte ist außerdem zu bedenken, dass gerade in Ländern mit ohnehin niedrigem Standard die Mittelwerte oft weitreichende Disparitäten zwischen einzelnen Bevölkerungsgruppen, meist verbunden mit einer Benachteiligung der Frauen, und ausgeprägte regionale Unterschiede verdecken (vgl. Wils und Goujon 1998).

Seit 1990 publizieren die Vereinten Nationen einen komplexen Index, der die bisherigen Überlegungen aufgreift und fortführt. Der **„Human Development Index"** (HDI) setzt sich aus drei grundlegenden Komponenten menschlicher Entwicklung zusammen: Lebensdauer (Lebenserwartung bei Geburt), Wissen (Kombination aus Alphabetisierung Erwachsener und Schulbesuch) und Lebensstandard (Bruttosozialprodukt pro Kopf in Kaufkraftparität). Trotz gewisser Kritik im Einzelnen und Vorschlägen zu einer möglichen Erweiterung (Vgl. Castles 1998; Krüger 2003) ist der HDI mittlerweile zu einem weitgehend akzeptierten und verbreiteten Maß des Entwicklungsstandes geworden. Die drei ausgewiesenen Ländergruppen *high, medium* und *low human development,* decken sich nur teilweise mit Gruppierungen, die allein auf wirtschaftlichen Kriterien basieren. So werden mehrere mittel- und südamerikanische Staaten (Argentinien, Chile, Uruguay, Costa Rica) vor allem aufgrund hoher Werte bei den Indikatoren Bildung und Lebenserwartung in die oberste Gruppe eingeordnet, während umgekehrt die weite Verbreitung von AIDS und die dadurch deutlich gesunkene Lebenserwartung die 25 unteren Plätze der Rangliste für 2001 ausschließlich afrikanischen Ländern zuweisen und sie damit noch schlechter stellen, als es nach wirtschaftlichen Kennziffern gerechtfertigt wäre (Abb. 37).

Analysiert man das räumliche Verbreitungsmuster weiterer Merkmale aus den Bereichen Wirtschaft, Ernährung oder Sozial- und Bildungswesen (vgl. Schätzl 2000, S. 84 ff.), so wird man ebenfalls sowohl Übereinstimmungen als auch Abweichungen zwischen den einzelnen Kartenbildern feststellen. Hier soll nur noch ein weiterer Indikator ausführlicher betrachtet werden, dem Bobek (1968, S. 119) sogar die Rolle eines *overall index* einräumt und der besonders gut geeignet ist, die mit dem Industrialisierungsprozess einhergehenden wirtschaftsstrukturellen Veränderungen zu erfassen. Gemeint ist die Aufgliederung der **Erwerbstätigen nach einzelnen Wirtschaftszweigen** und insbesondere die „Dienstequote", d. h. die Zahl der im Dienstleistungssektor Beschäftigten auf je 1.000 der Bevölkerung.

Wenn auch die Gliederung der Wirtschaft in nur drei Sektoren (vgl. Kap. 2.1.1) heute auf eine ganze Reihe von Vorbehalten stößt, weil dadurch namentlich der komplizierten Struktur des Dienstleistungsbereichs nicht genügend Rechnung getragen wird und die zunehmende Tertiärisierung des primären und sekundären Sektors eine klare Zuordnung erschwert, so bildet die „Drei-Sektoren-Hypothese" von Fourastié nach wie vor einen geeigneten Ausgangspunkt, um die sozio-ökonomische Entwicklung einzelner Länder über einen längeren Zeitraum zu verfolgen. Fourastié (1949, deutsch 1954) hat in seinem berühmten Buch „Die große Hoffnung des 20. Jahrhunderts" die idealtypische Verschiebung der Beschäftigtenanteile innerhalb der drei Wirt-

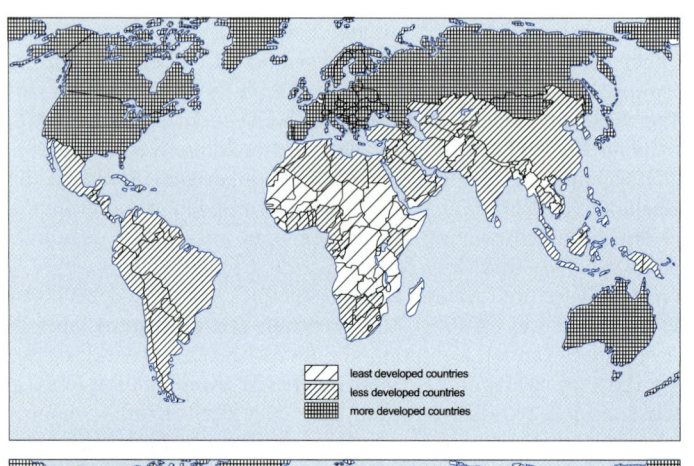

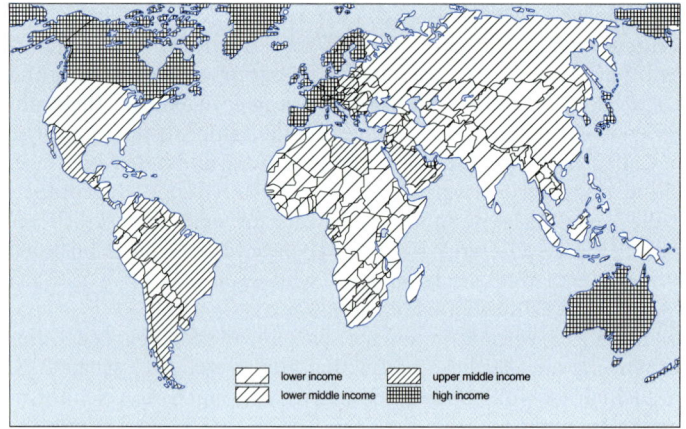

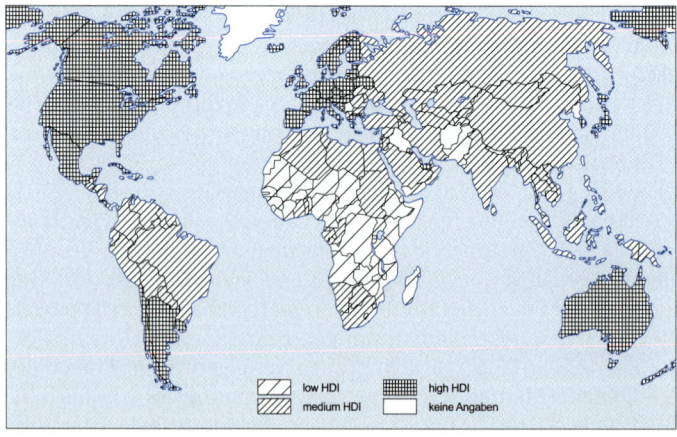

Abb. 37. Einteilung der Staaten der Erde nach verschiedenen Kriterien. Quelle: UN (2004); World Bank (2003); UNDP (2003).

schaftssektoren, wie sie als Folge der Industrialisierung in Europa und Nordamerika eintrat, zu einer komplexen Theorie der wirtschaftlichen und sozialen Entwicklung erweitert. Ausgangspunkt seiner Überlegungen und Zentralbegriff seines Modells ist der technische Fortschritt, der in Teilen Europas seit 1830 eine Verbesserung des Verhältnisses zwischen Aufwand und Ertrag, d. h. eine höhere Produktivität, ermöglichte. Damit waren auf längere Sicht auch ein gesellschaftlicher Fortschritt und eine erhebliche Veränderung der Lebensweise in weiten Bevölkerungskreisen verbunden. Zwischen der vor- und der nachindustriellen Periode liegt eine Phase des Übergangs, die „ein traditionelles Gleichgewicht von einem zukünftigen und notwendigen neuen wirtschaftlichen Gleichgewicht trennt" (FOURASTIÉ 1954, S. 127).

Dieser Entwicklungsablauf lässt sich am besten anhand der **Veränderungen in der Beschäftigungsstruktur** verfolgen (Abb. 38). Der vorindustrielle Zustand ist dadurch gekennzeichnet, dass etwa 80% der Erwerbspersonen im primären Sektor, d. h. insbesondere in der Land- und Forstwirtschaft, tätig sind. Während der Übergangsperiode nimmt der Beschäftigtenanteil im sekundären Sektor, d. h. in der verarbeitenden Gütererzeugung, zunächst auf 40 und mehr Prozentpunkte zu, fällt jedoch anschließend wieder ab. Gleichzeitig kommt es zu einer gegenläufigen Bewegung im Verhältnis zwischen dem primären und dem tertiären Sektor (Dienstleistungen). Während der relative Anteil der in der Urproduktion Tätigen von ursprünglich etwa 80% auf nur 10% zurückgeht, steigen die Prozentwerte der im tertiären Sektor Beschäftigten zunächst langsam, später dann sehr schnell an, um sich einem neuen Gleichgewichtszustand zu nähern.

Mit diesem Weg in die Dienstleistungsgesellschaft geht eine Reihe von sozialen Strukturverschiebungen einher. Ein guter Indikator dafür ist die Aufschlüsselung der Erwerbspersonen nach ihrer **Stellung im Beruf,** wie sie in Tabelle 9 beispielhaft für Deutschland gegeben wird. In den letzten 100 Jahren hat der Anteil der Selbstständigen und der mithelfenden Familienangehörigen nicht nur in der Landwirtschaft, sondern auch in anderen Wirtschaftsbereichen erheblich abgenommen, während der Anteil von Beamten und Angestellten stetig wuchs. Lediglich der Arbeiteranteil blieb lange Zeit nahezu konstant und zeigt erst seit 1970 einen deutlichen Rückgang. Im Einzelnen ist die berufliche Mobilität zwischen den Generationen noch wesentlich ausgeprägter gewesen, als man es nach den Zahlen von Tabelle 9 vermuten könnte, denn der Strukturwandel im Beschäftigungssystem hat sehr häufig Kettenreaktionen ausgelöst, indem z. B. die Söhne von Landwirten ungelernte oder angelernte Arbeiterpositionen einnahmen, die

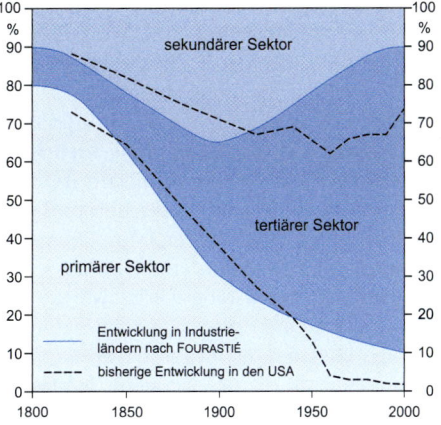

Abb. 38. Idealtypische Veränderung der Erwerbstätigenstruktur nach FOURASTIÉ. Quelle: FOURASTIÉ (1954), verändert und ergänzt.

**Tab. 9 Männliche Erwerbstätige nach Stellung im Beruf in Deutschland*)
1882–2002; Quelle: Mayer (1979), ergänzt nach Statistischen
Jahrbüchern für die Bundesrepublik Deutschland.**

Jahr	Selbständige (%)	Mithelfende Familien-angehörige (%)	Beamte und Angestellte (%)	Arbeiter (%)
1882	31,8	7,5	7,9	52,8
1895	28,2	5,9	10,7	54,6
1907	23,7	6,0	13,5	56,9
1925	20,5	6,4	19,9	53,5
1939	17,4	4,4	24,8	53,4
1950	18,5	4,3	10,2	57,0
1970	12,9	1,6	33,2	52,3
1980	10,9	0,7	39,5	48,9
2002	12,9	0,5	47,5	39,1

*) 1950–1980: alte Länder

Söhne von ungelernten Arbeitern zu Facharbeitern wurden und die Söhne von Facharbeitern in großer Zahl in die stark expandierende Kategorie der Angestellten überwechselten (Mayer 1979, S. 280).

Im Folgenden soll die gegenwärtige **wirtschaftsstrukturelle Differenzierung** auf internationaler Ebene analysiert und in das Fourastiésche Modell eingeordnet werden. Betrachtet man zunächst die **Erwerbsquote** für einzelne Beispielländer (Tab. 10), so fällt auf, dass sich nur eine geringe Beziehung zwischen dem wirtschaftlichen Entwicklungsstand und der Erwerbsquote nachweisen lässt. Sehr viel stärker wirksam wird hier neben der Altersstruktur-Komponente die unterschiedliche Beteiligung der weiblichen Bevölkerung am Erwerbsleben. Diese ist jedoch weniger vom hohen oder niedrigen Stand einer Volkswirtschaft, sondern in erster Linie von der gesellschaftlichen Stellung der Frau abhängig. So beläuft sich die Erwerbsquote der weiblichen Bevölkerung in Ägypten nur auf 20,4%, in der Türkei auf 23,1% und in Chile auf 34,9%, was die verhältnismäßig niedrigen Gesamtwerte in Tabelle 10 erklärt. Aber auch in der Gruppe der westlichen Industrieländer gibt es weitreichende Unterschiede (z. B. zwischen skandinavischen und südeuropäischen Staaten). In Deutschland bestand zu Beginn der 1990er Jahre ein auffälliger Gegensatz zwischen alten und neuen Ländern, der sich insbesondere daraus erklärt, dass in der ehemaligen DDR neun von zehn Müttern berufstätig waren. Mittlerweile gleichen sich die Verhältnisse mehr und mehr an, weil die Erwerbsbeteiligung von Frauen mit Kindern in Westdeutschland in jüngerer Zeit deutlich angestiegen ist (Erwerbsquote 2000: 65,1% bezogen auf die Gruppe der 15- bis 64-Jährigen), während sie in Ostdeutschland nach anfänglichem Rückgang auf noch immer hohem Niveau (2000: 88,9%) stagniert (Grünheid 1999; Engstler und Menning 2003, S. 107). Regional können allerdings ganz erhebliche Abweichungen von derartigen Durchschnittswerten auftreten, wie z. B. Sommerfeld-Siry (1990) für die Bundesrepublik Deutschland nachgewiesen hat. Dass in allen Industrie-

Tab. 10 Erwerbstätigenstruktur für ausgewählte Länder um 2001/2002; Quelle: Statistisches Jahrbuch 2003 für das Ausland.

Land	Erwerbsqote*⁾	Erwerbspersonen/Erwerbstätige**⁾ im			Dienstequote (auf 1000 der Bev.)
		primären	sekundären	tertiären	
		Sektor (%)			
Schweden	63	3	23	73	364
USA	67	2	23	75	356
Japan	62	5	31	65	326
Deutschland	57	3	32	65	287
Spanien	53	6	31	63	247
Griechenland	49	16	23	62	222
Chile	53	14	23	62	220
Mexiko	59	18	26	56	219
Bulgarien	51	11	34	57	203
Philippinen	68	37	16	47	169
Rumänien	58	38	30	33	143
Türkei	49	35	23	41	126
Ägypten	48	29	22	49	120

*) Erwerbspersonen ≥15 Jahre bezogen auf Bevölkerung ≥15 Jahre
**) unterschiedliche Definitionen

ländern die Erwerbsbeteiligung der Frauen gegenüber derjenigen der Männer überproportional zugenommen hat, erklärt sich in erster Linie aus der angestiegenen Erwerbsquote verheirateter Frauen, von denen jedoch viele nur teilzeitbeschäftigt sind (vgl. HÄUSSERMANN und OSTNER 1990; MARUANI 1995).

Bezieht man zusätzlich die **Beschäftigten-Anteile im Dienstleistungsbereich** ein, so lassen sich tiefere Einblicke in ökonomische Entwicklungsabläufe gewinnen (Abb. 39 und Tab. 10). An der Spitze der Rangliste hinsichtlich einer Entfaltung der Dienste stehen die USA und Schweden mit Werten von 70% und mehr und einer sehr hohen Dienstequote. Damit verknüpft ist ein nur noch mäßiger Prozentsatz des industriellen und ein sehr geringer des landwirtschaftlichen Bereiches.

Eine zweite Gruppe wird von den Hauptindustrieländern Westeuropas sowie Japan gebildet. Die Dienste-Anteile liegen hier ein wenig niedriger und die Prozentwerte für den sekundären Sektor etwas höher. Unter alleiniger Berücksichtigung der im tertiären Bereich Beschäftigten gehören auch einzelne mittel- und südamerikanische Länder sowie einige Staaten des Vorderen Orients dazu, allerdings bei sehr viel geringeren Industrie-Sätzen und einer noch vergleichsweise großen Bedeutung der Landwirtschaft.

Mittlere Rangplätze nehmen neben einzelnen Ländern Süd- und Osteuropas die bisher noch nicht genannten südamerikanischen Staaten sowie verschiedene nordafrikanische und vorderasiatische Länder ein. Zu einer letzten Gruppe lassen sich schließlich diejenigen Länder zusammenfassen, die noch ganz am Anfang der von FOURASTIÉ angenommenen Entwicklung stehen. So entfallen in großen Teilen Afrikas, aber auch in einzelnen Ländern Ost- und Südasiens nach wie vor mehr als die Hälfte der Erwerbstätigen auf die Landwirtschaft; der Bereich der Dienste ist hier mit weniger als 30% außerordentlich niedrig, und noch geringer ist die Zahl derjenigen Menschen, die einen industriellen Arbeitsplatz gefunden haben. Aus Datenmangel sind sie in Tabelle 10 nicht vertreten.

Die im zeitlichen Verlauf feststellbaren **Umschichtungen zwischen den drei großen Wirtschaftssektoren** sind im Dreiecksdiagramm von Abbildung 39 abzulesen, zugleich wird deutlich, dass das Entwicklungsschema von FOURASTIÉ in mehrfacher Hinsicht modifiziert und in verschiedene Verlaufstypen untergliedert werden muss.

In den Vereinigten Staaten haben sich die Verschiebungen zwischen den einzelnen Wirtschaftsbereichen fast mustergültig entsprechend dem FOURASTIÉschen Modell vollzogen (Abb. 38). Zwischen 1820 und 2000 nahm der Anteil des primären Sektors von 73 auf knapp 3% ab, der des sekundären stieg von 12 zunächst auf ca. 35% an, ist aber seit 1960 bereits wieder rückläufig. Demgegenüber verzeichnete der Dienstleistungsbereich eine kontinuierliche Aufwärtsbewegung von 15 auf über 70%.

Verwendet man die USA-Reihe als Orientierungshilfe, so lassen sich konforme und weniger konforme Entwicklungen unmittelbar erkennen und deuten (vgl. BOBEK 1968, S. 127). Klar heben sich die älteren europäischen Industrieländer von der Wertereihe der USA ab. Ihre „Kurslinien" (hier am Beispiel Deutschlands) wenden sich am weitesten in Richtung des sekundären Sektors. Dagegen sind in einzelnen lateinamerikanischen Staaten die Dienstleistungen überproportional ausgebildet, während der industrielle Anteil schon sehr früh, bevor er die von FOURASTIÉ angegebenen Werte erreicht hatte, zurückging (Beispiel Chile). Eine ähnliche Entwicklung ist auch in vielen anderen Ländern der Dritten Welt zu erwarten. Darauf weisen die schon jetzt „zu hohen" Dienste-Sätze in Ländern wie den Philippinen oder Peru hin. Dabei ist allerdings zu berücksichtigen, dass die Dienstleistungen hier sehr verschieden von denjenigen in den altindustrialisierten Ländern sind und größtenteils zum „informellen Sektor" zählen (vgl. SCHAMP 1989; ESCHER 1999). Einige der ärmsten Länder unserer Erde befinden sich nach wie vor in der Phase des früheren Gleichgewichts. Sie werden noch für lange Zeit von der Landwirtschaft abhängig bleiben und sich mangels anderer Einnahmequellen und einer nur langsam fortschrei-

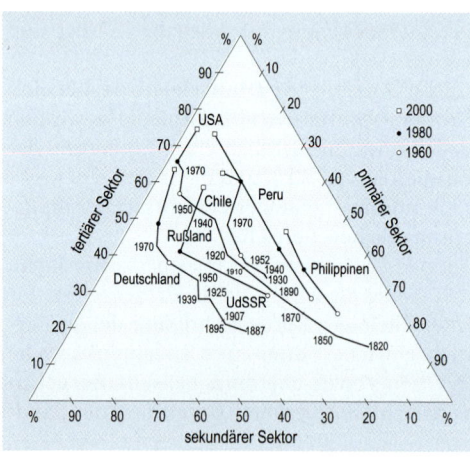

Abb. 39. Entwicklung der Erwerbstätigenstruktur einzelner Länder. Quelle: BOBEK (1968), verändert und ergänzt.

tenden, wenn nicht stagnierenden Industrialisierung auch eine Ausweitung des tertiären Sektors nur begrenzt leisten können.

Die vorangegangenen Ausführungen belegen, dass der Entfaltungsgrad des tertiären Sektors als ein wichtiger Indikator zur Erfassung von regionalen Unterschieden der wirtschaftlichen und sozial-kulturellen Entwicklung angesehen werden kann. Ob damit aber wirklich der gesuchte *overall index* gefunden ist, muss bezweifelt werden, denn zu seiner vollständigen Interpretation sind – wie BOBEK (1968, S. 121) selbst einräumt – zusätzliche Anhaltspunkte erforderlich. Das bedeutet aber, dass ein **mehrdimensionaler Ansatz** zur Kennzeichnung des Entwicklungsstandes einzelner Länder am geeignetsten ist.

Zu diesem Zweck sind von verschiedenen Stellen lange Merkmalskataloge erarbeitet worden. Am bekanntesten, wenn auch nicht unumstritten, dürfte die vom „UN-Research Institute for Social Development" zusammengestellte Liste von 73 ökonomischen und sozialen Variablen geworden sein (NOHLEN und NUSCHELER 1992; vgl. HEMMER 1988, S. 8 ff.).

Unter den Theoretikern der „Indikator-Bewegung" besteht Einigkeit darüber, dass die Auswahl, Kombination und Aggregation von Indikatoren ganz entscheidend vom theoretischen Bezugsrahmen und von den jeweiligen Zielvorstellungen abhängt. Hier sei nur auf die Gegenüberstellung von „Modernisierungstheorien" mit einer Betonung interner und „Dependenztheorien" mit einer Betonung externer Ursachenkomplexe hingewiesen.

Erstmals hat BERRY (1960) versucht, eine **Typisierung der Länder nach ihrem Entwicklungsstand** auf der Basis einer größeren Anzahl von Einzelmerkmalen vorzunehmen. Sein Vorschlag ist von verschiedenen Autoren aufgegriffen und weiterentwickelt worden. Im Allgemeinen wird dabei in der folgenden Weise vorgegangen: Es werden mehr oder weniger umfangreiche Indikatorenkataloge zusammengestellt und – meist nur implizit – mit verschiedenen Theorieansätzen in Verbindung gebracht. Die berücksichtigten „entwicklungsrelevanten" Aspekte reichen vom Bevölkerungswachstum, der Lebenserwartung und Altersgliederung, über den Kalorien- und Proteinverbrauch, die Erwerbsstruktur und die wirtschaftliche Stabilität bis zum Gesundheits- und Bildungswesen, um nur einige Merkmalsgruppen anzuführen. Als statistisches Hilfsmittel zur Datenreduktion und zur Hypothesenüberprüfung dient meist die Faktorenanalyse. Dieses multivariate statistische Verfahren ermöglicht es, komplexe Strukturen, die durch sehr viele Merkmale bestimmt sind, auf ein einfacheres Schema zurückzuführen, das sich durch sehr viel weniger Größen beschreiben lässt. Dabei werden mehrere wechselseitig abhängige Variablen über die zwischen ihnen bestehenden hohen positiven oder negativen Korrelationen zu einem einzigen Strukturwert zusammengefasst. Auf der Basis der so ermittelten neuen, komplex definierten Beschreibungsdimensionen (Faktoren) erfolgt die eigentliche Gruppenbildung, meist mit Hilfe cluster- und diskriminanzanalytischer Methoden.

Aus dem deutschen Sprachraum sind die komplexen statistischen Verfahren von BRATZEL und MÜLLER (1979) und STEINBACH (1991) bekannt, die eine Einteilung in „Fünf Welten" gemäß dem ROSTOWschen Stufenmodell wirtschaftlicher Entwicklung (ROSTOW 1971) nahe legen. STEINBACH differenziert innerhalb jeder Gruppe zusätzlich nach der Position im demographischen Übergang (vgl. Kap. 3.4.2), wodurch sich ein sehr differenziertes Muster aus 16 Typen ergibt. Wesentliche Kritikpunkte an solchen statistisch zwar aufwändigen, aber wenig anschaulichen Methoden hat Giese (1985) vorgetragen. Er betont die Grenzen eines quantitativ ausgerichteten und mit Durchschnittswerten arbeitenden Ansatzes. Weil wesentliche Bestimmungsmomente von Entwicklung und Unterentwicklung im nicht oder nur schwer messbaren Bereich liegen, reichen statistische Analysen allein zur Messung von Lebensqualität und Bewertung von Entwicklungschancen nicht aus. Vor allem für eine weitere Differenzierung der großen Gruppe der Entwicklungsländer sind qualitative Merkmale einzubeziehen. Nur so wird man zu aussagekräftigeren und besser abgesicherten Ergebnissen kommen.

2.5.2 Der sozialökologische Ansatz als Beispiel für eine kleinräumige Analyse der Bevölkerungsstruktur

Vor ungefähr 80 Jahren haben Soziologen der Chicagoer Schule um Robert E. Park den vom deutschen Biologen Ernst Haeckel im Jahre 1866 geprägten Begriff „Ökologie" erstmals auch auf das Studium „menschlicher Gruppenbildungen und der ihnen entsprechenden sozialräumlichen Differenzierungen" (Thomale 1972, S. 185) angewandt. Von Anfang an galt das besondere Interesse dieser Forschungsrichtung der Analyse städtischer Lebensräume. Das von mehreren Einwanderungswellen überformte Chicago in der Zeit kurz nach dem Ersten Weltkrieg bildete den Hintergrund der damals durchgeführten Untersuchungen.

Die von der Chicago-Schule erarbeiteten empirischen Befunde und theoretischen Konzepte und ihre spätere Modifizierung und Verfeinerung haben die räumliche Stadtforschung entscheidend beeinflusst. Wissenschaftler der verschiedenen Fachrichtungen sind seitdem darum bemüht, Grunddimensionen und räumliche Regelhaftigkeiten der inneren Differenzierung von Städten herauszuarbeiten und zu erklären. Der **humanökologische Ansatz** und seine Weiterentwicklung zur Sozial- und Faktorökologie werden hier vor allem deshalb als Beispiel für eine kleinräumige Betrachtung von Bevölkerungsstrukturen herangezogen, weil davon über die reine Bestandsaufnahme und kartographische Erfassung demographischer, wirtschaftlicher und sozialer Phänomene hinaus vielfältige Anregungen zur Modellbildung und zum interkulturellen Vergleich ausgegangen sind.

Die klassische Position der Chicagoer Soziologenschule wird noch sehr stark von der Analogie zur Biologie bestimmt. Von Darwin übernahmen die Humanökologen die These vom „Kampf ums Dasein". In einer arbeitsteiligen Gesellschaft bildet danach der Wettbewerb *(struggle for existence, survival of the fittest)* die grundlegende Form zwischenmenschlicher Interaktionen, die die soziale Organisation und die räumliche Verteilung von Menschen und menschlicher Aktivitäten bestimmt. Folgt man Park, so tendiert der Prozess des Wettbewerbs auf einen Gleichgewichtszustand hin. Dieses Gleichgewicht wird bei raschem Bevölkerungswachstum, z. B. bei einer massiven Einwanderung, gestört, und es kommt zu einer erneuten Intensivierung des Wettbewerbs, zu einer weitergehenden Arbeitsteilung und schließlich zu einem mehr oder weniger stabilen neuen Gleichgewicht (Friedrichs 1981, S. 33). Die *human ecology* betrachtet es als ihre zentrale Aufgabe, diejenigen Faktoren und Kräfte zu isolieren und zu beschreiben, die „innerhalb der Grenzen einer städtischen Gemeinde oder anderer Konfigurationen menschlichen Zusammenlebens am Werk sind und eine gesetzmäßige Gruppierung der Bevölkerung und ihrer Institutionen" zur Folge haben (PARK in PARK u. a. 1925, S. 1 f., nach der Übersetzung von THOMALE 1972, S. 185). MCKENZIE, einer der führenden Vertreter der Chicago-Schule, nennt fünf ökologische Hauptprozesse, die er in enger Anlehnung an den biologischen Sprachgebrauch als Konzentration, Zentralisation, Segregation, Invasion und Sukzession bezeichnet (vgl. MCKENZIE 1974, S. 105).

Grundlegende Bedeutung in diesem humanökologischen Konzept hatte die Abgrenzung und Analyse sog. *natural areas.* Darunter versteht man ökologische Gebietseinheiten mit einer spezifischen Eigenschaft, durch die sie sich hinreichend von ihrer Umgebung abheben. Am Beispiel Chicagos entstanden nicht nur zahlreiche empirische Fallstudien typischer *natural areas,* ihre regelhafte Anordnung führte BURGESS (in PARK u. a. 1925) auch zu seinem bekannt gewordenen Stadtmodell der konzentrischen Kreise und zu seiner Theorie des städtischen Wachstums.

Die in den späten 1930er und frühen 40er Jahren einsetzende Kritik an der „klassischen" Stadtökologie richtete sich vor allem gegen eine Vernachlässigung des ursprünglichen Ansatzes zugunsten einer bloßen kartographischen Darstellung von Verteilungsmustern, eine zu starke Betonung biologischer Analogien und eine mangelhafte Berücksichtigung kultureller Einflussgrößen (TIMMS 1971, S. 91). Die mit den genannten Einwänden angedeutete Akzentverschiebung kommt darin zum Ausdruck, dass das Begriffspaar *human ecology* und *natural areas* jetzt durch *social ecology* und *social areas* ersetzt wird (ALIHAN 1938).

Aus der Kritik an der klassischen Position sind zahlreiche neuere Forschungsansätze erwachsen, von denen hier lediglich die *social area*-Richtung weiter verfolgt werden soll, weil nur diese und die daraus abgeleitete Faktorialökologie sich unmittelbar auf die Analyse der Stadtstruktur und die Typisierung städtischer Teilgebiete beziehen.

Mit der *social area analysis* haben die kalifornischen Soziologen SHEVKY, WILLIAMS und BELL eine operationale Forschungstechnik zur **sozialräumlichen Differenzierung** von Großstädten entwickelt und darüber hinaus den Versuch unternommen, ihren Ansatz aus dem sich verändernden Charakter der industriellen Gesellschaft theoretisch zu begründen (SHEVKY und WILLIAMS 1949; SHEVKY und BELL 1955). Von zentralen Aspekten dieses Wandels ausgehend, werden drei Grunddimensionen *(basic constructs)* sozialer Differenzierungen abgeleitet, die als *social rank* oder *economic status, urbanization (family status)* und *segregation (ethnic status)* bezeichnet werden.

Um die Ausprägung kleinräumiger Zenseinheiten auf diesen Skalen messen zu können, wird jedem der *constructs* eine ganze Reihe von Zensusvariablen, die zu ihm in enger Beziehung stehen, zugeordnet. Aus einer Kombination von ein bis drei dieser Merkmale werden dann Indizes gebildet, die damit jeweils eine Dimension des *social space* beschreiben. Beruf, Bildung und Einkommen bzw. Miete sind dabei für die Einstufung der Stadtbezirke hinsichtlich des ökonomischen Status maßgebend; Fruchtbarkeit, weibliche Erwerbsquote und der Anteil von Einfamilieneigenheimen kennzeichnen den Familienstatus; die Konzentration von Minoritäten beschreibt den ethnischen Status (vgl. HOFMEISTER 1996, S. 44 f.).

Aus einer Zusammenfassung von Zähleinheiten mit ähnlichen Indexwerten, d. h. ähnlicher Ausprägung des *social space*, entstehen schließlich die *social areas*. Diese Gruppierung wird zunächst zweidimensional unter Berücksichtigung der beiden Konstrukte „soziale Position" und „Verstädterung" durchgeführt; eine feinere Differenzierung der so gebildeten Grundtypen erfolgt anschließend noch dadurch, dass hohe Werte auf der dritten Skala (Segregation) zusätzlich angemerkt werden.

Trotz einer teilweise sehr heftigen Kritik an dieser Methode, die sich in erster Linie auf eine unzureichende theoretische Absicherung der Grunddimensionen und der Variablenauswahl bezog, nahm der auf dem Grundgedanken von SHEVKY, WILLIAMS und BELL aufbauende Zweig der Sozialökologie in der Folgezeit einen schnellen Aufschwung. Zur Überprüfung des *social area*-Konzepts bediente man sich schon sehr bald multivariater statistischer Verfahren und dabei insbesondere der Faktorenanalyse (BELL 1955). Die Faktorenanalyse schien zur Bearbeitung von zwei Problemen besonders gut geeignet:

1. um die theoretisch abgeleiteten Konstrukte der Sozialraumanalyse empirisch zu überprüfen und
2. um der Frage nach der „Unabhängigkeit" zwischen den einzelnen Beschreibungsdimensionen nachzugehen.

Während zunächst nur die SHEVKY-BELL-Variablen in solche Analysen einbezogen wurden, arbeitete man später meist mit einem wesentlich erweiterten Datensatz. Damit war der Übergang zur **„Faktorialökologie"** (oder Faktorökologie) vollzogen. Dieser methodische Ansatz wurde vor allem im angelsächsischen Sprachraum weiter ausgebaut und hat sich im Laufe der Zeit mehr und mehr verselbständigt.

Als zusammenfassendes Ergebnis der vorliegenden Faktorenanalysen nordamerikanischer, australischer und europäischer Städte (vgl. die Zusammenstellung bei TIMMS 1971 und HAMM 1982) lässt sich festhalten, dass die von der *social area analysis* postulierten beiden wichtigsten Basiskonstrukte, der „soziale Rang" und der „Familienstatus", als grundlegende, untereinander nur geringfügig korrelierende Beschreibungsskalen der Wohnstandortdifferenzierung anzusprechen sind. Je nach der Bevölkerungszusammensetzung des betrachteten Landes und der Variablenauswahl können zusätzlich z. T. noch ein ethnischer Faktor oder auch andere Faktoren nachgewiesen werden.

Die sich aus diesen Resultaten ergebende, nahe liegende Frage, welche Merkmale für eine Faktorenanalyse der sozialräumlichen Differenzierung herangezogen werden sollten, konnte bisher nicht befriedigend beantwortet werden, sicher vor allem deshalb, weil die *factorial ecology* meist „blind" (TIMMS 1971, S. 5) und nicht in Verbindung mit dem Testen von Hypothesen durchgeführt wird. Die daran anknüpfende Kritik an der Faktorenanalyse beschränkt sich allerdings nicht nur auf die Frage der Variablenauswahl, sondern schließt eine große Zahl technisch-methodischer Probleme ein, die von FASSMANN (in LICHTENBERGER u. a. 1987, S. 30 ff.) in knapper Form zusammengefasst worden sind. Darauf kann hier im Einzelnen nicht eingegangen werden (vgl. auch GÜSSEFELD 1983; GIESE 1985). Eine geographische Analyse der Wohnstandortdifferenzierung darf sich nicht damit begnügen, aus sehr vielen einzelnen Merkmalen mit Hilfe der Faktorenanalyse neue, grundlegende Beschreibungsdimensionen abzuleiten; in einem zweiten Arbeitsschritt müssen diese Dimensionen des *social space* auf den konkreten Raum *(physical space)* bezogen werden. Dieser Übergang wird durch die Berechnung von Faktorenwerten ermöglicht, die ein Maß dafür liefern, wie stark verschiedene Zensusbezirke (z. B. Stadtviertel, Baublocks etc.) von den extrahierten Faktoren bestimmt werden. Meist lässt das **räumliche Verteilungsmuster der Grunddimensionen** auffällige Regelhaftigkeiten erkennen. So variiert die Merkmalsebene „soziale Position" im Allgemeinen nach Sektoren, die des „Lebenszyklus" nach konzentrischen Kreisen, während diejenige der „Segregation" eine Tendenz zur Ballung in bestimmten Stadtvierteln zeigt. Bei entsprechender Uminterpretation und Beschränkung auf je eine Beschreibungsebene können damit die bekannten Modelle zur inneren Differenzierung von Städten, wie sie von BURGESS, HOYT bzw. HARRIS-ULLMANN entwickelt wurden, „in Kombination ein verallgemeinertes Modell bilden" (KEMPER 1975, S. 38).

Als Beispiel für die Anwendung des faktorenanalytischen Konzeptes auf eine westliche Industriestadt seien hier in knapper Zusammenfassung die Ergebnisse einer **sozialräumlichen Strukturanalyse der Stadt Mannheim** referiert (BÄHR 1977). Eine Zusammenstellung und kritische Würdigung weiterer Faktorenanalysen für Städte des deutschsprachigen Raumes findet sich bei O'LOUGHLIN und GLEBE (1980). Am Beispiel der Stadt Düsseldorf haben sich die genannten Autoren außerdem darum bemüht, von der Querschnitts- zur Längsschnittsbetrachtung überzugehen, ein Ansatz, der von HEINRICHSMEIER (1986) für Freiburg i. Br. sowie von LICHTENBERGER u. a. (1987) mittels einer dynamischen Faktorialökologie für die Stadt Wien fortgeführt worden ist. Zu den faktorenanalytischen Übersichtsstudien sind in jüngerer Zeit vermehrt solche getreten, die einzelne „Schlüsselvariablen" und deren räumliche Muster genauer untersuchen. Dabei ist insbesondere die Segregation von Armut häufiger thematisiert worden (vgl. für deutsche Städte DANGSCHAT 1997; KLAGGE 1998; FARWICK 2001).

Von den im Fall Mannheim extrahierten Faktoren werden hier nur diejenigen mit den höchsten Erklärungsanteilen vorgestellt. Ihre Interpretation bestätigt für eine deutsche Großstadt die für viele nordamerikanische Beispiele nachgewiesenen Grunddimensionen der Wohnstandortdifferenzierung (ähnlich auch die Analysen aus jüngerer Zeit von HERMANN und MEINLSCHMIDT 1997 sowie KEMPER 2002 für Berlin).

Faktor 1 (Lebenszyklusfaktor) fasst in erster Linie Variablen zur Haushaltsstruktur zusammen. Mit dieser bipolaren Dimension werden kleinere, überwiegend von älteren Menschen gebildete Ein- und in geringerem Umfang auch Zweipersonenhaushalte den Vier- und Mehrpersonenhaushalten von Familien mit Kindern gegenübergestellt.

Mit Hilfe von Faktor 2 (sozio-ökonomischer Faktor) lässt sich der sozio-ökonomische Status in den betrachteten räumlichen Einheiten messen, wobei die Spanne von Arbeitern mit unterdurchschnittlichem Bildungsniveau bis hin zu Beamten, Angestellten und Selbständigen mit Abitur bzw. Hochschulstudium reicht.

Auch die dritte, in anderen deutschen Beispieluntersuchungen weniger eindeutig hervortretende Skala SHEVKY-BELLS ist in der Industriestadt Mannheim mit ihrem hohen Ausländeranteil deutlich erkennbar (Ausländerfaktor). Leitvariablen bilden hier insbesondere die männliche und etwas abgeschwächt auch die weibliche ausländische Bevölkerung. Zusätzlich sind auch die Variablen zur ökonomischen Aktivität (Erwerbsquote) und zum Lebensalter eng an diese Merkmalsebene gebunden. Das räumliche Verteilungsbild der Faktorenwerte stimmt ebenfalls sehr gut mit den zuvor gemachten Annahmen überein (Abb. 40). Für den Lebenszyklusfaktor wird eine Differenzierung in Form von annähernd konzentrischen Kreisen sichtbar, während der sozio-ökonomische Faktor eine deutlich sektorale Ausprägung erkennen lässt und der Ausländerfaktor eher zellenförmig strukturiert ist. Das aber heißt, dass sich die sozialräumliche Differenzierung der Stadt Mannheim – und Ähnliches dürfte für die meisten größeren Städte in den westlichen Industrieländern gelten – nur unter Berücksichtigung mehrerer sich gegenseitig überlagernder Ordnungsmuster voll erfassen und verstehen lässt.

Ob sich mit den genannten Faktoren die heutige sozialräumliche Struktur der Städte noch angemessen beschreiben lässt, muss weitgehend offen bleiben. Die Faktorialökologie ist in jüngerer Zeit deswegen nicht weiterentwickelt worden, weil die Großzählungen der Bevölkerung – sofern sie überhaupt noch durchgeführt werden – zu wenig Informationen über gesellschaftliche Wandlungen und deren räumliche Konsequenzen liefern. Insbesondere werden nicht genügend Variablen bereitgestellt, um Lebensstilgruppen zu identifizieren, die nach HELBRECHT (1997, S. 8) für die räumliche Strukturierung der postindustriellen Stadt konstitutiv sind. Vorschläge zur Überwindung dieses „Stillstandes" haben KLEE (2001) und ZEHNER (2004) diskutiert.

Schon die Begründer der Sozialraumanalyse gingen davon aus, dass die herausgearbeiteten Basiskonstrukte in dieser Form lediglich für westliche Industrieländer Gültigkeit besitzen und nicht ohne weiteres auf nicht-westliche, d. h. vorindustrielle Gesellschaften übertragen werden können. In engem Zusammenhang damit steht die Frage, ob global gesehen Wachstum und innere Differenzierung der Städte kulturabhängig oder kulturunabhängig vor sich gehen bzw. ob die Städte überall in der Welt hinsichtlich ihrer inneren Differenzierung ähnliche Entwicklungsphasen durchlaufen und sich auf ein gleichartiges Spätstadium hin entwickeln (HOFMEISTER 1996, S. 3 ff.).

Bisher liegen nur sehr wenige empirische Untersuchungen vor, die einen **Vergleich verschiedener Kulturräume** beinhalten. So fand ABU-LUGHOD (1969) in ihrer Faktorökologie Kairos heraus, dass hier Variablen, die den Sozialstatus der Bevölkerung kennzeichnen, und solche, die Angaben zum Familienstatus machen, mit dem gleichen Faktor verknüpft sind, der von ihr daher als eine *social rank/style of life-dimension* angesprochen wird. Ähnlich lassen sich auch die Ergebnisse von BERRY und REES (1969) für Kalkutta, von BERRY und SPODEK (1971) für verschiedene indische Städte, von LO (1975) für Hongkong und ABU-LUGHOD (1980) für Rabat interpretieren. Erst in jüngster Zeit beginnen sich hier Veränderungen im räumlichen Ordnungsmuster sozialbestimmter Stadtviertel abzuzeichnen (vgl. LO 1986; DUTT u. a. 1989).

EICHLER (1976) hat am Beispiel Algiers mit Hilfe eines Vergleichs der Faktorenstrukturen der Jahre 1954 und 1966 die Auswirkungen des Dekolonisationsprozesses auf das räumliche Gefüge einzelner Sozialgruppen nachgezeichnet. Während im faktorenanalytischen Modell für die Kolonialstadt Algier drei von vier extrahierten Faktoren überwiegend ethnisch bestimmte soziale Positionen beschreiben und ein vierter

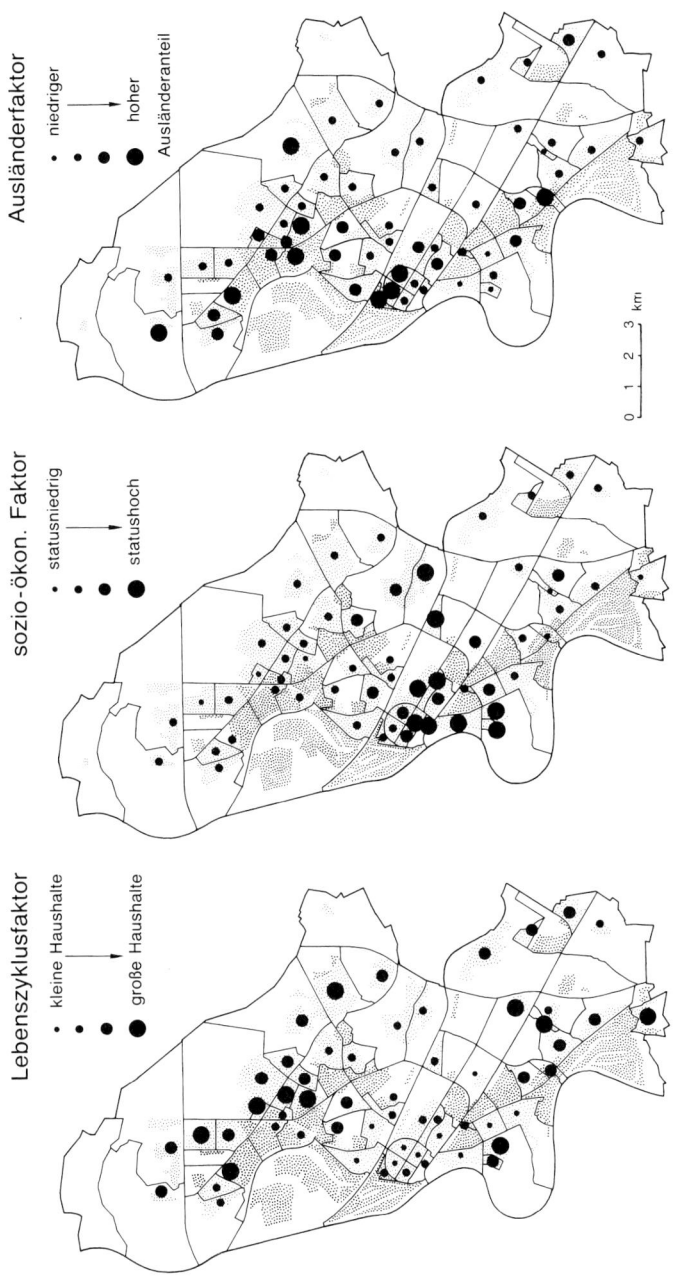

Abb. 40. Sozialräumliche Gliederung der Stadt Mannheim 1970. Quelle: Bähr (1977), verändert.

die ländliche Emigration anspricht, ergibt sich für das postkoloniale Algier ein differenzierteres Bild, indem jetzt zusätzlich eine „Lebenszyklus-Dimension" sichtbar wird.

Auch in den großen lateinamerikanischen Metropolen findet heute in zunehmendem Maße die Gliederung der Gesellschaft nach der Familien- und Haushaltsstruktur ihre räumliche Ausprägung. Im Gegensatz zur kolonialzeitlichen Stadt mit ihrem sozialbestimmten zentral-peripheren Ordnungsgefüge reicht daher eine Merkmalsebene zur Charakterisierung der Wohnstandortdifferenzierung nicht mehr aus. In einer für Santiago de Chile durchgeführten Faktorenanalyse konnten zwei annähernd gleichwertige Grunddimensionen, der „sozio-ökonomische Status" und der „Familienstatus", ermittelt werden (BÄHR 1978).

Aber nicht nur die Zusammenfassung der verschiedenen Variablen zu Faktoren lässt in den Städten der Dritten Welt bemerkenswerte Unterschiede zu Europa und Nordamerika erkennen, Gleiches gilt auch für die räumlichen Ordnungsmuster. So konnten BERRY und REES (1969) nachweisen, dass sich das Sozialgefälle vom Kern zum Rand, wie es für die Städte in traditionellen Gesellschaften charakteristisch ist, in Kalkutta bis in die 1960er Jahre weitgehend gehalten hat. Erst in jüngster Zeit macht sich eine zunehmende Auflösung des ererbten Raummusters bemerkbar, sodass DUTT u. a. (1989) im Hinblick auf den Sozialstatus eine „duale Struktur" konstatieren, mit höherwertigen Wohnvierteln sowohl in Teilen des Stadtzentrums als auch an der südlichen Peripherie. Ähnliche Beobachtungen hatte EICHLER (1976) in Algier schon Anfang der 1970er Jahre gemacht, und auch in den großen lateinamerikanischen Städten weist der sozio-ökonomische Status heute eher ein sektorenförmiges Ordnungsmuster auf. Stärker als im spanisch geprägten Raum sind traditionelle Strukturen noch in brasilianischen Städten zu erkennen (vgl. die Beispiele in BÄHR und MERTINS 1995).

2.6 Rassisch-ethnischer und kultureller Pluralismus

2.6.1 Die großen Rassenkreise, Sprachgruppen, Religionen und Kulturregionen

Nach ZELINSKY (1966, S. 65) gehört zu den ersten und wichtigsten Aufgaben einer bevölkerungsgeographischen Raumanalyse, die grundlegenden kulturellen Strukturen eines Gebietes herauszuarbeiten und zu charakterisieren sowie ihre demographischen Folgewirkungen aufzuzeigen. Im kulturellen Erbe einer Region begründete Faktoren vermögen nicht nur zur Erklärung unterschiedlicher Bevölkerungsverteilungen und -dichten beizutragen, sie stehen auch in enger Beziehung zu demographischen, sozialen und wirtschaftlichen Sachverhalten und bestimmen bis zu einem gewissen Grade das generative Verhalten und die räumliche Mobilität der Bevölkerung.

Ein solcher „kulturräumlicher Ansatz" stößt jedoch auf vielfältige Schwierigkeiten. Die Komplexität des Begriffes „Kultur" als Ausdruck der typischen Lebensformen einer Bevölkerung steht jeder einfachen Operationalisierung entgegen. Kultur umfasst nicht nur eine Vielzahl materieller Tatbestände, von der Architektur über Werkzeuge und Geräte bis hin zur Kleidung und Ernährung, sondern beinhaltet ebenso auch soziale und geistige Aspekte, insbesondere wirtschaftliche Systeme und gesellschaftliche Organisationsformen, Denk- und Verhaltensweisen, Normen und Wertvorstellungen. Bezugnehmend auf NARR (1961), subsumiert HAMBLOCH (1983, S. 44) unter Kultur im weiteren Sinne alles, was der Mensch dank seiner geistigen und handwerklichen Fähigkeiten aus der natürlichen Umwelt gemacht und ihr auf Dauer hinzugefügt hat. Dies entspricht ungefähr der von RAY und SAYER (1999) gegebenen engen Definition von Kultur als „artistic and intellectual activities"; dieser stellen die Autoren eine weite Begriffsbildung von Kultur als „whole way of life" gegenüber (zitiert nach BLOTEVOGEL 2003, S. 10).

Ganz abgesehen von der Diskussion um die Zweckmäßigkeit einer solchen sehr weit gefassten Begriffsbildung erhebt sich die Frage nach den Kriterien zur Erfassung von **kulturellen Unterschieden**. Dafür wird in der Regel ein Merkmal nicht ausreichen, sondern man wird sich auf Merkmalskombinationen beziehen müssen. Die Vielfalt und Verschiedenartigkeit menschlicher Kultur bringt es mit sich, dass es nur wenige universell anwendbare Indikatoren gibt. Meist werden Erscheinungsformen und Attribute einer bestimmten Kultur zur Kennzeichnung einer anderen wenig geeignet sein. Darüber hinaus spielt auch der Betrachtungsmaßstab bei der Kriterienauswahl eine wichtige Rolle. Für weltweite Vergleiche wird man andere Gesichtspunkte heranziehen müssen als für eine kleinräumige Differenzierung. Weitgehende Einigkeit besteht darin, dass Sprache und Religion zu den zentralen Bestandteilen und Ausdrucksformen jeder Kultur gehören; die Sprache, weil über sie das kulturelle Erbe von Generation zu Generation weitergegeben wird, die Religion, weil sie bis heute das Denken und Handeln der Menschen entscheidend bestimmt.

Ein weiteres Definitions- und Abgrenzungsproblem folgt aus der Tatsache, dass kulturelle und biologische Charakteristika oft eng verzahnt sind und sich im Begriff der „ethnischen Gruppe" miteinander verbinden (RAITZ und BOERNER 1978; HECKMANN 1992). Die Völkerkunde definiert die Ethnie als eine Gruppe von Personen, die derselben Kultur angehören und sich dessen auch bewusst sind (PANOFF und PERRIN 2000, S. 75). Dabei ist jedoch zu bedenken, dass viele Völker und Volksstämme ihre Identität nicht nur aus einer gemeinsamen Weltanschauung, Sprache und Geschichte oder einer gemeinsamen Siedlungs- und Wirtschaftsweise ableiten, sondern auch aus einer gemeinsamen Herkunft im Sinne einer bestimmten rassischen Abstammung. Die rassische Zusammensetzung einer Bevölkerung ist damit zwar kein eigentlich kulturelles Merkmal, wohl aber hat sie vielfältige kulturelle Implikationen. Es bietet sich daher an, die **Rassengliederung der Menschheit** hier mitzubehandeln.

Stammesgeschichtlich lässt sich die heute zu beobachtende Vielfalt des Menschengeschlechts *(homo sapiens)* auf eine Wurzel zurückführen. Biologisch gesprochen, handelt es sich bei den Rassen um Untergruppen dieses Menschenstammes, die durch eine bestimmte Kombination erblicher Körpermerkmale gekennzeichnet sind. Solche Merkmale können sich auf sichtbare und nicht-sichtbare Sachverhalte beziehen; Haut- und Augenfarbe, Haarfarbe und -form, Körpergröße und -gestalt (Phänotypus) zählen ebenso dazu wie Blutgruppen oder Genverteilungen (Genotypus) (vgl. SCHWIDETZKY 1979). Für diese körperlichen Modifikationen sind Mutationen (Erbänderungen) sowie Veränderungen des Lebensraumes, verbunden mit entsprechenden Anpassungen, verantwortlich zu machen.

Eine Klassifizierung der Menschen nach ihrer Rassenzugehörigkeit wird nicht nur durch die Vielzahl möglicher Kriterien erschwert, hinzu kommt, dass es heute, aber auch in der Vergangenheit, immer wieder Beziehungen zwischen einzelnen benachbarten Gruppen gegeben hat und es zu zahlreichen Vermischungen und Überlagerungen gekommen ist. Das was wir „menschliche Rasse" nennen, setzt sich daher in Wirklichkeit aus statistischen Durchschnittswerten zusammen (BROEK und WEBB 1978, S. 77). Entsprechend vielfältig und unterschiedlich sind die von der Anthropologie erarbeiteten Typologien. Älteren Gliederungsversuchen liegt meist nur ein Merkmal zugrunde, später ging man dazu über, eine ganze Reihe von Körpereigenschaften einzubeziehen. Auch die Zahl der ermittelten Gruppen schwankt beträchtlich, von einzelnen Wissenschaftlern werden bis zu 400 Untereinheiten ausgegliedert. Die Frage der Klassifizierung soll hier nicht weiter verfolgt werden; zum Verständnis der folgenden Ausführungen und zur Gewinnung eines Gesamtüberblicks genügt es, die allgemein anerkannten Hauptgruppen, die das Grundgerüst fast aller Systeme bilden, kurz vorzustellen (vgl. STENGEL 1986).

Man unterscheidet gewöhnlich drei große Rassenkreise, deren Bezeichnungen auf die von alters her übliche Dreiteilung der Menschheit nach ihrer Hautfarbe zurückgehen, wenn auch heute die Abgrenzung nicht mehr in dieser einfachen Weise vorgenommen wird:

1. die Europiden (oder die Gruppe der Weißen),
2. die Negriden (oder die Gruppe der Schwarzen),
3. die Mongoliden (oder die Gruppe der Gelben), einschließlich der aus diesen hervorgegangenen Indianiden.

Zwischen diesen Hauptstämmen gibt es eine ganze Reihe von Übergangsformen, sodass im Einzelfall die Zuordnung durchaus schwierig sein kann. Beispielsweise ist die Stellung der Khoisaniden (z. B. Buschmänner) oder der Pygmiden und Australiden nach wie vor umstritten. Grob geschätzt, können heute etwa die Hälfte der Menschheit zu den Europiden, knapp zwei Fünftel zu den Mongoliden und gut 10% zu den Negriden gerechnet werden (vgl. BROOK 1979, S. 512).

Das gegenwärtige **Verteilungsbild der großen Rassengruppen** stimmt nur noch in Teilen mit ihren Ursprungsgebieten überein. Schon in verhältnismäßig frühen Phasen der Menschheitsgeschichte haben weiträumige Wanderungen stattgefunden, in deren Folge es zu einer Ausbreitung, aber auch zu einer Überschichtung verschiedener rassischer Gruppierungen gekommen ist. So dehnten die Negriden ihr Siedlungsgebiet von Westafrika auf den Osten und Süden des Kontinents aus, die Mongoliden drangen von der heutigen Mongolei in weite Bereiche des westlichen und südlichen Asiens sowie nach Europa und in die Neue Welt vor, und die Europiden breiteten sich über Mittel- und Nordeuropa, den mediterranen Raum und den indischen Subkontinent aus (Abb. 41). Dadurch wurden ältere eingeborene Gruppen überlagert und in Rückzugsgebiete abgedrängt (vgl. DE LAUBENFELS 1968). Darüber hinaus bildeten sich in den Kontakträumen zwischen den großen Rassenkreisen vielfältige Übergangsformen.

Während der letzten Jahrhunderte wurde das Verbreitungsmosaik der menschlichen Rassen durch die europäische Eroberung und Kolonisation überseeischer Räume, die russische Besiedlung Nordasiens, die Ausbreitung der Chinesen in Südostasien und andere, z. T. dadurch ausgelöste Bevölkerungsbewegungen nochmals erheblich verändert. Dazu zählen auch die Sklaventransporte, durch die allein mehr als 10 Mio. Schwarze aus Afrika in die Neue Welt verschleppt wurden, und die Arbeiterwanderungen der Chinesen im südostasiatischen Raum sowie die der Inder nach Ost- und Südafrika und z.t. bis in die Karibik. Diese Vorgänge haben zur weiteren Vermischung der Rassen beigetragen. Einzelne eingeborene Volksstämme konnten sich gegenüber der europäischen Eroberung und Einwanderung nicht behaupten; sie sind heute entweder ausgestorben, wie verschiedene Gruppen in Tasmanien, in Patagonien und im karibischen Raum, oder aber in ihrer Zahl erheblich dezimiert worden, wie die indianische Bevölkerung Nordamerikas oder die Ureinwohner Australiens und Neuseelands.

Die Bevölkerung vieler Staaten unserer Erde setzt sich daher aus verschiedenen Rassen und aus Mischformen zwischen einzelnen rassischen Gruppierungen zusammen. Dazu gehören fast alle lateinamerikanischen Staaten mit unterschiedlichen Anteilen von Weißen, Mestizen und Indios, z. T. auch von Schwarzen und Mulatten, dazu zählen ebenso die Vereinigten Staaten, die Republik Südafrika und bis zu einem gewissen Grade auch Australien und Neuseeland. Außerdem müssen zahlreiche Staaten der Sahel-Zone erwähnt werden, in denen sowohl mediterran-europäische als auch negride Gruppen siedeln, sowie einzelne Länder Südostasiens mit einer Bevölkerung europider und mongolider Abstammung. Die Beziehungen zwischen den einzelnen Rassengruppen und die Formen des Zusammenlebens können sehr verschieden sein. Sie reichen von einer mehr oder weniger strengen Trennung und Absonderung bis hin zu einem fast problemlosen Miteinander. Als Extrembeispiele sind in diesem Zusammenhang einerseits die Republik Südafrika mit ihrer erst 1991 formell aufgehobenen Apartheid-Politik im Sinne einer gesetzlich fixierten Rassentrennung anzuführen, aber auch die Vereinigten Staaten, in denen es immer wieder

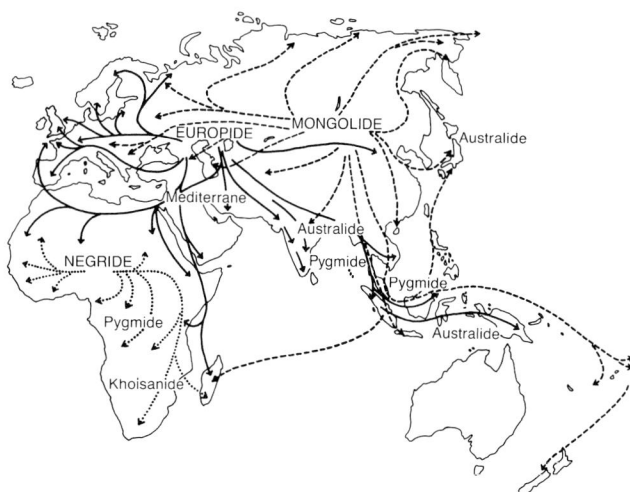

Abb. 41. Ausbreitung der menschlichen Rassen. Quelle: BROEK und WEBB (1978).

zu Spannungen und Konflikten zwischen den verschiedenen Rassen kommt (vgl. Kap. 2.6.2); andererseits sind einzelne südamerikanische Staaten zu nennen, in denen Rassenvorurteile nur eine verhältnismäßig geringe Rolle spielen und eine Rassenmischung häufig ist.

Ein besonders instruktives Beispiel für die Zusammenführung verschiedener Rassen und Völker auf eng begrenztem Raum bilden die hawaiischen Inseln (TROLL 1966, S. 77 ff.; KREISEL 1984), wo die Nachkommen der polynesischen Ureinwohner heute weit in der Minderheit sind. Von Mitte des 19. Jh. an erlebte die Inselgruppe im Zusammenhang mit der Einführung eines planmäßigen Anbaus von Zuckerrohr und Ananas mehrere Einwanderungswellen, durch die neben den Weißen (34% der Bevölkerung) auch verschiedene Gruppen von Farbigen, wie Chinesen (6%), Japaner (25%), Philippinos (14%) und eine kleinere Zahl von Koreanern, Puertorikanern und Schwarzen, dorthin kamen. Ursprünglich als Plantagenarbeiter ins Land geholt, wechselten viele Einwanderer im Laufe der Zeit in nichtlandwirtschaftliche Berufsgruppen über und verleihen bis heute einzelnen Vierteln der großen Städte ihr unverkennbares Gepräge.

Vergleicht man Weltkarten der Rassen- und **Sprachenverteilung**, so lassen sich generell weitreichende räumliche Koinzidenzen feststellen. Die meisten Europiden sprechen indogermanische, die meisten Mongoliden sinotibetische und die meisten Negriden Bantusprachen. Da sich nicht nur äußere Körpermerkmale und Eigenschaften vererben, sondern auch die Muttersprache von Generation zu Generation weitergegeben wird, ist anzunehmen, dass in früheren Zeiten der Menschheitsgeschichte die Verbreitungsgebiete von Rassen- und Sprachgruppen weitgehend übereinstimmten. Eine so strenge Beziehung besteht heute nicht mehr, denn parallel zur Ausbreitung und Vermischung verschiedener Bevölkerungsgruppen ist es zur Übernahme anderer Sprachen und zur Neuentstehung von Sprachen gekommen. Darüber hinaus haben sich in vielen Teilen der Welt neben der jeweiligen Muttersprache so genannte Verkehrssprachen durchgesetzt, die in einem ausgedehnteren Gebiet verstanden werden und zur Kommunikation zwischen Völkern verschiedener Sprache dienen. Dazu zählen in den ehemaligen europäischen Kolonien meist die Sprachen der Kolonialherren, d. h. vor allem Englisch und Französisch, in geringerem Umfang auch Spanisch und Portugiesisch; in diese Gruppe gehören aber auch das Russische in Teilen der ehemaligen Sowjetunion (z. B. Kaukasien), das Hausa, die alte Handelssprache Westafrikas, oder das Swahili als *lingua franca* für weite Teile Ostafrikas.

Bei einer **Klassifizierung der Weltbevölkerung nach einzelnen Sprachen** kann ein höheres Maß an Genauigkeit erreicht werden, als es bei einer Untergliederung nach rassischen Gesichtspunkten der Fall ist. In vielen nationalen Zensuserhebungen wird die Sprache der Bevölkerung miterfasst, und es sind so hinreichend exakte Zahlenangaben möglich. Probleme der Zuordnung ergeben sich aber häufig dadurch, dass Muttersprache oder offizielle Landessprache nicht mit der wirklich benutzten Sprache übereinstimmen, zwei oder mehr Sprachen gesprochen werden oder – wie in weiten Teilen des tropischen Afrika, in Indien und Südostasien – unzählige lokale Varianten und Dialekte vorkommen, die man dann zu größeren Gruppen zusammenfassen muss.

Weltweit lassen sich bis zu 3.000 verschiedene Sprachen unterscheiden, unter Einschluss von Dialekten sind es sogar 6.000 bis 7.000. Davon werden einzelne nur von einigen 1.000 oder sogar noch weniger Menschen gesprochen, andere von mehreren 100 Millionen.

Eine erste grobe Einteilung der Sprachen kann nach „Sprachstämmen" und „Sprachfamilien" vorgenommen werden (vgl. Brook 1979). Zu einer Sprachfamilie fasst man mehrere miteinander verwandte Sprachen zusammen. Beispiele sind die germanischen oder die romanischen Sprachen in Europa. Vielfach weisen die einzelnen Sprachfamilien untereinander wiederum Ähnlichkeiten auf, sodass sie sich auf gemeinsame Sprachzweige oder -stämme zurückführen lassen. Annähernd die Hälfte der Erdbevölkerung wird zu den indogermanischen Sprachen gerechnet (die meisten europäischen und indischen Sprachen), etwas mehr als ein Fünftel entfällt auf sinotibetische (insbesondere Chinesisch), und der Rest verteilt sich auf eine ganze Reihe kleinerer Sprachfamilien (z. B. altaischer Sprachen (u. a. Türkisch), hamito-semitische Sprachen und Bantusprachen).

Weit an der Spitze einer zahlenmäßigen Rangordnung einzelner Sprachen steht das Chinesische (über 1,2 Mrd.), es folgen Englisch und Spanisch mit über 300 Mio. sowie Bengali, Hindi, Arabisch und Portugiesisch mit jeweils knapp 200 Mio. Etwa die Hälfte der Weltbevölkerung ist den 10 größten Sprachgruppen zuzurechnen (neben den genannten noch Russisch, Japanisch und Deutsch; Werte um 2000 nach verschiedenen Schätzungen, vgl. Abb. 42).

Die Beziehungen zwischen Sprache und Kultur sind eng und vielfältig. Man sagt, dass sich die Kultur eines Volkes in seiner Sprache ausdrückt, anderseits beein-

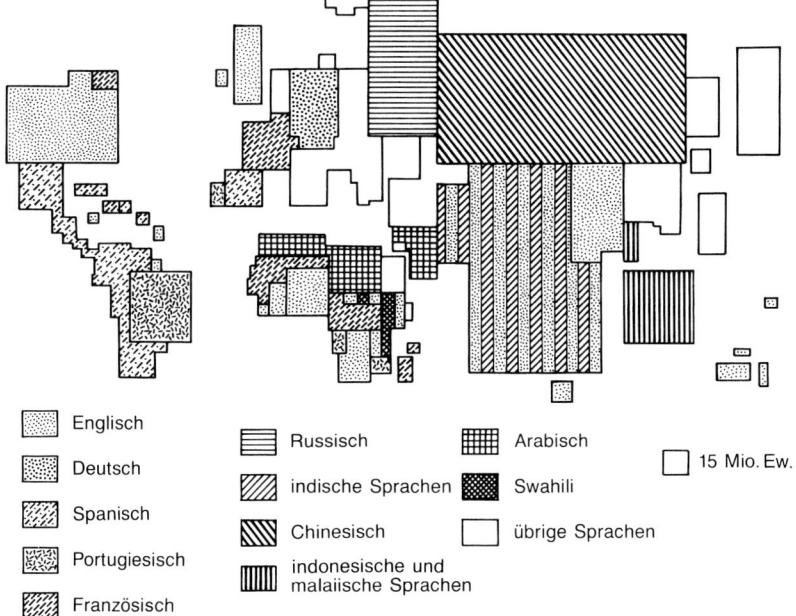

Englisch	Russisch	Arabisch
Deutsch	indische Sprachen	Swahili
Spanisch	Chinesisch	übrige Sprachen
Portugiesisch	indonesische und malaiische Sprachen	
Französisch		

15 Mio. Ew.

Abb. 42. Die wichtigsten internationalen Sprachen. Quelle: Noin (1988).

flusst aber auch die Sprache selbst das Denken und Handeln der Menschen. Sprache ist jedoch nur ein Merkmal kultureller oder ethnischer Identität. So wird Französisch sowohl in Frankreich als auch auf Haiti gesprochen, Holländisch in den Niederlanden und in Surinam, ganz abgesehen von der weltweiten Verbreitung der englischen Sprache unter Völkern mit einer völlig andersartigen Tradition und Lebensführung. Es ist aber auch denkbar, dass Menschen, obwohl sie verschiedene Sprachen sprechen, ein starkes Zusammengehörigkeitsgefühl entwickeln. Als eines der wenigen Beispiele ist hier die Schweiz zu nennen. In vielen Fällen, in denen mehrere Sprachgruppen in einem Staat leben, wird demgegenüber eher das Trennende als das Verbindende betont. Erinnert sei an die Auseinandersetzung zwischen Flamen und Wallonen in Belgien (VAN DER HAEGEN 1986), zwischen frankophonen und anglophonen Kanadiern (LENZ 1996) oder an die ethno-linguistischen Konflikte in den Nachfolgestaaten der Sowjetunion (STADELBAUER 1998). In der Erhaltung der Sprache als einem Ausdruck ihrer Kultur sehen separatistische Bewegungen meistens ihre Hauptziele, so z. B. die baskische Minderheit in Spanien oder die Bretonen in Frankreich (WILLIAMS 1980).

Da die Sprachzugehörigkeit statistisch verhältnismäßig gut erfasst werden kann, wird sie häufig als Kriterium herangezogen, um die **ethnische Struktur** einzelner Staaten zu kennzeichnen. Von dieser Überlegung ausgehend, hat RUTZ (1970) einen „ethnischen Abweichungsquotienten" berechnet, durch den die Staatsbevölkerung zu den vorkommenden Sprachgruppen und deren Anteilen innerhalb und außerhalb des jeweiligen Landes in Beziehung gesetzt wird. Ebenfalls auf die Erfassung ethnischer Heterogenität ausgerichtet ist ein von PIASECKI (1977) vorgeschlagener „Index der ethnisch-sozialen Kompaktheit", mit dem die Relation zwischen Anzahl und Bevölkerung der verschiedenen ethnischen Einheiten eines Landes einerseits und der Gesamtbevölkerung andererseits ausgedrückt wird.

Weltweit gesehen, werden von KRAAS-SCHNEIDER (1989) ca. 1.250 Ethnien dokumentiert, wobei die häufig recht weitgehende Zersplitterung der ausgewiesenen Hauptgruppen in einzelne Stämme oder Clans noch gar nicht berücksichtigt ist (vgl. dazu auch ZIMPEL 2001). Dabei zeigt sich, dass nur z. T. eine Übereinstimmung mit sprachlichen Charakteristika gegeben ist; teilweise werden zur Abgrenzung auch andere Merkmale, wie insbesondere die Staatsangehörigkeit, herangezogen, oder die genauen Kriterien bleiben offen. Entsprechend schwierig ist die Ausgliederung „ethnischer Gruppen" in der amtlichen Statistik (LERIDON u. a. 1998). Ebenso umstritten ist auch der damit in engem Zusammenhang stehende Begriff der (ethnischen) Minderheit, in den sowohl quantitative als auch qualitative Gesichtspunkte eingehen (vgl. RINSCHEDE 1985; VOGELSANG 1985; STEINICKE 1991; KRAAS 1992; KREUTZMANN 1996).

Ein ethnischer Pluralismus ist besonders für solche Gebiete der Erde kennzeichnend, die von der europäischen Kolonisation überformt wurden. Dazu zählen große Teile Lateinamerikas, Südostasiens und Afrikas. In all diesen Räumen lassen sich wenigstens vier verschiedene ethnisch-sprachliche oder ethnisch-rassische Gruppierungen nachweisen (TROLL 1966, S. 64 ff.):

1. die einheimischen Bevölkerungsgruppen, von denen besonders in Afrika – bedingt durch die willkürliche Abgrenzung kolonialzeitlicher Einflusssphären – oft zwei oder

mehr in einem Staat zusammenleben, obwohl zwischen ihnen tiefgreifende Gegensätze bestehen,

2. die europäischen Siedler, Kaufleute und Verwaltungsbeamten, die allerdings nach der Unabhängigkeit der Staaten teilweise wieder in ihre Heimat zurückkehrten,

3. die Schwarzen und anderen Farbigen, die als Sklaven, später auch als Kontraktarbeiter dorthin gekommen sind,

4. die neu entstandenen Mischlingsbevölkerungen, die sich in Lateinamerika sogar zur zahlenmäßig beherrschenden Gruppe entwickelten.

Meist geht mit der ethnischen Heterogenität eine ebenso große Vielfalt im religiösen, wirtschaftlichen und sozialen Bereich einher, und es leiten sich daraus eine ganze Reihe von Unterschieden im generativen und Mobilitätsverhalten ab. Die Raumprägung und Sozialraumbildung durch verschiedene ethnische Gruppen ist bis heute ein wichtiges Aufgabenfeld geographischer Forschung (vgl. PLETSCH 1985; GLEBE und O'LOUGHLIN 1987; ROTHER 1989; CONZEN 1996; FRANTZ u. a. 1996; ROSEMAN u. a. 1996).

Religion und Glaube gehören zu den zentralen Elementen jeder Kultur. Freilich kann kein Zweifel darüber bestehen, dass alle **Religionen** in ihren geschichtlichen Formen Einflüssen unterlagen, die von politischen Mächten oder sozialen Verhältnissen ausgingen, ebenso wichtig, wenn nicht noch wichtiger, sind jedoch die umgekehrte Einflussrichtung und die daraus resultierenden Folgewirkungen. Man denke nur an das tief in der Religion wurzelnde Kastenwesen der Inder oder an die eindeutige Vorrangstellung des Religiösen in dem vom Islam geprägten Teil der Welt. Selbst in vielen säkularen Gesellschaften unserer Zeit haben manche Traditionen und Verhaltensweisen ihren Ursprung in der Religion.

Religion entzieht sich weit stärker als die Sprache einer aussagekräftigen statistischen Erfassung. Man wird zwar die Angehörigen der verschiedenen Religionsgemeinschaften weltweit und auf nationalem Niveau annähernd genau schätzen können – obwohl auch dabei wie lange Zeit in den kommunistischen Ländern schon beträchtliche Schwierigkeiten auftreten –, mit derartigen Zahlen ist jedoch noch nichts über die wirkliche Bedeutung der Religion im Leben der Menschen ausgesagt. So kann es sich bei der Zugehörigkeit zu einer bestimmten Religionsgruppe sowohl um eine mehr nominale Mitgliedschaft handeln, wie sie in vielen Ländern der westlichen Welt heute üblich ist, Religion und Glaube können aber auch das Denken, Fühlen und Handeln des Einzelnen zutiefst bestimmen.

Weltweit bekennen sich heute ca. 2 Mrd. Menschen zum Christentum mit seinen verschiedenen Kirchen, 1,2 Mrd. sind Moslems und 0,8 Mrd. Hindus (nach verschiedenen Schätzungen für 2000). Noch weniger verlässlich sind die Angaben zu den großen Religionsgemeinschaften des Fernen Ostens, was einerseits daran liegt, dass sich hier viele Menschen mehr als einer religiösen Gruppe zugehörig fühlen, andererseits auch damit zusammenhängt, dass sich vor allem in China die Anhänger der verschiedenen Religionen nur schwer ermitteln lassen. Der Anteil der Christen an der Weltbevölkerung geht in der Gegenwart leicht zurück, vor allem weil die Bevölkerung der nicht-christlichen Staaten sehr viel schneller wächst.

Alle großen Weltreligionen haben ihre Ursprungsgebiete im westlichen und südlichen Asien, der Hinduismus im nordwestlichen Indien, der Buddhismus in Nepal und der Ganges-Ebene, Christen- und Judentum in Palästina und der Islam auf der Arabischen Halbinsel (Abb. 43). Während der Hinduismus als eine Art indische Volksreligion im Wesentlichen auf den indischen Subkontinent beschränkt blieb, haben sich Buddhismus, Christentum und Islam weit über ihre Kernräume ausgedehnt; sie zählen heute zu den eigentlichen Universalreligionen, weil sich ihre Lehre an Menschen ganz verschiedener Herkunft, Rasse und Kultur wendet. In ihren jeweiligen Ursprungsgebieten hat sich allerdings nur der Islam behaupten können; der Buddhismus wurde später vom Hinduismus, das Christentum vom Islam verdrängt.

Die um 500 v. Chr. begründete **buddhistische Lehre** gelangte schon im 2. und 3. Jh. v. Chr. in den Süden Indiens, bis nach Ceylon und nach Usbekistan. Um die Zeitenwende wurde sie nach China, später auch in andere Länder Südostasiens, in die Mongolei, nach Japan und in weitere Teile der späteren UdSSR übertragen. Überwiegend buddhistisch bestimmt ist heute aber nur der Ferne Osten, soweit man das für einzelne kommunistische Staaten mit ihrer atheistischen Weltanschauung noch sagen kann. Auf dem indischen Subkontinent hat sich der Buddhismus lediglich in Nepal und Sri Lanka halten können, in allen anderen Bereichen wurde er später wieder vom Hinduismus absorbiert. In Südostasien, das schon in den ersten Jahrhunderten unserer Zeitrechnung vom Hinduismus und später vom Buddhismus erreicht worden war, breitete sich seit dem 15. Jh. der Islam aus und entwickelte sich zur zahlenmäßig bedeutendsten religiösen Gemeinschaft. Trotzdem ist die frühe von Indien ausgehende Beeinflussung der einheimischen Gesellschaften bis heute spürbar geblieben, denn die ersten indischen Kaufleute brachten nicht nur ihre Religion, sondern auch ihre Architektur und Kunst, ihre Literatur und Rechtsauffassung in die Inselwelt.

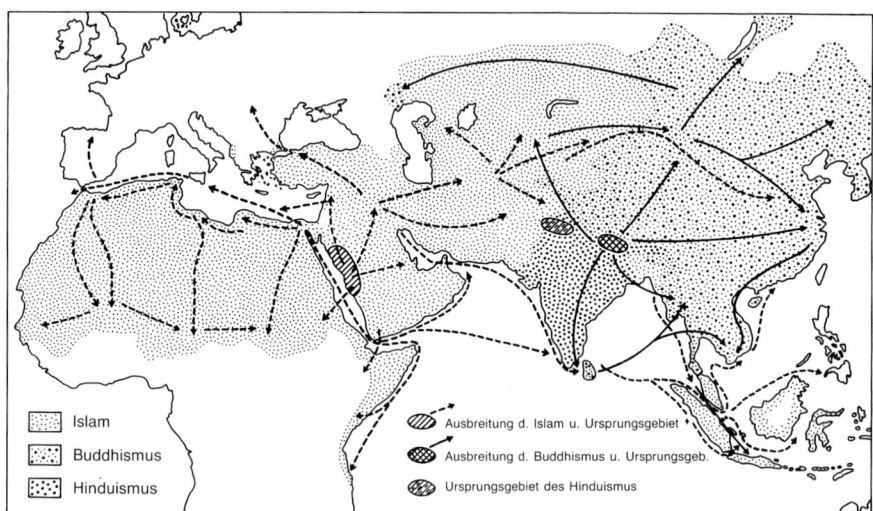

Abb. 43. Ursprungsgebiete und Ausbreitung des Islams, Buddhismus und Hinduismus. Quelle: BROEK und WEBB (1978).

Wesentlich schneller und über sehr viel größere Räume hat sich die **Expansion des Islams** vollzogen (vgl. KETTERMANN 2001). Von Anfang an bestand hier eine enge Verbindung von Politik und Religion. Die arabische Eroberung Nordafrikas und von Teilen des europäischen Mittelmeerraumes stellte daher zugleich auch eine Eroberung für den Islam dar. Schon zum Zeitpunkt von Mohammeds Tod (623 n. Chr.) konnte die gesamte Arabische Halbinsel als islamisiert gelten, und weniger als ein Jahrhundert später reichte die islamisch-arabische Einflusssphäre von Spanien im Westen bis Indien im Osten. Die christlichen und jüdischen Gemeinschaften dieses Raumes konnten zwar überleben, waren jedoch einer erheblichen wirtschaftlichen und sozialen Diskriminierung ausgesetzt, sodass die große Masse der Bevölkerung sehr schnell zum islamischen Glauben konvertierte. Auch in den folgenden Jahrhunderten drang der Islam weiter vor, wenngleich langsamer als in der Anfangsphase seiner Ausbreitung; er überwand die Sahara, überformte große Teile Ostafrikas, fand Eingang in das Gebiet der heutigen Staaten Pakistan und Bangladesch und erreichte Malaysia und Indonesien, den heute bevölkerungsreichsten islamischen Staat der Erde. Nur in Südeuropa und in Indien wurde der islamische Einfluss später wieder zurückgedrängt, in den meisten anderen Teilen der Erde nimmt er jedoch weiter zu.

Auf einer Weltkarte der großen Religionen werden die bei weitem ausgedehntesten Gebiete den **christlichen Konfessionen** zugerechnet, in erster Linie eine Folge der Europäisierung der Erde seit dem 15. und 16. Jh. In den Jahrhunderten zuvor war das Christentum auf Teile Europas und einige wenige Räume des westlichen Asiens und des nordöstlichen Afrikas beschränkt geblieben. Mit der Entdeckung Amerikas begann die meist gewaltsame Christianisierung der Neuen Welt, und durch die europäischen Einwanderer kam das Christentum später nach Südafrika, Australien und Neuseeland. Christliche Missionare trugen ihre Botschaft aber auch in andere Teile Afrikas und Asiens. Größere geschlossene Gebiete hat sich das Christentum hier jedoch nicht erobern können. In vielen Staaten des tropischen Afrikas mischen sich heute christliche Religion und traditioneller Volksglaube, selbst wenn nominell in einzelnen Ländern mehr als die Hälfte der Bewohner zu den christlichen Kirchen zählt; in Asien haben sich nur die von Spanien aus kolonisierten Philippinen zu einem nahezu rein katholischen Land entwickelt.

Für das Zusammenleben von Menschen unterschiedlichen Glaubens in einem Staat gilt Ähnliches, wie es bereits für sprachliche und rassische Gruppierungen gesagt wurde. Sehr häufig ist dieses Zusammenleben eher ein Gegeneinander als ein Miteinander. Im religiösen Pluralismus begründete Konflikte und Spannungen können bis hin zu bürgerkriegsähnlichen Auseinandersetzungen führen, wie sie bis in die Gegenwart in Nordirland oder im Libanon zu beobachten sind.

Auf den fundamentalen Einfluss, den die Religion in fast allen Lebensbereichen hat, wurde schon hingewiesen. Diesen Fragen kann hier nicht ausführlich nachgegangen werden. Derartige Beziehungen in ihrer Raumwirksamkeit aufzudecken und zu erklären, gehört zu den Aufgaben der **Religionsgeographie,** die sich seit den 1940er Jahren in Deutschland und Frankreich als eigenständige Teildisziplin der Kulturgeographie entwickelte (vgl. RINSCHEDE 1999). Das Prägende des Religiösen wird oftmals unmittelbar in der Landschaft sichtbar, nicht nur in Gestalt von Kultbauten, sondern auch in agrarwirtschaftlichen Nutzungsformen oder in der Siedlungs- und Bauweise (vgl. dazu ZIMPEL 1963; WIRTH 1965). Besonders gilt dies für solche religiösen Gruppen, die sich nach Möglichkeit jedem äußeren Einfluss entziehen und in weitgehend geschlossenen Siedlungsgebieten sehr bewusst entsprechend den Richtlinien ihres Glaubens leben, wie z. B. die Mormonen (LAUTENSACH 1953; RINSCHEDE 1996), die Hutterer (LENZ 1977), die Mennoniten (BALTES und FISCHE 2001) oder die Amischen (VOSSEN 2003).

Über das Physiognomische hinaus lassen sich fast immer enge Beziehungen zwischen Religion und demographischen und sozialen Strukturmerkmalen einer Bevölkerung feststellen. Die Religion beeinflusst aber auch in einem noch umfassenderen Sinn das Verhalten der Menschen. Erinnert sei in diesem Zusammenhang an die These von MAX WEBER über die Bedeutung der protestantischen Ethik für die Entwicklung des kapitalistischen Wirtschaftssystems oder an die Auswirkungen der Wirtschaftsgesinnung in Hinduismus und Islam (ROTHERMUND 1996; NIENHAUS 1996). Demographisch von großer Wichtigkeit ist die Einstellung der verschiedenen Religionsgemeinschaften zu Fragen der Familie und Ehe sowie in unserer Zeit insbesondere zur Geburtenkontrolle, weil davon bis zu einem gewissen Grade das generative Verhalten und die Fertilität einer Bevölkerung abhängen (vgl. RINSCHEDE 1999, S. 128 ff.). Aber auch die den Gläubigen auferlegten Verpflichtungen zum Besuch bestimmter heiliger Stätten haben eine nicht zu übersehende demographische Komponente, wie sich an den weit verbreiteten Pilgerfahrten nach Mekka, nach Jerusalem oder nach Benares zeigen lässt. Weltweit wird die Zahl der Pilger pro Jahr auf mehr als 200 Mio. geschätzt (RINSCHEDE 1999, S. 204).

Zu Beginn dieses Kapitels ist auf die Schwierigkeiten hingewiesen worden, die bei einer Abgrenzung und inhaltlichen Bestimmung von **Kulturräumen** auftreten. Das gilt gleichermaßen für eine weltweite wie für eine kleinräumige Perspektive. Wenn wir uns zunächst der Gliederung der Erde in einzelne „Kulturerdteile", d. h. in Kulturräume subkontinentalen Ausmaßes (KOLB 1962, S. 46), zuwenden, so wird man sagen dürfen, dass dafür Sprache, Religion und auch Rasse sowie ethnische Zugehörigkeit erste Anhaltspunkte bieten, dass diese Einzelindikatoren jedoch nur in Kombination und im Zusammenwirken mit anderen Kulturelementen und in Verbindung mit dem historischen Ablauf das Wesen einer bestimmten Kultur ausmachen, d.h. die Kulturindividualität eines Erdraumes beruht auf dem „einmaligen inneren Zusammenhang aller Kulturelemente" (KOLB 1962, S. 46). Ausgehend von der These HUNTINGTONS (1993) vom *clash of civilizations*, d. h. neuer globaler Konflikte auf der Basis kulturell-religiös-geschichtlicher Antagonismen, ist das KOLBsche Konzept in unseren Tagen wieder sehr aktuell geworden (vgl. EHLERS 1996; KREUTZMANN 1997).

Als ein Beispiel für eine kulturräumliche Regionalisierung der Erde wird in Abbildung 44 der Vorschlag von SPENCER und THOMAS (1978) zur Ausgliederung von *culture worlds* vorgestellt. Die vorgenommene Einteilung kehrt in ähnlicher oder leicht abgewandelter Form bei anderen Autoren wieder, so schon bei KOLB (1962) und bei NEWIG (1986). Selbst die „Kulturkreise" nach HUNTINGTON (1996) decken sich weitgehend damit; nur werden – entsprechend seiner These von der Bedrohung der westlichen Welt durch andere Kulturen – Nordamerika, große Teile Europas sowie Australien/Ozeanien zum „Westen" zusammengefasst (zur Kritik vgl. POPP 2003). Ohne auf den Karteninhalt von Abbildung 44 im Einzelnen einzugehen, sei auf vier Punkte besonders hingewiesen:

1. Kulturerdteile sind „abstrakte, gemachte Raumkonstruktionen" (POPP 2003, S. 36), die auf bestimmten Prämissen beruhen. Diese wie auch die genauen Abgrenzungskriterien werden oft gar nicht oder nur implizit genannt, was einerseits damit zusammenhängt, dass es schwierig ist, scharfe Kriterienkataloge zu entwickeln, andererseits oft auch gar nicht versucht wird, weil die Veranschaulichung bestimmter, oft einseitiger geopolitischer Leitbilder und Ideen im Vordergrund steht. Bei SPENCER und THOMAS (1978) ist nur aus dem Begleittext zu erschließen, dass ein Merkmalskatalog von der physischen Ausstattung bis zur politischen Orientierung einbezogen ist. Trotz aller Kritik haben Kulturerdteile einen heuristischen Wert, um großräumige – zugegebenermaßen grobe – Orientierungsmuster zu vermitteln.

2. Zwischen den einzelnen Kulturerdteilen lassen sich nur selten klare und eindeutige Grenzlinien festlegen, denn in vielen Teilen der Erde ist es zu einer Überlagerung und Vermischung der Kulturen gekommen. Man denke nur an das Vordringen des Islams in das subsaharische Afrika oder an die hinduistisch-buddhistische Durchdringung Südostasiens. In Anlehnung an ZELINSKY (1973) sollte man daher zwischen dem Kernraum einer Kultur *(core area)*, dem Gebiet, in dem sie heute dominant ist *(domain)*, und ihrer Einflusssphäre *(sphere)* unterscheiden. Im Zeitalter von Globalisierung und weltweiter Mobilität ist die „Verräumlichung" von Kultur noch kritischer als in der Vergangenheit zu hinterfragen.

3. Die Ausgliederung von nur 11 großen Kulturregionen stellt eine sehr weitgehende Generalisierung dar. Dem Kenner der einzelnen Räume werden oft die Unterschie-

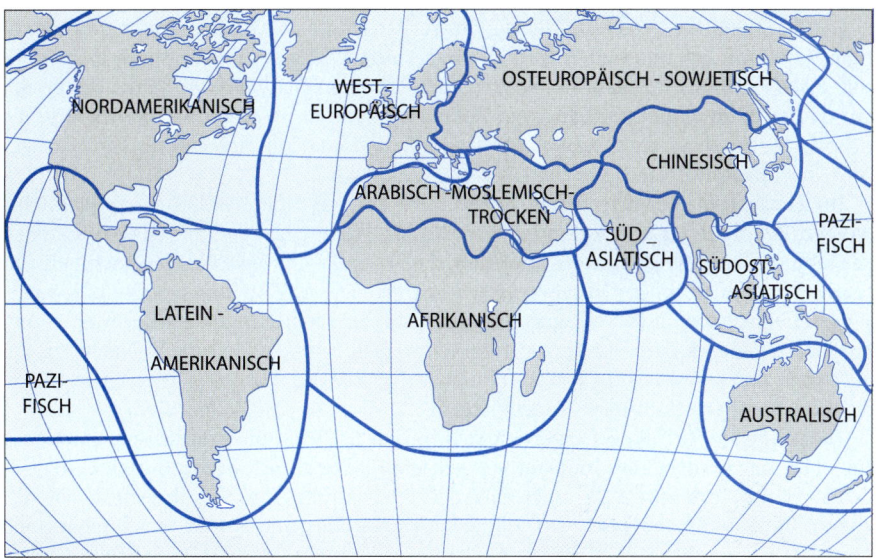

Abb. 44. Die Kulturerdteile. Quelle: SPENCER und THOMAS (1978), verändert.

de bedeutsamer erscheinen als die Gemeinsamkeiten. Das gilt selbst für einen zunächst sehr einheitlich wirkenden Bereich wie Lateinamerika und trifft in noch weit stärkerem Maße für Südostasien oder Afrika zu. In einem weiteren Schritt untergliedern daher SPENCER und THOMAS die Kulturerdteile in einzelne Sektoren und Subsektoren, z. B. Südostasien in einen buddhistischen, einen vietnamesischen, einen moslemischen, einen philippinischen und einen Neu-Guinea-Sektor. Weltweit werden 49 derartige Kulturregionen 2. Ordnung und 36 weitere 3. Ordnung unterschieden.

4. Jede kartographische Darstellung kann immer nur einen augenblicklichen Zustand erfassen. Wer jedoch die Gegenwart voll verstehen und deuten will, muss ergänzend die raumzeitliche Entwicklung in Betracht ziehen (KOLB 1962, S. 47). Einzelne Kulturräume lassen sich in ihrem geschichtlichen Werdegang über Jahrhunderte oder gar Jahrtausende zurückverfolgen (z. B. der chinesische oder indische), andere sind sehr viel jünger und erst durch die Übertragung fremder Kulturgüter und ihre teilweise Verschmelzung mit autochthonen Elementen entstanden (z. B. der lateinamerikanische oder anglo-amerikanische), und auch die sich in der Gegenwart vollziehende Überformung der Erde durch westliche Zivilisation und Globalisierungsprozesse hat sich räumlich sehr unterschiedlich ausgewirkt.

2.6.2 Beispiele regionaler und lokaler Überlagerungen und Segregationserscheinungen

Erneut sollen die bei der weltweiten Betrachtung gewonnenen Erkenntnisse und Einsichten durch eine kleinräumige Analyse erweitert und vertieft werden. Mit den im Folgenden näher vorgestellten Beispielen werden unterschiedliche Aspekte der im vorigen Abschnitt behandelten Fragen nochmals aufgegriffen. Die erste Fallstudie bezieht sich auf die rassische Zusammensetzung der Bevölkerung (Beispiel: USA), die zweite auf das Problem einer Ausgliederung von Kulturräumen in einem Gebiet, in dem die historische Entwicklung zur Überlagerung sehr verschiedenartiger Einflussgrößen geführt hat (Beispiel: Mittelamerika).

Im Zensus der **Vereinigten Staaten** wird zwischen der weißen und der nicht-weißen Bevölkerung unterschieden, wobei man letztere Gruppe in Schwarze, amerikanische Indianer und Asiaten unterteilt. Ergänzend wird die Zahl der Personen mit spanischer Muttersprache ausgewiesen *(Hispanics)*. Die Abgrenzung zwischen den verschiedenen Rassen- und Volksgruppen erfolgt dabei nicht anhand bestimmter, genau festliegender Merkmale, sondern durch Selbsteinstufung der Befragten. Nach den Ergebnissen der Volkszählung von 2000 macht der Schwarzenanteil gegenwärtig 12,3% der US-amerikanischen Bevölkerung aus (34,7 Mio. von 281,4 Mio. Ew.).

Die schwarze Bevölkerung verteilt sich höchst ungleich über das Staatsgebiet (vgl. Tab. 11). Das heutige Raummuster spiegelt eine längere historische Entwicklung wider, in deren Verlauf die US-amerikanischen Schwarzen von Bewohnern des ländlichen Südens mehr und mehr zu Städtern des Nordens und Nordostens, später auch des Westens wurden. Nicht zuletzt aufgrund der wirtschaftlichen Prosperität des Südens ist es in den 1980er und 90er Jahren zu verstärkten Rückwanderungen gekom-

Tab. 11 Nettowanderung und regionale Verteilung der schwarzen Bevölkerung in den USA 1850–2000; Quelle: Reid (1982); Ploski und William (1989); Frey (2001), ergänzt.

	a) Nettowanderung (in 1000)			
Zeitraum	**Region**			
	Süden	**Nordosten**	**Mittlerer Westen**	**Westen**
1910–1920	−454	+182	+244	+28
1920–1930	−749	+349	+364	+36
1930–1940	−347	+171	+128	+49
1940–1950	−1599	+463	+618	+339
1950–1960	−1473	+496	+541	+293
1960–1970	−1380	+612	+382	+301
1970–1980	+209	−239	−103	+132
1980–1985	+83	−49	−69	+35
1990–2000	+579	−387	−150	−43

	b) Regionale Verteilung (in %)			
Jahr	**Region**			
	Süden	**Nordosten**	**Mittlerer Westen**	**Westen**
1850	97	2	1	–
1910	89	5	6	–
1940	77	11	11	1
1970	53	19	20	8
2000	55	18	19	9

men. Heute leben ca. 55% der Schwarzen im Süden, gegenüber 90% um 1990 und 53% in 1970 (vgl. Pollard und O'Hare 1999).

Die schwarze Bevölkerung der USA stammt von den aus Afrika verschleppten Sklaven ab, auf deren Arbeitskraft sich die Plantagenwirtschaft in den Südstaaten lange Zeit stützte. Schon bis Mitte des 18. Jh. hatte man etwa 150.000 Sklaven in den Süden Nordamerikas gebracht. Mit der Einführung des Baumwollanbaus erhöhte sich die Zahl sehr rasch, und um 1800 überstieg die schwarze Bevölkerung erstmals die 1-Millionen-Grenze. Das entsprach etwa 20% der Gesamtbevölkerung. Bedingt durch die starke Einwanderung aus Europa ging die relative Bedeutung der nicht-weißen Bevölkerung in der Folgezeit (bis 1930) zurück, ihre absolute Zahl nahm jedoch weiterhin schnell zu.

Auch nach dem Bürgerkrieg und der Sklavenbefreiung änderte sich an der gesellschaftlichen Stellung der Schwarzen und ihrer räumlichen Verteilung zunächst nur wenig. Ihre Zahl stieg zwar zwischen 1860 und 1910 von 4,4 auf 9,8 Mio., die Schwarzen blieben aber größtenteils als billige Arbeitskräfte auf den Plantagen der südwestlichen und südöstlichen Bundesstaaten.

Mit dem Ersten Weltkrieg begannen sich bedeutende Veränderungen abzuzeichnen. Der industrielle Aufschwung des Nordens und Nordostens erwies sich als ein starker *pull*-Faktor, der eine massive **Abwanderung der Schwarzen** aus ihren alten Kerngebieten einleitete. Hinzu kamen der Rückgang der Baumwollanbaufläche und eine zunehmende Mechanisierung der Erntearbeit, ganz sicher aber auch soziale *push*-Faktoren, die von einer andauernden rechtlichen Benachteiligung bis hin zum Terror des Ku-Klux-Klan reichten. Die überwiegend wirtschaftlich bedingte Abwanderung hielt unvermindert bis in die 1960er Jahre an, denn noch um 1960 waren die Einkommensunterschiede nicht nur zwischen Schwarz und Weiß, sondern auch zwischen dem Norden und Süden sowie zwischen Stadt und Land außerordentlich groß (vgl. MORRILL 1965, S. 342).

Erst in den 1970er Jahren beginnt sich ein Umbruch im traditionellen Wanderungsgeschehen abzuzeichnen: Die Attraktivität des Nordens (weniger des Westens) schwächt sich deutlich ab, vor allem die großen Städte des Südens werden zu neuen Anziehungspunkten für die Arbeit suchende schwarze Bevölkerung. Nach jahrzehntelangen Wanderungsverlusten des Südens ist die Bilanz seit 1970 wieder positiv (Tab. 11). Damit einher geht eine auch weiterhin fortschreitende Konzentration der schwarzen Bevölkerung auf den städtischen Raum. Während 1910 nur etwas mehr als ein Viertel der US-amerikanischen Schwarzen in *metropolitan areas* lebte, stieg dieser Anteil über 65% (1960) auf 85% (2000) und liegt damit sogar höher als derjenige für die weiße Bevölkerung. 2000 gab es bereits sieben *metropolitan areas* mit einer Schwarzenbevölkerung über 1 Mio.: Neben New York (3,6 Mio.) waren das Washington/Baltimore (2,0 Mio.), Chicago (1,7 Mio.), Los Angeles (1,3 Mio.) sowie Philadelphia, Atlanta und Detroit (je 1,2 Mio.). Somit konzentriert sich heute über ein Drittel der schwarzen Bevölkerung auf die genannten Metropolitangebiete (FREY 2001).

In allen großen Ballungsräumen ist die **Segregation nach Rassen** sehr ausgeprägt. Die Ursprünge der *black ghettos* (normalerweise als Wohngebiete mit einem Schwarzenanteil von über 50% definiert) gehen auf den Beginn unseres Jahrhunderts zurück und sind eng mit der Zuwanderung der Schwarzen in die Metropolen des Nordens und Nordostens verknüpft.

In der Sklavengesellschaft des Südens gab es noch keine strenge räumliche Trennung der verschiedenen Rassen. Weiße Herren und schwarze Sklaven lebten eng nebeneinander, oft sogar unter demselben Dach. Die soziale Distanz war damals so groß, dass man auf ein räumlich getrenntes Wohnen verzichten konnte. Erst später wurde in den Städten des Südens die Trennung der Wohngebiete gesetzlich geregelt, und man errichtete auf bis dahin noch unbebauten Flächen einfache Behausungen speziell für die schwarze Bevölkerung.

Der **Prozess der Ghettobildung** lässt sich sowohl auf interne, d. h. von der betreffenden Bevölkerungsgruppe ausgehende, wie auf externe, d. h. von außen einwirkende Faktoren und Kräfte zurückführen. Gerade bei Neuzuwanderern spricht vieles dafür, sich zunächst in der Nähe von Freunden oder Verwandten niederzulassen, um sich dadurch das Einleben in einer fremden Umwelt zu erleichtern. Auch Schulen, Kirchen, Clubs und andere soziale Institutionen, die auf die Bedürfnisse und Ansprüche einer bestimmten Bevölkerungsgruppe zugeschnitten sind, kommen dem entgegen. Wohngebiete ethnischer Minderheiten gehören daher seit jeher zum Bild der großen US-amerikanischen Städte, und Bezeichnungen wie *Germantown*, *Little Italy* und *Chinatown* weisen auf die Herkunftsgebiete ihrer Bewohner hin.

In vielen dieser ethnischen Wohnquartiere der verschiedenen Einwanderergruppen ist es im Laufe der Zeit zu einer oft mehrfachen Sukzession gekommen. Gewöhnlich zogen die ursprünglichen Bewohner aus, sobald sich ihre wirtschaftlichen Verhältnisse gebessert hatten und sie weitgehend in die amerikanische Gesellschaft integriert waren; stattdessen strömten andere Minoritäten nach. So wurden schon in den 1920er Jahren zahlreiche vorher von weißen Einwanderern bewohnte innerstädtische Viertel von Schwarzen übernommen. Ähnliche Invasions-Sukzessions-Zyklen laufen auch heute noch in vielen Städten ab. Meist ziehen zunächst nur einige wenige, wirtschaftlich besser gestellte Schwarze in die anfangs noch überwiegend weißen Gebiete ein. Ist eine gewisse Toleranzgrenze *(tipping point)* überschritten, erfolgt oft eine regelrechte „Flucht" der verbliebenen Weißen; es werden weitere Wohnungen frei, und immer mehr Schwarze können zuziehen (vgl. MORRILL 1965; HAHN 1996). Mit derartigen bevölkerungsmäßigen Umschichtungen geht meist eine Überbelegung von Wohnraum und eine Abwertung, z. T. auch ein Zerfall der Bausubstanz einher.

Die einmal entstandenen Schwarzenviertel zeigen im Unterschied zu den älteren Minderheitsquartieren der Einwanderer eine bemerkenswerte Stabilität. Sie weisen zwar meist ein starkes Bevölkerungswachstum auf und dehnen sich in Form der beschriebenen Diffusionsprozesse in benachbarte Wohnbereiche aus; den hier lebenden Menschen gelingt aber nur selten der Sprung in ein völlig anderes Wohnumfeld. Das gilt selbst für die vergleichsweise Wohlhabenden unter ihnen. In dieser Hinsicht unterscheidet sich das „schwarze Ghetto" von den Wohngebieten anderer, ebenfalls segregiert lebender Bevölkerungsgruppen (FORD und GRIFFIN 1979, S. 141).

In ihrer grundlegenden Studie über das **Ausmaß der rassischen Segregation** in US-amerikanischen Städten und den Veränderungen im zeitlichen Verlauf kommen TAEUBER und TAEUBER (1965) zu folgenden wichtigen Ergebnissen, die in ihren Grundzügen auch von späteren Autoren bestätigt werden (MASSEY und DENTON 1989; FARLEY und FREY 1994; OTTENSMANN 1995; JOHNSTON u. a. 2003):

1. Ein hoher Segregationsgrad lässt sich für alle Städte nachweisen, unabhängig von ihrer Größe, ihrer Zugehörigkeit zum Norden oder Süden und ihres höheren oder geringeren Minoritätenanteils.
2. Die räumliche Segregation der Schwarzen ist im Allgemeinen größer als diejenige anderer Minderheiten.
3. Überall nahm die Segregation zwischen 1910 und 1940 erheblich zu, seitdem ist ein gewisser Stillstand und erst ab 1970 teilweise ein Rückgang zu beobachten, der allerdings meist nicht sehr bedeutsam ist.
4. Wirtschaftliche Faktoren und persönliche Präferenzen erklären die Segregation nur zum Teil. Die Diskriminierung auf dem Wohnmarkt hat zwar seit dem *Civil Rights Act* von 1968 abgenommen, besteht jedoch vor allem auf der privaten Ebene fort.

Durch den in den 1950er Jahren einsetzenden und in den 1960er Jahren voll zum Tragen kommenden Suburbanisierungsprozess verstärkte sich die räumliche Konzentration der schwarzen Bevölkerung auf die zentralen Stadtteile. Allein im Jahrzehnt zwischen 1960 und 1970 verließen über 12 Mio. Weiße die Kernstädte der metropolitanen Gebiete (gegenüber nur 750.000 Schwarzen), und neu zugewanderte Schwarze bzw. andere Minoritäten füllten dieses Vakuum teilweise aus. Das führte dazu, dass in den *central cities* der *metropolitan areas* der Anteil der schwarzen Bevölkerung von 16% (1960) auf 21% (1970) und 25% (1980) anstieg.

Erst in den 1970er Jahren beginnt sich ein gewisser Wandel abzuzeichnen; jetzt sind auch die Schwarzen, insbesondere die wohlhabenderen unter ihnen, in größerem Maße an der Bevölkerungsverlagerung in den suburbanen Raum beteiligt. Während sich die ärmere Minoritätenbevölkerung bis heute auf die zentralen Stadtteile konzentriert, haben wohlhabendere Schwarze und andere Minderheiten ihren Wohnstandort mehr und mehr in den suburbanen Raum verlagert. Dies gilt vor allem für die Städte des Westens, wo bereits gut die Hälfte der Minoritätenbevölkerung in der Vorortzone lebt, im Vergleich zu lediglich 27% im Norden (POLLARD und O'HARE 1999, S. 28).

Diese Trendwende ist jedoch nur bedingt als ein Hinweis auf eine zunehmende Integration der nicht-weißen Bevölkerung zu werten, teilweise vollzieht sich lediglich ein *spill over* bereits vorhandener schwarzer Ghettos (vgl. Abb. 45), oder es kommt zu einer *resegregation* in bestimmten Sektoren der Vorortzone. Diese verläuft nicht unbedingt im Sinne der Invasions-Sukzessions-Abfolge, vielmehr handelt es sich bei vielen der neuen Ghettos am Stadtrand um Neubauviertel von guter Qualität, und das Durchschnittseinkommen der hier lebenden Familien ist wesentlich höher als in den älteren Schwarzenquartieren. Geblieben ist nur die eindeutige Dominanz schwarzer Bewohner, und geblieben ist auch ihre Isolierung gegenüber dem weißen Bevölkerungsteil. FORD und GRIFFIN (1979) sprechen deshalb auch von einer *ghettoization of paradise*.

Nach wie vor sind die Vereinigten Staaten weit davon entfernt, der *melting pot* von Menschen unterschiedlicher Hautfarbe, Herkunft und Kultur zu sein, wie u. a. die außerordentlich geringe Zahl der interethnischen Heiraten belegt (WRIGHT u. a. 2003). Die vielfach fortbestehende rassische Diskriminierung hat dazu geführt, dass sich die Minderheiten in zunehmendem Maße auf ihre eigene Identität besinnen und sich z. T. sogar einer vollständigen Integration widersetzen. Die zukünftige Entwicklung dürfte daher in Richtung einer pluralistischen Gesellschaft gehen, in der die verschiedenen Bevölkerungsgruppen nebeneinander und weniger miteinander leben.

Wesentlich anders ist dagegen die Situation im mittelamerikanischen Raum. Wie in kaum einem anderen Teil der Welt ähnlicher Größenordnung verzahnen und überlagern sich in der Kulturlandschaft Mittelamerikas eine Vielzahl von historischen, sozialen und wirtschaftliche Einflüssen und Faktorengruppen vor dem Hintergrund einer ebenso großen Mannigfaltigkeit und Verschiedenartigkeit der natürlichen Ausstattung. Jede **kulturräumliche Gliederung Mittelamerikas** muss diesem Gesichtspunkt Rechnung tragen. Das hier vorgestellte Konzept von AUGELLI (1962) baut auf den großen historischen Entwicklungsepochen auf (ähnlich auch ZELINSKY 1973 für die Vereinigten Staaten), die die Teilräume Mittelamerikas in unterschiedlichem Maße geprägt und sich zugleich in vielfältiger Weise überschichtet haben.

Die Wiederentdeckung der Neuen Welt durch CHRISTOPH KOLUMBUS im Jahre 1492 bildet ohne Zweifel den wichtigsten und bis heute am stärksten nachwirkenden Einschnitt in der Geschichte Mittelamerikas. Die spanische Eroberung führte zu einer Überlagerung, teilweise auch zu einer gewaltsamen Vernichtung der indianischen Kultur. Die eingeborene Bevölkerung wurde durch eingeschleppte Krankheiten, harte Arbeitsbedingungen in den Minen und in der Landwirtschaft sowie durch die weitgehende Zerstörung ihrer agrarischen Lebensbasis erheblich dezimiert, und aus der Vermischung von Europäern und Indios ging die in den meisten mittelamerikanischen Staaten dominierende Mestizenbevölkerung hervor. Dennoch leben auch Einflüsse aus der vorkolonialen Zeit bis heute fort und spiegeln sich in der Bevölkerungsverteilung und -zusammensetzung sowie in der Siedlungs- und Wirtschaftsweise der Gegenwart wider. Die zellenförmige Aufsplitterung der zentralamerikanischen Landbrücke in einzelne verhältnismäßig dicht besiedelte Gebiete und ausgedehnte, fast

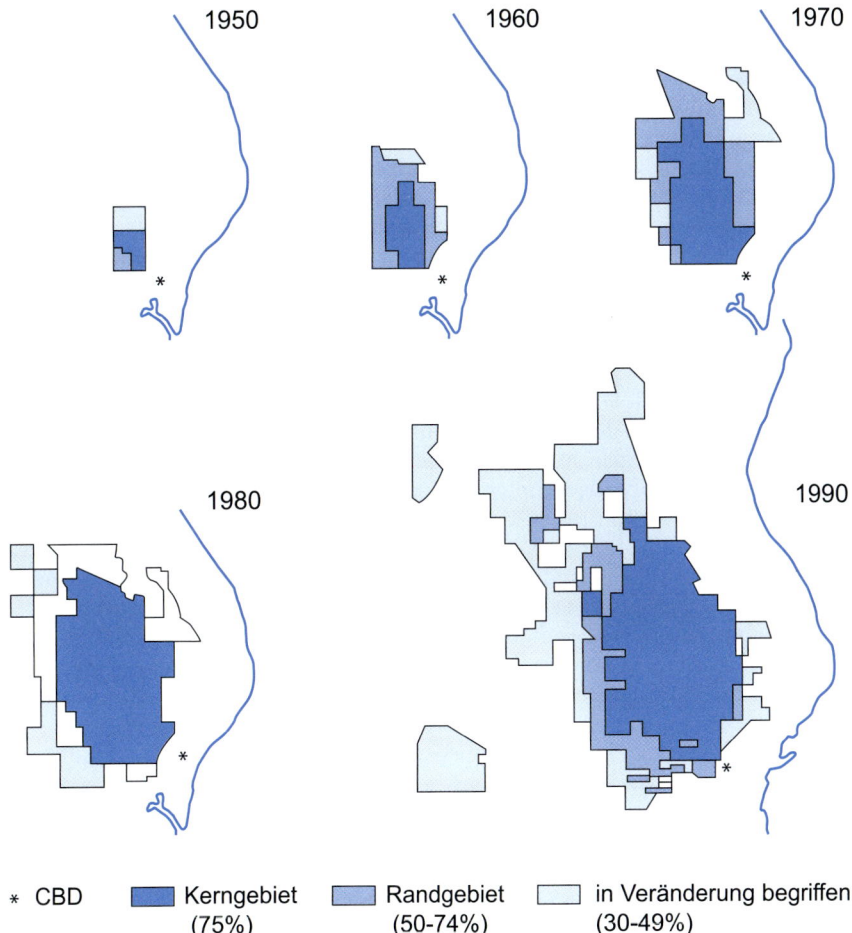

Abb. 45. Entwicklung des Schwarzenghettos in Milwaukee. Quelle: YEATES (1998).

menschenleere Zonen gilt in ihren Grundzügen schon für die Zeit vor der *Conquista*, und die noch heute überwiegend indianisch bestimmten Siedlungsräume decken sich weitgehend mit den Zentren altindianischer Hochkulturen. Auch Anbaumethoden und Anbaufrüchte, Ernährungsgewohnheiten und Kleidung gehören wenigstens teilweise zum vorkolonialen Erbe. Nur im Westindischen Raum stellt die spanische Eroberung einen vollständigen Bruch mit der Vergangenheit dar. Die hier lebenden indianischen Stämme haben den dadurch ausgelösten „Kulturschock" nicht überwunden und sind ausgestorben.

Die drei Jahrhunderte spanischer Herrschaft bestimmen vor allem auf dem Festland bis heute Lebensweise und Gesellschaftsordnung. Die einmal ausgebildeten Strukturen haben sich auch nach dem Zerfall des spanischen Kolonialreiches und der Unabhängigkeit der mittelamerikanischen Staaten nur wenig verändert. Die extremen Gegensätze zwischen Arm und Reich, die Besitzverhältnisse in der Landwirtschaft, die zentralistische Verwaltungsgliederung, die Dominanz der Stadt über das Land, aber auch die allgemeine Verbreitung der spanischen Sprache und die Übernahme europäischen Kulturgutes und der katholischen Religion sind Auswirkungen der kolonialspanischen Epoche.

Für die karibische Inselwelt (vgl. dazu auch Sandner 1981) wurde das 17. Jh. zum zweiten entscheidenden geschichtlichen Wendepunkt. Von Anfang an zeigten die Spanier nur wenig Interesse an diesem Raum, da keine reichen Bodenschätze auszubeuten waren und sich die indianische Bevölkerung als ungeeignet zur Arbeit in der Landwirtschaft erwies. So entstand hier ein Machtvakuum, das von nord- und westeuropäischen Staaten gefüllt wurde. Engländer, Franzosen, Holländer und vorübergehend auch Dänen und Schweden errichteten seit Beginn des 17. Jh. auf einzelnen Inseln der Karibik und in eingeschränktem Umfang an der atlantischen Küste Zentralamerikas ihre kolonialen Stützpunkte. Die Einwanderung aus Europa blieb allerdings ebenso wie in der spanischen Einflusssphäre recht unbedeutend, denn für Neuzuwanderer bestanden nur geringe Möglichkeiten einer wirtschaftlichen Betätigung, da die nicht sehr ausgedehnten landwirtschaftlich nutzbaren Flächen schnell in die Hände einiger weniger Familien übergegangen waren.

Eng verbunden mit der wirtschaftlichen Inwertsetzung der karibischen Inselwelt durch europäische Staaten ist die Entwicklung der Plantagenwirtschaft (insbesondere des Zuckerrohranbaus), die sich auf die Einfuhr von Sklaven aus Afrika stützte. Durch diese erzwungene Einwanderungswelle hat sich die Bevölkerungszusammensetzung der Inseln tiefgehend verändert. Auf allen Inseln außerhalb des ehemals spanischen Machtbereiches (Kuba, Teile von Hispaniola, Puerto Rico) bilden heute Schwarze und Mulatten die zahlenmäßig stärkste Bevölkerungsgruppe.

Nach Aufhebung der Sklaverei gelangte das Plantagensystem Mitte des 19. Jh. auch in die spanischen Kolonien Westindiens, und zu Beginn des 20. Jh. wurde es durch große US-amerikanische Gesellschaften in Zusammenhang mit der Ausweitung des Bananenanbaus auf den karibischen Küstensaum Zentralamerikas übertragen. Damit einher ging eine freiwillige Zuwanderung von Schwarzen und Mulatten von den teilweise übervölkerten Inseln der Kleinen Antillen und von Jamaika.

Die **Aufteilung Mittelamerikas in zwei große Kulturräume**, wie sie von Augelli (1962) vorgenommen wird, ist Ausdruck der unterschiedlichen räumlichen

Wirksamkeit der großen geschichtlichen Epochen (Abb. 46). Dem europäisch-indianischen *mainland* (zentrales Hochland und pazifische Seite der Landbrücke) steht das europäisch-afrikanische *rimland* (Saumland) gegenüber. Zwischen dem kulturellen Erbe und der rassischen Zusammensetzung der Bevölkerung bestehen sehr enge Beziehungen. In weiten Bereichen des Festlandes überwiegt das indianisch-mestizische Element, während auf der karibischen Inselwelt und entlang der Ostabdachung der Landbrücke die Schwarzen- und Mulattenbevölkerung dominiert. Die rein weiße Bevölkerung ist in beiden Räumen zahlenmäßig bei weitem in der Minderheit.

Nach dem Grad des heute wirksamen indianischen Einflusses zerfällt das *mainland* in einen mesoamerikanischen (südliches Mexiko, Yucatán, Guatemala), einen mestizischen (Zentralmexiko, El Salvador, Honduras, Nicaragua, Panama) und einen europäischen (nördliches Mexiko, Costa Rica) Sektor. Das *rimland* lässt sich in einen verhältnismäßig früh erschlossenen westindischen und einen erst spät besiedelten und wirtschaftlich in Wert gesetzten zentralamerikanischen Sektor untergliedern. Darüber hinaus muss im westindischen Bereich zwischen einer kolonialspanischen und später teilweise auch von von den USA beherrschten Zone (Dominikanische Republik, Kuba, Puerto Rico) und den ehemaligen Kolonien nord- und westeuropäischer Mächte unterschieden werden.

Insgesamt ist Mittelamerika ein sehr anschauliches Beispiel für einen Raum ausgeprägter kultureller Vielfalt und Heterogenität, zugleich aber auch für eine enge Verbindung historischer und kultureller Einflüsse mit ethnisch-rassischen, sozialen und wirtschaftlichen Gegebenheiten.

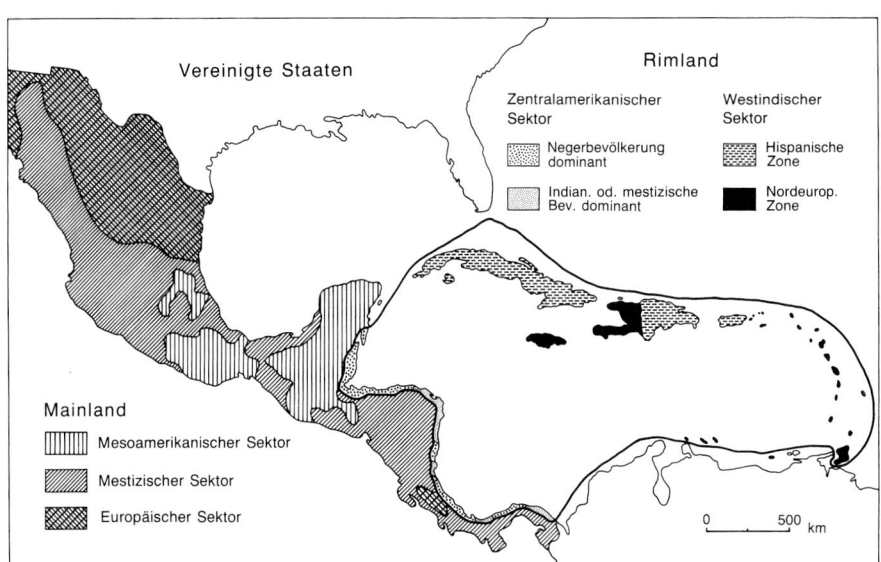

Abb. 46. Kulturräumliche Gliederung Mittelamerikas. Quelle: Augelli *(1962).*

2.1 Wie kann „Bevölkerungsdichte" definiert werden, und welche Aussagen erlauben die verschiedenen Dichtebegriffe?

2.2 Welcher Unterschied besteht zwischen Bevölkerungskarten in absoluter und relativer Darstellung?

2.3 Welchen Sachverhalt drücken „isodemographische Karten" aus?

2.4 Wie wird eine „Lorenzkurve" konstruiert, und welche Aussagen erlaubt sie im Hinblick auf Bevölkerungsverteilungen?

2.5 Welche Fragestellung kann mithilfe von „nearest-neighbour-Analysen" bearbeitet werden?

2.6 Wie berechnet man den „Bevölkerungsschwerpunkt", und was lässt sich mit seiner Verlagerung im zeitlichen Verlauf veranschaulichen?

2.7 Auf welcher Grundidee basiert die Berechnung des „Bevölkerungspotenzials"?

2.8 Nennen Sie Regelhaftigkeiten der Bevölkerungsverteilung über die Erde! Welche Rolle kommt dabei Naturfaktoren zu?

2.9 Inwiefern beinhaltet der Begriff der „Verstädterung" sowohl einen Zustand als auch einen Prozess, und welche Indikatoren werden zur Messung jeweils herangezogen?

2.10 Welche Aussagen erlauben „Ranggrößendiagramme", und wie werden sie konstruiert?

2.11 Welche Bevölkerungsentwicklungen und -veränderungen kennzeichnen „Suburbanisierung" und „Counterurbanisierung"?

2.12 Was versteht man unter dem „Dichtegradient", und welche Bevölkerungsverschiebungen lassen sich damit charakterisieren?

2.13 Warum werden Geschlecht und Alter als „natürliche demographische Merkmale" bezeichnet?

2.14 Welche Aussagen ermöglicht die Berechnung von „Sexualproportionen"?

2.15 Nennen Sie Grundtypen von „Alterspyramiden"! Welche Faktoren wirken auf die Alterszusammensetzung einer Bevölkerung ein?

2.16 Kennzeichnen Sie die Veränderungen der „Haushaltsstruktur" im zeitlichen Verlauf! Welche „neuen Haushaltstypen" haben in vielen weiter entwickelten Ländern an Bedeutung gewonnen?

2.17 Welche Merkmale können herangezogen werden, um die wirtschaftliche und soziale Struktur einer Bevölkerung zu kennzeichnen? Nennen Sie Beispiele für räumliche Unterschiede auf der internationalen Ebene!

2.18 Welche Aussagen lassen sich aus Sozial- und Faktorialanalysen von Städten ableiten?

2.19 Was versteht man unter dem Begriff der „Kulturerdteile"?

2.20 Wie entstehen „ethnische Ghettos"?

3 Räumliche Aspekte der natürlichen Bevölkerungsbewegung

In jedem von Menschen bewohnten Teilraum unserer Erde vollzieht sich eine stetige Veränderung des Bevölkerungsstandes: Kinder werden geboren; alte, aber auch jüngere Menschen sterben, und Familien oder Einzelpersonen ziehen zu oder wandern ab. Diese Vorgänge beeinflussen nicht nur die Entwicklung der Bevölkerungszahl, sondern haben darüber hinaus vielfältige Implikationen für die Zusammensetzung und Verteilung der Bevölkerung. In den vorangegangenen Abschnitten ist dieser Prozess der Bevölkerungsbewegung schon mehrfach zur Erklärung beobachteter Verteilungsmuster und Konzentrationserscheinungen herangezogen worden, und es wurden Beispiele für rasch wachsende, stagnierende und abnehmende Bevölkerungen genannt; im Folgenden sollen Elemente und Bestimmungsgründe der Bevölkerungsentwicklung im Zeitablauf systematisch betrachtet und Möglichkeiten ihrer statistischen Erfassung und Analyse aufgezeigt werden.

In welche Richtung und in welchem Umfang der Bevölkerungsprozess die Zahl der in einem Gebiet lebenden Menschen verändert, hängt vom Zusammenwirken zweier Einflussgrößen ab:

1. der Erneuerung der Generationen durch Geburten- und Sterbefälle,
2. den Zu- und Abwanderungen über die Gebietsgrenzen.

Dieser Sachverhalt lässt sich in Form der **demographischen Grundgleichung** festhalten, mit der zugleich die wesentlichen Inhalte aller Bevölkerungsstudien umschrieben werden können:

$$P_{t+n} = P_t + B_{t,t+n} - D_{t,t+n} + I_{t,t+n} - E_{t,t+n}$$

wobei: P_t = Bevölkerung zum Zeitpunkt t
       P_{t+n} = Bevölkerung zum Zeitpunkt t + n
       $B_{t,t+n}$ = Zahl der Geburten zw. t und t + n
       $D_{t,t+n}$ = Zahl der Sterbefälle zw. t und t + n
       $I_{t,t+n}$ = Zuwanderung zw. t und t + n
       $E_{t,t+n}$ = Abwanderung zw. t und t + n

Verbal ausgedrückt beinhaltet die Gleichung folgende Aussage: Bei einem gegebenen Bevölkerungsstand für einen beliebigen Zcitpunkt t errechnet sich die Bevölkerungszahl für den Zeitpunkt t + n aus dem Zuwachs durch Geburten und Zuwanderungen sowie der Abnahme durch Sterbefälle und Abwanderungen. Wurden in den bisherigen Ausführungen schwerpunktmäßig der Bevölkerungsstand und die Bevölkerungsverteilung, also die Größe P, erörtert, so wenden wir uns nunmehr dem Einfluss des Geburten- und Sterbevorgangs zu, um schließlich in einem letzten Hauptkapitel die Wanderungen als einen Teilaspekt der räumlichen Bevölkerungsbewegungen zu behandeln.

Die Bevölkerungsveränderung durch Geburten- und Sterbefälle bezeichnet man im allgemeinen als „natürliche Bevölkerungsbewegung". Damit wird ausgesagt, dass ein Mensch mit der Geburt in eine Bevölkerung eintritt und mit dem Tod wieder aus ihr ausscheidet. Wenn auch Geburt und Tod biologische Vorgänge sind, so werden sie doch in vielfältiger Weise von sozialen Bestimmungsfaktoren beeinflusst und können daher nicht isoliert von der gesellschaftlichen Situation und den wirtschaftlichen Verhältnissen gesehen werden. Auf diesen Sachverhalt wollen BOLTE u. a. (1980) besonders hinweisen, wenn sie von „biosozialer Bevölkerungsbewegung" sprechen.

3.1 Statistische Maße zur Kennzeichnung der natürlichen Bevölkerungsbewegung

Die beiden Teilprozesse der natürlichen Bevölkerungsbewegung werden im Folgenden mit den Begriffen **Fruchtbarkeit** (Fertilität) und **Sterblichkeit** (Mortalität) umschrieben. Es sei jedoch darauf hingewiesen, dass insbesondere im Falle der Fruchtbarkeit die Sprachregelung nicht einheitlich ist und einzelne Autoren als Oberbegriff den der Natalität verwenden und weiter zwischen Geburten- (Erfassung von Lebendgeborenenfällen) und Fertilitätsstatistik (Erfassung und Beurteilung der Reproduktionsleistung) unterscheiden (vgl. ESENWEIN-ROTHE 1982, S. 297).

Aus didaktisch-methodischen Gründen ist es günstig, bei der statistischen Analyse der natürlichen Bevölkerungsbewegung entgegen der „natürlichen" Reihenfolge im

Tab. 12 Berechnung der rohen Sterbeziffer für ausgewählte Länder; Quelle: WOODS (1979); Demographic Yearbook 2000; World Population Data Sheet verschiedene Jahre.

	England/ Wales 1871	England/ Wales 1985	Bundesrep. Dtl. 1999	Ägypten 1998	Guatemala 1998	Venezuela 1985
Todesfälle pro Jahr	514 879	590 700	846 330	339 772	69 633	101 907
Bevölkerungszahl zur Jahresmitte (in 1000)	22 794	49 824	82 057	61 341	10 799	23 707
Rohe Sterbe- ziffer (‰)	22,6	11,9	10,3	5,5	6,4	4,3
Anteil über 64-Jähriger an der Bevölkerung (%)	5	15	16	4	3	4

Leben des Menschen sich zunächst mit der Sterblichkeit zu beschäftigen. Denn Fertilität und Mortalität unterscheiden sich in statistischer Hinsicht grundlegend (MACKENROTH 1953, S. 70):

1. Das Sterben ist ein sich in jedem Leben mit Sicherheit vollziehendes Ereignis, während nicht jede Frau Kinder zur Welt bringt.
2. Sterben kann jeder nur einmal, dagegen kann eine gebärfähige Frau mehrmals Kinder bekommen.

Bezogen auf die Mortalität beschäftigt den Bevölkerungsstatistiker nicht das „ob" und auch nicht das „wie oft", sondern allein das „wann", d. h. der Abstand vom Zeitpunkt der Geburt. Aufgrund dieser eingeschränkten Fragestellung ist die Mortalität statistisch gesehen einfacher zu untersuchen als die Fertilität und stand auch historisch am Anfang der demographischen Analyse (FEICHTINGER 1973, S. 54).

3.1.1 Möglichkeiten der Mortalitätsmessung

Einen ersten Einblick in das Sterblichkeitsniveau einer Bevölkerung vermag die absolute Zahl der Sterbefälle innerhalb eines Jahres zu geben. Für raumzeitliche Vergleiche sind derartige Angaben jedoch ungeeignet, da sie von der Größe der jeweiligen Bevölkerungen abhängen. Dieser Einfluss lässt sich ausklammern, indem man zu relativen Häufigkeiten übergeht und die Zahl der Gestorbenen eines Jahres auf 1.000 der Bevölkerung bezieht. Auf diese Weise kommt man zur **„allgemeinen (rohen) Sterbeziffer bzw. Todesrate"** (englisch: *crude death rate*):

$$CDR = \frac{D}{P} \cdot 1.000$$

wobei: D = Zahl der Sterbefälle im betrachteten Kalenderjahr
         P = Bevölkerungszahl zur Jahresmitte

Mit der Bezeichnung „rohe" Sterbeziffer wird zum Ausdruck gebracht, dass sie sich auf die undifferenzierte Gesamtbevölkerung stützt. Das sollte bei jeder Interpretation bedacht werden, um nicht zu falschen Schlussfolgerungen zu kommen. Dass die Sterblichkeitsverhältnisse in einer Region mit der Angabe derartiger Ziffern nur unzureichend beschrieben werden können, ist den Berechnungsbeispielen in Tabelle 12 zu entnehmen. Es wird ersichtlich, dass die rohe Todesrate in Europa im letzten Jahrhundert erheblich zurückgegangen ist und heute in den westeuropäischen Ländern zwischen 8‰ und 11‰ schwankt. Im weltweiten Vergleich sind diese Werte aber nicht besonders niedrig, wie namentlich die Angabe für Venezuela belegt. Daraus lässt sich folgern, dass allgemeine Sterbeziffern über Lebensbedingungen und Überlebenschancen nur wenig aussagen, da sie ganz entscheidend von der Altersstruktur der Bevölkerung beeinflusst werden. Leben in einer Region sehr viele alte Menschen, werden die Raten unter sonst gleichen Bedingungen zwangsläufig hoch sein, während „jugendliche" Bevölkerungen im Allgemeinen niedrige Werte aufzuweisen haben.

Um Kennziffern der Sterbeintensität zu erhalten, die vom Altersaufbau unabhängig sind, geht man zu **altersspezifischen (z. T. in Verbindung mit geschlechtsspezifischen) Sterbeziffern** über. Dabei treten als Bezugsgrößen jeweils Gruppen von Personen auf, die hinsichtlich ihrer Sterbewahrscheinlichkeit recht homogen zusammengesetzt sind; ansonsten erfolgt die Berechnung analog zur allgemeinen Sterbeziffer. Nur die Sterblichkeit im ersten Lebensjahr wird anders ermittelt und in der Sterbestatistik als **Säuglingssterblichkeit** (q_0) gesondert ausgewiesen. Als Bezugsgröße dient dabei die Zahl der Lebendgeborenen im betreffenden Kalenderjahr (B), also

$$q_0 = \frac{D_0}{B}$$

wobei D_0 = Anzahl der in einem Kalenderjahr gestorbenen Säuglinge ist. Analog verfährt man auch bei der gelegentlich ergänzend berechneten Kindersterblichkeit (< 5 Jahre) (vgl. HILL und PEBLEY 1989), die z. B. gut dafür geeignet ist, den Einfluss der Sohn-Präferenz auf die Sterblichkeit von Mädchen zu messen (vgl. ARNOLD u. a. 1998 für Indien).

Vergleicht man unter Berücksichtigung altersspezifischer Ziffern erneut zwei der in Tabelle 12 einbezogenen Länder, so zeigt sich, dass die Sterblichkeitsverhältnisse ganz anders sein können als es die rohen Raten nahe legen würden (Abb. 47). Nur der Verlauf der beiden Kurven weist gewisse Ähnlichkeiten auf, wie die U-förmige Gestalt und die höhere Sterblichkeit der Männer insbesondere in fortgeschrittenem Alter (zu den Gründen vgl. LUY 2002). Es muss allerdings hinzugefügt werden, dass die im Falle der Bundesrepublik so deutlich hervortretende Übersterblichkeit der Männer eine verhältnismäßig junge Erscheinung ist. Noch bis Ende des 19. Jh. sind, vor allem in bestimmten Altersgruppen, sehr viel mehr Frauen als Männer gestorben (IMHOF 1990, S. 27 f.).

Wie in vielen Anwendungsbereichen der Statistik, so steht auch in diesem Fall einem „Mehr an Information", das man durch die Verwendung spezieller Kennziffern gewinnt, ein „Verlust an Übersichtlichkeit" gegenüber. Dieser Nachteil altersspezifischer Raten lässt sich durch die **Einführung standardisierter Maßzahlen** vermeiden. Im oben angeführten Vergleich zwischen einzelnen Staaten könnte beispielsweise die Bevölkerung eines der betrachteten Länder als „Standardbevölkerung" dienen, und man würde für jedes Land diejenige allgemeine Sterbeziffer errechnen, die sich ergibt, wenn man die beobachteten altersspezifischen Mortalitätsraten auf den Altersaufbau der Standard-

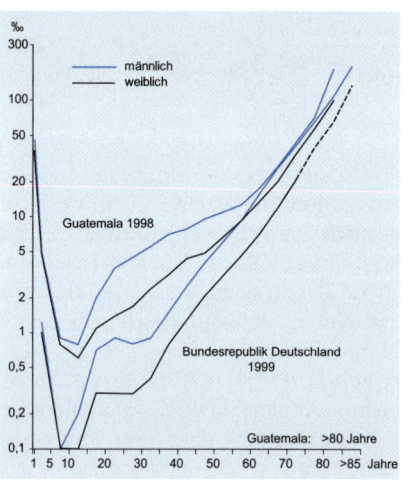

Abb. 47. *Altersspezifische Sterberaten für die Bundesrepublik Deutschland und Guatemala. Quelle: Demographic Yearbook 2000.*

bevölkerung bezieht. Standardisierte Sterbeziffern können darüber hinaus auch bei zeitlichen Längsschnittanalysen Verwendung finden. Als „Standardstruktur" tritt in einem solchen Fall meist die Altersgliederung eines beliebigen Jahres innerhalb der betrachteten Periode auf. Einer Berechnung für das frühere Bundesgebiet ist zu entnehmen, dass die standardisierte Sterberate (bezogen auf das Basisjahr 1970) zwischen 1950 und 1994 von 13,6 auf 7,6 ‰ zurückging, während die rohe Ziffer im gleichen Zeitraum ungefähr konstant blieb (GRÜNHEID und SCHULZ 1996, S. 362). Bei der Interpretation solcher Werte ist zu bedenken, dass es sich um „fiktive Größen" handelt, die von der Wahl der Standardbevölkerung abhängen und nur in diesem Kontext richtig beurteilt werden können (vgl. MUELLER 1993, S. 116 ff.).

Demgegenüber hat die auf dem Konzept der Sterbetafel beruhende Standardisierung, die zur Ermittlung der **Lebenserwartung** eines Neugeborenen führt, den Vorteil der unmittelbaren Anschaulichkeit. Sterbetafeln können als das historisch älteste Modell der demographischen Analyse angesehen werden. Erste Versuche in diese Richtung wurden bereits im 17. Jh. unternommen. Berühmt geworden sind die *Bills of Mortality* von JOHN GRAUNT aus dem Jahre 1662 und die Sterbetafeln, die der englische Astronom EDMOND HALLEY 1693 für die Stadt Breslau aufstellte. Die Verfahren zur Berechnung von Sterbetafeln wurden im Laufe der Zeit immer weiter verfeinert und sind im Einzelnen recht kompliziert, sodass hier nur die wichtigsten daraus ablesbaren Angaben erläutert werden (vgl. z. B. DINKEL 1984; MUELLER 1993, MUELLER u. a. 2000).

Prinzipiell ist zwischen Generationen- und Periodensterbetafeln zu unterscheiden. Eine **Generationen- oder Längsschnittsterbetafel** beruht auf den Sterblichkeitsverhältnissen einer einzigen Generation oder Geburtenjahrgangsgruppe während ihres gesamten Lebensablaufs (HÖHN u. a. 1987, S. 435). Das bedeutet, dass eine solche Tafel erst dann vollständig erstellt werden kann, wenn alle Mitglieder der betrachteten Generation gestorben sind. Im Gegensatz dazu geht man bei einer **Perioden- oder Querschnittsterbetafel** von den beobachteten Sterblichkeitsverhältnissen in einem bestimmten Berichtszeitraum aus. Solche Tafeln bringen zahlenmäßig zum Ausdruck, in welcher Weise ein Grundbestand (im allgemeinen 100.000, getrennt für die männliche und weibliche Bevölkerung) gleichzeitig Geborener im Laufe ihrer Lebensjahre allmählich „absterben" würde, wenn er in den einzelnen Altersjahren den Sterblichkeitsverhältnissen unterläge, wie sie zum Zeitpunkt des Aufstellens der Tafel gegeben sind. Die aus einer Querschnittsbetrachtung gewonnenen Kennziffern werden also durch einen „Kunstgriff" in eine Längsschnittsbetrachtung umgewandelt.

Für jedes vollendete Lebensjahr (im ersten Lebensjahr auch für einzelne Monate und Wochen) ist aus einer Sterbetafel u. a. zu entnehmen (Tab. 13):

1. die Zahl der Überlebenden bezogen auf die „fiktive" Ausgangsmasse,
2. die Wahrscheinlichkeit, zwischen dem betrachteten und dem nächstfolgenden Lebensjahr zu sterben,
3. die durchschnittliche Lebenserwartung im betrachteten Alter und insbesondere die mittlere Lebenserwartung bei der Geburt,
4. die wahrscheinliche Lebenserwartung (Medianwert: 50 % des Ausgangsbestandes sind gestorben).

Tab. 13 Auszug aus den Sterbetafeln (männliche Bevölkerung) für das Deutsche Reich 1901/1910 und für die alten und neuen Länder der Bundesrepublik Deutschland 1998/2000; Quelle: Statistisches Jahrbuch für die Bundesrepublik Deutschland 2003.

Vollendetes Altersjahr	Überlebende im Alter x			1000fache Sterbewahrscheinlichkeit Alter x bis x+1			Lebenserwartung in Jahren im Alter x		
	1901/1910	1998/2000 alte Länder	1998/2000 neue Länder	1901/1910	1998/2000 alte Länder	1998/2000 neue Länder	1901/1910	1998/2000 alte Länder	1998/2000 neue Länder
0	100 000	100 000	100 000	202,34	5,02	4,88	44,82	75,08	73,48
1	79 766	99 498	99 512	39,88	0,44	0,52	55,12	74,46	72,84
30	67 092	98 112	97 854	5,56	0,84	0,99	34,55	46,24	44,75
50	55 340	94 100	92 365	16,93	4,81	6,01	19,43	27,66	26,65
80	8 987	42 922	38 842	157,87	80,50	84,61	4,38	7,08	6,62

Aus Sterbetafeln abgeleitete Mortalitätsmaße können nicht nur für raumzeitliche Vergleiche zwischen verschiedenen Ländern oder anderen räumlichen Einheiten, sondern auch zur Beurteilung der Sterblichkeitsunterschiede zwischen einzelnen Bevölkerungsgruppen (z. B. rassisch-ethnische Gruppierungen) herangezogen werden (KUNITZ 1990). So beträgt beispielsweise die Lebenserwartung der schwarzen Bevölkerung der USA nur 71,7 Jahre, während Weiße im Durchschnitt 77,4 Jahre alt werden (2000).

Eine wichtige Grundlage für die Beurteilung von Mortalitätsveränderungen und ihren Bestimmungsgründen vermittelt die Aufschlüsselung der **Sterbefälle nach den wichtigsten Todesursachen** (vgl. dazu im Einzelnen LANCASTER 1990). In Tabelle 14 sind die entsprechenden Werte für einzelne Beispielräume zusammengestellt. Daraus lässt sich ablesen, dass in den Entwicklungsländern, soweit für diese überhaupt zuverlässige Daten vorliegen, Infektionskrankheiten und andere unmittelbar auf die dortigen Lebensbedingungen und -gewohnheiten zurückzuführende Krankheiten zu den hauptsächlichen Todesursachen zählen, während sich in den Industrieländern mit dem Rückgang der Sterblichkeit auch das Spektrum der Todesursachen grundlegend geändert hat und hier Herzerkrankungen und bösartige Geschwülste vorherrschen (vgl. auch Kap. 3.2.2). Aus der Todesursachenstatistik abgeleitet wird das Konzept der **„verlorenen Lebensjahre"** (RESCH 2001). Damit wird das Ziel verfolgt, dem Sterbefall in jüngeren Jahren ein stärkeres Gewicht zu geben.

Tab. 14 Todesursachen im raumzeitlichen Vergleich (%); Quelle: ROCKETT (1999); RATZAN u. a. (2000).

Todesursache	USA 1900	USA 1998
Lungenentzündung u. ä.	12	4
Tuberkulose	11	<1
Durchfall/Darmerkrankungen	8	<1
Herzerkrankungen	8	31
Nierenerkrankungen	5	1
Unfälle	4	4
Kreislauferkrankungen	4	7
Krankheiten des früheren Säuglingsalters	4	<1
Krebs	4	23
Lungenerkrankungen	<2	5

Todesursache	Afrika 1998	Europa 1998
Infektionskrankheiten	49	2
Andere übertragene Krankheiten	17	6
Herzerkrankungen	6	37
Kreislauferkrankungen	5	14
Krebs	5	19
Andere nicht übertragene Krankheiten	6	14
Unfälle, Verletzungen	12	8

3.1.2 Heiratsraten und Fertilitätsmaße

Es wurde schon erwähnt, dass in statistischer Hinsicht die Fertilität ein wesentlich komplexeres Phänomen als die Mortalität darstellt. Das liegt nicht nur daran, dass die Geburt eines Kindes kein einmaliger Vorgang im Leben einer Frau sein muss, sondern sich mehrfach wiederholen kann. Hinzu kommt, dass in den meisten Ländern der Erde die Eheschließung die normale Voraussetzung für die Geburt eines Kindes ist und deshalb der Zeitpunkt der ersten Geburt gewöhnlich mehrere Jahre nach der biologischen Reife liegt. Die Zahl der Geburten hängt somit wesentlich von der Zahl der bestehenden bzw. der in einem bestimmten Zeitraum geschlossenen Ehen ab. Erst in der Gegenwart hat sich dieser enge Zusammenhang abgeschwächt und vereinzelt sogar vollständig aufgelöst. So beläuft sich der Anteil nicht-ehelicher Geburten in Schweden auf 55% und den USA – mit deutlichen Unterschieden zwischen den ethnischen Gruppen (Maximum: Schwarze 69%) – auf 33%. In Deutschland ist der Prozentsatz insgesamt noch wesentlich niedriger (22%), jedoch haben sich die Unterschiede zwischen Ost- und Westdeutschland nach 1990 nicht ausgeglichen, sondern eher noch verstärkt: Mehr als die Hälfte der ostdeutschen Neugeborenen sind mittlerweile Kinder von Unverheirateten, im Westen hingegen weniger als 20% (KONIETZKA und KREYENFELD 2002).

Zunächst seien die gebräuchlichsten Maße, die sich auf **Eheschließungen und Ehelösungen** (zusammenfassend auch als Nuptialität bezeichnet) beziehen, kurz referiert. Neben der absoluten Zahl der Heiraten berechnet man, analog zu den bisher behandelten Verfahren, die allgemeine Eheschließungsziffer (rohe Heiratsrate) als die Zahl der Eheschließungen auf 1.000 der mittleren Bevölkerung bzw. alters- und geschlechtsspezifische Eheschließungsziffern als die Zahl der Eheschließungen eines bestimmten Alters und Geschlechts auf 1.000 Personen der mittleren Bevölkerung gleichen Alters und Geschlechts. Weitere Verfeinerungen sind dadurch möglich, dass man den Familienstand mit in die Berechnungen einbezieht und auf diese Weise zu alters- und geschlechtsspezifischen Heiratsziffern Lediger oder auch Verwitweter bzw. Geschiedener kommt.

Für eine Beurteilung der Fertilität – und darauf soll hier das Hauptaugenmerk gerichtet werden – sind derartige Heiratsziffern jedoch nur von begrenztem Wert. Sehr viel wichtigere und einer direkten Interpretation zugängliche Informationen liefern Angaben zum Anteil verheirateter Personen in bestimmten Altersjahrgängen (alters- und geschlechtsspezifische Verheiratetenziffern) und zum Heiratsalter selbst. Denn bleibt in einer Bevölkerung ein hoher Prozentsatz der Frauen im gebärfähigen Alter ledig oder heiratet erst verhältnismäßig spät, so reduziert sich rein statistisch die Geburtenwahrscheinlichkeit erheblich. Detaillierte Informationen sind sog. Heiratstafeln zu entnehmen, die ganz ähnlich wie die Sterbetafeln aufgebaut sind und aus denen sich die Wahrscheinlichkeit dafür ablesen lässt, dass jemand in einem bestimmten Alter oder im Laufe seines Lebens heiratet (vgl. FEICHTINGER 1979, S. 34 ff.).

Den heiratsbezogenen Ziffern gegenüber steht die Statistik der Ehelösungen. Von den drei Formen gerichtlicher Ehelösungen, der Ehescheidung, der Nichtigkeitserklärung und der Eheaufhebung, hat normalerweise die Ehescheidung die größte Bedeutung. Um die Bereitschaft einer Bevölkerung zur Ehescheidung zu messen, werden verschiedene „Ehescheidungsziffern" berechnet, wobei als Bezugsgröße sowohl die mittlere Bevölkerung als auch die Zahl der bestehenden Ehen gewählt werden kann. Ebenso wie Heiratsneigung und Heiratsalter hat die Scheidungshäufigkeit einen Einfluss auf die Fertilität und damit auf das natürliche Wachstum der Bevölkerung.

Um **direkte Fruchtbarkeitsmaße** zu erhalten, kann man auf zwei verschiedene Methoden zurückgreifen (FEICHTINGER 1973, S. 90):

1. Die Ermittlung von Fertilitätsraten: Dabei werden die Anzahl der in einem Kalenderjahr lebendgeborenen Personen auf die Gesamtbevölkerung oder auf Teilgruppen der Bevölkerung bezogen.
2. Die kumulative Betrachtung der Fertilität: Dabei wird für eine fiktive Ausgangsmasse die Anzahl der lebendgeborenen Kinder bis zu einem bestimmten Lebensalter oder während des ganzen Lebens ermittelt.

In die erstgenannte Gruppe fallen einige Ziffern, deren Berechnungsprinzip und deren Vor- und Nachteile aus den vorangegangenen Ausführungen bekannt sind. Dazu zählt zunächst die **„rohe (allgemeine) Geburtenrate"** bzw. genauer „Geborenenziffer" (englisch: *crude birth rate*):

$$CBR = \frac{B}{P} \cdot 1.000$$

wobei: B = Zahl der Lebendgeborenen im betrachteten Kalenderjahr
P = Bevölkerungszahl zur Jahresmitte

Dieser Index ist als Fertilitätsmaß weit verbreitet, da die dafür benötigten Daten verhältnismäßig einfach zu ermitteln oder zu schätzen sind. Allerdings lässt sich daraus nur mit Vorbehalt auf das generative, d. h. die Fruchtbarkeit betreffende Verhalten einer Bevölkerung schließen, da hohe oder niedrige Werte allein dadurch zustande kommen können, dass der Anteil von Frauen im gebährfähigen Alter verhältnismäßig groß oder klein ist. Es empfiehlt sich deshalb, die Zahl der Geborenen nicht auf die Gesamtbevölkerung, sondern auf die Zahl der Frauen im gebärfähigen Alter zu beziehen, um so die **„allgemeine (weibliche) Fruchtbarkeitsrate"** (englisch: *general fertility rate*) zu erhalten. An ihrer Stelle wird häufig auch eine aus Volkszählungsdaten abgeleitete Maßzahl für die Gesamtfruchtbarkeit benutzt (Zahl der Kinder bis zum Alter von 5 oder 6 Jahren auf 1.000 Frauen im Alter von 15–44 oder 15–49 Jahren)(vgl. Tab. 15).

Eine noch weitergehende Ausschaltung strukturbedingter Fertilitätsunterschiede lässt sich durch die Verwendung altersspezifischer Geburtenziffern erreichen oder auch dadurch, dass man eheliche und uneheliche Geburten trennt bzw. die Ehedauer und die Zahl der bisherigen Geburten zusätzlich berücksichtigt (eheliche und uneheliche Geburtenziffern, ehedauerspezifische bzw. paritätsspezifische Werte).

Aus einer Addition altersspezifischer Geburtenziffern erhält man die **„zusammengefasste Geburtenziffer"** oder **„totale Fruchtbarkeitsrate"** (englisch: *total fertility rate*; TFR). Diese ist eine speziell standardisierte, zusammenfassende Kennziffer zur

Tab. 15 Unterschiedliche Fertilitätsmaße im raumzeitlichen Vergleich; Quelle: Demographic Yearbook, Historical Supplement 1979; Demographic Yearbook verschiedene Jahre; UN (2003).

Land und Jahr	rohe Geburtenziffer (‰)	allgemeine Fruchtbarkeitsrate	Kinder <5 J. auf 1000 Frauen zw. 15 u. 49 J.	Brutto-	Netto-
				Reproduktionsraten	
Costa Rica 1954	47,6	219,0	912	3,14	2,50
Costa Rica 1998	21,8	83,1	377	1,25	1,24
Panama 1950/52	32,9	141,2	695	2,29	1,96
Panama 1999	22,9	86,5	398	1,35	1,31
Venezuela 1954/55	44,8	213,4	881	3,10	–
Venezuela 1998	21,6	93,5	519	1,44	1,41
USA 1948	24,1	92,9	395	1,54	1,46
USA 1998	14,6	56,6	272	0,99	0,98
Japan 1948	33,7	129,8	471	2,11	1,72
Japan 1999	9,3	39,5	200	0,67	0,67
BRD 1948	16,3	60,4	251	1,00	0,92
BRD 1999	9,4	39,1	200	0,65	0,65

Charakterisierung der Fruchtbarkeit einer Bevölkerung, bei der für den Altersaufbau eine Gleichverteilung angenommen wird (1.000 Frauen pro Altersjahrgang). Darüber hinaus lässt sich die TFR auch als ein kumulatives Fertilitätsmaß interpretieren, denn (durch 1.000 geteilt) gibt sie an, wie viele Kinder eine Frau im Laufe ihrer reproduktiven Periode durchschnittlich zur Welt bringen würde, wenn sie den für einen bestimmten Zeitpunkt maßgeblichen Fruchtbarkeitsverhältnissen unterworfen wäre und dabei von der Sterblichkeit abgesehen wird. Damit wird wiederum eine Querschnittsbetrachtung (altersspezifische Geburtenraten) in eine Längsschnittsbetrachtung umgesetzt, um zu einem möglichst aussagekräftigen Kennwert zu gelangen. Bei der Interpretation der TFR ist allerdings zu bedenken, dass sie vom sog. *tempo*-Effekt beeinflusst wird (vgl. BONGAARTS 1999 und 2002): Ein „Aufschieben" der Geburten, wie in vielen Industrieländern zu beobachten, führt zu geringeren, eine Verminderung des Durchschnittsalters bei den Geburten zu höheren Werten.

Sehr eng mit diesem Index der Gesamtfruchtbarkeit verbunden ist die **„Bruttoreproduktionsrate"**. Diese errechnet sich ebenfalls aus der Summe altersspezifischer Geburtenraten, wobei aber jeweils nur die weiblichen Geburten berücksichtigt werden. Die Bruttoreproduktionsrate dient als Hilfsmittel, um die Reproduktionskraft einer Bevölkerung zu beurteilen, denn sie misst, inwieweit die Zahl der von einer Müttergeneration zur Welt gebrachten Töchter ausreicht, um den Bestand dieser Frauen zu ersetzen (Tab. 15).

Bei raumzeitlichen Vergleichen wird es nicht immer möglich sein, auf totale Fertilitätsraten oder Bruttoreproduktionsziffern zurückzugreifen, weil die zu ihrer Berechnung benötigten altersspezifischen Angaben nicht in allen Fällen vorliegen. COALE (1967) hat daher eine andere Standardisierung von Fertilitätsmaßen vorgeschlagen.

Ausgangspunkt seiner Überlegungen ist das von HENRY (1961) in die Demographie eingeführte Konzept der **„natürlichen Fruchtbarkeit"**. Darunter wird diejenige (eheliche) Fruchtbarkeit verstanden, die sich ohne eine bewusst betriebene Geburtenkontrolle ergibt. Diese *natural fertility* liegt unter der biologisch möglichen maximalen Fruchtbarkeit (physiologische Fruchtbarkeit), weil sie nicht nur von biologischen, sondern auch von einer Reihe anderer Faktoren, wie Heiratsalter, auf das generative Verhalten bezogene Sitten und Gebräuche, Gesundheitszustand und Ernährungssituation usw., beeinflusst wird. Als Maß für die natürliche Fruchtbarkeit benutzt COALE die bisher höchsten in einer Bevölkerungsgruppe festgestellten altersspezifischen Fertilitätsraten. Diese beziehen sich auf die Fruchtbarkeit der „Hutterer-Brüder", einer in Nordamerika lebenden Glaubensgemeinschaft, die jede Geburtenkontrolle ablehnt, bzw. genauer auf die Fruchtbarkeit derjenigen Frauen dieser Gemeinschaft, die zwischen 1921 und 1930 heirateten. Die Hutterer dienen somit COALE und seiner Forschergruppe an der Princeton University als „Standardbevölkerung", um raumzeitliche Veränderungen im generativen Verhalten zu studieren und das Ausmaß der Geburtenkontrolle zu erfassen. Dazu bilden sie vier grundlegende Indizes: den Index der allgemeinen Fruchtbarkeit (I_f), den Index der ehelichen Fruchtbarkeit (I_g), den Index der außerehelichen Fruchtbarkeit (I_n) und den Index der Heiratshäufigkeit für Frauen im gebärfähigen Alter (I_m). Entsprechend der vorgenommenen Standardisierung nehmen die Indizes den Wert 1 ein, wenn das Verhalten der betrachteten Bevölkerungsgruppe dem der Hutterer entspricht.

Der Zusammenhang zwischen den einzelnen Indizes lässt sich in der folgenden, einfach nachvollziehbaren Gleichung ausdrücken:

$$I_f = I_g \cdot I_m + I_h \left(1 - I_m\right)$$

Einige der von COALE berechneten Werte sind in Tabelle 16 aufgeführt, um ihre Aussagemöglichkeiten zu verdeutlichen. Eine genauere Interpretation und Einordnung in den historischen Gesamtzusammenhang wird an späterer Stelle erfolgen (vgl. Kap. 3.3.2). Aus Tabelle 16 können aber schon jetzt zwei wichtige Schlußfolgerungen gezogen werden:

1. Die Fruchtbarkeit und insbesondere die eheliche Fruchtbarkeit ist in Westeuropa trotz eines Anstieges der Verheiratetenanteile in den letzten 100 Jahren erheblich zurückgegangen.
2. Von der für die Hutterer-Brüder festgestellten Fruchtbarkeit waren die beiden angeführten Länder selbst in der zweiten Hälfte des 19. Jh. weit entfernt.

Tab. 16 Kennziffern zur Fruchtbarkeit und Heiratshäufigkeit nach COALE für England/Wales und Frankreich 1870 und 1960 (Erläuterungen siehe Text); Quelle: WOODS (1979).

Land	I_f		I_g		I_m	
	1870	1960	1870	1960	1870	1960
England/Wales	0,37	0,22	0,68	0,29	0,51	0,71
Frankreich	0,28	0,22	0,48	0,31	0,54	0,67

3.1.3 Maße zur kombinierten Erfassung von Mortalität und Fertilität

Um eine Vorstellung von der zahlenmäßigen Entwicklung einer Bevölkerung zu bekommen, ist es notwendig, die bisher behandelten Mortalitäts- und Fertilitätsmaße zu kombinierten Kennziffern zusammenzufügen. Dazu kann man zunächst die Differenz aus Geborenen- und Gestorbenenzahlen eines Jahres bilden, um so die Höhe des Geburtenüberschusses bzw. des Geburtendefizits festzustellen. Wird auch in diesem Fall der störende Einfluss der Bevölkerungsgröße ausgeklammert und die Geburtenziffer von der Sterbeziffer subtrahiert, so gelangt man zur **„Geburtenüberschussziffer"** (rohe Rate des natürlichen Bevölkerungswachstums). Zur Beurteilung der gegenwärtigen Bevölkerungsdynamik und zur Einschätzung der zukünftigen Entwicklung reicht eine solche Angabe aber nicht aus, da gleiche Geburtenüberschussziffern aus ganz verschiedenen Kombinationen von rohen Geburten- und Todesraten entstehen können. Es empfiehlt sich daher, zusätzlich die **„demographische Umsatzziffer"** als Addition von Geburten- und Sterbeziffern zu berechnen (Tab. 17) oder in einem Diagramm mehrere Ziffern miteinander zu kombinieren. Als Beispiel kann die Abbildung 66 herangezogen werden, in der die zu vergleichenden Gebiete bzw. Zeitpunkte im Schnittpunkt der Koordinaten für die Geburten- und Sterberaten angezeigt und zusätzlich Linien gleicher natürlicher Zunahme eingetragen sind (vgl. WITTHAUER 1959). Somit lassen sich wenigstens vier Wachstumstypen unterscheiden:

1. Wertepaare aus hohen Geburten- und Sterberaten,
2. Wertepaare aus hohen Geburten- und niedrigen Sterberaten,
3. Wertepaare aus niedrigen Geburten- und Sterberaten,
4. Wertepaare aus niedrigen Geburten- und hohen Sterberaten.

Die Kriterien zur Abgrenzung zwischen „hohen" und „niedrigen" Ziffern können nicht schematisch, sondern nur in Zusammenhang mit der verfolgten Fragestellung festgelegt werden. Das gilt insbesondere für die vierte der genannten Gruppen, die in reiner Form nicht vorkommt. Jedoch tendiert die jüngere Entwicklung in einzelnen Nachfolgestaaten der Sowjetunion in diese Richtung (vgl. Kap. 3.4.2).

Ist die Geburtenüberschussziffer eines Jahres bekannt, so lässt sich aus ihr und der jährlichen Zuwachsrate der Bevölkerung gemäß der demographischen Grundgleichung die „Nettowanderungsrate" berechnen. Wenn keine jährlichen Angaben über die Bevölkerungsentwicklung zu erhalten sind, kann man die **durchschnittliche jährliche Zuwachsrate** r in % auch aus den Ergebnissen zweier Volkszählungen (P_1, P_2) ermitteln, die im Abstand von n Jahren stattgefunden haben. Dafür gilt folgende Interpolationsformel:

$$r\% = \left(\sqrt[n]{\frac{P_2}{P_1}} - 1\right) \cdot 100$$

Die Geburtenüberschussziffer bildet zwar ein wichtiges Hilfsmittel, um die Dynamik der natürlichen Bevölkerungsbewegung zu kennzeichnen, sie sagt jedoch nichts

Tab. 17 Rohe Raten der natürlichen Bevölkerungsbewegung nach Großräumen 2000–2005; Quelle: UN (2003).

Raum	Geburtenrate (‰)	Sterberate (‰)	Natürliche Wachstumsrate (%)	Demograph. Umsatzziffer (%)
Welt	21	9	1,2	3,0
Industrieländer	11	10	0,1	2,1
Entwicklungsländer	24	9	1,5	3,3
Afrika	37	15	2,2	5,3
Nordafrika	26	7	1,9	3,3
Westafrika	41	15	2,6	5,6
Ostafrika	41	19	2,3	6,0
Mittelafrika	47	21	2,7	6,8
Südafrika	24	18	0,6	4,1
Asien	21	8	1,3	2,8
Westasien	27	6	2,1	3,3
Südasien	26	9	1,7	3,4
Südostasien	22	7	1,5	2,9
Ostasien	14	7	0,7	2,1
Nordamerika	14	8	0,6	2,2
Lateinamerika	22	6	1,5	2,8
Zentralamerika (einschl. Mexiko)	24	5	1,9	2,9
Karibischer Raum	20	9	1,1	2,8
Südamerika	21	7	1,4	2,7
Europa	10	12	–0,2	2,1
Nordeuropa	11	11	0,1	2,2
Westeuropa	11	10	0,1	2,0
Osteuropa	9	13	–0,5	2,2
Südeuropa	10	10	–0,0	2,0
Australien/Ozeanien	17	8	1,0	2,5

darüber aus, ob der in einem bestimmten Gebiet beobachtete Geburtenüberschuss ausreicht, um auf längere Sicht den Bevölkerungsstand zu halten. Denn die rohe Rate des natürlichen Bevölkerungswachstums wird ebenso wie ihre beiden Teilkomponenten ganz entscheidend vom Altersaufbau beeinflusst. Hohe Geburtenüberschüsse können sich allein daraus ergeben, dass starke Geburtenjahrgänge in das reproduktive Alter kommen; wie auch umgekehrt niedrige Geburtenüberschüsse allein das Ergebnis eines relativ geringen Anteils von Frauen im gebärfähigen Alter sein können.

Um derartige „Verfälschungen" auszuschalten, geht man entweder zur Indexbildung unter Berücksichtigung der Alterszusammensetzung über (vgl. z. B. VEYRET-VERNER 1958) oder knüpft an die Berechnung der Bruttoreproduktionsrate an und erweitert sie durch Einbeziehen der Sterblichkeit zur **„Nettoreproduktionsrate"**. Gedanklich wird dabei wieder ein fiktiver Geburtenjahrgang von weiblichen Neugeborenen den Fertilitätsverhältnissen eines bestimmten Zeitpunktes unterworfen und gleichzeitig das Sterblichkeitsrisiko zu eben diesem Zeitpunkt berücksichtigt. Die Nettoreproduktionsrate (NRR) misst somit „die durchschnittliche Anzahl lebendgeborener Töchter, die eine hypothetische Generation von üblicherweise ursprünglich 100.000 weiblichen Personen im Laufe ihres Lebens gebären würden, wenn sich weder die zugrundegelegten altersspezifischen Geburten- noch die altersspezifischen Sterbeziffern veränderten" (HöHN u. a. 1987, S. 710). Dabei bedeutet NRR > 1 eine wachsende, NRR = 1 eine gleich bleibende, NRR < 1 eine schrumpfende Bevölkerung (Tab. 15).

Bei der Bewertung und Einordnung von Nettoreproduktionsziffern sind die genannten Randbedingungen zu bedenken. Wie für viele Kennziffern der natürlichen Bevölkerungsbewegung, so gilt auch in diesem Fall, dass die Querschnittsanalyse lediglich zu einer statistischen und nicht zu einer wirklichen Längsschnittsbetrachtung erweitert wurde. Aus Nettoreproduktionsziffern können daher keine Prognosen über die zukünftige Bevölkerungsentwicklung abgeleitet werden, denn es hat sich immer wieder gezeigt, dass die Fertilität einer Bevölkerung nur selten über einen längeren Zeitraum mehr oder weniger konstant bleibt.

3.2 Mortalität

3.2.1 Internationale Kontraste

Es ist schon gesagt worden, dass alle internationalen Vergleiche der natürlichen Bevölkerungsbewegung durch den Mangel an zuverlässigen statistischen Daten erheblich erschwert werden. Vielfach liegen nur Schätzwerte vor, die entsprechend vorsichtig interpretiert werden müssen.

Betrachtet man zunächst die allgemeine Sterbeziffer für einzelne Großräume (Tab. 17) und Länder, so zeigen sich – bedingt durch ausgeprägte altersstrukturelle Verzerrungen – überraschend geringe räumliche Disparitäten. Heute weisen nur noch einige wenige afrikanische Staaten Werte von 20‰ und mehr auf (z. B. Sierra Leone, Malawi, Mosambik), und bezogen auf größere Erdräume werden lediglich im tropischen Afrika Werte um 15‰ erreicht. Dagegen bestehen zwischen Europa, Asien, Nordamerika, Lateinamerika und Australien keine bedeutsamen Unterschiede, und selbst die Gegenüberstellung von Industrie- und Entwicklungsländern besitzt keine Aussagekraft mehr, ist doch die rohe Sterberate in beiden Gruppen mit 10 bzw. 8‰ fast identisch (World Population Data Sheet 2003).

Finden zusätzlich die Schätzwerte für die **mittlere Lebenserwartung** und für die **Säuglingssterblichkeit** Berücksichtigung, so differenziert sich das Bild erheblich. Da jetzt die altersstrukturelle Komponente der Sterblichkeit außer Betracht bleibt, werden Länder mit ähnlichen rohen Sterbeziffern ganz unterschiedlichen Typen zugeordnet. In Abbildung 48 lassen sich wenigstens vier Ländergruppen erkennen (vgl. SCHULZ 1999):

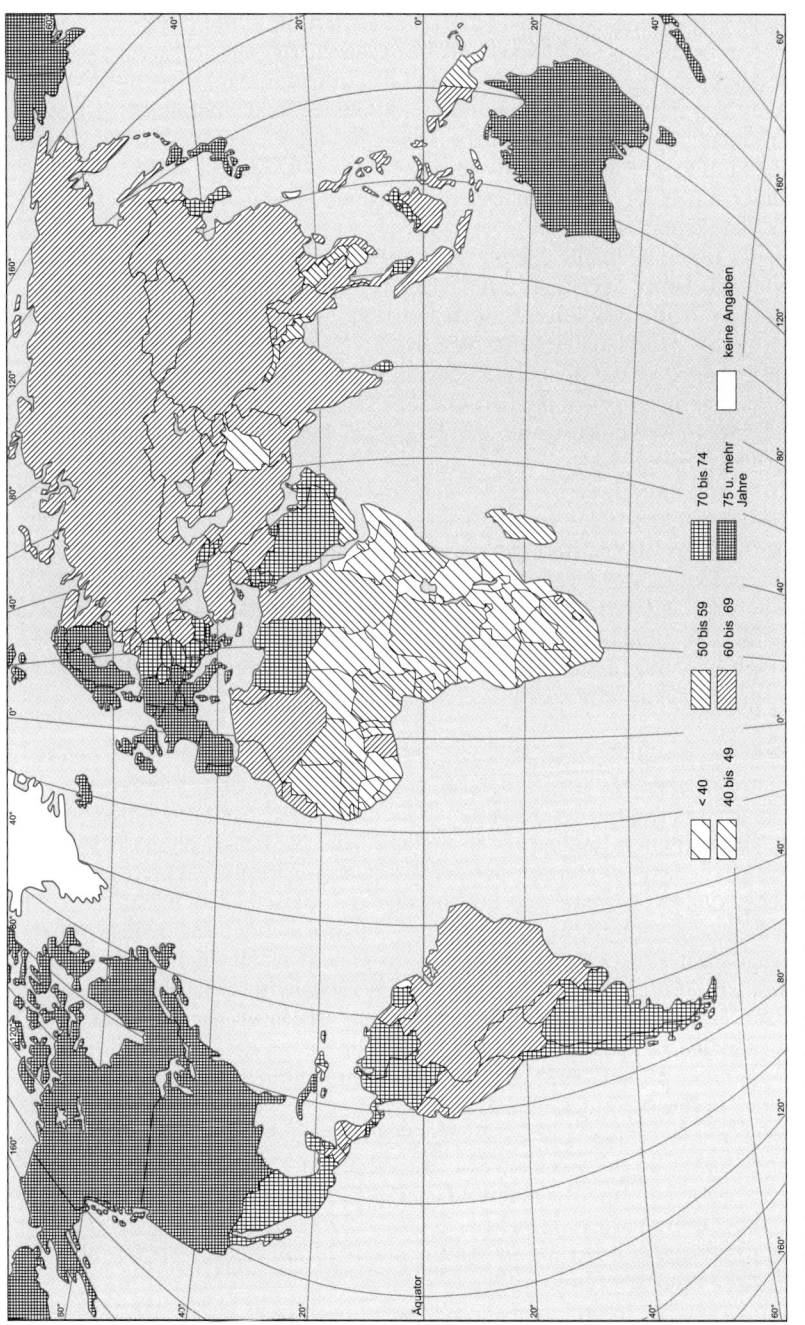

Abb. 48. Lebenserwartung in den Staaten der Erde 2000–2005. Quelle: UN (2003).

1. Länder mit einer extrem niedrigen Lebenserwartung (unter 50 J.) und einer außergewöhnlich hohen Säuglingssterblichkeit (bis zu 150 ‰):
   Diese konzentrieren sich eindeutig auf das tropische Afrika. Ähnliche Verhältnisse finden sich sonst nur in Afghanistan und Haiti (Beispiel: Mali mit 49 J. bzw. 119 ‰). In den von der AIDS-Pandemie besonders betroffenen Staaten ist die Lebenserwartung mittlerweile auf unter 40 Jahre gefallen (z. B. Sambia, Botswana).
2. Länder mit einer niedrigen Lebenserwartung (50–60 J.) und einer hohen Säuglingssterblichkeit (um 80 ‰):
   Dazu gehören ebenfalls überwiegend afrikanische sowie süd- bzw. südostasiatische Länder (Beispiel: Myanmar mit 57 J. bzw. 84 ‰).
3. Länder mit einer mittleren Lebenserwartung (60–70 J.) und einer noch immer hohen Säuglingssterblichkeit (um 50 ‰):
   Diese Gruppe ist vor allem in Lateinamerika weit verbreitet. Außerdem lassen sich die Mehrzahl der orientalischen und südostasiatischen Staaten, aber auch Russland und andere Nachfolgestaaten der Sowjetunion hier einordnen (Beispiel: Bolivien mit 64 J. bzw. 56 ‰).
4. Länder mit einer hohen Lebenserwartung (über 70 J.) und einer niedrigen Säuglingssterblichkeit (meist unter 20 ‰):
   Dazu werden die meisten europäischen Länder, Nordamerika, Australien, Neuseeland und Japan sowie verschiedene lateinamerikanische Staaten gerechnet. Von den größeren Staaten in Asien fallen u. a. Saudi-Arabien, Iran, Sri Lanka, Malaysia sowie die VR China in diese Gruppe (Beispiel: Großbritannien mit 78 J. bzw. 5,4 ‰). In einigen wenigen Staaten ist sogar schon der Schwellenwert von 80 Jahren überschritten (Japan, Schweden).

Im Ganzen betrachtet, zeigt sich, dass es weniger der Gegensatz zwischen Industrie- und Entwicklungsländern ist, der das globale Bild bestimmt, sondern ein Gegensatz zwischen Europa und der gesamten Neuen Welt auf der einen sowie dem afrikanisch-südasiatischen Raum auf der anderen Seite. Zwischen diesen beiden Großräumen ergeben sich Differenzen der Lebenserwartung von 40 Jahren und mehr (z. B. Afghanistan 43 J. – Japan 82 J.), während der Unterschied zwischen der Gruppe der Industrie- und Entwicklungsländer nur 13 Jahre beträgt (64 J. gegenüber 76 J.). Das ist darauf zurückzuführen, dass es in vielen, wenn auch keineswegs in allen Staaten der Dritten Welt in der jüngsten Vergangenheit deutliche, teilweise sogar spektakuläre Verbesserungen der Überlebenschancen gegeben hat (vgl. BUCHT 1994). Bezüglich der Sterberaten belegt Abbildung 49, dass diese sich in Westeuropa und Nordamerika seit 1930 gar nicht oder nur geringfügig veränderten, während für viele Entwicklungsländer ein starker Rückgang kennzeichnend ist. Stellvertretend dafür stehen Staaten wie Mexiko, Mauritius oder Sri Lanka, die um 1930 noch ein sehr hohes Sterblichkeitsniveau mit Werten um 25 ‰ aufzuweisen hatten und bis zur Gegenwart eine Reduzierung auf 5–7 ‰ erreichen konnten. Gleichzeitig stieg auch die Lebenserwartung erheblich an, so z. B. in vielen lateinamerikanischen Staaten von etwas mehr als 30 Jahren um 1920 auf heute deutlich über 70 Jahre (Tab. 18).

Ordnet man diese und ähnliche Beobachtungen in eine längerfristige Analyse der

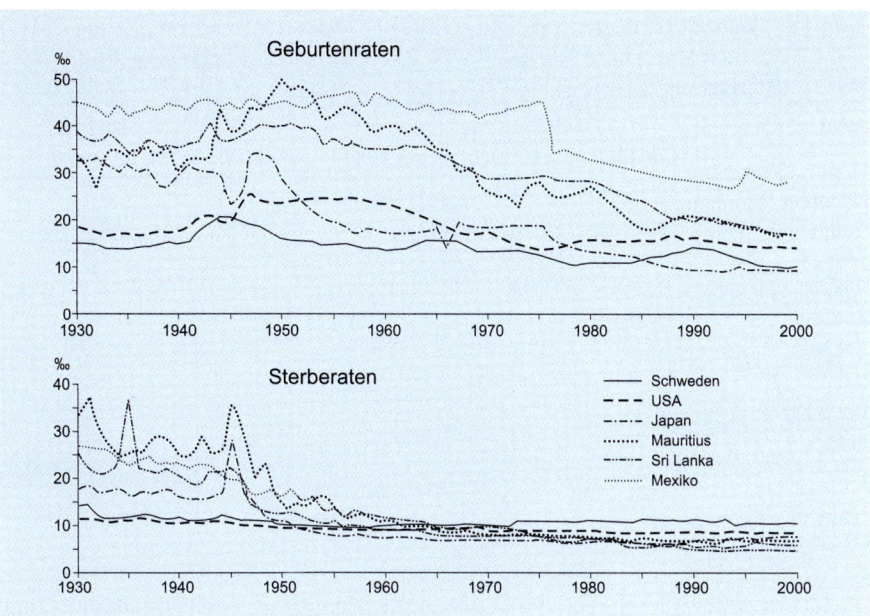

Abb. 49. Entwicklung der Geburten- und Sterberaten für ausgewählte Industrie- und Entwicklungsländer seit 1930. Quelle: BROEK und WEBB (1978), ergänzt.

Sterblichkeitsveränderungen ein, so lassen sich mit GWATKIN (1980) drei große Wellen bei der **Zunahme der Lebenserwartung** unterscheiden:

Eine erste setzte im ausgehenden 19. Jh. im westlichen Teil Europas, in Nordamerika und Australien ein; wenig später begann als zweite Welle auch eine nachhaltige Verlängerung der Lebenserwartung in den Ländern Südost- und Südeuropas. Die jährlichen Zuwachsraten überstiegen hier seit dem 20. Jh. die der nordwesteuropäischen Staaten und führten zu einer weitgehenden Angleichung der Sterblichkeitsverhältnisse, wenn sich auch die innereuropäischen Gegensätze bis heute nicht vollends nivelliert haben (vgl. Abb. 48). Die dritte Welle ist in den schnellen Sterblichkeitsverbesserungen in der Mehrzahl der Entwicklungsländer nach dem Zweiten Weltkrieg zu sehen, wobei allerdings in einigen, vor allem lateinamerikanischen Staaten erste Fortschritte schon früher eingetreten waren. Einen ausgesprochenen Sonderfall stellt Japan dar. Auch hier war die Lebenserwartung in den 1940er Jahren noch verhältnismäßig niedrig und lag nur bei ca. 50 Jahren. Die danach erreichten Verbesserungen waren so erheblich, dass schon in den 1960er Jahren die entsprechenden Werte der Vereinigten Staaten und Mitte der 1970er Jahre auch diejenigen Schwedens übertroffen wurden (LÜTZELER 1994; WILMOTH 1998). Gegenwärtig weist Japan die höchste Lebenserwartung (82 J.) und, abgesehen von Singapur (2,9 ‰), die niedrigste Säuglingssterblichkeit (3,2 ‰) unter allen Staaten der Welt auf (zum Vergleich Deutschland 78 J. bzw. 4,5 ‰).

Tab. 18 Veränderung der Lebenserwartung in verschiedenen latein-amerikanischen Staaten 1900–2000; Quelle: WITTHAUER (1969), erweitert und ergänzt.

Land	Lebenserwartung in Jahren				Anstieg
	um 1900	um 1920	um 1950	um 2000	1950–2000 in %
Nicaragua	–	24	40	68	70
Guatemala	24	26	41	66	61
Brasilien	29	32	43	69	60
Kolumbien	–	32	45	71	58
Mexiko	25	35	48	75	56
Chile	–	31	51	77	51
Haiti	–	–	33	49	48
Costa Rica	31	–	56	77	38
Kuba	33	37	56	76	36
Argentinien	40	–	61	74	21
Deutschland*)	47	56	67	78	11

*) 1950: alte Länder

Als Gründe für die bis heute fortbestehenden Gegensätze zwischen Industrie- und Entwicklungsländern sowie die unterschiedlichen Entwicklungsabläufe wird man vor allem **wirtschaftliche Faktoren** vermuten. Dass es Beziehungen zwischen den Sterblichkeitsverhältnissen und dem wirtschaftlichen Entwicklungsstand gibt, lässt sich mit Hilfe einfacher Korrelationsanalysen belegen. Berechnet man die Korrelation zwischen der mittleren Lebenserwartung und dem (logarithmierten) Prokopfeinkommen, so ergeben sich Koeffizienten zwischen 0,8 und 0,9 (PRESTON 1975, S. 235). Damit ist jedoch noch nicht gesagt, dass wirtschaftliche Fortschritte als notwendige Vorbedingung für eine Verbesserung der Überlebenschancen zu gelten haben. Der recht niedrige Korrelationskoeffizient zwischen der Veränderung des Prokopfeinkommens und der Verlängerung der Lebenserwartung lässt vielmehr darauf schließen, dass wirtschaftliches Wachstum nur verhältnismäßig wenig zum Anstieg der Lebenserwartung beigetragen hat (nach PRESTON 1975 ca. 10–25 %).

Gegen eine Überbetonung wirtschaftlicher Sachverhalte bei der Erklärung weltweiter Mortalitätsunterschiede spricht auch die Tatsache, dass in vielen Ländern der Dritten Welt die Lebenserwartung heute weit höher ist als um die Wende zum 20. Jahrhundert in Europa oder Nordamerika, während für den wirtschaftliche Entwicklungsstand eher die umgekehrte Aussage zutrifft. Als Beleg können wiederum einige von PRESTON (1975, S. 245 ff.) ermittelte Zahlen herangezogen werden. Um 1900 betrug die Lebenserwartung selbst in denjenigen europäischen Staaten, in denen der Industrialisierungsprozess verhältnismäßig frühzeitig begonnen hatte und das Prokopfeinkommen überdurchschnittlich hoch war, lediglich etwa 50 Jahre oder sogar noch weniger (Beispiel: Großbritannien mit 49 Jahren und einem Prokopfeinkommen von 511 US-Dollar bezogen auf 1963). Derartige Werte wurden um 1960 schon von zahlreichen Entwicklungsländern übertroffen, obwohl ihr Durchschnittseinkommen sehr viel niedriger lag (Beispiel: Algerien mit 65 Jahren und 184 US-Dollar).

Solche Tatsachen widerlegen die Behauptung, abnehmende Sterblichkeit in den Entwicklungsländern sei eine Funktion zunehmender Prokopfeinkommen. Damit lassen sich Beziehungen und Zusammenhänge, die für die europäischen Industrieländer weitgehend Gültigkeit beanspruchen können, nicht oder nur z. T. zur Erklärung der gegenwärtigen Sterblichkeitssenkung in der Dritten Welt heranziehen.

Hinweise auf mögliche **Gründe für die revolutionäre Verbesserung der Überlebenschancen** in den meisten Entwicklungsländern erhält man aus einer genauen Analyse des Entwicklungsablaufs und aus einer todesursachenspezifischen Aufschlüsselung der Mortalität. Daraus ergibt sich im Vergleich zu den westlichen Industrieländern im 19. und beginnenden 20. Jh. das folgende Bild (HAUSER 1974, S. 76 ff.):

1. Von einem Niveau nahezu konstanter und hoher Sterblichkeit setzte eine zunächst progressiv schneller werdende, später langsam auslaufende Abnahme ein. Bezogen auf einzelne Erdräume befinden sich viele afrikanische Länder noch am Anfang dieser Entwicklung, während der größte Teil der asiatischen Staaten die Phase des raschen Fortschritts schon weitgehend durchlaufen hat, und die Mehrzahl der lateinamerikanischen Länder bereits in eine neue Gleichgewichtsphase mit niedriger und nur noch langsam abnehmender Mortalität eingetreten ist.
2. Die Veränderungen vollzogen sich weit schneller als in Europa. Beinahe alle Entwicklungsländer konnten während der Phase ihrer schnellsten Sterblichkeitssenkung eine durchschnittliche jährliche Zunahme der Lebenserwartung von oft mehr als einem Jahr, verschiedentlich sogar mehr als zwei Jahren erreichen. Dem standen in den westlichen Industrieländern während des ganzen 19. Jh. Werte von weniger als 0,2 Jahren gegenüber, die erst nach der Jahrhundertwende langsam auf etwa 0,4 Jahre anstiegen.
3. Die Abnahme der Sterblichkeit in den Entwicklungsländern erfolgte außerordentlich kontinuierlich. Schwankungen, wie sie zu Beginn des Mortalitätsrückgangs in Europa noch häufig vorkamen, waren sehr selten und treten bei Betrachtung mehrjähriger Mittelwerte meist überhaupt nicht in Erscheinung.
4. Der Sterblichkeitsrückgang resultierte überwiegend aus der erfolgreichen Bekämpfung einiger weniger Krankheiten. Da zuverlässige todesursachenspezifische Raten für viele Länder der Erde bis heute fehlen, sei hier exemplarisch auf die besonders gut untersuchten Verhältnisse in Ceylon verwiesen (vgl. GRAY 1974; CALDWELL 1986). In diesem Fall ist die schnelle Abnahme der allgemeinen Sterbeziffer von 20 ‰ im Jahre 1946 auf 10 ‰ Mitte der 1950er Jahre in erster Linie auf die Reduzierung der Todesfälle durch Malaria, Typhus, Ruhr und andere ehemals weit verbreitete Infektionskrankheiten zurückzuführen. Während zwischen 1942 und 1946 im Durchschnitt etwa 120 Malariatote auf 100.000 Ew. kamen, sank ihre Zahl dank einer systematischen Anwendung von DDT zur Vernichtung der Anophelesmücke als Malariaüberträger bis 1950 auf nur noch 25, und seit Anfang der 1960er Jahre kommt Malaria als Todesursache kaum mehr vor. Ähnliche Erfolge konnten auch bei anderen Krankheiten erzielt werden, was wenigstens z. T. darauf zurückzu-

führen ist, dass sich die körperlichen Widerstandskräfte des Menschen durch die Ausrottung der Malaria erheblich verbesserten.

Als Ergebnis vieler Einzelstudien lässt sich feststellen, dass die schnelle und kontinuierliche Sterblichkeitssenkung in der Dritten Welt hauptsächlich das Resultat **exogener Einwirkung** ist (vgl. Hauser 1974, S. 82 ff.). Das trifft insbesondere für diejenigen Länder zu, in denen die Mortalität erst verhältnismäßig spät zurückging; dagegen ist der für einzelne, vor allem lateinamerikanische Staaten belegte frühe Anstieg der Lebenserwartung noch weitgehend ungeklärt (Grigg 1982, S. 107).

Der Sieg über die Malaria ist nur ein Beispiel für den Einsatz moderner Technik und Medizin bei der Kontrolle endemischer und epidemischer Krankheiten. Auch die anderen großen „Geißeln der Menschheit" wie Cholera oder Pocken konnten mit verhältnismäßig geringem Aufwand bekämpft werden (Abb. 50). In all diesen Fällen wur-

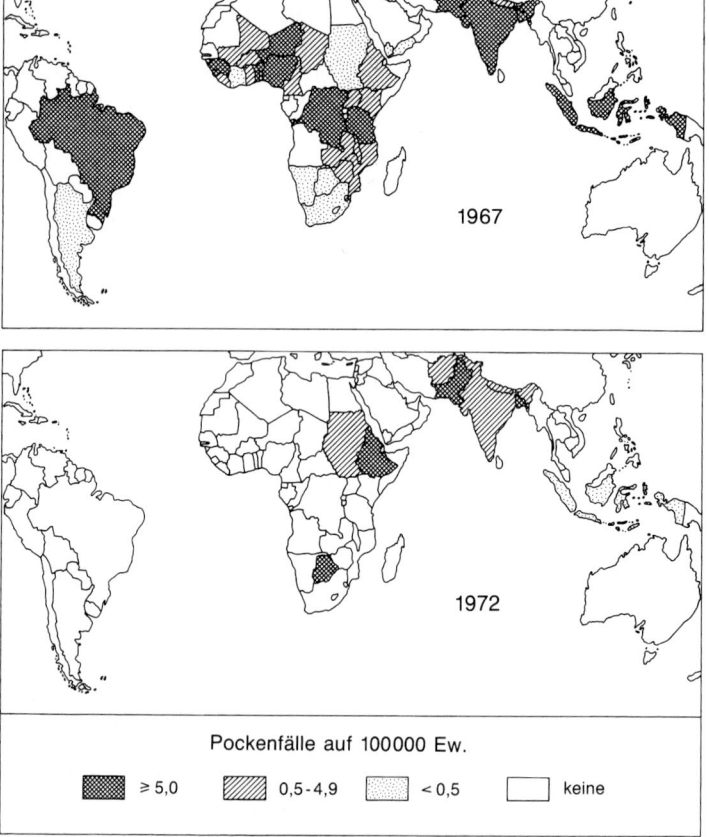

Abb. 50. Rückgang der Pockenfälle zwischen 1967 und 1972. Quelle: Jones (1981).

den billige medizinisch-hygienische Mittel und Praktiken aus den Industriestaaten in die Entwicklungsländer importiert und kamen dort auf breiter Basis zur Anwendung. Nennenswerte Hindernisse für ihre rasche Ausbreitung gab es in der Regel nicht, da man nur in den seltensten Fällen, wie z. B. bei Impfungen, auf die Mitarbeit des Einzelnen angewiesen war und die Verbesserung der Überlebenschancen weder auf staatlicher noch auf religiöser oder kultureller Ebene auf Ablehnung stieß. Durch Finanzhilfen internationaler Organisationen oder einzelner Geberländer und durch den Einsatz von geschultem Fachpersonal wurde der Erfolg der eingeleiteten Maßnahmen vollends gesichert. Auch der Mortalitätsanstieg bei Hungersnöten und ähnlichen Katastrophen konnte durch weltweite Hilfsaktionen zumindest begrenzt werden. PRESTON (1980) schätzt den Anteil exogener Faktoren (Verbesserung unabhängig von Veränderungen des Einkommens- und Bildungsniveaus und der Ernährung) an dem zwischen 1940 und 1970 registrierten Anstieg der Lebenserwartung für alle Entwicklungsländer zusammengenommen auf ca. 50%.

Trotz dieser unbestreitbaren Erfolge bestehen jedoch in vielen Ländern auch weiterhin Probleme mit Infektionskrankheiten. Diese resultieren insbesondere daraus, dass Erreger immun geworden sind (z. B. neuerliche Malaria-Ausbreitung; DIESFELD 1997), eine erfolgreiche Krankheitsbekämpfung an unzureichenden Lebensumständen der Bevölkerung scheitert (z. B. Cholera-Ausbreitung in weiten Teilen Südamerikas) oder auch neue Krankheiten auftreten und noch nicht eingedämmt werden können (HAGGETT 1994).

Viel diskutiert wurden in jüngster Zeit die demographischen Konsequenzen der **AIDS-Ausbreitung** in Entwicklungsländern, speziell in Afrika (vgl. LEISCH 2001; LAMPTEY u. a. 2002). Zwar sind die vorliegenden Daten nicht sehr zuverlässig, weil sie auf nur wenigen Stichproben beruhen, und auch HIV-Tests und AIDS-Diagnosen sind mit Mängeln behaftet und können unterschiedlich interpretiert werden, ein erheblicher Anstieg der Sterblichkeit in einzelnen Ländern, verbunden mit gravierenden altersstrukturellen Verschiebungen, ist jedoch unausweichlich. So rechnet man in Botswana 2010 mit einer Lebenserwartung von lediglich 26,7 Jahren (statt 74,4 Jahre ohne AIDS), in Simbabwe werden es 34,6 Jahre (statt 71,4) in Haiti 53,3 Jahre (statt 61,7) und in Kambodscha 60,6 Jahre (statt 64,9) sein. Das Bevölkerungswachstum wird sich in zahlreichen Staaten als Folge von AIDS/HIV abschwächen; für Mosambik, Lesotho, Swasiland und Südafrika werden sogar negative Wachstumsraten in 2010 prognostiziert (LAMPTEY u. a. 2002, S. 17 f.).

Von den ca. 40 Mio. Menschen mit HIV/AIDS (Ende 2003) leben über 90% in Entwicklungsländern, allein 26,6 Mio. in Afrika südlich der Sahara. Für die rasche Ausbreitung des AIDS-Virus gerade in Schwarzafrika werden mehrere sich überlagernde und verstärkende Ursachen genannt (CALDWELL 2000; SCHMIED 2003). Möglicherweise hat diese Infektionskrankheit hier ihren Ursprung bzw. kommt zumindest schon verhältnismäßig lange vor. Die im Allgemeinen recht schlechte gesundheitliche Situation der Bevölkerung und die weite Verbreitung von Geschlechtskrankheiten dürfte die Ansteckungsgefahr deutlich erhöht haben. Massive Land-Stadt- und großräumige Arbeiterwanderungen, aber auch die vielen inner- und zwischenstaatlichen Konflikte, haben die schnelle flächenhafte Ausbreitung zusätzlich begünstigt. Nicht zuletzt sind jedoch auch bestimmte sexuelle Verhaltensweisen von großer Bedeutung (weite Verbreitung der Prostitution, häufig wechselnde Sexualkontakte, bestimmte Sexualpraktiken).

In einer ganzen Reihe von Entwicklungsländern lässt sich das Sterblichkeitsniveau allein durch exogene Einflussfaktoren nur noch unwesentlich verbessern. Dabei handelt es sich in erster Linie um diejenigen Staaten, die bereits eine recht niedrige Mortalität erreicht haben. Um auch in diesen Fällen den noch immer gegebenen Abstand zu den Staaten Europas und Nordamerikas zu verringern, bedarf es verstärkt einer Verbesserung der **endogenen Voraussetzungen** nicht nur in den Bereichen Ernährung, öffentlicher und privater Hygiene sowie Wohnverhältnisse und Kleidung, sondern auch hinsichtlich des Bildungsniveaus und der Stellung von Frauen und Müttern. So ist die in einigen Entwicklungsländern festzustellende Übersterblichkeit der weiblichen Bevölkerung (z. B. Pakistan, Nepal, Bangladesch) in erster Linie Ausdruck der gesellschaftlichen Benachteiligung der Frauen und ihres sehr geringen Bildungsstandes. Nur verhältnismäßig wenigen Ländern ist der nahtlose Übergang von der *technological diffusion* zur *modernization* gelungen.

Dass Erfolge bei der Verbesserung der Überlebenschancen unter ganz unterschiedlichen gesellschaftlichen und politischen Rahmenbedingungen möglich sind, geht aus einer auf Lateinamerika bezogenen Analyse hervor (BÄHR 1992). Abgesehen von Puerto Rico, gibt es gegenwärtig nur drei größere Länder, in denen die Säuglingssterblichkeit auf unter 12 ‰ abgesunken ist und die damit noch unter dem Durchschnitt Osteuropas liegen: Kuba, Costa Rica und Chile. Davon hat Chile die spektakulärsten Fortschritte gemacht, starben doch hier 1970 noch 80 von 1.000 Kindern vor Erreichen des ersten Lebensjahres. Dank erheblicher staatlicher Anstrengungen auf hygienischem Gebiet, bei der medizinischen Basisversorgung und einer Verbesserung der Ernährung trat in der Folgezeit ein rascher Wandel ein, der weder durch den politischen Umsturz im Jahre 1973 noch durch wirtschaftliche Krisen nennenswert unterbrochen wurde.

3.2.2 Ablauf und Bestimmungsgründe des Sterblichkeitsrückgangs in Europa

Während der Prozess der Sterblichkeitssenkung in vielen Staaten der Dritten Welt innerhalb weniger Jahrzehnte ablief, benötigte das sich industrialisierende Europa eine wesentlich längere Zeitspanne. Daraus lässt sich folgern, dass zur Erklärung des Übergangs von einem hohen zu einem niedrigen Sterblichkeitsniveau in Europa zusätzlich andere, bisher noch nicht genannte Faktoren und Einflussgrößen herangezogen werden müssen.

In Anlehnung an OMRAN (1971 und 1980) lässt sich die *epidemiologic transition*, d. h. der **Wandel der Sterblichkeitsverhältnisse** sowohl in Bezug auf ihre absolute Höhe als auch hinsichtlich ihrer krankheitsspezifischen Ursachen, in drei Hauptphasen gliedern (vgl. u. a. PHILLIPS 1994; RILEY 2001):

1. Die Zeit hoher und stark fluktuierender Mortalität:
   Bis zur Mitte des 18. Jh. blieb die Sterblichkeit überall auf der Welt außerordentlich hoch, und von Jahr zu Jahr traten erhebliche Schwankungen auf (Sterblichkeit vom Typ *Ancien Régime*). Beim Ausbruch von Seuchen, Epidemien und Hun-

gersnöten konnte es immer wieder vorkommen, dass mehr Menschen starben, als Kinder geboren wurden („offene Krisen"). Genaue Aufzeichnungen für dieses „Zeitalter der Pestilenz und des Hungers" liegen nur ganz vereinzelt vor. Aus den wenigen bis zum Ende des 17. und Beginn des 18. Jh. zurückreichenden Daten ist zu entnehmen, dass die rohe Todesrate zwischen 20‰ und 50‰ schwankte und die Geborenenziffern im Mittel nur wenig darüber lagen, wenn auch dabei die Spanne zwischen minimalen und maximalen Werten nicht ganz so groß war. Diese Ziffern sind Ausdruck einer äußerst geringen Lebenserwartung, für die man Werte zwischen 20 und 35 Jahren annehmen kann. So wird die Lebenserwartung im Alten Griechenland auf 18 Jahre, im Römischen Reich auf 22, im mittelalterlichen England auf 17–35 Jahre und in Genf während des 16.–18. Jh. auf 22–34 Jahre geschätzt (OMRAN 1971, S. 512), und selbst um 1800 betrug sie in Frankreich noch nicht einmal 30 Jahre und in den Niederlanden und in Schweden nur wenig mehr.

2. Die Übergangsphase von hoher zu niedriger Mortalität, die sich ihrerseits wieder in zwei Abschnitte untergliedert:

a) Der Rückgang der „Krisenmortalität"

Eine Trendwende in der Sterblichkeitsentwicklung wurde dadurch eingeleitet, dass die starke Fluktuation der Werte allmählich abnahm, weil die „großen Seuchen" der früheren Jahrhunderte mehr und mehr ausblieben oder nur noch regionale Bedeutung hatten und sich die *human-crowd diseases* (vor allem Pocken, Masern, Scharlach und Keuchhusten) von altersunspezifischen zu typischen Kinderkrankheiten gewandelt hatten (SPREE 1989, S. 33). Dadurch stabilisierten sich die Verhältnisse auf einem allerdings immer noch recht hohen Niveau (Zeit der „verdeckten Krisen"). Aus Abbildung 61 ist zu entnehmen, dass beispielsweise in Schweden seit Beginn des 19. Jh. keine die Geburtenrate übersteigende Sterbeziffer mehr registriert wurde. Abgesehen von den besonders herausragenden Spitzen im Kurvenbild, lag die durchschnittliche Todesrate bis in die zweite Hälfte des 19. Jh. aber noch nicht wesentlich niedriger als in den vorangegangenen 100–150 Jahren und schwankte zwischen knapp 20 und 25‰.

b) Der kontinuierliche Mortalitätsrückgang

Die zunächst nur sehr langsame und oft kaum spürbare Verminderung der Sterblichkeit beschleunigte sich dadurch, dass sich die Überlebenschancen allmählich auch unabhängig vom Ausbleiben katastrophaler Ereignisse verbesserten. Zieht man als Beleg wieder die Verhältnisse in Schweden heran, so umfasst dieser Entwicklungsabschnitt ungefähr den Zeitraum zwischen 1860 und 1940. Während dieser Zeitspanne reduzierten sich die durchschnittlichen Todesraten von etwa 20‰ auf nur noch 10‰, und die Lebenserwartung stieg von 45 auf knapp 70 Jahre. Diese Veränderungen resultierten vorwiegend aus einer Sterblichkeitssenkung in den jüngeren Altersklassen (Kinder und junge Erwachsene, namentlich Frauen bis etwa 35 Jahre). Dagegen gingen die altersspezifischen Ziffern für mittlere Jahrgangsgruppen nur gemäßigt und für ältere fast überhaupt nicht zurück.

3. Die Zeit gleich bleibend niedriger Mortalität:

Die Periode einer schnellen Verbesserung der Sterblichkeitsverhältnisse wurde von einer bis heute andauerndcn Phase geringfügiger Fortschritte abgelöst; merkliche

Verbesserungen traten nur bei der Säuglings- und insbesondere der Alterssterblichkeit ein. So stieg in Schweden die durchschnittliche Lebenserwartung, die schon vor 1950 mehr als 70 Jahre erreicht hatte, bis in die Gegenwart lediglich auf 80 Jahre. Damit betrug der durchschnittliche jährliche Anstieg zwischen 1950 und 2000 kaum 0,2 Jahre im Vergleich zu 0,3 Jahren zwischen 1900 und 1950. An den rohen Sterbeziffern lassen sich diese Veränderungen überhaupt nicht ablesen. Bedingt durch Verschiebungen in der Altersstruktur blieben diese im letzten Jahrhundert zunächst konstant und stiegen später sogar leicht an (Abb. 49).

In jüngerer Zeit haben Picheral (1989) sowie McGlashan u. a. (1995) das Konzept der epidemiologischen Transition dahingehend erweitert, dass sie den von Omran herausgestellten drei Phasen eine weitere hinzufügen, um die gegenwärtige Situation in den wirtschaftlich weiter entwickelten Ländern zu beschreiben. Kennzeichnend dafür sind bedeutsame räumliche und soziale Disparitäten, die sich auf Wandlungen in Verhalten und Lebensart zurückführen lassen, im Durchschnitt aber zu keinen großen Veränderungen mehr führen und daher in den Verlaufskurven kaum in Erscheinung treten. Phillips (1994) bezieht zusätzlich die Geschwindigkeit der Transformation mit ein und unterscheidet zwischen dem „normalen" Ablauf (westliche Industrieländer), der *accelerated transition* (Japan, ehemalige Sowjetunion, einzelne Schwellenländer) und der *delayed transition* (ärmere Staaten der Dritten Welt).

Parallel zum allgemeinen Sterblichkeitsrückgang haben sich auch die **vorherrschenden Todesursachen** entscheidend gewandelt, sodass von einem Übergang von den Infektionskrankheiten zu den Zivilisationskrankheiten gesprochen werden kann. Den *Bills of Mortality* von Graunt aus dem Jahre 1662 ist zu entnehmen, dass damals drei Viertel der Sterbefälle auf ansteckende Krankheiten sowie Hunger und Schwangerschaftskomplikationen zurückzuführen waren, dagegen auf Krebs und Herzversagen weniger als 6 % (Omran 1971, S. 517 ff.). Bis heute haben sich die Verhältnisse nahezu in das Gegenteil verkehrt (vgl. Tab. 14).

Die für den Sterblichkeitsrückgang und die Veränderung der Todesursachen **maßgeblichen Bestimmungsgründe** lassen sich zu drei Hauptkategorien zusammenfassen:

1. Ökobiologische Determinanten: Damit ist das sehr komplexe Zusammenwirken von Krankheitsüberträgern, Umweltbedingungen und Widerstandsfähigkeit des Menschen gemeint.
2. Sozio-ökonomische, politische und kulturelle Determinanten: Dazu zählen Verbesserungen im Lebensstandard, insbesondere der Ernährungslage, und Veränderungen auf dem Gebiet öffentlicher und privater Hygiene.
3. Medizinische Determinanten: Darunter lassen sich Maßnahmen der präventiven und kurativen Medizin sowie Fortschritte im öffentlichen Gesundheitswesen subsumieren.

Welche der drei Determinantengruppen den Sterblichkeitsrückgang in Europa eingeleitet und entscheidend beeinflusst hat, blieb lange Zeit umstritten und ist auch heute noch nicht völlig geklärt. Vereinfacht läuft die Diskussion auf die Frage hinaus, ob dafür vorwiegend sozio-ökonomische oder medizinische Gründe verantwortlich zu machen sind.

Als früher Erfolg der Medizin ist immer wieder die schon im 18. Jh. bekannte Pockenschutzimpfung genannt worden (MERCER 1985). Ihre Auswirkung ist jedoch erheblich überschätzt worden, denn gesetzlich eingeführt wurde sie nirgendwo in Europa vor Anfang des 19. Jh., und selbst dadurch konnte zunächst keine wirksame Kontrolle der Seuche erreicht werden.

Neben diesen Einzelmaßnahmen hat es während des ganzen 18. und 19. Jh. keine vergleichbaren Mittel gegen den Ausbruch und die Ausbreitung von Infektionskrankheiten gegeben. Nach den Ergebnissen medizin-historischer Untersuchungen kann es heute als gesichert gelten, dass direkte medizinische Maßnahmen (Immunisierung und Therapie) nicht vor Beginn des 20. Jh. zu einer Verbesserung der Überlebenschancen beitrugen, weil es erst damals gelang, Infektionskrankheiten durch Sulfonamide und Antibiotika wirksam zu bekämpfen. Auch Sauberkeit und Hygiene in den Krankenhäusern müssen bis zur Wende vom 19. zum 20. Jh. als unzureichend bezeichnet werden. Die Erfolge der Medizin machten sich somit erst zu einem Zeitpunkt bemerkbar, als schon eine erhebliche Absenkung des Sterblichkeitsniveaus stattgefunden hatte (McKEOWN 1976). In dieser Hinsicht besteht ein entscheidender Unterschied zur gegenwärtigen Situation in den Entwicklungsländern, in denen eine Reduzierung der Mortalität im Wesentlichen durch medizinisch-technische Maßnahmen erfolgt.

Es bleibt noch zu klären, welche anderen Faktoren in Europa die entscheidende Wende in der Sterblichkeitsentwicklung herbeigeführt haben. Zur Beantwortung der Frage genügt es nicht, auf die mit dem Industrialisierungsprozess einhergehenden Veränderungen in vielen Bereichen des menschlichen Lebens zu verweisen. Denn in den meisten europäischen Ländern setzte der Sterblichkeitsrückgang lange vor dem industriellen Aufschwung ein. Diese **Frühphase der Mortalitätssenkung** ist dadurch gekennzeichnet, dass die großen Plagen der Menschheit, wie Pest, Cholera oder Typhus und einige andere Infektionskrankheiten, immer seltener auftraten und nicht mehr so verheerende Auswirkungen wie in den Jahrhunderten zuvor hatten. Dem steht nicht entgegen, dass einzelne Epidemien noch bis ins 20. Jh. eine große Zahl von Todesopfern forderten.

Ein häufig angeführtes Beispiel für diese Entwicklung bildet der allmähliche „Rückzug" der Pest aus Europa. Im Mittelalter hatte sie als der „Schwarze Tod" immer wieder zu großen Bevölkerungsverlusten geführt, und die Menschen der damaligen Zeit standen ihr völlig hilflos gegenüber. So schätzt man, dass eine sich Mitte des 14. Jh. von Asien westwärts nach Europa ausbreitende Epidemie etwa 24 Mio. Todesopfer forderte und die Bevölkerung Europas dadurch um mehr als ein Drittel abnahm (GEBHART 1979). Letztmalig brach die Pest in England um 1660, in Südeuropa um 1720 und auf dem Balkan sowie in Osteuropa um 1770 aus.

Die Gründe für das Erlöschen der Pest sind bis heute nicht eindeutig geklärt. Man führt dies auf das Zusammenwirken mehrerer Ursachen zurück, die vorwiegend zu den ökobiologischen Determinanten der Sterblichkeit zu rechnen sind. Dazu zählen das Verschwinden der „schwarzen Ratte" als wichtigstem „Wirt" des Pestüberträgers (Rattenfloh) ebenso wie die abnehmende Virulenz des Erregers, erste Quarantänemaßnahmen in den Hafenstädten und frühe Verbesserungen der menschlichen Lebensbedingungen, wie die Verwendung von Steinen als Baumaterial oder die Anlage von Kornspeichern, durch die Kontakte mit Ratten und das Entstehen neuer Nistplätze weitgehend vermieden werden konnten. Der Erreger der Pest (Pestbakterium) wurde dagegen sehr viel später (1894) entdeckt, sodass man erst im 20. Jh. die Seuche durch Schutzimpfungen weiter eindämmen und unter Kontrolle bekommen konnte.

Ähnlich „spontan" und unabhängig von medizinischen Maßnahmen, aber auch ohne klar erkennbare Zusammenhänge mit bestimmten Umweltfaktoren gingen im 18./19. Jh. die Todesfälle durch Scharlach, Diphterie, Masern und andere Infektionskrankheiten zurück (vgl. u. a. CLIFF u. a. 1993). Es wäre jedoch verfehlt, diese Sterblichkeitsverminderung aufgrund der relativen Unkenntnis der eigentlichen Ursachen allein biologisch, z. B. durch eine abnehmende Virulenz des Erregers oder eine größer gewordene Immunität der Bevölkerung, erklären zu wollen. Schon bei der Diskussion um das Erlöschen der Pest in Europa ist betont worden, dass **Veränderungen der Lebensweise** ebenfalls einen Einfluss hatten und dass zwischen biologischen und sozialen Faktoren vielfältige Wechselbeziehungen denkbar sind. Weit stärker dürfte das für die Steigerung der Lebenserwartung im ausgehenden 18. und beginnenden 19. Jh. gelten. Denn in dieser Epoche erlebte Europa nicht nur die „industrielle Revolution", sondern auch umwälzende Wandlungen in anderen Bereichen des menschlichen Lebens, die teilweise der Industrialisierung sogar noch vorausgingen. Im Hinblick auf mögliche Beziehungen zum Rückgang der Sterblichkeit zählen dazu:

1. Veränderungen in der Landwirtschaft durch neue Anbaufrüchte und Ackergeräte sowie eine verbesserte Düngung, die sich besonders früh in den Niederlanden und in England durchsetzten und schon im 18. Jh. zu einer erheblichen quantitativen wie qualitativen Verbesserung der Ernährungsbasis führten.
2. Fortschritte im Transportwesen, wie Dampfschiff- und Eisenbahnbau, durch die es möglich wurde, bei Missernten Nahrungsmittel aus anderen Regionen herbeizuschaffen, um so eine Katastrophe zu vermeiden.
3. Technische Neuerungen auf dem Gebiet der Hygiene, die insbesondere die Wasserversorgung und Fäkalienbeseitigung und die Verarbeitung von Nahrungsmitteln betrafen und womit es gelang, die Übertragung von Infektionskrankheiten erheblich einzuschränken.

Nach einer Analyse der Sterblichkeitsverhältnisse in fünf europäischen Ländern seit Beginn systematischer Registrierungen von Geburten und Sterbefällen kommt McKEOWN (1976 und 1978) zu dem Ergebnis, dass bis in die zweite Hälfte des 19. Jh. in erster Linie **Verbesserungen der Ernährungslage** und die dadurch gesteigerte Widerstandsfähigkeit der Menschen und erst anschließend **Fortentwicklungen im hygienischen und sanitären Bereich** wirksam wurden. Als Beleg führt er u. a. den zeitlich differierenden Sterblichkeitsrückgang bei einzelnen Krankheiten an, die sich verhältnismäßig gut bestimmten Ursachengruppen zuordnen lassen. So nahmen die Todesfälle durch Tuberkulose schon Anfang des 19. Jh. stark ab, als sich die Nahrungsmittelversorgung der Bevölkerung langsam verbesserte, während die Sterblichkeit aufgrund von Darmkrankheiten erst seit den 1880er Jahren zurückging, als bedeutende Fortschritte bei der Trinkwasserversorgung und der Fäkalienbeseitigung, aber auch bei der Verarbeitung von Milch und anderen Nahrungsmitteln erzielt wurden. Dass man noch um die Mitte des 19. Jh. nicht an eine Übertragung von Krankheiten durch unsauberes Trinkwasser glaubte, geht aus einem Bericht von LUCKIN (1977) über die Choleraepidemie des Jahres 1866 in London hervor. Damals warnten nur einige wenige, weitsichtige Männer vor dem „vergifteten Wasser", während die öffentlichen Versorgungsunternehmen eine solche Möglichkeit nicht in Betracht zogen.

Jede Verallgemeinerung der in einzelnen Fallstudien gefundenen Ergebnisse ist allein deshalb nur mit Vorbehalt möglich, weil die Absenkung der Sterblichkeit in Europa zu unterschiedlichen Zeitpunkten einsetzte (vgl. Abb. 61 und 62) und schon aus diesem Grunde zu erwarten ist, dass im Einzelfall das Gewicht der genannten Ursachengruppen sehr verschieden war. So räumt auch McKEOWN ein, dass die Pockenschutzimpfung in Frankreich und Irland eine größere Bedeutung als in England oder Schweden hatte, während für die Errungenschaften in der Landwirtschaft eher das Umgekehrte gilt, und dass sich die im Vergleich zu Schweden lange Zeit höheren Sterbeziffern in England/Wales nicht mit dem hier sehr viel früher einsetzenden Strukturwandel der Landwirtschaft in Einklang bringen lassen.

Wiederum anders war die Situation in denjenigen europäischen Ländern, die wie die meisten ost- und südosteuropäischen Staaten einen späteren, dafür aber sehr raschen Sterblichkeitsrückgang zu verzeichnen hatten. Hier dürften **medizinische Maßnahmen** von Anfang an einen größeren Stellenwert gehabt haben. In jüngerer Zeit hat dann die Medizin überall eine steigende Bedeutung für die Verbesserung der Überlebenschancen gewonnen. Das wirkte sich zunächst auf eine nochmals zurückgehende Säuglings- und Kindersterblichkeit aus, während sich heute die medizinischen Fortschritte in erster Linie bei der Alterssterblichkeit bemerkbar machen (vgl. GÄRTNER 1995).

Dass ein einmal erreichter Zustand niedriger Sterblichkeit nicht unverändert erhalten bleibt, sondern auch in wirtschaftlich weiter entwickelten Ländern wieder ein **Anstieg der Mortalitätsraten** eintreten kann, zeigt das Beispiel der Sowjetunion. Ähnlich wie in anderen osteuropäischen Staaten (MESLÉ und VALLIN 2002) wurden in der Sowjetunion seit Mitte der 1960er Jahre negative Veränderungen der Sterblichkeit registriert. Zu erklären ist das nur teilweise mit einer zuverlässigeren Erfassung der Sterbefälle, sondern in hohem Maße mit der realen Zunahme der Sterblichkeit einzelner Altersklassen, vor allem der männlichen Bevölkerung im Alter von 30 bis 50 Jahren. Die Stabilisierung Ende der 1980er Jahre war nur von kurzer Dauer. Die politischen Veränderungen und der damit verbundene wirtschaftliche und soziale Transformationsprozess ließen die Lebenserwartung erneut deutlich abfallen. Wieder war vorwiegend die männliche Bevölkerung davon betroffen. In Russland sank die Lebenserwartung bei den Männern von 63,8 Jahren (1990) auf 58,9 Jahre (1993), bei den Frauen von 74,4 Jahren auf 71,9 Jahre und verharrt seitdem ungefähr auf diesem Niveau. Als Todesursachen bei den Männern haben vor allem die Folgen des Alkoholmissbrauchs und des Zigarettenkonsums in Verbindung mit psycho-sozialem Stress stark an Bedeutung gewonnen; in jüngster Zeit kommen Defizite und Desorganisation des Gesundheitswesens hinzu (vgl. BECKER und HEMLEY 1998; GANS und LENTZ 2003).

3.2.3 Interregionale Sterblichkeitsunterschiede

Ist es schon nicht einfach, Unterschiede im Sterblichkeitsniveau und seinen Veränderungen auf nationaler Ebene eindeutig zu erklären, so mehren sich die Schwierigkeiten, wenn man zu einer regionalen oder gar innerstädtischen Betrachtung übergeht. Die **räumlichen Disparitäten innerhalb eines Landes** sind zwar heute in den Industriestaaten bei weitem nicht mehr so ausgeprägt wie noch um die Wende vom 19. zum 20. Jh. und auch bedeutend kleiner als in vielen Entwicklungsländern, sie haben sich aber noch immer nicht vollständig verwischt.

Analysiert man zunächst wiederum die Situation in der **Dritten Welt**, so ist meist ein auffälliger Stadt-Land-Gegensatz zu beobachten. Für die höhere Lebenserwartung in den großen Ballungsräumen und ihrer Umgebung kann eine Überlagerung von zwei Faktorengruppen verantwortlich gemacht werden. Zum einen ließen sich viele medizinisch-technische Maßnahmen am einfachsten in den großen Städten einleiten, während unzugängliche Gebiete erst sehr viel später oder überhaupt nicht erreicht wurden. Auch bei Nahrungsmittelmangel infolge von Missernten war und ist in infrastrukturell besser erschlossenen Regionen eine Hilfe rascher und wirksamer möglich. Zudem werden in den meisten Ländern die Preise für Grundnahrungsmittel staatlicherseits auf einem vergleichsweise niedrigen Niveau festgelegt und gegebenenfalls subventioniert, wodurch ebenfalls in erster Linie die städtische Bevölkerung begünstigt wird. Zum anderen unterscheidet sich die Bevölkerungsstruktur im städtischen und ländlichen Raum meist beträchtlich. So sind Bevölkerungsgruppen, für die eine geringere Sterblichkeit registriert wird, in den großen Städten überproportional vertreten (z. B. besser ausgebildete, wohlhabendere Schichten). Bezogen auf die Säuglings- und Kindersterblichkeit ist ein enger Zusammenhang mit dem Bildungsniveau der Mütter vielfach nachgewiesen (vgl. BREHM 1992 für West-Malaysia; LALOU und LEGRAND 1996 sowie ROOT 1999 für Teile Afrikas).

Brasilien bot lange Zeit ein gutes Beispiel für sehr ausgeprägte regionale Sterblichkeitsunterschiede, die u. a. auf den Stadt-Land-Gegensatz zurückzuführen sind. Während die Lebenserwartung Ende der 1970er Jahre im industrialisierten und verstädterten Staat São Paulo bei 65 Jahren lag, wurden im stärker agrarisch bestimmten Nordosten nur 50 Jahre erreicht. Neuerdings beginnt sich jedoch – ähnlich wie auch in Argentinien – der einfache Stadt-Land-Gegensatz zu verwischen; in einzelnen Regionen übertrifft mittlerweile die Lebenserwartung auf dem Lande sogar die in den Städten registrierten Werte. Eine weitergehende Aufgliederung nach Haushaltseinkommen macht deutlich, dass diese Umkehr aus den sich verschlechternden Lebensbedingungen der ärmeren Bevölkerungsgruppen in den Städten resultiert, denn während auf dem Lande die Lebenserwartung der unteren und oberen Einkommensgruppen „nur" 9,7 Jahre auseinanderliegt, beträgt dieser Unterschied in den Städten fast 16 Jahre (WOOD und DE CARVALHO 1988, S. 102). Für diese These spricht ebenfalls die beträchtliche Schwankung des Mortalitätsniveaus zwischen einzelnen städtischen Teilräumen, wobei eine enge Korrelation zu Merkmalen des sozio-ökonomischen Status besteht (IMHOF 1985, S. 12 ff.). In Indien sind die Verhältnisse teilweise anders. Hier ist der Stadt-Land-Gegensatz nach wie vor so ausgeprägt, dass die Säuglingssterblichkeit selbst in den Slums der Städte geringer als auf dem Lande ist (GUPTA und BAGHEL

1999). Noch schwieriger zu interpretieren ist das Bild in vielen afrikanischen Regionen, weil sich sozio-ökonomische Gegensätze, unterschiedliche *disease environments* und regionale AIDS-Muster überlagern (Root 1999).

In den heutigen **Industrieländern** war die räumliche Differenzierung der Mortalität zu Beginn der Industrialisierungsphase besonders ausgeprägt, sodass sich in den nationalen Ziffern sehr gegensätzliche Trends überlagern. Vielfach belegt ist die niedrige Lebenserwartung in den großen Städten, für die namentlich die schnelle Ausbreitung von Infektionskrankheiten entscheidend war. So betrug die Lebenserwartung 1841 in Liverpool und Manchester nur 21–27 Jahre, im ländlichen Surrey dagegen 45 Jahre (Woods 1979, S. 70). Aber auch innerhalb einzelner Städte waren die Unterschiede in Abhängigkeit von den Wohnverhältnissen erheblich (vgl. z. B. Vögele 1998). Erst gegen Ende des 19. Jh. haben sich die Stadt-Land-Gegensätze abgeschwächt, und es machten sich eher Unterschiede zwischen den Städten bemerkbar, die eine enge Beziehung zum jeweiligen städtischen Funktionstyp (z. B. Bergbau- und Schwerindustriestädte, Handels- und Dienstleistungsstädte, Rentner- und Universitätsstädte) zeigen (Laux 1985). Andere regionsspezifische Einflussgrößen auf die Höhe der Sterblichkeit und deren unterschiedliche Wirksamkeit im zeitlichen Verlauf sind u. a. von Thieme (1984) für Süddeutschland, Kytir (1989) für Österreich, Lee (1990) für Großbritannien oder Mercier und Boone (2002) für Kanada nachgewiesen worden.

Auch gegenwärtig kommen in den höher entwickelten Staaten noch mehr oder weniger stark ausgeprägte räumliche Sterblichkeitsunterschiede vor. Zusammenstellungen beobachteter Muster finden sich bei van Poppel (1981), Theurl (1991), Aase (1992), Rychtaríková und Dzúrová (1992), Bopp (1997) u. a. Ihre Erklärung stößt jedoch auf größere Schwierigkeiten, und insbesondere gelingt es meist nur unzureichend, die Kausalkette von der Ursache zur Wirkung zu rekonstruieren. Das gilt selbst dann noch, wenn nach einzelnen Todesursachen weiter differenziert oder nur die Sterblichkeit einzelner Altersgruppen analysiert wird (vgl. z. B. Wittwer-Backofen 1999). Beispielhaft sei die Situation in Deutschland näher betrachtet (vgl. dazu auch Birg 1982; Neubauer 1990; Cromm und Scholz 2002). Abbildung 51 unterstreicht, dass nach wie vor ein Gegensatz zwischen den alten und neuen Bundesländern besteht, auch wenn sich die Differenz von 3,3 Jahren (1992) auf 1,8 Jahre (1999) vermindert hat. In den ersten Jahren nach der Wiedervereinigung ist es in den neuen Ländern sogar zu einem Anstieg der Mortalität gekommen, der überwiegend mit psycho-sozialem Stress erklärt wird (Riphan 1999). Die Durchschnittswerte für die männliche Bevölkerung von 74,9 Jahren in den alten und 73,1 Jahren in den neuen Bundesländern werden von einzelnen Raumeinheiten deutlich über- bzw. unterschritten. Während sich in den neuen Ländern eine klare Beziehung zur Siedlungsstruktur erkennen lässt (Land-Stadt-Gegensatz), gehören in den alten Ländern zu den Landesteilen mit einer unterdurchschnittlichen Lebenserwartung sowohl ländliche als auch hochverdichtete, altindustrialisierte Regionen. Dagegen gibt es in anderen industriellen Verdichtungsräumen, gleichzeitig aber auch in einigen ländlichen Regionen eine überdurchschnittlich hohe Lebenserwartung. Als Erklärungsansätze dafür lassen sich die folgenden, sich teilweise überlagernden Faktorengruppen nennen (Gans u. a. in Gans und Kemper 2001, S. 98 f.):

1. Verfügbarkeit, Inanspruchnahme und Qualität medizinischer Leistungen haben – anders als in den Entwicklungsländern – keinen größeren Einfluss und können sich allenfalls auf einzelne krankheitsspezifische Mortalitätsraten auswirken.
2. Anthropogene, zivilisations- und technikbedingte Umweltbelastungen stellen einen Risikofaktor dar, der sich aber oft nur schwer belegen lässt (vgl. WÜRZNER 1997). Im weiteren Sinne zählen auch Verkehrsunfälle zu den Folgen veränderter Umweltbedingungen; diese wirken sich entscheidend auf die Sterblichkeit bestimmter Altersgruppen aus.
3. Der Faktor Lebensstil steht für gesundheitsrelevante Verhaltensweisen in den Bereichen Ernährung, Nikotin-, Alkohol- und Drogenkonsum, körperliche Bewegung. Sozio-ökonomischer und beruflicher Status korrelieren eng mit einem gesundheitsfördernden Lebensstil.

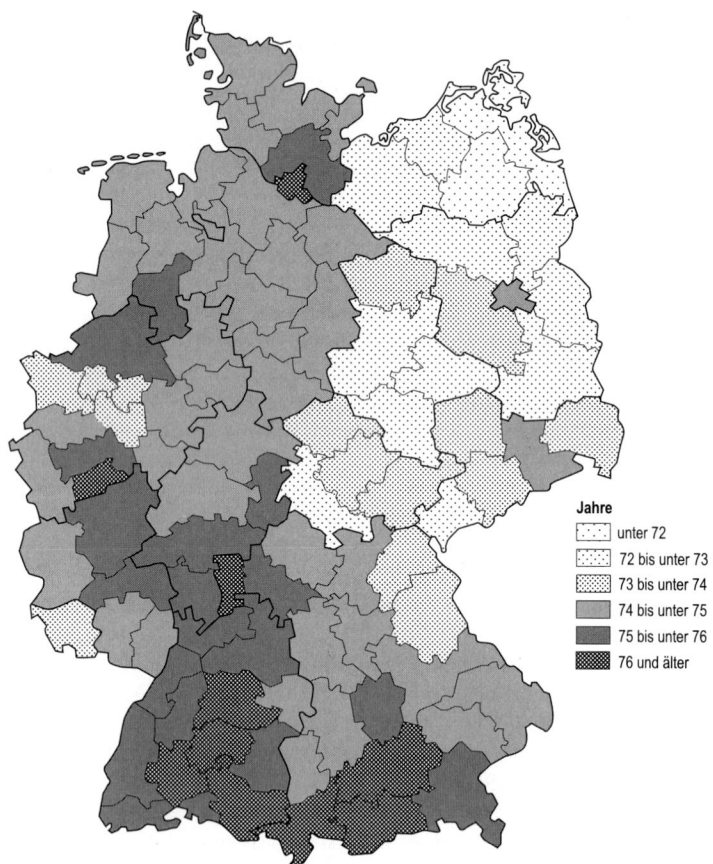

Abb. 51. Regionale Differenzierung der Lebenserwartung der männlichen Bevölkerung in den Raumordnungsregionen der Bundesrepublik Deutschland 1999. Quelle: BBR (2002)

4. Ungünstige Bedingungen der sozio-ökonomischen Umwelt führen dazu, dass schwächere Sozialschichten mit einer durchschnittlich geringeren Lebenserwartung (vgl. VALKONEN 1998) stärker vertreten sind, während für günstigere Wohn- und Umfeldbedingungen der umgekehrte Sachverhalt zutrifft. Selektive Migrationsprozesse verstärken diesen Trend noch, weil mobile Personen im Allgemeinen besser ausgebildet und einkommensstärker sind.

KEMPER und THIEME (1991) haben einzelne dieser Hypothesen für die alten Bundesländer getestet (vgl. auch HEINS 2002). Obwohl wichtige Einflussgrößen, wie Ernährungsgewohnheiten und Lebensstil, aus Datenmangel nicht berücksichtigt werden konnten, ergab sich ein erstaunlich hohes Bestimmtheitsmaß von 75%. Im Falle der Lebenserwartung des Mannes hatte die wirtschaftliche Situation (Arbeitslosenrate) den größten Einfluss, gefolgt von der touristischen Intensität (Indikator für wenig belastete Umwelt, gute Infrastruktur und Zuwanderung). Hingegen machte sich das unterschiedliche Niveau der medizinischen Versorgung kaum bemerkbar. Für die Lebenserwartung der Frau waren die Ergebnisse ähnlich; den Einzelfaktoren kam lediglich ein anderes Gewicht zu.

3.3 Heirat und Fertilität

3.3.1 Vergleich zwischen Industrie- und Entwicklungsländern

Bei der Betrachtung weltweiter Sterberaten ist festgestellt worden, dass altersstrukturelle Unterschiede eine weitgehende Angleichung der Werte bedingen und so die nach wie vor sehr verschiedenen Überlebenschancen in den Industriestaaten und den Ländern der Dritten Welt in den rohen Ziffern nur unzureichend zum Ausdruck kommen. Die **allgemeinen Geburtenraten** hängen zwar ebenfalls vom Altersaufbau der Bevölkerung ab, die Altersstruktur-Komponente trägt jedoch in diesem Fall eher zu einer Verstärkung der Gegensätze bei. So ist die Spannweite zwischen minimalen und maximalen Werten außerordentlich hoch. Nach Angaben des World Population Data Sheet 2003 liegt sie zwischen 7–9‰ (Hongkong, Nachfolgestaaten der Sowjetunion) und ca. 50‰ (mehrere westafrikanische und Sahelstaaten).

Bezogen auf einzelne Großräume werden die höchsten Raten im tropischen Afrika erreicht (Tab. 17). Mittlere Geburtenraten sind für weite Teile Asiens sowie für die meisten mittel- und südamerikanischen Staaten kennzeichnend. Nur in Ostasien, im außertropischen Südamerika und im karibischen Raum liegen die Werte unter 20‰. Noch niedrigere Ziffern werden für Europa, Nordamerika und Australien registriert (unter 15‰).

Ein ähnliches Raummuster tritt auch in Abbildung 52 in Erscheinung, in der die **totale Fertilitätsrate** (TFR) (vgl. Kap. 3.1.2) nach Ländern dargestellt ist. Dieses Fertilitätsmaß hat den Vorzug, dass es vom Altersaufbau unabhängig ist und daher eine wesentlich bessere Grundlage zur Beurteilung des generativen Verhaltens als die rohe Geburtenrate bietet. Bei einer genaueren Analyse des Raummusters wird erkennbar, dass das Bild heute sehr viel weniger einheitlich ist als in den 1950er und frühen

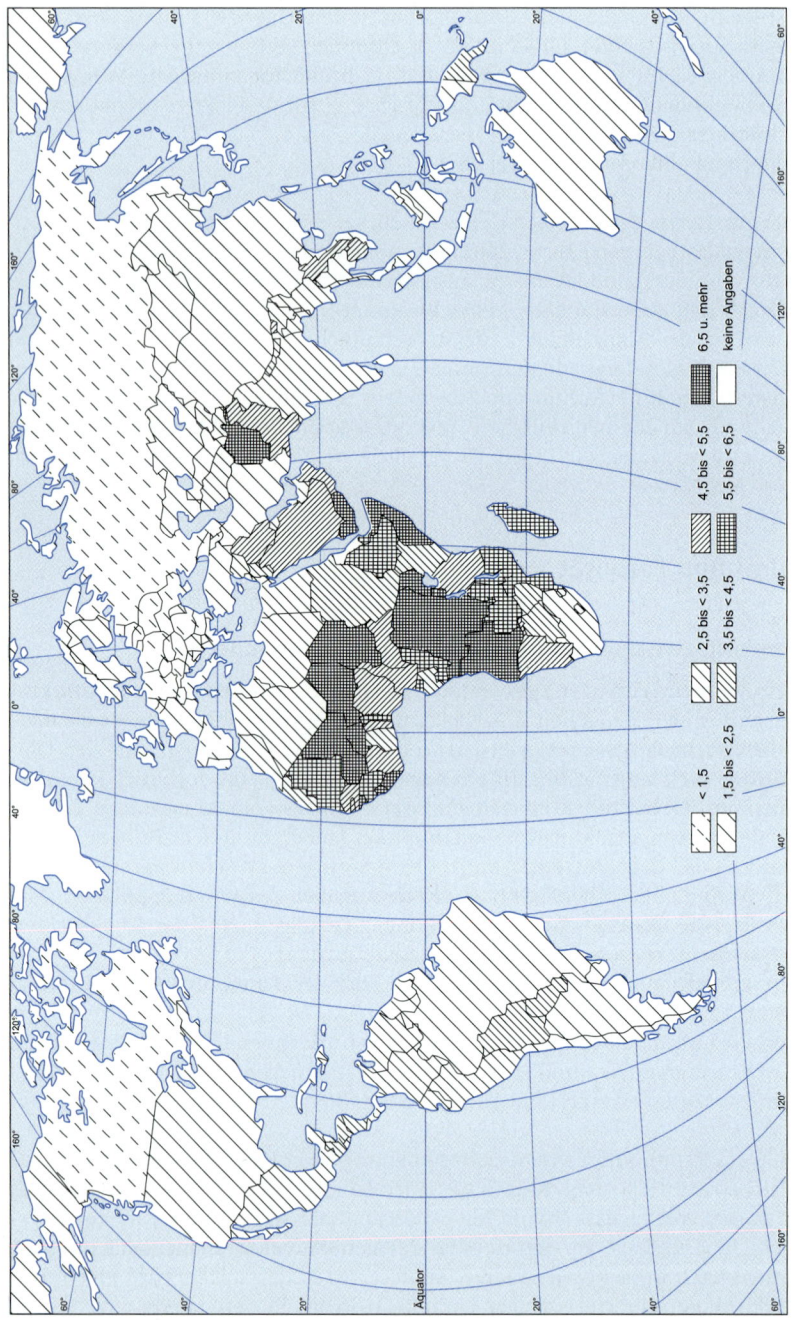

Abb. 52. Totale Fertilitätsrate in den Staaten der Erde 2000–2005. Quelle: UN (2003).

1960er Jahren. Zwar besteht der Gegensatz zwischen wirtschaftlich weiter und wirtschaftlich weniger entwickelten Ländern fort; jedoch sind die Unterschiede innerhalb der beiden Gruppen sehr viel größer geworden. Eine tiefer gehende Untergliederung führt zu wenigstens vier Länderkategorien (Abb. 52; Werte nach UN 2003 sowie World Population Data Sheet 2003):

1. Länder mit extrem hohen Geburten- und Fruchtbarkeitsraten (TFR > 5,5, z. T. > 7):
   Dazu zählen fast alle Länder des tropischen Afrika zusammen mit einigen wenigen islamischen Staaten. Das Fertilitätsniveau hat sich hier kaum geändert, teilweise war sogar ein weiterer Anstieg zu beobachten (Beispiel: Malawi mit einer Geburtenrate von 47 ‰, TFR 6,1).
2. Länder mit mittlerem bis hohem Geburten- und Fruchtbarkeitsniveau (TFR 3,5-5,4):
   Diese sind in allen Entwicklungskontinenten verbreitet, wobei sich oft in enger Nachbarschaft Länder in einer höchst unterschiedlichen Situation befinden. Meist konnte in jüngerer Zeit ein gewisser Rückgang der Kinderzahlen erreicht werden (Beispiel: Nepal 34 ‰ bzw. 4,2).
3. Länder mit niedrigem Geburten- und Fruchtbarkeitsniveau (TFR 1,5–2,4):
   Auf diesen Typ entfallen vorwiegend diejenigen Staaten der Dritten Welt, die in jüngster Zeit einen raschen Geburtenrückgang erlebten. Neben der VR China gehören Sri Lanka, Indonesien und Thailand dazu (Beispiel: Sri Lanka mit 19 ‰ bzw. 2,0).
4. Länder mit extrem niedrigem Geburten- und Fruchtbarkeitsniveau (TFR < 1,5):
   In dieser Gruppe ist das langfristige Erhaltungsniveau der Bevölkerung deutlich unterschritten. Sie wird von einer größeren Zahl europäischer Länder (mit besonders starkem Abfall in Osteuropa als Folge der Transformation), Kanada, Japan, Südkorea sowie einzelnen Kleinstaaten (Singapur, Hongkong) gebildet (Beispiel: Deutschland mit 9 ‰ bzw. 1,4).

Ein merklicher **Rückgang der Geburtenzahlen** hat in zahlreichen – aber eben nicht in allen – Ländern der Dritten Welt erst in den 1960er oder 70er Jahren eingesetzt und in jüngerer Zeit an Dynamik gewonnen (BULATAO und CASTERLINE 2001). Doch gibt es Hinweise, dass sich die Fruchtbarkeit nach einem vorübergehenden Rückgang auf einem noch immer recht hohen Niveau stabilisiert oder sogar wieder ein Anstieg erfolgt (HAUB 2000).

Betrachtet man die Veränderungen der TFR in den einzelnen Staaten der Erde seit Ende der 1960er Jahre, dann wird erkennbar (vgl. CLELAND 1994; BÄHR 2001; GANS 2001), dass eine leichte Zunahme bzw. eine nur geringe Abnahme in fast allen Ländern des subsaharischen Afrika und vielen islamischen Staaten Vorderasiens zu registrieren ist. Höchst unterschiedlich verlief die Entwicklung in Lateinamerika und Asien. In Lateinamerika sind es vor allem Mexiko und Kuba, wo ein bedeutender Rückgang zu verzeichnen ist. Abgesehen von den Sonderfällen Singapur, Hongkong, Taiwan und Südkorea, hat in Asien ein entscheidender Wandel insbesondere in China, aber auch im Iran, in Myanmar, Thailand, Vietnam und der Mongolei stattgefunden. Hohe Abnahmeraten sind aber auch für viele Teile Europas kennzeichnend, so für Spanien und die meisten Transformationsländer in Osteuropa, die mittlerweile die größte Gruppe unter den *lowest-low fertility*-Staaten bilden (KOHLER u. a. 2002). Für weiter **zurückliegende Zeiträume** sind zuverlässige Angaben über die Geburtenverhältnisse ungleich schwieriger zu erhalten als für die Gegenwart. Selbst rohe Ziffern liegen nicht für alle Länder der Erde vor, sodass man sich damit begnügen muss, einzelne Beispiele zu analysieren (Abb. 49). Aus ihnen geht hervor, dass der Gegensatz zwischen den Industriestaaten und der Mehrzahl der Entwicklungsländer, wie er sich uns heute darstellt, in ganz ähnlicher Form schon vor mehr als einem halben Jahrhundert existierte. Bereits in den 1920er Jahren lagen die rohen Geburtenziffern in den Industrienationen bei 20‰ und darunter, während in den Staaten der Dritten Welt Werte um 40‰ die Regel waren. Dieses Muster ist bis zu Beginn der 1950er Jahre äußerst stabil geblieben. Es traten zwar immer wieder gewisse kurz- und mittelfristige Schwankungen auf, ein eindeutig positiver oder negativer Trend blieb jedoch aus. Erst in den letzten beiden Jahrzehnten haben sich größere Veränderungen vollzogen. Da diese aber sowohl die hoch industrialisierten Staaten als auch die Entwicklungsländer betrafen, verminderten sich die weltweiten Kontraste kaum.

Vergleicht man schließlich noch die Geburtenraten europäischer Länder in der Mitte des 19. Jh. mit den aktuellen Werten für die Staaten der Dritten Welt, so lassen sich daraus zwei Schlussfolgerungen ziehen:

1. Vor etwa 120 Jahren waren die rohen Geburtenziffern in den meisten europäischen Staaten und den Neusiedlerländern in Übersee zwei- bis dreimal höher als heute. Seit ungefähr 1880 (in Frankreich wesentlich früher) setzte dann, beginnend in den nordwesteuropäischen Ländern, ein erheblicher Rückgang ein, der in den 1920er und 1930er Jahren zunächst weitgehend abgeschlossen war. Das Absinken der Geburtenrate vollzog sich gewöhnlich in denjenigen Ländern besonders schnell, in denen der Prozess erst verhältnismäßig spät einsetzte.
2. Selbst die höchsten damals in Nordwest- und Mitteleuropa registrierten Werte blieben weit unter den heute beobachteten einzelner Staaten der Dritten Welt, womit auch der Abstand zwischen Geburten- und Sterberate wesentlich geringer war. So schwankte beispielsweise in Schweden das Fünfjahresmittel der Geburtenraten im ganzen 18. Jh. „nur" zwischen 31‰ und 37‰. Diese Werte unterscheiden sich nur unwesentlich von jenen, die 100 Jahre später festgestellt wurden. Lediglich in einzelnen osteuropäischen Staaten lagen die Geburtenziffern am Ende des 19. Jh. erheblich über dem europäischen Durchschnitt und erreichten Werte von 40‰ und mehr.

Daraus ergeben sich zwei Fragen, denen im nächsten Abschnitt ausführlicher nachgegangen wird:

1. Wie lässt sich der Fertilitätsrückgang in Europa erklären?
2. Worin liegen die Gründe für das vergleichsweise niedrige Ausgangsniveau?

Eine Beantwortung wird von unterschiedlichen **Forschungsperspektiven** aus versucht. Auf der einen Seite stehen Studien auf der Makroebene, bei denen das verfügbare statistische Material herangezogen wird, um – hauptsächlich mit Hilfe von Korrelations- und Regressionsanalysen – Beziehungen und Abhängigkeiten zu ermitteln; auf der anderen Seite gibt es Untersuchungen auf der Mikroebene, die meist auf der Auswertung von Tauf-, Sterbe- und Heiratsregistern (für die Gegenwart auch von Befragungen) basieren. Während Erstere besonders für großräumige Vergleiche geeignet sind, erlauben Letztere detaillierte Aussagen zum individuellen generativen Verhalten, wenn auch Verallgemeinerungen aufgrund der schmalen Datenbasis kaum möglich sind.

3.3.2 Erklärungsansätze zum Heiratsverhalten und zur Fertilitätstransformation

Fertilitätsunterschiede – insbesondere wenn sie mit Hilfe von allgemeinen Geburtenraten gemessen werden – lassen sich auf zwei Hauptursachen zurückführen:

1. auf Unterschiede in der demographischen Struktur,
2. auf Unterschiede im generativen Verhalten.

Eine strenge Trennung der beiden Faktorengruppen ist nicht möglich, da letztlich auch die demographischen Einflussgrößen verhaltensbedingt sind. Unter den Strukturvariablen ist in erster Linie die Zusammensetzung der Bevölkerung nach Alter und Geschlecht zu nennen. Wirksam werden aber auch Verschiebungen in der Familienstandsgliederung, die ihrerseits auf Veränderungen im Heiratsalter und der Heiratshäufigkeit zurückgeführt werden können. Die „demographischen Komponenten" von Fertilitätsunterschieden lassen sich im Allgemeinen statistisch recht gut nachweisen und nach Einzelvariablen aufschlüsseln. Weit schwieriger ist es dagegen, eine Antwort auf die Frage nach den Ursachen für eine Änderung von Verhaltensweisen zu finden, zumal es sich dabei um das Zusammenspiel einer ganzen Reihe von Faktoren aus dem politischen, sozialen und wirtschaftlichen Bereich handelt. Die Wirksamkeit eines bestimmten Faktors lässt sich in einem solchen Fall statistisch nur dann aufdecken, wenn man die zu vergleichenden Bevölkerungen hinsichtlich möglicher anderer Einflussgrößen standardisiert. Das ist jedoch häufig gar nicht oder nur in eingeschränkter Form möglich. Auf direkte Befragung oder die Auswertung von Individualdaten anderer Art kann daher meist nicht verzichtet werden.

Geht man zunächst den Gründen für die vergleichsweise niedrige Fertilität im vorindustriellen Europa nach, so gibt es eindeutige Hinweise auf den Einfluss demographischer Faktoren. Nach HAJNAL (1965 und 1982) kommt insbesondere dem **„west- und mitteleuropäischen Heiratsmuster"** eine entscheidende Bedeutung zu. Dieses vereinfacht als *european marriage pattern* bezeichnete Heiratsverhalten ist dadurch gekennzeichnet, dass das durchschnittliche Heiratsalter sehr hoch ist und ein hoher Prozentsatz von Menschen überhaupt nicht heiratet.

In seiner grundlegenden These behauptet HAJNAL, dass westlich einer Linie, die etwa von St. Petersburg nach Triest verläuft, noch bis zur Wende zum 20. Jh. dieses europäische Heiratsmuster dominierte, während östlich und südöstlich davon Heiratsalter und Heiratshäufigkeit in viel geringerem Umfang die Geburtenentwicklung regulierten. Als Beleg führt er eine Reihe von Daten aus verschiedenen europäischen

Ländern an. Danach schwankte in Nordwesteuropa im ganzen 18. und 19. Jh. das mittlere Heiratsalter lediger Frauen zwischen 25 und mehr als 30 Jahren. Für das östliche und z. T. auch für das südliche Europa waren hingegen Werte von wenig mehr als 20 Jahren charakteristisch.

Noch ausgeprägtere Unterschiede gab es hinsichtlich der Verheirateten-Anteile. So blieben in Schweden noch um 1900 fast 20 % aller Frauen und 13 % aller Männer bis zum 50. Lebensjahr ledig; vergleichbar war die Situation in den meisten anderen Staaten Nord- und Mitteleuropas. Wesentlich niedriger lag dieser Prozentsatz nur in Ost- und in Teilen Südeuropas (vgl. BOTEV 1990). Hier wurden ganz ähnliche Werte beobachtet, wie sie für viele außereuropäische Regionen bis in die Gegenwart gültig waren. So lag der Anteil der unverheirateten Frauen im Alter von 30 Jahren in China zwischen 1640 und 1990 bei unter 5 %. Hier wie auch in anderen Kulturen außerhalb Europas war die Tötung neugeborener Mädchen ein weit verbreitetes Mittel zur Eindämmung des Bevölkerungswachstums (OESTERDIECKHOFF 2002, S. 180) (vgl. Tab. 19).

In Regionen mit einer günstigen Quellenlage lässt sich dieses europäische Heiratsmuster bis in die erste Hälfte des 18. Jh. zurückverfolgen. Nach den spärlichen Informationen für noch weiter in der Vergangenheit liegende Zeiträume ist anzunehmen, dass sich diese Verhaltensweise seit dem 16. Jh., z. T. sogar noch früher, herausbildete (vgl. HALLAM 1985).

COALE (1969) hat die Ergebnisse von HAJNAL auf der Basis kleinräumiger Berechnungen im Grundsätzlichen bestätigt. Unter Verwendung des von ihm entwickelten Index der Heiratshäufigkeit (vgl. Kap. 3.1.2) konnte er nachweisen, dass der Grenzsaum zwischen dem ost- und dem westeuropäischen Heiratsmuster annähernd der schon von HAJNAL angeführten Linie St. Petersburg–Triest entspricht (Abb. 53).

Wie sehr das europäische Heiratsmuster zu einer Verminderung der Fertilität beitrug, konnte HAJNAL (1965, S. 131) an der Gegenüberstellung von Geburtenraten aus der zweiten Hälfte des 18. Jh. für ein französisches und drei ungarische Dörfer dokumentieren. Die rohe Geburtenziffer belief sich in Crulai (Frankreich) auf wenig mehr als 30‰, dagegen überstieg sie in den drei ungarischen Beispielorten die 50‰-

Tab. 19 Heiraten nach dem Alter der Ehefrau für ausgewählte Länder; Quelle: Demographic Yearbook 2000.

Land und Jahr	Prozentualer Anteil nach Altersgruppen				Natürliche Wachstumsrate um 2000 (%/Jahr)
	<20 Jahre	20–24 Jahre	25–29 Jahre	≥30 Jahre	
Schweden 1998	1,2	11,9	32,8	54,1	–0,1
Deutschland 1997	3,8	20,3	33,4	42,5	–0,1
Griechenland 1998	7,0	29,3	36,1	27,6	–0,0
Ungarn 1999	9,9	43,8	25,1	21,2	–0,5
Japan 1999	2,9	26,9	46,4	23,8	0,2
Singapur 1999	3,9	28,7	42,8	24,6	0,8
Jordanien 1999	33,0	40,0	16,5	10,5	2,9
Guatemala 1998	41,0	28,8	12,0	18,2	2,9

Schwelle. In die gleiche Richtung weisen die Ergebnisse einer Studie von KUMAR (1971), in der die Fertilitätsraten Indiens im Jahre 1961 mit denen von Schweden und Finnland im Jahre 1875 verglichen wurden. Es ließ sich zeigen, dass die höhere Geburtenrate in Indien fast ausschließlich auf ein niedrigeres Heiratsalter und eine größere Heiratshäufigkeit zurückzuführen ist.

Fragt man nach dem **Zustandekommen des europäischen Heiratsmusters** und nach den Gründen, die zu den Wandlungen im 20. Jh. geführt haben, so ist eine eindeutige Antwort darauf schwierig. Das gegensätzliche Heiratsverhalten im westlichen und östlichen Europa ist gewiss nicht durch eine unterschiedliche physiologische Entwicklung zu erklären, d. h. durch ein früheres oder späteres Eintreten der Geschlechtsreife. Deutliche Zusammenhänge sind hingegen zwischen dem durchschnittlichen Heiratsalter und der Generationentiefe der jeweils vorherrschenden Familienform nachweisbar, sodass es den Anschein hat, „dass in weiten Gebieten West- und Mitteleuropas durch hinaufgesetztes Heiratsalter ein Nebeneinander von Angehörigen dreier Generationen vermieden oder jedenfalls auf eine möglichst kurze Phase beschränkt werden sollte" (MITTERAUER in MITTERAUER und SIEDER 1980, S. 54). Ein Dreigenerationenhaushalt bedeutete in der vorindustriellen Agrargesellschaft insbesondere für die Besitzer kleinerer und mittlerer Bauernstellen eine außerordentlich hohe Belastung. Diese war nur zu verhindern, wenn man die Eheschließung entsprechend

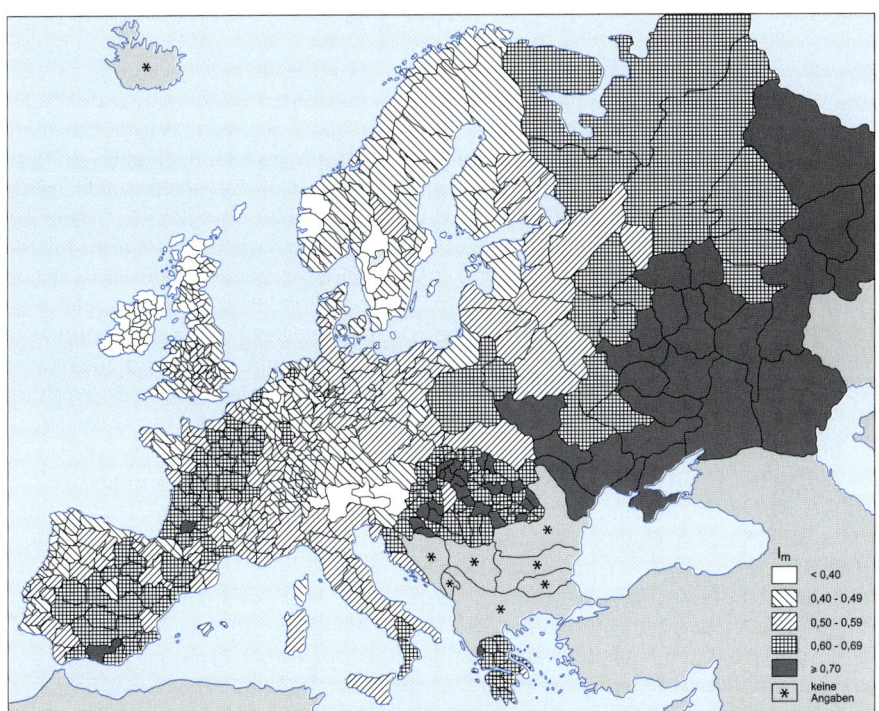

Abb. 53. Index der Heiratshäufigkeit (I$_m$) in Europa 1900. Quelle: COALE (1969), vereinfacht.

hinausschob, oft sogar bis zum Tode des Altbauern. In den unterbäuerlichen Schichten ließen die ökonomischen Gegebenheiten erst recht keine größeren Familiengemeinschaften zu, es sei denn, dass man durch Nebenerwerb zusätzliche Einkünfte erzielen konnte.

Aber auch in den Städten der vorindustriellen Zeit waren erweiterte Familienformen kaum verbreitet und blieben im Wesentlichen auf die schmale Oberschicht der Adeligen, der Patrizier und reichen Kaufleute beschränkt. Die Haushaltsgemeinschaften vergrößerten sich bei der breiten Masse der Gewerbetreibenden allenfalls durch Gesellen, Lehrlinge und Dienstboten, nicht aber durch mitlebende Verwandte.

Zu den wirtschaftlichen Zwängen, die einer frühen Heirat entgegenstanden, traten institutionelle Regelungen, die in die gleiche Richtung zielten. „Im Prinzip wurden nur solche Personen zur Heirat und Familiengründung zugelassen, die den Besitz einer sog. Vollstelle nachweisen konnten. Was als Vollstelle oder Familiennahrung angesehen wurde, unterlag regional und zeitlich unterschiedlichen Bewertungen; im Regelfall waren darunter Bauernstellen, Handwerksbetriebe oder eine sonstige berufliche Position zu verstehen, die (standesgemäße) Einkünfte und die Versorgung einer Familie gewährleisteten" (BOLTE u. a. 1980, S. 42). Dadurch blieb einem beträchtlichen Teil der Bevölkerung die Gründung einer eigenen Familie entweder völlig oder doch auf längere Zeit verwehrt. Betroffen davon waren im ländlichen Raum vor allem Knechte, Mägde und Tagelöhner und in der Stadt Handwerksgesellen und Hausbedienstete.

Die Zulassung zur Heirat fiel in die Zuständigkeit der Grund- und Gutsherren, der städtischen Selbstverwaltungsorgane oder der Berufsverbände. Eine Lockerung der Bestimmungen erfolgte nur dann, wenn sich Möglichkeiten zur Ausweitung des Nahrungsmittelspielraums boten. Zwar wurde in Deutschland ein Teil der institutionellen Regelungen schon mit den liberalen Reformen zu Beginn des 19. Jh. aufgehoben, angesichts wachsender Beschäftigungsprobleme und einer drohenden Überbevölkerung griffen jedoch viele Länder und Gemeinden in den folgenden Jahrzehnten erneut zu gesetzlichen Bevölkerungsrestriktionen und verschärften ihre Ehe- und Niederlassungsgesetzgebung (MATZ 1980). Erst im Laufe der fortschreitenden Industrialisierung wurde die Krise der Jahrhundertmitte überwunden. Die letzten noch bestehenden Beschränkungen einer Familiengründung beseitigte dann die Reichsverfassung von 1919.

Eine **Veränderung im Heiratsverhalten**, die sich in einer vermehrten Heiratshäufigkeit und im Rückgang des Heiratsalters äußerte, setzte in Mittel- und Westeuropa gegen Ende des 19. und zu Beginn des 20. Jh. ein. Das ist nicht nur auf den Wegfall institutioneller Heiratshemmnisse zurückzuführen, hinzu kamen grundlegende Wandlungen im wirtschaftlichen und sozialen Bereich. Während in vorindustrieller Zeit die Familie fast immer auch eine Produktionsgemeinschaft war, und es für mittellose Bevölkerungsschichten kaum eine Möglichkeit gab, die dafür notwendige Basis zu erlangen, führte der Industrialisierungsprozess dazu, dass Familien ohne Produktionsfunktionen zu einer Massenerscheinung wurden. Damit änderten sich auch die Voraussetzungen für eine Eheschließung und Familiengründung, woraufhin sich das Heiratsverhalten allmählich den gewandelten Bedingungen anpasste. Überdies erwies sich ein Hinausschieben der Heirat als Mittel zur Beschränkung der Kinderzahl nicht mehr als notwendig, da sich inzwischen andere Formen der Geburtenkontrolle durchgesetzt hatten.

Die Zunahme der Heiratsneigung hielt in den meisten europäischen Ländern und in Nordamerika bis in die 1960er Jahre an (vgl. WATKINS 1981). Anschließend ist es hier erneut zu einer Trendwende gekommen, die sich durch ein Absinken der Heiratsraten und ein Ansteigen des Alters bei der Erstheirat kennzeichnen lässt (SARDON 1992; Tab. 19). Außerdem nahmen Scheidungshäufigkeit und nicht-eheliche Lebensgemeinschaften beträchtlich zu (vgl. dazu auch Kap. 2.4.1). Wenigstens teilweise resultiert aus den genannten Veränderungen auch ein steigender Anteil nicht-ehelicher Geburten (vor allem in den skandinavischen Ländern mit z. T. > 50 %).

Die um die Wende zum 20. Jh. in weiten Teilen des westlichen Europas eingetretene Veränderung des Heiratsverhaltens muss in engem Zusammenhang mit dem zuvor oder gleichzeitig ablaufenden **Fertilitätsrückgang** gesehen werden. Dadurch, dass allmählich andere Möglichkeiten zur Reduzierung der ehelichen Fruchtbarkeit allgemeine Verbreitung fanden, verloren Heiratsalter und Heiratshäufigkeit weitgehend ihre Funktion als Steuerungsgrößen der natürlichen Bevölkerungsbewegung. Sieht man von Frankreich einmal ab, wo sich schon zu Beginn des 19. Jh. ein auffälliger Geburtenrückgang zeigte, so kann davon ausgegangen werden, dass die Verminderung der Fruchtbarkeit in Mittel- und Nordwesteuropa zwischen 1880 und 1900 begann, sich in einem zeitlichen Abstand von etwa zwei Jahrzehnten in Süd- und Südosteuropa bemerkbar machte und nochmals 10 bis 20 Jahre später auch in weiten Teilen des europäischen Russlands zu beobachten war. Von den bevölkerungsreichen Ländern außerhalb des europäischen bzw. von Europa geprägten Kulturkreises hat allein Japan nach dem Zweiten Weltkrieg diese Entwicklung nachvollzogen.

Ablauf und Ausmaß der **„Fertilitätstransformation"** in Europa sind durch zahlreiche neuere Untersuchungen gut belegt; dagegen besteht über die dafür maßgeblichen Bestimmungsgründe und Steuerungsfaktoren noch keine volle Klarheit.

Zum Verständnis der Fertilitätsentwicklung im 19. und zu Beginn des 20. Jh. haben die Arbeiten des „Office of Population Research" an der University of Princeton wesentlich beigetragen. Im Rahmen des „European Fertility-Projekts" wurden seit 1963 zahlreiche Untersuchungen auf der Basis kleinräumiger Datenauswertungen durchgeführt (vgl. zusammenfassend GEHRMANN 1979; COALE und WATKINS 1986; NOIN 1989). Als Ergänzung zu den eher auf Querschnittsbetrachtungen ausgerichteten Arbeiten der Princeton-Gruppe können die Längsschnittanalysen dienen, die CHESNAIS (1986) für 67 Länder vorgenommen hat. Wenigstens z. T. konnten die mit aggregierten Daten arbeitenden Untersuchungen durch Analysen auf der Mikroebene (z. B. Auswertung von Kirchenbüchern) ergänzt und vertieft werden (vgl. z. B. KNODEL 1988).

Ausgangspunkt und Grundlage der weiteren Betrachtungen sei eine im Rahmen des European Fertility-Projekts entwickelte Karte zu dem **Niveau der ehelichen Fruchtbarkeit um 1900** in den verschiedenen europäischen „Provinzen" (COALE 1969) sowie eine Tabelle aus VAN DE WALLE und KNODEL (1980) zur sozio-ökonomischen Situation in verschiedenen europäischen Ländern zu Beginn des Fertilitätsrückgangs (Abb. 54 und Tab. 20). Das räumliche Muster der Indexwerte für die eheliche Fruchtbarkeit dokumentiert den raumzeitlich differierenden Verlauf der Fertilitätstransformation. Während in weiten Teilen Frankreichs die I_g-Werte schon erheblich abgesunken sind und sich im übrigen Nordwest- und Mitteleuropa der Beginn der Übergangsphase abzuzeichnen beginnt, ist die eheliche Fruchtbarkeit in

Süd- und Osteuropa noch vergleichsweise hoch. Zugleich wird deutlich, dass es auch innerhalb der einzelnen Staaten erhebliche Unterschiede gibt. Besonders auffällig sind die niedrigen Werte für einige großstädtische Ballungsräume und ihre unmittelbaren Einflusssphären (z. B. Berlin, Stockholm); Gegensätze bestehen aber auch zwischen Nord- und Süddeutschland, zwischen England und Wales oder zwischen der Mitte und dem äußersten Westen sowie dem Süden von Frankreich. Schon daraus lässt sich ableiten, dass es kaum möglich ist, den Fertilitätsrückgang auf einige wenige, allgemeingültige Ursachen zurückzuführen, und dass man sich bei allen Erklärungsversuchen nicht allein auf nationale Entwicklungstendenzen beziehen darf, sondern ergänzend eine Vielzahl von lokalen und regionalen Besonderheiten berücksichtigen muss.

Trotzdem fehlt es nicht an Versuchen, die für den Rückgang der Fertilität maßgeblichen Gründe aufzudecken. Wichtige Anhaltspunkte für die Formulierung von Hypothesen bieten dabei die raumzeitlichen Regelhaftigkeiten im Ablauf der Fruchtbarkeitsreduzierung sowie die mit dem Übergang von hoher zu niedriger Fertilität einhergehenden wirtschaftlichen und sozialen Veränderungen. Schon 1966 stellte CARLSSON im Titel eines Aufsatzes die Frage: „The Decline of Fertility: Innovation or Adjustment Process?" Damit werden zwei grundlegend verschiedene Erklärungsansätze einander gegenübergestellt:

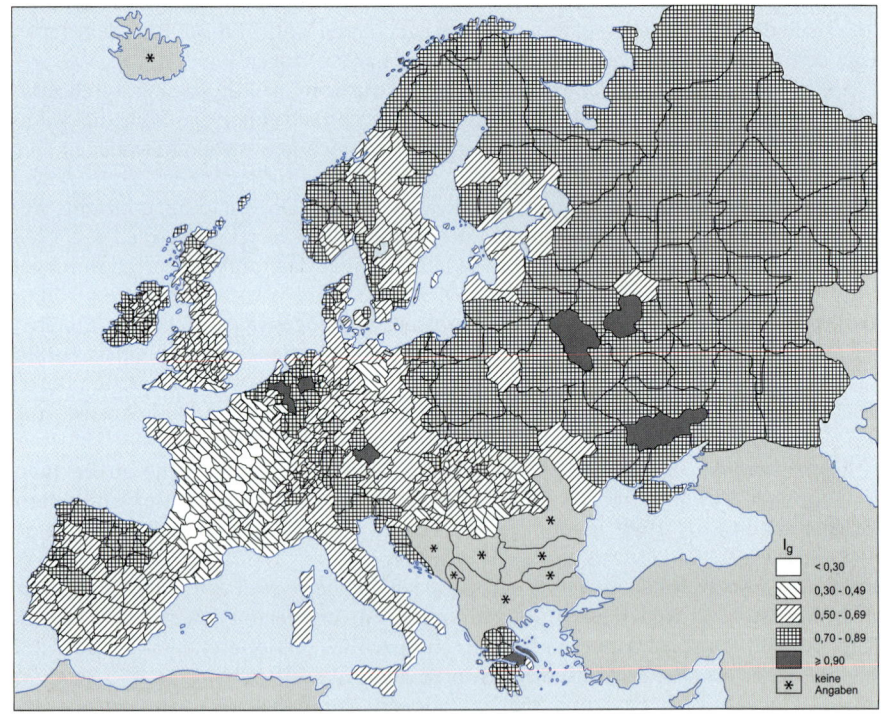

Abb. 54. Index der ehelichen Fruchtbarkeit (I_g) in Europa 1900. Quelle: COALE (1969), vereinfacht.

Tab. 20 Die demographische und sozio-ökonomische Situation zu Beginn des Fertilitätsrückgangs in Europa; Quelle: VAN DE WALLE und KNODEL (1980).

Land	Beginn des Rückgangs[1]	eheliche Fruchtbarkeit (I_g) vor Rückgang	Anteil Verheirateter (I_m)	Säuglingssterblichkeit (pro 1000)	Anteil der Beschäftigten in der Landwirtschaft für Männer (%)	Bevölkerung in Städten über 20 000 Ew. (%)	Analphabetenanteil (%)[4]
Frankreich	ca. 1800	0,70	0,51[2]	185[3]	70	7	hoch
Belgien	1882	0,82	0,44	161	30	22	30
Schweiz	1885	0,72	0,44	165	33	9	niedrig
Deutschland	1890	0,76	0,50	221	38	21	niedrig
Ungarn	um 1890	0,63	0,70	250	73	11	49
England/Wales	1892	0,68	0,48	149	15	57	niedrig
Schweden	1892	0,71	0,42	102	49	11	niedrig
Schottland	1894	0,75	0,42	124	13	49	niedrig
Niederlande	1897	0,85	0,45	153[3]	29	42	niedrig
Dänemark	1900	0,68	0,47	131	42	23	niedrig
Norwegen	1904	0,75	0,42	76	37	18	niedrig
Österreich	1908	0,68	0,51	205	40	19	21
Finnland	1910	0,70	0,46	114	66	9	44
Italien	1911	0,68	0,54	146	46	28	39
Bulgarien	1912	um 0,70	um 0,74	159	70	7	60
Spanien	1918	0,64	0,51	158	66	26	46
Irland	1929	0,71	0,35	69	48	20	niedrig

[1] Rückgang I_g um 10%
[2] Zahl für 1831
[3] nur Sterbefälle nach Registrierung der Geburt
[4] beide Geschlechter, über 9 oder über 14 Jahre (Ungarn über 5 Jahre)

1. Der Fertilitätsrückgang ist durch die Innovation und Diffusion kontrazeptiver Ideen und Techniken bedingt.
2. Der Fertilitätsrückgang ist als eine Anpassung der Menschen an gewandelte Verhältnisse im sozialen, wirtschaftlichen und politischen Bereich zu verstehen.

Im Rahmen der **Innovations- und Diffusionshypothese** kommt nach Woods (1987, S. 310) den gewandelten Einstellungen gegenüber der Geburtenkontrolle die größte Bedeutung zu, denn eine Geburtenkontrolle unter Verwendung technischer Hilfsmittel hat sich erst zwischen den beiden Weltkriegen mehr und mehr durchgesetzt (vgl. Woycke 1988). Für das 19. Jh. und die Zeit kurz nach der Jahrhundertwende kommt daher neben der Abtreibung und der zeitweiligen Enthaltsamkeit im Wesentlichen nur das Mittel des *coitus interruptus* als Methode der Geburtenkontrolle in Betracht (Santow 1995).

Nach dem Innovations- und Diffusionsansatz wird Familienplanung als eine „Erfindung" des 19. Jh. gesehen, die von den Metropolen ausging, von dort auf andere städtische Zentren übergriff und schließlich auch den ländlichen Raum erreichte. Während zunächst Angehörige der Mittel- und Oberschicht zu einer bewussten und planmäßigen Geburtenkontrolle übergingen, folgten ihnen später auch die übrigen Bevölkerungsgruppen.

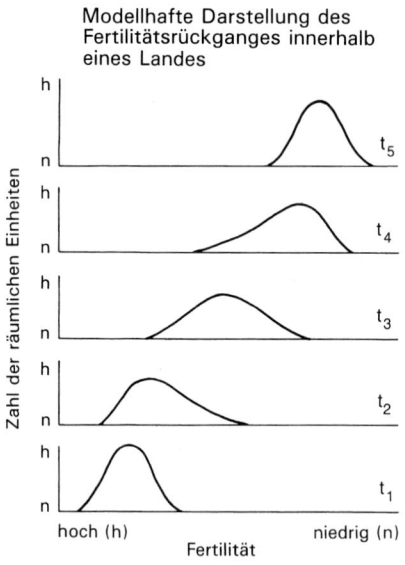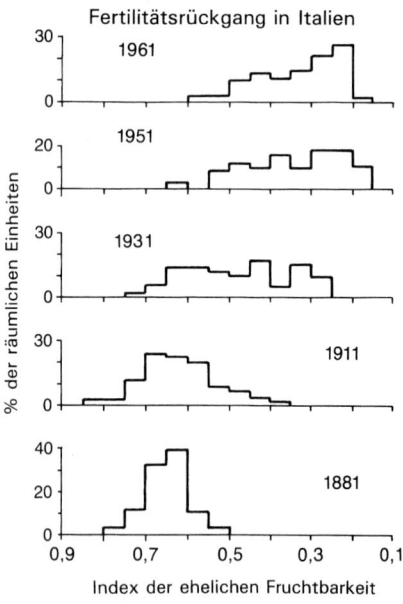

Abb. 55. Diffusionsmodell des Fertilitätsrückgangs innerhalb eines Landes und Anwendung auf Italien. Quelle: Woods (1979).

Teilaspekte dieses theoretischen Konzeptes finden in den vorliegenden empirischen Untersuchungen eine Bestätigung, ohne damit den Fertilitätsrückgang schon hinreichend erklären zu können. Zu den weitgehend gesicherten Ergebnissen zählen:

1. Der raumzeitliche Ablauf der Fertilitätstransformation innerhalb eines Landes lässt sich in einem idealtypischen Entwicklungsschema zusammenfassen (WOODS 1979, S. 142 und Abb. 55). Danach ist zu Beginn der Fertilitätstransformation die Fruchtbarkeit in allen Teilräumen recht hoch, und die Werte streuen nur geringfügig um

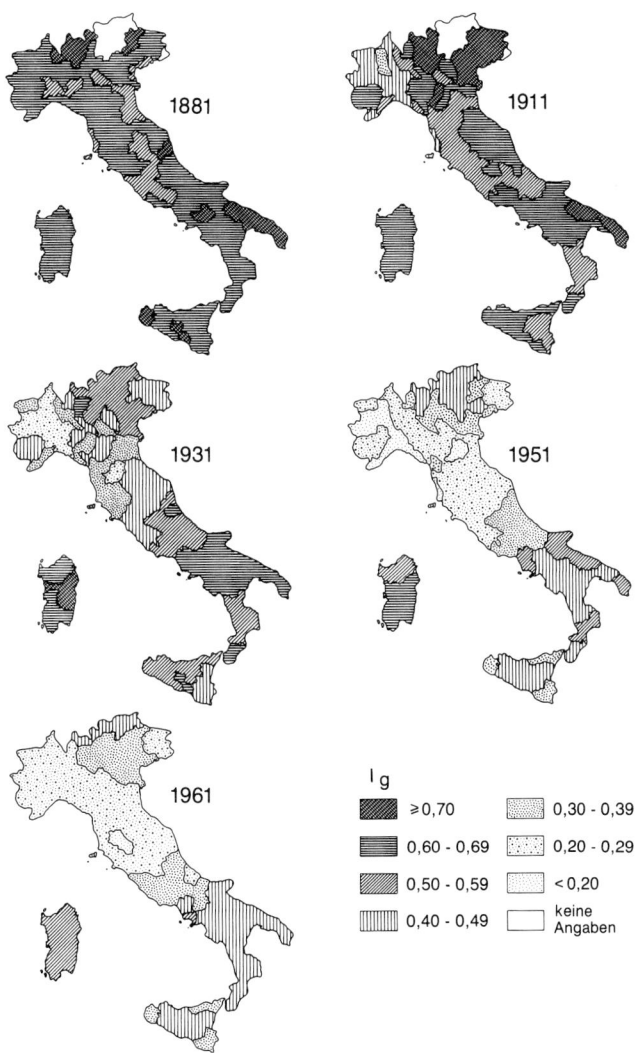

Abb. 55. Fortsetzung

das Gesamtmittel (Zeitpunkt t_1). Die Reduzierung der Fertilität beginnt zunächst in einigen wenigen „führenden" Gebieten. Dadurch ergeben sich eine Zunahme der Varianz und eine Schiefe der Häufigkeitsverteilung (Zeitpunkt t_2). Später gehen die Fertilitätsraten auch in den meisten anderen Regionen zurück und bleiben nur in einigen *lagging areas* auf einem hohen Niveau. Zu diesem Zeitpunkt (t_3) ist die Streuung der Werte besonders groß. Zum Zeitpunkt t_4 ist die Fertilitätstransformation weitgehend zum Abschluss gekommen, lediglich vereinzelt wurde diese Entwicklung noch nicht nachvollzogen. Zum Zeitpunkt t_5 hat sich die Geburtenbeschränkung allgemein durchgesetzt, und damit ist ein neuer Gleichgewichtszustand mit verhältnismäßig geringen interregionalen Unterschieden erreicht.

Dieser idealtypische Entwicklungsablauf lässt sich am Beispiel Italiens gut belegen (zur Anwendung des Phasenmodells auf andere Länder vgl. KYTIR 1986; FUX 1989; FIALOVÁ u.a. 1990). Das Verteilungsbild des Jahres 1881 entspricht annähernd genau den Verhältnissen zum Zeitpunkt t_1. Der Beginn des Transformationsprozesses wird aus dem Diagramm für das Jahr 1911 ersichtlich, denn in einzelnen Gegenden Nord- und Mittelitaliens geht die Fruchtbarkeit jetzt stärker zurück. Dieses „Vorweg-eilen" und „Zurückbleiben" einzelner Gebiete ist auch in den 1930er Jahren noch zu erkennen. Erst nach dem Zweiten Weltkrieg reduzieren sich die inneritalienischen Gegensätze auf den Kontrast zwischen dem hoch entwickelten Norden und dem wirtschaftlich schwachen Süden, sodass sich die Verteilungsbilder der Jahre 1951 und 1961 mit dem Zeitpunkt t_4 parallelisieren lassen. Mit dem in den 1970er Jahren einsetzenden Abbau der Fertilitätsunterschiede zwischen Nord und Süd entsprechen die Verhältnisse heute weitgehend denjenigen zum Zeitpunkt t_5 (vgl. ACHENBACH 1981).

2. Innerhalb einzelner Regionen erfolgt eine **zentral-periphere Ausbreitung** der Fertilitätstransformation. CASETTI und DEMKO (1973) haben versucht, diesen Sachverhalt in einem Diffusionsmodell zusammenfassend zu beschreiben, das sie anschließend mit Hilfe quadratischer Regressionsgleichungen (mit Distanz und Zeit als unabhängigen Variablen) am Beispiel der Einflussgebiete von Moskau und Leningrad überprüften. Obwohl als Fertilitätsmaß nur die rohe Geburtenrate zur Verfügung stand, stimmen Modell und empirische Beobachtungswerte gut überein.

Auch aus anderen Länderstudien ergeben sich Hinweise für einen zentral-peripheren Diffusionsprozess. Das ist für Italien bei einem Vergleich der Raummuster der Jahre 1931 und 1951 zu erkennen (Abb. 55). Zugleich bietet die für Italien gezeichnete Kartenfolge ein instruktives Beispiel für die eigenständige Entwicklung einzelner Landesteile, die mit Hilfe eines einfachen Beschreibungsmodells nicht erklärt werden kann. So hat sich die Fertilitätstransformation in der Lombardei erheblich später als in Piemont vollzogen, während umgekehrt in einzelnen Teilräumen Siziliens die Verminderung der Geburtenzahlen schon vergleichsweise früh einsetzte.

3. Für den Fertilitätsrückgang sind ausgeprägte **sozialgruppenspezifische Unterschiede** nachweisbar. Im Allgemeinen zählten Angehörige der Ober- und Mittelschicht als Protagonisten der Fruchtbarkeitsreduzierung, während sich die Kinderzahl bei der großen Masse der Bevölkerung erst mit einer gewissen zeitlichen Verzögerung verringerte. Die Gründe dafür sind in erster Linie im ökonomischen

Bereich zu suchen (vgl. BOLTE u.a. 1980, S. 50 ff.). Für das städtische Besitzbürgertum und z. T. auch für ländliche Besitzschichten wurde die Verpflichtung, alle Kinder am väterlichen Erbe teilhaben zu lassen, mit der Verbesserung der Überlebenschancen zunehmend zu einer wirtschaftlichen Belastung, die man durch eine Geburtenbeschränkung auszugleichen versuchte. Aber auch aufstiegswillige Angestellte und Beamte sahen in der Reduzierung der Kinderzahl eine Möglichkeit, sich in einer Zeit scharfen wirtschaftlichen und gesellschaftlichen Wettbewerbs einen „Startvorteil" zu verschaffen. Die Beweggründe der Arbeiterschaft, sich dem veränderten generativen Verhalten anzupassen, hat MACKENROTH (1953, S. 400 ff.) unter dem Begriff „Krisenerlebnis" zusammengefasst. In der Frühzeit der Industrialisierung reichten die Löhne oft nicht aus, um die Existenz einer größeren Familie zu sichern, und periodisch auftretende Wirtschaftskrisen führten immer wieder zu Massenarbeitslosigkeit und -elend. Da gleichzeitig die Kinderarbeit eingeschränkt und schließlich ganz verboten wurde, konnte die arbeitende Bevölkerung nur durch die Verminderung der Geburten ihre wirtschaftliche Lage verbessern. Trotz einer allmählichen Erhöhung des Lebensstandards erwies sich die einmal eingeleitete Reduzierung der Familiengröße als ein irreversibler Vorgang, da die Ansprüche und Konsumwünsche meist noch schneller wuchsen als das verfügbare Einkommen. Die Differenzierung der Fertilität nach einzelnen Sozialschichten ist allerdings keine Erscheinung, die erst mit ihrem definitiven Rückgang einsetzte. Historisch-demographischen Untersuchungen ist zu entnehmen, dass sich bei einzelnen Oberschichtgruppen (z. B. französischer Adel oder Genfer Bourgeoisie) schon im 16. und 17. Jh. die Geburtenzahlen verringerten. Es ist anzunehmen, dass für diese Bevölkerungsgruppen der Kinderreichtum schon damals eine große Belastung darstellte, umso mehr, weil unter ihren bevorzugten Lebensbedingungen die Kindersterblichkeit als „Regulator" des Bevölkerungswachstums von geringerer Bedeutung war (GEHRMANN 1979, S. 464; vgl. dazu auch JOHANSSON 1987).

Als Zwischenergebnis der bisherigen Betrachtungen zur Fertilitätstransformation lässt sich feststellen, dass gewisse **Regelhaftigkeiten im raumzeitlichen Entwicklungsablauf** sowie **schichtenspezifische Verhaltensunterschiede** an vielen Beispielen belegt werden konnten. Damit ist jedoch die Frage nach den Ursachen der Fruchtbarkeitsverminderung noch nicht beantwortet. Die Innovationshypothese allein vermag eine solche umfassende Erklärung kaum zu geben, da die Ergebnisse einzelner empirischer Untersuchungen im Widerspruch zu einigen ihrer Grundannahmen stehen. Zwei Befunde seien hier genannt:

1. Die sehr frühe Reduzierung der Kinderzahl bei einzelnen Bevölkerungsgruppen und die ebenfalls schon sehr früh beobachtete Reduzierung der Geburtenzahlen in Krisenzeiten ist nicht mit der These von den kontrazeptiven Ideen und Techniken als einer „Erfindung" des 19. Jh. in Einklang zu bringen. Offensichtlich ist eine „Familienplanung" im vorindustriellen Europa verbreiteter gewesen, als lange Zeit vermutet wurde.
2. Häufig haben sich kleinräumige Fruchtbarkeitsunterschiede während der Transformationsphase nicht ausgeglichen, sondern blieben über einen längeren Zeitraum

konstant, was gegen eine enge Beziehung zwischen Informationsausbreitung und Verhaltensänderung spricht.

CARLSSON (1966) zog daraus den Schluss, dass der Fertilitätsrückgang weniger als Innovations-, sondern in erster Linie als Anpassungsprozess zu verstehen ist. Die Verminderung der ehelichen Fruchtbarkeit stellt danach eine **Reaktion auf gewandelte wirtschaftliche Bedingungen** und die Auflösung traditioneller gesellschaftlicher Strukturen dar. Nicht die Kenntnis von Methoden zur Empfängnisverhütung ist entscheidend für eine Reduzierung der Geburtenzahlen, sondern die Motivation zur Anwendung dieser Kenntnisse.

Es gibt zahlreiche Versuche, Zusammenhänge zwischen wirtschaftlichen und sozialen Strukturfaktoren und dem Fertilitätsrückgang herauszuarbeiten. Die Ergebnisse derartiger Bemühungen lassen allerdings noch viele Fragen offen, die auf der statistischen Ebene allein kaum beantwortet werden können, sondern ergänzender Untersuchungen im Mikrobereich bedürfen.

Mögliche Determinanten der ehelichen Fruchtbarkeit lassen sich hypothetisch in der Art des von LESTHAEGHE (1977) am Beispiel Belgiens entwickelten Schemas darstellen (Abb. 56). Als statistisches Hilfsmittel zur Analyse eines solchen Beziehungsgeflechts bieten sich Korrelations- und Regressionsmodelle an, wobei sowohl einzelne Staaten wie auch Teilräume innerhalb von Staaten die räumlichen Bezugseinheiten bilden können.

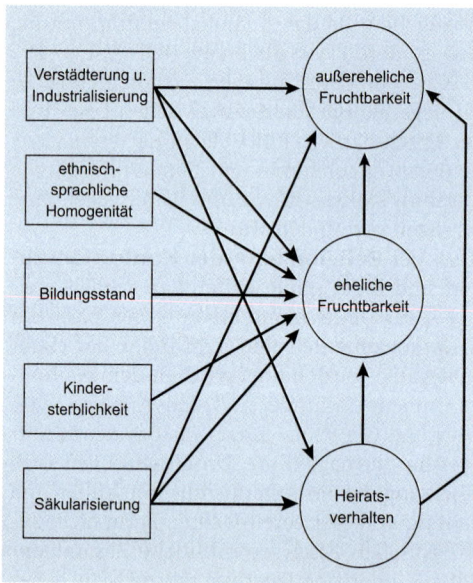

Abb. 56. Schematische Darstellung der Determinanten von Fruchtbarkeit und Heiratsverhalten. Quelle: LESTHAEGHE (1977).

Vergleicht man die wirtschaftliche und soziale Situation in verschiedenen europäischen Ländern zu Beginn der Fertilitätstransformation, so ergibt sich daraus ein wenig einheitliches, ja verwirrendes Bild (Tab. 20). Der Fertilitätsrückgang setzte zu ganz ähnlichen Zeitpunkten in Ländern mit hohem und niedrigem Sterblichkeitsniveau (z. B. Ungarn–Norwegen), in Ländern mit über- und unterdurchschnittlicher Verstädterungsrate (z. B. Bulgarien–Österreich) und in Ländern mit einer sehr unterschiedlichen Beschäftigungsstruktur (z. B. England/Wales–Finnland) ein. Aus der Gegenüberstellung nationaler Strukturwerte sind daher kaum allgemeingültige und verallgemeinerungsfähige Grundbedingungen und Voraussetzungen für einen Fertilitätsrückgang ableitbar. Beschränkt man sich auf die Auswertung innerstaatlicher Fruchtbarkeitsunterschiede, so lassen sich zwar eine Reihe von Beziehungen zu einzelnen sozio-ökonomischen Erklärungsvariablen herausarbeiten, Richtung und Stärke dieser Beziehungen stimmen jedoch nicht immer überein. Als Beleg können wiederum einige Ergebnisse des European Fertility-Projekts herangezogen werden.

Fruchtbarkeitsunterschiede zwischen Stadt und Land ließen sich in den meisten der untersuchten Länder nachweisen (z. B. GALLOWAY u. a. 1998 für Preußen). Lediglich für Italien liegen z. T. gegensätzliche Resultate vor. Allerdings bestanden die Differenzen häufig schon zu Beginn der Transformationsphase und haben sich während des Übergangs nur verstärkt. Als Ursachen sind eine Vielzahl sich überlagernder Einflussgrößen anzuführen, die von einer verzögerten Aufnahme neuer, von der Stadt ausgehender Ideen und Techniken zur Empfängnisverhütung über unterschiedliche Lebens- und Wohnbedingungen bis zu den im städtischen Bereich größeren Chancen für eine Erwerbsbeteiligung der Frau reichen.

Indikatoren zum Industrialisierungsprozess zeigen im Allgemeinen schon deutlich geringere Beziehungen zum generativen Verhalten. Dafür kann insbesondere die Entwicklung in Frankreich als Beispiel dienen. Hier erfolgte unabhängig von einer umfassenden Industrialisierung ein nachhaltiger Geburtenrückgang bereits zu Beginn des 19. Jh. Nur in Deutschland sind die Zusammenhänge eindeutig: Industrieller Aufbau und Fruchtbarkeitsverminderung fanden hier mit einer nur geringfügigen Phasenverschiebung statt (KNODEL 1974)(vgl. Abb. 57).

Der Frage nach dem **Einfluss der Alphabetisierung** auf die Fruchtbarkeit ist am europäischen Beispiel nur schwierig nachzugehen, da das Analphabetentum um die Wende vom 19. zum 20. Jh. in den meisten Ländern kaum noch eine Rolle spielte. Zudem sind die Ergebnisse der vorliegenden Korrelationsrechnungen nicht eindeutig. So ergeben sich für Portugal und für Belgien negative Beziehungen zwischen Lese- und Schreibfähigkeit der Bevölkerung und der Fruchtbarkeit. Für Belgien hat LESTHAEGHE (1977) die Hypothese aufgestellt, dass die dort weitgehend in den Händen der Kirche liegende Schulausbildung mit einer Vermittlung konservativer und damit gegen eine Empfängnisverhütung gerichteter Einstellungen verbunden war.

Aber auch solche Ergebnisse zum Einfluss der **Religion bzw. der Konfessionszugehörigkeit** auf das generative Verhalten sind nicht ohne weiteres zu verallgemeinern. Zwar ermittelte KNODEL (1974, S. 135) für Deutschland einen hohen positiven Korrelationskoeffizienten zwischen dem Katholikenanteil und dem Index der ehelichen Fruchtbarkeit und eine schwächere negative Beziehung zwischen dem Katholikenanteil und dem Fertilitätsrückgang. Ähnliche Befunde sind den Analysen von HAHN (1950) für den Hunsrück und BROWN und GUINNANE (2002) für Bayern zu entnehmen. Dagegen zeigen auf der Mikroebene durchgeführte Untersuchungen (vgl. GEHRMANN 1979, S. 474), dass die Gleichsetzung des Protestantismus mit früher und des Katholizismus mit später Geburtenplanung in dieser vereinfachten Form nicht zutrifft. Überdies kann sich der in vielen statistischen Analysen ermittelte Zusammenhang zwischen Religion und Fruchtbarkeit aus einer Überlagerung sehr verschiedener Faktoren ergeben; sei es, dass die Angehörigen einzelner Religionsgruppen verschiedenen Sozialschichten oder Berufsgruppen zuzuordnen sind oder dass die einen vorzugsweise in den Städten, die anderen auf dem Lande leben und dass daher das generative Verhalten keineswegs allein, ja noch nicht einmal in erster Linie durch die religiöse Einstellung bestimmt zu sein braucht (KULS 1979, S. 217).

Eindeutig nachweisbar sind meist Fertilitätsunterschiede zwischen verschiedenen **ethnischen Gruppen.** In Belgien ergab die Datenauswertung für Gemeinden, die sich an der Sprachgrenze gegenüberliegen, in fast allen Fällen einen späteren Geburtenrückgang bei den Flamen als bei den Wallonen. Noch deutlicher wird der Einfluss des ethnischen Faktors in den zentralasiatischen Nachfolgestaaten der Sowjetunion. Dort verhalten sich viele Volksstämme völlig anders, als es nach dem Stand der Modernisierung zu erwarten wäre (vgl. JONES und GRUPP 1987).

In einer abschließenden Bewertung der im Rahmen des European Fertility-Projekts vorgelegten Studien und anderer in ihrem Ansatz vergleichbaren Analysen lässt sich feststellen, dass eine umfassende Erklärung der Fertilitätstransformation bis zum heutigen Zeitpunkt nicht erbracht werden konnte. Es ist davon auszugehen, dass ein Wandel im generativen Verhalten unter sehr verschiedenen Bedingungen eingetreten ist und sich kein Faktor angeben lässt, dem die Hauptursache zuzuschreiben wäre. Offenbar war jedoch die wirtschaftliche Ausgangssituation weniger wichtig als sozio-kulturelle Faktoren (SCHMID 1984, S. 97). Die in vielen Ländern bis in die Gegenwart fortbestehenden regionalen Fruchtbarkeitsunterschiede, die auch bei einer statistischen Kontrolle gängiger Erklärungsvariablen signifikant bleiben, weisen auf die große Bedeutung von „Regionalfaktoren" hin, die nur mit Hilfe kleinräumig angelegter Studien und Befragungen herauszuarbeiten sind (LAUX 1982; LINDE 1988).

Letztlich bleibt damit auch die Frage CARLSSONS nach dem Fertilitätsrückgang als „Innovation" oder „Anpassung" weiterhin offen, und man wird KNODEL (1977) zustimmen können, der die *innovation-* und *adjustment-*These nicht so sehr als Gegensatzpaar sieht, sondern sie zu einem Erklärungsansatz zusammenführen möchte. Nicht „Innovation oder Anpassung", sondern **„Innovation und Anpassung"** dürfte danach die zutreffende Antwort auf die Frage nach den Ursachen des Fertilitätsrückgangs in Europa sein. Das Innovatorische an der Familienplanung wäre dabei „die Idee als solche gewesen, Kontrazeption auch in der Ehe zu praktizieren. Die Bedürfnisse dazu hätten aufgrund der sozialen und ökonomischen Verhältnisse in Europa schon länger bestanden, sodass gewissermaßen eine Innovation zur Anpassung stattgefunden habe" (GEHRMANN 1979, S. 466 f.).

Welche Folgerungen lassen sich aus den historischen Fertilitätsstudien im Hinblick auf die heutige Situation in den **Staaten der Dritten Welt** ziehen? Nach wie vor ist die Fertilität in vielen Entwicklungsländern – namentlich in Afrika – hoch. Vereinfacht kann man daher sagen, dass sich im internationalen Vergleich die Höhe der Geburtenrate oder anderer Fruchtbarkeitsmaße umgekehrt proportional zum Stand der wirtschaftlichen Entwicklung verhält. Dieser Zusammenhang spricht zunächst für die aus der europäischen Erfahrung abgeleiteten These, die sich mit dem Schlagwort *development is the best pill* umschreiben lässt. Dabei geht man davon aus, dass sich ähnlich wie in Europa mit dem Übergang von der ländlich-agraren zur städtisch-industriellen Gesellschaft und einer Verbesserung der wirtschaftlichen Verhältnisse auch eine Beschränkung der Geburtenzahlen einstellen wird und eine besondere Propagierung empfängnisverhütender Mittel nicht unbedingt nötig ist.

Diese Auffassung wird von VAN DE WALLE und KNODEL (1980) bestritten. Die Autoren stützen sich in ihrer Argumentation ebenfalls auf die Ergebnisse historischer Studien zur Veränderung des generativen Verhaltens, die sie jedoch anders interpretieren. Aus der Tatsache, dass die Verminderung der Fertilität in Europa unter sehr verschiedenen sozialen, ökonomischen und demographischen Bedingungen einsetzte, schließen sie, dass man auch im Hinblick auf die Entwicklungsländer keine notwendigen und hinreichenden Vorbedingungen für einen Fertilitätsrückgang benennen und die Durchführung von Familienplanungsprogrammen auch unabhängig von allen Wandlungen im sozialen und wirtschaftlichen Bereich zum Erfolg führen kann. Von den Anhängern dieser Auffassung wird eher die Gefahr gesehen, dass das rasche Bevölkerungswachstum jedem wirtschaftlichen und sozialen Fortschritt entgegensteht, was in einer Umkehr des obigen Schlagwortes zum Ausdruck gebracht wird – *no development without the pill.* Bis zu einem gewissen Grade wird diese These von den Ergebnissen ökonomischer Fertilitätsstudien gestützt. Dabei ergab sich, „dass die Beziehung zwischen Einkommen und gewünschter Kinderzahl bei gegebenen Preisen und Präferenzen positiv ist". Das bedeutet, dass Verbesserungen der wirtschaftlichen Lage in den Entwicklungsländern „per se keinen Rückgang der Fruchtbarkeit induzieren, wenn nicht zugleich Veränderungen im sozialen Status und im Präferenzsystem mit höherer Wertschätzung von Bildung, beruflicher Leistung und materiellem Konsum eintreten" (WANDER 1979, S. 74 f.).

Untersuchungen in den Entwicklungsländern selbst haben ebenfalls kein klares Bild ergeben. Dabei konzentrierten sich die Erklärungsbemühungen insbesondere auf die Analyse der folgenden Zusammenhänge:

1. Beziehungen zwischen **Fertilität und wirtschaftlichen Faktoren,**
2. Beziehungen zwischen **Fertilität und Modernisierungsindikatoren** (z. B. Schulbildung, Verstädterung),
3. Beziehungen zwischen **Fertilität und Familienplanungsprogrammen.**

Meist kommen dabei – ganz ähnlich wie im European Fertility-Projekt – multiple Regressions- und Korrelationsanalysen, z. T. als statische, z. T. auch als dynamische Modelle, zur Anwendung. Zu den mit aggregierten Daten arbeitenden Analysen treten umfangreiche Befragungen, durch die man tiefere Einblicke in unterschiedliche Motivationsstrukturen gewinnen möchte (so z. B. im Rahmen des 1972 begründeten „World Fertility Survey"; vgl. CLELAND und SCOTT 1987).

Als zusammenfassendes Ergebnis lässt sich feststellen, dass ökonomischen Faktoren nicht die maßgebende Bedeutung für die Fertilitätsentwicklung beizumessen ist. Das zeigt sich schon daran, dass in Ländern mit ähnlichem wirtschaftlichen Entwicklungsstand ein ganz unterschiedliches Geburtenniveau anzutreffen ist (z. B. Sri Lanka und Syrien mit einem Bruttosozialprodukt in Kaufkraftparität/Kopf von ca. 3.200 US-Dollar und einer TFR von 2,0 bzw. 3,8), wie auch ein Rückgang unter sehr gegensätzlichen wirtschaftlichen Verhältnissen zustande kommen kann (z. B. Kolumbien und Indonesien TFR 2,6–2,7, aber 6.780 bzw. 2.830 US-Dollar; nach World Population Data Sheet 2003). Auch einzelne Länderstudien sprechen gegen eine Überbetonung wirtschaftlicher Bestimmungsgründe. So vollzog sich beispielsweise in Kuba der stärkste Abfall der Geburtenziffer in einer Zeit sich verschlechternder wirtschaftlicher Bedingungen (Díaz-Briquets und Pérez 1982), und auch in Thailand trat ein beachtlicher Rückgang bei einem nach wie vor recht niedrigen Prokopfeinkommen ein (Kraas 1998). Dem steht nicht entgegen, dass „ökonomische Krisen" wie Dürre und Hungerkatastrophen in Richtung geringerer Kinderzahl wirken und sich die Bereitschaft zur Inanspruchnahme von Familienplanungsprogrammen erhöht (vgl. Ezra 2001).

Einen höheren Erklärungsanteil als Einkommensvariablen weisen gewöhnlich „Modernisierungsindikatoren" auf. Besonders enge Beziehungen bestehen dabei zwischen Geburtenniveau und Schulbildung (vgl. zusammenfassend UN 2003b). Vor allem Frauen mit einer abgeschlossenen Grundschulausbildung und jene, die weiterführende Schulen besucht haben, heiraten gewöhnlich später, sind den Argumenten für eine kleine Familie eher zugänglich und besser über Verhütungsmittel informiert als Frauen mit sehr kurzem oder fehlendem Schulbesuch (vgl. z. B. Gans und Tyagi 2000 für Indien; Johnson-Hanks 2002 für Kamerun). Allgemeiner gesprochen hängt das Fruchtbarkeitsniveau entscheidend von der gesellschaftlichen Stellung der Frau ab. Das zeigen z. B. die großen Unterschiede zwischen muslimischen und nicht-muslimischen Bevölkerungsgruppen innerhalb eines Staates (Morgan u. a. 2002).

Weltweit gesehen, hat sich die Zugänglichkeit zu Familienplanungsprogrammen und kontrazeptiven Methoden in jüngerer Zeit erheblich verbessert. So stieg der Anteil verheirateter Frauen im Alter von 15–49 Jahren, die irgendeine Art von Familienplanung betreiben, von unter 10 % in den 1960er auf 57 % in den 90er Jahren. Einzelne Länder verzeichneten geradezu revolutionäre Veränderungen, jedoch sind die Möglichkeiten der Geburtenkontrolle in vielen afrikanischen und islamischen Staaten noch immer äußerst begrenzt (Tab. 21). Das liegt nicht nur an der Verfügbarkeit entsprechender Mittel, sondern auch an politischen, sozialen und kulturellen Barrieren. Zahlreiche empirische Untersuchungen konnten nachweisen, dass Familienplanungsprogramme zwar einen Fruchtbarkeitsrückgang begünstigen, ihre Wirkung jedoch dort am besten ist, wo sich gleichzeitig ein sozio-ökonomischer Wandel vollzieht (vgl. z. B. Lindstrom 1998 für Mexiko; Caldwell u. a. 1999 für Bangladesch).

Befragungen im Rahmen des World Fertility Survey und anderer Erhebungen (Bongaarts 1990) zeigen darüber hinaus, dass eine Reduzierung des hohen Bevölkerungswachstums in der Dritten Welt nicht allein dadurch erreicht werden kann, dass es gelingt, „unerwünschte Kinder" zu verhindern; denn auch die Zahl der „gewünschten Kinder" ist in zahlreichen Ländern noch sehr hoch (Tab. 21). Das kann als Beleg dafür gewertet werden, dass noch keine Motivation für eine nachhaltige Reduzierung der Geburtenzahlen besteht, weil aus der Sicht der einzelnen Familien der „Nutzen" von Kindern in wirtschaftlicher und sozialer Hinsicht noch immer beträchtlich ist, während die „Kosten" der Kinderaufzucht sehr viel geringer sind als in den Industrienationen. Cain (1977) hat dies am Beispiel eines Dorfes in Bangladesch empirisch belegen können.

Auf diesen und ähnlichen Beobachtungen aufbauend, ist Caldwell (1982) zu einem **umfassenden Erklärungssatz** gekommen. Der Kerngedanke seiner *wealth flows*-Theorie basiert auf dem ökonomischen und emotionalen „Reichtumstransfer" zwischen den Generationen. Solange dieser von den Kindern zu den Eltern verläuft, weil Kinder u. a. als Arbeitskräfte und als Träger der Versorgung im Alter unentbehrlich sind, wird sich das generative Verhalten nur wenig ändern. In Europa und anderen Industrieländern haben die nachhaltige Umstrukturierung der wirtschaftlichen Gegebenheiten im Gefolge des Industrialisierungsprozesses, die fortschreitende Auflösung der Familienwirtschaften, die zunehmende Übernahme von Versorgungsverpflichtungen durch den Staat und die steigenden Aufwendungen für die Ausbildung der Kinder letztlich eine Umkehr des Reichtumsflusses und, damit einhergehend, eine Verminderung des Fertilitätsniveaus bewirkt. Erst wenn sich in den Entwicklungsländern ein solcher Übergang von der „großfamiliären" zur „kapitalistischen" Produktionsweise vollzieht, werden sich – so die Auffassung von CALDWELL – die Menschen den gewandelten Bedingungen allmählich anpassen, und die Geburtenzahlen werden zurückgehen. Dass sich viele Staaten der Dritten Welt bereits in einer solchen Übergangsphase befinden, belegen zahlreiche Fallstudien (vgl. z. B. KAPLAN 1994; LEE und KRAMER 2002), die die Theorie von CALDWELL nicht bestätigen konnten und ihre Allgemeingültigkeit daher in Frage stellen.

Tab. 21 Angaben zur Familienplanung für ausgewählte Entwicklungsländer; Quelle: Population Reference Bureau (2002).

Land und Jahr	Familienplanung (% verheirateter Frauen)		Einstellung gegenüber eingetretenen Geburten (% aller Geburten)		Tatsächliche Kinderzahl (TFR)
	moderne Methoden	traditionelle Methoden	nicht gewünscht	später gewünscht	
Afrika					
Ägypten 2000	53,9	2,2	13,4	5,0	3,5
Mali 2001	5,7	2,3	3,8	18,2	6,8
Niger 2000	4,3	9,7	1,0	11,0	8,0
Nigeria 1999	8,6	5,8	3,1	15,8	5,9
Äthiopien 2000	6,3	1,7	17,3	19,6	5,9
Simbabwe 1999	50,4	3,2	7,2	30,2	4,0
Asien					
Bangladesch 1999/2000	43,4	10,3	13,5	19,3	3,3
Indien 1998/99	42,8	5,0	9,4	11,9	3,2
Philippinen 2000	32,4	14,7	18,2	26,9	3,5
Vietnam 2001	61,1	12,4	11,9	14,9	2,3
Lateinamerika					
Guatemala 1998/99	30,9	7,2	11,8	18,0	5,0
Haiti 2000	22,3	5,8	29,8	26,0	4,7
Kolumbien 2000	64,0	12,3	23,1	29,2	2,6
Peru 2000	50,4	17,5	30,7	25,3	2,9

3.3.3 Die jüngere Entwicklung der Fertilität in der Bundesrepublik Deutschland

Die im vorausgegangenen Abschnitt näher betrachtete Fertilitätstransformation hat sich in Deutschland ungefähr zwischen 1875 und 1925 vollzogen. Die allgemeine Geburtenrate sank in diesem Zeitraum von mehr als 35 ‰ zunächst langsam auf etwa 30 ‰, um nach der Jahrhundertwende sehr schnell auf weniger als 20 ‰ abzufallen. Die anschließende Phase einer weitgehend konstanten Fertilität, die trotz gewisser Schwankungen (z. B. *baby-boom* zu Beginn der 1960er Jahre) keinen eindeutigen Trend erkennen ließ, hörte Ende der 1960er Jahre auf. Die Zahl der Geburten nahm erneut stark ab, und 1972 überstieg die Sterberate in den alten Bundesländern erstmals die Geburtenziffer. In der ehemaligen DDR war die Entwicklung zunächst ähnlich, wurde jedoch Mitte der 1970er Jahre als (vorübergehende) Folge einer geburtenfördernden Politik von einem erneuten Anstieg abgelöst (MAMMEY 1984; SCHWARZ 1985). Fasst man die Werte für ganz Deutschland zusammen, wie es in Abbildung 57 geschehen ist, werden solche Unterschiede aber überdeckt.

Als Folge des tief greifenden gesellschaftlichen Umbruchs nach der Vereinigung sank das Geburtenniveau in den neuen Ländern deutlich unter den schon sehr niedrigen Stand der alten Bundesrepublik (1995: TFR 0,77 im Vergleich zu 1,35; vgl. Abb. 60). Damit einher gingen eine rückläufige Erstheiratsziffer, eine Zunahme der Quote nichtehelicher Geborener sowie ein (vorübergehender) Anstieg der Schwangerschaftsabbrüche (DORBRITZ 1997), was man als „Verweigerungshaltung" gegenüber der Geburt von Kindern interpretieren kann. Seit 1994 wandelt sich die „Krise" in eine Tendenz zur „Anpassung" (CONRAD u. a. 1996). Jedoch haben sich die Unterschiede bis heute nicht vollständig aufgelöst (TFR 2000 alte/neue Länder: 1,41 bzw. 1,21), sodass die Frage nach dem Ende der Fertilitätskrise nicht klar zu beantworten ist (SACKMANN 1999).

Der starke Abfall des Geburtenniveaus innerhalb kurzer Zeit ist auf das Zusammenwirken von mindestens drei Ursachenbündeln zurückzuführen (MÜNZ und ULRICH 1993/94; EBERSTADT 1994):

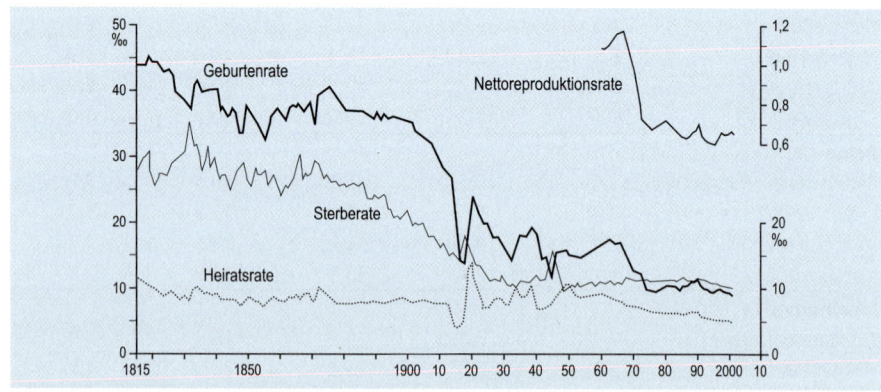

Abb. 57. *Entwicklung der Geburten-, Sterbe- und Heiratsraten in Deutschland 1815–2001. Quelle:* BOLTE *u. a. (1980), verändert und ergänzt.*

1. eine extreme Krisensituation, wie sie in Arbeitslosigkeit, finanziellen Problemen, Benachteiligung von Frauen auf dem Arbeitsmarkt oder der Schließung von Einrichtungen der Kinderbetreuung zum Ausdruck kommt,
2. eine gestiegene Wahlfreiheit und gewachsene Zahl von Alternativen zu einer frühen Heirat und Mutterschaft,
3. ein rapider Wertewandel, der Arbeitsplatz und materiellen Wohlstand vor die Familie an erste Position stellt.

Im Hinblick auf den Rückgang der Geburten seit Ende der 1960er Jahre, Anfang der 70er Jahre, wie ihn alle westlichen Industrieländer und auch Japan (OGAWA und RETHERFORD 1993) erlebten, spricht VAN DE KAA (1987) von der **„zweiten demographischen Transition"**. Die osteuropäischen Staaten folgten etwas später, z. T. erst nach den jüngsten politischen und wirtschaftlichen Veränderungen. Heute weisen neben Deutschland und Italien auch Kroatien, Tschechien, Ungarn, Rumänien, Bulgarien sowie die europäischen Nachfolgestaaten der Sowjetunion negative Raten des natürlichen Wachstums auf (am niedrigsten in Lettland, Russland und der Ukraine mit –0,5 % und weniger; World Population Data Sheet 2003). In anderen Ländern bewirkt vor allem die günstigere Altersstruktur eine etwas höhere Zunahmerate. Entsprechend ist die totale Fertilitätsrate überall unter den für eine dauerhafte Bestandserhaltung erforderlichen Wert abgesunken. Die weltweit niedrigsten Raten werden heute nicht mehr wie über ein Jahrzehnt lang in Deutschland, sondern in vielen ost- und südeuropäischen Staaten (TFR $\leq$ 1,2) und – als ein Sonderfall – in Hongkong (TFR 0,9) registriert (vgl. Abb. 52).

Die Frage, inwieweit diese Entwicklung Teil eines zyklischen Prozesses ist (CHESNAIS 1983), lässt sich gegenwärtig noch nicht eindeutig beantworten. Die meisten Autoren verneinen diese Frage auch deshalb, weil der begrenzte Wiederanstieg der Fertilität in Nordeuropa nicht sehr lange anhielt (vgl. DORBRITZ 2000; ANDERSSON 2002). Aber auch die These einer Konvergenz in Richtung eines einheitlichen demographischen Regimes (COLEMAN 2002) hat sich als nicht haltbar erwiesen. Die Variation innerhalb Europas bleibt auch auf niedrigem Fruchtbarkeitsniveau hoch.

Als unmittelbare **Konsequenzen des Geburtenrückgangs** sind an erster Stelle eine Bevölkerungsabnahme und die Veränderung des Altersaufbaus zu nennen. Während aus der Bevölkerungsabnahme, sofern sie nicht durch Zuwanderungen kompensiert wird, erst auf längere Sicht weitreichende Folgen resultieren dürften, zeichnen sich schon jetzt zahlreiche Probleme ab, die sich aus dem „Altersstruktureffekt" des Geburtenrückgangs ergeben. Betroffen davon sind alle Lebensbereiche, wie insbesondere Wirtschaft und Arbeitsmarkt, Bildungs- und Gesundheitswesen sowie die soziale Sicherheit (vgl. u.a. BLOTEVOGEL und KING 1996).

Fragt man nach den **Gründen,** die zu den heute sehr niedrigen Geburtenwerten geführt haben, so ist zunächst zu überprüfen, inwieweit die Verminderung der Kinderzahl rein demographisch, z. B. durch einen veränderten Altersaufbau, erklärt werden kann und inwieweit Veränderungen im generativen Verhalten dafür verantwortlich zu machen sind. Den demographischen Bedingungen kommt jedoch im Ganzen gesehen keine entscheidende Bedeutung zu, maßgeblich ist vielmehr ein vielschichtiges und kompliziertes Geflecht von Ursache-und-Wirkungs-Zusammenhängen, die regional, sozialgruppenspezifisch und auch im Zeitverlauf ein unterschiedliches Gewicht haben können. Nach Höhn (1986) lassen sich dabei mehrere Ebenen unterscheiden (vgl. auch Watkins 1990): Auf der Mikroebene der Individuen und Familien werden vor allem die gewandelten Auffassungen über den Wert von Kindern, die Auflösung traditioneller Familienformen sowie die veränderte Einstellung zu Familienplanung und Sexualität wirksam. Auf der Mesoebene sind es insbesondere Unterschiede zwischen Einkommens- und Sozialgruppen sowie zwischen städtischen und ländlichen Bevölkerungen mit ihren spezifischen Wohn- und Arbeitsbedingungen. Dazu gehören auch Unterschiede nach der Konfession und religiösen Überzeugung, nach dem Bildungsstand und dem Erwerbsstatus (vor allem der Frauen). Bedeutung haben auch Referenzgruppen, an denen man sich orientiert, sowie Verwandschafts- und Freundschaftsnetze. Auf der Makroebene zählen Verstädterung und zunehmende Kinderfeindlichkeit, Modernisierung der Werte, wie namentlich Säkularisierung und Abwendung von religiösen und kirchlichen Lehren, sowie Zukunftsangst und auch das von den Massenmedien vermittelte „demographische Klima" zu den wichtigsten Determinanten.

Beispielhaft seien einige der am häufigsten diskutierten Faktoren etwas näher betrachtet:

1. Wirtschaftliche Beweggründe
Ökonomische Theorien des generativen Verhaltens, wie sie in den 1950er und 60er Jahren von den Amerikanern Becker, Leibenstein und Easterlin konzipiert wurden (vgl. van de Kaa 1997), gehen davon aus, dass Ehepaare die Zahl der Kinder aufgrund ungefährer Kosten-Nutzen-Erwägungen bestimmen. Wie andere wirtschaftliche Güter, so stiften auch Kinder dem jeweiligen Haushalt einen materiellen und immateriellen Nutzen im Austausch gegen eingesetzte Ressourcen (Wander 1979, S. 64). Unter den „Kosten" sind dabei sowohl monetäre als auch psychische Lasten der Kinderaufzucht zu verstehen und unter „Nutzen" der Gewinn der Eltern an Befriedigung, sozialem Ansehen, potenzieller Einkommenskapazität und sozialer Sicherheit. Dieses „Kosten-Nutzen-Verhältnis" hat sich gerade in den letzten Jahrzehnten erheblich verschoben. Bei wachsenden Wohlstands- und Konsumansprüchen stiegen gleichzeitig die Aufwandsnormen und die tatsächliche Belastung bei der Kindererziehung deutlich an, sodass Kinder heute im Allgemeinen eine Schmälerung des familiären Lebensstandards bewirken.

2. Aufkommen neuer Familienformen
Die sinkende Bereitschaft, überhaupt zu heiraten, die steigenden Scheidungsraten nach verhältnismäßig kurzer Ehedauer und die abnehmende Neigung, sich wieder zu verheiraten, führten zu einem „Abschmelzen des Bestandes an Ehen von unten" (Höhn 1986, S. 314), und manche, ursprünglich vorhandene Kinderwünsche werden nicht realisiert. Der Trend zu nicht-ehelichen Lebensgemeinschaften, verursacht durch die zunehmende Sozialisierung der Jugendlichen in Gesellschaftsgruppen außerhalb der Familie und durch die Massenmedien, hat darüber hinaus den Abbau des elterlichen Einflusses und damit auch das Schwinden tradierter Werte zur Folge. Allerdings zeigt der Vergleich nord- und südeuropäischer Länder, dass niedrige Heiratsneigung und Hinausschieben der Geburten, wie in Nordeuropa üblich, mit einer vergleichsweise höheren TFR einhergehen können, während die

Kinderzahlen in Südeuropa trotz höherer Heiratsneigung besonders niedrig sind (Dorbritz 2000, S. 236).

3. Frauenerwerbstätigkeit

Als Indikator für die gewandelte gesellschaftliche Stellung der Frau kann ihre zunehmende Erwerbsbeteiligung angesehen werden (vgl. Kap. 2.5.1). Auch nach einer oft hinausgeschobenen Eheschließung gehen viele Frauen weiterhin ihrem Beruf nach. Es ist zu vermuten, dass ein mit der Emanzipation sich änderndes Rollenverständnis und -verhalten vieler Frauen zu einer Begrenzung der Kinderzahl geführt hat, wenn auch die Zusammenhänge nicht eindeutig sind. Eine Studie von Adsera (2000) kommt zu dem Ergebnis, dass das Ausmaß der Frauenerwerbstätigkeit eher in umgekehrtem Verhältnis zur durchschnittlichen Kinderzahl steht. In Ländern, in denen der Wiedereinstieg in die Berufstätigkeit nach einer Babypause unproblematisch ist (z. B. USA mit sehr flexiblem Arbeitsmarkt, Nordeuropa mit hohem Anteil öffentlichem Dienst), gelingt die Kombination aus Berufstätigkeit und Mutterschaft besonders gut.

4. Fehlen einer kindgemäßen Umwelt

Besonders in großen Städten entsprechen die Wohnverhältnisse schon lange nicht mehr den Bedürfnissen von Kindern. Zu kleine Wohnungen, Belästigungen durch Autos und Verkehrslärm sowie fehlende Spielmöglichkeiten gehören zu den augenfälligsten Mängeln vieler städtischer Wohnviertel. Während man früher und auch noch kurz nach dem Krieg derartige Wohnbedingungen mehr oder weniger als gegeben hinnahm, wurden sie von der folgenden Generation aufgrund einer allgemeinen Steigerung der Lebensansprüche und im Bestreben, den Kindern möglichst gerecht zu werden, als ungeeignet für ihr Aufwachsen und das Zusammenleben mit ihnen empfunden. Die daraus resultierenden Einflüsse auf das generative Verhalten haben sich durch die kinderfeindliche Haltung vieler Menschen noch verstärkt.

5. Fortgang des Säkularisierungsprozesses

Eine zunehmende Lösung des Einzelnen von kirchlichen Bindungen hatte schon den „ersten Geburtenrückgang" entscheidend mitbestimmt. Wenn auch der Einfluss der Kirchen auf die Lebensgestaltung der Menschen bis heute fortbesteht, so ist er doch in den letzten Jahrzehnten erneut geringer geworden. Darüber hinaus hat sich aber auch die Haltung der Kirchen selbst verändert. Vom uneingeschränkten Fruchtbarkeitsgebot der frühen Sozialethik ist heute nicht mehr die Rede, stattdessen wird in beiden Konfessionen der Gedanke einer „verantwortlichen Elternschaft" in den Vordergrund gestellt.

6. Pessimistische Zukunftsbeurteilung

Mehr und mehr werden traditionelle wirtschaftliche, politische und institutionelle Sicherheiten in Frage gestellt. Das hängt z. T. damit zusammen, dass sich der Erfahrungshorizont der Menschen in räumlicher und zeitlicher Hinsicht erheblich ausgeweitet hat. So sind Probleme der Energie- und Rohstoffverknappung, der zunehmenden Umweltverschmutzung oder der weltweiten Bevölkerungsexplosion immer mehr in das öffentliche Bewusstsein gelangt. Vielen Menschen erscheint es angesichts dieser Entwicklungen unverantwortlich, Kinder zu bekommen.

7. Verbesserte Möglichkeiten der Empfängnisverhütung

Dieser Faktor wird bewusst zuletzt genannt, weil er keinesfalls als Ursache des Geburtenrückgangs aufgefasst werden kann, sondern lediglich als Mittel, um eine aufgrund anderer Erwägungen getroffene Entscheidung in die Tat umzusetzen. Insofern ist auch die These vom „Pillenknick" als Erklärung des Geburtendefizits nicht haltbar. Kaum zu bestreiten ist allerdings die Tatsache, dass die Verfügbarkeit von zuverlässigen Verhütungsmitteln eine Geburtenkontrolle erleichtert und damit den Rückgang der Kinderzahlen beschleunigt hat. In ähnliche Richtung wirkte sich auch die Lockerung der gesetzlichen Bestimmungen hinsichtlich des Schwangerschaftsabbruchs aus.

BIRG u. a. (1991) haben einige der genannten Gesichtspunkte zur „biographischen Theorie der Fertilität" zusammengefasst. Danach werden in unserer von permanenter Veränderungsdynamik geprägten Welt irreversible langfristige Festlegungen im Lebenslauf, wie die Bindung an einen Partner oder die Geburt des Kindes, möglichst vermieden, um die biographische Entscheidungsfreiheit (z. B. berufliche Optionen, Mobilitätsfähigkeit) nicht zu verlieren. Daran dürfte sich auch in naher Zukunft nur wenig ändern.

Auf die rückläufige Geburtenhäufigkeit haben viele europäische Staaten mit bevölkerungspolitischen Maßnahmen reagiert. Allgemein werden unter **Bevölkerungspolitik** alle Maßnahmen staatlicher und nicht-staatlicher Institutionen zur Beeinflussung der Bevölkerungsentwicklung (ULRICH 2001, S. 51) zusammengefasst. Von pronatalistischen Strategien spricht man dann, wenn dadurch eine Erhöhung der Kinderzahl erreicht werden soll. Die Wirksamkeit solcher Maßnahmen, ganz gleich ob sie explizit als Bevölkerungspolitik oder – wie in der Bundesrepublik Deutschland – als Familienpolitik bezeichnet werden, ist nur schwer zu überprüfen, und insbesondere lassen sich erst im längerfristigen Vergleich Vorhol-, Nachhol- und Mitnahmeeffekte ausschalten, die zu kurzfristigen Veränderungen in den Geburtenzahlen führen können. Es scheint jedoch festzustehen, dass selbst umfangreiche und kostspielige Maßnahmenbündel keine spektakulären Ergebnisse nach sich ziehen, bevölkerungspolitische Maßnahmen allein daher nicht ausreichen, um die für eine langfristige Bestandserhaltung notwendigen Kinderzahlen zu gewährleisten (vgl. DORBRITZ und FUX 1997).

3.3.4 Regionale Fertilitätsunterschiede

In Europa gab es im Verlauf der säkularen Fertilitätstransformation Phasen mit besonders ausgeprägten **regionalen Gegensätzen**. Dies ist darauf zurückzuführen, dass die Bevölkerung einzelner Teilräume eines Landes in aller Regel nicht gleichzeitig von weit reichenden Veränderungen ihrer Lebensbedingungen betroffen wurde und nicht gleichzeitig mit neuen Ideen und Wertvorstellungen in Berührung kam. Im Allgemeinen sind Veränderungen wirtschaftlicher, technischer und gesellschaftlicher Art von Zentren ausgegangen und haben sich von dort weiter verbreitet, wie es in dem in Kap. 3.3.2 näher diskutierten Beschreibungsmodell zum Ausdruck kommt.

Eine Überprüfung dieses Modells am Beispiel von **Ländern der Dritten Welt** stößt nicht nur auf Datenprobleme, sondern ist vielfach allein deshalb nicht möglich, weil der Fertilitätsübergang gerade erst begonnen hat und bei weitem noch nicht ab-

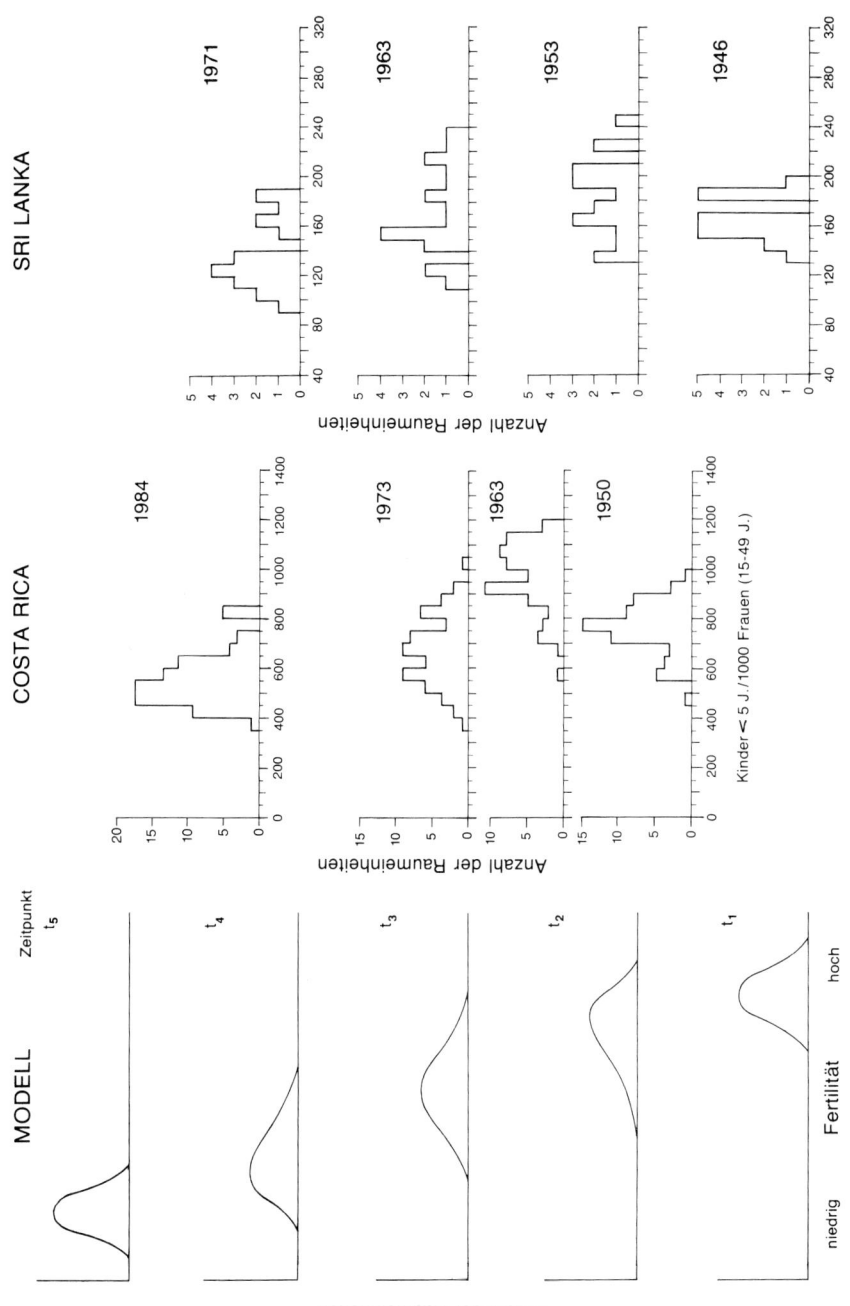

Abb. 58. *Diffusionsmodell des Fertilitätsrückgangs in Anwendung auf Costa Rica und Sri Lanka. Quelle: BÄHR und GANS (1990).*

geschlossen ist. Es muss daher die Frage offen bleiben, ob und inwieweit die für einzelne Beispiele erhaltenen Ergebnisse übertragbar und verallgemeinerungsfähig sind. In Abbildung 58 wurde eine Zeitreihenanalyse für **Costa Rica** und **Sri Lanka** vorgenommen. Im Falle von Costa Rica ist die Ausgangssituation (Zeitpunkt t_1) nicht dokumentierbar; die Diagramme der Jahre 1950 bis 1984 zeigen jedoch verhältnismäßig gute Übereinstimmungen mit den Zeitpunkten t_2 bis t_4 (insbesondere den Wandel in der Schiefe der Häufigkeitsverteilung und die Zunahme der Streuung). Für Sri Lanka ist die Zahl der Raumeinheiten wesentlich geringer (n=19), und damit erhöht sich der Einfluss einzelner Extremwerte auf die Parameter der Verteilung. Doch sind eine Zunahme der regionalen Unterschiede während des Übergangs und das Zurückbleiben einzelner Regionen in einer fortgeschrittenen Phase auch hier gut zu erkennen.

Wenn auch die genannten und weitere bei HIRSCHMAN und GUEST (1990), NOIN (1991), GANS und TYAGI (1999) sowie BALABDAOUI u. a. (2001) diskutierten (asiatischen) Beispiele für eine räumliche (und soziale) Diffusion des Fruchtbarkeitsrückgangs sprechen, der in der Regel von den großen Städten seinen Ausgang nimmt, so gibt es doch zahlreiche Belege für auffällige Abweichungen von einem solchen allgemeinen Trend. Einerseits lassen sich diese aus sozio-ökonomischen und demographischen Strukturmerkmalen einzelner Regionen erklären, andererseits werden aber auch sozio-kulturelle und gesellschaftliche Einflussgrößen wirksam, die in statistischen Analysen meist nur unzureichend erfasst werden können (vgl. AGYEI-MENSAH und AASE 1998 für Ghana). Das heißt aber, ähnlich wie bei der Fertilitätstransformation der Industrieländer schließen sich Innovations-Diffusionshypothese und Anpassungshypothese nicht aus, sondern ergänzen sich (GANS 2000, S. 238).

Das gut untersuchte **Kerala/Südindien** kann als Beispiel für den großen Einfluss von Regionalfaktoren dienen, die dazu beigetragen haben, dass ein beachtlicher Fertilitätsrückgang auch bei verhältnismäßig geringem Durchschnittseinkommen gelingen konnte (Abb. 59; vgl. ZACHARIAH u. a. 1994; ZACHARIAH und IRUDAYA RAJAN 1998).

Grundlegend für die schon früh einsetzenden sozialen Veränderungen war die traditionelle Außenorientierung der Bevölkerung. Zu nennen sind vor allem der Einfluss verschiedener Religionsgemeinschaften (Hindu, Christen, Muslim, Juden), die frühen Kontakte zu europäischen Völkern sowie in neuerer Zeit die Abwanderung in andere Landesteile Indiens und nach Übersee, heute vorwiegend in die arabischen Ölstaaten. Diese Vertrautheit mit andersartigen Lebensweisen hat ohne Zweifel den gesellschaftlichen Modernisierungsprozess beschleunigt.

Die relativ ausgewogene Zusammensetzung aus religiösen Gruppen förderte zudem eine gewisse Konkurrenzsituation, sodass schon während der britischen Verwaltungszeit die Ausbildung einer Person immer bedeutender für ihren sozialen Status wurde. Namentlich christliche Missionare betrieben den Ausbau eines Erziehungs- und Gesundheitswesens, das andere Gruppen auch aufgrund der Aufgeschlossenheit der Maharadschas übernahmen. Diese Entwicklung setzte sich nach der Unabhängigkeit verstärkt fort, sodass heute Kerala im Vergleich zu ganz Indien wesentlich besser mit Schulen und Krankenhäusern ausgestattet ist und hinsichtlich Analphabetenrate und Säuglingssterblichkeit besonders günstige Verhältnisse aufweist (Abb. 59). Ergänzt wurde dieser Ausbau von einer radikalen Landreform, der Einführung von Mindestlöhnen sowie eines Rentensystems. Als Folge stiegen die Lohnkosten an, Arbeitsplätze wurden knapp, und damit verringerten sich die Möglichkeiten der Haushalte, aus der Kinderarbeit einen kurzfristigen Nutzen zu erzielen. Stattdessen traten langfristige Vorteile immer mehr in den Vordergrund, und das Ausbildungsniveau der Kinder – unabhängig vom Geschlecht – bildete zunehmend die Basis für die zukünftige soziale Absicherung der Familie oder gar für einen sozialen Aufstieg. Mit der besseren Schulbildung erhöhte sich das Heiratsalter der Frauen, was den Fertilitätsrückgang zwischen 1965 und 1980 zu etwa einem Drittel erklärt. Der Rest beruht auf der abnehmenden ehelichen Fruchtbarkeit. Ausschlaggebend für den Wunsch nach einer geringeren Kinderzahl ist das Zusammenwirken einer ganzen Reihe von Faktoren: die bessere Ausbildung aller Bevölkerungsgruppen und die damit einhergehende Änderung sozialer Normen, die im Vergleich zum übrigen Indien gehobenere Stellung der Frau in der Gesellschaft und ihre im Durchschnitt günstigeren Lebensbedingungen, die stei-

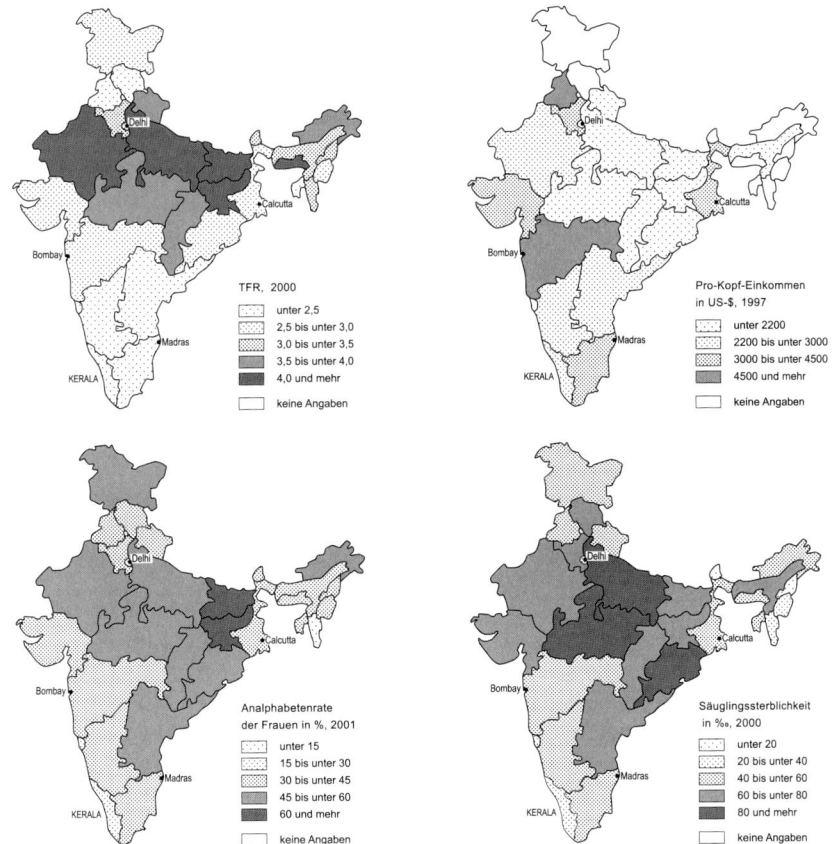

Abb. 59. Regionale Differenzierung der totalen Fertilitätsrate in Indien und verschiedene Erklärungsvariablen um 2000. Quelle: BÄHR und GANS (1990), aktualisiert.

genden Ausgaben für die Erziehung der Kinder bei gleichzeitig stark sinkender Säuglingssterblichkeit, aber auch die Zersplitterung des Landbesitzes und der hohe Anteil von landlosen Arbeitern.

Auch auf niedrigem Fruchtbarkeitsniveau, das die Situation der heutigen **Industrieländer** kennzeichnet, können Veränderungen im Ausmaß regionaler Fertilitätsunterschiede auftreten. Deutschland bietet dafür ein gutes Beispiel (vgl. Hank 2002). Abbildung 60 lässt die großen Gegensätze in der Geburtenhäufigkeit (TFR) zwischen den alten und neuen Ländern erkennen, die es in dieser Form vor 1990 nicht gab. Vielmehr lag die TFR in der ehemaligen DDR seit den 1970er Jahren immer über den für die alte Bundesrepublik registrierten Werten, worin sich die pronatalistische Bevölkerungspolitik der DDR widerspiegelt. Allerdings vermochte diese keine langfristige Änderung im generativen Verhalten zu bewirken; seit den 1980er Jahren ging die

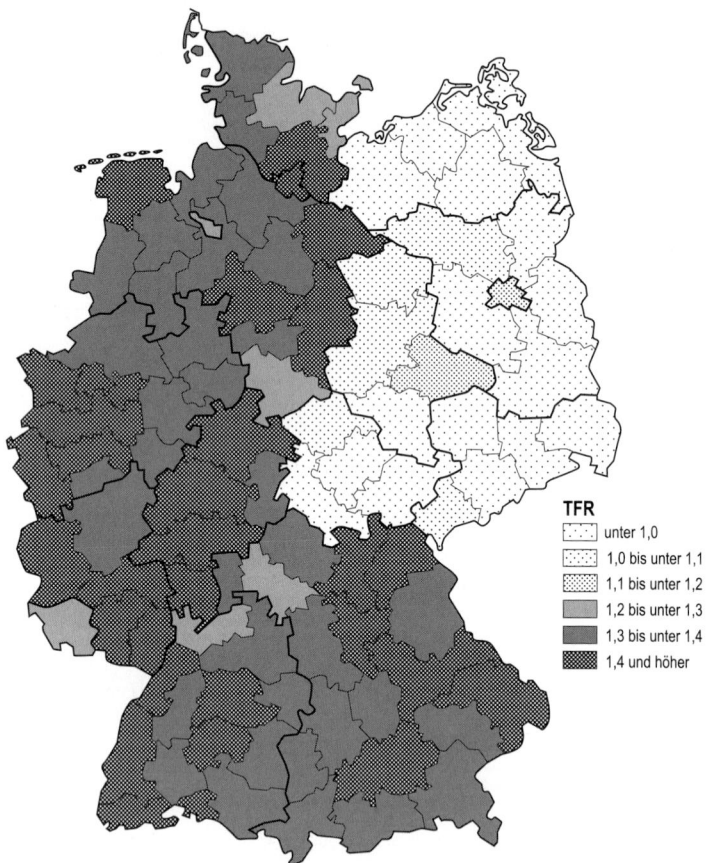

TFR

- unter 1,0
- 1,0 bis unter 1,1
- 1,1 bis unter 1,2
- 1,2 bis unter 1,3
- 1,3 bis unter 1,4
- 1,4 und höher

Abb. 60. Totale Fertilitätsrate in den Raumordnungsregionen der Bundesrepublik Deutschland 1999. Quelle: BBR (2002).

Geburtenhäufigkeit zurück, und 1989 bestanden nur noch geringfügige Unterschiede zwischen beiden deutschen Staaten. Während in den alten Ländern die TFR in der Folgezeit um den Wert 1,4 schwankte, hatte die „Wende" in den neuen Ländern einen massiven Einbruch der Geburtenzahlen zur Folge. Seitdem gleichen sich die Werte mehr und mehr an. 1999, den Zeitpunkt, den Abbildung 60 wiedergibt, betrug die TFR in den alten Ländern 1,37, in den neuen 0,99. Gegenüber diesen großräumigen Unterschieden, für die in Kapitel 3.3.3 einige Erklärungsansätze aufgezeigt wurden, fallen regionale Abweichungen deutlich niedriger aus. In der alten Bundesrepublik konzentrieren sich die Raumeinheiten mit überdurchschnittlichen Werten auf das Emsland, Ostfriesland und das westliche Schleswig-Holstein, das östliche Nordrhein-Westfalen sowie Teile Baden-Württembergs und Bayerns. Dagegen weisen die meisten großen Städte und ihr Umland eher unterdurchschnittliche Raten auf, auch wenn sich der Gegensatz zwischen Agglomerationen und ländlichen Räumen in den 1990er Jahren vermindert hat (GANS in GANS und KEMPER 2001, S. 94 ff.). In den neuen Ländern sind die Raten in den Verdichtungsräumen sogar leicht höher, wenn man Berlin als Ganzes einbezieht. Das vor 1990 bestehende Muster mit einem Nord-Süd-Gefälle von den ländlich geprägten Regionen im Norden mit hohen zu den Verdichtungsräumen im Süden mit niedrigen Werten ist jedenfalls nicht mehr zu erkennen.

Eine Erklärung der nach wie vor vorhandenen regionalen Unterschiede ist nicht einfach. Seit langem ist bekannt und mittels statistischer Analysen belegt, dass eine verschiedene sozio-ökonomische Struktur nur einen verhältnismäßig geringen Einfluss auf das Fruchtbarkeitsniveau hat und sich auch konfessionelle Unterschiede kaum mehr bemerkbar machen. Eine engere Beziehung besteht zu haushaltsstrukturellen Indikatoren sowie solchen der Wohn- und Siedlungsweise. Sowohl in den alten als auch in den neuen Ländern ergibt sich eine hohe Korrelation zwischen der TFR und dem Anteil der Einpersonenhaushalte einschließlich nicht-ehelicher Gemeinschaften (GANS in GANS und KEMPER 2001, S. 94), was darauf hindeutet, dass diese Lebensweise gewöhnlich ein Hinausschieben der Familienbildung und damit niedrigere Geburtenhäufigkeiten zur Folge hat. STROHMEIER hat 1989 nachgewiesen, dass selektive Wanderungsprozesse zur Stabilisierung des Stadt-Land-Gegensatzes beitragen (vgl. auch WANNER 2000 für die Agglomerationsräume der Schweiz). So sind die Großstadt-Land-Wanderer deutlich stärker an traditionellen Familienleitbildern orientiert und kinderreicher als die in der Stadt verbliebenen Personen, und umgekehrt sind die in die Großstadt gewanderten Frauen deutlich weniger familienbezogen als die auf dem Lande (und kleinen Städten) verbliebenen. In der ehemaligen DDR wird dieser Einfluss von den gerade in ländlichen Regionen besonders ausgeprägten sozialstrukturellen Schocks überlagert. Denn die agrarisch ausgerichteten Gebiete waren von dem tief greifenden sozialen Wandel noch stärker betroffen als andere Regionen (z. B. Auflösung der Landwirtschaftlichen Produktionsgenossenschaften und damit verbundener massiver Arbeitsplatzabbau vor allem für Frauen). Auf die sehr begrenzten ökonomischen Perspektiven und das hohe persönliche Risiko reagierte die Bevölkerung mit Wegzug und anhaltendem Geburtenverzicht (GANS in GANS und KEMPER 2001, S. 96).

In einer zusammenfassenden Wertung der gängigen Erklärungsansätze kommt KULS (1980, S. 127) zu dem Ergebnis, dass es innerhalb eines großen Landes immer

Regionen geben wird, in denen sich das Fertilitätsverhalten der dort lebenden Menschen „auch unabhängig von der jeweiligen wirtschaftlichen Situation, der Siedlungsweise oder der Stellung in der sozialen Hierarchie nach gewissen, sicher in sehr unterschiedlicher Weise entstandenen und zeitlich veränderlichen Grundnormen richtet".

3.4 Bevölkerungswachstum

3.4.1 Hauptphasen in der Entwicklung der Weltbevölkerung

Die aus dem Zusammenspiel von Geburten- und Sterbeverhältnissen resultierende Zunahme der Weltbevölkerung blieb jahrtausendelang außerordentlich gering. Nach Schätzungen leben heute (2005) etwa 6,5 Mrd. Menschen auf der Erde; 100 Jahre zuvor waren es lediglich 1,7 Mrd. Das bedeutet, dass der Zuwachs in nur einem Jahrhundert den aller vorangegangener Zeitabschnitte um fast das Dreifache übertroffen hat.

Je weiter man in der Menschheitsgeschichte zurückgeht, desto schwieriger wird es, exakte Angaben zum Bevölkerungsstand der Erde oder einzelner Regionen zu erhalten. Das Zeitalter systematischer Registrierungen von Geburten- und Sterbefällen sowie regelmäßig wiederkehrender Zensuserhebungen begann nur in einigen wenigen europäischen Ländern vor 1800, sodass wir für die Mitte des 18. Jh. noch mit einem Unsicherheitsgrad von etwa 20% bei der Ermittlung der Weltbevölkerung rechnen müssen. Bis heute sind die **Fehlermöglichkeiten** nicht völlig ausgeräumt, und selbst die für die Gegenwart vorgelegten Schätzwerte differieren um mehr als 200 Mio. Angaben zur Bevölkerung vergangener Zeiträume finden sich insbesondere bei CARR-SAUNDERS (1936), CLARK (1967), DURAND (1977), BIRABEN (1979), DUPÂQUIER (1998) und LIVI-BACCI (2001).

DURAND (1977, S. 254) unterscheidet hinsichtlich ihres Grades an Zuverlässigkeit vier Datentypen, die als Basis für Schätzungen dienen können. Diese reichen von den modernen Volkszählungen über Teilerhebungen bzw. Zählungen zweifelhafter Qualität und Zahlenangaben, die sich nicht unmittelbar auf die Bevölkerung beziehen (Zahl der Städte, Größe von Anbauflächen u.a.), bis zu nicht-quantitativen Informationen zum Stand der Technologie, der Wirtschaft oder der sozialen und politischen Organisation.

Will man die Entwicklung der Weltbevölkerung über das 18./19. Jh. hinaus weiter zurückverfolgen, so stehen dafür, abgesehen von den Ausnahmefällen einzelner sehr früher Zählungen, ausschließlich Daten der zuletzt genannten beiden Gruppen zur Verfügung. Diese beziehen sich überdies immer nur auf einzelne Teile der Erde und auf unterschiedliche Zeitabschnitte. Um die Weltbevölkerung für einen ganz bestimmten Zeitpunkt schätzen zu können, bedarf es daher ergänzender Hinweise zum Bevölkerungswachstum einzelner Regionen. Auch diese Angaben sind von sehr unterschiedlicher Qualität und umfassen sowohl mehr oder weniger systematische Aufzeichnungen der Geburten- und Sterbefälle sowie der Wanderungsvorgänge als auch nicht oder nur schwer quantifizierbare Mitteilungen von Historikern und Archäologen über Kriege, Hungersnöte, Epidemien, Siedlungsneugründungen, Kolonisationsbewegungen usw.

Aus dem Gesagten wird deutlich, dass alle Angaben zur Bevölkerungszahl vergangener Zeitabschnitte durch viele Unsicherheitsfaktoren beeinflusst werden und daher die von einzelnen Forschern genannten Werte stark voneinander abweichen. Aber selbst die sich aus einer Zusammenfassung verschiedener Schätzungen ergebende Spannweite ist nicht als möglicher Fehlerbereich zu interpretieren; dieser dürfte in der Regel noch weit größer sein, ohne dass er auch nur annähernd genau festgelegt werden kann. Das trifft in besonderem Maße für die **Anfänge der Menschheitsgeschichte** zu. So wissen wir kaum etwas über die absolute Zahl der in vorgeschichtlicher Zeit auf der Erde lebenden Menschen und können uns durch die Rekonstruktion von Lebensformen lediglich ungefähre Vorstellungen von den damals herrschenden Dichteverhältnissen machen.

Solange der Mensch ausschließlich als Jäger und Sammler die Erde bevölkerte, hat die Bevölkerungsdichte selbst in den natürlichen Gunsträumen nur wenige Köpfe je 100 km² betragen. Den überschlagsmäßigen, aus rezenten Werten abgeleiteten Berechnungen von Anthropologen und Historikern ist zu entnehmen, dass auf dieser Kulturstufe weltweit allenfalls 5–10 Mio. Menschen ihre Ernährung sicherstellen konnten (COALE 1974, S. 41). Die wirkliche Bevölkerungszahl dürfte lange Zeit noch weit niedriger gewesen sein, da der Reproduktionserfolg der damaligen Menschen äußerst gering war und ihnen wenig mehr als das bloße Überleben sicherte (BOBEK 1959, S. 265).

Erste Zahlenwerte werden für die Zeit vor etwa 10.000 Jahren genannt. Diese schwanken zwischen 1 und 10 Mio. Menschen (DURAND 1977, S. 285). Daraus lässt sich folgern, dass in den davorliegenden Epochen der Menschheitsgeschichte, für die man insgesamt etwa eine Million Jahre ansetzen kann, die durchschnittliche jährliche Wachstumsrate nur etwa 0,0015 %, d. h. 15 Personen auf 1 Mio. betragen hat. Das entspricht einer theoretischen Verdopplungszeit von ca. 50.000 Jahren. Aber selbst diese kaum spürbare Vermehrung der Weltbevölkerung hat sich nicht völlig gleichmäßig und stetig vollzogen. Vielmehr wechselten Zeiten einer rascheren Zunahme mit solchen der Stagnation oder gar katastrophaler Rückschläge ab. Das ist darauf zurückzuführen, dass der damalige Mensch allen Veränderungen seiner natürlichen Umwelt völlig hilflos gegenüberstand und seine Lebensbasis durch eine Verschlechterung des Klimas oder das Verschwinden einzelner Beutetiere empfindlich gestört werden konnte. Beobachtungen an heute noch bestehenden Jäger- und Sammlergemeinschaften vermitteln uns eine ungefähre Vorstellung von den Geburten- und Sterbeverhältnissen in jenen weit zurückliegenden Zeiträumen (vgl. HOWELL 1979). Danach können wir annehmen, dass nur wenige Neugeborene das Säuglings- und Kleinkindalter überlebten und daher die Lebenserwartung im Mittel kaum mehr als 20 Jahre betragen hat. Die Fertilität war zwar entsprechend hoch, sie blieb jedoch weit hinter dem biologisch möglichen Maximum zurück und dürfte auch erheblich unter den gegenwärtig beobachteten Höchstwerten gelegen haben. Dafür wird man nicht nur die Ernährungslage und den Gesundheitszustand der Menschen verantwortlich machen können, überdies sorgte eine Vielzahl von Tabus und Normen für eine Begrenzung der Geburten, denn unter den ungemein schwierigen Lebensbedingungen der damaligen

Zeit hätten Mütter, die mehr als ein Kleinkind versorgen und bei sich tragen mussten, die Beweglichkeit und damit das Überleben der ganzen Gruppe gefährdet. Die Verhaltensweisen, mit denen einer zu hohen Fruchtbarkeit begegnet wurde, reichten von der Enthaltsamkeit während einer auf zwei oder mehr Jahre ausgedehnten Stillzeit bis zur Kindestötung.

Eine erste, bescheidene Weiterentwicklung der menschlichen Kultur setzte gegen Ende der letzten Eiszeit ein. Archäologische Funde aus vielen Teilen der Welt dokumentieren die Fortschritte auf dem Gebiet der Jagdtechnik oder bei der Anfertigung von Werkzeugen. Rationalisierungen und Spezialisierungen auf der Grundlage der bisherigen Lebensform kennzeichnen diesen Übergang von der **„Wildbeuterstufe"** zur **„Stufe der spezialisierten Sammler, Jäger und Fischer"** (BOBEK 1959, S. 165). Vorratshaltung führte zu einer Verbesserung der Ernährungsbasis, mit der wiederum eine spürbare Bevölkerungsverdichtung einherging.

Eine erneute Phase des beschleunigten Wachstums fällt mit dem **Beginn des sesshaften Ackerbaus** und der Domestikation von Tieren zusammen. Dabei wird man diesen Zusammenhang nicht nur einseitig gerichtet sehen und die neolithische Revolution als Ursache oder Vorbedingung für eine stärkere Bevölkerungszunahme auffassen dürfen; es ist ebenso denkbar, dass der Ursprung der Landwirtschaft bis zu einem gewissen Grade eine Folge wachsenden Bevölkerungsdrucks war (COHEN 1977).

Nicht nur für diese Frühphase der Menschheitsgeschichte, sondern auch für spätere Zeiträume ist von engen **Wechselbeziehungen zwischen Bevölkerungsanstieg und Veränderungen im Agrarbereich** auszugehen. BOSERUP (1965 und 1976) vertritt sogar die These, dass der Bevölkerungsdruck „Schlüsselfaktor" und „Hauptmotor" für den Übergang von extensiveren zu intensiven Formen der Landbewirtschaftung ist, und wendet sich damit gegen eine einseitige Interpretation demographischer Trends als bloße Anpassungsvorgänge an den Nahrungsspielraum. Eine zusammenfassende und kritische Bewertung der Theorie von BOSERUP findet sich bei DATOO (1978), GRIGG (1979) und SCHMID (1987); die Ergebnisse empirischer Überprüfungen sind uneinheitlich (TURNER u. a. 1977; LEE 1988; MISHRA 2002).

Wie immer der Übergang zu einer sesshaften Landwirtschaft im Einzelnen erklärt wird, fest steht, dass in den Kerngebieten der bäuerlichen Kultur die Bevölkerungsdichte auf das Zehn- bis Fünfzigfache der bisher unter günstigen Umständen erreichten Werte anstieg, wenn es auch nach wie vor Schwankungen in der Bevölkerungsentwicklung gegeben hat (BOBEK 1959, S. 270). Es ist anzunehmen, dass die „Krisenmortalität" durch eine schnellere Ausbreitung von Infektionskrankheiten und das Auftreten von Hungersnöten bei Missernten gegenüber früher sogar zunahm; diese konnte aber durch eine noch stärker gestiegene Fertilität mehr als ausgeglichen werden (COALE 1974, S. 48).

Die **„Nahrungsmittelrevolution der Jungsteinzeit"** vollzog sich nicht überall auf der Erde zur gleichen Zeit. Sie begann vor etwa 9.000–11.000 Jahren im Nahen Osten, vermutlich etwas später auf dem indischen Subkontinent (8.000 v. heute) und nochmals später (6.000–7.000 v. heute) in den Andenhochländern und in Nordchina (REED 1977, S. 3). Man neigt heute dazu, eine polyzentrische Entwicklung anzunehmen, ohne allerdings Zahl und Lage der einzelnen Ursprungsherde genau angeben zu können.

Vor etwa 5.000–6.000 Jahren, zur Zeit der Entstehung der ersten Stadtkulturen im Euphrat-Tigris- und im Nilgebiet, hatten sich die sesshaften Bauernwirtschaften über das Mittelmeergebiet, das Industal, Teile von China und Südostasiens sowie einzelne Räume in der Neuen Welt ausgebreitet, und die Weltbevölkerung war auf ca. 50 bis 100 Mio. angestiegen.

Für die **Zeit um Christi Geburt** liegen erstmals genauere Bevölkerungsschätzungen für einzelne Teilräume der Erde vor (Tab. 22). Vor allem in China wurde der Bevölkerungsstand schon damals mit großer Sorgfalt ermittelt, und auch im Römischen Reich fanden von Zeit zu Zeit Bürgerzählungen statt, die uns als Grundlage für die Schätzungen der Einwohnerzahl größerer Gebiete dienen. Für die meisten anderen Teile der Welt sind die Informationslücken aber nach wie vor sehr groß.

Geht man von einer Weltbevölkerung zwischen 270 und 330 Mio. für die Zeit um Christi Geburt aus und vergleicht diese mit den 5 bis 10 Mio. zu Beginn der neolithischen Revolution, so kommt man auf eine globale Wachstumsrate von etwa 0,05 % pro Jahr, d. h. 5 Personen auf 10.000, und eine Verdopplungszeit von etwa 1.400 Jahren. Diese durchschnittliche jährliche Zunahme ist zwar noch immer sehr gering, übersteigt jedoch diejenige vorangegangener Epochen um ein Vielfaches.

Im Auf und Ab der Weltbevölkerungsentwicklung trat im folgenden Jahrtausend eine Phase der Stagnation ein. Es ist sogar nicht auszuschließen, dass die Zahl der Erdbewohner wieder leicht zurückging, ohne dass man über die Gründe dafür genauere Angaben machen kann.

Bezieht man sich lediglich auf Globalzahlen und größere Zeiträume, so beginnt mit dem zweiten nachchristlichen Jahrtausend eine Epoche kontinuierlichen Bevölkerungswachstums. Es ist anzunehmen, dass zu **Beginn der Neuzeit** (um 1500) etwa 440 bis 540 Mio. und um 1750 ca. 735 bis 805 Mio. Menschen auf der Erde lebten. Damit hatte sich ihre Zahl in 750 Jahren um das Zwei- bis Dreifache erhöht, und die jährliche Wachstumsrate war auf etwas mehr als 0,1 % angestiegen (Verdopplungszeit 700 Jahre). Solche weltweiten Durchschnittswerte sagen allerdings nicht viel aus, da sie weit reichende Unterschiede in Raum und Zeit verdecken. So wurde in Europa die Zeit eines schnelleren Bevölkerungswachstums während des 11.–13. Jh. in der zweiten Hälfte des 14. und beginnenden 15. Jh. von einer rückläufigen Bewegung abgelöst, da die Pest und andere sich rasch ausbreitende Seuchen und Epidemien eine große Zahl von Opfern forderten (vgl. LIVI-BACCI 1999). Vermutlich haben diese „Geißeln der Menschheit" auch in den dichter besiedelten asiatischen Regionen einen zeitweiligen Rückgang der Bevölkerung bewirkt, wenn dazu auch keine genaueren Aufzeichnungen vorliegen.

Ein **Umbruch in der Entwicklung der Weltbevölkerung**, wie er nur mit demjenigen zur Zeit der Nahrungsmittelrevolution der Jungsteinzeit vergleichbar ist, wird seit Ende des 18. Jh. erkennbar. Zu diesem Zeitpunkt setzte in Europa eine langsame Abnahme der Sterberaten ein, während die Geburtenziffern noch auf einem recht hohen Niveau lagen. Das führte zu einer allmählichen Öffnung der „Bevölkerungsschere" und zu einer erheblichen Beschleunigung der Bevölkerungsprogression. Diese machte sich selbst in den Globalzahlen bemerkbar, und zu Beginn des 19. Jh. überschritt die jährliche Zuwachsrate erstmals die 0,5 %-Schwelle. Nochmalige sprunghafte Veränderungen in der Wachstumskurve sind dann in den 1920er und

Tab. 22 Entwicklung der Weltbevölkerung seit Christi Geburt (Mio.); Quelle: Zusammenfassung verschiedener Schätzungen in DURAND (1977); Werte für 2005 nach niedriger und hoher Variante in UN (2003).

Raum	0	1000	1500	1750	1900	1975	2005
Welt	270–330	275–345	440–540	735–805	1650–1710	3950–4050	6404–6502
Europa ohne ehemalige UdSSR	30–40	30–40	60–70	120–135	295–300	470–475	513–516
Ehemalige UdSSR	5–10	6–15	10–18	30–40	130–135	255	268–270
Nordafrika	10–15	5–10	6–12	10–15	53–55	80–82	154–157
Übriges Afrika	15–30	20–40	30–60	50–80	90–120	315–335	727–728
Nordamerika	1–2	2–3	2–3	2–3	82–83	237	331–333
Mittel- u. Südamerika	6–15	20–50	30–60	13–18	71–78	320–335	553–563
Australien/Ozeanien	1–2	1–2	1–2	2	6	21	33
China	70–90	50–80	100–150	190–225	400–450	800–900	1310–1335
Indien/Pakistan/Bangladesch	50–100	50–100	75–150	160–200	285–295	740–765	1398–1423
SW-Asien	25–45	20–30	20–30	25–35	40–45	115–125	265–270
Japan	1–2	3–8	15–20	29–30	44–45	111	128
Übriges Asien	8–20	10–25	15–30	35–55	110–125	435–460	724–736

50er Jahren zu beobachten (Tab. 23). Diese lassen sich gut mit dem Beginn der Sterblichkeitssenkung in einzelnen Staaten der Dritten Welt (insbesondere in Lateinamerika) und den sich nach dem Zweiten Weltkrieg verbessernden Überlebenschancen auch in wirtschaftlich weiterhin rückständigen Ländern in Verbindung bringen (vgl. Kap. 3.2.1).

Die hinter den genannten Zahlen stehende **Dynamik der Bevölkerungsentwicklung** wird anschaulicher, wenn man sich vergegenwärtigt, dass es noch 123 Jahre dauerte, bis die Zahl der auf der Erde lebenden Menschen von 1 Mrd. (1804) auf 2 Mrd. (1927) angestiegen war, der Zeitraum bis zum Erreichen der jeweils nächsten Milliarden dann jedoch schnell abnahm: auf 33 Jahre bis zur 3. Mrd. (1960), 14 Jahre bis zur 4. Mrd. (1974), 13 Jahre bis zur 5. Mrd. (1987) und schließlich nur noch 12 Jahre bis zur 6. Mrd. im Jahre 1999 (BÄHR 1999, S. 570). Damit ist jedoch der Höhepunkt des Bevölkerungswachstums überschritten, und es zeichnet sich eine Trendwende ab. Nach der mittleren Variante der UN-Vorausberechnungen wird es 14 Jahre dauern, bis die 7-Mrd.-Grenze überschritten ist (2013), 15 Jahre bis zur 8. Mrd. (2028) und 26 Jahre bis zur 9. Mrd. (2054). Nach der probabilistischen Vorhersage von LUTZ u. a. (2001) wird die Weltbevölkerung mit 85%iger Wahrscheinlichkeit vor Ende des 21. Jh. zu wachsen aufhören.

Die für die Gegenwart angegebene jährliche (natürliche) Zuwachsrate der Weltbevölkerung von 1,2% verdeckt bedeutsame **regionale Unterschiede** (Abb. 11). Das zeigt sich schon bei der Gegenüberstellung von Industrie- und Entwicklungsländern, deren jeweilige Bevölkerungen um 0,1% bzw. 1,5% im Jahr zunehmen, und kommt bei einem Vergleich einzelner Länder und Kontinente noch deutlicher zum Ausdruck (Tab. 17).

Von allen Großräumen hat Afrika heute (2000–05) die bei weitem höchste Progressionsrate (2,2%), es folgen Lateinamerika (1,5%), Asien (1,3%), Australien/Ozeanien (1,0%), Nordamerika (0,6%) und Europa (–0,2%). Auf der Basis einzelner Staa-

Tab. 23 Wachstumsgeschwindigkeit der Weltbevölkerung 1750–2010; Quelle: DURAND (1967); WITTHAUER (1969), ergänzt.

Jahr	Welt-bevölkerung (Mio.)	Anteile Europas (ohne ehem. UdSSR) (%)	Durchschnittliche jährliche Wachs-tumsrate (%)	Verdopplungs-zeit (Jahre)
1750	791	15,8	–	–
1800	987	15,5	0,43	161
1850	1262	16,5	0,51	136
1900	1650	17,9	0,54	130
1930	2070	17,2	0,76	92
1950	2516	15,6	0,98	71
1970	3693	12,4	1,94	36
1980	4449	10,9	1,88	37
1990	5321	9,4	1,82	38
2000	6071	8,4	1,33	53
2010	6830	7,6	1,18	59

Tab. 24 Weltbevölkerung nach Großräumen 1750–2025;
Quelle: CLARK (1967); UN (2003).

Raum	1750		1900		2000		2025*)	
	Mio.	%	Mio.	%	Mio.	%	Mio.	%
Afrika	100	13,7	122	7,3	796	13,5	1292	16,5
Asien**)	478	65,4	985	59,1	3624	59,7	4672	59,5
Nordamerika	2	0,3	81	4,8	316	5,2	394	5,0
Lateinamerika	13	1,8	63	3,8	520	8,6	687	8,8
Europa***)	102	13,9	284	17,0	511	8,4	512	6,5
Ehemalige UdSSR	34	4,6	6	0,4	273	4,5	255	3,2
Ozeanien	2	0,3	6	0,4	31	0,5	40	0,5
Welt insgesamt	**731**	**100**	**1668**	**100**	**6071**	**100**	**7851**	**100**

*) Mittlere Prognosevariante
**) ohne asiatische Teile der ehemaligen UdSSR
***) ohne europäische Teile der ehemaligen UdSSR

ten ist die Spannweite noch ungleich größer. Nach Angaben des World Population Data Sheet 2003 wächst gegenwärtig die Bevölkerung in einzelnen orientalischen und afrikanischen Staaten (Jemen, Liberia, Niger, Tschad) am schnellsten. Die dafür ermittelten Wachstumsraten von 3,1 % und höher entsprechen einer Verdoppelungszeit von ca. 20 Jahren.

Derartige Werte sind das Ergebnis außergewöhnlich hoher Geburtenziffern bei gesunkener Sterblichkeit. Noch höher ist freilich die „demographische Umsatzziffer" in denjenigen Ländern, in denen zwar die Geburtenraten eine ähnliche Größenordnung erreichen, die Sterbeziffern aber bislang weniger zurückgegangen oder wieder angestiegen sind. Dazu zählen Staaten wie Liberia, Mali, Niger, Malawi und Sambia mit Umsatzziffern von ca. 70 ‰. Das andere Extrem stellen einzelne europäische und westasiatische Staaten dar, in denen die Bevölkerung heute stagniert oder sogar leicht zurückgeht und die Umsatzziffern unter 20 ‰ liegen (Armenien, Georgien).

Die phasenverschoben einsetzende und mit unterschiedlicher Intensität ablaufende „Bevölkerungsexplosion" der letzten beiden Jahrhunderte hat in Verbindung mit großräumigen Wanderungsvorgängen zu tief greifenden **Veränderungen der groß-regionalen Bevölkerungsverteilung** geführt. Vergleicht man zunächst die Verhältnisse um 1750 mit denen um 1900 (Tab. 23), so wird erkennbar, dass der Anteil Europas an der Weltbevölkerung, bedingt durch das frühe Öffnen der Bevölkerungsschere, deutlich zugenommen hat. Nur in Nord- und Südamerika ist der Bevölkerungszuwachs prozentual gesehen noch größer gewesen, da im Gefolge der neuzeitlichen Kolonisation und Besiedlung nicht nur eine große Zahl europäischer Auswanderer in die Neue Welt kam, sondern auch Millionen von Sklaven nach dort verschleppt wurden. Dagegen stiegen die Einwohnerzahlen in Asien und Afrika nur langsam bzw. gingen in Afrika zeitweilig sogar zurück.

Im 20. Jh. hat sich das Bild vollkommen verändert. Während um 1900 fast ein Viertel der Weltbevölkerung in Europa und der ehemaligen UdSSR lebten, sind es heute nur noch 13%. Dagegen haben sich die Anteilswerte Afrikas und Lateinamerikas spürbar, derjenige von Nordamerika geringfügig erhöht, und die Anteile Asiens und Ozeaniens sind ungefähr gleich geblieben. Die zukünftige Entwicklung wird vor allem vom ungebremsten Bevölkerungswachstum in Afrika bestimmt werden (Tab. 24). Nach McNicoll (1999) und Schmid (2000) wird die großregionale Verschiebung des „demographischen Gewichtes" nicht ohne Einfluss auf globale Machtstrukturen und internationale Konflikte bleiben.

3.4.2 Der demographische Transformationsprozess in raumzeitlicher Differenzierung

Nach dem bisher Gesagten lässt sich die Entwicklung der Weltbevölkerung stark ver- einfacht in zwei Abschnitte untergliedern: in eine sehr lange Periode nur langsamen und eine sehr kurze Periode stark beschleunigten Wachstums. Um die Gründe für den vor gut 200 Jahren in Europa einsetzenden Umschwung zu verstehen, ist es notwen- dig, das Zusammenwirken von Mortalität und Fertilität in raumzeitlicher Differenzie- rung genauer zu analysieren. Als idealtypisches Ablaufschema und Vergleichsmaßstab wurde dazu von verschiedenen Bevölkerungswissenschaftlern seit den späten 1920er Jahren das „Modell des demographischen Übergangs" erarbeitet. Seine früheste For- mulierung geht auf Thompson (1929) zurück; in den 1940er Jahren sprachen Note- stein (1945) und Davis (1945) erstmals von einer *demographic transition* (vgl. Woods 1982, S. 159 ff.; Kirk 1996; Jones 1998; Mackensen 1999).

Das **Modell des demographischen Übergangs** baut auf der in Europa und spä- ter auch in Nordamerika und Australien beobachteten Entwicklung auf. Hier haben sich Sterblichkeit und Fruchtbarkeit während der letzten beiden Jahrhunderte in sehr regelhafter Weise verändert, und man glaubte daraus schließen zu können, dass jede Bevölkerung dazu bestimmt sei, einen demographischen Transformationsprozess nach diesem Muster zu durchlaufen (Hauser 1974, S. 130).

Die Ausgangssituation vor Beginn des Transformationsprozesses lässt sich durch hohe und stark fluktuierende Sterbe- und Geburtenraten kennzeichnen; am Ende der Entwicklung stehen sehr viel niedrigere und sich kurzfristig kaum noch verändernde Ziffern. Den zwischen diesen beiden Phasen eines relativen Gleichgewichts liegenden Entwicklungsabschnitt bezeichnet man als „demographischen Übergang". Er wird durch eine deutliche Verbesserung der Überlebenschancen eingeleitet, während die Fruchtbarkeit zunächst weiterhin auf hohem Niveau bleibt bzw. vorübergehend sogar noch ansteigt. Daraus resultiert eine „Scherenöffnung" zwischen den Kurven der Ge- burten- und Sterberaten, und die Bevölkerung nimmt sehr rasch zu. Erst später gleicht sich das generative Verhalten mehr und mehr an die gewandelten Sterbeverhältnisse an. Jetzt geht die Geburtenziffer schneller als die Sterbeziffer zurück, und die Bevöl- kerungsschere beginnt sich wieder zu schließen.

Während man den hier kurz skizzierten Entwicklungsablauf zunächst nur in drei Phasen – die vor- und die nachtransformative Phase sowie die Phase des Übergangs – untergliederte, unterscheidet man heute gewöhnlich fünf Stufen (Abb. 61). Am Bei- spiel von England/Wales und Schweden lassen sich die einzelnen Phasen des Trans- formationsprozesses gut erkennen, wenn dabei auch zu berücksichtigen ist, dass Mortalität und Fertilität durch die Verwendung von rohen Ziffern nur annähernd erfasst werden können (vgl. MARSCHALCK 1979; SCHMID 1984):

1. prätransformative Phase (Phase der Vorbereitung) mit hohen, nahe beieinanderliegenden Geburten- und Sterberaten, hohen Umsatzziffern und geringen, vorübergehend auch negativen Wachstumsraten,
2. frühtransformative Phase (Phase der Einleitung) mit deutlich fallenden Sterberaten bei weitgehend konstanten oder sogar leicht zunehmenden Geburtenraten und somit ansteigenden Wachstumsraten,
3. mitteltransformative Phase (Phase des Umschwungs) mit weiterem Sterblichkeitsrückgang und einsetzendem Geburtenrückgang, wobei maximale Wachstumsraten erreicht werden,
4. spättransformative Phase (Phase des Einlenkens) mit raschem Abfall des Geburtenniveaus und nur noch leicht abnehmender Sterblichkeit, was zu stark zurückgehenden Wachstumsraten führt,
5. posttransformative Phase (Phase des Ausklingens) mit niedrigen Geburten- und Sterberaten, niedrigen Umsatzziffern und geringen bis stagnierenden Wachstumsraten, wobei sich die Geburtenraten eher verändern als die Sterberaten, die teilweise aufgrund des veränderten Altersaufbaus sogar wieder leicht ansteigen.

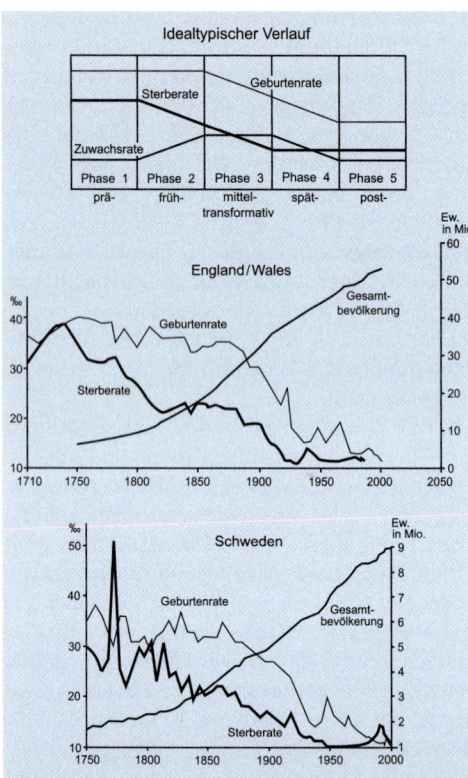

Mit dem demographischen Übergang verbunden sind bedeutsame **Verschiebungen der Altersstruktur und der Sexualproportion.** Solange Geburten- und Sterberaten auf hohem Niveau verharren, ist die Bevölkerung insgesamt recht jung, und gewöhnlich überwiegt der männliche Anteil (Übersterblichkeit der Frau infolge von Schwangerschaftskomplikationen u. a.). Die Pyramiden- oder Dreiecksform der Alterspyramide resultiert aus der mit zunehmendem Alter ansteigenden Sterblichkeit einer (weitgehend) stabilen Bevölkerung (gleich bleibende Gebur-

Abb. 61. Idealtypischer Verlauf des demographischen Übergangs und Ablauf in England/Wales und Schweden. Quelle: MACKENSEN und WEWER (1973); BROEK und WEBB (1978), ergänzt.

ten- und Sterbewahrscheinlichkeiten in den einzelnen Altersklassen bei hohem natürlichem Wachstum). Mit der Abnahme der Säuglings- und Kindersterblichkeit bei weiterhin hohen Geburtenraten erhält die Pyramide eine sehr breite Basis. Als Folge des Geburtenrückgangs wird die Basis der Pyramide immer schmaler, und die Zuspitzung beginnt sehr viel später, weil die Sterblichkeit erst in den höheren Altersklassen deutlich zunimmt. Die beim Abschluss des Übergangs erreichte bienenkorbartige Pyramide kann sich zur Urnenform weiter entwickeln, wenn die Geburtenzahlen über längere Zeit rückläufig sind und die Bevölkerung schrumpft (vgl. Kap. 2.4.1). Mit dem wachsenden Anteil älterer Menschen verschiebt sich aufgrund der unterschiedlichen Sterblichkeit der Geschlechter die Sexualproportion immer mehr zugunsten der weiblichen Bevölkerung.

Eine **Anwendung** dieser auf induktivem Wege gewonnen Modellvorstellungen ist auf vier Ebenen denkbar (Hauser 1974, S. 130; Woods 1979, S. 4):

1. Die Beschreibungsfunktion des Modells
   Das Modell dient zur idealtypischen Beschreibung der in den westlichen Industrieländern im zeitlichen Verlauf festgestellten Veränderungen von Mortalität und Fertilität.
2. Die Klassifikationsfunktion des Modells
   Das Modell gestattet eine Typisierung verschiedener Länder hinsichtlich ihres Standes in der demographischen Entwicklung.
3. Die Theoriefunktion des Modells
   Das Modell wird herangezogen, um im Zusammenhang mit der sozio-ökonomischen Entwicklung nach den Ursachen des Transformationsprozesses zu fragen.
4. Die Prognosefunktion des Modells
   Das Modell bildet die Grundlage für eine Prognose der künftigen Bevölkerungsentwicklung auf der Erde oder in einzelnen Großräumen und Ländern.

Allgemein anerkannt ist die Beschreibungs- und Klassifikationsfunktion dieses auf induktivem Weg gewonnenen Modells, auch wenn nicht alle empirischen Befunde das unterstellte Ablaufschema stützen (vgl. Sokoll 1999 für England). Umstritten ist hingegen seine Theorie- und Prognosefunktion und damit auch seine Anwendung auf die Situation in der Dritten Welt. Hier ist die Scherenöffnung im Allgemeinen sehr viel größer, als es je in den Industrieländern der Fall war, und die Übergangsphase dauert außergewöhnlich lang. Namentlich Afrika südlich der Sahara wird vielfach als Sonderfall angesehen (vgl. Caldwell u. a. 1992; Gould und Brown 1996).

Eine **Überprüfung des Modells** anhand einzelner Länder ergab, dass das postulierte Ablaufschema für Europa und die europäisch geprägten Neusiedlerländer in Übersee weitgehend zutrifft. Für Europa lassen sich darüber hinaus Hinweise auf einen von England ausgehenden Ausbreitungsprozess des Bevölkerungsübergangs finden (Casetti und King 1975). Daneben haben nur noch Japan (vgl. Mosk 1995) und bis zu einem gewissen Grade auch Argentinien und Uruguay sowie einige kleinere Staaten diesen Prozess vollständig durchlaufen. Die Gegenüberstellung verschiedener, durch Zusammenfassen der Phasen 2 und 3 vereinfachten Länderdiagramme in Abbildung 62 macht jedoch deutlich, dass sich der demographische Transformationspro-

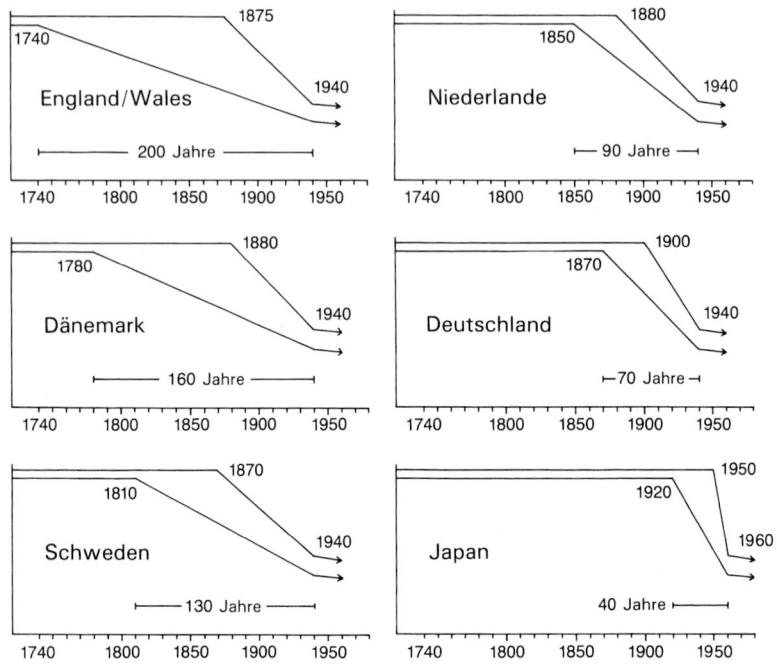

Abb. 62. Schematische Darstellung der Dauer des demographischen Übergangs in verschiedenen Industrieländern. Quelle: Eigene Zusammenstellung.

zess zu unterschiedlichen Zeiten und mit unterschiedlicher Geschwindigkeit vollzogen hat. Im Allgemeinen dauerte der Übergang von einem Zustand hoher Mortalität und Fertilität zu allgemein niedrigen Sterblichkeits- und Fruchtbarkeitswerten um so länger, je früher der Umschwung einsetzte. Das Mutterland der Industrialisierung, England/Wales, benötigte dazu etwa 200 Jahre, Dänemark ungefähr 160 Jahre, Schweden ca. 130 Jahre, die Niederlande 100 Jahre, Deutschland 70 Jahre und Japan lediglich 40 Jahre. Ähnliche Unterschiede ergeben sich auch, wenn man verschiedene Regionen innerhalb eines Landes betrachtet (vgl. z. B. VICHNEVSKIJ 1988 für die Sowjetunion; FIALOVÁ u. a. 1990 für die Tschechoslowakei).

Eine vollends andere Entwicklung lässt sich nur für Frankreich feststellen. Hier verliefen Mortalitäts- und Fertilitätsrückgang weitgehend parallel zueinander, sodass es zu keinem Zeitpunkt zu einer mit anderen Ländern vergleichbaren Öffnung der Bevölkerungsschere gekommen ist (vgl. u.a. DANGSCHAT u. a. 1986).

WOODS (1982) hat versucht, derartige „Abweichungen" angemessen zu berücksichtigen, und ist so zu einem **„variablen Übergangsmodell"** gekommen (Abb. 63). Dabei wird der Verlauf in Frankreich, dem Sonderfall unter den europäischen Ländern, ungefähr durch die Kurven g' und s' wiedergegeben, während Deutschland eher dem „Normalfall" (Kurven g" und s") entspricht. Auch eine Erweiterung auf Länder der Dritten Welt ist mit einem solchen Modell möglich. So lässt sich etwa durch die Kombination der Kurven s''' und g''' ein schneller Abfall der Mortalität bei stark verzögertem Fertilitätsrückgang kennzeichnen.

Das an historischen Längsschnittanalysen gewonnene Ablaufschema kann auch auf Querschnittsbetrachtungen Anwendung finden. Dadurch wird eine **Klassifikation und Typisierung von Staaten** oder anderen Raumeinheiten im Hinblick auf das Zusammenspiel von Geburten- und Sterbeverhältnissen möglich. Ein Beispiel für diesen Anwendungsbe-

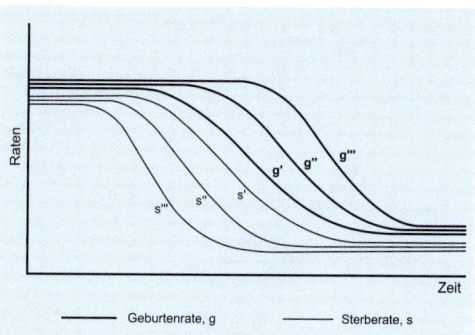

Abb. 63. Variables Modell des demographischen Übergangs. Quelle: Woods *(1982).*

reich hat Chung (1970) gegeben, der die raumzeitliche Ausbreitung des demographischen Übergangs während der ersten Hälfte des 20. Jh. untersuchte und in einer Kartenfolge dokumentierte. In Abbildung 64 ist die Situation zu Beginn der 1960er Jahre und – in Fortsetzung des Chungschen Ansatzes – für das Jahr 2000 wiedergegeben.

In den Jahren um die Jahrhundertwende wird das weltweite Bild in eindeutiger Weise von Ländern mit vergleichsweise geringem Bevölkerungszuwachs bestimmt, sei es, dass der demographische Transformationsprozess noch gar nicht begonnen hat oder dass er – wie in Teilen West- und Nordeuropas – schon weitgehend abgeschlossen ist. Auch in den folgenden Jahrzehnten ändert sich das Bild nicht grundlegend. Es sind jeweils nur einige wenige Staaten, die vorübergehend in eine Phase rascherer Bevölkerungsprogression eintreten.

Erst um die Mitte der 1940er Jahre beginnt sich ein tiefgreifender Wandel abzuzeichnen. Eine große Zahl lateinamerikanischer und einige asiatische Länder haben jetzt die transformative Phase erreicht, und damit setzt hier eine rasche Bevölkerungszunahme ein, die nach 1960 auch auf Süd- und Südostasien sowie die Mehrzahl der Staaten in Nord- und Südafrika übergreift. Die gegenwärtige Situation ist dadurch gekennzeichnet, dass fast alle lateinamerikanischen Länder in das dritte Stadium und der größte Teil des tropischen Afrika in die Übergangsphase eingetreten sind. Nicht mit dem modellhaften Ablauf vereinbar ist die Kombination aus verhältnismäßig hohen und ansteigenden Sterbe- sowie niedrigen und fallenden Geburtenraten, wie sie verschiedene osteuropäische Staaten aufweisen, die deshalb den drei Typen der Abbildung 64 gar nicht mehr zuzuordnen sind (Russland, Ukraine). Auch einzelne von der AIDS-Pandemie besonders betroffene afrikanische Staaten stellen einen Sonderfall dar, weil hier abgesunkene, wenngleich noch immer verhältnismäßig hohe Geburtenraten mit hohen und ansteigenden Sterberaten kombiniert sind (Simbabwe, Südafrika).

Eine zusammenfassende Betrachtung des Ablaufs und der Ausbreitung des demographischen Übergangs führt zu zwei Schlussfolgerungen (vgl. die Beispiele in Abb. 65 und 66):

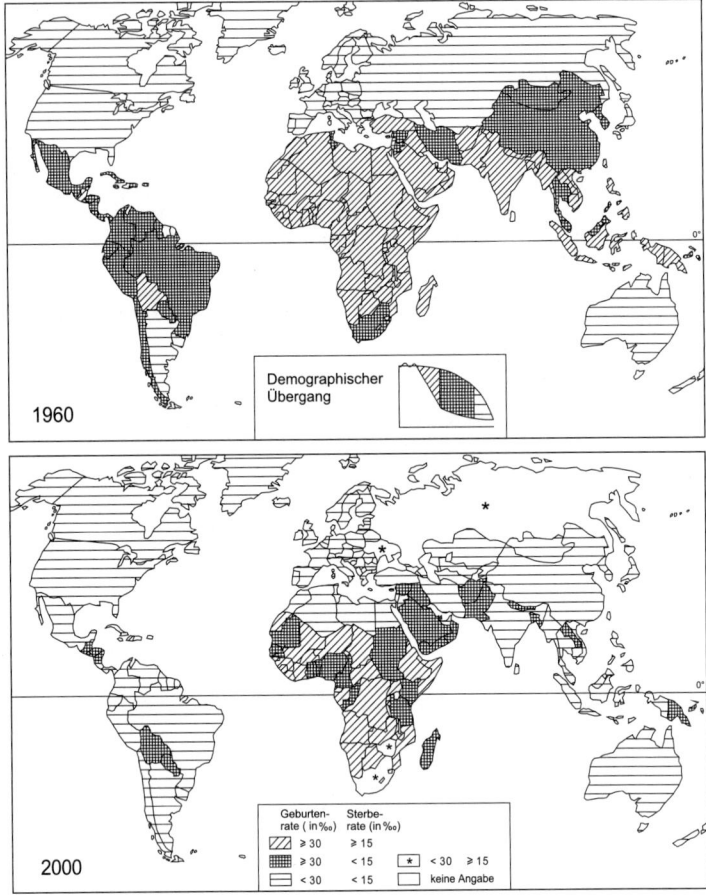

Abb. 64. Stand des demographischen Übergangs 1960 und 2000. Quelle: Bähr (1988), ergänzt nach UN 2003.

1. Die Auseinanderentwicklung von Geburten- und Sterbeziffern erreicht in den Entwicklungsländern ein in Europa nie gekanntes Ausmaß. Die Fertilität zu Beginn des Umschwungs ist heute im Allgemeinen höher, und die Sterblichkeitssenkung erfolgt schneller und nachhaltiger.
2. Die aus der europäischen Erfahrung abgeleitete Regel eines sich bei verzögertem Beginn besonders rasch vollziehenden Transformationsprozesses trifft für die Staaten der Dritten Welt meist nicht zu. Einzelne Länder befinden sich bereits seit mehr als einem halben Jahrhundert in der Übergangsphase, ohne dass ein Ende derselben abzusehen wäre. Das von Oechsli und Kirk (1975) postulierte „neue demographische Übergangsmodell" mit einer nur kurzen Zeitspanne maximaler Wachstumsraten scheint daher eher die Ausnahme als die Regel zu sein.

Sieht man im Modell des demographischen Übergangs mehr als die generalisierende Beschreibung eines historischen Vorgangs und versteht das sukzessive Durchlaufen der einzelnen Phasen als zwingende Hypothese, so wird die zunächst rein formale Struktur theoretisch interpretiert und kann somit auch zur Prognose künftiger Entwicklungen herangezogen werden. Die Grundannahme einer solchen **„Theorie der demographischen Transformation"** lässt sich mit HAUSER (1974, S. 133) wie folgt zusammenfassen:

„Jede Gesellschaft tendiert darauf hin, ihr Fruchtbarkeitsverhalten an einer Art Gleichgewichtszustand auszurichten, einem Gleichgewichtszustand, der einerseits

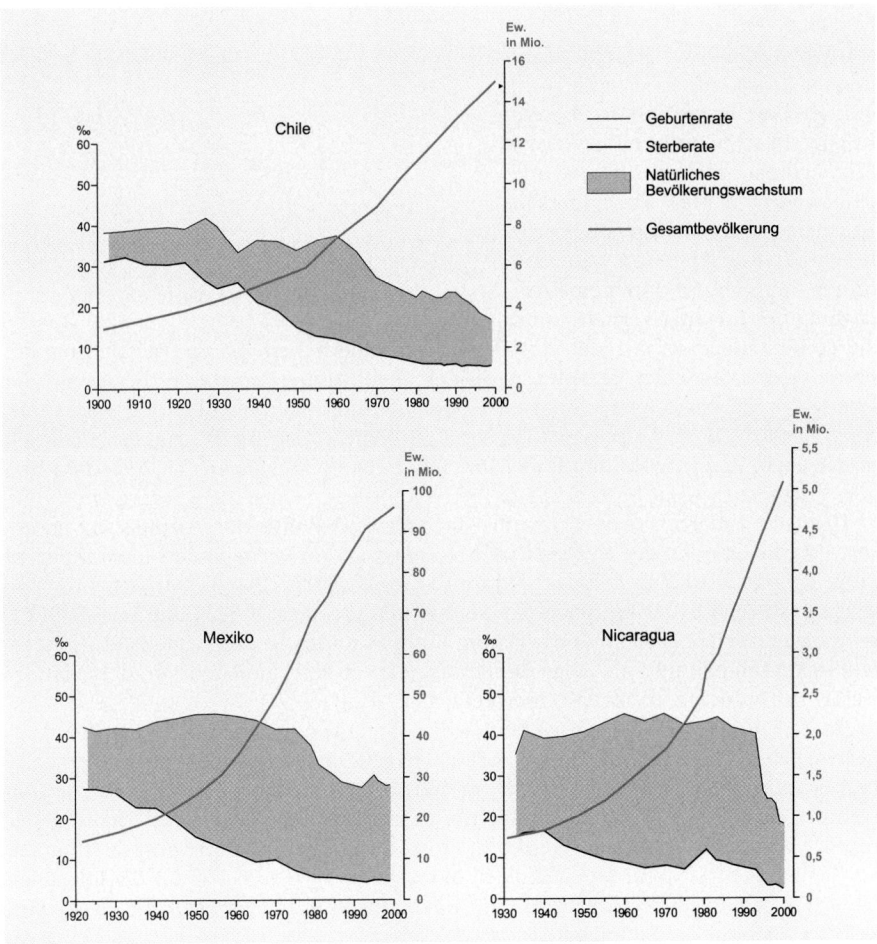

Abb. 65. Entwicklung der Geburten- und Sterberaten sowie der Gesamtbevölkerung in Chile, Mexiko und Nicaragua. Quelle: BROEK und WEBB (1978), ergänzt.

durch den Wunsch, alle Sterbefälle durch Geburten wettzumachen, und andererseits durch kollektive Vorstellungen eines wünschenswerten Bevölkerungswachstums gegeben ist. Diese Vorstellungen sind (bedingt) flexibel und richten sich hauptsächlich nach der ökonomischen Möglichkeit, die Bevölkerung zu versorgen." Daraus folgt, dass in einer Gesellschaft, in der die Sterblichkeit hoch ist, kaum ein Anlass zur Regulierung der Fruchtbarkeit besteht, denn nur eine große Zahl von Kindern garantiert in diesem Fall den Bestand. Geht hingegen die Sterblichkeit rasch zurück, würde eine weiterhin hohe Fruchtbarkeit zu einem Bruch mit den gewünschten und herrschenden Normen führen, der sich nur durch eine Anpassung des Fertilitätsverhaltens an

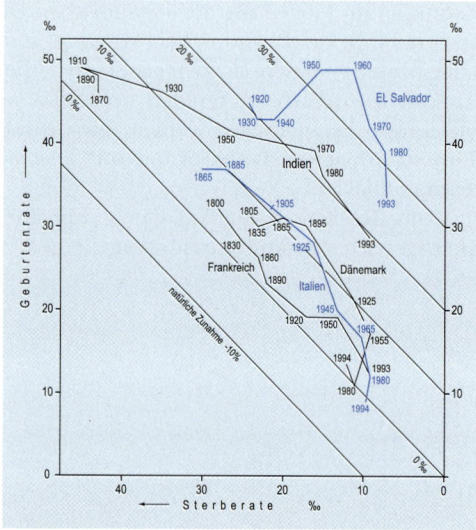

Abb. 66. Demographisches Ablaufdiagramm für ausgewählte Industrie- und Entwicklungsländer. Quelle: WITT-HAUER (1969); Demographic Yearbook.

die gewandelten Sterblichkeitsverhältnisse verhindern lässt. Da die Regulierung der Fertilität erst mit einer gewissen zeitlichen Verzögerung auf die Verbesserung der Überlebenschancen folgen kann, ist ein Zeitabschnitt starken Bevölkerungswachstums unvermeidbar. Diese Phase ist jedoch vorübergehend, da sie ihre Begründung lediglich in der Logik der Entwicklung findet und von der Gesellschaft nicht vorgesehen und gewünscht ist (SCHMID 1976, S. 277).

Damit ist zunächst noch nichts über die **Art und Weise der Anpassung** ausgesagt. Bezugnehmend auf Europa, hat MACKENROTH (1953) ein umfassendes Konzept vorgelegt, das von ihm selbst als „historisch-soziologische Bevölkerungstheorie" bezeichnet worden ist. Anknüpfend an die Arbeiten von IPSEN (1933) und LINDE (1950), wird dabei die Bevölkerungsentwicklung Europas in den letzten beiden Jahrhunderten als Bestandteil und als Folge des sozialen und wirtschaftlichen Wandels von der Agrar- zur Industriegesellschaft interpretiert.

Im Zentrum des MACKENROTHschen Gedankengebäudes stehen die weitgehend synonym gebrauchten Begriffe der „generativen Struktur" und der „Bevölkerungsweise" (vgl. SCHMID 1985). Darunter ist das in einer bestimmten Bevölkerungsgruppe und während eines bestimmten Zeitabschnittes charakteristische Zusammenwirken derjenigen Prozesse zu verstehen, die die natürliche Bevölkerungsbewegung bestimmen. Zur generativen Struktur gehören nach MACKENROTH (1953, S. 110 ff.) die folgenden biologisch-soziologischen Elemente: die Heiratsstruktur, die Struktur der Fruchtbarkeit, die Struktur der Sterblichkeit.

Die einzelnen Komponenten der generativen Struktur stehen nicht nur untereinander in enger Wechselbeziehung, sie sind zugleich auch eingebettet in die „historisch-soziologische Konstellation der Zeit in all ihren Daten", d.h. sie sind Ausdruck einer ganz konkreten Wirtschafts- und Sozialstruktur.

MACKENROTH hat seine Konzeption an zwei idealtypisch angelegten Modellen demonstriert. Davon umschreibt das „Modell der vorindustriellen Bevölkerungsweise" die Ausgangslage und das „Modell der industriellen Bevölkerungsweise" den Endpunkt des demographischen Übergangs. Die generative Struktur des vorindustriellen Europas ist durch eine gleichermaßen hohe Fertilität und Mortalität gekennzeichnet. Heiratshäufigkeit und Heiratsalter sind die einzigen Steuerungsvariablen, über die sich der Reproduktionsprozess zu dem über lange Zeit stationären Nahrungsspielraum und zur traditionellen Arbeits- und Konsumnorm ins Verhältnis setzt. Dagegen spielt die Zahl der Geburten in der Ehe für die Abstimmung zwischen Reproduktion und gesellschaftlichen Ressourcen keine oder nur eine geringe Rolle (LINDE 1979, S. 33).

In der neuen, industriellen Bevölkerungsweise hat die „Heiratsstruktur" ihre regulierende Funktion verloren. Bei niedriger Sterblichkeit, herabgesetztem Heiratsalter und gestiegener Heiratshäufigkeit bildet jetzt die Zahl der ehelichen Geburten die einzige instrumentelle Variable, über die sich die Reproduktion an gewandelte ökonomische und soziale Bedingungen anpasst.

Die „Bevölkerungswelle" des 19. Jh. wird von MACKENROTH als ein Überschichtungsphänomen gesehen: Die älteren generativen Strukturen haben sich in einer veränderten Wirtschaft- und Sozialwelt erhalten, denn die Menschen lernten nur schritt- und schichtweise, ihr Verhalten darauf einzurichten und eine neue generative Struktur zu entwickeln.

Aufbauend auf dem in Europa festgestellten Ablauf des Bevölkerungsübergangs und seiner Einordnung in den umfassenderen Prozess des Wandels von der Agrar- zur Industriegesellschaft, hat COWGILL (1963) das zunächst rein deskriptive Übergangsmodell zu einer „allgemeinen Bevölkerungstheorie" erweitert und damit eine Anwendung auf die heutige Situation in den Entwicklungsländern prinzipiell nicht ausgeschlossen. Noch weiter geht DYSON (2001), der der demographischen Transition die Schlüsselrolle einer „Weltentwicklungstheorie" beimisst.

An der Konzeption der generativen Struktur und ihrer Erweiterung zu einer umfassenden Theorie des Bevölkerungsübergangs ist vielfach **Kritik** geübt worden. Die Einwände konzentrieren sich insbesondere auf die folgenden Punkte (SCHMID 1976, S. 292 ff.; SZRETER 1993):

1. Die Theorie des demographischen Übergangs stellt nur bedingt eine historisch gültige Beschreibung des europäischen Bevölkerungswachstums dar.
   Der demographische Transformationsprozess einzelner Länder hat sich in sehr unterschiedlicher Weise vollzogen. Selbst in denjenigen Fällen, in denen die Aufeinanderfolge der verschiedenen Phasen idealtypisch ausgebildet ist, stimmen Beginn und Dauer der Transformation nicht überein (Abb. 61 und 62). Das von WOODS (1982) entwickelte „variable Übergangsmodell" schließt allerdings derartige Modifikationen ein.

2. Die Theorie des demographischen Übergangs ist kulturspezifisch und historisch relativ.
   Von einer solchen Einschränkung war bereits MACKENROTH (1953, S. 111 f.) ausge-

gangen, der das „historische Bevölkerungsgesetz unserer heutigen europäischen Konstellation" herausarbeiten und „in seiner historischen Einmaligkeit und Einzigartigkeit" deutlich machen wollte. Dass eine Übertragung der an europäischen Beispielen gewonnenen Erfahrungen nur bedingt möglich ist und die Gefahr einer Verallgemeinerung europäischer Wertschemata in sich birgt, zeigen viele neuere Untersuchungen zum generativen Verhalten in der Dritten Welt. Daraus hat CALDWELL (1976) eine Neuformulierung der Transformationstheorie abgeleitet, die auf dem Reichtumsfluss zwischen den Generationen basiert (vgl. Kap. 3.3.2 sowie HAUSER 1981, S. 266 ff.)

3. Die den demographischen Übergang bestimmenden Faktoren und ihre wechselseitigen Beziehungen sind nicht hinreichend geklärt.

So trifft eine der Grundthesen der Theorie, wonach Sterblichkeit und Fruchtbarkeit eng an den Urbanisierungs- und Industrialisierungsprozess gebunden sind, selbst in Europa lediglich in groben Zügen zu. Im Einzelnen waren die Bevölkerungsvorgänge trotz ähnlichen Modernisierungsgrades sehr unterschiedlich, wie auch umgekehrt ein ähnliches generatives Verhalten unter ganz verschiedenen sozio-ökonomischen Bedingungen beobachtet wurde. Ebenso schwierig ist eine Erklärung der gegenwärtigen Entwicklungstendenzen in der Dritten Welt (HAUSER 1989). Hier gibt es zahlreiche Anzeichen, dass der Modernisierungsprozess als „treibende Kraft" des Übergangs durch eine Reihe endogener und exogener Faktoren „gestört" wird (Übernutzung der natürlichen Ressourcen, AIDS-Ausbreitung und ihr Einfluss auf Sterblichkeit und Fruchtbarkeit u.a.). Wenn überhaupt, sollte man besser von Theorien der demographischen Übergänge (MACKENSEN 1999, S. 10) sprechen.

4. Die Theorie des demographischen Übergangs hat keinen oder nur einen geringen Prognosewert; sie stellt daher kein geeignetes Instrument der Bevölkerungspolitik dar.

Aus dem Übergangsmodell lässt sich allenfalls ableiten, dass irgendwann nach Beginn des Sterblichkeitsrückgangs wahrscheinlich auch ein Geburtenrückgang folgen wird (MARSCHALCK 1979, S. 53). Wir kennen aber weder eine „typische Dauer" der Übergangsphase, noch können wir die Beträge nennen, um die die Sterblichkeit sinken muss, bevor die Fruchtbarkeit zurückgeht. LOSCHKY und WILCOX (1974) haben mit Hilfe der formalen Logik den Beweis geführt, dass man auch unabhängig von der Dauer der einzelnen Phasen keine zwingende Abfolge behaupten kann.

5. Aus der Theorie des demographischen Übergangs lassen sich keine Anhaltspunkte gewinnen, welchen Verlauf die Bevölkerungsentwicklung in denjenigen Ländern und Regionen nehmen wird, die den Prozess idealtypisch durchlaufen haben. VALLIN (2002) weist darauf hin, dass mit dem Ende der demographischen Transformation auch das Ende eines die Bevölkerungswissenschaft lange Zeit bestimmenden Paradigmas gekommen ist. Nach den gegenwärtigen Erfahrungen und Beobachtungen in einzelnen Ländern ist es wahrscheinlich, dass die Fertilität auch längerfristig unter das Sterblichkeitsniveau sinkt und damit eine Phase degressiver Bevölkerungsentwicklung einsetzt. Damit stellen sich neue Fragen, auf die es noch keine Antworten oder gar umfassende Erklärungskonzepte gibt: Wie lange und wie tief kann die Fertilität fallen? Wie lange und wie stark kann die Lebenserwartung steigen? Wie weit kann die Alterung der Bevölkerung fortschreiten?

Wenn auch die historische und prognostische Gültigkeit der Übergangstheorie heute mehr denn je in Frage gestellt wird, so kann doch von einer „fruchtbaren Kritik" (Schmid 1976, S. 294) gesprochen werden, denn die über mehrere Jahrzehnte andauernde Diskussion hat zu einer intensiveren Beschäftigung mit Fragen vergangener und zukünftiger Bevölkerungsentwicklungen geführt und zum besseren Verständnis von Bevölkerungsvorgängen beigetragen.

3.5 Tendenzen zukünftiger Bevölkerungsentwicklung

3.5.1 Das Problem der Tragfähigkeit der Erde

Die Frage nach der Tragfähigkeit der ganzen Erde und einzelner menschlicher Lebensräume gehört nicht erst seit den vom „Club of Rome" angeregten Untersuchungen über die „Grenzen des Wachstums" zu einem in Wissenschaft und Öffentlichkeit kontrovers diskutierten Problem. Überblickt man die Vielzahl der Bemühungen, die höchstmögliche Zahl der Erdbevölkerung zu berechnen, so stößt man sowohl hinsichtlich der genannten Zahlen als auch bezüglich der angeführten Beweise und Begründungen auf die denkbar größten Gegensätze. Nicht nur in der Gegenwart reicht die Spanne von sehr optimistischen Einschätzungen der Bevölkerungskapazität unserer Erde und einer weiteren Steigerung der Nahrungsmittelproduktion bis hin zu pessimistischen Prognosen, nach denen die Obergrenze der Tragfähigkeit in naher Zukunft erreicht sein dürfte (vgl. u. a. Ehrlich und Ehrlich 1972; Simon 1986; Smil 1994; Bender und Smith 1997; IFPRI 1999; Bohle 2001).

Scharlau hat 1953 einen ausführlichen Überblick über die Geschichte, die Methoden und die Probleme von Tragfähigkeitsuntersuchungen vorgelegt; später haben Borcherdt und Mahnke (1973) die „Tragfähigkeit der Erde" als wissenschaftliches Problem behandelt und sich dabei vor allem um eine Klärung der in diesem Zusammenhang verwendeten Begriffe bemüht (vgl. dazu auch Igbozurike 1981). Neuere Übersichten sind den Arbeiten von Ehlers (1983 und 1984), Geist (1989) sowie Cohen (1995) zu entnehmen. Tragfähigkeitsüberlegungen und -berechnungen für einzelne Räume finden sich darüber hinaus bei Carol (1973), Ehlers (1977), Jaschke (1987), Wagner (1987) und Krebs (1988).

Das Problem einer im Vergleich zur Nahrungsmittelproduktion zu hohen Bevölkerungszahl hat im Laufe der Menschheitsgeschichte immer wieder bestanden und war für das Denken und Handeln der Menschen von ausschlaggebender Bedeutung, lange bevor es als zentrales Bevölkerungsproblem diskutiert wurde.

Die **wissenschaftliche Beschäftigung** mit diesem Fragenkreis begann im 18. Jh., als von den Physiokraten zum ersten Mal der nur beschränkt verfügbare Boden als wichtiger Produktionsfaktor hervorgehoben wurde. Die sich abzeichnenden Fortschritte auf landwirtschaftlichem Gebiet, die Erfolge des Manufakturwesens und die beginnende kolonisatorische Erschließung überseeischer Räume führten jedoch dazu, dass man die Tragweite derartiger Überlegungen nicht erkannte und die Erweiterungsmöglichkeiten des menschlichen Lebensraumes sowie die Verbesserung der Ernährungsbasis sehr optimistisch einschätzte.

Ein grundlegender Wandel in der Beurteilung der Beziehungen zwischen Bevölkerungsentwicklung und Nahrungsspielraum trat erst ein, als der anglikanische Geistliche und spätere Nationalökonom THOMAS ROBERT MALTHUS seine apokalyptischen Prophezeiungen von einer drohenden Übervölkerung unseres Planeten und ihre durch Hunger, Kriege und Seuchen hervorgerufenen Begleiterscheinungen verkündete. In seinem zunächst anonym veröffentlichten „Essay on the Principle of Population" wandte sich MALTHUS – wie der Untertitel der Streitschrift besagt – in erster Linie gegen die damals vorherrschenden und von der französischen Revolution genährten sozialen Utopien, wie sie WILLIAM GODWIN und andere Autoren vertraten, aber auch gegen die Armengesetzgebung in England, durch die seiner Ansicht nach die Bedürftigen geradezu ermuntert würden, mehr Kinder zu zeugen, als sie selbst ernähren könnten. Im Zentrum des Essays steht das später nach MALTHUS benannte und zu einem „Eckpfeiler der gesamten Bevölkerungswissenschaften" (SCHARLAU 1955, S. 55) gewordene **Bevölkerungsgesetz**, in dem die These aufgestellt wird, „dass die Vermehrungskraft der Bevölkerung unbegrenzt größer ist als die Kraft der Erde, Unterhaltsmittel für den Menschen hervorzubringen" (MALTHUS 1798, zitiert nach deutscher Übersetzung S. 18). „Die Bevölkerung wächst", so schreibt Malthus weiter, „wenn keine Hindernisse auftreten, in geometrischer Reihe. Die Unterhaltsmittel nehmen nur in arithmetischer Reihe zu." Die damit aufgeworfene Frage nach einer zahlenmäßigen Begrenzung der Bevölkerung ist von MALTHUS gedanklich nicht zu Ende geführt worden, denn ihm kam es nicht so sehr auf eine Berechnung der maximalen Bevölkerung eines Gebietes an, er wollte vielmehr vor einer drohenden „relativen" Übervölkerung warnen. Er befürchtete, dass das rapide Wachstum der unteren Gesellschaftsschichten schließlich zu Massenarmut und -verelendung sowie einer Absenkung des allgemeinen Lebensstandards führen würde (SCHARLAU 1953, S. 25).

Es besteht kein Zweifel, dass MALTHUS die für die mathematische Formulierung eines gesetzmäßigen Bevölkerungswachstums erforderlichen statistischen Unterlagen weitgehend gefehlt haben, wenn auch gewisse Beobachtungen und Erfahrungen, die er auf Reisen gewonnen hatte, als Illustrationen verwendet worden sind (vgl. STAGL 1981). MALTHUS selbst räumt im Vorwort zur zweiten Auflage seines Essays (1803) ein, dass das Bevölkerungsgesetz „unter dem Impulse des Augenblicks" und „an Hand des spärlichen Materials" geschrieben wurde (LINDE 1962, S. 711). In dieser Neufassung gibt er die Vorstellung vom naturgesetzlichen Charakter seines Bevölkerungsgesetzes auf und beschäftigt sich in erster Linie damit, auf welche Weise ein Gleichgewicht zwischen Bevölkerung und Nahrungsspielraum herbeigeführt werden kann. Nach LINDE (1962, S. 711) ist es das unbestreitbare Verdienst von MALTHUS, diese Frage nicht nur zuerst gestellt, sondern auch eingehend beantwortet und historisch belegt zu haben.

Wie sehr die MALTHUSschen Vorstellungen die Diskussion über die Grenzen des Wachstums und über die Bevölkerungsprobleme verschiedener Art beeinflusst haben, zeigt sich nicht nur daran, dass die Auseinandersetzung mit seinen Ideen während des ganzen 19. Jh. andauerte und je nach konjunktureller Lage und ideologischer Grundauffassung für oder gegen ihn Stellung bezogen wurde, sondern kommt auch darin zum Ausdruck, dass sein Name in Begriffen wie „Malthusianismus", „Antimalthusianismus" oder „Neomalthusianismus" die bevölkerungspolitische Diskussion bis heute bestimmt.

Unter dem Eindruck des Gedankenguts von MALTHUS entstanden Ende des 19. Jh. **die ersten kritischen Berechnungen** zur höchstmöglichen Menschenzahl auf der Erde (vgl. dazu SCHARLAU 1953, S. 120 ff.). Der englische Geograph E. G. RAVENSTEIN kam dabei zu dem Ergebnis, dass die Höchstzahl der Menschen, die durch intensiven Anbau der fruchtbaren Gebiete ernährt werden könnte, 5,995 Mrd. beträgt. Heute ist dieser Wert bereits deutlich überschritten, ohne dass damit die absolute Obergrenze der Tragfähigkeit schon erreicht wäre.

In Deutschland griff der Bevölkerungsstatistiker VON FIRCKS etwas später diese Frage auf, um sie weitaus optimistischer zu beantworten. Er sah auch eine Zahl von mehr als 9 Mrd. Menschen nicht als äußerste Grenze der „auf der Erde erhaltbaren Bevölkerung" an, da die Ernährungsquellen bisher keineswegs voll erschlossen seien. Noch wesentlich höhere Zahlenwerte nannte BALLOD im Jahre 1912, der unter Zugrundelegen der japanischen Lebenshaltung auf einen Maximalwert von 22,4 Mrd. kam, zugleich aber darauf hinwies, dass sich bei amerikanischem Lebensstandard lediglich eine Bevölkerungshöchstzahl von 2,3 Mrd. errechnen würde.

Die „Rohschätzungen", wie sie RAVENSTEIN, VON FIRCKS oder BALLOD vorlegten, sind in der Folgezeit verfeinert worden, indem man die Flächengröße des fruchtbaren Landes genauer bestimmte und die durch Klima und Boden gegebene Tragfähigkeit einzelner Räume zu quantifizieren versuchte.

In Deutschland leitete der Verlust der Kolonien im Ersten Weltkrieg eine Phase intensiver Beschäftigung mit Tragfähigkeitsproblemen ein. In den 1920er Jahren erschienen fast gleichzeitig die grundlegenden Arbeiten von PENCK (1925) und FISCHER (1925), die die weitere Diskussion entscheidend bestimmten.

PENCK sah im Problem einer maximalen Bevölkerung nicht so sehr eine soziale, sondern in erster Linie eine physisch-geographische Frage und sprach deshalb vom **„Hauptproblem der physischen Anthropogeographie"**. Er war der erste, der exaktere Untersuchungen der physiologischen Nahrungsmittelbedürfnisse und die Durchführung einer Bonitierung der Erde forderte und so die Grundlagenforschung zu diesem Thema anregte (BORCHERDT und MAHNKE 1973, S. 8).

Da genauere Angaben zum Bodenertrag in den verschiedenen Erdgegenden damals nicht vorlagen, sah PENCK nur die Möglichkeit, die Obergrenzen der Tragfähigkeit über eine differenzierte Bewertung der klimatischen Verhältnisse zu bestimmen. Ausgehend von einer planimetrischen Ausmessung der KÖPPENschen Klimazonen durch H. WAGNER und unter Übertragung der höchsten in den einzelnen Klimagebieten festgestellten Dichtewerte auf die gesamte Zone, kommt er zu den „höchsten denkbaren Einwohnerzahlen". Diese werden in einem weiteren Schritt auf die „wahrscheinlichen größtmöglichen Einwohnerzahlen" reduziert. Für die Erde insgesamt ergibt sich daraus eine Zahl von knapp 7,7 Mrd. Menschen, davon entfallen allein 2,8 Mrd. (36%) auf die feuchtheißen Klimate der Tropen. Die hohe Einschätzung der Produktionskraft tropischer Böden rührt daher, dass PENCK seinen Berechnungen die in Westjava beobachteten Einwohnerdichten zugrunde legte und daraus – wenn auch mit einem gewissen Abschlag – auf die Bevölkerungskapazität der feuchten Tropen insgesamt schloss.

Auch bei FISCHER (1925), dem das Verdienst zukommt, den Begriff der Tragfähigkeit in die wissenschaftliche Literatur eingeführt zu haben, spielen die Tropen als Nahrungsmittelreservoir für eine rasch wachsende Menschheit eine entscheidende Rolle. Methodisch ging FISCHER insofern einen Schritt weiter, weil er seine Berechnungen auf der Basis kleiner Flächeneinheiten durchführte, deren Bodenverhältnisse zuverlässiger beurteilt werden konnten, und gleichzeitig die unterschiedlichen Nahrungsbedürfnisse und Ernährungsgewohnheiten in Rechnung stellte (z. B. hoher Konsum an Fleisch oder vorwiegend pflanzliche Ernährung). Die von ihm genannten Zahlen verlieren jedoch dadurch erheblich an Wert, dass sie sich jeder Nachprüfung entziehen, denn es werden weder Angaben über die jeweiligen Bezugsflächen noch zu den „Bodenkoeffizienten" gemacht, die die unterschiedliche Produktionskraft messen sollen.

Die Anregungen von PENCK und FISCHER wurden in den folgenden Jahren aufgegriffen. Erstmals hat HOLLSTEIN (1937) eine „Bonitierung der Erde auf landwirtschaftlicher und bodenkundlicher Grundlage" vorgenommen. Dabei handelt es sich nicht allein um die Festlegung der Bodengüte, „sondern um die Abschätzung der Erdoberfläche in ihren regionalen Unterschieden bezüglich der jeweiligen Fähigkeit zur Erzeugung pflanzlicher Nahrungsmittel" (SCHARLAU 1953, S. 181). Grundlage dafür bilden die Prozentwerte des anbaufähigen Landes und der angebauten Nutzpflanzen sowie die Zahl der erzielbaren Ernten. Insgesamt kommt HOLLSTEIN auf einen verhältnismäßig hohen Wert für die mögliche Bevölkerungszahl auf der Erde. Die von ihm genannten 13,3 Mrd. sind der von PENCK zunächst angegebenen und später um die Hälfte reduzierten Zahl schon recht nahe.

Auch bei HOLLSTEIN spielen die Tropen als „Zukunftsraum der Menschheit" eine wichtige Rolle. Das wird daraus erkennbar, dass von den genannten 13,3 Mrd. Menschen jeweils etwa 30% auf Lateinamerika und Afrika entfallen. Um 1930 lebten in diesen beiden Großräumen tatsächlich aber nur 5% bzw. 8% der Weltbevölkerung.

Es war vor allem SAPPER (1939), der wenig später eindringlich vor einer Überschätzung der Ernährungskapazität tropischer Räume warnte. Diese Auffassung hat sich später allgemein durchgesetzt, sodass heute von einer „ökologischen Benachteiligung der Tropen" gesprochen wird (WEISCHET 1977) und die besten Chancen für eine Erweiterung der Nahrungsmittelproduktion in den Anbaugebieten der gemäßigten Breiten gesehen werden (EHLERS 1984).

Die Frage nach der Tragfähigkeit ist nicht nur in weltweitem Maßstab gestellt worden, sondern man hat darüber hinaus auch versucht, die „Ackernahrung" oder die „landwirtschaftliche Siedlungskapazität" kleinerer Räume zu bestimmen. In Deutschland sind beispielsweise OTREMBA (1938) oder STREMME und OSTENDORFF (1937) so vorgegangen, und nach dem Zweiten Weltkrieg hat sich ISENBERG (1948) angesichts des wachsenden Zustroms von Flüchtlingen erneut **kleinräumigen Tragfähigkeitsuntersuchungen** zugewandt. Im Ansatz unterscheidet sich das ISENBERGsche Konzept allerdings grundlegend von den zuvor diskutierten. Ihm geht es nicht mehr ausschließlich um die natürlichen Gegebenheiten eines Raumes und seine landwirtschaftlichen Produktionsmöglichkeiten, er versteht vielmehr unter der Tragfähigkeit eines Gebietes die Zahl der Menschen, die darin auf längere Sicht ihre Existenzmöglichkeit finden können, unabhängig davon, in welchem Wirtschaftszweig sie tätig sind (SCHARLAU 1953, S. 203 ff.).

Zu Beginn der 1970er Jahre traten Tragfähigkeitsüberlegungen erneut stärker in das öffentliche Bewusstsein, und damit zusammenhängende Probleme wurden intensiv diskutiert. Im Mittelpunkt des Interesses stand jetzt wieder die globale Perspektive, allerdings in einer gegenüber früher erheblich ausgeweiteten Fragestellung. Im **Weltmodell** des „Club of Rome" und ähnlicher Ansätze bildet die Ernährungskapazität der Erde nur noch eine Steuerungsgröße neben anderen, wie ein übermäßiger Energieverbrauch, eine Verknappung wichtiger Rohstoffe oder eine zunehmende Umweltverschmutzung (vgl. MEADOWS 1972; MEADOWS und RANDERS 1992). Damit sind die mit Tragfähigkeitsüberlegungen zusammenhängenden Fragen mehr und mehr zu einem interdisziplinären Forschungsproblem geworden. Einen Überblick aus geographischer Sicht haben MANSHARD (1984) und WIRTH (1987) gegeben.

Auf die Defizite global argumentierender Weltmodelle hat jüngst BOHLE (2001) hingewiesen. Bezogen auf die Ernährung der Menschheit bedeutet dies, dass die weltweite bzw. großregionale Perspektive der Nahrungsmittelproduktion durch die lokale Perspektive des Nahrungsmittelzugangs ergänzt werden muss (vgl. zusammenfassend RAUCH u. a. 1996). Nur so kann man erklären, dass trotz bedeutsamer Fortschritte auf der Erzeugerseite, die das weltweite Bevölkerungswachstum deutlich übertroffen haben (BENDER und SMITH 1997, S. 18 ff.), noch immer ca. 800 Mio. Menschen unter chronischem Hunger leiden und mehr als ein Drittel der Kinder unter fünf Jahren in den Entwicklungsländern untergewichtig sind (GRIGG 1997).

Schon dieser kurze Abriss grundlegender theoretischer Überlegungen und wichtiger empirischer Untersuchungen zur Tragfähigkeit lässt erkennen, dass die einzelnen Arbeiten sowohl hinsichtlich ihres Ausgangspunktes als auch ihrer Methoden und Ergebnisse stark differieren. Eine vergleichende Betrachtung und Bewertung wird nicht zuletzt dadurch erschwert, dass der zentrale Begriff der Tragfähigkeit entweder gar nicht genau definiert oder sehr unterschiedlich aufgefasst wird.

In Zusammenfassung bisheriger Vorschläge haben BORCHERDT und MAHNKE (1973, S. 16) eine **allgemein gehaltene Definition** erarbeitet, aus der sich 24 verschiedene „Tragfähigkeiten" ableiten lassen. Dadurch wird erreicht, dass die „Zielgröße" Tragfähigkeit entsprechend den konkreten Fragestellungen einzelner Untersuchungen variiert werden kann und sich die Ergebnisse verschiedener Berechnungen aufeinander abstimmen lassen.

„Die Tragfähigkeit eines Raumes", so schreiben sie, „gibt diejenige Menschenmenge an, die in diesem Raum unter Berücksichtigung des hier/heute erreichten Kultur- und Zivilisationsstandes auf agrarischer/natürlicher/gesamtwirtschaftlicher Basis ohne/mit Handel mit anderen Räumen unter Wahrung eines bestimmten Lebensstandards/des Existenzminimums auf längere Sicht leben kann". Damit wird impliziert bereits der heute viel diskutierte Begriff der „Nachhaltigkeit" einbezogen. Aus der Definition ergeben sich die folgenden wichtigen Gegenüberstellungen:

1. Die „effektive" und die „potenzielle" Tragfähigkeit
   Damit ist gemeint, dass sich die Berechnung einmal auf der Basis der jeweils praktizierten Methoden durchführen lässt (effektive T.) und man sich zum anderen auch auf die besten heute verfügbaren Techniken beziehen kann (potenzielle T.).
2. Die „innenbedingte" und „außenbedingte" Tragfähigkeit

Eine solche Trennung hatte Fischer schon 1925 vorgeschlagen und damit zum Ausdruck bringen wollen, dass die Befriedigung menschlicher Bedürfnisse sowohl aus dem eigenen Lebensraum (innenbedingte T.) als auch durch den Handel mit anderen Räumen (außenbedingte T.) erreicht werden kann.

3. Die „agrare", „naturbedingte" und „gesamtwirtschaftliche" Tragfähigkeit
Dabei erfolgt die Ordnung der Tragfähigkeit nach ihrer Bezugsbasis. Die gesamtwirtschaftliche Tragfähigkeit schließt die naturbedingte und diese wiederum die agrare Tragfähigkeit ein. Innerhalb der Geographie kommt davon nur der Beschäftigung mit Fragen der agraren Tragfähigkeit eine größere Bedeutung zu. Diese gibt diejenige Menschenmenge an, die in einem Raum „unter Berücksichtigung eines dort in naher Zukunft erreichbaren Kultur-und Zivilisationsstandes auf überwiegend agrarischer Grundlage auf die Dauer unterhalten werden kann, ohne dass der Naturhaushalt nachteilig beeinflusst wird" (Borcherdt und Mahnke 1973, S. 23).

4. Die „maximale" und die „optimale" Tragfähigkeit
Bei dieser Gegenüberstellung geht man von der Überlegung aus, dass sich die Tragfähigkeit eines Gebietes sowohl unter der Annahme eines gerade noch garantierten Existenzminimums als auch für einen bestimmten Lebensstandard berechnen lässt.

So eindeutig die hier gegebene Differenzierung der Tragfähigkeit in der Theorie auch sein mag, in der Praxis wird eine scharfe Trennung zwischen den verschiedenen Typen kaum durchzuführen sein. Hinzu kommt, dass die datenmäßigen Voraussetzungen aller Berechnungen trotz mancher Fortschritte bei den statistischen Erhebungen noch immer unzureichend sind und man häufig die Wirkungszusammenhänge zwischen den verschiedenen Einflussgrößen nicht kennt.

Es gibt daher zahlreiche Versuche, die Tragfähigkeit nicht direkt, sondern mit Hilfe leicht quantifizierbarer **Indikatoren** zu messen. Dafür bietet sich u. a. die Wanderungsbilanz an, wie es Hunter (1966) am Beispiel Ghanas und Waller und Hofmeier (1968) für West-Kenia darlegten. Allerdings sind die Wanderungsbewegungen selbst in Gebieten mit einer traditionell geprägten Landwirtschaft nicht nur von der Tragfähigkeit des jeweiligen Raumes abhängig, sondern sie unterliegen zunehmend Einflüssen von außen, wie auch umgekehrt die Abwanderung nur eine mögliche Reaktion auf wachsenden Bevölkerungsdruck und eine drohende Übervölkerung darstellt (vgl. Zelinsky u.a. 1970; Achenbach 1979; Skeldon 1985).

Aus dem Gesagten ergibt sich, dass alle Zahlenangaben zur Tragfähigkeit einzelner Lebensräume oder der ganzen Erde nicht nur von den getroffenen Basisannahmen abhängen, sondern darüber hinaus von einer Fülle von Unsicherheitsfaktoren beeinflusst werden. Selbst wenn man nicht so weit gehen will wie Street (1969), der von der „Undefinierbarkeit" und damit der Unbestimmbarkeit der langfristigen Tragfähigkeit spricht, so wird man doch den Schluss ziehen, dass es nicht das alleinige Ziel von Tragfähigkeitsuntersuchungen sein kann, ein rechnerisches Ergebnis vorzulegen; viel entscheidender ist es, zu verstehen, welche Aussage den Einzelfaktoren zukommt, und wie das bestimmende Kräftegefüge aussieht (Borcherdt und Mahnke 1973, S. 35).

Sehr oft beschränken sich Tragfähigkeitsberechnungen nicht allein darauf, unter gewissen Randbedingungen höchstmögliche Bevölkerungszahlen zu ermitteln, sondern gehen zugleich der Frage nach, wann diese Obergrenze erreicht oder gar überschritten sein wird. Eine Antwort darauf macht die Vorausschätzung zukünftiger Bevölkerungsentwicklungen notwendig. Auf die damit verbundenen Schwierigkeiten wird im nächsten Abschnitt eingegangen.

3.5.2 Bevölkerungsvorausschätzungen nach Großräumen

Wenn schon die Frage, wie viel Menschen heute auf der Erde leben, nur annähernd beantwortet werden kann, so ist es noch schwieriger, Bevölkerungszahlen für künftige Zeiträume zu ermitteln. Das gilt selbst dann, wenn man sich auf einzelne Staaten oder Großräume bezieht und so den Einfluss von Wanderungsbewegungen, von Ausnahmen abgesehen, weitgehend außer Acht lassen kann. Die Unsicherheit aller in die Zukunft gerichteter Bevölkerungsschätzungen resultiert nicht nur aus der Tatsache, dass die dafür benötigten Daten trotz aller Verbesserungen vielfach noch unzureichend sind (Keilman 2001), sondern ist auch darauf zurückzuführen, dass die das Wachstum einer Bevölkerung bestimmenden Komponenten weder über einen längeren Zeitraum konstant sind, noch sich in mehr oder weniger gesetzmäßiger Weise verändern. Das Ergebnis jeder Vorausberechnung hängt somit entscheidend von den zu Grunde liegenden Annahmen ab. Wenn diese sich im Nachhinein als falsch erweisen, werden auch die genannten Schätzwerte nicht zutreffen.

Trotz dieser Schwierigkeiten kann und will man auf die Ermittlung zukünftiger Bevölkerungszahlen nicht verzichten, da sie zur Beurteilung grundlegender weltwirtschaftlicher und weltpolitischer Probleme unentbehrlich sind bzw. auf der Ebene einzelner Staaten oder Regionen eine wichtige Basis für planerische Entscheidungen bilden.

Wenn vielfach davon gesprochen wird, dass die Geschichte der Bevölkerungsprognosen eine Geschichte der Irrtümer ist, so muss diese Feststellung – so berechtigt sie bei oberflächlicher Betrachtung erscheinen mag – doch dahingehend relativiert werden, dass es nicht alleiniges Ziel von Bevölkerungsvorausschätzungen sein kann, die tatsächliche Bevölkerung eines Gebietes möglichst genau vorherzusagen, sondern dass auch Berechnungen denkbar und sinnvoll sind, die von wenig wahrscheinlichen Annahmen ausgehen, um mögliche Entwicklungsabläufe aufzuzeigen.

Nach dem Gesagten lassen sich zwei **Typen von Bevölkerungsvorausschätzungen** unterscheiden (Höhn 1979, S. 96):

1. die Bevölkerungsprojektionen (Bevölkerungsmodellrechnungen),
2. die Bevölkerungsvorhersagen (Bevölkerungsprognosen oder Bevölkerungsvorausschätzungen im engeren Sinne).

Dabei versteht man unter einer **Bevölkerungsprojektion** die Vorausberechnung einer Bevölkerung nach Zahl und Struktur aufgrund von hypothetischen, mehr oder minder willkürlichen Annahmen. Von „Zielprojektionen" wird dann gesprochen, wenn sie die Bedingungen offenlegen, die notwendig sind, um bestimmte bevölkerungspolitische Ziele zu erreichen. Bevölkerungsprojektionen erheben nicht den Anspruch, reale zukünftige Bevölkerungszahlen zu prognostizieren, sie stellen lediglich Denkmodelle dar und können daher, abgesehen von rein mathematischen Irrtümern, gar nicht „falsch" sein. Dennoch sind Berechnungen dieser Art nicht nur von wissenschaftlichem Wert, sondern haben darüber hinaus eine große praktische Bedeutung, vermitteln sie doch Politikern und Planern eine Vorstellung davon, welche Auswirkungen bestimmte, in der Gegenwart beobachtete oder für die Zukunft als wünschenswert bzw. weniger wünschenswert erachtete Entwicklungen langfristig haben würden.

Demgegenüber richtet sich die **Bevölkerungsvorhersage** auf die Ermittlung der tatsächlichen Bevölkerungszahlen und ihre Zusammensetzung zu einem späteren Zeitpunkt. Im Unterschied zur Bevölkerungsprojektion spiegeln die Annahmen in diesem Fall die als wahrscheinlich erachteten Entwicklungen der einzelnen Bestimmungsfaktoren des Bevölkerungswachstums wider. Je weiter der Prognosezeitraum in die Zukunft reicht, desto größer wird naturgemäß die Unsicherheit über derartige „wahrscheinliche Annahmen". Bevölkerungsvorhersagen lassen sich daher nur für kürzere oder mittlere Zeiträume (ca. 15–20 Jahre) durchführen. Am Beispiel der Weltbevölkerungsentwicklung hat SINGER (2002) sehr eindrucksvoll vor Augen geführt, dass unterschiedliche Fertilitätsannahmen langfristig betrachtet zu vollständig divergierenden Zahlenwerten führen. Für die Weltbevölkerung des Jahres 2100 errechnet er eine Schwankungsbreite zwischen 4,7 und 9,1 Mrd. Noch ungleich größer ist der Unterschied zwischen minimalen und maximalen Werten, wenn man bis zum Jahre 2300 weiterrechnet (UN 2003b).

Grundsätzlich unterscheidet man drei verschiedene **Prognosekonzeptionen** (BOUSTEDT 1965):

1. Bei der „ex post"-Konzeption werden die Daten eines abgelaufenen Zeitraumes als Basis für die Vorausschätzungen zukünftiger Entwicklungsgrößen benutzt. Damit ist nicht nur eine reine Fortschreibung von Zahlenreihen gemeint, sondern man bemüht sich darum, Kausalzusammenhänge aufzudecken und daraus Schlussfolgerungen zu ziehen.
2. Bei der „ex ante"-Konzeption wird der Versuch unternommen, „echte Zukunftsdaten" zu erforschen und in der Prognose zu verarbeiten. Das ist jedoch mit großen Schwierigkeiten verbunden, da die Einflussgrößen der zukünftigen Bevölkerungsentwicklung in hohem Maße von der persönlichen Entscheidung einzelner Personen oder Familien abhängen und sich menschliches Verhalten kaum für einen längeren Zeitraum vorhersagen lässt. Häufig geht man von der Prämisse aus, dass die aktuellen gesellschaftlichen und wirtschaftspolitischen Rahmenbedingungen konstant bleiben (Status-quo-Prognose).
3. Bei der Analogie-Konzeption werden bestimmte Entwicklungsabläufe, die an einzelnen Bestandsmassen beobachtet wurden, auf andere Bevölkerungsgruppen übertragen. Die Anwendung dieses Verfahrens setzt voraus, dass die Ausgangsbedingungen bis zu einem gewissen Grade miteinander vergleichbar sind. Auf die Problematik derartiger Schlussfolgerungen wurde am Beispiel des demographischen Übergangsmodells schon hingewiesen.

Im konkreten Anwendungsfall werden sich meist die genannten Konzeptionen mischen, d. h., man wird sowohl Regelhaftigkeiten der vergangenen Bevölkerungsentwicklung für die Vorausschätzung nutzen als auch erwartete zukünftige Veränderungen und in anderen Räumen gemachte Erfahrungen einbeziehen.

Das **methodische Instrumentarium**, das für die Vorausberechnung von Bevölkerungszahlen zur Verfügung steht, ist recht vielfältig (PFLAUMER 1988; DINKEL 1989; ROWLAND 2003, S. 437 ff.). Während sich reine Bevölkerungsprojektionen aufgrund der dabei möglichen willkürlichen Annahmen in erster Linie auf mathematische Modelle stützen, spielt bei den Vorhersagen zusätzlich die subjektive Einschätzung der jeweiligen konkreten Ausgangssituation eine entscheidende Rolle.

Stark vereinfacht kann man die gebräuchlichsten Verfahren in zwei große Gruppen gliedern: die Zeitreihen- und die Komponentenmethoden. Bei den **Zeitreihen- oder Extrapolationsmethoden** dient die für einen bestimmten Zeitraum festgestellte Wachstumskurve einer Bevölkerung zur Ermittlung des Bevölkerungsstandes eines späteren (oder früheren) Zeitpunkts, wobei von einem unveränderten Trend ausgegangen wird. Als Beispiel kann die Berechnung künftiger Bevölkerungszahlen nach der exponenziellen Wachstumsformel herangezogen werden:

$$P_t = P_0 (1 + p)^n$$

wobei: p = jährliche Wachstumsrate
         n = Zahl der Jahre zwischen 0 und t
         P_t = Bevölkerung zum Zeitpunkt t
         P_0 = Ausgangsbevölkerung

Nach dieser Methode vorausberechnete Zahlen können einen hohen Grad an Zuverlässigkeit erreichen, wenn der Zeitabschnitt zwischen 0 und t klein bleibt. Unterstellt man hingegen eine auf längere Sicht konstante Zuwachsrate, so ist mit erheblichen Fehlern zu rechnen, denn es hat sich immer wieder gezeigt, dass derartig weitreichende Annahmen sehr bald von der Wirklichkeit überholt werden. Das wohl bekannteste Beispiel einer Fehleinschätzung von demographischen Entwicklungen hat MALTHUS geliefert, der von einer Verdopplung der Bevölkerung Großbritanniens im Verlauf von 25 Jahren ausging. Bei einer derartigen Progressionsrate müssten heute in Großbritannien etwa 1 Mrd. Menschen leben, tatsächlich sind es nur ca. 60 Mio.

Aber auch komplizierte mathematische Ansätze, die nicht nur die Wachstumsrate zu einem bestimmten Zeitpunkt in Rechnung stellen, sondern den Entwicklungsablauf während einer längeren Zeitspanne analysieren und daraus Zukunftswerte extrapolieren (z. B. Sättigungskurven), werden der komplexen Wirklichkeit nur selten gerecht. Schon bei mittelfristigen Vorausberechnungen kommt man ohne eine explizite Berücksichtigung der einzelnen Bestimmungsfaktoren des Bevölkerungswachstums nicht aus. Die sog. **Komponentenmethoden** gehen von einer solchen Zerlegung der demographischen Grundgleichung in ihre einzelnen Bestandteile aus, d. h. Mortalität, Fertilität und Migration werden getrennt prognostiziert und anschließend zu einer Vorausschätzung des Bevölkerungsstandes zusammengefasst. Dieses Verfahren lässt sich noch dadurch verfeinern, dass man die Bestandsmasse nach Alter und Geschlecht disaggregiert und darauf bezogene Fruchtbarkeits- und Sterbeziffern sowie Nettomigrationsraten und deren Veränderungen im zeitlichen Verlauf anwendet

(Abb. 67). Die Berechnungen verkomplizieren sich insbesondere dann, wenn multi-regionale Vorausschätzungen angestrebt werden, weil in diesem Fall die nur schwer vorhersehbaren interregionalen Wanderungen ein erhebliches Gewicht haben (vgl. ROGERS 1995).

Als ein Beispiel für **globale Bevölkerungsvorausberechnungen** seien die von den Vereinten Nationen in regelmäßigen Abständen vorgelegten Schätzungen ange-führt, wobei die Bevölkerung länderweise nach der Komponentenmethode berechnet wird (vgl. HENNING 2003). Dabei geht man von den folgenden Grundannahmen aus (O'NEILL und BALK 2001):

1. Die Überlebenschancen werden sich in den meisten Teilen der Welt weiter verbes-sern. Als obere Grenzwerte werden 87,5 Jahre bei Männern und 92,5 Jahre bei Frauen angenommen. Jedes Land wird einem Modelltyp (schneller, mittlerer, langsamer Rückgang der Mortalität) zugeordnet. Für 45 Länder vorwiegend im sub-saharischen Afrika werden die Auswirkungen der AIDS-Pandemie explizit berück-sichtigt.
2. Für die schwieriger einzuschätzende Fertilitätsentwicklung sind drei Varianten und eine Kontrollrechnung (gleich bleibende Fertilität) vorgesehen. Entsprechend dem Modell des demographischen Übergangs wird in allen Staaten, deren Fertilität über dem Erhaltungsniveau liegt (TFR > ca. 2,1), ein Rückgang in den drei Varianten (schnell, mäßig, langsam) bis auf das Erhaltungsniveau angenommen. In Staaten, deren Fertilität unter dem Erhaltungsniveau liegt, wird – abweichend von früheren Annahmen – dies bis 2050 so bleiben und erst anschließend ein Anstieg auf das Er-satzniveau erfolgen. Von den verschiedenen Varianten wird die mittlere Projektion als die wahrscheinlichste angesehen.
3. Für einzelne Länder werden (seit 1990) Wanderungen als Korrekturfaktor berück-sichtigt.

Im Ergebnis bedeutet die mittlere Variante eine Weltbevölkerung von 6,8 Mrd. im Jah-re 2010, 8,6 Mrd. im Jahre 2025 und 8,9 Mrd. im Jahre 2050 (Tab. 25). Davon wer-den 86% in Entwicklungsländern und nur noch 14% in Industrieländern leben. An-dere Projektionen, wie insbesondere diejenigen der Weltbank, des Bureau of Census der USA und weiterer Institutionen, kommen zu prinzipiell ähnlichen Ergebnissen (vgl. u. a. BIRG 1995; LUTZ 1996; O'NEILL und BALK 2001). Im Zeitverlauf sind die Pro-gnosewerte meist nach unten korrigiert worden, weil in einzelnen Regionen der Fruchtbarkeitsrückgang schneller als erwartet verlief und in anderen der Sterblich-keitsanstieg als Folge von AIDS das Bevölkerungswachstum bremste.

Alle Vorausberechnungen stimmen darin überein, dass sich das derzeitige Wachs-tum der Weltbevölkerung abschwächen wird. Jedoch werden noch auf lange Sicht hohe Zuwachsraten in Ländern mit einer jungen Bevölkerung zu erwarten sein (vgl. STRUCK 2000; BÄHR 2001; SCHULZ 2001). Selbst eine Bevölkerung mit einer TFR von 2,1 wird auf Grund der hohen Geburtenraten der Vergangenheit weiter wachsen, da sie einen hohen Anteil an Frauen im reproduktionsfähigen Alter aufweist **(Echo- oder Momentumeffekt)**. Es dauert – je nach Ausgangssituation – 50 bis 75 Jahre, bis die Altersverteilung dem veränderten Geburtenniveau angepasst ist (vgl. BONGAARTS und

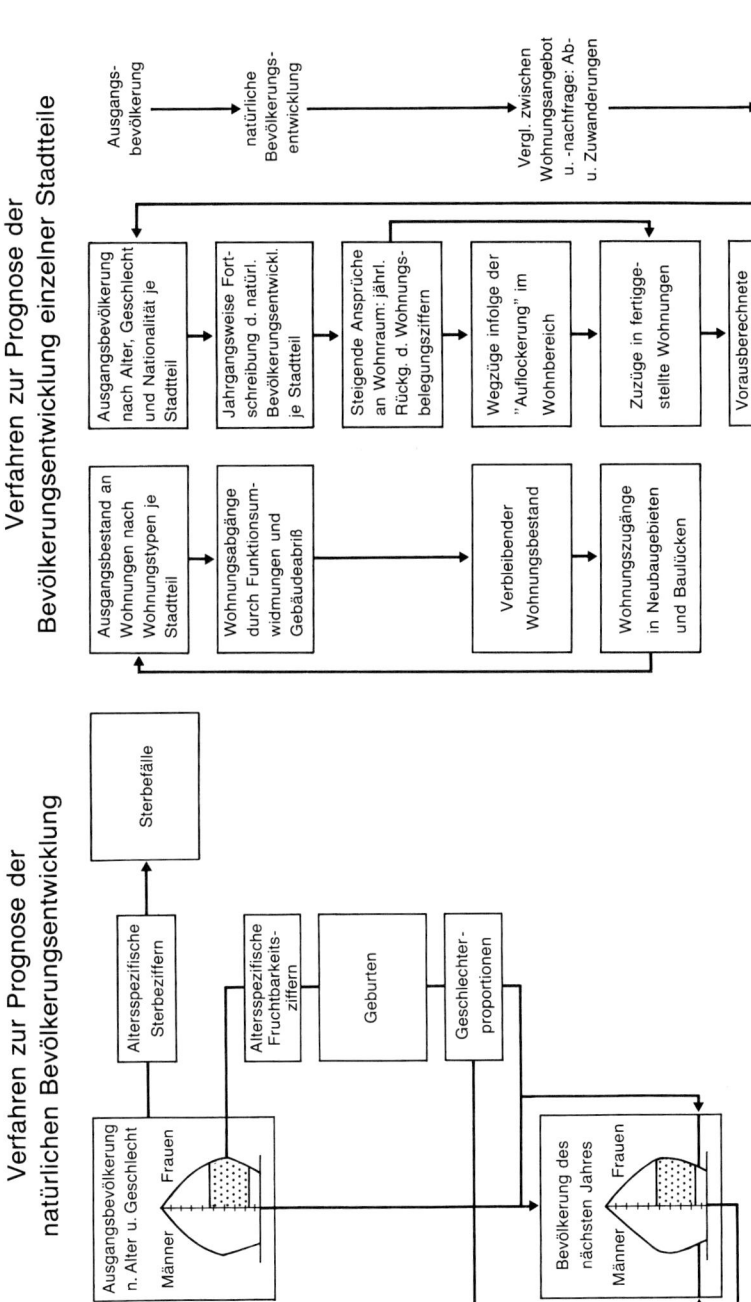

Abb. 67. Schematische Übersicht von Verfahren zur Bevölkerungsprognose. Quelle: KOCH (1977); DEHLER (1979).

Tab. 25 UN-Bevölkerungsvorausschätzungen für Industrie- und Entwicklungsländer in verschiedenen Varianten 2010–2050; Quelle: UN (2003a).

Großraum und Variante	Bevölkerung in Mio.		
	2010	2030	2050
Welt			
hohe	6966	8818	10 633
mittlere	6830	8130	8919
niedrige	6689	7454	7409
Industrieländer			
hohe	1231	1298	1370
mittlere	1221	1242	1220
niedrige	1210	1187	1084
Entwicklungsländer			
hohe	5736	7520	9263
mittlere	5609	6888	7699
niedrige	5478	6268	6325

BULATAO 1999). Die Zuwachsrate der Weltbevölkerung wird deshalb noch weit in das nächste Jahrtausend hinein sehr hoch bleiben, und wir werden noch lange vor der fast unlösbaren Aufgabe stehen, überall auf der Erde menschenwürdige Lebensbedingungen sicherzustellen. Gleichzeitig werden wir mit neuen Problemen konfrontiert, die sich aus der raschen Alterung der Weltbevölkerung ergeben. Aufgrund fallender Fruchtbarkeitsraten und einer zunehmenden Lebenserwartung wird der Anteil der 60-Jährigen und Älteren von heute ca. 10% auf über 20% im Jahre 2050 ansteigen (vgl. BÜTTNER 2000). Auch in den Entwicklungsländern werden zu diesem Zeitpunkt rund 19% der Bevölkerung über 59 Jahre alt sein, und die Gruppe der über 79-Jährigen wird die höchsten Wachstumsraten von allen Altersgruppen aufweisen. Die daraus erwachsenden Herausforderungen sind nicht zu unterschätzen. Ob ein solcher Wandel allein mit innerfamiliärer Fürsorge zu bewerkstelligen ist, bleibt fraglich, zumal auch in vielen Staaten der Dritten Welt die Individualisierung der Lebensstile zu einer zunehmenden Erosion der traditionellen Netzwerke führt.

3.5.3 Die Bedeutung nationaler und regionaler Bevölkerungsprognosen

Bevölkerungsvorausschätzungen auf nationaler und regionaler Ebene haben gegenüber globalen Vorausberechnungen den Vorteil einer einheitlichen und – zumindest in den weiter entwickelten Staaten – recht zuverlässigen Datenbasis. Trotzdem werden die Prognosen dadurch nicht einfacher, da man in diesem Fall den Wanderungsbewegungen eine vermehrte Aufmerksamkeit schenken muss. Bei einer kleinräumigen Betrachtungsweise sind diese oft entscheidender als die Bilanz aus Geburten- und Sterbefällen.

Beispielhaft wird im Folgenden auf die **Entwicklung in Deutschland** etwas näher eingegangen. Hier hat erstmals das Statistische Reichsamt auf der Basis der Volkszählung des Jahres 1925 eine Bevölkerungsvorausschätzung vorgelegt, weitere folgten, ausgehend vom Bestand der Jahre 1927, 1936 und 1938. Auch nach dem Zweiten Weltkrieg hat es in mehr oder weniger regelmäßigen Abständen Vorausschätzungen und Modellrechnungen zur Bevölkerungsentwicklung gegeben (vgl. LINKE 1983; HÖHN 1986). In jüngerer Zeit sind dabei vor allem die Wanderungen stärker beachtet worden, und die Berechnungen erfolgten z. T. getrennt für die deutsche und ausländische Bevölkerung und neuerdings auch für die alten und neuen Länder. Neben den amtlichen Berechnungen der Statistischen Ämter des Bundes und der Länder (zuletzt 10. koordinierte Bevölkerungsvorausberechnung; Stat. Bundesamt 2003) sowie des Bundesministeriums des Inneren (zuletzt 2000) gibt es eine große Zahl weiterer Vorausschätzungen, die sich zwar hinsichtlich des methodischen Vorgehens unterscheiden, denen aber recht ähnliche Annahmen zugrunde liegen (vgl. BUSLEI 1995; HÖHN 1996; LUTZ und SCHERBOU 1998). Dementsprechend unterscheiden sich auch die Ergebnisse nur geringfügig: Alle nur halbwegs realistischen Annahmen prognostizieren eine Bevölkerungsschrumpfung ebenso wie eine beschleunigte demographische Alterung (MAMMEY 2000, S. 23).

Aus Gründen der Aktualität wird hier die 10. koordinierte Bevölkerungsvorausberechnung etwas genauer betrachtet, die auf der Basis des Bevölkerungsstandes am 31. 12. 2001 erstellt wurde und bis zum Jahre 2050 reicht (Stat. Bundesamt 2003). Ausgegangen wird dabei von einem konstant niedrigen Geburtenniveau in den alten Ländern (TFR: 1,4) und einem allmählichen Anstieg der derzeit noch niedrigeren Geburtenhäufigkeit in den neuen Ländern auf das Niveau des früheren Bundesgebietes bis 2010. Bezüglich der Sterblichkeitsverhältnisse wird eine weitere Steigerung der Lebenserwartung (in drei Varianten) angenommen. Nach der mittleren Variante beläuft sich die Lebenserwartung neugeborener Jungen im Jahre 2050 auf 81,1 Jahre und diejenige von Mädchen auf 86,6 Jahre. Ab 2020 werden die neuen Länder den augenblicklich noch bestehenden „Vorsprung" der alten Länder aufgeholt haben. Den besonders schwierig zu treffenden Wanderungsannahmen wird dadurch Rechnung getragen, dass die Außenwanderung getrennt nach deutschen und ausländischen Personen berücksichtigt wird und zudem drei Varianten der Ausländerzuwanderung in die Berechnungen eingehen. Der jährliche Wanderungsüberschuss bei den Ausländern schwankt danach zwischen 100.000 und 300.000 Personen; bei den Deutschen werden die jährlichen Wanderungsgewinne von 80.000 Personen bis 2040 auf Null zurückgehen. Als wichtigste Ergebnisse der Berechnungen sind festzuhalten:

1. Die niedrige Geburtenhäufigkeit, kombiniert mit dem Hineinwachsen der geburtenstarken Jahrgänge in hohe Altersgruppen und dem daraus resultierenden Anstieg der Sterbefälle, führt dazu, dass das Geburtendefizit zunehmen und die Bevölkerungszahl schrumpfen wird. Die Zuwanderung kompensiert zwar bis zu einem gewissen Grade das negative natürliche Wachstum, kann es jedoch auch bei dem höchsten angenommenen Wanderungssaldo nicht ausgleichen. Je nach Variante der Vorausberechnung wird die Bevölkerungszahl von 82,4 Mio. (Ende 2001) bis 2050 auf 67,0–81,3 Mio. zurückgehen, und der Ausländeranteil wird sich auf

12–21% erhöhen (Bundesministerium des Inneren 2000); die mittlere Variante kommt auf einen Einwohnerstand von 75,1 Mio. Wie sehr die Wanderungen den Schrumpfungsprozess abmildern, lässt sich daraus entnehmen, dass sich die Bevölkerung bei ausgeglichenem Wanderungssaldo und unveränderter Lebenserwartung im Jahre 2050 nur noch auf 54 Mio. belaufen würde.

2. Selbst bei stärkerer Zuwanderung wird sich an der fortschreitenden Alterung der Bevölkerung wenig ändern. Nach der mittleren Variante sinkt der Anteil junger Menschen unter 20 Jahren von einem Fünftel (2001) auf ein Sechstel (2050). Dagegen steigt der Anteil der 60-Jährigen und Älteren von etwa einem Viertel auf mehr als ein Drittel. Besonders schnell wird der Anteil der Hochbetagten zunehmen. So werden im Jahre 2050 über 12% der Bevölkerung 80 Jahre und älter sein. Damit kommt es zu einer dramatischen Verschiebung des Altenquotienten: Entfielen 2001 noch 44 alte Menschen ($\geq$ 60 Jahre) auf hundert Personen im erwerbsfähigen Alter (20–59 Jahre), werden es in 2050 mehr als 70 sein. Würde der Übergang zwischen Erwerbs- und Rentenalter nicht bei 60, sondern bei 65 Jahren angesetzt, ergebe sich zwar noch immer eine Steigerung des Altenquotienten, diese fiele aber deutlich geringer aus: Je nach Variante würde sich der Altenquotient „nur" auf 49–62 erhöhen. Um sowohl den Bevölkerungsstand als auch Zahl und Anteil der Personen im erwerbsfähigen Alter konstant zu halten, wäre nach Berechnungen der UN (2000) eine Zuwanderung (sog. *replacement migration*) von 188 Mio. Personen notwendig – ein vollkommen unrealistisches Szenario. Stärker noch als der voraussichtliche Bevölkerungsrückgang werden die altersstrukturellen Verschiebungen neue Herausforderungen an unsere Sozialsysteme stellen. Diese zeichnen sich zwar heute schon ab, von langfristigen Lösungen ist man aber noch weit entfernt.

Haben schon die bislang diskutierten allgemeinen Trends der Bevölkerungsentwicklung beträchtliche Auswirkungen auf viele Lebensbereiche, so gilt das in weit stärkerem Maße bei einer räumlich differenzierenden Betrachtung, weil alle Gesamtzahlen aus einer Überlagerung sehr verschiedener Entwicklungsabläufe resultieren. **Regionale Bevölkerungsprognosen** gehören daher seit langem zu einem wichtigen Instrumentarium wissenschaftlicher Politikberatung. Näher vorgestellt wird hier das regionale Bevölkerungsprognosemodell des „Bundesamtes für Bauwesen und Raumordnung (BBR)", das sich in seiner neuesten Version nunmehr auf die 440 Kreise bezieht. Das Modell ermöglicht eine mittelfristige Prognose der Bevölkerung nach Geschlecht und Altersjahrgängen. Ausgehend vom Basiszeitpunkt Ende 1999 wird die Bevölkerung jahresweise bis 2020 vorausberechnet. Dies geschieht mittels einer Kombination aus einem „biometrischen Modell" (für die natürlichen Bevölkerungsbewegungen), einem Binnenwanderungs- und einem Außenwanderungsmodell (vgl. Bucher u. a. 2004). Kombiniert mit einer Prognose des Haushaltsbildungsverhaltens werden zusätzlich noch Zahl und Größe der privaten Haushalte bestimmt (Schlömer 2004).

Das Modell versteht sich als Status-quo-Prognose, d. h. die einzelnen Modellparameter (Prognoseannahmen) orientieren sich an jüngeren Entwicklungstendenzen, die mehr oder weniger stark modifiziert in die Zukunft fortgeschrieben werden. Alle Annahmen werden schrittweise auf die Rechenebene der Kreise heruntergebrochen, das Modell führt die Vorausberechnungen auf dieser Ebene durch. Die Prognoseergebnisse werden entsprechend dem *bottom-up*-Prinzip zu größeren räumlichen Einheiten zusammengefasst. Lediglich bei den internationalen Wanderungen werden die Zuzüge für Deutschland insgesamt festgesetzt und anschließend auf die Regionen verteilt (*top-down*-Prinzip). Bei der Annahmefindung erfolgt eine Abstimmung mit den beiden amtlichen Bevölkerungsprognosen für Deutschland (s. o.) sowie der Prognose internationaler Wanderungen des „Deutschen Instituts für Wirtschaftsforschung". Folgende große Trends gehen in die Prognose ein: Die Fertilität verharrt in Westdeutschland in etwa auf gegenwärtigem Niveau und steigt in Ostdeutschland langsam an. Die Lebenserwartung nimmt weiter zu, wobei sich die Unterschiede zwischen alten und neuen Ländern vermindern. Die Binnenwanderungsverluste des Ostens gehen nach zeitweiligem Wiederanstieg zurück; die Wanderungsverflechtungsmuster bleiben im Osten wie im Westen weitgehend stabil. Für die schwierig zu prognostizierenden Gewinne aus der Außenwanderung wird eine gesteuerte Zuwanderung unterstellt, die sich am Arbeitskräftebedarf orientiert. Die EU-Osterweiterung führt nach 2005 zu erhöhten Zuzügen. Bis dahin wird der Strom der deutschstämmigen Aussiedler versiegen.

Die Ergebnisse der Berechnungen bis 2020 zeigen, dass sich hinter dem leichten Rückgang der Gesamtbevölkerung um 0,8% auf dann 81,5 Mio. große regionale Abweichungen verbergen. Während die Einwohnerzahl der neuen Länder auch weiterhin – wenn auch abgeschwächt – zurückgehen dürfte (–2,3%), kippt in den alten Ländern der Trend von Wachstum zu Schrumpfung in den nächsten Jahren mit einer Netto-Abnahme von –0,3% (zur Aufgliederung nach Komponenten vgl. Abb. 68). In den neuen Ländern werden aufgrund des Suburbanisierungsprozesses Kreise im Umland der großen Städte – Berlin, Dresden, Leipzig, Chemnitz, Erfurt, Halle, Magdeburg, Rostock, Schwerin – die einzigen Gebiete mit Bevölkerungswachstum sein. Ansonsten überwiegen Regionen, bei denen die Wanderungsgewinne (vornehmlich aus dem Ausland) die Sterbeüberschüsse nicht ausgleichen können. In ländlichen Räumen kommen aber auch Regionen mit zweifacher Ursache der Bevölkerungsabnahme vor (Sterbeüberschüsse und Wanderungsverluste). Diese Konstellation tritt künftig auch im Westen auf. Nicht nur in den altindustrialisierten Räumen (Ruhrgebiet, Saarland), auch

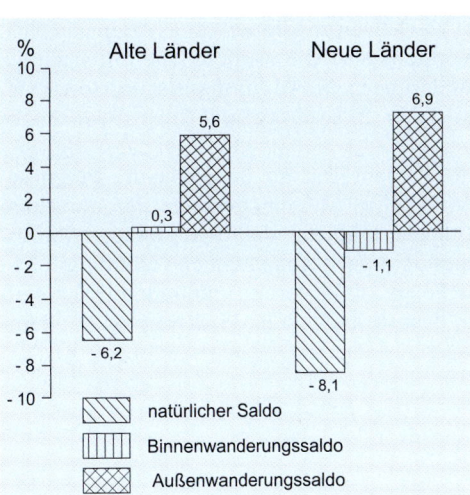

Abb. 68. Komponenten der Bevölkerungsentwicklung in den alten und neuen Ländern der Bundesrepublik Deutschland 2000–2020. Quelle: BUCHER u. a. (2004).

in Kreisen geringerer Verdichtung vornehmlich im nördlichen Hessen werden Wanderungsverluste und Sterbeüberschüsse kumulieren. Noch häufiger wird der Fall eintreten, dass Sterbeüberschüsse durch eine positive Wanderungsbilanz nicht mehr überkompensiert werden können. Geburtenüberschüsse – ohnehin nur aus einer günstigen Altersstruktur resultierend – werden nicht mehr vorkommen.

Der großräumigen Dekonzentration im Westen, die sich darin äußert, dass die Agglomerationsräume an Bevölkerung verlieren und eher Regionen geringerer Dichte an Einwohnern zunehmen, steht eine Konzentration im Osten gegenüber: Gerade die Agglomerationsräume verzeichnen hier einen Anstieg ihres Bevölkerungsanteils, während alle anderen Regionstypen überproportional Bewohner verlieren. Kleinräumig ergibt sich hingegen überall eine Dekonzentration zu Lasten der Kernstädte und zu Gunsten des Umlandes.

Allen Regionalprognosen ist gemeinsam, dass der Übergang von der „echten" Vorausschätzung zum „Denkmodell" weit schneller erreicht ist als bei Berechnungen auf nationaler Ebene. Das liegt daran, dass das Gewicht der Wanderungen mit der Maßstabsvergrößerung zunimmt. Wanderungen können sich jedoch durch vielerlei Umstände rascher und stärker ändern als die natürlichen Bevölkerungsbewegungen.

Namentlich gilt das für **kleinräumige Prognosen** wie z. B. für einzelne Städte oder Stadtteile. Dabei hatte man sich lange Zeit damit beholfen, die Bevölkerungsentwicklung der einzelnen Teilräume entsprechend der Vergangenheitsentwicklung zu extrapolieren oder die für die Gesamtbevölkerung vorliegende Vorausschätzung nach einem bestimmten Schlüssel regional aufzuteilen. Derartige Verfahren haben aber so offensichtliche Schwächen (u. a. keine Daten zur Altersstruktur, keine Berücksichtigung von Wanderungen zwischen den Teilräumen), dass sie heute kaum noch zur Anwendung kommen und durch komponentenweise Berechnungen ersetzt worden sind. Um die Wanderungssalden möglichst gut abschätzen zu können, ist es unumgänglich, in solchen Modellen zusätzlich noch die voraussichtliche ökonomische Entwicklung, die Ausweisung von Bauland, die Veränderungen im Wohnungsbestand sowie die Wohnfläche pro Kopf zu berücksichtigen (vgl. z. B. Baudrexl und Koch 1988; Goller 1997).

Das Flussdiagramm der Abbildung 67 verdeutlicht am Beispiel einer Prognoseerstellung auf der Basis von Stadtbezirken die Aufeinanderfolge der einzelnen Arbeitsschritte (Dehler 1979). Die eigentlichen Probleme der kleinräumigen Vorausschätzungen sind mit der Aufstellung eines derartigen Ablaufschemas allerdings nicht gelöst, sondern sie beginnen an dieser Stelle erst, da es darauf ankommt, die theoretischen Konzepte so zu operationalisieren, dass sie auch in der Praxis Anwendung finden können (vgl. Schlegel 1991).

3.1 Welchen Sachverhalt gibt die „demographische Grundgleichung" wieder?

3.2 Welche Vor- und Nachteile hat die Berechnung von „(rohen) Sterbeziffern"?

3.3 Wie definiert man Säuglings- und Kindersterblichkeit?

3.4 Welche Grundidee steckt hinter dem Konzept der „Sterbetafel"?

3.5 Wie kann die „Lebenserwartung" (bei Geburt und in einem bestimmten Alter) aus gegenwartsbezogenen Sterblichkeitsziffern ermittelt werden?

3.6 Kennzeichnen Sie die wichtigsten Todesursachen in Industrie- und Entwicklungsländern!

3.7 Wie errechnet sich die „zusammengefasste Geburtenziffer" (totale Fertilitätsrate), und wie kann sie interpretiert werden?

3.8 Welche Überlegung verbirgt sich hinter dem Konzept der „natürlichen Fruchtbarkeit"?

3.9 Welchen Sachverhalt beschreibt eine Nettoreproduktionsrate von < 1, = 1 und > 1?

3.10 Was versteht man unter dem „epidemiologischen Übergang"?

3.11 Welche Rolle spielen medizinische Maßnahmen für den Mortalitätsübergang in Industrie- und Entwicklungsländern?

3.12 Diskutieren Sie Erklärungsansätze für regionale Mortalitätsunterschiede in Deutschland!

3.13 Wie lässt sich der historische Fertilitätsrückgang in Europa erklären?

3.14 Was versteht man unter dem „(west)europäischen Heiratsmuster", und welchen Einfluss hatte dieses auf die Fertilität?

3.15 Warum sind die Geburtenzahlen in vielen Drittweltstaaten noch immer sehr hoch?

3.16 Welche Faktoren beeinflussen den Rückgang der Fruchtbarkeit in Entwicklungsländern?

3.17 Was versteht man unter der „zweiten demographischen Transformation"?

3.18 Wie erklärt sich der Gegensatz in der Geburtenhäufigkeit zwischen den alten und neuen Ländern Deutschlands?

3.19 Was versteht man unter dem „Modell des demographischen Übergangs", und in welche Phasen lässt es sich untergliedern?

3.20 Welchen Abweichungen vom idealtypischen Verlauf trägt das „variable Übergangsmodell" Rechnung?

3.21 In welcher Weise kann das Modell des demographischen Übergangs zur demographischen Typisierung von Ländern und Regionen genutzt werden?

3.22 Was besagt das von MALTHUS 1798 aufgestellte „Bevölkerungsgesetz"?

3.23 Welche verschiedenen Konzepte von „Tragfähigkeit" gibt es?

3.24 Worin liegt der Unterschied zwischen „Bevölkerungsprojektionen" und „Bevölkerungsprognosen"?

3.25 Worauf beruht die „Komponentenmethode" bei Bevölkerungsvorausschätzungen?

4 Bevölkerungsumverteilung durch Wanderungen

4.1 Statistische Erfassung und Typisierung von Migrationen

4.1.1 Definition und Abgrenzung des Begriffes Wanderung

Die zahlenmäßige Entwicklung der Bevölkerung eines Gebietes wird nicht nur durch die Erneuerung der Generationen, d. h. durch die natürlichen oder biosozialen Bevölkerungsbewegungen, sondern auch durch Zu- und Abwanderungen, d. h. durch räumliche Bevölkerungsbewegungen, bestimmt. Der Einfluss der Wanderungen (Migrationen) nimmt dabei in der Regel mit der Größe der betrachteten Raumeinheiten ab.

Da der **Wanderungsbegriff** sowohl in der Umgangssprache als auch in der wissenschaftlichen Literatur unterschiedlich verwendet wird, ist es notwendig, zunächst eine terminologische Präzisierung vorzunehmen und insbesondere Wanderungen von anderen Formen räumlicher Mobilität abzugrenzen sowie auf die Beziehungen zwischen sozialer und räumlicher Mobilität hinzuweisen (vgl. Weber 1982; Boyle u. a. 1998, S. 34 ff.).

Formal bezeichnet **Mobilität** „den Wechsel eines Individuums zwischen definierten Einheiten eines Systems" (Mackensen u. a. 1975, S. 8), wobei unter System ganz allgemein eine Anzahl von Sachverhalten (Elemente des Systems) verstanden wird, zwischen denen Interdependenzen (Relationen der verschiedensten Art) bestehen und die somit ein Wirkungsgefüge bilden. Die definitorischen Einheiten eines auf den gesellschaftlichen Bereich bezogenen Systems können durch soziale und/oder räumliche Merkmale bestimmt sein. Für den Positionswechsel innerhalb eines sozial definierten Systems gebraucht man den Begriff „soziale Mobilität" und für den Positionswechsel innerhalb eines räumlich definierten Systems den Begriff „räumliche Mobilität".

Grundsätzlich ist das Phänomen der Mobilität von zwei verschiedenen Perspektiven aus zugänglich, die auch zu unterschiedlichen Forschungsansätzen führen (Mackensen u. a. 1975, S. 7). Der Mobilitätsbegriff kann einmal zur Charakterisierung individuellen Verhaltens (Mobilität als Individualkategorie) herangezogen und zum anderen zur Bezeichnung der Eigenschaften eines Systems (Mobilität als Systemkategorie) verwendet werden. Die entsprechenden Forschungsrichtungen lassen sich als verhaltenstheoretische bzw. systemorientierte Ansätze bezeichnen, oder man unterscheidet zwischen einer mikroanalytischen, d. h. auf einzelne Personen bezogenen, und einer makroanalytischen, d. h. mit aggregierten Daten arbeitenden Betrachtungsweise. Entsprechend einem auf PITIRIM A. SOROKIN zurückgehenden Vorschlag lässt sich **„soziale Mobilität"** in zwei Hauptformen untergliedern. Man spricht von „vertikaler Mobilität", wenn ein sozialer Auf- bzw. Abstieg einzelner oder ganzer Gruppen innerhalb der sozialen Schichten eines (sozialen) Systems erfolgt und von „horizontaler Mobilität", wenn der Wechsel einer sozialen Position vorgenommen wird, ohne dass damit eine Veränderung in der Statushierarchie verbunden ist (MAREL 1980, S. 13).

Nach der oben gegebenen Definition umfasst die **„räumliche (regionale, geographische) Mobilität"** jeden Positionswechsel zwischen den verschiedenen Einheiten eines räumlichen Systems, ganz gleich ob sich diese Bewegung über weite oder geringe Distanzen, als einmaliger Vorgang oder in regelmäßigem Turnus vollzieht. Die Abgrenzung der räumlichen Einheiten wird zum einen von der jeweiligen Fragestellung abhängig sein, zum anderen spielt auch die Verfügbarkeit regionalstatistischer Daten eine wichtige Rolle. Die Spanne der Möglichkeiten reicht von einzelnen Wohngrundstücken über Baublöcke, Stadtbezirke und Gemeinden bis hin zu Ländern oder Kontinenten. Dabei repräsentieren die verschiedenen Abgrenzungskriterien jeweils unterschiedliche (räumliche) Mobilitätsvorgänge (MACKENSEN u. a. 1975, S. 9).

Zwischen räumlicher und sozialer Mobilität besteht ein sehr enger Zusammenhang (vgl. MAMMEY 1977 für das Beispiel der Bundesrepublik Deutschland). Räumliche Mobilität kann nicht nur sichtbarer Ausdruck einer Änderung der persönlichen sozialen oder wirtschaftlichen Situation sein, sondern stellt auch einen wichtigen Anpassungsmechanismus an den wirtschaftlichen, sozialen und politischen Wandel einzelner Regionen dar. Viele Veränderungen im persönlichen Bereich eines Menschen sind mit einem Wohnsitzwechsel verbunden, aber auch der soziale und wirtschaftliche Auf- oder Abstieg von Räumen kann Zu- und Abwanderungen auslösen (MEUSBURGER 1980, S. 180).

Es bietet sich an, die verschiedenen **Formen räumlicher Mobilität** ebenfalls in zwei große Gruppen zu untergliedern, je nachdem, ob damit ein Wohnsitzwechsel verbunden ist oder nicht, und im ersten Fall von **„Wanderung"** (Migration), im zweiten von **„Zirkulation"** (zirkuläre Mobilität) zu sprechen. Die zuletzt genannte Gruppe beinhaltet im Wesentlichen Bewegungsabläufe zwischen Wohnung und Arbeits- oder Ausbildungsstätte (Pendelverkehr), versorgungsorientierte Raumbewegungen sowie solche im Zusammenhang mit Freizeit- oder Urlaubsaktivitäten (vgl. dazu ausführlich BÄHR u. a. 1992), wobei häufig Bewegungen, die unterschiedlichen Zwecken dienen, miteinander verknüpft werden (Kopplung). Eine strenge Trennung zwischen Wanderung und Zirkulation ist allerdings nicht möglich. Als Übergangsformen sind saisonale oder gar noch längerfristige Bewegungen anzusehen, wie sie etwa von Hirten oder Händlern durchgeführt werden. Ebenso können „Pilgerwanderungen", die sich manchmal über Monate oder gar Jahre hinziehen, in diese Gruppe fallen. Auch in modernen Industriegesellschaften sind Wanderungen immer weniger als „one way journey" anzusehen, wie MCHUGH (2000) jüngst besonders herausgestellt hat. In den USA zählen z. B. regelmäßig wiederkehrende Bewegungen von Ruheständlern zwischen *frostbelt* und *sunbelt*, aber auch transnationale Migrationen von Mexikanern zu den Übergangsformen zwischen Wanderung und Zirkulation.

Auch wenn man sich auf eine **Wanderungsdefinition** im oben skizzierten Sinn festlegt und darunter mit ALBRECHT (1972, S. 23) „die Ausführung einer räumlichen Bewegung, die einen vorübergehenden oder permanenten Wechsel des Wohnsitzes bedingt", versteht, bleiben noch zahlreiche Fragen offen. Insbesondere besteht keine Einigkeit darüber, ob jeder Wohnsitzwechsel unabhängig von der dabei zurückgelegten Distanz oder vom Überschreiten einer administrativen Grenze als Wanderung zu bezeichnen ist. Üblicherweise werden in der amtlichen Wanderungsstatistik Wohnsitzverlagerungen innerhalb der kleinsten administrativen Bezugseinheiten nicht erfasst und nur gelegentlich als „Umzüge" getrennt ausgewiesen. Als Beispiel dafür kann die im „Statistischen Jahrbuch für die Bundesrepublik Deutschland" (2003, S. 43) gegebene Definition stehen. Danach beinhalten Wanderungen einen Wohnungswechsel von einer Gemeinde in eine andere, also ohne Umzüge von Personen innerhalb der Gemeindegrenzen, aber „einschließlich der Fälle, in denen jemand unter Beibehaltung seiner bisherigen Wohnung eine weitere Wohnung bezieht oder unter Aufgabe dieser weiteren Wohnung in die beibehaltene Wohnung zurückkehrt".

Das Überschreiten der Gemeindegrenze stellt ein recht willkürliches und häufig wenig befriedigendes Abgrenzungskriterium dar, denn dadurch können ganz ähnlich strukturierte und motivierte Wohnsitzverlagerungen, wie z. B. Umzüge aus der Innenstadt an die Peripherie diesseits oder jenseits der administrativen Stadtgrenze, in einem Fall zu den Wanderungen gerechnet werden, während sie im anderen Fall von vornherein ausgeklammert bleiben.

Auch für die weitere Untergliederung der Wanderungsvorgänge nach formalen Gesichtspunkten spielt die **räumliche Dimension** eine zentrale Rolle. Traditionsgemäß trennt man zunächst die „Außenwanderungen" (internationale Migrationen) von den „Binnenwanderungen" (interne Migrationen). Gelegentlich wird die Gegenüberstellung von Außen- und Binnenwanderung auch in umfassenderem Sinn verstanden, und als räumliche Bezugseinheiten treten anstelle von Staaten beliebig abgegrenzte Gebiete auf (z. B. Bundesländer, Regierungsbezirke, Kreise usw.; vgl. BÄHR 2003).

Ein weiterer Problembereich der Wanderungsdefinition bezieht sich auf die **zeitliche Dimension**. So spricht einiges dafür, als Wanderer in einem engeren Sinne nur solche Personen zu erfassen, „die ihren Wohnsitz mit der Absicht ändern, sich in der neuen Wohnung für längere Zeit oder – soweit vorausschaubar – ständig aufzuhalten, d.h. das Wanderungsziel als neuen Mittelpunkt ihres Lebens zu betrachten" (SCHWARZ 1972, S. 225). In der Praxis ist eine solche Unterscheidung aber kaum durchführbar, da aus der amtlichen Statistik nicht zu entnehmen ist, ob ein dauerhafter oder nur ein vorübergehender Aufenthalt am neuen Wohnstandort beabsichtigt ist.

Bei einer Operationalisierung des Wanderungsbegriffes anhand von Zensusdaten (vgl. Kap. 1.3) ist es oft nötig, ergänzend ein zeitliches Kriterium heranzuziehen und so beispielsweise zwischen einer *lifetime* (Erfragung des Geburtsortes) und einer *oneyear migration* (Erfragung des Wohnortes vor einem Jahr) zu unterscheiden.

Art und Umfang räumlicher Bevölkerungsbewegungen haben sich im Laufe der Menschheitsgeschichte erheblich gewandelt. Diese Wandlungen sind jedoch nicht in allen Teilen der Erde in gleicher Weise und mit gleicher Intensität abgelaufen, sodass man bis heute ausgeprägte Unterschiede zwischen den einzelnen Ländern und

Großräumen feststellen kann. So lassen sich die Erscheinungsformen räumlicher Mobilität, wie sie gegenwärtig in den Industriestaaten Europas und Nordamerikas zu beobachten sind, nicht mit denjenigen in den Entwicklungsländern und auch nicht mit jenen vergangener Zeiträume vergleichen. Ausgehend von den Veränderungen, die sich in den hoch entwickelten Staaten in Zusammenhang mit dem Industrialisierungs- und Modernisierungsprozess vollzogen haben, formulierte ZELINSKY (1971) in Analogie zum Modell des demographischen Übergangs die **Hypothese der Mobilitätstransformation** *(mobility transition)*. Der Grundgedanke seiner empirisch-induktiven Theorie besagt, dass mit unterschiedlichem sozio-ökonomischem Entwicklungsstand auch ein unterschiedliches Mobilitätsverhalten einhergeht. Die von ihm herausgearbeiteten vier bzw. mit Blick in die Zukunft fünf

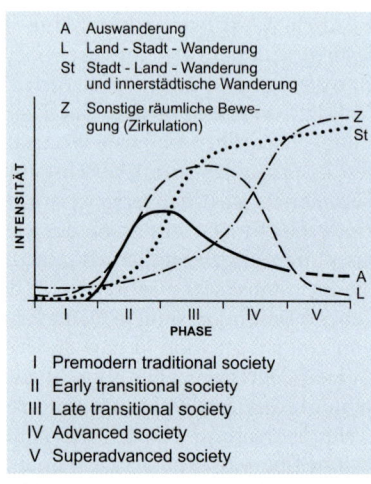

A   Auswanderung
L   Land - Stadt - Wanderung
St   Stadt - Land - Wanderung
     und innerstädtische Wanderung
Z   Sonstige räumliche Bewegung (Zirkulation)

INTENSITÄT

I   II   III   IV   V
PHASE

I   Premodern traditional society
II   Early transitional society
III Late transitional society
IV   Advanced society
V   Superadvanced society

Abb. 69. Schematische Darstellung der Mobilitätstransformation. Quelle: ZELINSKY (1971), verändert.

Phasen der *mobility transition* und ihre Beziehung zur *vital transition* lassen sich wie folgt charakterisieren (vgl. Abb. 69):

1. In vorindustriellen, traditionellen Gesellschaften *(premodern traditional society)* spielen alle Formen räumlicher Mobilität nur eine verhältnismäßig geringe Rolle. Wenn man von den Migrationen ganzer Völker oder Stämme einmal absieht, so ist der Bewegungsradius der Menschen sehr klein. Gleichzeitig bleibt die absolute Bevölkerungszahl bedingt durch eine hohe Mortalität bei ebenfalls hoher Fertilität recht stabil.
2. Als Folge der Scherenöffnung zwischen Geburten- und Sterbeziffern und des dadurch ausgelösten Bevölkerungsdrucks gewinnen die Migrationen in der frühen Transformationsphase *(early transitional society)* erheblich an Bedeutung. Durch Auswanderungen werden die letzten noch nicht oder nur dünn besiedelten Regionen der Erde erschlossen; gleichzeitig setzt eine massive Land-Stadt-Wanderung ein, und die Binnenkolonisation wird ebenfalls vorangetrieben.
3. Mit dem allmählichen Abklingen des schnellen natürlichen Bevölkerungswachstums geht eine Veränderung des bisherigen Mobilitätsverhaltens einher. Die für die frühe Übergangsphase charakteristischen Wanderungsvorgänge dauern zwar auch in der späten Transformationsphase *(late transitional society)* noch an, umfangmäßig nehmen sie jedoch ab, und andere Formen räumlicher Mobilität, wie Wanderungen zwischen oder innerhalb von Städten und zirkuläre Bewegungen, treten erstmals stärker in Erscheinung.
4. Die modernen Gesellschaften *(advanced society)*, in denen der demographische Transformationsprozess zum Abschluss gekommen ist, sind gleichzeitig hoch mobile Gesellschaften, d. h. die räumliche Mobilität erreicht ein vorher nicht gekanntes Maß.

Hingegen haben sich die vorherrschenden Typen der Raumbewegungen im Vergleich zu früher erneut verändert. Bestimmend sind nun nicht mehr Auswanderungen nach Übersee (mit Ausnahme einer kleinen Zahl von Experten) und Land-Stadt gerichtete Migrationen; an ihre Stelle sind Zuwanderungen ungelernter ausländischer Arbeitskräfte und Wanderungen zwischen verschiedenen Städten sowie innerstädtische Umzüge getreten. Parallel dazu dehnen sich die Pendlereinzugsbereiche der großen Ballungsräume immer weiter aus, d. h. Wanderungen werden z. T. durch Pendelfahrten ersetzt. Mit wachsendem Wohlstand gewinnen zusätzlich alle freizeitorientierten Mobilitätsformen an Bedeutung.

5. Erst in der zukünftigen nachindustriellen Gesellschaft *(superadvanced society)* ist eine Abschwächung einzelner Formen der räumlichen Mobilität zu erwarten. Eine Verbesserung der Kommunikationssysteme wird einen Teil der heutigen Raumbewegungen überflüssig machen und zu einer Reduzierung der Wanderungen und des Pendelverkehrs führen. Hingegen dürften freizeitorientierte Mobilitätsformen auch weiterhin zunehmen. Rückläufige Bevölkerungszahlen werden möglicherweise durch verstärkte Zuwanderung von Gastarbeitern ausgeglichen.

Naturgemäß können viele Aspekte und Einflussgrößen der räumlichen Mobilität in einer derartig komprimierten Zusammenschau nicht berücksichtigt werden. Dazu zählen insbesondere alle politischen Faktoren und die spezifische Situation in den Entwicklungsländern. Darüber hinaus werden die Beziehungen zwischen der Mobilitätstransformation und den dafür maßgeblichen sozialen, wirtschaftlichen und technologischen Entwicklungen nicht ausreichend deutlich, d. h. die Theorie ZELINSKYS liefert weit stärker eine Beschreibung und Systematisierung historischer Vorgänge, als dass sie die abgelaufenen Veränderungen erklärt (vgl. WOODS u. a. 1993). Damit ist jedoch eine universelle Anwendbarkeit und die Übertragbarkeit des Modells auf andere Räume nicht in jedem Falle gegeben, wie FUCHS und DEMKO (1978) am Beispiel Osteuropas sowie SKELDON (1990) für Beispiele aus der Dritten Welt nachweisen konnten.

Trotz derartiger Einwände und Relativierungen können die Überlegungen von ZELINSKY als ein geeigneter Ordnungsrahmen zur Strukturierung einer zusammenfassenden Betrachtung von Mobilitätsvorgängen und als fruchtbare Arbeitshypothese für raumzeitliche Vergleichsuntersuchungen gewertet werden. Den idealtypischen Verlaufskurven für die verschiedenen Erscheinungsformen regionaler Mobilität (vgl. Abb. 69) ist zu entnehmen, dass in der frühen Transformationsphase Wanderungen über weite Distanzen dominierten, diese später in zunehmendem Maße von solchen über mittlere Distanzen abgelöst wurden, bis schließlich Bewegungen über vergleichsweise geringe Distanzen zum vorherrschenden Typ wurden. Einer solche Abfolge entspricht auch das Gliederungsprinzip der weiteren Ausführungen, das allerdings nicht so sehr zeitlich, sondern in erster Linie als Maßstabsveränderung verstanden sein will, d. h. in den drei gewählten Maßstabsdimensionen – auf der globalen bzw. kontinentalen, auf der nationalen und auf der städtischen Ebene – werden sowohl zeitliche als auch räumliche Vergleiche Berücksichtigung finden, wobei sich die zeitlichen vorwiegend auf die von ZELINSKY besonders betonten Veränderungen im Laufe des Industrialisierungsprozesses beziehen, während die räumlichen schwerpunktmäßig auf eine Gegenüberstellung der heutigen Situation in Industrie- und Entwicklungsländern gerichtet sind. Eine vollständige Betrachtung aller Erscheinungsformen räumlicher Mobilität wird dabei nicht angestrebt; in dem gegebenen Rahmen erscheint es sinnvoll, sich auf Wanderungsvorgänge und damit auf die räumliche Mobilität im engeren Sinne zu beschränken.

4.1.2 Maßzahlen zur Charakterisierung von Wanderungen

Besonders zu Vergleichszwecken ist es wünschenswert, die Vielzahl vorliegender Wanderungsdaten (zur Wanderungsstatistik vgl. Kap. 1.3) auf einige wenige, möglichst aussagekräftige statistische Kenngrößen zu reduzieren, um so das Wanderungsgeschehen zusammenfassend zu charakterisieren. Mit einer derartigen makroanalytischen Betrachtungsweise können im Wesentlichen drei Sachverhalte verdeutlicht werden (vgl. SCHWEITZER 1978, S. 20 ff.; MUELLER 1993, S. 171 ff.):

1. die Wanderungshäufigkeit einer Bevölkerung,
2. die Stärke von Wanderungsströmen,
3. die Effektivität von Wanderungen.

Eine erste Orientierungsgröße zur **Kennzeichnung der Wanderungshäufigkeit** in einer Region – immer bezogen auf einen bestimmten Zeitabschnitt – bildet ihr „Wanderungsvolumen" (Bruttowanderung), also die Summe aus Zuzügen (Zuwanderungsvolumen) und Fortzügen (Abwanderungsvolumen). Für raumzeitliche Vergleiche ist diese Maßzahl aber nur bedingt geeignet, da ganz ähnliche Wanderungsvolumen aus sehr verschiedenen Kombinationen von Zu- und Fortzügen resultieren und sich auf sehr verschiedene absolute Bevölkerungszahlen beziehen können. Ergänzend sollte daher die „Wanderungsbilanz" (Wanderungssaldo, Nettowanderung) ermittelt werden. Darunter versteht man die Differenz aus Zu- und Fortzügen. Diese kann positiv oder negativ sein. Ist sie positiv, spricht man vom „Zuwanderungsüberschuss", „Wanderungsgewinn" oder von der „Nettozuwanderung", ist sie hingegen negativ, verwendet man die Bezeichnungen „Abwanderungsüberschuss", „Wanderungsverlust" oder „Nettoabwanderung".

Um die zweite oben genannte Einflussgröße, die unterschiedlichen absoluten Bevölkerungszahlen, auszuschalten, geht man zu relativen Häufigkeiten **(Wanderungsraten)** über. Dabei bezieht man Zu- und Abwanderungen bzw. die Summe oder die Differenz beider Größen auf je 1.000 der Bevölkerung (meist für einen „mittleren" Zeitpunkt innerhalb der betrachteten Zeitspanne) und gelangt so zu „Abwanderungs-, Zuwanderungs-, Bruttowanderungs- oder Nettowanderungsraten". Da derartige Wanderungsraten ein Maß für die Intensität der Migrationsbewegungen darstellen, finden dafür auch die Bezeichnungen „Zu- bzw. Abwanderungsintensität" Verwendung.

Werden bei solchen Berechnungen nur bestimmte Bevölkerungsgruppen berücksichtigt, wie z. B. einzelne Alters-, Berufs- oder Familienstandsgruppen, so kommt man zu „speziellen Mobilitätsziffern". Bei einer Anwendung auf einzelne, durch die Angabe der Herkunfts- und Zielgebiete festgelegte **Wanderungsströme** ist die Zahl der gewanderten Personen sowohl durch die Bevölkerung des Herkunfts- als auch durch diejenige des Zielgebietes zu dividieren, da sich nur so Maßzahlen ergeben, die um den Einfluss unterschiedlicher Einwohnerzahlen bereinigt sind. Zwischen Wanderungssaldo und Wanderungsvolumen besteht kein funktionaler Zusammenhang. So kann ein Wanderungssaldo von 1.000 Personen sowohl aus der Differenz von 11.000 Zuzügen und 10.000 Fortzügen als auch aus 101.000 Zuzügen und 100.000 Fortzügen resultieren. Um zum Ausdruck zu bringen, dass die dem ersten Zahlenbeispiel zugrunde liegenden Wanderungsbewegungen im Hinblick auf die Veränderung der Bevölkerung in der betreffenden Region „effektiver" sind, bedient man sich sog. **Effektivitätsziffern.** Für ihre Bestimmung wird der Quotient aus Wanderungsbilanz und Wanderungsvolumen gebildet. Der Wert einer so definierten „Wanderungseffektivität" kann zwischen −1 (nur Fortzüge) und +1 (nur Zuzüge) liegen (als Beispiel vgl. PLANE 1984).

Meist bezieht sich die Analyse von Migrationsvorgängen nicht nur auf quantitative Sachverhalte, wie Wanderungshäufigkeit oder Stärke und Richtung von Wanderungsströmen, sondern auch auf demographische und sozial unterschiedliche Gruppierungen der Wanderer. Denn es gehört zu den gesicherten und vielfach belegten Ergebnissen der Wanderungsforschung, dass bestimmte Bevölkerungsgruppen mobiler sind und daher durch jede Migration sowohl die Bevölkerungszusammensetzung im Herkunftsgebiet als auch diejenige im Zielgebiet beeinflusst wird. Wenn beispielsweise vorwiegend Personen in einer bestimmten Altersgruppe wandern, so wird die Bevölkerungspyramide der Abwanderungsregion auffällige Lücken in diesen Jahrgangsgruppen zeigen, während sich in derjenigen der Zielregion entsprechende Überschüsse einstellen werden. Das kann im Extremfall zu einer ausgeprägten altersmäßigen Segregation führen und damit eine Reihe raumordnungs- und gesellschaftspolitisch bedeutsamer Fragen aufwerfen (vgl. dazu die Beispiele in Kap. 2.4). Diese und andere merkmalsspezifische Unterschiede in der Zusammensetzung von Wanderungsströmen bezeichnet man als **„differentielle Migration"** (gelegentlich auch als „differentielle Mobilität"). Dieser Begriff kennzeichnet somit die Tatsache, dass das Wanderungsverhalten einzelner Bevölkerungsgruppen, die durch einen Komplex von Trennvariablen unterschieden werden, voneinander abweicht (SCHWEITZER 1978, S. 32).

Besonders eingehend haben sich BOGUE und HAGOOD (1953) mit der Wanderungsselektion beschäftigt. Danach liegt eine Wanderungsdifferenzierung in Bezug auf ein bestimmtes Merkmal dann vor, wenn der Prozentsatz von Wanderern, der in diese Kategorie fällt, sehr viel größer oder kleiner als der entsprechende Wert für die Basisbevölkerung ist. Allerdings kann sich eine Untersuchung der Wanderungsdifferenzierung nicht damit begnügen, für jedes der ausgewählten Merkmale entsprechende Prozentsätze von Wanderern und Nicht-Wanderern miteinander zu vergleichen. Auf diese Weise könnte übersehen werden, dass die verschiedenen *migration differentials* nicht unabhängig voneinander sind und es daher darauf ankommt, bei der Betrachtung einer Variablen alle anderen weitgehend konstant zu halten. Deshalb schlagen BOGUE und HAGOOD vor, die Wanderungsströme zunächst nach Geschlecht und Alter zu filtern und erst im Anschluss daran weitere Merkmale zu untersuchen (mehrdimensionale Tabulierung). Grundsätzlich lässt sich die differentielle Migration unter zwei verschiedenen Blickrichtungen betrachten. Zum einen kann sich die Gegenüberstellung von Wanderern und Nicht-Wanderern auf das Herkunftsgebiet *(origin differential)*, zum anderen auf das Zielgebiet *(destination differential)* beziehen. Darüber hinaus lassen sich auch mehrere Wanderungsströme im Hinblick auf eine unterschiedliche Verteilung sozialer und demographischer Merkmale miteinander vergleichen.

Seit der grundlegenden Untersuchung von Bogue und Hagood sind eine Fülle weiterer Studien zur Frage der differentiellen Mobilität vorgelegt worden. Besonderes Interesse hat dabei eine Betrachtung der Merkmale Alter und Geschlecht in Zusammenhang mit der Stufenfolge im Lebenszyklus, Beruf und Einkommen sowie Schulbesuch und Bildungsgrad gefunden. Gelegentlich wurde auch noch nach verschiedenen Typen von Herkunfts- und Bestimmungsorten klassifiziert und zwischen Stadt-Stadt, Land-Stadt oder Stadt-Land gerichteten Migrationen unterschieden (vgl. z. B. die Zusammenstellungen bei Albrecht 1972, S. 175 ff.; Genosko 1980; Marel 1980, S. 54 ff.; Wagner 1989, S. 68 ff.; Weiss und Hilbig 1998). In der entwicklungspolitischen Diskussion findet der Selektionsprozess in Bezug auf das Humankapital besondere Beachtung, und es wird in diesem Zusammenhang von *brain drain* bzw. *brain gain* gesprochen. Ob die Abwanderung hoch qualifizierter Kräfte eher nachteilig für die Herkunftsregion ist oder als entlastendes „Ventil" wirkt, wird unterschiedlich beurteilt und hängt sicher auch vom Ausmaß solcher Wanderungen und der jeweiligen Situation ab (vgl. Han 2000, S. 28 ff.). Am Beispiel der indischen „Software-Migranten" hat Hunger (2000) nachgewiesen, dass Auswanderungen von Experten langfristig zu positiven Effekten im Heimatland führen können.

4.1.3 Typisierungsversuche von Wanderungen

Die Erörterung verschiedener Möglichkeiten, das Phänomen der Wanderung zu definieren und zu operationalisieren, macht das breite Spektrum bisheriger Versuche deutlich. Entsprechend schwierig dürfte es sein, für die in den verschiedenen Definitionen angesprochenen und unter dem Oberbegriff der Wanderung subsumierten räumlichen Bewegungen einen einzigen Erklärungsansatz zu finden. Ein durchaus gangbarer Weg ist es deshalb, die offensichtliche Vielfalt des Objektbereiches „Wanderung" zunächst anhand eines klassifikatorischen Ordnungsschemas zu strukturieren und verschiedene Typen von Migrationen auszugliedern; in einem weiteren Schritt könnte man sich dann um eine Erklärung der einzelnen Typen bemühen (Hoffmann-Nowotny 1970, S. 54; ähnlich Han 2000, S. 22).

Die bisher vorgelegten **Migrationstypologien** beruhen auf ganz unterschiedlichen Kriterien, sodass sie kaum miteinander vergleichbar sind und mehr oder weniger isoliert nebeneinander stehen. Abgrenzungskriterien bilden vor allem Distanz, räumlicher Verlauf sowie Wanderungsgründe (vgl. Schrettenbrunner 1986). Als besondere Gruppe werden häufig noch die verschiedenen Formen der „Dauerwanderung" herausgestellt (Wanderungen von Sammler- und Jägergemeinschaften, Wanderhackbauern, Nomaden; Wanderungen von Nicht-Sesshaften und Landfahrergruppen). Darauf wird hier allerdings nicht näher eingegangen.

Der älteste Typisierungsversuch von Wanderungen geht auf Ravenstein (1885/89) zurück, der seine „Gesetze der Wanderung" mit einer Klassifikation der Migranten einleitete. Als wichtigstes Abgrenzungskriterium tritt die zurückgelegte **Distanz** auf, und es werden zunächst drei Hauptgruppen unterschieden:

1. der „lokale Wanderer", der seinen Wohnsitz innerhalb einer Gemeinde oder eines Bezirkes wechselt,
2. der „Nahwanderer", der von einer Gemeinde (Bezirk) in eine benachbarte umzieht und
3. der „Fernwanderer", der eine größere Entfernung zurücklegt.

Die beiden übrigen von RAVENSTEIN angeführten Typen lassen sich nur zum Teil in das so entwickelte Schema einordnen, da sie nach anderen Gesichtspunkten abgegrenzt werden. So tritt als vierter Typ die „Wanderung in Etappen" auf. Damit sind Migrationen über größere Entfernungen gemeint, die sich nicht als einmaliger Vorgang, sondern in mehreren Schritten über jeweils kürzere Distanzen vollziehen. Als letzter Typ werden schließlich „temporäre Wanderer" genannt, wodurch neben der räumlichen auch die zeitliche Dimension in die Klassifizierung einfließt.

Wenn RAVENSTEIN seine Abgrenzungskriterien auch nicht genau präzisierte und seine Typologie nicht in einen übergeordneten theoretischen Bezugsrahmen stellte, so bietet sein Vorschlag den Vorteil einer recht einfachen und problemlosen Operationalisierung. Nicht umsonst ist später immer wieder auf Distanzmerkmale zur Charakterisierung von Wanderungsvorgängen zurückgegriffen worden (vgl. zusammenfassend KORTUM 1979).

Bei einer Untergliederung nach **Wanderungsgründen** bietet es sich an, von der „Wanderungsmatrix" von EICHENBAUM (1975) auszugehen und zunächst zwischen „Zwangsmigrationen" und „freiwilligen Wanderungen" zu unterscheiden, obwohl auch hier die Übergänge fließend sind (vgl. BÄHR 1995, S. 398 f.). Dabei werden unter **Zwangsmigrationen** diejenigen Wanderungen verstanden, zu denen die Betroffenen durch Gewalt oder Angst vor Gewalt gezwungen werden. Zu den bekanntesten Beispielen zählen die Glaubensflüchtlinge, die aus Schwarzafrika verschleppten Sklaven, die Flüchtlingsströme als Folge von Kriegen und internen Machtkämpfen und die gewaltsame Vertreibung ethnischer und nationaler Minderheiten, die VAN HEAR (1998) an vielen Beispielen beschrieben hat. Die gegenwärtige Diskussion um Asylsuchende und sog. Wirtschaftsflüchtlinge zeigt, dass sich Zwangswanderungen nicht eindeutig abgrenzen lassen und einer subjektiven Bewertung unterliegen (vgl. WOOD 1994). Ähnliches gilt auch für Wanderungen als Folge von Veränderungen der räumlichen Umwelt (sog. Umweltflüchtlinge). Nur bei einer Reaktion auf Naturkatastrophen ist der Zwangscharakter eindeutig. Vielfach wird durch derartige Ereignisse auch nur eine vorübergehende Abwanderung ausgelöst (vgl. CLARKE u. a. 1989; WENZEL 2002).

In den heutigen Industriegesellschaften dominieren die **„frei bestimmten Migrationen"**. BROWN (1983) unterscheidet dabei drei Grunddimensionen: berufsorientierte, wohnungsorientierte und familienorientierte Motive, die in Kombination zur Ausgliederung von Wanderungstypen herangezogen werden. Dabei ist allerdings darauf hinzuweisen, dass sich vielfach mehrere Bestimmungsfaktoren überlagern und insbesondere wirtschaftliche Gegebenheiten, wie z. B. die Struktur des Wohnungsmarktes oder die Mietzahlungsfähigkeit, als mehr oder weniger wirksame *constraints* mit zu berücksichtigen sind (vgl. dazu auch Kap. 4.2.4).

Als gesonderter Typ ist von vielen Migrationsforschern die **Kettenwanderung** herausgestellt worden (HAN 2000, S. 12 f.). Der Begriff wurde erstmals von MACDO-NALD und MACDONALD (1964) definiert. Damit ist gemeint, dass ein (Pionier-)Wanderer später den Ehepartner, Kinder, Verwandte oder Bekannte nachholt, und auf diese Weise ein sich selbst verstärkender Prozess einsetzt, der sich idealtypischerweise in mehrere Phasen unterteilen lässt. Kettenwanderungen sind Ausdruck sozialer Netzwerke; zu ihrer Erklärung sind verschiedene Hypothesen formuliert worden (HAUG 2002, S. 124 ff.), z. B. die Informationshypothese (bessere Informationen über die Bedingungen am Zielort), die Erleichterungshypothese (Unterstützungsleistungen am Zielort) oder die Ermutigungshypothese (Ermutigung der Wanderung zur Sicherung des Haushaltseinkommens mittels Rimessen). Der Zusammenhang zwischen Kettenwanderungen und sozialen Netzwerken ist sowohl für die Überseewanderungen des 19. und beginnenden 20. Jh. als auch die sog. Gastarbeiterwanderungen thematisiert worden (vgl. die Literatur bei HAUG 2002). Kettenwanderungen sind in der Regel auch Bestandteil transnationaler Migrationsnetzwerke (vgl. Kap. 4.3.2).

In **umfassenderen Typologien** werden meist mehrere der bislang diskutierten Gesichtspunkte berücksichtigt. Zu den ältesten Versuchen dieser Art zählt die von FAIRCHILD in den 1920er Jahren vorgelegte Typologie. Diese geht von zwei Kriterien aus, mit deren Hilfe vier Typen von Migrationen abgegrenzt werden. Das erste Kriterium basiert auf dem Kulturniveau im Herkunfts- und Zielgebiet, das zweite auf dem friedlichen bzw. kriegerischen Ablauf der Wanderungen. Daraus ergeben sich die folgenden Wanderungsformen: Invasion, Eroberung, Kolonisierung und Immigration. Entsprechend beziehen sich die angeführten Beispiele nahezu ausschließlich auf Vorgänge, wie sie sich überwiegend in der Vergangenheit abgespielt haben.

Ähnliches gilt auch für die „Typologie der Wanderungen" von HEBERLE aus dem Jahre 1955, der wiederum andere Abgrenzungskriterien zugrunde legte. HEBERLE möchte mit seiner Klassifikation tiefere Einblicke in historisch-soziologische Entwicklungsabläufe vermitteln und dadurch den Weg zur Erarbeitung partieller Wanderungstheorien zeigen. Innerhalb der drei von ihm ausgegliederten historischen Gesellschaftstypen (archaisch; entwickelt und differenziert; westlich modern und hoch industrialisiert) unterscheidet er zwischen „Wanderungen in großen Verbänden" und „Wanderungen Einzelner oder kleiner Gruppen". Eine feinere Untergliederung wird durch die zusätzliche Differenzierung nach „freiwilligen" und „unfreiwilligen" Wanderungen erreicht. Die Kritik an HEBERLE setzt in erster Linie an der fehlenden logischen Geschlossenheit seines Ordnungsprinzips an, wie die „Leerstellen" in der schematischen Darstellung dieser Typologie bei HOFFMANN-NOWOTNY (1970, S. 59) dokumentieren.

Die bisher umfassendste Wanderungstypologie stammt von PETERSEN (1958, deutsch 1972). Sein Vorschlag entstand aus der Auseinandersetzung mit der FAIRCHILDschen Klassifikation und den dabei herangezogenen Abgrenzungsmerkmalen (vgl. HAN 2000, S. 22 ff.). Nach PETERSEN (1972, S. 107) sollte eine Wanderungstypologie nicht aus gesammelten Statistiken abgeleitet werden, „gleichgültig ob diese irgendeine Relevanz in Bezug auf theoretische Fragestellungen haben oder nicht. Das bessere Verfahren in jeder wissenschaftlichen Disziplin ist", so schreibt er, „Konzepte und logische Zwischenverbindungen herzustellen und die statistischen Daten in Bezug auf diesen Vorstellungsrahmen hin zu sammeln". Um diesem Ziel näher zu kommen, ordnet PETERSEN seine vier Hauptarten von Wanderungen jeweils ganz bestimmte Ursachenkomplexe und Interaktionstypen zu (Tab. 26). Ergänzend unterscheidet er noch zwischen innovatorischen und konservativen Wanderungen, um damit zum Ausdruck zu bringen, dass Menschen einerseits ihre Heimat verlassen, um etwas Neues zu erlangen (innovativ) bzw. andererseits in Reaktion auf eine Änderung ihrer Lebensbedingungen abwandern und versuchen, am neuen Wohnort soweit wie möglich das bisher Gewohnte zu bewahren (konservativ).

In der Typologie von PETERSEN werden zwar einzelne Nachteile älterer Vorschläge vermieden, zwei Einwände bleiben aber bestehen (vgl. HOFFMANN-NOWOTNY 1970, S. 62; ALBRECHT 1972, S. 31 f.). Zum einen reichen die angeführten Kriterien nicht aus, um in jedem Falle eine zweifelsfreie Einordnung zu ermöglichen, und zum anderen werden Typologie und Erklärung miteinander vermischt, womit gegen eines der Grundprinzipien klassifikatorischer Systeme verstoßen wird.

In einer **zusammenfassenden Bewertung** dieser und anderer hier nicht näher vorgestellten Migrationstypologien lässt sich daher festhalten:

1. Ebenso wie bei der Definition von Wanderungen treten nur geringe Übereinstimmungen zwischen den einzelnen Autoren auf; insbesondere kann keine der Typologien als eine Weiterentwicklung vorheriger angesehen werden.

Tab. 26 Typologie der Migrationen nach PETERSEN; Quelle: HOFFMANN-NOWOTNY (1970); PETERSEN (1972)

Typ der Interaktion	Ursache der Migration	Art (Klasse) der Migration	Typ der Migration	
			konservativ	innovativ
Mensch und Natur	ökologischer Druck	ursprünglich (primitiv)	Völkerwanderung, Wanderung von Sammler- und Jägervölkern, Nomadenwanderung	Landflucht
Mensch und Staat (od. Äquivalent)	Migrationspolitik	gewaltsam	Verschleppung	Sklavenhandel,
		erzwungen	Flucht	Kulihandel
Mensch und seine Normen	höhere Ansprüche	freiwillig	Gruppenwanderung	Wanderung von Pionieren
Mensch und andere Menschen (kollektives Verhalten)	soziale Impulse	massenhaft	ländliche Niederlassung	Land-Stadt-Wanderung

2. Die Gründe für die Wahl bestimmter Kriterien werden nur selten genannt, und die Explikation und Operationalisierung der diskutierten Merkmale erweisen sich oft als schwierig oder gar als völlig unmöglich.

3. Alle Typologien konzentrieren sich vorwiegend auf die Einordnung internationaler Wanderungen bzw. historisch einmaliger Ereignisse, womit sie nur wenig dazu beitragen, die Wanderungsvorgänge der Gegenwart in ihrer komplexen Problematik zu erfassen.

4. Es gibt bis heute keine Wanderungstheorie, die auf einer dieser Typologien aufbaut, obwohl die meisten Autoren den Hauptzweck ihrer Bemühungen gerade in der Vorbereitung eines theoretischen Ansatzes gesehen haben.

Zur Differenzierung und Erklärung von Wanderungsvorgängen in weiter entwickelten und stark verstädterten Räumen hat es sich als zweckmäßig erwiesen, Wanderungen im Zusammenhang mit den gesamten menschlichen Bewegungen im Raum zu sehen und danach zu fragen, inwieweit mit einer Verlagerung des Wohnstandortes **eine vollständige oder teilweise Veränderung des „Aktionsraums"** verbunden ist. Dabei wird unter Aktionsraum *(activity space)* die „Lokalisation aller ‚funktionierenden Stätten', die der Mensch zur Ausübung seiner Grundfunktionen aufsucht", verstanden (DÜRR 1972, S. 74). Bezogen auf einen Haushalt, entspricht der Aktionsraum annähernd dem *weekly movement cycle* (wöchentlicher Bewegungszyklus) nach ROSEMAN (1971) (vgl. Abb. 71). Dieser beschreibt alle üblicherweise im Laufe einer Woche vorgenommenen reziproken Bewegungen, während er Wege zu weniger gewohnten Zielen nicht berücksichtigt. Dabei tritt die häusliche Wohnung als „Gravitationszentrum" auf; Arbeitsstätte, Schule oder Einkaufszentren bilden die einzelnen Knoten. Von diesem Schema ausgehend, sind zwei Formen von Wanderungen denkbar:

1. Wanderungen, die mit einer völligen räumlichen Änderung des wöchentlichen reziproken Bewegungsmusters verbunden sind (Wanderungen mit völliger Ortsänderung; interregionale Wanderungen),

2. Wanderungen, bei denen sich nur ein Teil der wöchentlichen reziproken Bewegungen verändert (Wanderungen mit teilweiser Ortsveränderung; intraregionale Wanderungen).

Diese Einteilung kann zu einem vertieften Verständnis für die mit einer Verlagerung des Wohnstandortes verbundenen Entscheidungsabläufe und deren Ursachen beitragen. Ein Wohnungswechsel innerhalb des bisherigen wöchentlichen Bewegungszyklus wird normalerweise nicht mit einer Veränderung des Arbeitsplatzes einhergehen. Schlüsselvariablen zur Erklärung dieses Wanderungstyps dürften vielmehr in erster Linie gewandelte Anforderungen an Wohnung und Nachbarschaft sein, wie sie einem bestimmten sozio-ökonomischen Status bzw. einer bestimmten Phase im Lebenszyklus entsprechen.

Im Gegensatz dazu ist mit Verlagerungen des Wohnstandortes, bei denen sich der bisherige wöchentliche Bewegungszyklus vollständig ändert, gewöhnlich ein Wechsel des Arbeitsplatzes verbunden. Deshalb werden in diesem Fall überwiegend arbeitsplatzbezogene Faktoren für den Wanderungsentschluss ausschlaggebend sein. Als sekundäre Erklärungsvariable kann die „Attraktivität" einer Region im kulturellen und sozialen Bereich bzw. hinsichtlich ihrer Klimagunst oder ihres Freizeitwertes hinzutreten. Bei der Wanderung älterer Menschen, für die spezielle Typologien erarbeitet wurden (WISEMAN und ROSEMAN 1979; WALTERS 2000), können diese Gründe sogar dominant werden. Daneben dürfte indirekt auch die räumliche Distanz zwischen altem und neuem Wohnstandort eine Rolle spielen, nicht nur, weil die Transportkosten und damit zusammenhängende Aufwendungen mit wachsender Entfernung steigen, sondern auch, weil gleichzeitig die Möglichkeiten abnehmen, bisherige Bindungen zu Freunden oder Familienangehörigen aufrechtzuerhalten.

4.2 Ansätze zur modellhaften Beschreibung und Erklärung von Wanderungsvorgängen

Bei der Diskussion des Mobilitätsbegriffes wurde herausgestellt, dass Mobilität einmal als Systemkategorie und zum anderen als Individualkategorie gesehen werden kann und man entsprechend zwischen einer makro- und einer mikroanalytischen Betrachtungsweise unterscheiden muss (vgl. BOYLE u. a. 1998, S. 57 ff.). Forschungsgeschichtlich dominierte lange Zeit die Analyse von Wanderungsvorgängen auf der Basis aggregierter Größen, erst in jüngerer Zeit wurde die Aggregatbetrachtung in Reaktion auf verschiedene Defizite und Unzulänglichkeiten dieses Konzeptes durch eine stärkere Berücksichtigung des Einzelfalles abgelöst (WEICHHART 1987, S. 14 ff.). So hat z. B. LAWSON (2000) betont, dass erst die vertiefende Analyse individueller „Wanderungsgeschichten" Rahmenbedingungen und Hintergründe beobachteter Migrationen aufhellen kann.

Heute besteht weitgehend Einigkeit darüber, dass beide Forschungsansätze für sich allein genommen keine befriedigende Erklärung des Wanderungsgeschehens liefern, da entweder die subjektiven Gründe und Interessenlagen des Wandernden vernachlässigt werden oder aber keine hinreichende Basis für eine quantitative Erfassung der Migrationen gegeben ist (KILLISCH 1979, S. 12). Die Bemühungen um eine Synthese zwischen beiden Erklärungsansätzen sind daher zu einem zentralen Anliegen der modernen Wanderungsforschung geworden (WAGNER 1989, S. 20 ff.; CADWALLADER 1992).

Ausgangspunkt einer ersten systematischen Beschäftigung mit Wanderungsvorgängen sind die berühmt gewordenen, von RAVENSTEIN (1885/89) formulierten **Migrationsgesetze**. Diese regten Wissenschaftler der verschiedensten Fachrichtungen an, sich näher mit dem Phänomen der Wanderung zu beschäftigen und über die reine Beschreibung hinaus zu theoretischen Überlegungen und einer modellhaften Erfassung überzugehen.

Die stürmische industrielle Entwicklung in der zweiten Hälfte des 19. Jh. lenkte die Aufmerksamkeit RAVENSTEINS auf die dadurch beeinflusste Verlagerung der arbeitenden Bevölkerung. In einer empirischen Untersuchung der englischen Binnenwanderung zwischen 1871 und 1881 mittels Auswertung von Zensusdaten glaubte er, „Gesetze" der Wanderungen herausarbeiten zu können, die Ablauf und Stärke der Mobilität erklären. In Anlehnung an GRIGG (1977) seien seine wichtigsten Ergebnisse kurz zusammengefasst:

1. Die Mehrzahl der Migranten wandert nur über kurze Distanzen.
2. Die Wanderung verläuft vielfach in Etappen.
3. Personen, die über größere Distanzen wandern, bevorzugen als Zielgebiete die großen Industrie- und Handelsstädte.
4. Zu jedem Wanderungsstrom gibt es auch eine gegenläufige Bewegung.
5. Die Landbevölkerung ist stärker als die Bewohner von Städten an den Wanderungsvorgängen beteiligt.
6. Frauen wandern häufiger als Männer über kurze Distanzen, Männer dagegen häufig über weite Entfernungen und insbesondere nach Übersee.
7. Die meisten Migranten sind allein stehende Erwachsene; Familien wandern vergleichsweise wenig.
8. Städte wachsen stärker durch Wanderungsgewinne als durch die natürliche Bevölkerungszunahme.
9. Das Wanderungsvolumen nimmt mit der industriellen Entwicklung und der Verbesserung des Transportwesens zu.
10. Die bedeutendsten Wanderungsströme sind von ländlichen Gebieten auf Städte gerichtet.
11. Die wichtigsten Wanderungsgründe liegen im ökonomischen Bereich.

Wenn auch HOFFMANN-NOWOTNY (1970, S. 45) mit Recht feststellt, dass diese Gesetze lediglich den Status empirischer Regularitäten beanspruchen können und vor allem die spezifischen Bedingungen widerspiegeln, wie sie Ende des 19. Jh. in England gegeben waren, so stellen sie doch „den Ausgangspunkt einer Tradition von Wanderungsmodellen dar" (FRANZ 1984, S. 54), deren theoretischer Status und prognostische Brauchbarkeit allerdings bis heute umstritten sind (vgl. TOBLER 1995).

Die seit RAVENSTEIN vorgelegten **Erklärungsversuche von Wanderungen** gehen fast immer von vier grundsätzlichen Überlegungen aus, die bei einer Formulierung von Theorien und Modellen wechselweise in den Vordergrund gestellt werden (Abb. 70):

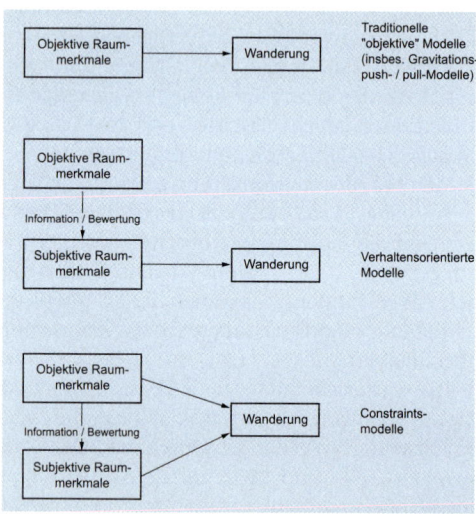

1. Der Entfernung zwischen Abwanderungs- und Zielgebiet wird das größte Gewicht bei der Erklärung der beobachteten Wanderungsströme beigemessen. Dabei arbeitet man z. T. mit einem über die räumliche Entfernung hinausgehenden Distanzbegriff und spricht beispielsweise von sozialer oder psychologischer Distanz bzw. berücksichtigt eine

Abb. 70. Typen von Wanderungsmodellen. Quelle: DESBARATS (1983), verändert.

„Informationsdistanz". Die formalisierte und abstrahierte Struktur solcher Erklärungsversuche wird durch die Übertragung des NEWTONschen Gravitationsgesetzes auf Wanderungsvorgänge wiedergegeben (**Gravitations- oder Distanzmodelle**).

2. Die sozio-ökonomische Situation im Herkunfts- und Zielgebiet wird genauer analysiert und zu den beobachteten Wanderungsströmen in Beziehung gesetzt. In der Regel werden in derartigen Analysen eine ganze Reihe von Konstellationen, die die Wanderungen beeinflussen können, berücksichtigt und zu zwei Faktorengruppen zusammengefasst: Den *push*-Faktoren, die die abstoßenden Kräfte des Herkunftgebietes kennzeichnen, werden die *pull*-Faktoren gegenübergestellt, die die Attraktivität des Wanderungsziels zum Ausdruck bringen. In die operationalisierte Fassung solcher **push-pull-Theorien** gehen vorwiegend wirtschaftliche Merkmale ein; in ihrer formalen Struktur lassen sie sich durch **Regressionsmodelle** beschreiben. Wie die zuvor genannte Gruppe zählen sie zu den **deterministischen Wanderungsmodellen,** die ausschließlich aggregiertes und/oder durchschnittliches Verhalten beschreiben.

3. Bei der Wanderungsanalyse wird von den Verhaltensweisen und Einstellungen Einzelner ausgegangen. Damit berücksichtigt man zugleich, dass sich Migrationsvorgänge nicht mit Sicherheit voraussagen lassen. Denn zum einen ist der Mensch nicht in der Lage, alle Informationen, die seine Entscheidung beeinflussen könnten, zu erhalten und entsprechend zu verarbeiten, und zum anderen wirken auch empirisch nicht oder kaum erfassbare Umstände auf seine Entscheidung ein. In Modelle, die auf diesen Überlegungen aufbauen, fließen nicht so sehr „objektive Merkmale" bestimmter Herkunfts- und Zielgebiete ein, sondern deren „subjektive Interpretation" aufgrund eingeschränkter Wahrnehmung und individueller Bewertung (**verhaltensorientierte Modelle**).

4. Die Annahme einer weitgehenden Entscheidungsfreiheit wird dahingehend ergänzt, dass äußere Zwänge *(constraints)* den Handlungsspielraum des Einzelnen erheblich einengen können. Dazu zählen sowohl persönliche Faktoren, die von der Verfügbarkeit an Geld und Zeit bis zum sozialen und kulturellen Zugang reichen, als auch Umweltfaktoren, die Ausdruck unterschiedlicher sozio-ökonomischer Rahmenbedingungen sind (*constraints*-**Modelle**). In gewisser Weise bedeutet dies eine Zusammenführung von „objektiven" und „subjektiven" Erklärungsgrößen (vgl. DESBARATS 1983, S. 12).

Sowohl bei reinen wie modifizierten *behavioural models* werden Wanderungen unter Unsicherheitsbedingungen beschrieben und damit als stochastischer (zufallsabhängiger) Prozess aufgefasst (**probabilistische Modelle**). Formal unterscheiden sich diese oft nur wenig von deterministischen Ansätzen, oder sie sind sogar damit identisch. MÄLICH (1975) hat darauf aufmerksam gemacht, dass zahlreiche deterministische Modelle auch einer probabilistischen Interpretation zugänglich sind.

4.2.1 Distanz- und Gravitationsmodelle

Bereits RAVENSTEIN erkannte, dass **Beziehungen zwischen Wanderungshäufigkeit**

und Entfernung bestehen, wenn er auch noch nicht versucht hat, derartige Zusammenhänge mathematisch zu erfassen. Mit diesem Problemkreis hat sich ganz besonders die skandinavische Migrationsforschung beschäftigt. Betrachtet wurden für einen bestimmten Ort die Zu- oder auch Abwanderungen in oder aus unterschiedlich weit entfernten Zonen, deren Abgrenzung in Form konzentrischer Kreise vorgenommen wurde. In seiner Untersuchung der estnischen Stadt Tartu konnte KANT (1946) zeigen, dass eine Funktion vom so genannten Pareto-Typ die gesuchte Beziehung am besten wiedergibt:

$$M_{ij} = k \cdot d_{ij}^{-b}$$

wobei: M_{ij} = Wanderungsraten für die Zone j in Bezug auf den betrachteten Ort i
  d_{ij} = Distanz zwischen i und j
  k = Konstante
  b = Exponent der Distanz

Die Bestimmung des Distanzexponenten b und der Konstanten k erfolgt gewöhnlich mit Hilfe eines einfachen Regressionsansatzes, in den die Wanderungsraten als abhängige und die Entfernung als unabhängige (erklärende) Variable eingehen.

Die wesentlichen Ergebnisse der auf diesem KANTschen Ansatz aufbauenden weiterführenden Untersuchungen sind bei HÄGERSTRAND (1957, S. 113 ff.) zusammengestellt:

1. Der Exponent b gestattet eine regionale Differenzierung von Wanderungsfeldern. Dabei weisen kleinere Werte auf ein ausgedehntes, große auf ein räumlich begrenztes Wanderungsfeld hin, d. h. bei größeren b-Werten ist der Wanderungswiderstand der Distanz größer als bei kleineren.
2. Der Exponent tendiert in Richtung einer Zeitfunktion. Sowohl für städtische als auch für ländliche Gebiete wurde durch Vergleichsuntersuchungen ermittelt, dass b im Zeitverlauf kleiner wird. Zwischen dem Exponenten der Pareto-Formel und der technischen, sozialen und wirtschaftlichen Entwicklung besteht somit ein enger Zusammenhang. Wanderungsverflechtungen können daher ebenso wie „Heiratskreise" dazu dienen, raumzeitliche Veränderungen von Kontaktfeldern zu erfassen.
3. Die Wanderungsfelder für verschiedene soziale Gruppen unterscheiden sich nicht unbeträchtlich. Im Allgemeinen nimmt der Distanzexponent mit steigendem Sozialstatus ab, d. h. Angehörige höherer sozialer Schichten wandern häufiger über weitere Entfernungen.

Während es bei den genannten Arbeiten im Wesentlichen darum ging, eine mathematische Formel anzugeben, die einer empirischen Datenreihe möglichst gut angepasst ist, wollen ZIPF (z. B. 1946) und STEWART (z. B. 1948) mit ihrem gleichfalls die Bedeutung der Distanz besonders betonenden Modell mehr erreichen und zur theoretischen Erklärung von Migrationen beitragen. Dazu greifen sie einen Ende der 1920er Jahre von REILLY entwickelten Ansatz wieder auf. Von der Annahme eines Minimalkostenprinzips ausgehend, stellt ZIPF unter bestimmten Randbedingungen die Hypothese auf, dass sich jede Art von Interaktionen zwischen zwei Orten oder Gebieten durch eine **demographische Abwandlung des NEWTONschen Gravitations-**

gesetzes beschreiben lässt. Stewart spricht deshalb auch von *social gravitation*. Dabei wird die Gravitationskraft zweier Massen durch die Interaktionskraft zweier Bevölkerungen ersetzt. Formelmäßig lässt sich dieser Zusammenhang wie folgt ausdrücken:

$$I_{ij} = k \, \frac{P_i \cdot P_j}{d_{ij}^2}$$

Bei späteren Anwendungen wurde der Distanzexponent meist nicht fest vorgegeben, sondern als jeweils empirisch zu bestimmender Parameter angesehen, bzw. man führte zusätzlich auch für P_i und P_j Exponenten ein, also z. B.:

$$I_{ij} = k \, \frac{P_i^a \cdot P_j^b}{d_{ij}^c}$$

In beiden Fällen steht I_{ij} für jede Art des Austausches zwischen zwei Bevölkerungskonzentrationen P_i und P_j – seien es nun Güter, Menschen oder Kommunikationen –, die durch die Entfernung d_{ij} voneinander getrennt sind. Damit lässt sich dieser Ansatz nicht nur für die Analyse von Wanderungsströmen, sondern u. a. auch für die Beschreibung von Pendlerfeldern verwenden.

Die einzelnen Parameter der obigen Formel kann man nach Logarithmierung mit Hilfe der Methode der linearen Mehrfachregression bestimmen und erhält so für die Wanderungen zwischen den Regionen i und j die folgende Gleichung:

$$\log M_{ij} = \log k + a \log P_i + b \log P_j - c \log d_{ij}$$

Das Quadrat des multiplen Korrelationskoeffizienten wird als Bestimmtheitsmaß bezeichnet und gibt an, wie viel Prozent der Gesamtvarianz durch das lineare Regressionsmodell erklärt werden. Zu berücksichtigen ist allerdings, dass das Regressionsmodell von einer Reihe sehr strenger Voraussetzungen ausgeht, die in vielen Fällen nicht oder nur zum Teil erfüllt sind.

Bei einfachen Regressionsansätzen, die aus dem Gravitationsmodell abgeleitet sind und keine zusätzlichen Attraktivitätsparameter verwenden, werden in der Regel Bestimmtheitsmaße um 0,40 erreicht, bei hochaggregierten Daten auch solche von mehr als 0,80, wie z. B. Schweitzer und Müller (1979) am Beispiel der Wanderungen zwischen den elf Ländern der (alten) Bundesrepublik Deutschland belegen konnten.

Solche und ähnliche Ergebnisse können allerdings nicht darüber hinwegtäuschen, dass die in das Modell eingehenden Variablen noch theoretisch ausgefüllt bzw. untermauert werden müssen, wenn das Gravitationskonzept einen wirklichen Beitrag zur Erklärung von Migrationen liefern soll. Denn es ist unmittelbar einsichtig, dass Distanz und Einwohnerzahlen allenfalls indirekt wirksam sind und damit nur als Indikatoren für bestimmte wanderungshemmende oder -fördernde Faktoren aufgefasst werden können.

Einer der wichtigsten Versuche, dieses Problem zu lösen, stammt von Stouffer (1940 und 1960), der die reinen Einwohnerzahlen und die Distanz durch Variablen größerer Erklärungsfähigkeit ersetzte, indem er die Begriffe der *opportunities* (Gelegenheiten, Möglichkeiten) und der *intervening opportunities* (intervenierende Gelegenheiten, konkurrierende Möglichkeiten) einführte.

In seiner grundlegenden Hypothese behauptet STOUFFER, dass die Zahl der Personen, die über eine bestimmte Entfernung wandert, proportional zur Zahl der *opportunities* am Wanderungsziel und umgekehrt proportional zur Zahl der *intervening opportunities* ist. Diese konkurrierenden Möglichkeiten setzen sich aus der Zahl derjenigen *opportunities* zusammen, die in geringerer Entfernung als das gewählte Zielgebiet zum Herkunftsort liegen. Beispiele für die Gelegenheiten bzw. die intervenierenden Gelegenheiten eines Raumes wären freie Arbeitsplätze, Wohnungs- und Grundstücksangebote und ähnliche messbare Merkmale. Während die *opportunities* der Zielregion die Wandernden veranlassen, sich in diesem Gebiet eine Wohnung zu suchen, können die *intervening opportunities* dazu führen, dass sich ein Umzugswilliger bereits in Orten niederlässt, die zwischen der Herkunfts- und Zielregion liegen. Je größer daher die Zahl dieser konkurrierenden Möglichkeiten ist, um so weniger umfangreich wird der Wanderungsstrom zwischen Herkunfts- und Zielregion sein (SCHWEITZER 1978, S. 50).

4.2.2 Regressionsanalytische Modelle

Bisher wurden Wanderungsmodelle besprochen, in denen der Entfernung zwischen Abwanderungs- und Zuzugsgebiet ein besonderes Gewicht beigemessen wird. Wir wenden uns nun solchen Modellen zu, die eine Weiterentwicklung gravitationstheoretischer Ansätze darstellen und in denen man davon ausgeht, dass die Wanderungsbewegungen zwischen verschiedenen Regionen nicht nur von den Bevölkerungszahlen im Herkunfts- und Zielgebiet, sondern darüber hinaus von einer Vielzahl weiterer Merkmale abhängig sind. Derartige Überlegungen gehen in ihrem Kern auf YOUNG zurück, der bereits Mitte der 1920er Jahre forderte, die Anziehungskraft einzelner Regionen durch einen „Attraktivitätsfaktor" zu charakterisieren.

In Anlehnung an LEE (1966) lassen sich vier für den **Wanderungsprozess maßgebliche Faktorengruppen** unterscheiden:

1. Faktoren in Verbindung mit dem Herkunftsgebiet,
2. Faktoren in Verbindung mit dem Zielgebiet,
3. intervenierende Hindernisse (z. B. Einwanderungsgesetze, Transportkosten),
4. persönliche Faktoren.

Sowohl die Faktoren, die mit dem Zielgebiet, als auch diejenigen, die mit dem Herkunftsgebiet in Beziehung stehen, können vom potenziellen Migranten je nach seiner persönlichen Situation positiv oder negativ beurteilt werden oder aber für seine Entscheidung irrelevant sein. Auch die Wirksamkeit der intervenierenden Hindernisse ist von Person zu Person unterschiedlich.

Auf ähnlichen Argumenten basieren auch die *cost-benefit models*, die auf SJAASTAD (1962) zurückgehen. Dabei werden mögliche Kosten und erwarteter Nutzen einer Wanderung miteinander verglichen und der Wohnstandort nur dann verlagert, wenn der Nutzen größer als die Kosten ist (Nutzenmaximierungskonzept). In der Regel werden sich die erwarteten Nutzeffekte erst längerfristig einstellen. Wanderungen können deshalb auch als Investitionen in Humankapital angesehen werden (*human capital models*). Auf der Theorieebene wird dabei in der Regel mikroökonomisch argumentiert, in der Anwendung überwiegen dagegen gesamtwirtschaftliche Ansätze (vgl. SIEBERT 1995).

Die Erklärung von Wanderungen aus einer Gruppe von Faktoren am Herkunfts- und Bestimmungsort, einer Reihe von intervenierenden Hindernissen und zahlreichen persönlichen Gegebenheiten mag fast als selbstverständlich angesehen werden. Dahinter steht jedoch eine sehr komplexe Entscheidungssituation, die ohne zusätzliche Randbedingungen nicht zu operationalisieren ist. Für eine quantitative Analyse der Wanderungsbewegungen werden daher gewöhnlich eine Reihe vereinfachender Annahmen gemacht. Meist bezieht man nur einige wenige, besonders bedeutsame Faktoren ein und unterstellt zugleich, dass diese sich auf die einzelnen Entscheidungsträger in ähnlicher Weise auswirken. Im Ergebnis führt das zu sog. *push-pull*-Modellen, d. h. Wanderungen werden durch **abstoßende Kräfte** der Herkunftsregion und **anziehende Kräfte** der Zielregion determiniert.

Lange Zeit wurden wanderungshemmende und wanderungsfördernde Faktoren im Wesentlichen aus wirtschaftlichen Gegebenheiten abgeleitet und das Wanderungsgeschehen damit als ein Prozess der Anpassung an den Wirtschaftsraum betrachtet. Zentrale Größen in derartigen Modellen sind Einkommensunterschiede bzw. das Angebot von und die Nachfrage nach Arbeitskräften. Die Beschränkungen auf derartige Variablen wird damit begründet, dass interregionale Wanderungen – und nur dafür sind solche Modelle heranzuziehen – entscheidend durch Einkommensunterschiede und die Arbeitsmarktsituation bestimmt werden (*income thesis* bzw. *job vacancy thesis*).

Die mathematische Formulierung von *push-pull*-Konzepten wird normalerweise ähnlich wie beim Gravitationsansatz vorgenommen und erfolgt in Form der (nach Logarithmierung) linearen Mehrfachregression. Gelegentlich werden solche Modelle auch schrittweise unter Einbeziehung einer Interpretation der Regressionsresiduen aufgebaut (vgl. Kap. 2.2.2).

Als Beispiel kann ein von GENOSKO (1995) auf die monatlichen Wanderungen zwischen Ost- und Westdeutschland angewandtes Regressionsmodell dienen. Als Erklärungsvariablen werden (um einen Monat verzögerte) Arbeitslosenquoten und Einkommensniveaus berücksichtigt. Zwar sind beide Parameter signifikant und weisen auch das richtige Vorzeichen auf, das sehr geringe Bestimmtheitsmaß lässt jedoch den Schluss zu, dass weitere Determinanten einen Einfluss auf die Wanderungsentscheidung haben (vgl. auch die übrigen Beiträge in GANS und KEMPER 1995).

Verbesserungsmöglichkeiten der Regressionsmodelle bieten sich in drei Bereichen an:

1. Neben den ökonomischen Bedingungen in der Herkunfts- und Zielregion finden weitere *push-pull*-Faktoren Berücksichtigung, so z. B. bei KARIEL (1963), CEBULA (1981) und KAPLAN (1995), in deren Untersuchungen ergänzend Merkmale zur klimatischen Situation, Infrastrukturausstattung oder ethnischen Struktur herangezogen werden.

2. Der Distanzfaktor wird modifiziert und beispielsweise durch eine „soziale Distanz" (SOMERMEIJER 1961), eine „Informationsdistanz" (NELSON 1959) oder eine „funktionale Distanz" (NIPPER 1975) ersetzt.
3. Anstelle des einfachen *push-pull*-Modells tritt ein systemtheoretischer Ansatz (MABOGUNJE 1970), d. h. die Rückkopplung zwischen abhängigen und unabhängigen Variablen geht explizit in das Modell ein, oder es wird mit Hilfe von Pfadanalysen versucht, die direkten und indirekten Effekte der erklärenden Variablen zu trennen (vgl. RITTER und TOEPFER 1992).

Eine Fortentwicklung einfacher Regressionsansätze stellt die Erarbeitung eines dynamischen Modells durch WEIDLICH und HAAG (1988) dar. Die Master-Gleichung dieses Modells stammt ursprünglich aus der Physik und fand dort bei der Analyse der Bewegung von Teilchen Verwendung. Bei der Übertragung auf interregionale Wanderungen wurden die raumzeitlich variierenden Größen des Grundmodells zu Faktoren der sozio-ökonomischen Entwickung in Beziehung gesetzt und eine empirische Überprüfung u. a. für die Wanderungen zwischen den Ländern der Bundesrepublik Deutschland vorgenommen. Als „Schlüsselfaktoren" der Wanderungshäufigkeit in der Periode 1957–83 ergaben sich Indikatoren des Arbeitsmarktes, der Investitionen und des Lebensstandards. Bezug nehmend auf Außenwanderungen, haben HELLER und BÜRKNER (1995) vorwiegend wirtschaftlich argumentierenden und bilateral ausgerichteten *push-pull*-Konzepten global orientierte theoretische Ansätze gegenübergestellt, wobei vor allem den sich verstärkenden Globalisierungs- und Internationalisierungstendenzen Rechnung getragen wird. Dazu zählen der Weltgesellschaftsansatz, der Weltsystemansatz, der Ansatz „Neue Internationale Arbeitsteilung" und auch der Ansatz „Migrantennetzwerke" (vgl. auch MASSEY u. a. 1993 und 1994; BÄHR 1995; HOFFMANN-NOWOTNY 1995).

Wenn auch in Regressionsmodellen, die mit einer Vielzahl von erklärenden Variablen arbeiten, Bestimmtheitsmaße von mehr als 0,90 keine Seltenheit darstellen, so erscheint dennoch die Konstruktion derartiger, formal z. T. schon recht komplizierter, theoretisch jedoch wenig abgesicherter Modelle in mehrfacher Hinsicht fragwürdig:

1. Ein noch so hohes Bestimmtheitsmaß liefert nicht zwangsläufig auch eine inhaltliche Erklärung der beobachteten Migrationsbewegungen, worauf nicht sachlogisch begründbare Einflussrichtungen mancher Modellparameter hindeuten (vgl. die Beispiele in SCHWEITZER und MÜLLER 1979 sowie BIRG u. a. 1993).
2. Für Prognosezwecke eignen sich die Modelle nur wenig. Das liegt nach FRANZ (1984, S. 55) daran, dass die meist durch Regressionsschätzungen ermittelten Modellparameter – anders als in der Physik – einem zeitlichen Wandel unterliegen und daher nicht sichergestellt ist, dass die gefundenen Gleichungen in ex ante-Vorausschätzungen Verwendung finden dürfen.
3. Vergleichsuntersuchungen in den Vereinigten Staaten und anderen Industrieländern lassen erkennen, dass die Erklärungsfähigkeit von Gravitationsmodellen und daraus abgeleiteten Ansätzen im zeitlichen Verlauf abnimmt. Das liegt vorwiegend daran, dass wirtschaftliche Zwänge als auslösendes Element von Wanderungen mit

steigendem Wohlstand mehr und mehr an Gewicht verloren haben und der Wanderungsprozess damit sehr viel „individualistischer" geworden ist.

Es kann daher nicht das Hauptziel der Wanderungsforschung sein, durch die Abwandlung der bekannten Migrationsmodelle und das Einbeziehen einer großen Zahl von Variablen eine möglichst gute Anpassung an empirisch beobachtete Datenreihen zu erzielen. Regressionsmodellen kommt vielmehr erst dann eine größere theoretische Bedeutung zu, wenn nicht ausschließlich auf die Gesamtbevölkerung Bezug genommen wird, sondern man die Wanderungsbewegungen einzelner, nach demographischen oder sozio-ökonomischen Merkmalen ausgegliederter Teilgruppen analysiert, von denen angenommen werden kann, dass ihr Verhalten eine annähernd homogene Struktur aufweist.

4.2.3 Verhaltensorientierte Modelle

Während die bislang vorgestellten deterministischen Wanderungsmodelle auf der Makroebene argumentieren und genaue Relationen zwischen dem Phänomen der Wanderung und einzelnen zur Erklärung herangezogenen Merkmalen ausdrücken, basieren **verhaltensorientierte Modelle** darauf, dass Migrationen meist Resultate des Entscheidungsprozesses von Einzelpersonen bzw. Haushalten sind und somit zu ihrer Erklärung die wesentlichen entscheidungsrelevanten Faktoren gefunden werden müssen (FRANZ 1984, S. 64).

Zum Verständnis dieses Unterschiedes ist es nötig, auf das dahinter stehende theoretische Konzept einzugehen, wobei an die Typisierung der Wanderungen nach ROSEMAN (1971) angeknüpft werden kann. Danach wird jede Wanderungsentscheidung von individuellen Verhaltensweisen gesteuert. Wie diese Entscheidung ausfällt, ist nicht nur vom Anspruchsniveau abhängig, sondern auch vom Grad der Informationsbeschaffung und -verarbeitung über alternative Möglichkeiten zur Erfüllung dieser Ansprüche. Im Mittelpunkt des auf WOLPERT (1965) zurückgehenden **verhaltenstheoretischen Ansatzes** steht daher in besonderem Maße das Such-, Wahrnehmungs- und Bewertungsverhalten der einzelnen Entscheidungsträger im Vorfeld der Wanderung.

In Anlehnung an ROSEMAN (1971) und GATZWEILER (1975) kann von folgendem **verallgemeinerten Entscheidungsmodell** ausgegangen werden (Abb. 71; vgl. auch NIPPER 1975; POPP 1976; KALTER 1997):

Ein erster Anstoß für eine Wanderung resultiert aus der Unzufriedenheit der Entscheidungseinheit mit den Standortfaktoren des gegenwärtigen Aktionsraumes (*activity space*), der sich durch den wöchentlichen Bewegungszyklus nach ROSEMAN beschreiben lässt. Diese Unzufriedenheit kann verschiedene Ursachen haben, die man zu zwei Hauptgruppen zusammenfassen kann:

1. Faktoren (Stressoren), die mit der Wohnung oder dem Wohnumfeld in Zusammenhang stehen,
2. Faktoren, die eine Beziehung zu den Bereichen Arbeit, Ausbildung und Freizeit haben.

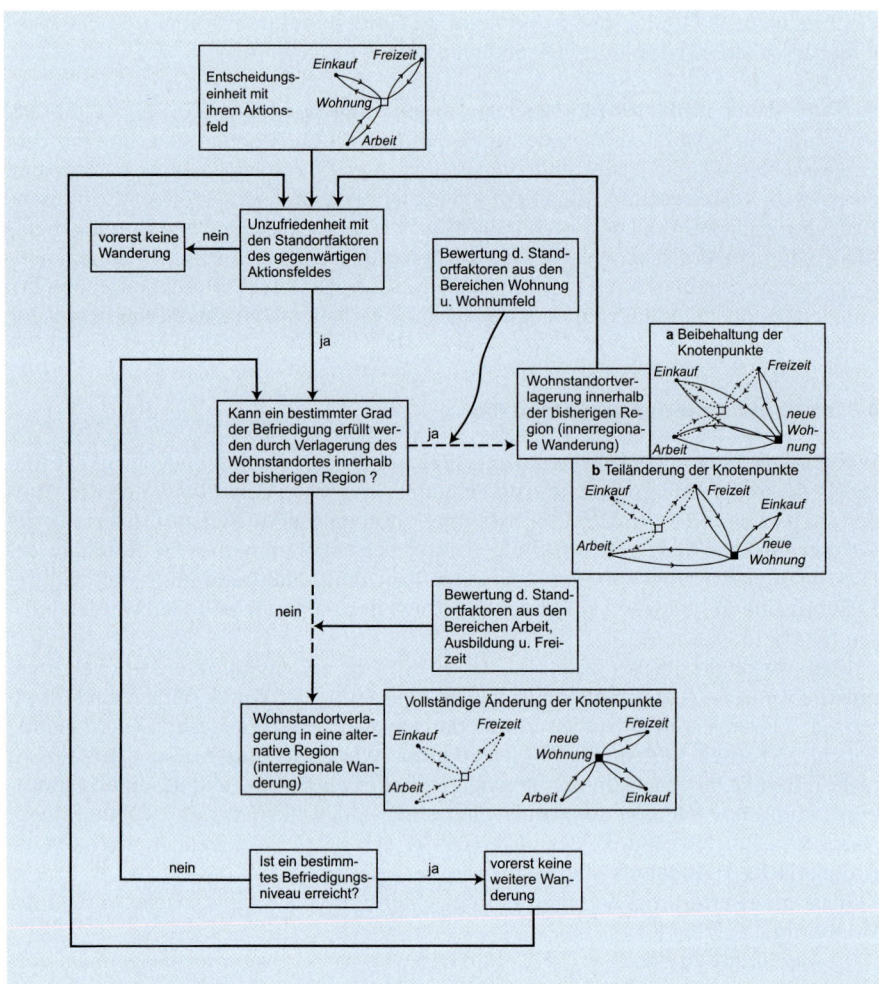

Abb. 71. Allgemeines Entscheidungsmodell von Wanderungen. Quelle: ROSEMAN (1971); GATZWEILER (1975); NIPPER (1975).

Ist der von den Stressoren ausgelöste Spannungszustand bei der betreffenden Entscheidungseinheit so groß, dass eine gewisse Toleranzgrenze überschritten wird, dann wird der Standortnutzen (*place utility*) der gegenwärtigen Wohnung negativ beurteilt. In diesem Falle bestehen folgende Möglichkeiten, die Unzufriedenheit zu beseitigen (GANS 1983, S. 10):

1. Die Entscheidungseinheit kann ihre Wohnbedürfnisse durch Senken ihrer Toleranzgrenze den Gegebenheiten anpassen.

2. Sie kann versuchen, auf die verschiedenen Stressoren einzuwirken, z. B. durch den Erwerb eines PKWs oder durch den Umbau des Eigenheims.
3. Sie kann sich für die Suche nach einer neuen Wohnung entscheiden.
4. Sie kann die Entscheidung verschieben, bis eine für sie günstige Wohnung angeboten wird.

Welche Alternative gewählt wird, hängt von verschiedenen individuellen Bedingungen ab. Dabei ist nicht nur von Bedeutung, ob der Haushalt Eigentümer oder Mieter der Wohnung ist, auch seine soziale Einbindung, seine Wohndauer und der durch einen Wohnungswechsel entstehende Aufwand spielen eine Rolle.

Fällt die Entscheidung zugunsten der dritten, der oben genannten Möglichkeiten aus, so beginnt die Suche nach einer neuen Wohnung. Gewöhnlich wird diese zunächst innerhalb der vertrauten Umgebung erfolgen. Besonders bei Unzufriedenheit mit den Standortfaktoren aus den Bereichen Wohnung und Wohnumgebung ist die Wahrscheinlichkeit groß, ein gewisses Befriedigungsniveau durch einen Umzug innerhalb der bisherigen Region zu erreichen. In diesem Fall stimmt der „Suchraum" weitgehend mit dem Aktionsraum überein, und bei der Bewertung alternativer Wohnstandorte können Informationen aus erster Hand herangezogen werden. Für diese „relative Standortbewertung" haben die Ausstattungsmerkmale einer Region nur insofern eine Bedeutung, als sie von den einzelnen Entscheidungsträgern wahrgenommen und von diesen in Bezug auf ihre eigenen Lebenspläne positiv oder negativ bewertet werden. Die Wahrnehmung und Bewertung der Standorteigenschaften ist also immer subjektiv und hängt u. a. von Persönlichkeitsfaktoren, gesellschaftlichen Normen, der sozialen Position und der Stellung im Lebenszyklus ab. Wird innerhalb der bisherigen Region ein Wohnstandort gefunden, der die Realisierung der angestrebten Zielwerte ganz oder teilweise ermöglicht, so muss entschieden werden, ob weiter gesucht oder die Wohnung bezogen wird. Bei der Lösung dieses Problems spielen Zeitfaktoren (z. B. Kündigungsfrist) und die bereits überprüfte Zahl freier Wohnungen eine bedeutende Rolle. Erfolgt die Entscheidung für einen Wohnungswechsel, so findet eine Wanderung mit teilweiser Ortsveränderung (intraregionale Wanderung) statt.

Kann ein bestimmter Grad der Befriedigung durch eine Verlagerung des Wohnstandortes innerhalb der Region nicht erreicht werden, setzt die Suche nach einem alternativen Zielgebiet ein. Diese Situation wird in erster Linie dann eintreten, wenn sich die Unzufriedenheit mit dem bisherigen Wohnstandort auf die Bereiche Arbeit, Ausbildung oder Freizeit bezieht. Die Wohnungssuche im „indirekten Kontaktraum" (BROWN und MOORE 1970, S. 8) ist wesentlich schwieriger als innerhalb der vertrauten Umgebung, da sie sich überwiegend auf Informationen aus zweiter Hand stützen muss. Glaubt man, in einer anderen Zielregion einen geeigneten Wohnstandort gefunden zu haben, so wird eine Wanderung mit vollständiger Ortsveränderung vorgenommen (interregionale Wanderung). Solche Migrationen führen häufig nicht direkt zur vollen Erfüllung des Befriedigungsniveaus, da das Risiko der Falschinformation recht groß ist. Nach einer gewissen Zeit kann sich daher ein Umzug innerhalb der Region anschließen.

So wertvoll Wanderungsanalysen auf der Mikroebene zum Verständnis der mit einer Verlagerung des Wohnstandortes verknüpften Vorgänge und Aktivitäten auch sein mögen, so schwierig gestaltet sich die empirische Ermittlung der genannten Einflussgrößen (vgl. Tzschaschel 1986, S. 55 ff.; Weichhart 1987, S. 70 ff.). Wenn überhaupt, kann das nur mit Hilfe von Befragungen auf Stichprobenbasis erfolgen. Beispiele dafür sind die Analyse der Wohnmobilität in Ost- und Westdeutschland mittels Logit-Modellen (Grundlage: Repräsentativbefragung der Bundesforschungsanstalt für Landeskunde und Raumordnung) durch Kemper (1995) sowie die Untersuchung der Migration von Ost- nach Westdeutschland mit Hilfe eines sequentiellen Probitmodells (Grundlage: Sozio-oekonomisches Panel) durch Büchel und Schwarze (1994).

Kritik an der verhaltens- und entscheidungstheoretischen Erklärung von Wanderungen ist jedoch nicht nur aus methodischen Gründen geübt worden. Auch das Grundaxiom derartiger Konzepte wird mehr und mehr kritisch hinterfragt (vgl. Wirth 1981; Heller und Bürkner 1995).

4.2.4 *Constraints*-Modelle

Alle Versuche, Wanderungen auf Entscheidungen von Einzelpersonen oder Haushalten zurückzuführen, basieren auf der Annahme, dass eine vollständige oder doch sehr weitgehende Wahlfreiheit existiert. Die Migrationsforschung hat an vielen Beispielen nachgewiesen, dass das Verhalten des Einzelnen in nicht unerheblichem Maße von den gesellschaftlichen Rahmenbedingungen beeinflusst wird. Das gilt sicher stärker für historische Wanderungsformen, die zu wesentlichen Teilen Zwangswanderungen oder doch stark reglementierte Wanderungen waren (z. B. Sklaven- und Kuliwanderung). Aber auch in der Gegenwart werden Wanderungen vielfach von äußeren Zwängen bestimmt; man denke nur an die Flüchtlingsströme unserer Tage. Selbst innerstädtische Migrationen sind in der Regel nicht frei von äußeren Einflussgrößen, wie der Struktur des jeweiligen Wohnungsmarktes (Kreibich 1979). Das aber heißt, so Weichart (1993, S. 109), Wanderungen – wie menschliche Handlungen überhaupt – können nur im Kontext des umgebenden sozialen Systems interpretiert werden. Im Vergleich zu „Verhalten" wird „Handlung" in einem solchen **„handlungszentrierten Konzept"** als zielgerichtete menschliche Tätigkeit begriffen, bei deren Konstitution „sowohl sozialkulturelle, subjektive wie auch physisch-materielle Komponenten bedeutsam sind". Dabei ist zwischen verfügbaren und nicht verfügbaren Mitteln zur Zielerreichung zu unterscheiden (vgl. Rolfes 1996). Letztere werden als „Zwänge" erfahren, die sogar Ziele „vernichten" können (Werlen 1995, S. 520). Meist wirken die Zwänge jedoch dahingehend, dass der Handlungsspielraum eingeschränkt ist.

Modelle, die diesen Gesichtspunkten Rechnung tragen, werden hier als *constraints*-Modelle bezeichnet. Sie unterscheiden sich von „reinen" entscheidungstheoretischen Konzepten dadurch, dass sowohl „objektive" als auch „subjektive" Merkmale sowie deren wechselseitige Verflechtungen einbezogen werden. Dabei bilden die objektiven Merkmale zum einen den Hintergrund für den Wahrnehmungs- und Bewertungsprozess der Entscheidungseinheit, zum anderen wirken sie als *constraints* auch direkt auf das Wanderungsgeschehen ein (Abb. 70). Es ist allerdings nicht ganz einfach, auch methodisch die Konsequenz aus der damit vollzogenen Verknüpfung struktur- und individualtheoretischer Modellentwürfe zu ziehen (vgl. Courgeau 1995). Bei Cadwalla-

DER (1989) erfolgt die Verknüpfung der beiden Ebenen, indem mit zwei Variablensätzen (Daten der amtlichen Statistik und Befragungsergebnisse) gearbeitet und daraus ein Modell aufgebaut wird. Auch die auf Lebensverlaufsdaten beruhende Migrationsanalyse von WAGNER (1989) bemüht sich um eine Verbindung von Mikro- und Makroebene. Der Schwerpunkt liegt dabei auf einer retrospektiven Erfassung von „Familien- und Wohngeschichten" unter Berücksichtigung sozialstruktureller Bedingungen. Dieser sog. biographische Ansatz untersucht räumliche Mobilität im Kontext der übrigen biographischen Entwicklungen (insbesondere des generativen Verhaltens). Theorie und Methode sind vor allem von BIRG und Mitarbeitern weiterentwickelt worden (vgl. BIRG u. a. 1991). Mittels Kombination von biographischer Analyse und Kohortenanalyse gelingt eine Verknüpfung von Mikro- und Makroebene im Längsschnitt (FLÖTHMANN 1997, S. 44 f.).

Allein aus Datengründen wird man meist den umgekehrten Weg gehen müssen, d. h. die auf der Makroebene unter Verwendung der amtlichen Wanderungsstatistik festgestellten Beziehungen als deduktive Konsequenzen von Beziehungen auf der Mikroebene zu formulieren. Dafür bieten sich zwei Absatzpunkte an:

1. Man fasst die einzelnen Entscheidungseinheiten zu Gruppen zusammen, die ein relativ homogenes Wanderungsverhalten zeigen (gruppenspezifische Wanderungsmodelle).
2. Man berücksichtigt explizit im Modell, dass sich das Verhalten einzelner Personen in Entscheidungssituationen nicht völlig rational erfassen lässt (wahrscheinlichkeitstheoretische Modelle).

Ein Beispiel für diese Art von Modellkonstruktion hat GATZWEILER (1975) gegeben. Hinsichtlich der formalen Struktur geht er davon aus, dass deterministische Modelle dafür nicht in Frage kommen, da die ihnen zugrunde liegenden vereinfachenden Annahmen der Komplexität des Wanderungsgeschehens nicht gerecht werden. Stattdessen wählt er eine probabilistische Modellstruktur und stellt damit sowohl die Unsicherheit menschlichen Verhaltens als auch die relative Unkenntnis des Ablaufs von Wanderungsentscheidungen seitens des Forschers explizit in Rechnung.

Die eigentliche Modellkonstruktion erfolgt schrittweise. Als Ausgangspunkt dient das Gravitationsmodell in der bekannten Formulierung. Dieser wird zunächst in zweifacher Hinsicht erweitert:

1. Es wird eine gruppenspezifische (Teil-)Modellbildung vorgenommen, d. h. es werden nicht ausschließlich Globaldaten verwendet, sondern die Wanderungsströme werden in einzelne Gruppen aufgegliedert (hier Alters- und Lebenszyklusgruppen), von denen man annehmen kann, dass Präferenzen und wenigstens teilweise auch Zwänge in ähnlicher Weise wirksam sind.
2. Es werden zusätzliche Komponenten eingearbeitet, die die Lebensbedingungen der Herkunfts- und Zielregion charakterisieren (z. B. Standortquotient für verschiedene Industrien, Ausstattung mit Hochschulen, überregionaler Freizeit- und Erholungswert), d. h. das einfache Gravitationsmodell wird zum Regressionsmodell ausgebaut.

Ein derartiges Modell ist zwar einer probabilistischen Interpretation zugänglich und eignet sich damit auch bedingt zur Umsetzung eines mikroanalytischen Erklärungsansatzes in eine formalisierte Struktur, die **zeitliche Dynamik der Wanderungen** lässt sich auf diese Weise jedoch nicht erfassen. Deshalb überführt GATZWEILER den statischen Modellansatz in einen dynamischen. Das gelingt mit Hilfe der Markoff-Ketten, wobei zukünftige Wanderungsraten aus der Kenntnis der zum gegenwärtigen Zeitpunkt ablaufenden Bewegungen abgeleitet werden. Weil die Hypothese konstanter Übergangswahrscheinlichkeiten für Wanderungen kaum aufrechterhalten werden kann (HÖLLHUBER 1982, S. 69), werden anstelle des Markoff-Modells u. a. das Entropie-Maximierungskonzept bzw. das des Informationsgewinns herangezogen (GANS 1983; O'LOUGHLIN und GLEBE 1984). Obwohl auch derartige Modelle aufgrund ihrer häufig realitätsfernen Annahmen nicht frei von Schwächen sind, stellen sie doch einen beachtlichen Fortschritt dar, weil es auf diese Weise gelingt, den entscheidungs- und verhaltenstheoretischen Erklärungsansatz miteinander zu verknüpfen und in eine formalisierte Struktur zu überführen, die mit Hilfe von Wanderungsdaten der amtlichen Statistik ausgefüllt werden kann.

4.3 Internationale Wanderungen

4.3.1 Auswanderungen nach Übersee im 19. und beginnenden 20. Jahrhundert

Der demographische Übergang in Europa erhält seine Sonderstellung und historische Einmaligkeit nicht zuletzt dadurch, dass er untrennbar mit den großen von Europa ausgehenden und vorwiegend auf die Neue Welt gerichteten Überseewanderungen verknüpft ist. Die **ozeanischen Wanderungen des 19. und frühen 20. Jh.** vollzogen sich somit „in einer Übergangsphase der europäischen Entwicklung, die zwischen dem Zusammenbruch der alten agrarischen Gesellschaft und dem Anbruch des modernen Industriezeitalters" lag (THISTLETHWAITE 1972, S. 346). Die Öffnung der Bevölkerungsschere, eingeleitet durch den Rückgang der Sterblichkeit ohne eine gleichzeitige Verminderung der Geburtenzahlen, führte trotz einer allmählichen Verbesserung der Ernährungsbasis zu einem wachsenden Bevölkerungsdruck und zu einer latenten Auswanderungsbereitschaft, die bisweilen, wenn auch sehr unregelmäßig, in eine wirkliche Auswanderung umschlug. Dieser Prozess setzte im nordwestlichen Europa ein und breitete sich von dort nach Osten und Süden aus. Ein Land nach dem anderen, von Irland bis Italien und Griechenland, zeigt eine direkte Korrelation zwischen den Auswanderungsquoten und den etwa 20 bis 25 Jahre früher liegenden natürlichen Zuwachsraten. Darin spiegelt sich die Wanderung derjenigen Menschen wider, die nach Kindheit, Lehr- und Wanderjahren in das Alter der Ehe eintraten und auf der Suche nach einem Arbeitsplatz waren, der ihnen ein eigenes Familienleben ermöglichte. Das „Ventil der Auswanderung" hat zeitweilig etwa 40% des natürlichen Bevölkerungszuwachses in Europa absorbiert (IPSEN 1961, S. 53; THISTLETHWAITE 1972, S. 342 f.).

Auswanderungen von Europa in überseeische Räume (wie auch großräumige Bewegungen innerhalb Europas) hatte es zwar auch schon in den Jahrhunderten zuvor gegeben, ihrer Zahl nach blieben sie jedoch bis zum Beginn des 19. Jh. recht unbedeutend (vgl. SASSEN 1996; BADE 2000). In der Terminologie von PETERSEN (vgl. Kap. 4.1.3) entsprechen die frühen Bewegungen von Europa nach Übersee der „freiwilligen Wanderung" einzelner Pioniere sowie der „Gruppenwanderung". Um 1800, fast 200 Jahre nach der Gründung der ersten englischen Kolonie in Nordamerika, betrug die europäische Bevölkerung der Vereinigten Staaten nur etwa 5,3 Mio.; in Australien lebten um 1840 lediglich 190.000 Europäer und in Neuseeland sogar nur etwa 2.000. Auch in die anderen großen Einwanderungsländern, wie Kanada, Argentinien, Brasilien und Südafrika, kamen bis zum Beginn des 19. Jh. nur wenige Menschen aus Europa (BOUVIER u.a. 1979, S. 6).

Dass der Auswanderungsstrom erst in den Jahrzehnten nach 1820 stärker anschwoll und zur „Massenauswanderung" im Sinne PETERSENS wurde, lag nicht allein an den damals schnell ansteigenden Geburtenüberschüssen, sondern auch an verbesserten Transportmöglichkeiten und der damit gegebenen schnelleren und weniger gefahrvollen Beförderung (z. B. auf Dampfschiffen) sowie der Sicherstellung der Auswanderungsfreiheit nach den napoleonischen Kriegen. Werbekampagnen, hinter denen zum einen die großen Landeigner in den Kolonien standen, zum anderen auch Reeder und Kapitäne, die an der Überfahrt verdienen wollten, haben ihren Teil dazu beigetragen, Unschlüssige zu überzeugen. Viele der Ausgewanderten bemühten sich überdies darum, Angehörige und Freunde nachzuholen. In ihren Briefen versprachen sie meist eher zu viel als zu wenig und streckten teilweise die Kosten für die Seereise vor. Das erklärt die vielfach beobachtete Kettenwanderung (vgl. Kap. 4.1.3).

Die Wanderungsfreiheit des Einzelnen blieb fast genau ein Jahrhundert bestehen und ging endgültig erst um 1930 zu Ende, als sich die wichtigsten Einwandererländer im Gefolge der weltweiten Wirtschaftskrise zu einer stärkeren Kontrolle der Immigration entschlossen. Die US-amerikanischen Einwanderergesetze von 1921 und 1924 hatten diese Entwicklung bereits einige Jahre zuvor eingeleitet. So überstieg um 1927 die Zahl der europäischen Wanderer nach Zielorten in Europa erstmals die nach transozeanischen (THISTLETHWAITE 1972, S. 341). Die innereuropäischen Wanderungen der 1920er bis 40er Jahre standen allerdings zu einem großen Teil in Verbindung mit politischen Veränderungen beziehungsweise waren eine Folge der beiden Weltkriege (KULISCHER 1948).

Man schätzt, dass im „Jahrhundert der großen Trift" (IPSEN 1961, S. 48), d. h. der freien Wanderung von Europa nach Übersee, brutto mehr als 60 Mio. und netto, d. h. unter Berücksichtigung von Rückwanderungen, etwa 50–55 Mio. Menschen ihre Heimat verließen (KÖRNER 1990, S. 29; BADE 2000, S. 142). Unter den **Zielgebieten** standen die Vereinigten Staaten mit ungefähr 33 Mio. (60%) bei weitem an erster Stelle; es folgten Argentinien mit 5,4 Mio. (10%), Kanada mit 4,5 Mio. (8%) und Brasilien mit 3,8 Mio. (7%). In der ersten Phase der interkontinentalen Wanderung („Alte Einwanderung") war die relative Bedeutung der Vereinigten Staaten sogar noch größer. Erst nach 1890, als dort die Neulanderschließung in großem Stil zu Ende ging, wandten sich mehr und mehr Menschen auch anderen Einwanderungsländern zu (Tab. 27), und in den USA stieg der Anteil der Einwanderer aus süd- und osteuropäischen Staaten, die vorwiegend als Industriearbeiter eine Beschäftigung fanden („Neue Einwanderung").

Hinsichtlich der ethnischen Zusammensetzung der Immigranten unterscheiden sich daher die nord- und südamerikanischen Zielgebiete der großen überseeischen Wanderungsbewegungen beträchtlich. Während die Vereinigten Staaten und Kanada für eine Vielzahl von Volksgruppen zu einer neuen Heimat wurden, kam es in Argentinien und Brasilien zu einer auffälligen Konzentration der Zuwanderer aus südeuropäischen Ländern.

Die in den genannten Zahlen zum Ausdruck kommende überragende Bedeutung des Ziellandes Vereinigte Staaten schwächt sich allerdings deutlich ab, wenn man ergänzend die **Intensität der Einwanderung** (Immigranten je 100.000 Ew.) einbezieht. Dabei stellt sich heraus, dass Argentinien insgesamt die bei weitem meisten Einwanderer im Verhältnis zur Bevölkerung aufnahm und auch Kanada fast immer vor den Vereinigten Staaten lag. Nach THISTLETHWAITE (1972, S. 330) betrugen z. B. die Quoten im Jahrzehnt zwischen 1901 und 1910 für die USA gerade 1.000, für Kanada 1.500 und für Argentinien 3.000.

Aber auch in anderer Hinsicht müssen die „rohen" Einwandererzahlen relativiert werden. Zu allen Zeiten ist die **Rückwanderung** sehr hoch gewesen, sodass die Zahl in Europa geborener Menschen, die dauerhaft in Übersee blieben, sehr viel geringer war als die der registrierten Zuwanderer (MOLTMANN 1980; HATTON und WILLIAMSON 1994). Besonders in Südamerika stellte die Wanderung über den Ozean für viele Menschen nur eine Übergangsphase oder gar eine saisonale Erscheinung dar. So kamen viele Italiener anfangs gar nicht als „echte Auswanderer", sondern als landwirtschaftliche Saisonarbeiter nach Argentinien und nutzten damit die unterschiedlichen Erntezeiten auf der Nord- und Südhalbkugel. Auch viele Kolonisten wollten von Anfang an nur einige Jahre im Lande bleiben, um dann mit dem ersparten Geld wieder in die Heimat zurückzukehren. Ähnliches gilt abgeschwächt auch für die Vereinigten Staaten. So waren z. B. im Jahre 1910 über 10% der italienischen Einwanderer schon einmal dort gewesen (THISTLETHWAITE 1972, S. 331; zum Problem der Rückwanderung allgemein siehe KING 1978; KORTUM 1981, S. 123 ff.).

Unter den **Herkunftsgebieten** dominierten insgesamt die Britischen Inseln (einschließlich Irland) mit ca. 19 Mio. Auswanderern, wenn auch ihr relativer Anteil,

Zeitraum	Gesamte Einwanderung (Jahresdurchschnitt)	Anteile in %			
		USA	Kanada	Brasilien	Argentinien
1856–1865	198 331	78,8	9,8	6,6	4,8
1866–1875	380 774	81,1	8,6	3,4	6,8
1876–1885	436 321	79,1	6,1	6,3	8,4
1886–1895	657 225	66,8	4,5	16,2	12,5
1896–1905	754 224	71,4	6,1	10,2	12,4
1906–1915	1 357 098	64,4	11,3	7,5	16,6
1916–1924	465 543	58,6	12,6	10,2	18,5

Tab. 27 Einwanderung in die USA, nach Kanada, Brasilien und Argentinien 1856–1924; Quelle: WILLCOX (1929).

der anfangs (1846–80) bei über 50% gelegen hatte, sich um die Jahrhundertwende vorübergehend auf wenig mehr als 20% verminderte, und stattdessen Italien zum führenden Auswandererland wurde (Abb. 72). Deutschland hatte lange Zeit nach den Britischen Inseln die zweitgrößte Zahl der europäischen Emigranten gestellt. Noch bis 1885 schwankte der Anteil der Deutschen an der Gesamtzahl um 20%, um sich in den folgenden beiden Jahrzehnten auf weniger als 5% zu verringern und erst nach dem Ersten Weltkrieg wieder leicht anzusteigen (Willcox 1929, S. 188).

Auch aus der Sicht der Herkunftsgebiete vermittelt erst eine Betrachtung der Auswandererquoten eine ungefähre Vorstellung von den Auswirkungen der Emigration. So stellt Sundbärg (zitiert nach Thistlethwaite 1972, S. 328) im Hinblick auf die Verhältnisse in Schweden schon 1913 fest, dass „eine Diskussion ‚der schwedischen Auswanderung‘ dasselbe wie eine Diskussion über ‚Schweden‘ bedeutet und dass es kaum ein einziges politisches, soziales oder ökonomisches Problem in unserem Land gibt, das nicht direkt oder indirekt durch das Phänomen der Auswanderung beeinflusst worden ist". Noch höhere Auswanderungsquoten als Schweden und auch Norwegen verzeichneten lediglich Irland und Italien. Dagegen blieben die Werte für Deutschland und andere west- und mitteleuropäische Staaten während des ganzen Betrachtungszeitraumes vergleichsweise gering (Tab. 28; Hatton und Williamson 1994).

Unter den europäischen Auswandererländern nimmt Irland zweifellos eine Sonderstellung ein. Hier ist die Immigration seit 1846 stets stärker gewesen als das natürliche Wachstum des Volkes, und die Bevölkerung der Insel hat sich zwischen 1841 (8,1 Mio.) und 1951 (4,3 Mio.) fast halbiert. Schon seit Mitte des 18. Jh. war Irland in zunehmendem Maße nicht mehr in der Lage, seiner Bevölkerung eine gesicherte Lebensgrundlage zu bieten. Die endgültige Katastrophe bahnte sich mit der Vernichtung der Kartoffelernte des Jahres 1821 an und erreichte ihren Höhepunkt mit der „großen Hungersnot" von 1845/48, der etwa 800.000 Menschen zum Opfer fielen (Cousens 1960). In Ermangelung anderer Hilfsmöglichkeiten wurde jetzt die Auswanderung vom Staat und von den Landbesitzern unterstützt und sogar finanziert. Innerhalb von fünf Jahren verlor Irland 20% seiner Bevölkerung (Leister 1956; Ó Gráda 1999).

Beispielhaft seien die **von Deutschland ausgehenden**

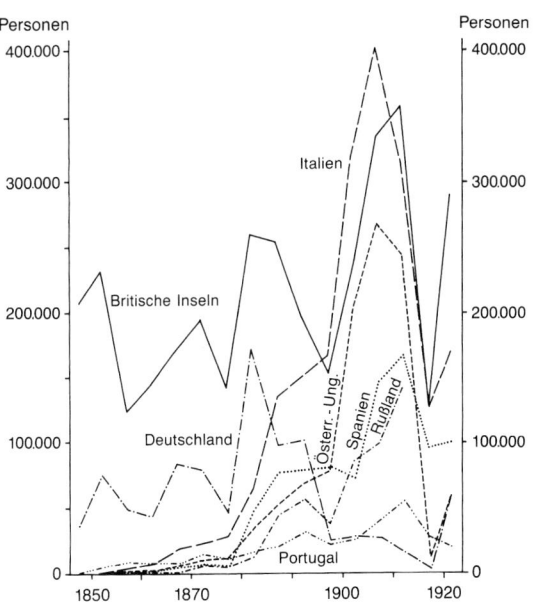

Abb. 72. *Auswanderungen nach Übersee in europäischen Ländern 1846–1924. Quelle: Willcox (1929).*

Tab. 28 Interkontinentale Emigration aus europäischen Staaten 1881–1910; Quelle: Willcox (1929).

Land	1881–1890		1891–1900		1901–1910	
	absolut	auf 100 000 Ew.	absolut	auf 100 000 Ew.	absolut	auf 100 000 Ew.
Belgien	5 012	86	2 205	35	4 321	61
Brit. Inseln (Passagiere)	255 854	702	174 279	438	284 146	653
Irland	69 992	1417	40 557	885	30 888	698
Norwegen	18 669	952	9 485	449	19 086	833
Schweden	32 750	701	20 451	412	22 404	420
Deutschland	134 242	287	52 686	101	27 415	45
Schweiz	9 198	320	4 408	141	4 907	139
Österreich-Ungarn	43 572	106	72 399	161	234 218	476
Italien	99 139	336	157 959	502	361 520	1077
Spanien (Passagiere)	63 597	362	79 106	438	109 083	566

überseeischen Wanderungsbewegungen in ihrem Ablauf, ihren Gründen und ihren Folgen genauer betrachtet (vgl. Marschalck 1973; Adams 1980; Bade 1992). Auch hier waren den Massenauswanderungen des 19. Jh. Wanderungen Einzelner und kleinerer Gruppen vorausgegangen. So machten sich bereits 1683 13 Familien aus Krefeld auf die lange, beschwerliche Reise nach Nordamerika und gründeten in Pennsylvania die Siedlung Germantown (Kamphoefner 1983). Religiöse Unterdrückung und eine große Hungersnot veranlassten 1709 mehr als 10.000 Pfälzer, ihre Heimat zu verlassen und sich in Nordamerika eine neue Existenz aufzubauen. Bis zur Mitte des 18. Jh. breitete sich die Wanderungsbewegung, von der Pfalz ausgehend, in großen Teilen Südwestdeutschlands aus. Hier waren schon zum damaligen Zeitpunkt Übervölkerungserscheinungen aufgetreten, wie sie andere deutsche Länder erst zu Beginn des 19. Jh. in größerem Ausmaß erlebten. Damit waren die strukturellen Voraussetzungen für eine Emigration gegeben, und die Amerika-Auswanderung wurde seit der ersten Hälfte des 18. Jh. zu einer ständigen Erscheinung im Südwesten Deutschlands. Nachdem im Zuge der Neuordnung Deutschlands nach dem Wiener Kongress die im 18. Jh. eingeführten Auswanderungsverbote gelockert bzw. aufgehoben worden waren, griff die Auswanderung vom Südwesten über den Westen auch auf den Nordwesten und Nordosten Deutschlands über (Bade 1980). In diesem räumlichen Diffusionsprozess kommt den Städten eine steuernde Funktion zu, da über sie Informationen in die ländliche Umgebung getragen wurden und sich in ihnen ein starker Bevölkerungsaustausch vollzog, wobei ein Teil der Fortziehenden von der Möglichkeit der Auswanderung Gebrauch machte (Böhm 1979, S. 175).

Das Schaubild in Abbildung 72 lässt erkennen, dass die Auswanderung in mehreren Phasen verlaufen ist, die ziemlich genau mit langfristigen Bevölkerungswellen (Wechsel von starken und schwachen Jahrgängen) übereinstimmen. Ein ganz ähnliches Bild ergibt sich auch aus der Sicht des wichtigsten Aufnahmelandes, den Vereinigten Staaten (IPSEN 1961, S. 52 ff.). Wirtschaftliche und politische Krisen, wie die Missernten des Jahres 1846/47, der amerikanische Bürgerkrieg zwischen 1861 und 1865 und das Ende der gründerzeitlichen Blüte um 1875, haben die Wanderungsbewegungen zusätzlich gesteuert. Erst um die Jahrhundertwende nimmt in Deutschland die Überseewanderung deutlich ab, und im Jahrzehnt von 1895–1905 übertreffen die Gewinne aus der europäischen Zuwanderung (insbesondere aus Polen und Südosteuropa) erstmals die Auswanderungsverluste (KÖLLMANN 1959, S. 389). Dafür spielt nicht nur das Ende der freien Landnahme in den Vereinigten Staaten eine Rolle, sondern auch der Aufstieg der deutschen Industrie zur Weltgeltung. Somit fanden diejenigen Menschen, die zuvor nach Amerika gefahren waren, ihr „neues Amerika" in Berlin und an der Ruhr (IPSEN 1961, S. 61).

Während des gesamten 19. und beginnenden 20. Jh. blieben die Vereinigten Staaten das Hauptziel deutscher Auswanderer. In der Periode von 1850–70 stellten die Deutschen mehr als ein Drittel der Gesamteinwanderung (DEHNE 2003, S. 31). Nach BURGDÖRFER (1930, S. 397) sind von den 5,9 Mio. Menschen, die in der Zeit von 1820 bis 1928 nach Übersee gingen, nicht weniger als 5,3 Mio., d. h. fast neun Zehntel, in die USA ausgewandert, gegenüber nur 200.000 nach Brasilien, 145.000 nach Kanada (ab 1851) und 120.000 nach Argentinien (ab 1861). Noch geringer sind die Zahlen für Australien und Südafrika mit jeweils weniger als 50.000 Personen; und in die deutschen Kolonien kamen bis 1913 sogar nur rund 24.000 Menschen aus dem Mutterland.

Die **Zusammensetzung der Auswanderer** in demographischer und sozialer Hinsicht hat sich im Laufe der Zeit in auffälliger Weise verändert. Nach MARSCHALCK (1973, S. 82) lassen sich drei Phasen unterscheiden:

1. Die Zeit bis etwa 1865, in der die Familienauswanderung selbständiger Kleinbauern und Kleinhandwerker zunächst aus dem Südwesten, später aber auch aus anderen Teilen Deutschlands dominierte: Wenn auch sehr viel mehr Männer (ca. 60%) als Frauen auswanderten, so deutet der verhältnismäßig hohe Anteil von Kindern unter 10 Jahren (ca. 20%) darauf hin, dass sich die Wanderung nach Übersee nur zu einem kleinen Teil als Einzelwanderung vollzogen hat und meistens ganze Familien die Heimat verließen.

2. Die Zeit von 1865 bis 1895, in der die Auswanderung unterbäuerlicher und unterbürgerlicher Schichten aus Norddeutschland einsetzte und sich die Einzelwanderung allmählich verstärkte: Im Unterschied zum vorangegangenen Zeitabschnitt übte nur noch ein geringer Teil der Auswanderer einen selbständigen Beruf aus, und der Anteil der Kinder ging stark zurück. Seit etwa 1890 machte die Auswanderung von Einzelpersonen den Hauptteil der Migrationsbewegung aus. Daran waren nicht mehr ausschließlich Männer, sondern in zunehmendem Maße auch Frauen beteiligt.

3. Die Zeit von 1895 bis 1914, in der die Familienauswanderung zu Ende ging und die Siedlungswanderung zu einer Arbeitswanderung wurde: Das Ende der Agrarkolonisation in den Vereinigten Staaten führte dazu, dass die überwiegend im Familienverband vorgenommene landwirtschaftliche Auswanderung allmählich ausklang und an ihre Stelle die Emigration von Industriearbeitern trat. In der Nachkriegszeit

stieg der Anteil der Einzelwanderung sogar noch an. Nach BURGDÖRFER (1930, S. 403 f.) reisten zwischen 1921 und 1928 zwei Drittel der Emigranten als Einzelpersonen, von denen immerhin 38% weiblichen Geschlechts waren.

Diese aus den verfügbaren Statistiken abgeleitete Typologie lässt bereits erste Rückschlüsse auf die **Beweggründe und Ursachen der Überseewanderung** zu. Sieht man von der religiösen Auswanderung im 18. und frühen 19. Jh. und der Emigration Einzelner aus politischen Gründen (z. B. politische Flüchtlinge) oder aus wirtschaftlich-spekulativen Motiven (z. B. Goldsucher) einmal ab, so müssen an erster Stelle die sozialen und wirtschaftlichen Veränderungen des 19. Jh. bei zunächst noch nicht angepasstem generativem Verhalten genannt werden (MARSCHALCK 1973, S. 60 ff.).

In den Realerbteilungsgebieten des deutschen Südwestens setzten sich Bevölkerungsvermehrung und Besitzzersplitterung aus dem 18. Jh. fort. Die Aufhebung der Grundherrschaft zu Beginn des 19. Jh. und die damit verbundene Ablösung der Abgaben trugen noch zu einer Verschärfung der wirtschaftlichen Lage und einer zunehmenden Verschuldung der Zwergstellenbesitzer bei. Insbesondere nach Missernten, wie z. B. in den 1840er Jahren, blieb den Kleinbauern oft nur die Möglichkeit, ihren Hof zu verkaufen und als Neusiedler nach Übersee zu gehen.

In Gebieten mit geschlossener Vererbung wirkten sich die Agrarreformen anders aus. Die Gemeinheitsteilungen führten hier im Allgemeinen zu einer Stärkung des Bauerntums, brachten aber für die unterbäuerlichen Schichten, die zwar nicht de jure, wohl aber de facto an der Nutzung der Allmenden beteiligt waren, erhebliche wirtschaftliche Nachteile mit sich. Der zur gleichen Zeit einsetzende Fortfall bisheriger Nebenerwerbsquellen (z. B. Hollandgängerei, Leinweberei) zwang sehr viele Heuerlinge, Einlieger und nachgeborene Bauernsöhne zur Auswanderung.

Wieder anders haben sich Bauernbefreiung und Separation in Ostelbien ausgewirkt. Landesausbau und landwirtschaftliche Intensivierung ermöglichten hier zunächst eine Vermehrung der von der Landwirtschaft lebenden Familien (BADE 1980, S. 291 ff.). Eine Übervölkerungssituation trat daher erst mit einer Phasenverschiebung von etwa zwei Jahrzehnten in den 1860er und 70er Jahren ein, und jetzt bildete sich neben dem südwestlichen Auswandererzentrum ein nordöstliches (insbesondere Westpreußen, Pommern und Posen) heraus. Damit verschob sich auch die berufliche und soziale Stellung der Auswanderer erheblich. Vor allem handelte es sich um noch unverheiratete landwirtschaftliche Arbeiter und nicht mehr, wie in der Frühphase der Wanderungsbewegung, um Kleinbauern und Gewerbetreibende mit ihren Familien.

Die wirtschaftlichen Probleme in der ersten Hälfte des 19. Jh., die viele Menschen zur Auswanderung veranlassten, beschränkten sich aber nicht nur auf die Landwirtschaft. Sie verstärkten sich zusätzlich durch den Rückgang des Heimgewerbes und die Übersetzung des Handwerks als Folge der beginnenden Industrialisierung. Erst nach 1850 deutet die Entwicklung der Auswanderungsziffern auf eine Verminderung des Bevölkerungsdrucks hin, sofern man die „Auswanderungshochs" der Jahre 1865–69 und 1880–84 als „Nachholwanderungen" aus der Zeit des amerikanischen Bürgerkriegs bzw. als vorübergehende Erscheinung im Gefolge der Gründerkrise erklärt. In der zweiten Hälfte des 19. Jh. konnten die neu entstehenden Industriebetriebe mehr und mehr die „überzählige Bevölkerung" aus anderen Wirtschaftsbereichen aufnehmen und damit die Auswanderungsneigung der Bevölkerung schwächen. Dass sich Deutschland allmählich zur größten Industrienation des Kontinents entwickelte, ist nicht zuletzt auch den Auswanderungen der Jahrzehnte zuvor zu verdanken. Dadurch wurde die deutsche Volkswirtschaft gerade von der Zahl Menschen befreit, denen sie keinen Arbeitsplatz bieten konnte und „die den Herd gesellschaftlicher Umwälzungen und ein Hemmnis der industriellen Entwicklung" hätten bilden können (MARSCHALCK 1973, S. 94; BADE 2000, S. 166 ff.).

Im Vergleich zum mächtigen Wanderungsstrom von Europa in die Neue Welt sind alle **anderen interkontinentalen Wanderungen** des 19. und frühen 20. Jh. von vergleichsweise untergeordneter Bedeutung (vgl. BOUVIER u. a. 1979, S. 7 f.), und auch die globalen Migrationssysteme in der Zeit davor, die HOERDER (2002) ausführlich dokumentiert hat, waren quantitativ weniger umfangreich. Selbst die Zahl der seit 1520 von Afrika nach Nord- und Südamerika verschleppten Sklaven macht nach Schätzungen mit 11–12 Mio. gerade ein Fünftel der großen atlantischen Wanderung aus (LOVEJOY 1983; WIRZ 1984). Von ähnlicher Größenordnung dürften Wanderungsbewegungen von Kontraktarbeitern gewesen sein, die nach Aufhebung der Sklaverei einsetzten (vgl. POTTS 1988). Dadurch kamen Inder in weite Teile Südostasiens, nach Süd- und Ostafrika sowie nach Mauritius, den Fiji-Inseln, Guayana und Trinidad, Chinesen nach Java, Borneo und Britisch-Malaysia, nach Australien, Neuseeland, Südafrika, Guayana, Kuba und nicht zuletzt in die USA. Daneben waren auch noch Japaner, Philippinos und Javaner an diesen „Kuliwanderungen" beteiligt. Viele dieser Arbeitskräfte kehrten auch nach Ablauf ihres Vertrages nicht in ihre Heimat zurück, sondern blieben im Gastland. Aber auch unabhängig von vertraglichen Regelungen ließen sich zahlreiche Inder, Chinesen und Libanesen als Händler in Übersee nieder; besonders groß sind die indischen und chinesischen Kolonien in einzelnen asiatischen Ländern (Thailand, Malaysia, Indonesien; vgl. POSTON u. a. 1994).

Ähnlich wie in Europa kam es auch in Asien nach dem Zweiten Weltkrieg nochmals zu größeren zwischenstaatlichen Bevölkerungsverschiebungen, die allerdings den „zwangsweisen Wanderungen" zugerechnet werden müssen. Allein die Aufteilung des indischen Subkontinents in die beiden selbständigen Staaten Indien und Pakistan (1947) führte zu einem Bevölkerungsaustausch von ungefähr 15 Mio. Menschen, die etwa zu gleichen Teilen Hindus und Moslems waren.

4.3.2 Übersicht der grenzüberschreitenden Wanderungen der Gegenwart

Seit etwa 1950 beginnen sich tief greifende Veränderungen im internationalen Wanderungsmuster abzuzeichnen. Zwar setzten sich die von Europa nach Übersee gerichteten Migrationen zunächst noch fort, mit dem wirtschaftlichen Aufstieg Westeuropas verloren sie jedoch erheblich an Bedeutung. An ihre Stelle traten in zunehmendem Maße **Wanderungen aus den weniger in die höher entwickelten Gebiete** unserer Erde und auch Migrationen innerhalb der Dritten Welt (vgl. KÖRNER 1990; COHEN 1995; SKELDON 1997; HUSA u. a. 2000; MARTIN und WIDGREN 2002). Nach den Analysen von LIENENKAMP (1999) liegen hier auch die Staaten mit besonders hoher Disposition für zukünftige Migrationen ins Ausland. In Anlehnung an CASTLES und MILLER (1998) lässt sich das weltweite Wanderungsmuster unserer Tage durch folgende Besonderheiten charakterisieren:

1. Die Globalisierung der zwischenstaatlichen Wanderungen drückt sich darin aus, dass immer mehr Staaten und Regionen davon betroffen sind.
2. Die Beschleunigung des Wanderungsprozesses dokumentieren Schätzungen, wonach zu Beginn des 21. Jh. ca. 140 Mio. Menschen außerhalb ihrer Heimatländer leben *(migration stock)* und jährlich mehrere Millionen hinzukommen *(migration flow)* (GOEBEL und PRIES 2003, S. 35).
3. Die zunehmende Differenzierung der Migrationen zeigt sich darin, dass in den meisten Zielländern verschiedene Wanderungstypen (z. B. Arbeiterwanderungen, Familiennachzug, Flüchtlinge) nebeneinander auftreten und die Gruppen der hoch qualifizierten Migranten sowie der Studierenden an Bedeutung gewonnen haben (KOSER und SALT 1997; GLEBE und WHITE 2001; KING 2002).
4. Die gestiegene Feminisierung der Wanderungen ist nicht ausschließlich dadurch bedingt, dass Frauen und Kinder den zuvor abgewanderten Männern folgen; Frauen sind heute auch vermehrt an Arbeiterwanderungen und Flüchtlingsströmen beteiligt. Nicht selten erfolgen die Zuzüge illegal, und viele Frauen werden ökonomisch und sexuell ausgebeutet (vgl. HILLMANN 1996; WILLIAMS 1999; ANDERSON 2000; HAN 2003).
5. Die staatliche Reglementierung der Einwanderungen hat zugenommen. Im Allgemeinen wird schon seit längerem eine restriktive Politik betrieben. Solche Beschränkungen führen dazu, dass andere Wege, wie illegale Grenzübertritte oder Asylanträge, gesucht und auch gefunden werden.
6. Politische Faktoren und Veränderungen haben umfangreiche Wanderungsbewegungen ausgelöst. Insbesondere deshalb ist die Zahl der Flüchtlinge so stark gestiegen (2002 nach UNHCR-Schätzungen ca. 10,4 Mio., wozu die ca. 5,8 Mio. *displaced persons* innerhalb einzelner Länder noch hinzukommen; HAMPTON 1998). Davon sind namentlich diejenigen Länder betroffen, die zu den ärmsten der Welt gehören (vgl. z. B. WENZEL 1995 für Mosambik).
7. Internationale Migrationen vollziehen sich häufig nicht als einmaliger Landeswechsel, sondern als „Pendelbewegung" zwischen Aufnahme- und Herkunftsgesellschaft. Man spricht in diesen Fällen von „transnationalen Migrationen" (vgl. PRIES 1997). Der Begriff schließt neben den tatsächlichen Bewegungen auch die Ausbildung von Migrationsnetzwerken, die Zirkulation anderer Güter (insbesondere Geldüberweisungen), die grenzüberschreitende Kommunikation, die Ausbildung transnationaler Großfamilienstrukturen sowie eine doppelte sozialräumliche Verortung und Identität ein (vgl. die Beispiele in HILLMANN 2000; FASSMANN und MYDEL 2002; MÜLLER-MAHN 2002; CONWAY und COHEN 2003).

In großräumigen Perspektiven weist **Nordamerika**, namentlich die USA, weltweit die meisten Zuwanderer auf (vgl. UN 2002). Daran haben auch Einwanderungsbeschränkungen und -kontrollen nichts zu ändern vermocht (vgl. GAMERITH 2004, S. 68 ff.). Für den Zeitraum 1995–2000 wird der jährliche Wanderungsgewinn mit 1,39 Mio. angegeben. In der Weltstatistik haben daneben nur die Großräume Europa (769.000) sowie Australien/Ozeanien (90.000) positive Bilanzen, während die Werte für Asien (−1,31 Mio.), Lateinamerika (−494.000) sowie Afrika (−447.000) negativ sind (vgl. Abb. 73 sowie MARTIN und WIDGREN 2002).

Sowohl in den Vereinigten Staaten als auch in Kanada haben sich die Herkunftsgebiete der Immigranten nach Ende des Zweiten Weltkrieges erheblich verschoben. Für die USA führen MARTIN und MIDGLEY (2003) an, dass noch 1960–69 von den 3,2 Mio. Einwanderern 40 % aus Europa kamen, 1970–79 noch 20 % von 4,3 Mio., 1980–89 11 % von 6,3 und 1990–99 13 % von 9,8 Mio. (einschließlich Legalisierungen). Dagegen erhöhte sich der Anteil Lateinamerikas im betrachteten Zeitraum von 38 % auf 51 % und derjenige Asiens von 11 % auf 43 % (1980–89) und 30 % (1990–99) (zu Kanada vgl. VOGELSANG 1994). Diese Zahlen beziehen sich allerdings nur auf die offizielle Einwanderung. Hinzuzurechnen ist die insbesondere von Mexiko ausgehende illegale Zuwanderung, die bis in die Anfänge des 20. Jh. zurückreicht. Für das Jahr 2000 wird die Zahl der illegal in den USA lebenden Ausländer auf 7–8 Mio. geschätzt. Trotz des Immigration and Control Act 1986 (Legalisierungsmöglichkeit für illegale Immigranten, Erschwerung einer Beschäftigung von illegalen Einwanderern, Erhöhung der legalen Einwanderungsquoten) konnte der illegale Zustrom nicht gestoppt werden. Allein im Jahre 2001 sind fast 177.000 Illegale, vorwiegend aus Mexiko, aufgegriffen und in ihre Herkunftsländer zurückgeführt worden. Schon 1996 und nochmals nach dem 11. September 2001 sind die Einreise- und Aufenthaltsbestimmungen sowie auch die Grenzkontrollen verschärft worden; 2003 schließlich wurde der „Immigration and Naturalization Service (INS)" aufgelöst und die Aufgaben auf verschiedene andere Behörden verteilt (MARTIN und MIDGLEY 2003, S. 18 ff.). Die Auswirkungen dieser Maßnahmen lassen sich zurzeit noch nicht absehen.

Selbst in **Australien und Neuseeland** ist eine bemerkenswerte Trendumkehr der Zuwanderungsströme zu beobachten. Dominierte lange Zeit eindeutig die Einwanderung aus Großbritannien, so herrschen heute – vor allem in Australien und hier teilweise auch durch Aufnahme von Flüchtlingen bedingt – asiatische Herkunftsgebiete vor. Ende der 1990er Jahre lag der Anteil Großbritanniens und Irlands in der australischen Einwanderungsstatistik bei 12 %, während er 30 Jahre zuvor 46 % ausmachte (Yearbook Australia 2003; vgl. GROTZ 1995). In der Bevölkerung werden diese Verschiebungen durchaus kritisch gesehen, wie das Aufkommen verschiedener Anti-Einwanderungsbewegungen in den späten 1990er Jahren zeigt. Seit 1994 nimmt Australien keine Flüchtlinge mehr auf, die ohne gültige Papiere oder in kleinen Booten ins Land kommen (MARTIN und WIDGREN 2002, S. 32).

Aber auch in **Europa** zeigt der Anteil der Zuwanderer aus den Staaten der Dritten Welt eine steigende Tendenz. Ihre Gesamtzahl hat sich seit 1960 ungefähr verfünffacht und betrug Ende der 1990er Jahre ca. 5,7 Mio. (insbesondere aus der Türkei und Nordafrika) (vgl. SALT 2001). Dadurch verzeichnet Europa, das nach dem Zweiten Weltkrieg zunächst einen negativen Wanderungssaldo aufzuweisen hatte, seit Anfang der 1970er Jahre wachsende Überschüsse (vgl. Kap. 4.3.3).

Demgegenüber ist **Lateinamerika**, einst ebenfalls eines der klassischen Zielgebiete überseeischer Migrationen, heute zu einem Netto-Abwanderungsraum geworden. Während noch in den 1950er Jahren etwa 1,5 Mio. Menschen vorwiegend aus Süd-

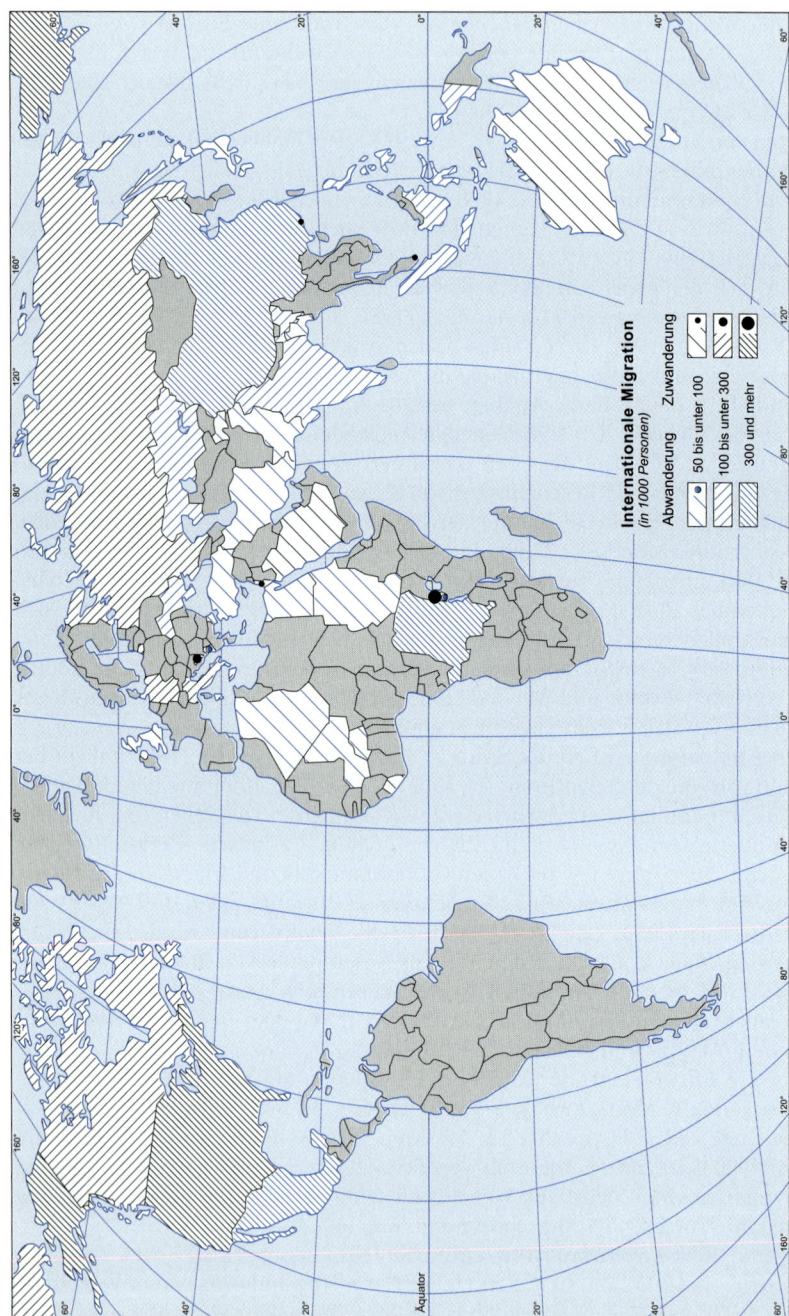

Abb. 73. Die wichtigsten Ziel- und Herkunftsländer internationaler Migrationen 1995–2000. Quelle: UN (2002).

europa nach Mittel- und Südamerika kamen, von denen ungefähr 1 Mio. für immer dort blieben, ging im folgenden Jahrzehnt der Wanderungsstrom aus Europa auf ca. 400.000 Personen zurück, und der Anteil der Rückwanderer stieg weiter an. Gleichzeitig verließen immer mehr Menschen, vor allem aus den karibischen Staaten und Mexiko, ihre Heimat und zogen in die Vereinigten Staaten und z. T. auch nach Großbritannien. Mexiko dürfte heute der größte „Exporteur" internationaler Migranten sein (DURAND u. a. 2001). Nach der Fortschreibung der Volkszählungsergebnisse von 2000 leben in den USA mittlerweile ca. 37 Mio. (2001) spanisch sprechende Menschen (13% der Bevölkerung) gegenüber nur 9,1 Mio. im Jahre 1970. Damit lösten die *Hispanics* die afro-amerikanische Bevölkerung als größte Minderheit ab (12,7% der Bevölkerung). In einzelnen Staaten des Südwestens ist ungefähr jeder dritte Bewohner ein *Hispanic* (Neumexiko 42%, Kalifornien und Texas je 32%).

In kontinentaler Perspektive weisen heute auch **Afrika und Asien** negative Wanderungsbilanzen auf. Allerdings ist hier die Abwanderung in andere Erdteile auf einige wenige Räume beschränkt. In Afrika zählen dazu Algerien, Marokko und Tunesien, in Asien vor allem die Türkei; Zielgebiete sind die Industriestaaten West- und neuerdings auch Südeuropas (vgl. COSTANZO 1999; FONSECA u. a. 2002; SWIACZNY 2002). Zahlenmäßig bedeutsam sind darüber hinaus nur noch die (mittlerweile stark eingeschränkten) Wanderungen aus den ehemaligen britischen Kolonien in das Mutterland sowie diejenigen aus einzelnen asiatischen Staaten (China und Hongkong, Philippinen, Vietnam, Indien, Korea) in die USA, wobei die Aufnahme von Flüchtlingen außerhalb der normalen Einwanderungskontingente eine wichtige Rolle spielt (vgl. LAUX und THIEME 1995; LEE 1998). Eine nicht länger zu vernachlässigende Größe bilden heute auch die Asylsuchenden aus verschiedenen afrikanischen und asiatischen Staaten, die nach Mittel- und Westeuropa kommen (vgl. Kap. 4.3.3).

Die internationalen Wanderungen der Gegenwart sind allerdings durch eine Aufzählung der zwischen einzelnen Kontinenten verlaufenden Migrationen nur unzureichend beschrieben. Häufig sind die zwischenstaatlichen **Bevölkerungsverschiebungen innerhalb der jeweiligen Großräume** sehr viel bedeutsamer. Das gilt insbesondere für Europa und Afrika und bis zu einem gewissen Grade auch für Lateinamerika und Asien. All diesen Wanderungsströmen gemeinsam ist die Tatsache, dass sie zwischen Staaten sehr unterschiedlicher wirtschaftlicher und soziokultureller Entwicklung verlaufen und sich überwiegend als Arbeitermigrationen charakterisieren lassen. Hier kann nur ein knapper Überblick gegeben werden, wobei Europa zunächst ausgeklammert und im folgenden Kapitel ausführlich behandelt wird (vgl. dazu auch SALT 2001; LAZARIDIS und WILLIAMS 2002).

Es ist schon darauf hingewiesen worden, dass **Lateinamerika** heute eine negative Wanderungsbilanz aufweist, die vor allem durch eine Immigration in Richtung der Vereinigten Staaten bedingt ist. Daran sind allerdings die südamerikanischen Länder nur unwesentlich beteiligt. Hier bestehen stärkere Wanderungsverflechtungen mit benachbarten Räumen. In den letzten Jahrzehnten waren insbesondere Argentinien und Venezuela Zielgebiete dieser zwischenstaatlichen Migration; dabei stammt der größte Teil der (meist illegalen) Zuwanderer im ersten Fall aus Paraguay, Bolivien und Peru, weniger aus Chile und Uruguay, im zweiten Fall aus Kolumbien. Aufgrund wirtschaftlicher Schwierigkeiten sind die Wanderungen nach Venezuela stark zurückgegangen, während Argentinien trotz hoher Arbeitslosigkeit aufgrund erheblicher Lohnunterschiede bis in die 1990er Jahre eine große Anziehungskraft ausübte. Der wirtschaftliche Kollaps und die Staatskrise der Jahre 2001/02 ließen allerdings viele Migranten in ihre Heimatländer zurückkehren, während viele Argentinier versuchten, in die USA und nach Europa auszuwandern (MARTIN und WIDGREN 2002, S. 17).

Ähnlich wie im lateinamerikanischen Raum waren auch in **Asien** die zwischenstaatlichen Wanderungen lange Zeit nicht sehr bedeutsam. So wurden die stärksten Bevölkerungsverschiebungen zwischen einzelnen Ländern in der jüngeren Vergangenheit nicht so sehr von freiwilligen Wanderungen, sondern von Flüchtlingsströmen verursacht. Erwähnt seien die etwa 10 Mio. Menschen, die während des Krieges zwischen Indien und Pakistan im Jahre 1971 aus dem späteren Bangladesch nach Indien flohen, oder die etwa 5 Mio. Afghanen, die nach der sowjetischen Besetzung ihres Landes in den Nachbarstaaten Pakistan und Iran Zuflucht suchten (WIEBE 1984). Auch heute (2002) sollen hier nach UNHCR-Angaben noch ca. 2,5 Mio. Afghanen leben.

Allerdings zeigen die Arbeiterwanderungen ebenfalls steigende Tendenzen (HUGO 1996). Davon sind diejenigen in die **Ölstaaten** am Golf quantitativ am bedeutsamsten. Die Herkunftsgebiete umfassen nicht mehr nur die arabische Welt (vor allem Ägypten, Jemen, Jordanien), sondern auch weite Teile Süd- und Südostasiens (insbesondere Indien, Pakistan, Bangladesch, Philippinen, Indonesien). Die Gesamtzahl der Ausländer in den Golfstaaten stieg von weniger als 2 Mio. (1975) auf mehr als 9 Mio. (1990) an (davon nur noch ca. 40 % aus arabischen Staaten; MEYER 1995, S. 423). Der Golfkrieg (1990/91) ließ etwa 1 Mio. Gastarbeiter aus Kuwait und dem Irak fliehen, in einer zweiten Remigrationswelle ungefähr gleicher Größenordnung folgten ihnen aus Saudi-Arabien und den Emiraten ausgewiesene Arbeitskräfte, die aus Ländern mit pro-irakischer Haltung stammten (Jemeniten, Jordanier, Palästinenser, Sudanesen). Trotz aller Bemühungen, die Abhängigkeit von ausländischen Arbeitnehmern zu vermindern, ist das Niveau des Jahres 1990 schon bald wieder übertroffen worden (2000: ca. 9,6 Mio.), weil die Nachfrage nach Fachkräften und Dienstpersonal ungebrochen hoch ist. Deshalb wird sich auch an dem hohen Anteil ausländischer Beschäftigter, der in einzelnen Scheichtümern 80 % übersteigt, auf absehbare Zeit nichts ändern.

Der wirtschaftliche Boom in einzelnen **südostasiatischen Staaten** hat in jüngerer Zeit ebenfalls umfangreiche Wanderungsbewegungen ausgelöst (HUSA und WOHLSCHLÄGL 2000). In Malaysia und Hongkong beträgt der Anteil der Migranten an den Erwerbspersonen bereits ca. 10 %, in Singapur gar 44 % (MARTIN und WIDGREN 2002, S. 25). Aber auch Korea und Thailand sind heute (neben den genannten Staaten sowie Taiwan und Japan) Länder mit einem Zuwanderungsüberschuss. Teilweise treten dabei „Import" und „Export" von Arbeitskräften gleichzeitig auf. So arbeiten viele Malaysier in Singapur (häufig als Pendler), wesentlich größer ist allerdings die Zahl der in Malaysia tätigen Kräfte aus Indonesien, Bangladesch und den Philippinen. In Hongkong stehen sich die Auswanderung vorwiegend wohlhabender Bürger und Unternehmer aufgrund pessimistischer Zukunftsperspektiven nach der Eingliederung in die VR China Mitte 1997 (SKELDON 1999) und die überwiegend illegale Einwanderung aus China gegenüber. Letztere hält an, weil auch nach der Eingliederung die Zuwanderung streng kontrolliert und kontingentiert ist (MARTIN und WIDGREN 2002, S. 26).

Auch Macao ist von einer starken illegalen Einwanderung betroffen (GLASER und HA-BERZETTL 1994).

Den Sonderfall eines Einwanderungslandes im Nahen Osten stellt Israel dar. Während noch bis zum Beginn der 1950er Jahre die Mehrzahl der Einwanderer aus Europa kam, verschob sich die Relation später zugunsten von Zuwanderungen aus Afrika und Asien (FRIEDLANDER und GOLDSCHNEIDER 1984). Insgesamt sind zwischen 1948 und 2000 ca. 3 Mio. Neubürger nach Israel gekommen, davon ungefähr 80% auf Dauer. Viele davon waren gut ausgebildete Fachkräfte (MARTIN und WIDGREN 2002, S. 29).

In großen Teilen **Afrikas südlich der Sahara** sind Wanderungen über Staatsgrenzen hinweg seit langem eine weit verbreitete Erscheinung (zusammenfassend DE BRUIN u. a. 2001). Das liegt zum einen an der recht geringen Flächenausdehnung einzelner afrikanischer Länder und der häufig sehr willkürlichen kolonialzeitlichen Grenzziehung, durch die einheitliche Wirtschafts- und Siedlungsräume zerschnitten wurden, zum anderen aber auch an der Überformung und Umorganisation von Wirtschaft und Gesellschaft unter europäischem Einfluss, die häufig bereits vor der formellen Errichtung der Kolonialreiche einsetzten. Da sich in der Nachkolonialzeit die räumlichen Disparitäten hinsichtlich wirtschaftlichen Wachstums und Arbeitsplatzangebots gewöhnlich noch verschärft haben, sind die zwischenstaatlichen Wanderungsbewegungen trotz aller Reglementierungen bis heute nicht zum Erliegen gekommen, sodass es zunehmend fraglich erscheint, die Wanderarbeit lediglich als einen nur vorübergehenden und unvermeidbaren Abschnitt der Wirtschaftsentwicklung anzusehen.

Politische und ethnische Konflikte haben überdies zu massenhafter Flucht über Staatsgrenzen und auch innerhalb der jeweiligen Länder geführt. So sind 1994 innerhalb weniger Monate 2,5 Mio. Menschen aus Ruanda überwiegend nach Zaire und Tansania geflohen (WIESE 1997), und der Bürgerkrieg in Liberia ließ wenigstens 750.000 Personen Zuflucht in Guinea und der Elfenbeinküste suchen. Zur selben Zeit ist es in anderen Teilen Afrikas zu umfangreichen Repatriierungen gekommen. Nach Beendigung des Bürgerkrieges in Mosambik konnte ein großer Teil der 2 Mio. Flüchtlinge u. a. aus Simbabwe, Malawi und Tansania in ihre Heimat zurückkehren, wo sie allerdings sehr häufig unter sehr prekären Bedingungen leben müssen. Aber auch heute noch entfallen 32% (2002) der weltweit registrierten Flüchtlinge auf Afrika südlich der Sahara. Hinzu kommt eine schwer zu beziffernde Zahl von Binnenflüchtlingen (JÜRGENS und BIRKELAND 2003).

Seit langem bildet die **Republik Südafrika** das wohl bedeutendste Zielgebiet für ausländische Arbeitskräfte. Mitte der 1990er Jahre zählten die südafrikanischen Minen ca. 166.000 Wanderarbeiter aus dem Ausland. Unter den Herkunftsgebieten stehen die Nachbarländer Lesotho und Mosambik an der Spitze. Für den kleinen Binnenstaat Lesotho bedeutet dies, dass zwischen 10 % und 15% der Bevölkerung vorübergehend im Ausland einer Beschäftigung nachgeht und die Abhängigkeit von den entsprechenden Geldüberweisungen groß ist. Heute wird diese legale Form der Kontraktarbeit bei weitem durch illegale Zuwanderungen übertroffen. Trotz hoher Arbeitslosigkeit ist Südafrika aufgrund seiner Wirtschaftskraft ein Magnet für Arbeitsuchende auch aus weit entfernten afrikanischen Ländern. Schätzungen gehen von 2,5–9 Mio. (vorwiegend männlichen) Ausländern aus, die sich ohne Genehmigung in

Südafrika aufhalten. Von der einheimischen Bevölkerung werden diese nicht nur als Konkurrenten auf dem Arbeits- und Wohnungsmarkt angesehen, sondern auch für die Ausbreitung von Krankheiten und den Anstieg der Kriminalität verantwortlich gemacht. Seit 1990 sind über 1 Mio. Illegale abgeschoben worden (JÜRGENS und BÄHR 2003, S. 173 ff.).

Noch weit schwieriger ist es, das Ausmaß der Wanderungsbewegungen innerhalb **Westafrikas** abzuschätzen, weil gerade hier schon immer nicht-registrierte Migrationen eher die Regel als die Ausnahme sind. Die traditionellen Migrationsströme führen vom Norden zum Süden und vom Inneren westwärts zur Küste. Ihren Ausgang nehmen sie hauptsächlich in den Binnenstaaten Burkina Faso und Mali; Zielgebiete sind insbesondere die Plantagen und Städte in Ghana, der Elfenbeinküste sowie in Senegal und Gambia. In Nigeria, dem flächengrößten Staat Westafrikas, treten meist Binnenwanderungen anstelle der internationalen Migrationen.

So setzt sich beispielsweise die Bevölkerung der Elfenbeinküste zu etwa 25 % aus Ausländern zusammen, von denen ungefähr die Hälfte aus Burkina Faso stammt, dem Land Afrikas mit dem wohl höchsten Anteil im Ausland lebender Staatsbürger (BOUQUET 2003). Oft ist die Elfenbeinküste beschuldigt worden, dass Migranten aus den Nachbarstaaten, darunter viele Kinder, unter sklavenartigen Bedingungen auf den Plantagen arbeiten müssen. Überall in der Region mehren sich die Anzeichen dafür, dass die temporären Abwanderungen durch dauerhafte ersetzt werden.

Eine Besonderheit unter den Migrationen im westafrikanischen Raum stellen die in Richtung Mekka verlaufenden Pilgerwanderungen (*haji*) dar. Sie nehmen eine Zwischenstellung ein zwischen den Wanderungen im engeren Sinn und denjenigen Formen räumlicher Mobilität, mit denen kein Wohnsitzwechsel verbunden ist, denn im Allgemeinen dauert sowohl die Hin- wie auch die Rückreise mehrere Jahre, da die meisten Pilger unterwegs oft mehrfach eine vorübergehende Arbeit aufnehmen, um sich das Geld für die Weiterfahrt zu verdienen. Heute ist allerdings ein zunehmend größer werdender Teil der Pilgerfahrten über Land durch Flugreisen ersetzt worden (vgl. SHAIR 1979).

Den **Ursachen und Auswirkungen** der hier zusammenfassend charakterisierten internationalen Migrationen kann im Einzelnen nicht nachgegangen werden. Wenn sie sich auch vorwiegend als Arbeiterwanderungen beschreiben lassen und damit in erster Linie wirtschaftliche Gründe hinter den Aufbruchsentschlüssen stehen, so bedarf es doch einer eingehenden Analyse des Einzelfalls, um die Verknüpfung verschiedener *push*- und *pull*-Faktoren zu erkennen, ganz abgesehen davon, dass die grenzüberschreitenden Wanderungen heute zunehmend durch staatliche Einflussnahme reguliert und reglementiert werden und sich dadurch selbst traditionelle Verhaltensmuster schnell ändern können.

Auch die Folgen der Wanderungsbewegungen sind vielfältig und beschränken sich nicht allein auf eine Veränderung der Bevölkerungszahl und -zusammensetzung in den Ziel- und Herkunftsgebieten, sondern schließen eine Fülle von sozialen und wirtschaftlichen Problemen mit ein. Das gilt besonders dann, wenn die Migrationen in hohem Maße alters- und geschlechtsspezifisch sind, wie es in extremer Form für die Kontraktarbeiter und illegalen Zuwanderer in Südafrika, aber auch für viele andere zwischenstaatlichen Bewegungen zutrifft. Den damit zusammenhängenden Fragen wird im folgenden Kapitel am Beispiel der Zuwanderung ausländischer Arbeitskräfte in die Industriestaaten Mittel- und Westeuropas genauer nachgegangen.

4.3.3 Ausländerwanderungen in die Industriestaaten Mittel- und Westeuropas

Mit dem wirtschaftlichen Aufschwung Mittel- und Westeuropas setzte ein zunächst nur langsam ansteigender, in den 1960er Jahren dann aber rasch anschwellender und durch zwischenstaatliche Abkommen noch geförderter Zustrom ausländischer Arbeitskräfte aus den europäischen Mittelmeerländern sowie aus Nordafrika und der Türkei ein. Dabei handelt es sich um eine der umfangreichsten Bevölkerungsbewegungen der Geschichte, die nur mit den Überseewanderungen des 19. und beginnenden 20. Jh. vergleichbar ist. Man kann davon ausgehen, dass um 2000 in den wichtigsten europäischen Industriestaaten ungefähr 20 Mio. Menschen fremder Staatsangehörigkeit lebten, von denen knapp 50% erwerbstätig waren (Tab. 29). In absoluten Zahlen gerechnet stehen Deutschland (7,3 Mio.) und Frankreich (3,3 Mio.) bei weitem an der Spitze; relativ gesehen ist der Ausländeranteil vor allem in der Schweiz außergewöhnlich hoch.

Wenn sich somit vom Ausmaß her diese Migrationen durchaus mit den großen Wanderungsströmen der jüngeren Geschichte in die Neue Welt vergleichen lassen, so unterscheidet sich die **Einwanderungspolitik** der „klassischen" und der „neuen europäischen" Einwandererländer grundlegend. Während die Einwanderung nach Nord- und Südamerika oder nach Australien vorwiegend bevölkerungspolitisch orientiert war, sie also der Vermehrung einer ursprünglich kleinen Bevölkerung und der Nutzung noch weitgehend unbesiedelter Räume oder anderer Ressourcen diente, sind

Tab. 29 Ausländische Bevölkerung und Ausländerbeschäftigung in ausgewählten europäischen Ländern 1978 und 2000/2002; Quelle: FREY (1990), ergänzt nach EUROSTAT und verschiedenen Statistischen Jahrbüchern (Definitionen z. T. unterschiedlich).

Land	Ausl. Bevölkerung (1000)		Ausl.-Quote (%)	Ausl.-Arbeitskräfte (1000)		Asylantragsteller (1000)	
	1978	2000	2000	1978	2002	1992	2002
Deutschland*⁾	3981	7344	8,9	1869	3525	438	71
Frankreich	4170	3259**⁾	5,6	1420	1617	28	51
Großbritannien	1920	2281	3,8	922	1425	32	110
Schweiz	898	1407	19,6	663	880	18	26
Belgien	877	854	8,3	244	359	18	19
Niederlande	431	651	4,1	196	296	20	19
Schweden	424	487	5,4	218	207	84	33
Österreich	281	834	10,3	177	388	16	37

*) 1978: alte Länder
**) 1999

die in Europa beobachteten Wanderungsströme auf Gebiete hoher Bevölkerungsdichte gerichtet und wurden ausschließlich durch die Expansion der Wirtschaft und den damit verbundenen Arbeitskräftemangel seit Ende der 1950er Jahre hervorgerufen. Entsprechend den unterschiedlichen Zielsetzungen war die Politik der klassischen Einwanderungsländer in erster Linie darauf ausgerichtet, die neu ins Land gekommenen Menschen möglichst schnell in die Gesellschaft zu integrieren und zu vollwertigen Bürgern zu machen; demgegenüber sahen die europäischen Länder die Ausländer nicht als Einwanderer an, sondern gingen von einer temporären Ausländerbeschäftigung aus, wie es auch in der weit verbreiteten Bezeichnung „Gastarbeiter" zum Ausdruck kommt. Als sich in Folge der internationalen Energiekrise um 1973/74 in allen Anwerbestaaten ein spürbarer Konjunktureinbruch bemerkbar machte, reagierten die meisten Regierungen mit einem Anwerbe- bzw. Zuwanderungsstopp. Es zeigte sich jedoch sehr schnell, dass mit solchen restriktiven Maßnahmen ein einmal in Gang gesetzter Wanderungsprozess nicht umzukehren war und von einem nur vorübergehenden Aufenthalt in den Zielländern keine Rede sein konnte. So hatten Ende 2002 zwei Drittel der in der Bundesrepublik Deutschland lebenden Ausländer eine Aufenthaltsdauer von 8 und mehr Jahren; über die Hälfte von ihnen ist bereits länger als 20 Jahre hier (vgl. Tab. 30). Nicht zuletzt deswegen sind in einzelnen Ländern, namentlich in den Niederlanden und in Skandinavien, seit Beginn der 1980er Jahre verstärkte Bemühungen zu verzeichnen, die erfolgte Einwanderung anzuerkennen und ein Konzept für ein multikulturelles Zusammenleben zu entwickeln, zu dem beispielsweise auch ein kommunales Ausländerwahlrecht gehört (FREY 1990, S. 122 f.; SASSEN 1996, S. 133 ff.; HECKMANN und SCHNAPPER 2003).

Untergliedert man die Ausländerwanderungen hinsichtlich ihres **zeitlichen Ablaufs**, so lassen sich mehrere, in den einzelnen Zielländern auffallend ähnliche Pha-

Tab. 30 Demographische Struktur und Aufenthaltsdauer der ausländischen Bevölkerung in der Bundesrepublik Deutschland 1973, 1981 und 2002 (%); Quelle Statistische Jahrbücher für die Bundesrepublik Deutschland, z. T. nach anderen Quellen ergänzt.

	1973	1981	2002
Altersgruppen			
<18 Jahre	25,6	32,4	21,1
18–40	56,4	44,5	44,9
>40 Jahre	18,0	23,1	34,0
Männliche Bevölkerung	62,6	58,5	53,5
Ledige	43,3	51,2	47,5[*]
Aufenthaltsdauer			
<1 Jahr	12,2	5,7	4,8
1 bis 4 Jahre	40,2	19,4	13,6
4 bis 8 Jahre	24,9	17,9	15,2
≥8 Jahre	22,7	56,9	66,4

*) 1998

sen unterscheiden. Bezugnehmend auf die Bundesrepublik Deutschland (vgl. Abb. 74), ergibt sich dabei das folgende Bild:

1. Der Abschluss der Anwerbevereinbarungen mit Italien (1955), Spanien und Griechenland (1960), der Türkei (1961) und später auch mit Portugal (1965), Tunesien (1966) und Marokko (1968) bedingte einen steilen Anstieg der Zuzugszahlen. Die wirtschaftliche Rezession 1966/67 unterbrach diesen „Zuwanderungsboom" nur kurzfristig; bis 1970 stieg die Zahl der Zuwanderer auf fast 1 Mio./Jahr.

2. Der starke Rückgang der Zuzüge nach 1973, der vorübergehend zu negativen Bilanzen führte, hatte zwar im Kern wirtschaftliche Ursachen (vgl. LUDÄSCHER 1986), war jedoch in erster Linie das Ergebnis des Anwerbestopps im November 1973. Nach anfänglich verstärkter Rückwanderung kam es schon Ende der 1970er Jahre wieder zu bedeutsamen Wanderungsüberschüssen. Das ist darauf zurückzuführen, dass viele ausländische Arbeitskräfte ihre Familien nachkommen ließen und sich somit für ein dauerhaftes, zumindest langfristiges Verbleiben in Deutschland entschieden. Dadurch hat sich nicht nur die demographische Struktur der ausländischen Bevölkerung erheblich verschoben und die Erwerbsquote nahm spürbar ab (vgl. Tab. 30 sowie European Population Committee 2002); in zunehmendem Maße machten sich auch Probleme der zweiten und dritten Ausländergeneration bemerkbar. Verschiedene Programme zur Rückkehrförderung (vgl. BÜRKNER u. a. 1987) hatten zwar kurzfristig gewisse Erfolge aufzuweisen und spiegeln sich im deutlichen Anstieg der

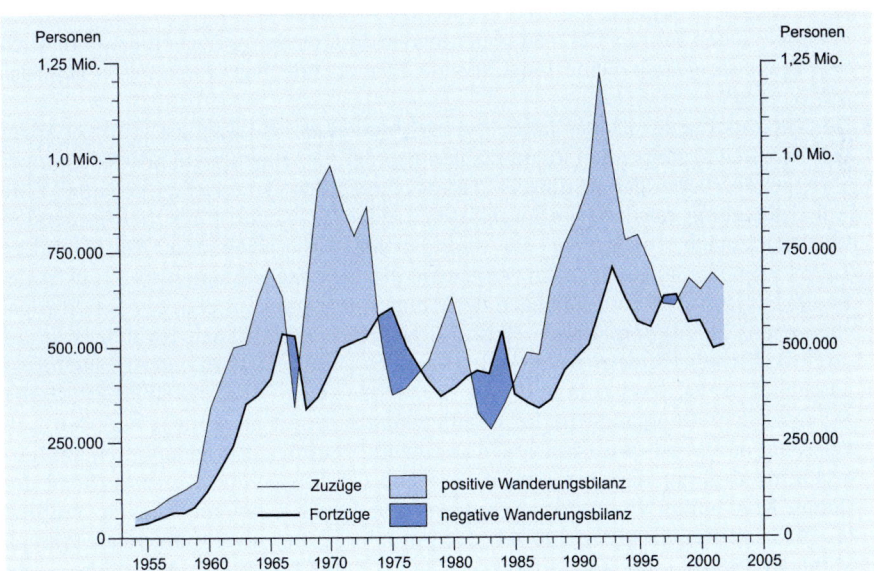

Abb. 74. Wanderungen von Ausländern über die Grenze der Bundesrepublik Deutschland 1954-2002. Quelle: FREY und MAMMEY (1996), ergänzt nach Statistische Jahrbücher für die Bundesrepublik Deutschland.

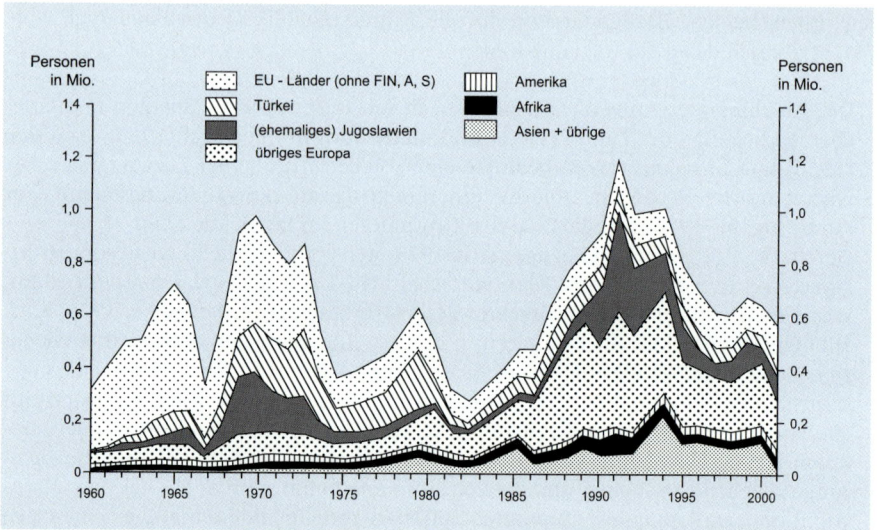

Abb. 75. Zuzüge von Ausländern in die Bundesrepublik Deutschland nach Herkunftsgebieten 1970–2001. Quelle: FREY und MAMMEY (1996), ergänzt nach Statistische Jahrbücher für die Bundesrepublik Deutschland.

Fortzüge in den Jahren 1982–84 wider, wie in anderen europäischen Ländern auch bewirkten sie jedoch keine längerfristige Trendwende (vgl. FREY 1990; WALDORF 1995).

3. Die sich ab Mitte der 1980er Jahre abzeichnende Entwicklungsphase wird vor allem von den steil ansteigenden Zuzugszahlen geprägt. Bei stagnierenden bzw. geringer ansteigenden Fortzügen resultieren daraus beträchtliche Wanderungsgewinne. Eine Aufschlüsselung nach Herkunftsgebieten (Abb. 75) macht einen tief greifenden Wandel deutlich. Die Anteile der traditionellen Gastarbeiterländer (insbesondere Türkei und ehemaliges Jugoslawien) sowie der EU-Mitgliedstaaten sind rückläufig. Deutlich angewachsen ist hingegen der Wanderungsstrom aus dem übrigen Europa, ebenso aus außereuropäischen Herkunftsgebieten. Eine Massenzuwanderung aus osteuropäischen Ländern nach Aufhebung des „Eisernen Vorhangs" ist allerdings ausgeblieben (vgl. FASSMANN und MÜNZ 2000). Auch die Freizügigkeit innerhalb der EU (mit einer Übergangsfrist für Spanien und Portugal bis Ende 1992), hat sich kaum auf das Wanderungsgeschehen ausgewirkt; sprunghaft zugenommen hat hingegen die Zahl der Asylantragsteller. Das sind Flüchtlinge, die – entsprechend der Genfer Konvention von 1951 – Schutz vor politischer Verfolgung suchen. Wurden bis 1975 selten mehr als 10.000 Anträge pro Jahr gezählt, so schnellte diese Zahl ab Mitte der 1980er Jahre auf den Rekordstand von 438.000 (1992). Verschiedene gesetzliche Regelungen (u. a. Einschränkung der Arbeitsaufnahme, Streichung von Kindergeld, Sachleistungen statt Sozialhilfe) führten jeweils nur kurzfristig zu einem Rückgang der Antragszahlen.

4. In der jüngsten, ab Mitte der 1990er Jahre zu datierenden Phase beginnt sich die Neuregelung des Asylrechts vom 1. 7. 1993 (u. a. Drittstaatenregelung) auszuwirken und nicht zuletzt dadurch stabilisieren sich die jährlichen Zuzüge von Ausländern auf 600.000–700.000 Personen, vorübergehend werden sogar negative Bilanzen registriert (Abb. 74). Die Zahl der Asylantragsteller geht steil auf unter 100.000 seit 1998 zurück. Bis Anfang der 1990er Jahre dominieren Antragsteller aus osteuropäischen Staaten; heute stehen Irak, die Türkei sowie die Bundesrepublik Jugoslawien an der Spitze. Generell verzeichnen außereuropäische Länder steigende Anteilswerte. Die Anerkennungsquote hat sich gegenüber der ersten Hälfte der 1970er Jahre deutlich vermindert; sie schwankt seit 1990 um 5%. Das liegt vor allem daran, dass Asylsuchende, die aus wirtschaftlichen Notstandsgebieten oder Bürgerkriegsregionen kommen oder als Folge von Naturkatastrophen fliehen, aufgrund der gesetzlichen Bestimmungen nicht anerkannt werden können; viele davon erhalten aber ein Bleiberecht und werden nicht abgeschoben (WENDT in GANS und KEMPER 2001, S. 136 ff.). Die restriktiveren Einreiseregelungen haben die illegale Immigration gefördert, die zuvor in Deutschland, anders als z. B. in Frankreich, keine größere Bedeutung hatte. Genaue Zahlen dazu gibt es nicht, allenfalls sind grobe Schätzungen anhand der in den 1990er Jahren drastisch gestiegenen Aufgriffe an der Grenze, zunehmender Strafanzeigen wegen illegaler Ausländerbeschäftigung und anderer Indikatoren möglich (vgl. LEDERER 1999; VOGEL 1999). Allein ca. 300.000 Prostituierte, vorwiegend aus Osteuropa und Afrika, sollen sich illegal in westeuropäischen Ländern aufhalten. Um den Arbeitsbedarf während der saisonalen Spitzen in Landwirtschaft und Gastgewerbe zu decken, ist es seit Beginn der 1990er Jahre auf rechtlich abgesicherter Basis möglich, temporäre Kräfte aus Polen (und weniger bedeutsam aus anderen osteuropäischen Staaten) anzuwerben, die nicht in die Wanderungsstatistik eingehen, weil sie nach maximal dreimonatigem Aufenthalt wieder zurückkehren müssen. Im Jahre 2002 sind ca. 250.000 Verträge dieser Art abgeschlossen worden (BECKER und HELLER 2002). Dagegen hatte die sog. *green card*-Regelung, nach der Computerspezialisten eine auf fünf Jahre befristete Arbeitserlaubnis erhalten können, nur begrenzten Erfolg.

5. Die zukünftige Entwicklung und damit eine weitere Phase könnte in der gesteuerten Zuwanderung aus demographischen Gründen und aus Arbeitskräftemangel in bestimmten Bereichen liegen. Ein Paradigmenwechsel in der Einwanderungspolitik zeichnet sich ab, seitdem die unabhängige Kommission „Zuwanderung" (sog. Süssmuth-Kommission) 2001 Vorschläge für ein Einwanderungsgesetz präsentiert und ein Punktesystem für die gezielte Auswahl der Zuwanderer vorgeschlagen hatte. Das im März 2002 verabschiedete Zuwanderungsgesetz, das viele dieser Vorschläge aufgegriffen hat, konnte allerdings nicht zum 1. 1. 2003 in Kraft treten, weil das Bundesverfassungsgericht kurz zuvor einer Klage gegen das Zustandekommen des Gesetzes stattgegeben hatte. Seitdem hält die Debatte darüber an; dabei besteht weitgehende Einigkeit, dass die Integration der in Deutschland z. T. schon lange Jahre lebenden Ausländer stärker als bisher gefördert werden muss (vgl. HECKMANN 2001). Schon zum 1. 1. 2000 ist eine Änderung des Staatsangehörigkeitsrechts in Kraft getreten, die die Einbürgerung von Ausländern erleichtert. Das Prinzip, die Staatsangehörigkeit ausschließlich nach der Abstammung festzulegen *(ius sanguinis),*

ist dadurch weiter in Richtung einer Berücksichtigung des Geburtsortes *(ius solis)* verschoben worden. Hatte die Zahl der Einbürgerungen während der 1980er Jahre bei lediglich ca. 15.000 pro Jahr gelegen, so stieg sie schon in den 1990er Jahren stark an und erreichte im Mittel der Jahre 2000–02 ca. 173.000 Personen.

Anders als in anderen europäischen Ländern ist die Außenwanderungsbilanz der Bundesrepublik Deutschland immer auch von Zuwanderern der eigenen Nationalität bestimmt worden. Nur in Frankreich gab es zu Beginn der 1960er Jahre eine ähnliche Situation, als fast 1 Mio. Menschen aus den ehemaligen Kolonien, besonders aus Algerien, repatriiert wurden. Die nach 1950 registrierten Zuzüge von Deutschen über die Grenze der früheren Bundesrepublik verteilen sich auf zwei Hauptgruppen:

1. Zuzüge, vor allem Übersiedler, aus der (ehemaligen) DDR,
2. Aussiedler aus den deutschen Siedlungsgebieten Osteuropas.

In den Jahren bis zum Bau der „Mauer" ist ein großer Teil des zusätzlichen Arbeitskräftebedarfs durch den Zustrom von Menschen über die innerdeutsche Grenze gedeckt worden. Für die Zeit zwischen 1950 und 1961 resultiert daraus ein Wanderungsüberschuss von 3,45 Mio. Personen, der sich bis 1988 nur langsam auf 4,01 Mio. erhöhte. Fast 80% davon waren **Übersiedler**, d. h. Flüchtlinge oder Zuwanderer mit genehmigter Ausreise, die im Notaufnahmeverfahren registriert worden sind. Im Gefolge der Veränderungen in Osteuropa und der Öffnung der DDR-Grenze stiegen die Zahlen dann sprunghaft an, und in den folgenden anderthalb Jahren bis zur Abschaffung des Notaufnahmeverfahrens im Juli 1990 wurden allein 582.000 Übersiedler gezählt (Kroll 1991; Wendt 1994).

Daneben hat die Bundesrepublik zwischen 1950 und 2000 über 4 Mio. **Aussiedler**, d. h. Menschen mit deutscher Staatsangehörigkeit oder Volkszugehörigkeit aus den ehemals deutschen Ostgebieten sowie den traditionellen Siedlungsgebieten in Osteuropa, aufgenommen. Mit den politischen Veränderungen in Osteuropa stieg deren Zahl sprunghaft auf fast 400.000 (1990) an. Als Reaktion darauf trat eine Verfahrensänderung in Kraft, und die Anträge müssen, anders als zuvor, bereits im Ausland gestellt werden. Dadurch und weitere Beschränkungen konnten die Einreisen (neuerdings fast ausschließlich aus der ehemaligen Sowjetunion) auf unter 100.000 (seit 2000) gedrückt werden. Die wirtschaftliche und soziale Eingliederung der Aussiedler stößt allerdings auf größere Schwierigkeiten, zumal sich das Problem regional in sehr unterschiedlichem Ausmaß stellt (Mammey und Schiener 1998; Heller u. a. 2002; Bade und Oltmer 2003).

Die Ausländerzuwanderung in die industriellen Zentren Mittel- und Westeuropas erklärt sich aus dem **Entwicklungsgefälle**, das zwischen diesen Ländern und den jeweiligen Herkunftsgebieten besteht, und ordnet sich damit in die weltweit beobachteten Wanderungstendenzen der Gegenwart ein. Aus der Sicht der Zielländer wurden die Gastarbeiter zunächst als „disponible Arbeitskraftreserven" und „Konjunkturpuffer" betrachtet. Durch die Anwerbung sollte gleichzeitig in den Herkunftsländern eine Entlastung der Arbeitsmarktsituation erreicht werden, während man sich von einer späteren Rückwanderung erfahrener und qualifizierter Kräfte entscheidende Impulse für die gesamtwirtschaftliche Entwicklung versprach. Die Realität sieht freilich ganz anders aus. Wenn sich auch im Allgemeinen in den Herkunftsgebieten eine kurzfristige Verminderung der Arbeitslosen sowie der Unter- und Teilzeitbeschäftigten feststellen lässt und die transferierten Gelder eine Verbesserung des individuellen Lebensstandards ermöglichen, so scheinen insgesamt doch die negativen Folgen zu überwiegen, die sich in der selektiven Reduzierung der Bevölkerung in sozialbiologischer wie sozialökonomischer Hinsicht, in partiellen oder totalen Orts- und Flurwüstungen, Versorgungsschwierigkeiten durch den Verlust unterer zentralörtlicher Funktionen, saisonal auftretendem Mangel an Arbeitskräften oder dem Fehlen von Facharbeitern für den Aufbau der eigenen Wirtschaft äußern (vgl. MERTINS 1984; STRUCK 1984; STRAUBHAAR 1988). Zudem sind die wirtschaftlichen Effekte der Rückwanderung erheblich überschätzt worden. Das im Ausland verdiente Geld ist vor allem in Baugrundstücken, Häusern und Eigentumswohnungen sowie in dauerhaften Konsumgütern angelegt worden und trägt damit zum gesamtwirtschaftlichen Wachstum nur wenig bei. Da viele Remigranten in den wirtschaftlichen Schwerpunktgebieten eine Beschäftigung finden bzw. dort ihre Ersparnisse investieren, um eine selbstständige Tätigkeit auszuüben (Geschäft, Werkstatt, Taxi- und Fuhrunternehmen), verstärken sich meist noch die bestehenden regionalen Disparitäten (vgl. MERTINS 1984; TOEPFER 1984; LEIB 1986; BERRIANE und HOPFINGER 1995; KAGERMEIER und POPP 1995).

Entsprechend den am Bedarf der Wirtschaft orientierten Zielsetzungen fanden die meist ungelernten und schlecht ausgebildeten Ausländer überwiegend in denjenigen **Berufsgruppen** einen Arbeitsplatz, in denen nicht genügend einheimische Kräfte zur Verfügung standen. Dies hatte zur Folge, dass sie vor allem unangenehme, gering bezahlte und prestigearme Tätigkeiten ausübten und damit die untersten Positionen in der Gesellschaft und der Beschäftigungsstruktur einnahmen (vgl. Tab. 31 sowie GRANATO 2003).

Diese „Unterschichtung" der Gesellschaft durch ausländische Bevölkerungsgruppen (HOFFMANN-NOWOTNY 1973, S. 51 ff.) brachte für viele Einheimische die Möglichkeit

Tab. 31 Erwerbstätige in der Bundesrepublik Deutschland nach Wirtschaftszweigen und Staatsangehörigkeit 2002 (%); Quelle: Statistisches Jahrbuch für die Bundesrepublik Deutschland 2003.

Wirtschaftszweig	Deutsche	Ausländer
Land- und Forstwirtschaft	2,6	1,3
Bergbau und Verarbeitendes Gewerbe	22,9	31,3
Baugewerbe	7,5	8,0
Energie, Wasser, Verkehr	6,4	5,6
Handel und Gastgewerbe	16,7	24,1
Öffentliche Verwaltung	8,8	2,2
Übrige Dienstleistungen	35,1	27,5
Gesamt	**100**	**100**

*) 1998

mit sich, in höhere Berufskategorien aufzusteigen, ohne zuvor ihre Qualifikation verbessert zu haben. Auf der anderen Seite führte dies aber auch zu sozialen Spannungen und zur Diskriminierung der Ausländer, weil sich diejenigen Einheimischen, denen kein sozialer Aufstieg gelang, nunmehr mit den Gastarbeitern auf eine Stufe gestellt sahen.

FASSMANN und SEIFERT (1997) haben am Vergleich zwischen Deutschland und Österreich eine bemerkenswerte Stabilität der ethnischen Segmentierung auf den jeweiligen Arbeitsmärkten nachgewiesen (vgl. Tab. 31). In Österreich ist die Fixierung auf berufliche Einstiegsplatzierungen stärker noch als in Deutschland, wo ausländische Arbeitskräfte der zweiten und dritten Generation gewisse Verbesserungen erreichen konnten. Trotzdem waren ausländische Erwerbspersonen von der ökonomischen Restrukturierung und dem damit verbundenen Verlust an Arbeitsplätzen für gering qualifizierte Beschäftigte besonders betroffen; die Arbeitslosigkeit dieser Gruppe ist deshalb seit langem erheblich höher als diejenige der deutschen Bevölkerung (KEMPER 2000, S. 39 f.).

Eine wesentliche Aufgabe einer **geographischen Analyse** der gegenwärtig in Europa beobachteten internationalen Wanderungsströme besteht darin, über die Nennung der wichtigsten Herkunfts- und Zielgebiete hinaus nach den räumlich unterschiedlichen Ab- und Zuwanderungsraten innerhalb der jeweiligen Länder und deren Ursachen zu fragen.

Bei einer Betrachtung der Verhältnisse in den **Herkunftsgebieten** zeigen sich deutliche Unterschiede zwischen denjenigen Staaten, die schon verhältnismäßig früh von der Abwanderung erfasst wurden, und solchen, die erst später eine größere Rolle im innereuropäischen Wanderungsgeschehen spielten. In der erstgenannten Gruppe zählen diejenigen Landesteile zu den Hauptabwanderungsgebieten, die unter starkem Bevölkerungsdruck leiden und deren wirtschaftlicher Entwicklungsstand unter dem nationalen Durchschnitt liegt, so in Portugal die dichtbesiedelten Nordprovinzen, in Spanien Galizien und Andalusien, in Italien der *Mezzogiorno* und in Griechenland die nördliche Gebirgsregion Epirus, Makedonien und Thrakien. In allen genannten Staaten wird überdies die Abwanderung mehr und mehr durch Zuwanderungen, vorwiegend aus Afrika, aber auch aus Osteuropa, kompensiert, sodass sich ihre lange Zeit negative Wanderungsbilanz seit Anfang der 1980er Jahre in eine positive gewandelt hat (BADE 2000, S. 323 ff.; SWIACZNY 2002). Eine ähnliche Entwicklung ist zukünftig, wie das Beispiel Polen zeigt (IGLICKA 2002), in einzelnen osteuropäischen Ländern zu erwarten.

Gänzlich anders liegen die Verhältnisse in Jugoslawien und der Türkei. Hier kamen die Migranten zunächst vorwiegend aus den höher entwickelten Regionen und zu einem beträchtlichen Teil sogar aus den größeren Städten, und ihr Ausbildungsniveau lag im Allgemeinen über dem nationalen Mittelwert. Vielfach konnte auch ein Wanderungsablauf in einzelnen Etappen festgestellt werden, indem vom ländlichen Raum zunächst in die Städte und erst von dort nach Mittel- und Westeuropa gewandert wurde. Dieses Migrationsmuster kann als erste Phase eines längeren Prozesses gedeutet werden, in dessen Verlauf die Abwanderung auf entlegenere Landesteile übergreift. Neuere Beobachtungen aus den betreffenden Ländern bestätigen diese Vermutung. Darüber hinaus findet auch innerhalb der jeweiligen Herkunftsräume ein Ausbreitungsprozess statt, wie ihn AZCÁRATE und MERTINS (1984) für die ländliche Provinz Orense (Galizien) beschrieben haben. Dieser geht vom Provinzhauptort aus und pflanzt sich entsprechend der Hierarchie der zentralen Orte fort.

Als wesentlicher Erklärungsansatz für derartige Diffusionsvorgänge ist auf den engen Zusammenhang zwischen Informationsausbreitung und Abwanderung hinzuweisen. So deutete BARTELS (1968) in seiner Untersuchung der Arbeiteremigration aus der Region Izmir die beobachteten räumlichen Unterschiede in erster Linie als Informationsphänomen. Dabei erwies sich Izmir, die Metropole des ägäischen Türkei-Raumes, als das entscheidende Nachrichtenzentrum, von dem die Innovationsimpulse ihren Ausgang nahmen. Kettenwanderungen sorgen dafür, dass das Migrationspotenzial in den Herkunftsgebieten ausgeschöpft wird (KEMPER 2000, S. 41).

GIESE (1978) konnte für die Bundesrepublik nachweisen, dass auch die Zuwanderung der Gastarbeiter durch einen **räumlichen Diffusionsprozess** gesteuert worden ist (Abb. 76). Anfang der 1960er Jahre erfolgte der Zuzug vorwiegend aus der Schweiz über die Arbeitsamtsbezirke Lörrach, Villingen und Konstanz. Kurz darauf wurde der Verdichtungsraum Stuttgart erreicht, wo sich das erste und stärkste Innovationszentrum der Gastarbeiterausbreitung herausbildete. Von hier aus griff die Innovation nicht nur auf das Umland über, sondern gleichzeitig auch auf den Raum Frankfurt-Offenbach und etwas später auf Köln-Solingen und Mannheim-Ludwigshafen. Zu weiteren Zentren der Beschäftigung ausländischer Arbeitnehmer wurden kurz darauf München, Helmstedt sowie Nürnberg und Hannover.

Daraus kann gefolgert werden, dass sich die Ausbreitung der Gastarbeiter in der ersten Phase der Diffusion bis etwa 1964 vornehmlich nach dem „hierarchischen Prinzip" vollzogen hat, d. h. die Innovation machte sich zunächst in Orten höchster Zentralitätsstufe bemerkbar und sprang später von dort zu solchen niedrigerer Stufe über. Entsprechend der von Süden aus erfolgenden Zuwanderung der Gastarbeiter ist ein sukzessives Vorrücken der Innovation von Zentren im Süden zu Zentren im Norden zu beobachten. Erst in der zweiten Phase des Ausbreitungsprozesses trat der „Nachbarschaftseffekt" stärker in Erscheinung. Nach und nach konnte auch im Umland der genannten Innovationszentren eine vermehrte Gastarbeiterbeschäftigung registriert werden. Insgesamt ergibt sich daher das Bild einer von Süden nach Norden hierarchisch gestaffelten, wellenförmigen Diffusion (GIESE 1978, S. 102). Seit Mitte der 1970er Jahre hat dann allerdings die Wirksamkeit der Diffusionskomponente deutlich abgenommen (NIPPER 1983, S. 78 ff.), und ab den späten 1980er Jahren lassen sich die räumlichen Muster durch eine Überlagerung von Konzentrations- und Dekonzentrationsprozessen charakterisieren. Kettenwanderungen und Familiennachzug sind eher konzentrationsfördernd, während die gleichmäßige räumliche Aufteilung von Asylbewerbern, Flüchtlingen und Aussiedlern stärker in Richtung Dekonzentration wirkt (KEMPER 2000, S. 42).

Erhalten geblieben ist jedoch in den alten Ländern das **Süd-Nord-Gefälle**. Hinsichtlich des Ausländeranteils standen Ende 2001 – neben den Stadtstaaten Hamburg (15,3%) und Berlin (12,8%) – Baden-Württemberg (12,2%) und Hessen (11,9%) an der Spitze, während Schleswig-Holstein (6,3%) und Niedersachsen (6,6%) – ebenso wie die neuen Länder (2,9%) – deutlich unter dem Bundesdurchschnitt von 8,8% lagen. Allerdings war in Übereinstimmung mit der Diffusionshy-

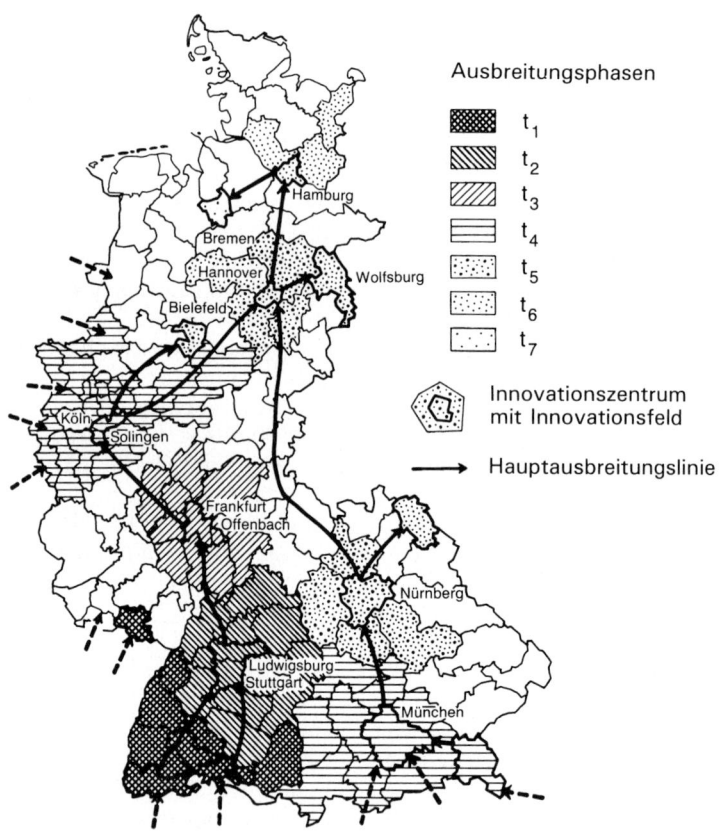

Abb. 76. Räumliche Diffusion ausländischer Arbeitnehmer in die Bundesrepublik Deutschland 1960–72. Quelle: GIESE (1978).

pothese die Steigerungsrate seit 1970 gerade im Norden überdurchschnittlich hoch.

In allen Regionen ist eine ausgeprägte **Konzentration der Ausländer auf die Großstädte** zu beobachten. Extreme Ausländeranteile werden in Offenbach (25,9%), Stuttgart (24,5%), Frankfurt/M. (24,1%) und München (22,8%) erreicht (Ende 1999). Das hängt nicht nur mit dem geschilderten Diffusionsablauf und nachfolgenden Binnenwanderungen zusammen, sondern erklärt sich auch aus dem bei der deutschen Bevölkerung wesentlich ausgeprägteren Suburbanisierungsprozess und dem unterschiedlichen natürlichen Wachstum von Deutschen und Ausländern (GANS 1997). Zwar ist eine bemerkenswerte Tendenz zur Angleichung im generativen Verhalten zu beobachten (COLEMAN 1994), doch liegt die TFR bezogen auf ausländische Mütter mit 1,8 (1999) noch immer höher als bei deutschen (1,3); zusammen mit dem Altersstruktureffekt führt dies dazu, dass auf ausländische Frauen deutlich mehr Ge-

**Tab. 32 Ausländische Bevölkerung in der Bundesrepublik Deutschland*)
nach Staatsangehörigkeit 1961–2002; Quelle: Statistische Jahrbücher für die Bundesrepublik Deutschland.**

Jahr	Gesamt-zahl (in 1000)	Staatsangehörigkeit (%)					
		Türkei	(ehem.) Jugos-lawien	Italien	Griechen-land	Spanien	Andere
1961	686	1,0	2,4	28,7	6,1	6,4	55,4
1968	2381	13,5	13,9	21,6	11,4	8,7	30,9
1971	3431	19,0	17,3	17,2	11,5	8,2	26,8
1974	4127	24,9	17,2	15,3	9,9	6,6	29,0
1981	4630	33,4	13,8	13,5	6,5	3,8	29,0
1989	4846	33,3	12,6	10,7	6,1	2,6	34,7
1995	7174	28,1	18,7	8,2	5,0	1,8	38,2
2002	7336	26,1	14,5	8,3	4,9	1,7	44,5
Beschäftigte							
2002	1960	27,2	15,2	10,1	5,5	2,0	40,0

*) 1961–1989: alte Länder

borene entfallen, als es ihrem Bevölkerungsanteil entsprechen würde (ROLOFF und
SCHWARZ 2003, S. 23 ff.).

Entsprechend der räumlichen Ausbreitung der Gastarbeiterbeschäftigung und der
zeitlichen Staffelung von zugewanderten Nationalitätengruppen (vgl. Abb. 75 und
Tab. 32) konzentrieren sich Letztere in z. T. charakteristischer Weise in bestimmten Gebieten der Bundesrepublik. So finden sich die zuletzt immigrierten Türken vorwiegend
in den größeren Städten des Nordens sowie im Ruhrgebiet (NEBE 1988; KEMPER 1997),
während in großen Teilen Bayerns Zuwanderer aus dem ehemaligen Jugoslawien die
stärkste Gruppe stellen.

Die **räumliche Verteilung der Nationalitäten** hat sich im Laufe der Zeit durch
Kettenwanderungen weiter verstärkt und wurde auch dadurch gefördert, dass größere Industriebetriebe auf eine möglichst homogene Zusammensetzung der Beschäftigten achteten (vgl. z. B. GENTILESCHI 1982; HAUG 2000, S. 180 ff.). Am Beispiel der tür-
kischen Zuwanderung haben WALDORF u. a. (1990) das Konzept der Kettenwanderungen zu einem formalen Modell ausgebaut und konnten dabei sowohl für die
Wanderungen von Erwerbspersonen als auch von Nicht-Erwerbspersonen Bestimmtheitsmaße von ca. 0,9 erreichen.

Neben solchen großräumigen Verbreitungsmustern ist die **Konzentration der
ausländischen Bevölkerung innerhalb einzelner großstädtischer Räume**
häufiger untersucht worden. Dies gilt nicht nur für Deutschland, sondern das räumliche Gefüge multi-ethnischer Städte ist weltweit ein wichtiges Forschungsthema,
das für die Stadtplanung sehr bedeutsam sein kann (ROSEMAN u. a. 1996; MUSTERD
u. a. 1998; SCHMALS 2000; MALHEIROS 2002). Die mehr oder weniger starke Segregation einzelner Ethnien – oft verbunden mit einem stark ethnisch geprägten Ge-

schäftsleben und einer Konzentration religiöser und kultureller Einrichtungen (vgl. HILLMANN 2001; EHRKAMP und LEITNER 2003; PÜTZ 2003) – lässt sich auf eine Vielzahl von Ursachen zurückführen. Das zeigt sich schon daran, dass sowohl statushohe als auch statusniedere Ausländergruppen stark segregiert leben können. Während im ersteren Fall die Segregation eher „freiwillig" ist (z. B. die Japaner in Düsseldorf und Frankfurt/M.; GLEBE 1997b; FREUND 1999), wirkt sich im zweiten Fall die Diskriminierung der Ausländer auf dem Wohnungsmarkt mit deutlich eingeschränkter Marktzugänglichkeit aus (GANS 1984; BÜRKNER 1987; IMHOF 1998). In besonderem Maße trifft dies in Deutschland für die türkische Bevölkerung zu, die hier wie in anderen europäischen Ballungsräumen – ähnlich den Marokkanern – stärker segregiert als andere ehemalige Gastarbeitergruppen lebt (vgl. MALHEIROS 2002). In ostdeutschen Städten, wo die Zahl der Ausländer vergleichsweise klein ist, wird die starke räumliche Konzentration dadurch bestimmt, dass Gemeinschaftsunterkünfte weit verbreitet sind (BECKER 1998).

In manchen Altbauquartieren deutscher Metropolen schienen sich in den 1970er Jahren Entwicklungen anzubahnen, die an die Bildung von Schwarzenghettos in den Vereinigten Staaten erinnern (HOFFMEYER-ZLOTNIK 1977). Sieht man von einigen Extrembeispielen ab, so ist jedoch in den deutschen (und auch österreichischen) Ausländervierteln im Allgemeinen die Abwanderung der ursprünglichen Bevölkerung weniger weit fortgeschritten, und die ethnische Homogenität der Bevölkerung und ihre räumliche und soziale Isolation sind weniger deutlich ausgeprägt (vgl. BÜRKNER 1987; NEBE 1988; GLEBE 1997; KEMPER 1998), sodass HOLZNER schon 1982 vom „myth of Turkish ghettoes" sprach.

Das liegt sicher u. a. daran, dass in Mitteleuropa staatliche und kommunale Stellen auf die bauliche Fortentwicklung dieser Wohnbereiche einen sehr viel größeren Einfluss ausüben als in den USA. Seit den späten 1980er Jahren ist in verschiedenen europäischen, darunter auch in deutschen Städten sogar ein leichter Rückgang der Segregation festzustellen (WHITE 1993; GLEBE 1996; KEMPER 1998; BÖLTKEN u. a. 2002). Allerdings gibt es auch Gegenbeispiele, wie die von FASSMANN (1996) für Wien beschriebene zunehmende Konzentration der Zuwanderer aus der Türkei und dem ehemaligen Jugoslawien auf Substandardwohnungen (vgl. dazu auch DANGSCHAT in SCHMALS 2000).

In einigen deutschen Städten ist die Segregation dennoch so erheblich, dass der „Ausländerfaktor" zu einem wichtigen Bestimmungsmerkmal ihrer sozialräumlichen Struktur geworden ist (vgl. Kap. 2.5.2). Neben Innenstadtbereichen und alten Ortskernen mit meist schlechter Bausubstanz treten insbesondere industrienahe Wohngebiete als Zentren der ausländischen Bevölkerung auf. Das ist zum einen auf Betriebsunterkünfte zurückzuführen, zum anderen aber auch darauf, dass einzelne Wohnbereiche infolge hoher Immissionsbelastung schon frühzeitig von der deutschen Bevölkerung verlassen wurden.

In Frankreich setzt sich die Bevölkerung der randstädtischen *bidonvilles* fast ausschließlich aus Ausländern zusammen. Auch in einzelnen Großkomplexen des sozialen Wohnungsbaus ist die Konzentration erheblich (WHITE 1989, S. 199), folglich sind die Kontakte zur einheimischen Bevölkerung auf ein Minimum beschränkt, und eine Integration wird weitgehend verhindert.

4.4 Binnenwanderungen

4.4.1 Ausmaß und Bedeutung von Binnenwanderungen im Zeitalter der Industrialisierung

Nach der „Theorie der Mobilitätstransformation" (vgl. Kap. 4.1.1) waren in vorindustrieller Zeit alle Formen räumlicher Mobilität zahlenmäßig recht unbedeutsam. Diese These ist von der historischen Migrationsforschung mittlerweile erheblich relativiert worden (vgl. BÄHR u. a. 1992, S. 689 ff.; KLINGBEIL 1997; OBERPENNING und STEIDL 2001; BADE 2002). Es waren jedoch in erster Linie kleinräumige und teilweise temporäre Wanderungsbewegungen, die die Mobilität vorindustrieller Gesellschaften kennzeichneten. Grenzüberschreitende Wanderungen bildeten eher die Ausnahme. Das änderte sich im beginnenden Industriezeitalter, als Aus- und Binnenwanderungen eng miteinander verknüpft waren und ineinandergriffen (vgl. Kap. 4.3.1). Für Deutschland, das hier exemplarisch betrachtet werden soll, konnte nachgewiesen werden, dass zunächst die Auswanderungen dominierten und diese ab etwa 1870 in steigendem Maße durch Binnenwanderungen ersetzt wurden.

Die **zunehmende Mobilitätsbereitschaft** der Menschen ist vor dem Hintergrund einer sich stetig verschärfenden Bevölkerungskrise zu sehen, die in den 1830er und 40er Jahren ihren Höhepunkt erreichte und zu einer Massenverelendung (Pauperismus) führte, da dem aufgrund des Bevölkerungswachstums steigenden Arbeitskräftepotenzial kein vermehrtes Arbeitsplatzangebot gegenüberstand (vgl. HOCHSTADT 1999, S. 177 ff.). So haben Berechnungen für Rheinland-Westfalen ergeben, dass 1848 nur für etwa 80% der verfügbaren Arbeitskräfte auch Arbeitsplätze mit einem zur Versorgung einer Familie ausreichenden Einkommen vorhanden waren (KÖLLMANN 1977, S. 15). Die hohen Auswanderungsraten dieser Zeit brachten zwar eine gewisse Entlastung, hätten jedoch allein die drohende Katastrophe nicht verhindern können, die sich mit dem wachsenden Elend der Beschäftigungs- und Nahrungslosen, dem Zustrom Arbeitsloser in die Städte und nicht zuletzt auch mit den Aufständen der Revolutionsjahre bereits anzukündigen schien. Dass es nicht zu einer Übervölkerungskatastrophe wie in Irland kam, ist allein auf die beginnende Industrialisierung zurückzuführen, die Mitte des vorigen Jahrhunderts einsetzte und trotz krisenhafter Einbrüche bis zum Ersten Weltkrieg andauerte. Damit war eine vorher nicht für möglich gehaltene Ausweitung des Nahrungsspielraums und die Existenzsicherung unzähliger Familien verbunden. Gemäß dem für die Periode der Hochindustrialisierung weitgehend gültigen „Gesetz vom doppelten Stellenwert" (KÖLLMANN 1974, S. 38) brachte jede neu geschaffene industrielle Stelle eine zweite im Bereich der Versorgung, der Verwaltung oder der Dienstleistungen mit sich. Zwar reichten die Einkommen in der Anfangsphase der industriellen Entwicklung oftmals nur für ein Dasein am Rande des Elends aus, aber allmählich trat eine allgemeine Verbesserung des Lebensstandards ein (vgl. KAMPHOEFNER 1983).

Der industrielle Auf- und Ausbau in Deutschland lenkte die vorher hauptsächlich auf überseeische Ziele gerichteten Wanderungsströme mehr und mehr auf die neuen Industriestandorte, ohne dass man aufs Ganze gesehen von „Landflucht" im Sinne eines effektiven Bevölkerungsverlustes sprechen kann (MATZERATH 1985, S. 11). KÖLL-MANN (1974, S. 141) hat besonders betont, dass die industrielle Gesellschaft „in der Wanderung" entstand und damit die industriellen Zentren „eine weit über den ökonomischen Bereich hinausgehende historische Bedeutung als sozialer und politischer Katalysator" erlangten. Mit dem Wanderungsentschluss lösten sich die Menschen bewusst aus dem alten sozialen Gefüge heraus und wurden am Wanderungsziel in ein neues, arbeitsteiliges System eingegliedert, ohne zugleich auch neue soziale Bindungen vorzufinden. Dies führte nicht nur zu einer hohen betrieblichen Fluktuation der Arbeiterschaft, sondern auch zu einer erheblichen räumlichen Mobilität als Fortsetzung des ersten Zuzugs zum industriellen Standort. Die alleinige Analyse des Wanderungsgewinnes einzelner Städte und Regionen wird daher die Bedeutung der Binnenwanderungen nur unzureichend zum Ausdruck bringen.

Für die Zeit ab 1881 hat LANGEWIESCHE (1977 und 1979), aufbauend auf der grundlegenden Untersuchung von HEBERLE und MEYER (1937), das **Wanderungsvolumen deutscher Großstädte** in seinen beiden Komponenten einer detaillierten Betrachtung unterzogen und daraus einige wichtige Ergebnisse abgeleitet, durch die vor allem die weitverbreitete Ansicht widerlegt werden konnte, die Migrationen der Hochindustrialisierungsphase seien als eine Art „Einbahnstraße" in Form der Land-Stadt-Wanderungen abgelaufen (vgl. auch BORSCHEID 1979; HOCHSTADT 1981 und 1999; LANGEWIESCHE und LENGER 1987; LEINER 1994).

Abbildung 77 verdeutlicht den außerordentlichen Mobilitätsanstieg zwischen 1881 und 1912. Zugleich wird ersichtlich, dass der Wanderungsgewinn der Städte nur einen Bruchteil des Wanderungsvolumens ausmachte und somit der Bevölkerungsumschlag sehr bedeutsam gewesen ist.

Wenn auch der Aufwärtstrend der Mobilitätskurve während des gesamten Beobachtungszeitraums anhielt und erst nach dem Ersten Weltkrieg abbrach, traten doch zeitweilig einzelne Abflachungen und Einschnitte auf, die sich verhältnismäßig gut mit den Konjunkturzyklen parallelisieren lassen (LANGEWIESCHE 1977, S. 9 ff.). So spiegeln sich die konjunkturellen Einbrüche der Jahre 1893–94 und 1901–02 (wie auch die hier nicht erfasste Gründerkrise der Jahre ab 1873) in einem deutlichen Absinken der Mobilitätsziffern wider. Insgesamt gesehen reagierte die Zuwanderung flexibler als die Abwanderung auf alle Veränderungen im ökonomischen Bereich, d. h. die Zuwanderungsraten stiegen in den Boomjahren

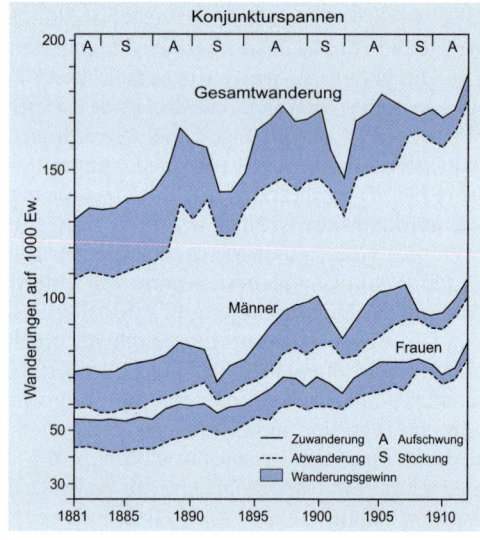

Abb. 77. Zu- und Abwanderung in deutschen Städten über 50 000 Einwohner 1881–1912. Quelle: LANGEWIESCHE (1977).

schneller und fielen in den Einbruchsphasen rascher, sodass die Wanderungsüberschüsse während eines konjunkturellen Aufschwungs größer als in Depressionszeiten waren. Ein besonders heftiges Auf und Ab der Wanderungskurven ist für alle Städte mit einseitiger wirtschaftlicher Basis (z. B. im Ruhrgebiet; vgl. JACKSON 1979 für Duisburg) kennzeichnend; dagegen konnten Städte mit einer gemischten Wirtschaftsstruktur Beschäftigungsschwankungen weit eher innerörtlich ausgleichen.

Die gleichermaßen hohen Zu- und Abwanderungsraten in den größeren deutschen Städten legen es nahe, drei **Richtungstypen der Migration** zu unterscheiden; die Land-Stadt-, die Stadt-Land- und die Stadt-Stadt-Wanderung. Davon sind die Land-Stadt gerichteten Bewegungen am bedeutendsten: Nach den Ergebnissen der Volkszählung von 1907 ergibt sich für die Bilanz zwischen den in die Stadt gezogenen Landgebürtigen und den auf das Land gezogenen Stadtgebürtigen ein Überschuss von 8,3 Mio. Menschen (KÖLLMANN 1974, S. 130). Dadurch verschoben sich die Bevölkerungsanteile von Stadt und Land erheblich. Lebten noch 1871 fast zwei Drittel aller Deutschen in Landgemeinden unter 2.000 Ew., so waren es 1910 nur noch knapp 40%. Weitaus am stärksten stieg im genannten Zeitraum der Anteil der großstädtischen Bewohner, der 1871 noch weniger als 5%, 1910 aber schon mehr als 20% der Reichsbevölkerung ausmachte. Entsprechend der jeweiligen Wirtschaftsstruktur ergaben sich allerdings beträchtliche regionale Unterschiede. Den drei hoch industrialisierten und verstädterten Bereichen der Rheinprovinz, der Provinz Westfalen und des Königreichs Sachsen standen die weitgehend agrarisch geprägten Räume des Ostens (z. B. Ost- und Westpreußen) mit nur geringem Verstädterungsgrad gegenüber.

In welchem Ausmaß und mit welcher Geschwindigkeit sich die Entwicklung einer industriellen Ballung vollziehen konnte, zeigt das Beispiel der Stadt Gelsenkirchen, deren Bevölkerung sich zwischen 1871 und 1910 mehr als verzehnfachte. Aber auch andere Städte konnten ihre Bevölkerungszahl im gleichen Zeitraum erheblich vermehren, so z. B. Kiel, Plauen, Düsseldorf, Essen und Duisburg, die um das Vier- bis Fünffache wuchsen (SCHOTT 1912, S. 89 ff.; KÖLLMANN 1974, S. 129 ff.). Hier war naturgemäß der Wanderungsanteil an der Bevölkerungszunahme besonders hoch (vgl. LAUX 1984; GLAESSER 1991).

Wenn sich damit auch die Industrie „als der eigentliche Städtebildner der Neuzeit" erwies (KÖLLMANN 1974, S. 38), so ist doch das vorindustrielle Ordnungsmuster weitgehend erhalten geblieben, was sich an der nur wenig gewandelten Ranggrößenverteilung der Siedlungen während der zweiten Hälfte des 19. Jh. ablesen lässt. Für Preußen ist lediglich eine Verschiebung innerhalb der Rangverteilung festzustellen, die sich aus der Verlagerung und Konzentration von Industrie- und Gewerbestandorten erklärt (vgl. BÖHM 1979; MATZERATH 1985).

Naturgemäß lebten in den Großstädten besonders viele nicht am Ort geborene Menschen. Ihr Anteil an der Bevölkerung betrug im Jahre 1907 fast 57%, im Vergleich zu 49% für das Deutsche Reich insgesamt. Freilich war auch in diesem Fall die Schwankungsbreite erheblich (Tab. 33). So besaß Charlottenburg unter den deutschen Großstädten mit 18,6% den geringsten und Aachen mit 65,4% den höchsten Bestand an Ortsgebürtigen. Im Fall von Charlottenburg erklärt sich die außergewöhnlich große Abweichung vom Durchschnitt dadurch, dass die Stadt zum Zeitpunkt der Zählung noch selbständige Gemeinde, strukturell jedoch bereits ein Teil Groß-Berlins war. Da-

Tab. 33 Herkunftsstruktur der Bevölkerung deutscher Großstädte 1907; Quelle: KÖLLMANN (1974).

Stadt	Orts-gebürtige (%)	Nah-wanderer*) (%)	Fern-wanderer**) (%)	Anteil der Nahwanderer an den Binnen-wand. (%)
Königsberg	40,8	50,6	7,4	87,2
Berlin	40,5	18,0	39,1	31,5
Charlottenburg	18,6	33,0	44,8	42,4
Kiel	32,2	30,5	35,6	46,1
Hamburg	48,2	22,2	26,4	45,7
Gelsenkirchen	38,6	28,5	31,2	40,9
Dortmund	41,9	30,7	25,1	55,0
Aachen	65,4	24,7	5,7	81,3
Stuttgart	41,5	45,3	10,4	81,3
Großstädte insgesamt	**42,4**	**32,0**	**22,9**	**58,3**

*) Nahwanderer sind im Allgemeinen Zugezogene der gleichen Provinz
**) ohne Ausländer

gegen stehen Aachen und einige andere von der Textilindustrie geprägte Städte, wie Krefeld oder Barmen, am entgegengesetzten Ende der Skala, weil die Zeit des beschleunigten Bevölkerungswachstums hier bereits in die Frühindustrialisierungsperiode fällt.

Die Binnenwanderungen sind, bei damals noch sehr eingeschränkten Pendlereinzugsbereichen, überwiegend als Nahwanderungen abgelaufen. Das gilt insbesondere für die Frühphase des städtisch-industriellen Aufschwungs, während in einem späteren Entwicklungsabschnitt der Sog der großen Ballungsgebiete mehr und mehr auch auf entferntere Bereiche übergriff, nicht zuletzt bedingt durch die Verbesserung der Transport- und Kommunikationsmittel. Für Deutschland insgesamt lag 1907 der Anteil der Nahwanderer bei fast 70% und selbst in Großstädten noch bei 58%. Die Werte für einzelne besonders stark vom Mittelwert abweichende Städte sind in Tabelle 33 zusammengestellt. Der hohe **Nahwanderungsanteil** für Königsberg und Stuttgart bestätigt die Funktion dieser Städte als Umschlagplatz und zugleich als Zwischenstation eines Wanderungsweges mit entfernterem Endziel (Etappenwanderung). Dagegen ist der **Fernwanderungsanteil** in Berlin, in Gelsenkirchen und anderen Ruhrgebietsstädten, aber auch in Hamburg und Kiel, besonders groß. Die letzten beiden Städte nehmen dabei eine Sonderstellung ein: Hamburg als Zwischenstation vor einer Auswanderung und Kiel als Flottenbasis des Reiches mit vielen nach dort versetzten Beamten und Soldaten (vgl. GLAESSER 1991). Dass die Fernwanderungsraten für alle Ruhrgebietsstädte und den Großraum Berlin erheblich über dem Durchschnitt liegen, ist auf den großen Wanderungsstrom zurückzuführen, der von den nordöstlichen Provinzen ausging. Es sei daran erinnert, dass sich hier ein wachsender Bevölkerungsdruck erst in den 1870er Jahren bemerkbar machte und die Westwanderung nach Berlin sowie an die Ruhr die Überseewanderung wenigstens zum Teil ersetzte. Der negativen Wanderungsbilanz für Ostdeutschland in Höhe von knapp 2 Mio. Personen (1907) steht daher ein nahezu ebenso hoher positiver Saldo für Berlin/Brandenburg (1,2 Mio.) und Westdeutschland (0,64 Mio.) gegenüber (KIRSTEN u. a. 1965, S. 88).

Wie LANGEWIESCHE (1977, S. 15 ff.) zeigen konnte, unterschätzen statistische Momentaufnahmen in Form von Bevölkerungszählungen den Umfang der Binnenwanderung und insbesondere die Zahl der Nahwanderer erheblich. Genaue Auszählungen für einzelne Städte lassen erkennen, dass die Wanderungsbewegungen starken **saisonalen Schwankungen** mit ausgeprägten Spitzen im April und Oktober und einem sinkenden Volumen im Sommer und Winter unterlagen (vgl. dazu auch HEBERLE und MEYER 1937, S. 71 ff.; BORSCHEID u. a. 1981, S. 40 ff.). Stellt man zusätzlich in Rechnung, dass die Fluktuation unter den Migranten außerordentlich hoch war – so wanderten z. B. von 46.000 Menschen, die 1905 nach Chemnitz zogen, über 50% im gleichen Jahr wieder ab –, so wird erklärlich, dass die stets im Dezember, dem absoluten Tiefpunkt städtischer Wanderungswellen, vorgenommenen Bevölkerungszählungen nur einen Teil der Migranten erfassen konnten.

In vielen Städten dürfte der Anteil der hochgradig mobilen und nur zeitweilig dort lebenden Menschen ein Viertel bis ein Drittel der Gesamtbevölkerung betragen haben. Diese Zuwanderer kamen vor allem aus der näheren Umgebung des jeweiligen Zentrums und kehrten, häufig auch mehrfach, wieder dorthin zurück. Die Binnenwanderungsvorgänge während der Hochindustrialisierungsperiode sind daher als ein „pulsierender Wechsel von Zu- und Abstrom zwischen Land und Stadt sowie zwischen Städten" (LANGEWIESCHE 1977, S. 19) zu verstehen, und die temporäre Wanderung in die Stadt diente oftmals als Vorstufe für eine spätere dauerhafte Ansiedlung (KAMPHOEFNER 1983, S. 96).

Der ständige **Bevölkerungsaustausch zwischen Stadt und Land**, der im saisonalen Verlauf der Wanderungskurven seinen deutlichsten Ausdruck findet, zeigt, dass man von einer strengen Trennung zwischen einer industriellen und einer agrarischen Bevölkerung zum damaligen Zeitpunkt noch nicht sprechen kann (LANGEWIESCHE 1977, S. 22 f.). Im Sommer bot der nicht-industrielle Arbeitsmarkt vielfältige Beschäftigungsmöglichkeiten außerhalb der großen Städte. Das führte dazu, dass ein Teil der vorher in die Stadt gekommenen Menschen diese wieder verließ und den städtischen Arbeitsmarkt entlastete. Im Herbst hingegen fanden vor allem ungelernte Arbeitskräfte auf dem Land keine ausreichende Beschäftigung mehr und kehrten daher oft zurück. Zu den Wanderungsgipfeln im April und Oktober haben aber auch umgekehrt gerichtete Bewegungen beigetragen. So löste z. B. die im Frühjahr beginnende und im Herbst nachlassende Bautätigkeit in den Städten jeweils einen entsprechenden Zu- und Abstrom aus. Mit BLEEK (1989) ist allerdings darauf hinzuweisen, dass die hohe Fluktuation nicht für alle Migranten gilt. Zutreffender dürfte vielmehr das Nebeneinander einer hoch mobilen und einer sich nach der Wanderung rasch konsolidierenden Gruppe sein. Darüber hinaus ist davon auszugehen, dass im Laufe der Zeit die dauerhafte Übersiedlung in die Städte zunahm und dadurch nach der Jahrhundertwende die Gesamtwanderungsraten nicht mehr wesentlich anstiegen, obwohl sich der Industrialisierungsprozess noch weiter fortsetzte.

Bei der Beurteilung der abschließend zusammenfassend charakterisierten Auslesewirkungen des Wanderungsprozesses sei insbesondere auf die Vergleichsmöglichkeiten mit der heutigen Situation in Industrie- und Entwicklungsländern hingewiesen (vgl. Kap. 4.4.2 und 4.4.3). In Anlehnung an LANGEWIESCHE (1979, S. 78 ff.) lässt sich die **innere Differenzierung der Wanderungsströme** wie folgt charakterisieren (vgl. auch die Übersicht in WILLIAMSON 1988 sowie HOCHSTADT 1999, S. 144 ff.).

1. Geschlechtsspezifische Unterschiede sind sowohl hinsichtlich des Umfangs und der Konjunkturabhängigkeit der Wanderungsbewegungen als auch im Hinblick auf die Wanderungsdistanz nachweisbar. Im statistischen Mittel überstieg das Wanderungsvolumen der Männer – bei allerdings besonders ausgeprägten konjunkturellen Schwankungen – stets das der Frauen (vgl. Abb. 77). Nur die Nahwanderungen wurden überwiegend vom weiblichen Bevölkerungsteil getragen, eine Regelhaftigkeit, die schon RAVENSTEIN für England herausgestellt hatte und die sich auch für andere Länder nachweisen lässt (vgl. z. B. FASSMANN 1986, S. 31 ff. für Wien). Als Erklärung für diese Beobachtungen muss auf die unterschiedliche Beschäftigungssituation bei männlichen und weiblichen Migranten verwiesen werden. Die in die Städte zugezogenen berufstätigen Frauen waren meist im Bereich häuslicher Dienstleistungen tätig. Dabei bildete das ländliche Umland der großen Städte das Hauptreservoir für die häufig noch sehr jungen Dienstboten. Von Veränderungen im ökonomischen Bereich war diese Berufsgruppe im Allgemeinen weniger stark betroffen als industrielle oder gewerbliche Wirtschaftszweige. Außerdem kann dieser Wanderungstyp im Sinne einer „Migration in Gebiete erhöhter Heiratschancen" (BÖHM 1985, S. 41) interpretiert werden.
2. Die Altersgruppen zwischen 16 und 30 Jahren waren überproportional an den Wanderungsvorgängen beteiligt. In engem Zusammenhang damit steht der hohe Anteil von Einzelwanderern und berufstätigen Migranten. Das führte in den Städten zu einem Überbesatz der entsprechenden Altersgruppen, wobei in den traditionellen Textilverarbeitungsstandorten und in den städtischen Dienstleistungszentren überdurchschnittlich hohe weibliche, in Bergbaugebieten und Standorten Eisen schaffender bzw. verarbeitender Industrie überdurchschnittlich hohe männliche Bevölkerungsanteile auftraten. Die schnell abnehmende regionale Mobilität ab dem 30. Lebensjahr dürfte in erster Linie auf die in höherem Alter sehr viel geringeren Berufschancen zurückzuführen sein. Normalerweise erreichte der Arbeiter mit etwa 35 Jahren sein Verdienstmaximum, dann war er den Leistungsanforderungen nicht mehr gewachsen und musste sich eine leichtere und schlechter bezahlte Tätigkeit suchen. Das Bürgertum blieb im Durchschnitt zwar ungefähr ein Jahrzehnt länger mobil, nach dem 40. Lebensjahr sank aber auch hier die Wanderungsquote rasch ab.
3. Eindeutige Zusammenhänge zwischen beruflicher Qualifikation und Mobilitätsgrad sind nicht erkennbar. Zwar gibt es eine Reihe von Hinweisen für eine mit steigendem Sozialstatus sinkende Migrationshäufigkeit, die Beziehung ist jedoch nicht besonders eng. Das mag daran liegen, dass gerade bei dem hoch mobilen Bevölkerungsteil zwei sehr gegensätzliche Typen überproportional vertreten sind, einerseits die unqualifizierten Arbeiter, andererseits hoch qualifizierte Angestellte und Beamte, die vielfach mit Familie und häufig auch über große Distanzen wanderten. Besser nachweisbar ist die Konzentration der Zuwanderer auf einzelne Berufsgruppen. So lag z. B. 1907 in den Großstädten an der Ruhr der Anteil der am Ort Gebo-

renen in den Bergbauberufen wesentlich niedriger, als es dem Durchschnitt entsprechen würde, während im Metallgewerbe und im Maschinenbau die umgekehrte Relation galt, da diese Berufsgruppen im Vergleich zur Tätigkeit unter Tage ein höheres Ansehen hatten (KÖLLMANN 1974, S. 175). Die weiblichen Dienstboten wurden in allen Städten fast ausschließlich von Zuwanderern gestellt.

Ebenfalls gut belegt ist der unterschiedliche Wanderungsradius von Bürgertum und Arbeiterschaft. Im Allgemeinen nahm der Anteil der besser ausgebildeten und in gehobenen Berufen Beschäftigten mit steigender Wanderungsdistanz zu, und selbst innerhalb der Arbeiter bestand ein vergleichbarer Gegensatz zwischen gelernten und ungelernten Kräften. Als Ausnahme kann lediglich die nordostdeutsche Massenzuwanderung ins Ruhrgebiet gelten, an der vor allem nichterbende Bauernsöhne, Kötter und landwirtschaftliche Arbeiter (darunter sehr viele Polen), aber nur wenig Handwerker und Angestellte beteiligt waren. Zur Deckung des ungeheuren Arbeitskräftebedarfs in der jungen Industrie sandten die Unternehmen z. T. Agenten in die Ostprovinzen, um Arbeitskräfte anzuwerben. Die Neuzuwanderer fanden zunächst überwiegend als ungelernte Arbeiter (in erster Linie im Bergbau) eine Beschäftigung (STEINBERG 1978, S. 81). Damit – so hat KÖLLMANN (1974, S. 115) die Folgen dieser Entwicklung zusammengefasst – verlagerte sich der verhinderte ländliche Pauperismus in Nordostdeutschland in die soziale Problematik der westdeutschen Industriegroßstadt. Denn gerade für die aus dem Nordosten Gekommenen war die Eingliederung in ihren neuen Lebensbereich oft nicht einfach, und der Integrationsprozess zum neuen „Ruhrvolk" dauerte mehrere Generationen (BREPOHL 1948; KLESSMANN 1978).

4.4.2 Bestimmungsgründe und Auslesewirkungen interregionaler Wanderungen in hoch entwickelten Staaten

Die Phase eines beschleunigten Städtewachstums und einer zunehmenden Konzentration der Bevölkerung, wie sie in allen westeuropäischen Staaten und in Nordamerika in Zusammenhang mit dem Industrialisierungsprozess beobachtet werden konnte, wird in der Gegenwart von einem Entwicklungsabschnitt abgelöst, in dem die Zahl der in den Städten lebenden Menschen nur noch verhältnismäßig langsam wächst oder sogar stagniert. Das gilt selbst dann noch, wenn man sich nicht nur auf Städte im engeren Sinne, sondern auf umfassendere metropolitane Regionen bezieht (vgl. Kap. 2.3.2).

Für die **(frühere) Bundesrepublik Deutschland**, die hier zunächst betrachtet werden soll, lässt sich die Entwicklung seit dem Zweiten Weltkrieg in vier Phasen gliedern:

1. In der Kriegs- und ersten Nachkriegsperiode wurde der seit Mitte des 19. Jh. anhaltende Verstädterungsprozess gewaltsam unterbrochen, und die Landgemeinden hatten den Hauptteil des Bevölkerungswachstums zu tragen. Neben Evakuierten (vgl. HOHN 1991) fanden hier auch Flüchtlinge und Vertriebene eine erste Bleibe. Während daher die Zahl der in Großstädten lebenden Menschen zwischen 1939 und 1946 um über 20% zurückging, nahm die Bevölkerung in Orten unter 2.000

Ew. um fast den gleichen Prozentsatz zu, und noch schneller (um 40%) stieg die Einwohnerzahl der Kleinstädte (bis 10.000 Ew.). Regional gesehen hatten die in der Aufnahme von Flüchtlingen herausragenden Länder Schleswig-Holstein (62%), Niedersachsen (38%) und Bayern (24%) besonders hohe Zuwachsraten gegenüber 1939 aufzuweisen, während in den Stadtstaaten und Nordrhein-Westfalen die Bevölkerung 1946 noch nicht wieder den Vorkriegsstand erreicht hatte (MACKENSEN u. a. 1975, S. 38).

2. Mit dem Rückstrom der Evakuiertern und der Weiterwanderung der Flüchtlinge und Vertriebenen in die Zentren des wirtschaftlichen Aufschwungs setzte der Verdichtungsprozess erneut ein. Schon 1950 verzeichneten alle Großstädte zusammen fast wieder die gleiche Einwohnerzahl wie 1939, und 1960 hatte auch ihr Anteil an der Gesamtbevölkerung mit 31% ungefähr den Vorkriegsstand erreicht. Dagegen gaben die Landgemeinden – nicht zuletzt durch eine Freisetzung von Arbeitskräften in der Landwirtschaft bedingt – in den 1950er Jahren 10% ihres Bevölkerungsbestandes ab. Mit diesen Veränderungen ging eine großräumige Nord-Süd-Wanderung einher. Die Länder Schleswig-Holstein und Niedersachsen (wie auch große Teile Bayerns) verloren zwischen den Volkszählungen von 1950 und 1961 an Bewohnern (–11 bzw. –2%); besonders rasch stiegen demgegenüber die Einwohnerzahlen in Nordrhein-Westfalen und Baden-Württemberg (jeweils um 20%).

3. Zu Beginn der 1960er Jahre bahnte sich eine Wende im Prozess der zunehmenden Bevölkerungskonzentration an. Zum letzten Mal wiesen jetzt die Großstädte für die deutschen Bewohner Binnenwanderungsgewinne auf; in den folgenden Jahren wurden nur noch durch den Zustrom von Ausländern Überschüsse erzielt. In der Periode von 1961–70 lagen die Zuwachsraten in den Verdichtungsräumen erstmals unter dem nationalen Mittelwert. Dabei zeichneten sich die Kernstädte durch unterproportionale Zunahmen oder sogar schrumpfende Bevölkerungszahlen aus, während die Randzonen rasch an Einwohnern gewannen. Dieses Wachstum wurde sowohl durch den Wegzug aus den Zentren gefördert als auch durch eine Zuwanderung aus peripheren ländlichen Regionen (MACKENSEN u. a. 1975, S. 38). Parallel dazu ging das großregionale Wanderungsgefälle deutlich zurück und kehrte sich z. T. sogar um (BUCHER und HEINS in GANS und KEMPER 2001).

4. Der Gegensatz zwischen Verdichtungsgebieten und ländlichen Räumen, der die Bevölkerungsentwicklung und die Migrationsbewegungen bis in die 1960er Jahre bestimmt hatte, wird seitdem durch ein differenzierteres Wanderungsmuster ersetzt. Zwar verzeichnen viele der traditionellen Abwanderungsgebiete (z. B. Emsland, Eifel, Oberfranken) auch weiterhin Bevölkerungsverluste, an den Wanderungsgewinnen sind jedoch nicht mehr sämtliche Verdichtungsräume beteiligt. Seit der Ruhrkohlenkrise heben sich die „industriellen Problemgebiete" immer deutlicher von den „attraktiven Verdichtungsräumen" mit ihrem vielseitigeren und sichereren Arbeitsplatzangebot, besseren Verdienstmöglichkeiten und höherem Freizeitwert ab. Während im Ruhrgebiet und im Saarland fortdauernde Wanderungsverluste auftreten, erzielen die Verdichtungsräume Hamburg, Düsseldorf, Köln-Bonn, Rhein-Main, Rhein-Neckar, Stuttgart und München hohe Wanderungsgewinne. Noch stärker freilich wachsen die kleineren Verdichtungsregionen. Aber auch einzelne ländliche Räume, vor allem im Süden (Alpenvorland), verzeichnen Wande-

rungsgewinne (vgl. VOGELSANG und KONTULY 1986). Großräumig gesehen, resultiert daraus ein Süd-Nord-Gefälle zu Lasten der norddeutschen Küstenländer sowie Nordrhein-Westfalens und zugunsten Süddeutschlands. Dieses Gefälle zeichnet nicht nur Unterschiede der Bevölkerungs- und Wanderungsentwicklung nach, sondern kommt noch weit deutlicher in wirtschaftlichen Daten (z. B. Arbeitslosenquote, Beschäftigungsentwicklung) zum Ausdruck (vgl. NUHN und SINZ 1988).

Ein gänzlich anderes Wanderungsmuster war bis zur Vereinigung in der **ehemaligen DDR** (wie auch in vielen anderen Staaten Osteuropas) zu beobachten. Hier dominierten – bei insgesamt deutlich geringerer Mobilität – nach wie vor Land-Stadt gerichtete Bewegungen, gesteuert durch die staatliche Wohnungsbaupolitik. Nach SCHMIDT und TITTEL (1990) waren in der Periode 1981–88 folgende Grundtendenzen erkennbar: Rund 70% der Landkreise waren durch Binnenwanderungsverluste geprägt. Die intensivste Abwanderung verzeichneten die agrarischen Kreise der Nordbezirke sowie einzelne Kreise des Ballungsgebietes Halle-Leipzig. Innerhalb der Landkreise trafen die Abwanderungsverluste vor allem die Kleinstädte und Landgemeinden, während die Kreisstädte die Verluste aus der über die Kreisgrenzen hinausgehenden Wanderung durch innerkreisliche Gewinne weitgehend kompensieren konnten. Binnenwanderungsüberschüsse wiesen der überwiegende Teil der Stadtkreise sowie einzelne Investionsschwerpunkte auf. Allen voran hat Berlin-Ost Zuwanderungsströme aus dem ganzen Land auf sich gezogen, die allerdings mehr und mehr durch die hohen Außenwanderungsverluste ausgeglichen oder sogar überkompensiert worden sind (GRUNDMANN und SCHMIDT 1990).

Die **Vereinigung der beiden deutschen Staaten** hat dann zu völlig neuen Mustern der Binnenwanderungen geführt, sodass den oben genannten vier Entwicklungsphasen eine 1989/90 beginnende fünfte Phase anzufügen ist. Prägend dafür ist eine starke Abwanderung vor allem jüngerer Menschen aus den neuen in die alten Bundesländer, begleitet von gleichgerichteten Pendlerströmen (vgl. dazu SANDBRINK 1998). Zwischen 1989 und 2002 haben die neuen Bundesländer (einschließlich Berlin-Ost) per Saldo etwa 1,4 Mio. Einwohner durch Abwanderung in das frühere Bundesgebiet verloren (davon mehr als die Hälfte in den beiden Jahren 1989 und 1990). Das entspricht ca. 8% der Bevölkerung zu Beginn des Jahres 1989. In der Altersgruppe der 18–24-Jährigen ist der prozentuale Verlust sogar mehr als doppelt so hoch (KEMPER 2003, S. 11). Die Vermutung, dass es im Laufe der Zeit zu einem Ausgleich der Ost-West-Ströme durch gegenläufige Bewegungen kommen würde (z. B. Rückwanderer oder Berufstätige, deren Qualifikation in Ostdeutschland nachgefragt wird), hat sich nicht bestätigt. Seit 1998 ist der negative Saldo des Ostens wieder von –11.000 (1997) auf fast –100.000 (2001) angewachsen (KEMPER 2003, S. 11), was im Widerspruch zu den Annahmen der regionalisierten Bevölkerungsprognose steht (vgl. Kap. 3.5.3). Nahezu alle Raumordnungsregionen der neuen Länder wiesen 1999 negative Binnenwanderungsbilanzen auf. Nennenswerte Gewinne aus den Binnenmigrationen verzeichneten nur die Region Havelland-Fläming, die von den Suburbanisierungsprozessen im Berliner Raum profitierte, sowie die Region Uckermark-Barmin; bei den 18–24-Jährigen gab es überhaupt keine Region mit einem positiven Saldo (Abb. 78). Erklären lässt sich diese Entwicklung mit der schwierigen Beschäftigungslage und der anhaltend hohen und sogar noch steigenden Arbeitslosigkeit. Eine indirekte Bestätigung findet diese These darin, dass Migranten ab 65 Jahre, für deren Wanderungsentscheidungen der Arbeitsmarkt keine Rolle spielt, häufiger von Westen nach Osten umziehen. Ruhesitzwanderungen können jedoch nur sehr bedingt als Kompensation für die Abwanderung jüngerer Jahrgangsgruppen dienen, zumal es gerade die gut Ausgebildeten und beruflich Qualifizierten sind, die fortziehen. Ein solcher Verlust an Humankapital gefährdet längerfristig den wirtschaftlichen Erholungsprozess (GANS und KEMPER 2003).

In der alten Bundesrepublik ist das Süd-Nord-Gefälle der Binnenmigration nach der Wende zunächst dadurch überdeckt worden, dass die Zielgebiete der massiven Abwanderung aus den neuen Ländern sich in besonderem Maße entlang der alten Grenze zur DDR von Schleswig-Holstein über Niedersachsen bis Hessen und Bayern konzentrierten (BUCHER und HEINS in GANS und KEMPER 2001). Erst in der zweiten Hälfte der 1990er Jahre verlagerten sich die Migrationsströme immer stärker auf Süddeutschland, weil es hier bessere Beschäftigungsmöglichkeiten gab. Somit ist zu Beginn des 21. Jh. das alte Süd-Nord-Gefälle, jetzt unter Einschluss der neuen Bundesländer, wiedergekehrt.

Lenkt man zum Vergleich den Blick auf die **Verhältnisse in anderen westeuropäischen Ländern**, so lassen sich die bis in die 1970er Jahre vorherrschenden Wanderungsmuster zu drei Typen zusammenfassen, die man bis zu einem gewissen Grad auch als idealtypischen Entwicklungsablauf interpretieren kann (vgl. FIELDING 1975, S. 239 f.; WOOD 1976, S. 52 ff.):

1. Die Binnenwanderungen sind, wie in Portugal, Spanien, Italien und Irland, überwiegend Land-Stadt gerichtet. Hohe Wanderungsgewinne erzielen die bedeutenden großstädtischen Ballungen, ihnen steht eine ausgeprägte Entvölkerung in den ländlichen Räumen gegenüber (z. B. innere Hochländer der Iberischen Halbinsel, Süditalien, westliches Irland).
2. Landflucht und Bevölkerungsverlagerungen von den Verdichtungsräumen in ihr Umland verlaufen parallel zueinander. In diese Gruppe können die skandinavischen Staaten, die Alpenländer und teilweise auch Frankreich eingeordnet werden.
3. Die Abwanderungen vom Land gehen zurück; stattdessen werden die interregionalen Wanderungsverflechtungen durch Fortzüge aus älteren, monostrukturierten und umweltbelasteten Bergbau- und Industriegebieten in attraktive Verdichtungsräume bestimmt. Neben der Bundesrepublik Deutschland zählen auch Großbritannien, Belgien, die Niederlande und Teilräume Frankreichs zu diesem Typ.

In jüngerer Zeit sind die Wanderungsmuster aber überall komplexer und schwieriger interpretierbar geworden. GANS und OTT (2003) haben die Binnenwanderungssalden der sog. NUT-2-Regionen (in Deutschland Länder bzw. Regierungsbezirke) in den Staaten der EU (1990–99) analysiert. Danach fallen positive Wanderungsbilanzen und hohe regionale Prokopfeinkommen bzw. hohe Wertschöpfungsanteile aus dem tertiären Sektor größtenteils zusammen. Zu den Verlierern zählen insbesondere altindustrialisierte Gebiete (Nord-Pas-de-Calais, Ile de France, Mittelengland) und einzelne große Ballungsräume, wie Brüssel, Antwerpen, Madrid, Barcelona, Bilbao und auch

Greater London, was auf den industriellen Strukturwandel sowie Suburbanisierungs-prozesse zurückzuführen ist. In Italien weist zwar das Industriedreieck Genua-Turin-Mailand nach wie vor eine positive Bilanz auf, hat aber deutlich an Attraktivität ver-loren. Nur in Skandinavien zählen die Hauptstadtregionen zu den eindeutigen Gewinnern (OTT 1995; HEIKKILÄ und JÄRVINEN in GEYER 2002). Ebenso ist die Entwick-lung der ländlichen Räume wenig einheitlich verlaufen. Während in Italien der *Mezzo-giorno* fortdauernd Einwohner durch Abwanderungen verliert (BONIFAZI und HEINS 2000) und die Bilanzen auch in großen Teilen Südspaniens negativ sind (GARCÍA COLL und STILLWELL 1999), scheint sich in Frankreich entlang der Mittelmeerküste ein *sun-belt* als bevorzugtes Wanderungsziel herauszubilden (BACCAINI 2001).

Längsschnittanalysen, wie sie GEYER (2002) für eine Vielzahl von Ländern präsen-tiert hat, vermitteln noch tiefere Einsichten in das Wanderungsgeschehen. Auffällig sind dabei vor allem zeitliche Schwankungen, was die Stellung der großen Verdich-tungsräume als bevorzugte Wanderungsziele angeht. Damit werden jedenfalls teilwei-se und oftmals zeitlich versetzt Entwicklungen nachgezeichnet, die in den **Vereinig-ten Staaten** zur These von der *counterurbanization (turnaround)* und eines anschlie-ßenden *turnaround* des *turnaround* geführt haben, dem in den 1990er Jahren eine er-neute Umkehr in Richtung *counterurbanization* folgte (vgl. Kap. 2.3.2). Großregional war die *counterurbanization* der 1970er Jahre von einer zunehmenden Bevorzugung des Südens als Wanderungsziel begleitet, der deshalb als die *frontier* der 1970er Jahre bezeichnet worden ist (BIGGAR 1979, S. 3). An der Attraktivität des Südens und dem fortdauernden Wanderungsverlust des Nordens hat sich bis heute nichts geändert. Die Konzentrations- und Dekonzentrationsprozesse der 1980er und 90er Jahre hatten le-diglich gewisse Abschwächungen des großregionalen Gegensatzes der Binnenwande-rungsbilanzen zur Folge (Tab. 34).

Fortdauernde Landflucht und anhaltende Nordwanderung der schwarzen Bevöl-kerung hatten dazu beigetragen, dass der Süden noch in der ersten Hälfte der 1950er Jahre ganz erhebliche Wanderungsverluste hinnehmen musste. Diese konnten zwar in den folgenden eineinhalb Jahrzehnten ausgeglichen werden, und die Bilanz wur-de allmählich positiv, ohne dass der Süden schon die Wachstumsraten des Westens erreichte. Erst seit den 1970er Jahren entwickelte sich der *sunbelt* zum eindeutig do-minierenden Wanderungsziel, während gleichzeitig der Nordosten und der zentrale

Tab. 34 Binnenwanderungsbilanz für die Großräume der Vereinigten Staaten 1970–1999 (Schätzungen in 1000); Quelle: DE LANGE (1993), ergänzt.

Zeitraum	Region			
	Nordosten	Mittl. Westen	Süden	Westen
1970–1975	−1342	−1195	1829	708
1975–1980	−1785	−1380	1986	1179
1980–1985	−940	−1555	1781	715
1985–1990	−1466	−241	1243	465
1990–1999	−2938	−613	3511	40

Norden beträchtlich an Attraktivität verloren (Tab. 34). Nicht zuletzt hat dazu die positive Wanderungsbilanz des Südens in Bezug auf die schwarze Bevölkerung beigetragen. Der Wanderungsgewinn pro Jahrfünft stieg von 109.000 (1975–80) auf 369.000 (1990–95; FREY 1998). Damit hat sich das lange Zeit stark differierende zwischenstaatliche Wanderungsmuster der weißen und schwarzen Bevölkerung mehr und mehr angeglichen (NEWBOLD 1997).

Die Gründe für diese Wanderungswelle in den Süden sind vielfältig. Zum einen wird dieser Raum aufgrund einer Art *rural renaissance* bevorzugt, zum anderen spielen jedoch auch wirtschaftliche Faktoren, wie die Ansiedlung von zukunftsträchtigen Industrien, eine bedeutende Rolle. Zu den ökonomischen Gründen im weiteren Sinne zählen außerdem die sehr viel niedrigeren Lebenshaltungskosten (z. B. weniger Ausgaben für Heizung, geringere lokale Steuern) und die günstigen Preise für Häuser und Grundstücke. Hinzu kommen zahlreiche nicht-materielle Vorteile, die BIGGAR (1979, S. 26) dahingehend zusammengefasst hat, dass der Süden nicht nur mehr *sun*, sondern gleichzeitig auch mehr *fun* (insbesondere vielfältigere Möglichkeiten zur Freizeitgestaltung) bietet. Ähnliches gilt auch für die Bevölkerungsumverteilung innerhalb Australiens, wo der *sunbelt* in Queensland eindeutiger Gewinner aus den Binnenwanderungen ist (STIMSON und MINNERY 1998).

Eine alleinige Analyse von Wanderungssalden reicht allerdings nicht aus, um den Einfluss der Binnenwanderungen auf die Bevölkerungsentwicklung und -struktur der Herkunfts- und Zielgebiete zu charakterisieren. Sehr viel weitreichendere Konsequenzen ergeben sich aus der **altersmäßigen Selektivität** des Wanderungsprozesses (zur Definition vgl. Kap. 4.1.2), die auch Rückschlüsse auf die Wanderungsmotive gestattet. Vergleicht man am Beispiel der Bundesrepublik Deutschland auf der Basis der Raumordnungsregionen die Binnenwanderungssalden für die 18- bis 24-Jährigen und für die 25- bis 29-Jährigen Personen, so lassen sich daraus folgende Tendenzen ablesen (Abb. 78):

1. Unbefriedigende schulische und berufliche Ausbildungsmöglichkeiten führen zur Abwanderung von Personen im Alter von 18 bis 24 Jahren aus vielen ländlichen Peripherregionen. Die höchsten Gewinne verzeichnen attraktive Verdichtungsräume, wie Hamburg, Berlin, München und der Rhein-Neckar-Raum, wo neben Universitäten und Fachhochschulen vielfältige Angebote der betrieblichen Aus- und Weiterbildung bestehen und auch der Einstieg in den Arbeitsmarkt sehr viel leichter als andernorts gelingt. Daneben weisen Regionen mit bedeutenden Universitätsstandorten (Würzburg, Freiburg, Trier) positive Salden auf. In den neuen Ländern wird dieses Muster zurzeit noch von der fortbestehenden Abwanderung in die alten Länder überdeckt: Keine Raumordnungsregion verzeichnet hier positive Werte; besonders hoch sind die Verluste an jungen Menschen in den ländlichen Räumen; dagegen tendieren die Regionen um Leipzig und Dresden sowie ein Teil des Umlandes von Berlin (Region Havelland-Fläming) in Richtung einer ausgeglichenen Bilanz.

2. Hohe Wanderungsgewinne von Personen im Alter von 25–29 Jahren sind vor allem für diejenigen Gebiete charakteristisch, die ein ausreichendes und differenziertes Arbeitsplatzangebot aufweisen (z. B. Hamburg und Umland, Köln, Rhein-Main-Re-

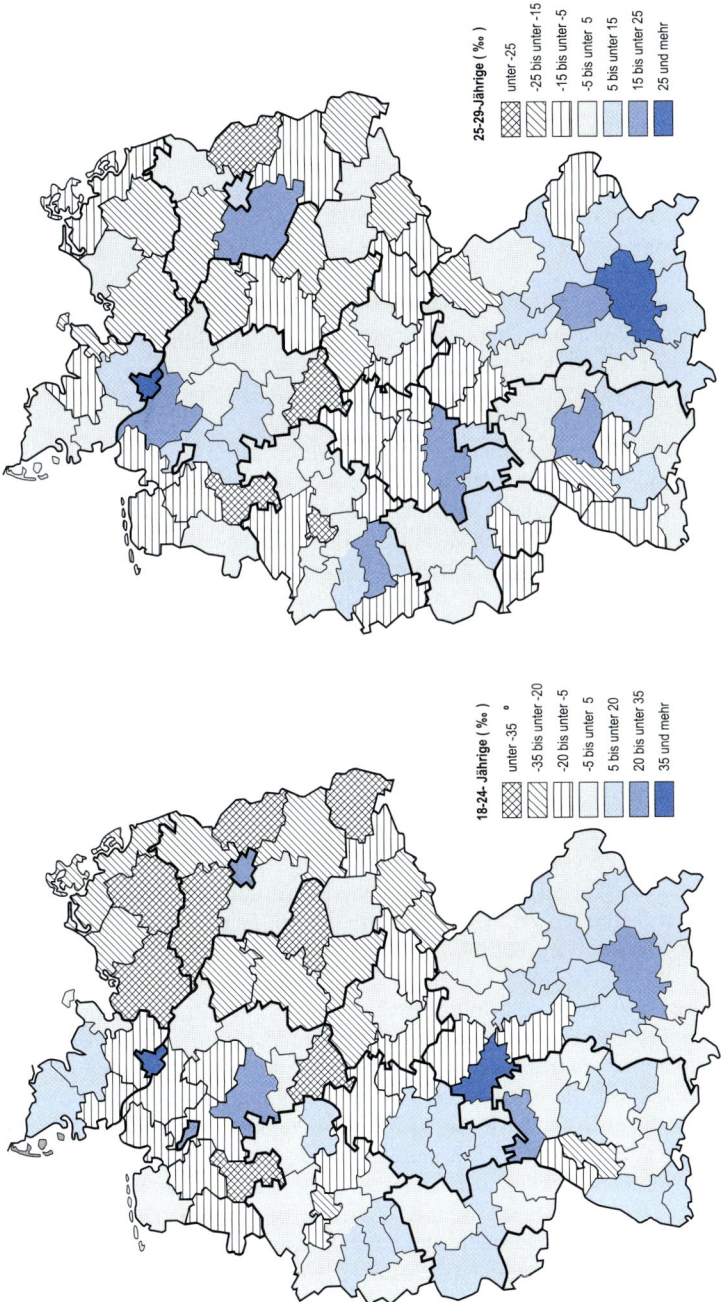

25-29-Jährige (‰)

⊠ unter -25
⧄ -25 bis unter -15
▥ -15 bis unter -5
▭ -5 bis unter 5
▫ 5 bis unter 15
▦ 15 bis unter 25
■ 25 und mehr

18-24-Jährige (‰)

⊠ unter -35 °
⧄ -35 bis unter -20
▥ -20 bis unter -5
▭ -5 bis unter 5
▫ 5 bis unter 20
▦ 20 bis unter 35
■ 35 und mehr

Abb. 78. *Binnenwanderungssalden nach Altersgruppen in den Raumordnungsregionen der Bundesrepublik Deutschland 1999. Quelle: BBR (2002).*

gion, Teile Bayerns). Dagegen wandert diese Altersgruppe in erster Linie aus den Räumen ab, in denen es kein befriedigendes Angebot an qualifizierten Arbeitsplätzen gibt. Dazu zählen einzelne Gebietseinheiten im norddeutschen Raum, das Ruhrgebiet, große Teile der Mittelgebirge sowie nahezu alle Raumordnungsregionen der neuen Länder; neben dem Berliner Umland haben einzig Mittelthüringen mit Erfurt sowie Westsachsen mit Leipzig eine leicht positive Bilanz.

Analysiert man ergänzend die Altersstruktur der Zu- und Fortzüge für oberzentralörtliche Einzugsgebiete und für Peripherräume, wie es GATZWEILER (1975) für die vier Gebietseinheiten Aachen, Köln, Trier und Koblenz getan und in einer modellhaften Darstellung (Abb. 79) zusammengefasst hat, so lässt sich daraus eine Beziehung zu den **Wanderungsursachen** herstellen. Vier Wanderungsgruppen weitgehend homogenen Verhaltens sind dabei zu unterscheiden (GATZWEILER 1975, S. 77 f.):

1. Die 16- bis 20-Jährigen als „Bildungswanderer"
   Diese Gruppe hat mit dem heute weit verbreiteten Wunsch nach besserer schulischer und beruflicher Bildung auch rein quantitativ in jüngster Zeit erheblich zugenommen. Die Wanderungsströme sind von den Peripherräumen mit ihrem wenig differenzierten und wenig attraktiven Bildungsangebot auf Verdichtungsräume bzw. Mittel- und Oberzentren gerichtet.
2. Die 21- bis 34-Jährigen als „qualifizierte Arbeitsplatzwanderer"
   In diesem Fall führen fehlende qualifizierte Arbeitsplätze insbesondere in wachstumsintensiven Wirtschaftszweigen sowie mangelhafte Aufstiegschancen zur Abwanderung aus den peripher gelegenen Gebieten.
3. Die (bei den interregionalen Wanderungen kaum hervortretenden) 25- bis 49-Jährigen als „Wohn- und Wohnumfeldwanderer" (vgl. dazu Kap. 4.5.1)
4. Die über 49-Jährigen als „Altersruhesitzwanderer"
   Zwar haben die Wanderungen älterer Menschen bei uns noch nicht das Ausmaß wie in den Vereinigten Staaten und teilweise auch in Frankreich angenommen, sie weisen jedoch eine steigende Tendenz auf. Eine besondere Anziehungskraft üben landschaftlich attraktive Räume mit vielfältigen Erholungs- und Freizeitmöglichkeiten sowie einer guten Erreichbarkeit aus (vgl. FRIEDRICH 1995; FRIEDRICH und WARNES 2000 sowie Kap. 2.4.2).

Als Folge dieser nach Alter und Geschlecht selektiven Umverteilung tritt in den meisten Peripherräumen eine relative Überalterung, verbunden mit einem Übergewicht der weiblichen Bevölkerung, ein, deren demographische Auswirkungen sich noch dadurch verstärken, dass durch die Abwanderung eines Teils der Bevölkerung im reproduktionsfähigen Alter auch die natürliche Bevölkerungszunahme negativ beeinflusst wird. Dagegen führt die verstärkte Zuwanderung junger Menschen in attraktive Verdichtungsräume direkt und indirekt zu einer relativen Verjüngung der dortigen Bevölkerung. Damit einher geht im Allgemeinen eine Verschärfung regionaler Disparitäten im Hinblick auf die Siedlungs- und Infrastruktur. Besonders hart betroffen sind dabei diejenigen Räume, die als Standorte für die Ansiedlung von Industrie und Gewerbe oder Dienstleistungseinrichtungen aus verschiedenen Gründen nicht in Frage kommen und auch nicht über größere landschaftliche Attraktionen verfügen, um einerseits den Tourismus als zusätzlichen Wirtschaftsbereich zu entwickeln und andererseits von Migrationsströmen der Ruhestandswanderer zu profitieren.

4.4.3 Landflucht in den Staaten der Dritten Welt

In seinem Modell der Mobilitätstransformation hat ZELINSKY eine Parallele zwischen der natürlichen Bevölkerungsentwicklung und dem Umfang sowie den Erscheinungsfor-

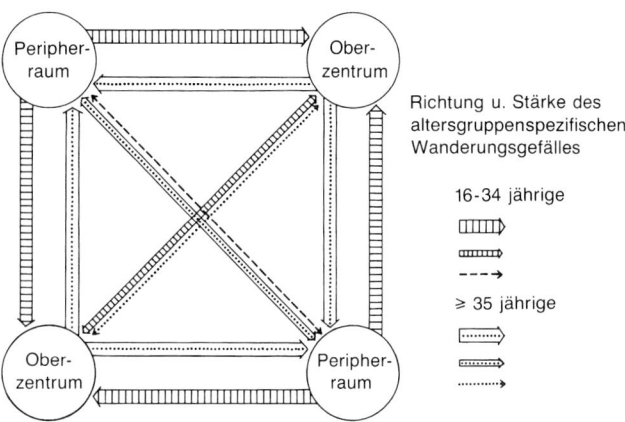

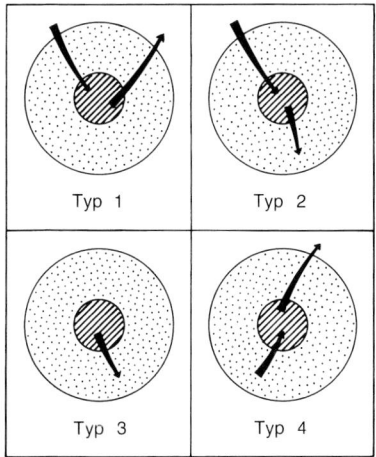

Abb. 79. Modellhafte Darstellung interregionaler und innerstädtischer Wanderungsverflechtungen. Quelle: GATZWEILER (1975); POPP (1976).

men der räumlichen Mobilität hergestellt (vgl. Kap. 4.1.1). Danach besteht ein enger Zusammenhang zwischen dem Öffnen der Bevölkerungsschere und einer Zunahme der Wanderungsbewegungen. Während die Industriestaaten die Phase dieses doppelten Übergangs bereits im 19. und beginnenden 20. Jh. durchliefen, stehen die Entwicklungsländer größtenteils noch mitten im Transformationsprozess, und zum schnellen natürlichen Wachstum der Bevölkerung tritt das mit dem Schlagwort **„Landflucht und Verstädterung"** umschriebene Phänomen der Bevölkerungsverschiebung zwischen den einzelnen Teilräumen der jeweiligen Staaten. Wenn auch diese Bevölkerungsumverteilung keineswegs nur die direkten Wanderungen vom ländlichen Raum in die großstädtischen Ballungsgebiete umfasst, sondern in ihrer Struktur ein sehr viel komplexeres Bild zeigt, so kann doch nicht bestritten werden, dass daraus letztlich ein überproportionales Wachstum der großen Städte und insbesondere der Metropolen resultiert. Zwar leben heute noch etwa 60% der Einwohner in der Dritten Welt auf dem Lande, jedoch lässt sich aus den jährlichen Wachstumsraten im städtischen und ländlichen Raum die Prognose ableiten, dass der Anteil der Landbevölkerung auch in den nächsten beiden Jahrzehnten rasch abnehmen und dann weniger als 50% betragen wird (UN 2004).

Schon heute vollzieht sich die Zunahme der städtischen Bevölkerung in den Entwicklungsländern sehr viel schneller als in den Industrienationen um die Wende vom 19. zum 20. Jh. Berechnungen der Vereinten Nationen ist zu entnehmen, dass sich die Zahl der Stadtbewohner in den Industriestaaten zwischen 1875 und 1900 annähernd verdoppelte, während sie sich in den Entwicklungsländern zwischen 1950 und 1975 fast verdreifachte. Damit ging jedoch keine Abnahme der Landbevölkerung einher, sondern diese wuchs im gleichen Zeitraum ebenfalls noch um ca. 50% und damit weit stärker als die der Industrieländer in der Vergleichsperiode (18%). Das kann als Hinweis dafür gewertet werden, dass es entgegen weit verbreiteter Ansicht nicht so sehr die Wanderungsbewegungen, sondern die natürlichen Wachstumsraten sind, die dem Verstädterungsprozess in den Entwicklungsländern eine besondere Dynamik verleihen (vgl. Kap. 2.3.1).

Noch in den 1950er und beginnenden 60er Jahren ist die Bevölkerungsverlagerung vom Land in die großen Städte vor allem von wirtschaftswissenschaftlicher Seite meist positiv beurteilt worden. Man sah darin lediglich einen wünschenswerten „Abzug" überflüssiger Arbeitskräfte aus der Landwirtschaft und einen Anpassungsprozess an die regional unterschiedlich wachsende Wirtschaft, wie er sich auch in den Industrieländern vollzogen hatte (TODARO 1980, S. 361). Wenn heute eine eher kritische Sichtweise überwiegt und Landflucht und Verstädterung als schwer wiegendes Problem angesehen werden, sind dafür mehrere Gründe verantwortlich:

1. In absoluten Zahlen ausgedrückt, erreichen die Land-Stadt gerichteten Migrationen ein sehr viel höheres Niveau, als es je in den Industriestaaten der Fall war. Nach überschlagsmäßigen Schätzungen sind allein im Jahrzehnt von 1995 bis 2005 fast 300 Mio. Menschen vom Land in die Stadt abgewandert. Diese Zahl ist größer als die gesamte städtische Bevölkerung der Industriestaaten um die Wende vom 19. zum 20. Jh.

2. Migration und Städtewachstum setzten ein, ohne dass sich grundlegende Verände-

rungen auf dem Land anbahnten oder die Städte einen größeren Bedarf an Arbeitskräften hatten; ganz im Gegenteil, der urbane Sektor erwies sich als unfähig, die Zugewanderten produktiv zu beschäftigen und die Infrastruktur entsprechend auszubauen.

3. Der erhoffte allmähliche Ausgleich der Lebensbedingungen zwischen Stadt und Land stellte sich nicht ein. Das „freie Spiel der Kräfte" wird seit langem durch politische Einflussnahme gestört. In den meisten Fällen werden dadurch vor allem die Städte gefördert, was zu einer weiteren Verstärkung der Migrationen beiträgt.

Es ist kaum möglich, Ursachen, Ablauf und Auswirkungen der auf die großen Städte der Dritten Welt gerichteten Wanderungsbewegungen auf einige wenige, allgemeingültige Regelhaftigkeiten und Erklärungsansätze zurückzuführen. Dafür sind die regionalen Unterschiede und Besonderheiten zu ausgeprägt, und es fehlt weithin an genauen empirischen Analysen und zuverlässigen Vergleichsstatistiken. Ziel der folgenden Ausführungen kann es daher nur sein, einige Aspekte des Wanderungsprozesses exemplarisch zu verdeutlichen, wobei in erster Linie auf Lateinamerika Bezug genommen wird.

Lateinamerika bietet sich als Beispielraum aus folgendem Grunde besonders an: Verstädterung und Binnenwanderungen begannen hier sehr viel früher als in den anderen Großräumen der Dritten Welt, und das nicht nur in den Einwanderungsländern des außertropischen Südamerika. Schon 1960 lebte in Lateinamerika genau die Hälfte der Bevölkerung in städtischen Siedlungen, gegenüber damals lediglich 18% in Afrika und 20% in Asien. In der Gegenwart (2005) liegt die Verstädterungsrate bei 78% (Afrika 40%, Asien 40%; nach UN 2004). Schon seit Mitte der 1980er Jahre geht die ländliche Bevölkerung in Lateinamerika nicht mehr nur relativ (Anteil an der Gesamtbevölkerung), sondern auch in absoluten Zahlen zurück; dieser Wendepunkt wird in Asien erst nach 2015 erwartet, und in Afrika ist er noch gar nicht absehbar. Nicht zuletzt als Folge der schon längere Zeit andauernden Entwicklung sind Mechanismen und Elemente des Verstädterungsprozesses verhältnismäßig gut untersucht, und die statistische Basis ist zuverlässiger als in anderen Regionen. Alle größeren Länder haben seit 1950 vier bis fünf Zensuserhebungen durchgeführt, viele zählen sogar regelmäßig jede Dekade. Zumeist werden dabei Wanderungen mit erfasst, z. B. durch Fragen nach dem Geburtsort und dem vorigen Wohnsitz.

Trotz dieser vergleichsweise günstigen Voraussetzungen fällt es noch immer schwer, auf die Frage nach den **auslösenden Faktoren** der Land-Stadt gerichteten Wanderungsbewegungen eine eindeutige Antwort zu geben. Das bereits in der Kolonialzeit angelegte und sich seit der Unabhängigkeit verstärkende Ungleichgewicht zwischen Stadt und Land kann allein die starke Landflucht nicht erklären. Man wird zwar der heute allgemein vorherrschenden Ansicht zustimmen können, dass es eher die ungenügende Entwicklung des ländlichen Raumes im Sinne von *push-factors* ist, die den Wanderungsprozess auslöst, als die wirtschaftliche Attraktivität der Städte (*pull-factors*), zugleich ist aber hinzuzufügen, dass solche grundlegenden Spannungen zwischen Stadt und Land auch in früheren Jahrzehnten bestanden, ohne schon zu Massenabwanderungen zu führen. Erst das Zusammenwirken von zunehmendem Bevölkerungsdruck als Folge der Öffnung der „Bevölkerungsschere" bei gleichbleibend starrer Landbesitzstruktur einerseits und beginnender Industrialisierung sowie Aufblähung des Verwaltungsapparates in den Städten andererseits bewirkten einen entscheidenden Umbruch.

Die Betonung der *push*-Faktoren muss allerdings in zweierlei Hinsicht relativiert werden: Zum einen ist daraus nicht zu folgern, dass ein wachsender Bevölkerungsdruck stets zu einer Verstärkung der Abwanderung führt, sondern es sind auch andere Reaktionen der Bevölkerung denkbar, wie z. B. Parzellierung und Neukolonisation, wachsende Konkurrenz auf dem Arbeitsmarkt, Lohndruck und Verelendung (SKELDON 1985; SANDNER 1986). Zum anderen ist der Umkehrschluss nicht gültig, und nicht jede „Modernisierung" der Landwirtschaft hat zwangsläufig eine Reduzierung der Abwanderung zur Folge. So kommen PEEK und STANDING (1979) in einer zusammenfassenden Bewertung von Agrarreformen in der Dritten Welt zu dem Ergebnis, dass dadurch die Landflucht eher noch weiter zugenommen hat.

Empirische Untersuchungen, die sich mit der **Motivation von Wanderungsbewegungen** beschäftigen, haben immer wieder die überragende Bedeutung wirtschaftlicher Bestimmungsgründe nachgewiesen, d. h. die Arbeitssuche, verbunden mit der Hoffnung auf sozialen Aufstieg und wirtschaftlichen Fortschritt, ist besonders bei jüngeren Jahrgängen für den Aufbruchsentschluss entscheidend. Erst mit weitem Abstand folgen Ausbildungs- und familiäre Gründe. Bei höheren Sozialgruppen kann sich diese Reihenfolge zugunsten der „Bildungswanderer" verschieben, wie KÖSTER (1995) am Beispiel von La Paz nachgewiesen hat. Allerdings wird häufig die Wanderungsentscheidung weniger von der jeweiligen Einzelperson, sondern vom größeren Familienverband getroffen, der jüngere Familienmitglieder als Strategie, um zusätzliche Einkünfte zu erzielen, oder zu Ausbildungszwecken in die Stadt schickt (PAERREGAARD 2000, S. 73). Im interkulturellen Vergleich fällt auf, dass sich die Motivstruktur zwischen den Geschlechtern in Lateinamerika weniger unterscheidet als in Afrika oder Asien, wo bei den weiblichen Migranten „familiäre Gründe", wozu z. B. die „Heiratswanderung" zählt, eine überragende Rolle spielen (vgl. WATTS 1983; FAN und HUANG 1998). Dass die Wanderungsentscheidung auch von der Attraktivität und Ungebundenheit des städtischen Lebens beeinflusst wird, legt der recht hohe Anteil „anderer" Gründe nahe, der sich in den meisten Befragungen ergibt. Häufig sind es unwägbare, noch nicht voll geklärte Wanderungsmotive, die einem Leben in der Stadt – trotz des Wissens um die möglichen Schwierigkeiten – größere Vorteile beimessen als einem Verbleiben im ländlichen Milieu. Damit dürfte es auch zusammenhängen, dass ökonomische Modelle (meist Regressionsanalysen) das Wanderungsverhalten nur unzureichend erklären und häufig zu unerwarteten und mit den gemachten Annahmen nicht zu vereinbarenden Ergebnissen führen. Nur durch eine stärkere Verknüpfung von Makro- und Mikroanalyse sind weiterführende Erkenntnisse zu erwarten (vgl. MALMBERG 1988; PAERREGAARD 2000; PARNREITER 2001).

Eine nicht zu unterschätzende Voraussetzung für den in den letzten Jahrzehnten ständig gestiegenen *éxodo rural* dürfte in der Verbesserung der Kommunikation zwischen Stadt und Land und der dadurch gewachsenen Bedeutung städtischer Lebensformen in der Wertskala der ländlichen Bevölkerung zu suchen sein. Durch Straßen- und Eisenbahnbau nahmen die Kontakte mit der Außenwelt auch bei denjenigen Bevölkerungsgruppen zu, die lange Zeit ohne größere Beziehungen zum Staatswesen lebten. Nicht nur Radio und Fernsehen sind heute weit verbreitet, auch Zeitungen, Zeitschriften und Internet erreichen selbst abgelegene Gebiete und berichten über die nächstgelegenen Städte. In der Vorstellung der Landbevölkerung sind daher Migration und sozialer Aufstieg untrennbar miteinander verbunden, wenn auch die sich bietenden Möglichkeiten meist erheblich überschätzt werden.

Die Verbesserung des Ausbildungsniveaus hat den Abwanderungsprozess ebenfalls gefördert, da durch den Schulbesuch bei den Jugendlichen Erwartungen und Wünsche geweckt werden, die sie nur in der Stadt glauben verwirklichen zu können. Häufig beschleunigt eine falsche Schulpolitik diese „Auslaugung des ländlichen Raumes" noch zusätzlich, wenn die in der Provinz gegründeten Bildungsstätten auf Tätigkeiten vorbereiten, die nur in Städten auszuüben sind.

Die Analyse des **Wanderungsablaufs** konzentriert sich vor allem auf zwei Forschungsfelder: den Einfluss der Distanz auf das Wanderungsverhalten sowie die damit in engem Zusammenhang stehende Frage nach der Bedeutung der Etappenwanderung. Vielfach belegt ist die abnehmende Attraktivität einzelner Zentren mit wachsender **Distanz**, die in erster Linie als Indikator für die Informationsmöglichkeiten über das Wanderungsziel zu interpretieren ist. Für besser ausgebildete Bevölkerungsgruppen ergibt sich deshalb im Allgemeinen ein weniger strenger Zusammenhang (KÖSTER 1995). Die Land-Stadt-Wanderungen lassen sich somit als Innovationen verstehen, die sich, von einzelnen Zentren ausgehend, wellenförmig ausbreiten (vgl. AFSCHAR 1989).

Mit Informations- und Kontaktbarrieren wird auch die **Etappenwanderung** *(stepwise migration)* erklärt. Die grundlegende Hypothese vom Etappencharakter der Wanderungsvorgänge besagt, dass zunächst vom ländlichen Raum in ein nahe gelegenes regionales Zentrum gewandert wird, von dort in die nächstgrößere Stadt, bis schließlich als Endziel die Landeshauptstadt oder ein damit vergleichbarer Ballungsraum erreicht ist. Vor allem in Regionen, die in relativ weiter Entfernung zu den großen Metropolen liegen, spielt die Etappenwanderung eine bedeutsame Rolle, wenn auch beträchtliche sozialgruppenspezifische und räumliche Unterschiede bestehen. So ist der Anteil der direkten Zuzüge bei den besser ausgebildeten Migranten gewöhnlich überdurchschnittlich hoch; der Umfang der Etappenwanderung ist aber auch von der Flächengröße der Staaten bzw. Regionen, ihrer verkehrsmäßigen Erschließung sowie der Struktur des Städtesystems abhängig (vgl. u. a. BÄHR 1975; MERTINS 1982; COY 1988; KÖSTER 1995). Temporäre Migrationen, die vor allem in Afrika, z. T. auch in Asien bis heute eine größere Rolle spielen (VORLAUFER 1984; BREHM 1986; BÄHR 2003), waren lange Zeit in Lateinamerika weniger bedeutsam, sind aber neuerdings im Steigen begriffen (BREA 2003, S. 24 f.).

In idealtypischer Form lässt sich der **raumzeitliche Ablauf** der Wanderungsvorgänge wie folgt darstellen (Abb. 80; vgl. dazu auch STEWIG 1986, S. 50 ff. für ein nicht auf Lateinamerika bezogenes Beispiel):

1. Im zeitlichen Verlauf hat die Anziehungskraft der großen Städte und dabei vor allem der Hauptstadt auf immer entlegenere Räume übergegriffen.
2. Semipermanente Migrationen sind mehr und mehr durch permanente ersetzt worden, und anstelle der Etappenwanderung trat die Direktwanderung auch über größere Distanzen.

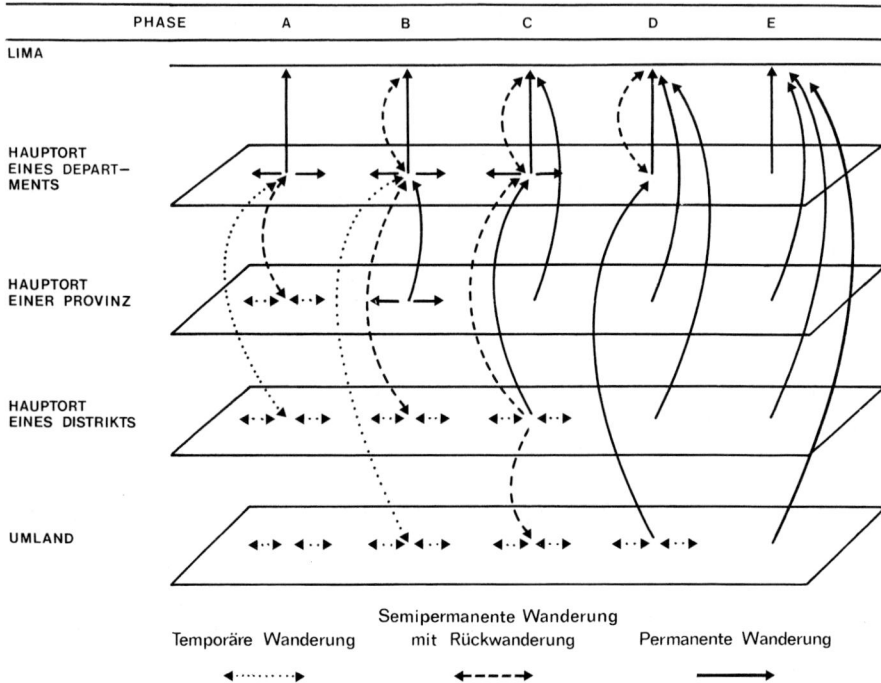

Abb. 80. Modellhafte Darstellung des raumzeitlichen Ablaufs der Wanderungen in Peru. Quelle: SKEL-DON (1977).

Die Bevölkerungsstruktur der Ziel- und Herkunftsgebiete wird durch die **Selektionswirkung der Wanderungsvorgänge** entscheidend verändert. Dabei lassen sich gewisse Gemeinsamkeiten, aber auch Unterschiede zur Situation in Europa während des Industrialisierungsprozesses feststellen (vgl. Kap. 4.4.1). Die Auslesewirkungen der Binnenwanderungsströme können durch folgende wichtige Regelhaftigkeiten umschrieben werden (vgl. BÄHR 1979; BÄHR und MERTINS 1995, S. 52 ff.; UN 2001):

1. Unter den Zuwanderern aus dem Nahbereich der größeren Städte überwiegen – vornehmlich in bestimmten Altersgruppen – eindeutig die Frauen. Es ist deshalb sogar schon vom „lateinamerikanischen Typ" der geschlechtsspezifischen Selektion gesprochen worden, selbst wenn die Unterschiede heute nicht mehr so krass sind (vgl. VORLAUFER 1985 für Ostafrika). Ein wichtiger Grund für diese Verschiedenartigkeit liegt in der traditionell günstigen Beschäftigungssituation für weibliche Hausangestellte (LAWSON 1998, S. 47 f.), einer Tätigkeit, bei der nur eine geringe berufliche und schulische Qualifikation vorausgesetzt wird (ähnlich in Teilen Südostasiens; vgl. CHANT 1992).

2. Da die meisten Zuwanderer in jugendlichem Alter und noch vor einer Heirat in die Stadt kommen, zeichnen sich die Bevölkerungspyramiden aller größeren Orte nicht

nur durch einen Frauenüberschuss aus, sondern auch durch einen überdurchschnittlich hohen Prozentsatz 15- bis 34-Jähriger. Diese Dominanz jugendlicher, ökonomisch aktiver Jahrgänge ist in Lateinamerika wie in anderen Staaten der Dritten Welt derart ausgeprägt, dass man schon von einem „Wanderungsgesetz" sprechen kann (HAUSER 1974, S. 237).

3. Im statistischen Mittel weisen die in die großen Ballungszentren Zugewanderten eine geringere schulische Qualifikation als die übrige Bevölkerung auf, selbst dann, wenn sie im Vergleich zu den am Heimatort Verbliebenen eine positive Auslese darstellen. Für kleinere Städte muss dies allerdings nicht unbedingt zutreffen, wie z. B. BÄHR (1975) für Nordchile nachweisen konnte. Hier sind die Wanderer gerade in zwei gegensätzlichen Bildungsschichten besonders stark vertreten; einmal sind es diejenigen ohne jede Schulausbildung, zum anderen haben überdurchschnittlich viele weiterführende Schulen oder gar die Universität besucht.

4. Die Konzentration der Zuwanderer auf einige wenige Berufsgruppen ist größtenteils auf ihren geringen Ausbildungsstand zurückzuführen. Gerade weil Verstädterungs- und Industrialisierungsgrad in den meisten Staaten der Dritten Welt nicht übereinstimmen, bieten sich oft nur im aufgeblähten tertiären (meist informellen) Sektor Beschäftigungsmöglichkeiten und dabei insbesondere im Bereich der persönlichen Dienstleistungen.

Abschließend sei das Augenmerk auf einige wichtige **Konsequenzen der Land-Stadt gerichteten Migrationen** gelenkt. Diese können einmal aus der Sicht des Abwanderungsraumes, zum anderen aus der des Zielgebietes betrachtet werden.

Die Folgen der selektiven Abwanderung für den **ruralen Sektor** werden im Allgemeinen negativ bewertet, wenn auch eine kurzfristige Abnahme des Bevölkerungsdruckes und der Überbeanspruchung der natürlichen Ressourcen nicht zu übersehen ist (vgl. PRESTON und TAVERAS 1980). Für viele ländliche Familien bildet überdies die regelmäßige Überweisung von Rimessen eine wesentliche Lebensgrundlage (vgl. die Beispiele in JONES 1998). Die wichtigsten Nachteile lassen sich in fünf Punkten zusammenfassen, wie sie HAUSER (1974, S. 240 ff.), mit je nach den Gegebenheiten unterschiedlichem Stellenwert, als charakteristisch für die meisten Entwicklungsländer herausgestellt hat:

1. Durch die Abwanderung der fähigsten und am besten ausgebildeten Kräfte erleidet der ländliche Raum einen beträchtlichen *brain drain*. Die am Ort Verbliebenen sind häufig gar nicht mehr in der Lage, die Feldarbeit allein und ohne Produktionseinbußen auszuführen. Daher lassen sie vielfach einzelne Landstücke brachliegen.

2. Dadurch, dass vor allem Personen im erwerbsfähigen Alter den ländlichen Raum verlassen, steigt der prozentuale Anteil der Alten und Kinder ständig an, und immer mehr Menschen müssen von immer weniger Erwerbstätigen ernährt werden. Das führt oft dazu, dass Armut und Not noch zunehmen, was wiederum zu einer Beschleunigung der Migrationen beiträgt. Die Abwanderung ist also nicht nur Folge, sondern auch zunehmend Ursache ländlicher Unterentwicklung (VON OPPEN 1985).

3. Da nicht nur Bauern, sondern oft in noch höherem Maße andere Erwerbspersonen,

wie z. B. Handwerker, abwandern, tritt eine starke Vernachlässigung der ohnehin meist nur schwachen und ärmlichen Infrastruktur ein. Dieser Mangel an qualifizierten Arbeitern zeigt sich insbesondere am Zerfall unzähliger Hütten und Behausungen.

4. Die sozialen Strukturen auf dem Lande werden desintegriert. Das trifft vor allem dann zu, wenn die Männer oder auch die Frauen allein abwandern bzw. wenn Ehepaare ihre Kinder zunächst im heimatlichen Dorf zurücklassen und nur gelegentlich nach dort zurückkehren.

5. Selbst wenn einige der Abwanderer später remigrieren, sind damit nicht unbedingt nur positive Folgewirkungen verbunden. So können Rückwanderer einerseits für die Einführung von Neuerungen in der Landwirtschaft verantwortlich sein und innerhalb der dörflichen Gemeinschaft eine führende Position einnehmen, andererseits sind bei der Integration erfolgloser Rückwanderer erhebliche Schwierigkeiten zu erwarten.

Alles in allem trägt die selektive Abwanderung dazu bei, dass die Bewohner ländlicher Räume in ihren traditionellen Lebensformen verharren und gegenüber Neuerungen meist wenig aufgeschlossen sind. Die einmal eingeleitete Landflucht verstärkt sich im zeitlichen Verlauf noch dadurch, dass ein Teil der Abwanderer später andere Familienmitglieder, Verwandte oder Bekannte „nachholt" (Kettenwanderung) und ihnen bei der Suche nach einer Arbeitsstelle oder Unterkunft behilflich ist. Daher bestehen gerade für Personen aus Gemeinden mit hohen Abwanderungsquoten in der Stadt vergleichsweise gute Eingliederungsmöglichkeiten (WILHELMY und BORSDORF 1984, S. 170).

Noch weit auffälliger treten die Folgen der Bevölkerungsumverteilung **im städtischen Bereich** in Erscheinung, allein schon deshalb, weil sich hier das Problem in einer anderen quantitativen Dimension stellt. Oft ist es jedoch schwierig, Ursache und Wirkung eindeutig miteinander zu verknüpfen. Dafür sei nur ein Beispiel gegeben. Die Wohnversorgung konnte mit dem Anschwellen der Zuwanderung im Allgemeinen nicht Schritt halten, und die Menschen griffen daher immer mehr zur Selbsthilfe. Seit Anfang der 1950er Jahre entstanden an der Peripherie aller großen Städte ausgedehnte Hüttenquartiere und bewirkten eine rasche räumliche Ausdehnung des bebauten Gebietes.

Neueren Schätzungen zufolge leben zwischen einem knappen Drittel und mehr als der Hälfte der Stadtbevölkerung in der Dritten Welt in Siedlungen dieser Art (BÄHR und MERTINS 2000). Daher sind Hüttenviertel immer wieder als typischer Indikator für eine hohe Zuwanderungsrate von Angehörigen unterer Sozialschichten aufgefasst worden. Genauere empirische Untersuchungen haben jedoch gezeigt, dass der Zusammenhang zwischen Zuwanderung und Ausweitung derartiger Siedlungen sehr viel komplexer ist. In den meisten Städten sind die Marginalsiedlungen an der Peripherie keineswegs die ausschließlichen oder auch nur die wichtigsten Auffangquartiere für Zuwanderer. Ihre Entstehung und Weiterentwicklung ist vielmehr eng mit intraurbanen Wanderungen verknüpft, an denen aber nicht nur Immigranten, sondern in erheblichem Maße auch in der Großstadt geborene Personen beteiligt sind (vgl. Kap. 4.5.2). Gerade weil das übermäßige Wachstum der großen Städte heute meist negativ beurteilt wird und sich die Überzeugung durchgesetzt hat, dass die dadurch hervorgerufenen Probleme auf der städtischen Ebene allein nicht lösbar sind, kommt der Frage nach den **Steuerungsmöglichkeiten der Migrationen** eine zunehmende Bedeutung zu. Zwar befürworten nach einer UN-Befragung mehr als 70% der Entwicklungsländer eine Verminderung oder sogar Trendumkehr der Binnenwanderungen, die konkreten Erfolge von Einzelmaßnahmen sind aber bislang recht bescheiden geblieben. Das gilt sowohl für groß angelegte Kolonisationsprojekte wie in Brasilien (COY und NEUBURGER 2002) oder Indonesien (SCHOLZ 1992) als auch für eine stärkere Förderung des ländlichen Raumes im Rahmen von Agrarreformen oder Dezentralisierungsmaßnahmen. Eine Kontrolle und Beschränkung des städtischen Zuzugs haben zwar vorübergehend Wirkungen gezeigt (vgl. TAUBMANN 2003 für die VR China oder DESBARATS 1987 für Vietnam), auf Dauer können Zwangsmaßnahmen aber kaum als geeignete Strategie zur Problemlösung angesehen werden; selbst in der VR China ist eine staatliche Regulierung der Wanderungsströme heute nicht mehr möglich (LIANG 2001; TAUBMANN 2003).

4.5 Innerstädtische und intraregionale Wanderungsbewegungen

4.5.1 Umzugsverhalten ausgewählter Bevölkerungsgruppen in Verdichtungsräumen von Industriestaaten

Seit den 1970er Jahren wachsen in den meisten Industriestaaten die Kernräume der Verdichtungsgebiete nur noch geringfügig oder verlieren sogar an Einwohnern. Für die Vereinigten Staaten, die schon in der Vergangenheit Veränderungen im städtischen Gefüge und neue Entwicklungstendenzen besonders frühzeitig erkennen ließen, ist diese Trendwende eindeutig zu belegen (vgl. Kap. 2.3.2). Dagegen wurde in den Großstädten des früheren Bundesgebietes die schon länger andauernde negative Wanderungsbilanz der deutschen Bevölkerung bei gleichzeitigem Rückgang der Geburtenzahlen durch den Zustrom von Gastarbeitern zunächst noch überdeckt. Im Jahrzehnt zwischen 1975 und 1985 war aber auch hier eine deutliche Bevölkerungsabnahme von etwa 2,1 Mio. Menschen zu verzeichnen. Ungefähr die Hälfte dieses Schwundes kann auf eine Reduzierung der Geburtenzahlen, die andere auf die Abwanderung hauptsächlich in das Umland zurückgeführt werden.

Die negative Bevölkerungsentwicklung der Kernstädte hat sich unter Schwankungen auch in den folgenden Jahrzehnten fortgesetzt, jedoch war der Einwohnerverlust deutlich geringer. In den Jahren um 1990 ist es im Zusammenhang mit den Veränderungen in Osteuropa sogar zu einem vorübergehenden Wachstum der Kernstädte gekommen (GANS 1997, S. 26 ff.). Der Gesamtverlust der Dekade 1990–2000 betrug daher nur ca. 42.000 Personen (Tab. 35).

Die 1960er und frühen 70er Jahre bildeten in Westdeutschland eine Hochphase der **Suburbanisierung** (KEMPER 1999, S. 107). Wie in anderen europäischen Ländern lässt sich ein Zusammenhang zwischen der massiven Suburbanisierung und ökonomischen

Tab. 35 Bevölkerungsanteile und Bevölkerungsentwicklung der Agglomerationsräume in den alten und neuen Bundesländern der Bundesrepublik Deutschland 1980–2000; Quelle: BBR (2002).

| | Bevölkerung 2000 (%) | | Fläche 2000 (%) | | Bevölkerungsentwicklung (%) | | | |
| | | | | | 1980–2000 | | 1990–2000 | |
	AL*)	NL	AL	NL	AL	NL	AL	NL
Agglomerations-räume	53,5	47,4	27,0	26,8	6,5	−1,3	4,2	−2,0
davon: Kernstädte	42,6	58,0	10,8	6,3	−1,4	1,4	−0,4	−4,7
verdichtete Umlandkreise	53,1	18,2	71,2	26,1	12,9	−13,0	7,6	−3,3
ländliche Umlandkreise	4,3	23,8	18,0	67,6	17,7	2,7	12,1	6,6
Nicht Agglome-rationsräume	46,5	52,6	73,0	73,2	11,6	−12,5	7,3	−8,0
Gesamt	100	100	100	100	8,8	−7,5	5,6	−5,2

*) AL: Alte Länder ohne Berlin, NL: Neue Länder einschließlich Berlin

Wachstumsprozessen in der fordistischen Entwicklungsphase herstellen (BURDACK und HERFERT 1998, S. 39). Die Suburbanisierung wird aus drei Quellen gespeist:

1. der „direkten Randwanderung", d. h. der Verlagerung des Wohnstandortes aus der Kernstadt in das angrenzende Umland,
2. der „indirekten Randwanderung", d. h. interregionalen Wanderungen, die ihre Herkunfts- und Zielgebiete im suburbanen Raum haben (insbesondere Familienwanderungen qualifizierter Arbeitnehmer),
3. der „autochthonen Suburbanisierung" (FRICKE 1997), die dadurch zustande kommt, dass einheimische Bevölkerungsgruppen nach Aufgabe der Landwirtschaft einen Arbeitsplatz in der Kernstadt annehmen. Damit ist zwar keine Veränderung der Bevölkerungsverteilung, wohl aber des Lebensstils verbunden.

Wirtschaftliches Wachstum und die massenhafte Verfügbarkeit des Automobils ermöglichten die Verwirklichung des Wunsches nach einem eigenen Haus „im Grünen" unter Beibehaltung des Arbeitsplatzes in der Kernstadt. In jenen Jahren wird die Suburbanisierung vorwiegend von der Ausweitung von Einfamilienhaussiedlungen und dem Zuzug mittlerer bis höherer Sozialschichten geprägt. Ab Mitte der 1970er Jahre verlangsamt sich die Suburbanisierung vor allem in Nordrhein-Westfalen und Norddeutschland; gleichzeitig wird der suburbane Raum heterogener. Neben Einfamilienhäusern entstehen zunehmend mehr Mietwohnungen und öffentlich geförderte Wohnungen, und die Sozialstruktur der Zuwanderer verschiebt sich zugunsten schwächerer Einkommensgruppen (KEMPER 1999, S. 107; vgl. auch HEINRITZ und LICHTENBERGER 1986; SCHUBERT 1996).

In den neuen Bundesländern beginnt bald nach der Wende eine nachholende Entwicklung. Die Suburbanisierung erreicht hier eine noch größere Dynamik als zur Zeit der Hauptphase in Westdeutschland. Exogene Einflüsse haben diesen Prozess nachhaltig beschleunigt: Steuerliche Sonderabschreibungen, Wohnungsbauförderung und Planungsvereinfachungen haben in zahlreichen Umlandgemeinden ostdeutscher Großstädte einen regelrechten Bauboom hervorgerufen. Aufgrund der gänzlich anderen Rahmenbedingungen trägt die Suburbanisierung in den neuen Ländern durchaus eigene Züge (HERFERT 1996; SAILER-FLIEGE 1998): Baustrukturell tritt ein hoher Anteil von Geschosswohnungsbau zu den Einfamilienhauskomplexen; demographisch ist die Konzentration auf Familien mit Kindern kaum ausgeprägt, und sozio-ökonomisch überwiegen aufgrund vergleichsweise hoher Preise für Wohnimmobilien und auch hoher Mieten eher besser verdienende Bevölkerungsgruppen.

In der Gegenwart mehren sich die Hinweise für eine gewisse Rückwanderung in die Kernstädte, an der überwiegend Personen aus gehobenen Sozialschichten beteiligt sind. Die dadurch hervorgerufene Revitalisierung und Aufwertung der Innenstädte *(gentrification)* ist aber nicht flächendeckend und kann die fortdauernde Abwanderung der Bevölkerung in das Umland nicht kompensieren. Vielmehr ist die Entwicklungsdynamik der städtischen Peripherie nicht nur in den USA, sondern auch in Europa ungebrochen (BURDACK und HERFERT 1998). Hier wie dort bilden sich neue Zentrenstrukturen am Rande der Metropolen heraus, die mit Begriffen wie *edge city* (GARREAU 1991) oder „Zwischenstadt" (SIEVERTS 1999) umschrieben werden, und die Suburbanisierung wandelt sich teilweise in eine **Periurbanisierung,** worunter nach WEHRHAHN (2000, S. 223) die inselhafte Entstehung neuer Siedlungen jenseits der geschlossen bebauten (suburbanen) Zone zu verstehen ist, deren Bewohner Versorgungs- und Pendelbeziehungen zur Kernstadt oder suburbanen Zentren aufrecht erhalten.

Wenn in Deutschland einzelne Kernstädte vorübergehend wieder an Bevölkerung gewonnen haben, so ist das in erster Linie auf einen positiven Außenwanderungssaldo sowie Zuzüge aus der ehemaligen DDR zurückzuführen. Diese Phase war aber nur von kurzer Dauer, und in den 1990er Jahren setzte sich die Suburbanisierung wieder voll durch (SCHÖN 1996; SCHÖNERT 2003). Die Wanderungsbilanzen der Oberzentren mit ihrem Umland (1993–98) sind – abgesehen von den drei Sonderfällen Fulda, Memmingen und Marburg/L. – durchweg negativ (HERFERT in GANS und KEMPER 2001, S. 116). Von einer Trendumkehr zu einer **Reurbanisierung** kann daher nicht gesprochen werden (vgl. Kap. 2.3.2). Vielmehr scheinen Suburbanisierung und Reurbanisierung parallele Prozesse der Regionalentwicklung zu sein.

Die alleinige Betrachtung der Wanderungssalden für die Kernstädte wird deren Bedeutung als „Drehscheibe" oder „Zwischenstation" in einem **umfassenderen Wanderungssystem** nicht gerecht. So konnte z. B. POPP (1976) für die Erlanger Altstadt zeigen, dass sich dort mehrere, ganz unterschiedlich strukturierte Wanderungsprozesse überlagern (Abb. 79). Dabei ist das Viertel in den seltensten Fällen ein Gebiet langer Wohndauer, sondern meist nur Durchgangsstation. Der zahlenmäßig bedeutendste Personenkreis zieht interkommunal, vorwiegend aus anderen Städten und z. T. auch aus dem Ausland, in die Erlanger Altstadt, um sie nach einer gewissen Aufenthaltsdauer auch interkommunal wieder zu verlassen. Daneben gibt es Personen, für die das Gebiet die erste Station eines mehretappigen Wanderungszyklus innerhalb der Stadtregion darstellt. Auch diese Zuzüge kommen meist von außerhalb, nach einiger Zeit schließt sich jedoch ein Umzug innerhalb der Stadt an. Ein weiterer Personenkreis verlässt die Altstadt nach oft jahrzehntelanger Wohndauer und zieht in einen anderen Teil der Stadt. Nicht zuletzt ist die Altstadt auch Zielgebiet interkommunaler Umzüge, denen gewöhnlich nach gewisser Zeit ein Wegzug nach außerhalb folgt.

Zu- und Fortzüge in und aus der Altstadt haben jeweils eine spezifische Struktur der ihnen zugrunde liegenden **Wanderungsmotive**. Diese ergeben sich aus den Vor- und Nachteilen des inneren Stadtbereichs, wie auch der Kernstädte ganz allgemein, gegenüber ihrem räumlichen Umfeld. Vergleicht man daher die Motivstrukturen der Zu- und Abwanderer miteinander, wie es z. B. Schaffer (1981) für Augsburg, Herden (1983) für den Rhein-Neckar-Raum, Rube (1985) für Erlangen oder Blotevogel und Jeschke (2001) für Duisburg (mit Hinweisen auf weitere Befragungen einzelner Städte aus neuerer Zeit) getan haben, so lassen sich daraus die Standortvor- bzw. -nachteile einzelner Räume ablesen. Der Bedeutungsüberschuss der Kernstädte liegt danach allein in ihren Arbeits- und Ausbildungsplätzen, denn nur für die berufsbezogenen Wanderungen errechnet sich eine positive Bilanz. Bei allen Motiven, welche direkt oder indirekt die Wohnfunktion betreffen, tritt dagegen ein negativer Saldo auf.

Stellt man den Zusammenhang zwischen den genannten Befragungsergebnissen zur Motivstruktur einzelner Wanderungsströme und den in Abbildung 79 am Beispiel Erlangens schematisch dargestellten Wanderungsabläufen her, so lässt sich Typ 1 als arbeitsplatz- und studienplatzorientierte Wanderung meist junger Einpersonenhaushalte charakterisieren. Als Vorzüge einer innenstadtnahen Wohnlage gelten vor allem die meist nur geringen Entfernungen zum Arbeits- bzw. Studienplatz sowie zu allen wichtigen Einkaufsstätten. Die Beendigung des Studiums oder ein Berufswechsel führen im Allgemeinen dazu, dass die Stadt nach kurzer Wohndauer wieder verlassen wird.

Auch bei Typ 2 ist der Zuzug in die Kernstadt ähnlich motiviert. Dagegen stehen die Fortzüge in diesem Fall gewöhnlich mit Wohnungsgründen in Verbindung. Äußerer Anlass für einen Wohnungswechsel kann beispielsweise die Heirat, der Nachzug von Familienangehörigen oder die Vergrößerung des Haushalts im Rahmen des Lebenszyklus sein. Dadurch, dass der Arbeitsplatz in der Innenstadt meist beibehalten wird, trägt gerade dieser Personenkreis zum weiteren Anschwellen des Pendlerstromes bei.

Die Typen 3 und 4 sind seltener vertreten. Beim Typ 3 handelt es sich vielfach um einen erzwungenen Wohnstandortwechsel. Dabei ist der Anteil älterer Menschen verhältnismäßig hoch. Typ 4 schließlich kann als eine Variante von Typ 1 gelten, wobei nach einem Zuzug von außen innerhalb der Kernstadt erneut umgezogen wird. Das trifft besonders häufig für Ausländer und Studenten zu.

Man erhält eine gute Vorstellung von der Intensität und Dynamik der innerstädtischen Wanderungsverflechtungen, wenn man sich vergegenwärtigt, dass jeder Wegzug ins Umland zwei bis drei Folgeumzüge innerhalb des Stadtgebietes auslöst. Da die daran beteiligten Haushalte meist eine beachtliche Vergrößerung ihrer Wohnfläche erzielen können, ergeben sich aus der Randwanderung auch positive Folgewirkungen für die Städte, ohne dass man allerdings die negativen Konsequenzen übersehen sollte (steigendes Verkehrsaufkommen durch Zunahme des Pendelvolumens, Unterauslastung von Infrastruktureinrichtungen, Umschichtung der Sozialstruktur, Steuerumverteilung zugunsten der Umlandgemeinden, Zersiedlung der Landschaft).

Die enge Verbindung von **Wanderung und Lebenszyklus**, die bereits in den genannten Motivstrukturen zum Ausdruck kommt, tritt noch deutlicher in Erscheinung, wenn man für einzelne Stadtbereiche die Binnenwanderungssalden nach Altersgruppen differenziert (Abb. 81). Hohe Wanderungsgewinne weisen die Kernstädte ausschließlich bei den Gruppen der 18–24-Jährigen (überwiegend Bildungswanderer); und den 25–29-Jährigen (qualifizierte Arbeitsplatzwanderer) auf. Die Lebenszyklusgruppen Eltern und Kinder und auch ältere Menschen verlassen per Saldo die Kernstädte. Die Wanderungsbewegungen kommen in den alten Ländern den Umlandkreisen zugute, für die – bis auf die Altersgruppe der 18–24-Jährigen – ausnahmslos positive Salden kennzeichnend sind. In den neuen Ländern ist die Bilanz auch für die Gruppe der 25–29-Jährigen negativ. Die genannten Daten bestätigen damit sowohl die These der „(Re-)Urbanisierung" als auch die der „Stadtflucht", denn attraktiv ist die Stadt nur für junge Menschen, für alle anderen Altersgruppen erweist sie sich eher als ein Lebensraum, den man verlässt.

Zieht man ergänzend Untersuchungen zum Wanderungsverhalten in einzelnen Städten heran (vgl. z. B. Böhm u. a. 1975; Kemper 1985; Miodek 1986; Weichhart 1987), so lässt sich festhalten, dass das auf Rossi (1955) zurückgehende Lebenszyklus-Konzept die wohl beste Erklärung für innerstädtische Wanderungen bietet. Ähnliche Schlussfolgerungen ziehen auch Quigley und Weinberg (1977) sowie Clark und Onaka (1983) in kritischer Würdigung entsprechender Untersuchungen in den USA. Selbst im (ehemals) sozialistischen Polen sind die Zusammenhänge zwischen Wanderungen und Lebenszyklus bemerkenswert eng, wie die von Loboda (1989, S. 214 ff.) referierten Untersuchungen für Warschau zeigen.

Allerdings ist das Lebenszyklus-Konzept an die veränderten Haushalts- und Familienstrukturen (vgl. Kap. 2.4.1) anzupassen. Nicht länger wird die Stadt-Umland-Wan-

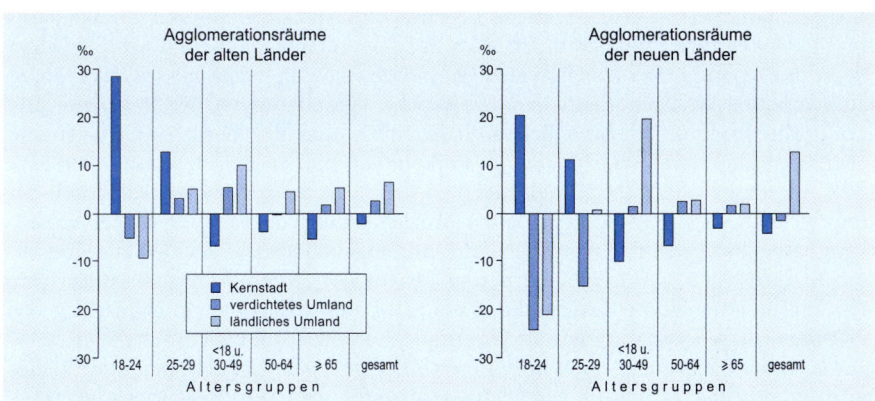

Abb. 81. Binnenwanderungssalden von Kernstädten und Umlandkreisen der Agglomerationsräume in der Bundesrepublik Deutschland 1999 (je 1.000 der Altersklasse). Quelle: BBR (2002).

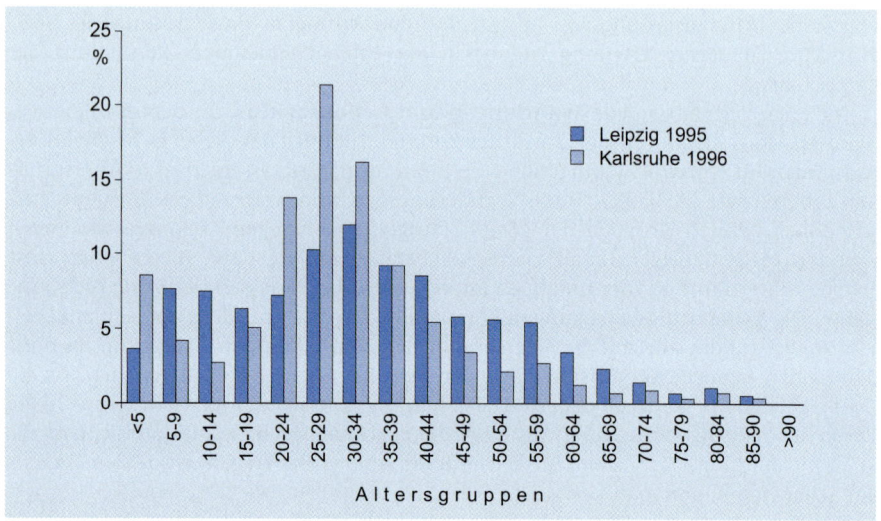

Abb. 82. Altersstruktur der Stadt-Umland-Wanderer in Karlsruhe und Leipzig 1995/96. Quelle: HER-FERT (in GANS und KEMPER 2001).

derung vorwiegend von Familien mit Kindern getragen, wie es in den 1970er Jahren weitgehend der Fall war. In den alten Ländern sind es heute vorwiegend kinderlose Haushalte, insbesondere Zweipersonenhaushalte, die aus der Stadt ins Umland ziehen, und auch unter den Haushalten mit Kindern dominieren Kleinfamilien. Im Steigen begriffen ist daneben der Anteil der Singles (HERFERT in GANS und KEMPER 2001, S. 117). Geblieben ist zumindest in den alten Ländern eine Selektivität der Wanderungen nach dem Alter (Abb. 82), und geblieben ist auch das zentrale Motiv einer Wohnflächenvergrößerung.

Neben den direkten Wirkungen des Lebenszyklus sind auch indirekte Effekte wirksam, die dadurch zustande kommen, dass mit dem „demographischen Lebenszyklus" ein „sozio-ökonomischer Lebenszyklus" verbunden ist, d. h. vielfach wird das Wanderungsverhalten weniger durch demographische Veränderungen des Haushalts und daraus ableitbare Präferenzen bestimmt, sondern eher durch das mit steigendem Lebensalter eintretende Wachstum von Einkommen und Vermögen (KEMPER 1985, S. 189). Allerdings sind diese Beziehungen nicht linear, sondern werden dadurch gekennzeichnet, dass sich die finanziellen Möglichkeiten von Familien in der Expansionsphase – häufig mitbedingt durch das (vorübergehende) Ausscheiden der Frau aus dem Erwerbsleben – verschlechtern und erst in der späten Konsolidierungs- und Schrumpfungsphase eine Besserstellung eintritt. Damit einher geht ein Umschlag von der Unter- zur Überversorgung mit Wohnraum um die späte Lebensmitte von ca. 50 Jahren. Diese bleibt meist auch in höheren Altersgruppen erhalten, denn der veränderte Raumbedarf führt nur vergleichsweise selten zu einer Wohnsitzverlagerung, d. h. die Mobilität ist geringer als nach dem Lebenszykluskonzept zu erwarten (vgl. HERLYN 1990; BUCKSTEEG 1996).

Die Stadt-Umland-Wanderung wird durch eine Reihe **zusätzlicher** *push*-**Faktoren**, wie insbesondere hohe Grundstückspreise und hohe Mieten in den Innenstädten, noch gefördert. Einzelne Autoren sprechen daher unter Betonung solcher *constraints* statt von „Stadtflucht" von „Stadtverdrängung", um so zum Ausdruck zu bringen, dass innerstädtische und Stadt-Umland-Wanderungen oftmals weniger auf freiwilligen, an individuelle Motivationslagen geknüpften Umzugsentscheidungen beruhen, sondern aus Mangel an Alternativen „erzwungen" werden (KREIBICH u. a. 1980). Das unzureichende Angebot an preisgünstigen innerstädtischen Wohnungen resultiert nur in begrenztem Maße aus der Cityexpansion, sondern in erster Linie aus den gestiegenen Wohnansprüchen und größerem Wohnflächenbedarf sowie der Modernisierung und Sanierung des Altbaubestandes. Die dadurch ausgelösten Mieterhöhungen bzw. die Umwandlung von Miet- in Eigentumswohnungen führen zu Verdrängungseffekten, von denen vor allem Rentner, junge Familien, Studenten und Auszubildende, Alleinerziehende sowie Ausländer betroffen sind.

Die Anpassung der Wohnung an die jeweilige Veränderung der Familiengröße ist allerdings erst in neuerer Zeit zum beherrschenden Motiv für innerstädtische Umzüge geworden. Aus den wenigen sozialhistorischen Studien, die sich auf **innerörtliche Migrationen während der Industrialisierungsperiode** beziehen, geht hervor, dass damals vor allem Unterschichtfamilien außerordentlich mobil waren, während Familien aus der Mittel- und Oberschicht nur selten ihre Wohnung wechselten. Hinter den innerstädtischen Umzügen der Arbeiterschaft stand jedoch weniger die Suche nach einer der geänderten Familiengröße angepassten Wohnung, sondern sie waren eher eine Folge von Kündigungen oder resultierten aus den Bemühungen, eine möglichst billige Wohnung zu finden (vgl. DENECKE 1987; BLEEK 1990).

Die Wanderungsvorgänge zwischen den einzelnen Teilräumen der Stadt sowie zwischen Stadt und Umland führen in den Herkunfts- und Zielgebieten zu **Entmischungs- und Verdichtungsprozessen** bestimmter Bevölkerungsgruppen. Das daraus ableitbare angenähert ringförmige Verteilungsbild einzelner Lebenszyklusgruppen wird dadurch modifiziert, dass die Wanderungsströme innerhalb und zwischen den verschiedenen Zonen in engem Zusammenhang mit dem sozio-ökonomischen Status der Bevölkerung stehen und auf abweichenden Vorstellungsbildern (*mental maps*) der städtischen Umwelt beruhen.

Die höchste Wahrscheinlichkeit haben Migrationen innerhalb des jeweiligen Aktionsfeldes, wenn auch diese Tendenz gruppenspezifisch unterschiedlich stark ausgeprägt ist. So konnte u. a. nachgewiesen werden, dass Ausländer eine deutlich geringere Distanz bei innerstädtischen Umzügen zurücklegen (O'LOUGHLIN und GLEBE 1984; GANS 1987). Ansonsten lässt der Verlauf innerstädtischer Umzüge ein sektorenförmiges Muster und eine gute Übereinstimmung mit der Anordnung statusniederer und statushöherer Bereiche erkennen (BÖHM u.a. 1975; BRAUN und MÜLLER 1978). Darin spiegelt sich das Bestreben wider, im Falle eines durch Veränderungen im Lebenszyklus ausgelösten Wohnungswechsels in einem dem eigenen Sozialstatus „angemessenen" Stadtviertel zu wohnen. Diese Überlagerung von ring- und sektorenförmigen Strukturen führt insgesamt zu einem komplexen „ringzellenhaften" Muster von Wohngebieten.

4.5.2 Beispiele intraurbaner Wanderungen in Entwicklungsländern

In Kap. 2.5.2 ist herausgestellt worden, dass sich in den Metropolen der Dritten Welt das traditionelle räumliche Muster des innerstädtischen Sozialgefüges heute in weitgehender Auflösung befindet. Diese Veränderungen sind eng mit schichtenspezifischen intraurbanen Wanderungen verknüpft. Erneut sollen die Verhältnisse am **Beispiel der großen lateinamerikanischen Städte** genauer analysiert werden. Damit kann zugleich der bei der Betrachtung der Binnenwanderungen (Kap. 4.4.3) verfolgte Gedankengang wieder aufgegriffen und fortgeführt werden (BÄHR und MERTINS 1995; BORSDORF u. a. 2002; MERTINS 2003; Abb. 83).

Die überdurchschnittlich schnelle Bevölkerungszunahme in den lateinamerikanischen Ballungsräumen hatte zur Folge, dass sich die aus der Kolonialzeit ererbten Wachstumsgesetze der Städte entscheidend gewandelt haben. Lange Zeit war mit einem Anstieg der Einwohnerzahlen weniger eine periphere Ausdehnung als vielmehr eine steigende Wohndichte im bereits bebauten Gebiet verbunden. Ein Beispiel dafür bilden die am Rande der Altstädte entstandenen Massenquartiere zur Unterbringung von Arbeitern aus der Zeit um die Jahrhundertwende, die z. T. gegenwärtig noch bestehen (vgl. CUSTERS 2001 für Lima).

Die zentrifugale Bevölkerungsbewegung wurde meist von **Angehörigen der Oberschicht** eingeleitet, die in der Zeit zwischen dem Ersten und Zweiten Weltkrieg, in einzelnen Städten auch noch später, die einst hoch bewertete Altstadt verließen. Ihr Fortzug erklärt sich zum einen aus den zunehmenden Umweltbelästigungen mannigfacher Art und der größeren Ertrag abwerfenden Nutzung der Grundstücke durch Geschäfts- und Bürohäuser, zum anderen aber auch aus der Möglichkeit, jeweils modernen Wohnansprüchen gerecht werdende Villen in infrastrukturell gut erschlossenen Vierteln zu beziehen. Bei der Auswahl neuer Wohngebiete spielt neben physisch-geographischen Faktoren, wie Lokalklima und Relief, die Realisierbarkeit der gewünschten Absonderung eine entscheidende Rolle. Derartige meist vor der geschlossenen Siedlungsfront entstehende Villenvororte werden nach einigen Jahren vom Verstädterungsprozess eingeholt, können dadurch an Wohnqualität einbüßen, sodass – oft unter Überspringen anderer Viertel – neue Wohngebiete der Oberschicht in ähnlicher Lagegunst außerhalb der jeweils bebauten städtischen Siedlungsfläche errichtet werden. Es gibt Beispiele dafür, dass sich die etappenartige Verlagerung der vornehmen Wohnviertel nur in eine Richtung vollzieht, aber auch solche, in denen das Wachstum in zwei Flügeln erfolgt (SANDNER 1969; WILHELMY und BORSDORF 1984, S. 144 ff.).

Eine so klare Ausrichtung auf nur einen oder zwei Sektoren trifft für die räumliche Verteilung der Wohnbereiche mittleren sozio-ökonomischen Niveaus nicht zu. Einerseits lassen sich die **Angehörigen der Mittelschicht** – in ihrem Versuch, Wohn- und Wohnumfeldsituation der Oberschicht zu kopieren – in den an diese Viertel angrenzenden Bereichen nieder; andererseits beziehen sie die von den führenden Gesellschaftskreisen allmählich aufgegebenen, auch bereits cityferner liegenden Wohngebiete, und nicht zuletzt leben sie nach wie vor in der Nähe des Stadtzentrums.

Seit etwa einem Jahrzehnt entwickelten sich sog. *gated communities (barrios cerrados)* zu bevorzugten Wohnstandorten nicht nur der Ober-, sondern auch der Mittelschicht.

Derartige Anlagen sind mit Mauern und Zäunen umgeben und mit privat finanzierten Sicherheitssystemen ausgestattet. Häufig weisen sie eine hochwertige, allerdings nur den Bewohnern vorbehaltene Infrastruktur in Form von Sport- und Freizeitanlagen, z. T. auch von Bildungseinrichtungen, auf (MEYER und BÄHR 2001; JANOSCHKA 2002; MERTINS 2003).

Die innerstädtischen Wanderungsbewegungen von **Angehörigen unterer sozialer Schichten** lassen generell zwei Hauptformen erkennen (für einzelne Beispielstädte vgl. BÄHR 1976; BRÜCHER und MERTINS 1978; PACHNER 1982; VAN LINDERT 1991; KROSS 1992; KRANENBURG 2002).

Der erste Typ umfasst die z. T. wiederholten Umzüge von Familien oder Einzelpersonen nicht nur innerhalb desselben Viertels, sondern auch zwischen ähnlichen, oft benachbarten Wohngebieten der Unterschicht. Die Gründe sind verschieden: Oft kommt es wegen rückständiger Mietzahlungen zu Kündigungen, die zum Umzug in billigere und meist noch beengtere und unzureichendere Wohnquartiere führen. MERTINS (2003, S. 49 f.) berichtet, dass in jüngerer Zeit solche, meist ökonomisch verursachten *constraints*-Wanderungen eine signifikante Steigerung erfahren haben. Vermehrt sind daran auch Haushalte der Mittelschicht beteiligt, die die Miete oder die Kaufraten für Wohnungen und Häuser sowie die tariflichen Abgaben nicht mehr aufbringen können und dann gezwungen sind, in statusniedere Wohnquartiere auszuweichen. Für viele Haushalte sind innerstädtische Umzüge auch nur Durchgangsstationen vor dem Erwerb einer kleinen Parzelle am Stadtrand oder dem Bezug einer Sozialwohnung. Beides setzt allerdings eine gewisse vertikale Mobilität voraus.

Der zweite Typ schafft in mehr oder weniger spontanen Aktionen neue illegale, semilegale oder legale randstädtische Hüttenviertel bzw. füllt bestehende rasch auf. Dabei resultieren illegale Hüttenviertel aus der Besetzung staatlicher oder privater Ländereien; von semilegalen Hüttenvierteln kann man sprechen, wenn die Grundstücke zwar legal gekauft werden, die Umwidmung der Fläche in Bauland und/oder der Neubau auf den einzelnen Grundstücken ohne behördliche Genehmigung vorgenommen wird. Im Falle von legalen Hüttenquartieren erfolgt nicht nur eine rechtmäßige Übertragung von Grund und Boden, sondern auch die Bebauung mit behelfsmäßigen Unterkünften ist von staatlichen oder kommunalen Stellen geregelt (z. B. *site and service*-Projekte).

Lange Zeit konnte der Verlauf dieser Form der innerstädtischen Wanderungen mit dem Schema „Provinz-Stadtzentrum-Peripherie" zusammenfassend beschrieben werden. Die theoretische Begründung für dieses **zweiphasige Wanderungsmodell** geht vor allem auf TURNER (1968) zurück. Sein Konzept basiert darauf, dass sich Wohnwünsche und damit auch die Anforderungen an den Wohnstandort im Laufe der Zeit und in Abhängigkeit von der sozio-ökonomischen Position sowie der Stellung im Lebenszyklus ändern können. Für neu in die Stadt gekommene Migranten spielt die Lage des Wohnstandortes zu möglichen Arbeitsstätten eine entscheidende Rolle. Als „Brückenkopf" in der Stadt werden daher bevorzugt Unterkünfte als Mieter bzw. Untermieter in slumartigen Wohnquartieren am Rande der City gewählt. Erst wenn ein einigermaßen sicherer Arbeitsplatz mit regelmäßigen, wenngleich noch immer niedrigen Einkünften gefunden ist, kann der Wunsch nach einer eigenen Wohnung erneut eine Wanderungsentscheidung auslösen. Dieser Motivationsbereich verstärkt sich u. a.

nach der Familiengründung und der Geburt von Kindern. Dabei wird sogar in Kauf genommen, zunächst in einer behelfsmäßigen Hütte zu leben, die man unter Einsatz der eigenen Arbeitskraft allmählich zu einem stabileren Haus umgestaltet *(squatter suburbanization thesis)*.

Nach den Ergebnissen zahlreicher empirischer Untersuchungen ist dieses Wanderungsmodell jedoch in zweifacher Hinsicht zu modifizieren (vgl. zusammenfassend BÄHR und MERTINS 1995, S. 91 ff.):

1. Namentlich in den großen, sich dynamisch entwickelnden Städten sind heute alle Unterschichtquartiere, einschließlich konsolidierter Hüttenviertel und Siedlungen des sozialen Wohnungsbaus, zu „Brückenköpfen" für Neuzuwanderer und damit zu Ausgangspunkten für spätere intraurbane Wanderungen geworden. Überdies nehmen nicht nur Immigranten an diesen Migrationen teil, sondern in erheblichem Umfang auch in der Großstadt selbst geborene Personen.

2. Die Wahl des Wohnstandortes wird nicht nur durch sich wandelnde Präferenzen bestimmt, wie in verhaltenstheoretischen Erklärungsansätzen besonders betont wird, sehr viel entscheidender sind häufig weitreichende Einschränkungen des Handlungsspielraumes durch verschiedene Formen von *constraints* (vgl. GILBERT und VARLEY 1990). Dazu zählen neben den *personal constraints* (z. B. finanzielle Situation) insbesondere die *authority constraints*, d. h. die verschiedenen Arten staatlicher Einflussnahme und Reglementierung (z. B. Ausmaß der Duldung illegaler und semilegaler Hüttenviertel, Mieterschutzbestimmungen, Art und Umfang des sozialen Wohnungsbaus).

Ließ sich das **räumliche Muster sozial bestimmter Stadtviertel** bis in die 1980er Jahre durch die Überlagerung ringförmiger, sektoraler und zellenartiger Strukturelemente kennzeichnen, so ist das Bild heute wesentlich komplexer geworden (BORSDORF u. a. 2002). In großem Umfang und oft unter Einbeziehung oder gar gänzlicher Trägerschaft privaten Kapitals sind neue Stadtautobahnen entstanden und zu einem intraurbanen Schnellstraßennetz miteinander verknüpft worden. Die daraus resultierende Beschleunigung des Verkehrs machte den sub- und periurbanen Raum in der Fläche auch für die Ober- und Mittelschicht attraktiv. Die zellenhaften Elemente an der Peripherie sind nur noch in wenigen Metropolen überwiegend als randstädtische Hüttenviertel ausgebildet, sie werden ergänzt durch großflächige Infrastrukturvorhaben „auf der grünen Wiese", nicht nur in Form riesiger *shopping center,* verbunden mit Freizeiteinrichtungen, z. T. auch Bürostandorten, sondern vor allem durch neue privatwirtschaftlich erschlossene Wohngebiete, die als *gated communities* hochsegregierte und sozial homogene „Inseln" im Stadtgefüge bilden. Wenn von Fragmentierung als dem dominanten Prinzip der gegenwärtigen Stadtentwicklung gesprochen wird, so meint dies eine neue Form der Entmischung von funktionalen und sozialräumlichen Elementen. Prägend sind nicht länger großflächige Gegensätze, z. B. zwischen City und Wohnbereichen, zwischen der *ciudad rica* und der *ciudad pobre*. Diese Gegensätze lösen sich zugunsten kleinräumiger Differenzierungen auf; es entstehen kleinere und größere, oft hermetisch abgeschottete funktions- oder sozialräumliche Einheiten in einer völlig gegensätzlich strukturierten Umgebung, zu der keinerlei soziale und funktionale Beziehungen bestehen. Entsprechend komplex sind auch die Wanderungsverflechtungen zwischen den einzelnen Stadtvierteln, die sich nur noch bedingt in bestimmte Richtungsmuster einordnen lassen (Abb. 83).

Inwieweit die für Lateinamerika herausgearbeiteten Befunde auch für andere Entwicklungskontinente Gültigkeit haben, lässt sich nur schwer sagen, da unsere Kenntnisse über innerstädtische Mobilitätsvorgänge im asiatischen und afrikanischen Raum noch sehr unzureichend sind. Die Frage nach der Lage des ersten Wohnsitzes von Migranten innerhalb des Stadtgebietes ist für **afrikanische Agglomerationen** unterschiedlich beantwortet worden. Dieser Widerspruch löst sich aber wenigstens teilweise auf, wenn man nach dem Ankunftszeitraum weiter differenziert. Übereinstimmend konnten z. B. MUWONGE (1980) für Nairobi, AFOLAYAN (1982) für Lagos sowie VAN

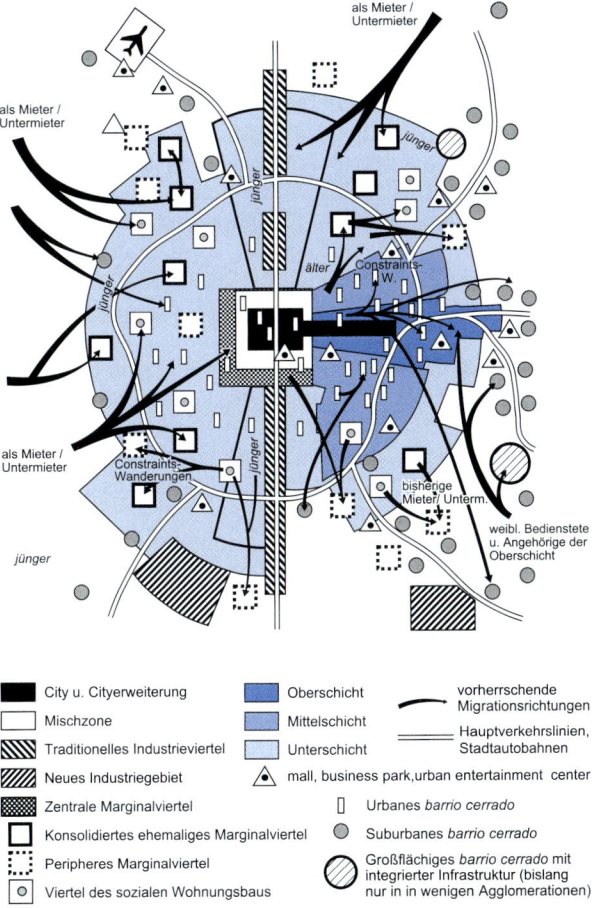

Abb. 83. Sozialräumliche Differenzierung und Wanderungsverflechtungen in lateinamerikanischen Großstädten. Quelle: BÄHR und MERTINS (1995); BORSDORF u. a. (2002).

WESTEN (1995) für Bamako eine Verlagerung des „Brückenkopfes" von innen nach außen nachweisen, was sich weitgehend mit den Ergebnissen der auf Lateinamerika bezogenen Analysen deckt. In gleicher Weise gilt dies für die zentrale Rolle, die Verwandte im weitesten Sinne bei der Wohnungssuche spielen. Noch häufiger als in lateinamerikanischen Großstädten werden Neuzuwanderer zunächst von Familienangehörigen oder Bekannten aufgenommen (vgl. u. a. HEINRITZ 1981, S. 279 für Khartoum; HOFMANN 1994, S. 52 f. für Kumasi/Ghana). Die Dauer des Wohnens in der ersten Anlaufstelle ist sehr verschieden und schwankt zwischen einigen Wochen und mehreren Jahren. Die anschließenden Wanderungsbewegungen verlaufen meist von innen nach außen, z. T. auch in mehreren Schritten. Zielgebiete sind nicht nur neu entstehende *squatter settlements*, vielfach wird auch ein kleines Grundstück erworben und anschließend bebaut, sowohl im Rahmen von ungenehmigten Parzellierungen als auch von *site and service*-Programmen. In diesen Behausungen werden später in der Regel Zuwanderer einer „neuen Generation" aufgenommen. Aber auch abgesehen davon ist der prozentuale Anteil von Mietern in vielen Hüttenvierteln recht hoch. Das liegt u. a. daran, dass größere Landstücke von Spekulanten aufgekauft, behelfsmäßig bebaut und die Unterkünfte anschließend vermietet werden (vgl. MUWONGE 1980).

Das Ausmaß informeller Stadterweiterungen hat in allen Metropolen des subsaharischen Afrika in jüngerer Zeit erheblich zugenommen (vgl. RAKODI 1997; BÄHR 2003). Aufgrund der lang anhaltenden Wirtschaftskrise sind staatliche Wohnungsbauprogramme stark reduziert oder gänzlich eingestellt worden, und auch besser verdienende Haushalte weichen häufig auf den informellen Bodenmarkt aus (vgl. KOOP 1997). Dort, wo die Stadtplanung ihre Steuerungsfunktion vollständig verloren hat, wie z. B. in Luanda oder Kinshasa, ist die *squatter suburbanization* zum dominierenden Faktor der Siedlungsentwicklung geworden. Hier leben bis zu drei Viertel der Bewohner in Hüttenvierteln, die sowohl aus Landbesetzungen als auch aus illegalen Parzellierungen hervorgegangen und teilweise aufgrund späterer Zuzüge extrem verdichtet sind. In anderen Staaten, so z. B. in Kenia, ist ein Teil der innerstädtischen Wohnstandortverlagerungen auf *forced evictions* zurückzuführen, die häufig unter dem Vorzeichen von Sanierung und Stadterneuerung ablaufen, ohne jedoch den dort lebenden Menschen eine Alternative zu bieten (OTISO 2002). Nach dem Ende der Apartheid, verbunden mit der Aufhebung aller Wanderungsbeschränkungen, hat sich auch in der Republik Südafrika das innerstädtische Migrationsmuster grundlegend geändert. Aus den Ergebnissen verschiedener empirischer Untersuchungen, die JÜRGENS und BÄHR (2002, S. 219 ff.) referieren, lässt sich eine gewisse Angleichung an das TURNER-Modell ableiten.

Während die bislang vorgetragenen Ergebnisse im Grundsätzlichen mit den in Lateinamerika gemachten Beobachtungen übereinstimmen, sind die folgenden, von KLIEST und SCHEFFER (1981) besonders herausgestellten Faktoren dort weniger wirksam:

1. Die Land-Stadt-Wanderung hat in Afrika vielfach saisonalen Charakter. Daher sind die Zuwanderer z. T. weniger am Hausbesitz in der Stadt als vielmehr an einer Verbesserung ihrer Position im heimatlichen Dorf interessiert und begnügen sich während ihres Stadtaufenthaltes mit einer angemieteten Unterkunft bzw. einem „Unterschlupf" bei Verwandten oder Freunden (vgl. VORLAUFER 1984).

2. Das räumliche Verteilungsbild der verschiedenen ethnischen Gruppierungen beeinflusst in hohem Maße die Wahl des ersten Wohnstandortes sowie Richtung und Stärke innerstädtischer Wanderungsbewegungen. Selbst viele Hüttensiedlungen an der Peripherie sind ethnisch verhältnismäßig homogen zusammengesetzt, da die Parzellen bevorzugt an Mitglieder der eigenen Gruppe verkauft werden (vgl. HOFMANN 1994).

Noch schwieriger sind Verallgemeinerungen jeglicher Art für den **asiatischen Raum**. Das liegt zum einen daran, dass bislang nur wenige empirische Untersuchungen über innerstädtische Wanderungsströme durchgeführt worden sind, zum anderen aber auch an der Heterogenität dieses Kontinents, der sowohl bevölkerungsreiche wie bevölkerungsarme, flächengroße wie flächenkleine Staaten umfasst, ganz abgesehen von den Unterschieden im sozio-ökonomischen Bereich und der Bevölkerungszusammensetzung.

Eine größere Anzahl stadtgeographischer Analysen, die intraurbane Migrationen zumindest mit einschließen, liegt lediglich für die **Türkei** vor (YONDER 1982; HÖHFELD 1984). Danach haben für die Zeit der Massenzuwanderungen in die großen Städte (nach dem Ersten Weltkrieg bis in die 1950er Jahre) Etappenwanderungen entsprechend dem TURNER-Modell eine bedeutsame Rolle gespielt, während die Innenstädte heute kaum noch als Auffangquartiere für Migranten dienen. Ebenfalls gewandelt hat sich die Stellung der *geçekondus* („über Nacht gebaut") im intraurbanen Wanderungsgeschehen. Ihre Entstehung (von illegal bis semilegal) und spätere Konsolidierung zeigt weitgehende Ähnlichkeiten mit den Hüttenvierteln in lateinamerikanischen Metropolen. Das gilt auch, was die zunehmende Aufnahme von Untermietern betrifft. Ältere *geçekondus* sind deshalb zu wichtigen Zielgebieten für Neuzuwanderer geworden. Physiognomisch werden sie mehr und mehr von höheren Bauten bestimmt (STEWIG 2000, S. 269 ff.). Ein enormes Höhenwachstum, verknüpft mit extremen Bevölkerungskonzentrationen und Dichtewerten, ist auch für die informellen Siedlungen Kairos beschrieben worden (MEYER 1989; YOUSRY und ATTA in RAKODI 1997). Diese sind allerdings ganz überwiegend nicht aus Landbesetzungen, sondern aus illegalen Parzellierungen hervorgegangen.

Die beiden bevölkerungsreichsten Staaten des asiatischen Kontinents, China und Indien, weisen einige bemerkenswerte Besonderheiten auf, die dem lateinamerikanischen Stadtentwicklungsmodell widersprechen. Wie in vielen sozialistischen Staaten sind Wanderungen auch in **China** direkt (Zuzugsbeschränkungen) und indirekt (Wohnungsbau und Wohnungsvergabe) stark reglementiert worden. Seit 1958 existiert ein effektives Haushaltsmeldesystem, mit dessen Hilfe der Zuzug in die Städte sehr restriktiv geregelt ist. Offiziell besteht dieses bis heute fort, wird aber seit den wirtschaftlichen und gesellschaftlichen Umbrüchen nicht mehr durchgesetzt. Die Folge davon ist eine immense Zunahme der *floating population*, die auf 50–100 Mio. Personen geschätzt wird. Darunter werden offiziell temporäre Zuwanderer verstanden, die jedoch häufig auf Dauer in der Stadt bleiben und hier regelrechte „Migrantendörfer" bilden, die teilweise squatterähnliche Strukturen aufweisen (TAUBMANN 1999). Gleichzeitig werden in den unrentablen Staatsbetrieben vermehrt Beschäftigte freigesetzt, sodass Arbeitslosigkeit und – damit einhergehend – auch Obdachlosigkeit zunehmen

(CHAN u. a. 2000). Noch ist die Kontrolle aber so stark, dass sich keine *squatter settlements* in größerem Ausmaß bilden und innerstädtische Wanderungen nach wie vor stark von den Wohnungszuweisungen durch staatliche Stellen bestimmt werden.

Für **Indien** hat SCHENK (1986) im Titel eines Aufsatzes die These von der „residential immobility in urban India" formuliert. Damit ist gemeint, dass gerade untere Sozialschichten ihren Wohnsitz innerhalb der Stadt normalerweise kaum wechseln, es sei denn sie werden durch Vertreibung dazu gezwungen. Das gilt gleichermaßen für die Bewohner innerstädtischer Slums, deren Bevölkerung bei extrem hohen Dichtewerten seit langem recht stabil ist, als auch für diejenigen der Hüttenquartiere. Noch weit stärker als in Lateinamerika ist der Handlungsspielraum des Einzelnen eingeschränkt; Wahlmöglichkeiten hinsichtlich des Wohnstandortes bestehen im Allgemeinen nicht. Die verschiedenen Formen äußerer Einflussnahme *(constraints)* bestimmen daher das Wanderungsgeschehen in so erheblichem Umfang, dass „Zwangswanderungen" unter den innerstädtischen Bewegungen von großer Bedeutung sind. Jüngst konnte jedoch MISTELBACHER (2004) zeigen, dass der Typ des *consolidators* häufiger vorkommt, als bislang angenommen. Damit verbunden ist meist ein Umzug in eine der *unauthorized colonies* (semilegale Siedlungen) an der städtischen Peripherie. Anders als in Lateinamerika ist auch das räumliche Verteilungsmuster der Hüttenviertel. Siedlungen dieser Art finden sich nicht nur am Stadtrand, sondern auch punkt- bzw. zellenförmig im gesamten übrigen Stadtgebiet, und sie reichen bis in das landwirtschaftlich genutzte Umland hinein (BENTINCK 2000). Dabei müssen zunehmend minderwertige, gefährliche und gesundheitsschädigende „Nischen", wie z. B. steile Hänge oder überschwemmungsgefährdete Bereiche, in Anspruch genommen werden (vgl. z. B. BOHLE 1984 für Madras; MORTUZA 1992 für Dhaka). Dies wiederum hat – zusammen mit der wirtschaftlich oft prekären Situation der Bewohner und der weiten Verbreitung von Pacht- und Unterpachtverhältnissen – zur Folge, dass eine Verbesserung der Bausubstanz kaum vorgenommen wird bzw. bedeutend geringer ist als in vielen lateinamerikanischen Städten. Die weitgehend fehlende Eigendynamik solcher Wohnquartiere beeinflusst insofern das innerstädtische Wanderungsmuster, als ein Minimum an Konsolidierung nötig ist, um in größerer Zahl Neuzuwanderer aufzunehmen und so eine „Brückenkopffunktion" zu erfüllen.

Zusammenfassend lässt sich feststellen: Das durch die Einführung der zeitlichen Dimension modifizierte TURNER-Modell fasst wichtige Regelhaftigkeiten zum Ablauf und zur Richtung innerstädtischer Wanderungsbewegungen in den Staaten der Dritten Welt zusammen. Die beobachteten Abweichungen lassen sich dadurch erklären, dass die Entscheidungsfreiheit des Einzelnen in unterschiedlichem Ausmaß durch externe Faktoren eingeschränkt wird. Es hängt insbesondere von Art und Ausmaß der staatlichen Einflussnahme und der ökonomischen Situation ab, ob das *„choice-model"* oder das *„constraints-model"* dominiert (GILBERT und VARLEY 1990). Inwieweit es grundsätzliche Unterschiede zwischen den drei Entwicklungskontinenten gibt, lässt sich aufgrund der nicht sehr zahlreichen Untersuchungen nur schwer sagen. Es finden sich jedoch verschiedene Hinweise für kulturspezifische Besonderheiten, wozu vor allem der Einfluss der ethnischen Bevölkerungszusammensetzung zählt.

4.1 Welche Kriterien werden bei der Definition des Begriffes „Wanderung" herangezogen?

4.2 Welche räumlichen Mobilitätsformen werden unter dem Begriff der „Zirkulation" zusammengefasst?

4.3 Was versteht man unter der „Mobilitätstransformation", und welche Phasen lassen sich unterscheiden?

4.4 Wie kann man die „Effektivität" von Wanderungen messen?

4.5 Welche Beispiele für eine „Wanderungsselektion" kennen Sie?

4.6 Was sind „Kettenwanderungen", und welche Erklärungen lassen sich dafür heranziehen?

4.7 Nennen Sie Beispiele für „Zwangsmigrationen"!

4.8 Warum ist die Anwendung des Flüchtlingsbegriffes auf „Wirtschaftsflüchtlinge" und „Umweltflüchtlinge" problematisch?

4.9 Welcher Zusammenhang besteht zwischen Wanderungshäufigkeit und Distanz? Wofür ist „Distanz" ein Indikator?

4.10 Wie lässt sich das NEWTONsche Gravitationsgesetz auf Wanderungen übertragen?

4.11 Inwiefern können push- und pull-Faktoren Wanderungsabläufe erklären?

4.12 Nennen Sie Vor- und Nachteile verhaltensorientierter Wanderungstheorien!

4.13 Warum ist es seit Beginn des 19. Jh. zu einer Massenwanderung von Europa nach Übersee gekommen?

4.14 Inwiefern haben Auswanderungs- bzw. Einwanderungsgesetze die überseeischen Wanderungen des 19. und beginnenden 20. Jh. erleichtert?

4.15 Was versteht man unter der „Alten und Neuen Einwanderung" in die USA?

4.16 Wodurch unterscheiden sich die Rahmenbedingungen für internationale Wanderungen im 19. Jh. und in der Gegenwart?

4.17 Welcher Sachverhalt wird mit dem Begriff „transnationale Migration" umschrieben?

4.18 Was versteht man unter der „Gastarbeiterwanderung" nach Deutschland?

4.19 Wie erklärt sich die räumliche Verteilung verschiedener Nationalitäten in Deutschland?

4.20 Sind die Ausländerkonzentrationen in deutschen Städten mit den ethnischen Ghettos der USA vergleichbar?

4.21 Wodurch unterscheiden sich die Binnenwanderungen Deutschlands im Zeitalter der Industrialisierung von denen der Gegenwart?

4.22 Warum ist die „Etappenwanderung" in vielen Drittweltstaaten weit verbreitet?

4.23 Welche Bevölkerungsgruppen ziehen bevorzugt in die Kernstädte der Industriestaaten, welche in den suburbanen Raum?

4.24 Warum können Veränderungen im „Familienlebenszyklus" Wanderungen auslösen?

4.25 Was versteht man unter der squatter suburbanization-These?

Literaturverzeichnis

Allgemeine Hinweise: Aufsätze, die in Schriftenreihen erschienen sind, werden in abgekürzter Form zitiert (ohne Herausgeber und Titel des Sammelwerkes); Untertitel werden nur angegeben, wenn sie zum Verständnis des Inhalts notwendig sind; bei mehr als zwei Verlagsorten wird nur der erste genannt.

Die wichtigsten Zeitschriften werden wie folgt abgekürzt:

Annals = Annals of the Association of American Geographers
EG   = Economic Geography
EK   = Erdkunde
GR   = Geographische Rundschau
GS   = Geographie und Schule
GZ   = Geographische Zeitschrift
IJPG = International Journal of Population Geography
PDR   = Population and Development Review
PG   = Praxis Geographie
PGM   = Petermanns Geographische Mitteilungen
PS   = Population Studies
TESG = Tijdschrift voor Economische en Sociale Geografie
US   = Urban Studies
ZfB   = Zeitschrift für Bevölkerungswissenschaft
ZfW   = Zeitschrift für Wirtschaftsgeographie

1   Einleitung

Methodisches Schrifttum und zusammenfassende Darstellungen der Bevölkerungsgeographie

BÄHR, J. (1983): Bevölkerungsgeographie. UTB 1249. Stuttgart.
BÄHR, J. (1988): Bevölkerungsgeographie. GR 40(2), S. 6–13.
BÄHR, J.; JENTSCH, C. UND KULS, W. (1992): Bevölkerungsgeographie. Lehrbuch der Allgemeinen Geographie. Bd. 9. Berlin, New York.

BARTELS, D. (1968): Zur wissenschaftstheoretischen Grundlegung einer Geographie des Menschen. Erdkundl. Wissen 19. Wiesbaden.

BAUDELLE, G. (2000): Géographie du Peuplement. Paris.

BEAUJEU-GARNIER, J. (1956/58): Géographie de la Population. 2 Bde. Paris.

BIERAU, D. (2001): Neue Methode der Volkszählung. Wirtschaft u. Stat. 2001, S. 333–341.

BOBEK, H. (1948): Stellung und Bedeutung der Sozialgeographie. EK 2, S. 118–125.

BÖRSCH, D. (Hrsg.) (1993): Bevölkerung und Raum. Handbuch des Geographieunterrichts. Bd. 2. Köln.

BOYLE, P. (2003): Population Geography: Does Geography Matter in Fertility Research. Progress in Human Geogr. 27, S. 615–626.

Bundesamt für Bauwesen und Raumordnung (BBR) (2002): Aktuelle Daten zur Entwicklung der Städte, Kreise und Gemeinden. Berichte 14. Bonn.

CALDWELL, J. C. (1996): Demography and Social Science. PS 50, S. 305–333.

CLARKE, J. I. (1965): Population Geography. Oxford (2. Aufl. 1972).

CLELAND, J. (1996): Demographic Data Collection in Less Developed Countries 1946–1996. PS 50, S. 433–450.

COURGEAU, D. (1988): Méthodes de Mesure de la Mobilité Spatiale. Paris.

DÖRRIES, H. (1940): Siedlungs- und Bevölkerungsgeographie (1908–1938). Geogr. Jahrbuch 55, S. 3–380.

ESENWEIN-ROTHE, I. (1982): Einführung in die Demographie. Stat. Studien 10. Wiesbaden.

FINDLAY, A. M. (2003): Population Geographies for the 21st Century. Scottish Geogr. Journal 119, S. 177–190.

FINDLAY, A. M. und GRAHAM, E. (1991): The Challenge Facing Population Geography. Progress in Human Geogr. 15, S. 149–162.

FLIRI, F. (1996): Hans Kinzl und die Innsbrucker Schule der Bevölkerungsgeographie. Mitt. Österr. Geogr. Ges. 138, S. 147–181.

FRICKE, W. und MALCHAU, G. (1994): Die Volkszählung in Nigeria 1991. ZfW 38, S. 163–178.

GANS, P. und KEMPER, F.-J. (Hrsg.) (2001): Nationalatlas Bundesrepublik Deutschland. Bd. 4: Bevölkerung. Heidelberg, Berlin.

GEORGE, P. (1951): Introduction à l'Études Géographique de la Population du Monde. INED Travaux et Documents 14. Paris.

GEORGE, P. (1965): Géographie de la Population. Paris.

GRAHAM, E. (2000): What Kind of Theory for What Kind of Population Geography? IJPG 6, S. 257–272.

GROHMANN, H.; SAHNER, H. und WIEGERT, R. (Hrsg.) (1999): Volkszählung 2001: Von der traditionellen Volkszählung zum Registerzensus. Allgemeines Stat. Archiv. Sonderheft 33. Göttingen.

HEINEBERG, H. (2003): Einführung in die Anthropogeographie/Humangeographie. UTB 2445. Paderborn.

HENNING, S. (2001): Census 2000 in the United States of America. ZfB 26, S. 85–125.

HENRY, L. (1972): Die Kirchenbücher als demographische Quellen. In: KÖLLMANN, W. und MARSCHALCK, P. (Hrsg.): Bevölkerungsgeschichte. Neue Wiss. Bibliothek 54. Köln. S. 220–229.

HETTNER, A. (1947): Die Menschheit. Allgemeine Geographie des Menschen. Bd. 1. Stuttgart. Herausgegeben posthum von H. SCHMITTHENNER.

HÖHN, C. und MAI, R. (2004): Bericht zur demographischen Lage in Deutschland. ZfB 29 (im Druck).

HUSA, K. (1991): Wer ist ein Migrant? Probleme der Dokumentation und Abgrenzung räumlicher Mobilität in der Dritten Welt. Demographische Informationen 1990/91, S. 35–47.

JONES, H. R. (1981): A Population Geography. London (2. Aufl. 1990).

JÜRGENS, H. W. (1975): Zur Lage der Bevölkerungswissenschaft in der Bundesrepublik Deutschland. ZfB 1, S. 6–18.

KLITZING, F. VON (1989): Handbuch zur kleinräumigen Nutzung von Daten der Volkszählung 1987. DST-Beiträge zur Stat. u. Stadtforschung 36. Köln.

KOCH, A. (2002): 20 Jahre Feldarbeit im ALLBUS. ZUMA-Nachrichten 51, S. 9–37.

KULS, W. (1980): Bevölkerungsgeographie. Studienbücher d. Geogr. Stuttgart (3. Aufl. zus. mit F.-J. KEMPER. Berlin 2002).

KULS, W. (1982): Bevölkerungsgeographie als Zweig der Geographie des Menschen. GS 4(20), S. 1–9.

LANGE, N. DE (1991): Bevölkerungsgeographie. Grundriß allgemeine Geographie. Bd. 5. Paderborn.

LAUX, H.-D. (1982): Forschungsschwerpunkte und Zukunftsaufgaben der historischen Geographie: Bevölkerung. EK 36, S. 103–109.

LECHTENBÖRGER, C. (1997): Satellitenbildgestützte Bevölkerungsstatistik. GR 49, S. 450–455.

LEIB, J. und MERTINS, G. (1983): Bevölkerungsgeographie. Das Geogr. Seminar. Braunschweig.

LÜTTINGER, P. und RIEDE, T. (1997): Der Mikrozensus. ZUMA-Nachrichten 41, S. 19–43.

MACKENSEN, R. (2000): Vergangenheit und Zukunft der Demographie als Wissenschaft. ZfB 25, S. 399–429.

MCKENDRICK, K. H. (1999): Multi-Method Research: An Introduction to Its Application in Population Geography. Prof. Geographer 51, S. 40–49.

MEUSBURGER, P. (1998): Bildungsgeographie. Heidelberg, Berlin.

MUELLER, U.; NAUCK, B. und DIEKMANN, A. (Hrsg.) (2000): Handbuch der Demographie. 2 Bde. Berlin.

NOIN, D. (1979): Géographie de la Population. Paris (2. Aufl. 1988).

NOIN, D. und THUMERELLE, P.-J. (1993): L'Étude Géographique des Populations. Paris.

OBERMEYER, C. M. (1998): Qualitative Methods: A Key to a Better Understanding of Demographic Behaviour? PDR 23, S. 813–818.

PAFFEN, K. (1959): Stellung und Bedeutung der physischen Anthropogeographie. EK 13, S. 354–372.

PENCK, A. (1925): Das Hauptproblem der physischen Anthropogeographie. Z. f. Geopolitik 2, S. 330–348.

PETERSEN, W. (1999): Malthus: Founder of Modern Demography. New Brunswick/N. J.

PLANE, D. A. und ROGERSON, P. A. (1994): The Geographical Analysis of Population with Applications to Planning and Business. Chichester.

PREWITT, K. (2000): The US Decennial Census. PDR 26, S. 1–16.

RINNE, H. (1994): Wirtschafts- und Bevölkerungsstatistik. München, Wien.

ROTHENBACHER, F. (2001): European Population Censuses 2000/1. EURODATA Newsletter 12/13, S. 20–23.

ROWLAND, D. T. (2003): Demographic Methods and Concepts. Oxford.

RÜHL, A. (1938): Einführung in die allgemeine Wirtschaftsgeographie. Leiden.

RUPPERT, K. und SCHAFFER, F. (1969): Zur Konzeption der Sozialgeographie. GR 21, S. 205–214.

SCHÖLLER, P. (1968): Leitbegriffe zur Charakterisierung von Sozialräumen. Münchner Studien z. Sozial- u. Wirtschaftsgeogr. 4. Kallmünz/Regensburg. S. 177–184.

SCHÖLLER, P. (1970): Probleme der Bevölkerungsgeographie in Japan und Deutschland. GZ 58, S. 35–40.

SCHULTZ, H.-D. (1980): Die deutschsprachige Geographie von 1800 bis 1970. Abh. d. Geogr. Inst. – Anthropogeogr. 29. Berlin.

SCHYMIK, F. (1980): Bevölkerungsgeographische Forschungsperspektiven und raumbezogene Informationsverarbeitung. Rhein-Mainische Forschungen 92. Frankfurt/M.

SPIESS, C. K. (2003): Das Sozioökonomische Panel (SOEP). Rundbrief 181, S. 11–12.

STÖRTZBACH, B. (1987): Volkszählungen im internationalen Vergleich. Wirtschaft u. Stat. 1987, S. 207–218.

SWIACZNY, F. (2001): Internetquellen zu Migration und Weltbevölkerung. GR 53 (2), S. 55–56.

THOMALE, E. (1972): Sozialgeographie. Marburger Geogr. Schriften 53. Marburg/L.

TREWARTHA, G. T. (1953): A Case for Population Geography. Annals 43, S. 71–97.

United Nations (UN) (2003): World Population Prospects: The 2002 Revision. New York.

United Nations (UN) (2004): World Urbanization Prospects: The 2003 Revision. New York.

United Nations Development Programme (UNDP) (2003): Millennium Development Goals. Human Development Report 2003. New York.

United Nations Population Fund (UNFPA) (2003): The State of the World Population 2003: Making 1 Billion Count: Investing in Adolescents' Health and Rights. New York.

WEBER, E.; BENTHIEN, B. und KÄNEL, A. VON (1986): Einführung in die Bevölkerungs- und Siedlungsgeographie. Studienbücherei Geographie. Bd. 2. 3. Aufl. Gotha, Leipzig.

WHITE, P. und JACKSON, P. (1995): (Re)theorising Population Geography. IJPG 1, S. 111–123.

WIRTH, E. (1977): Die deutsche Sozialgeographie in ihrer theoretischen Konzeption und in ihrem Verhältnis zu Soziologie und Geographie des Menschen. GZ 65, S. 161–187.

WITTHAUER, K. (1969): Verteilung und Dynamik der Erdbevölkerung. PGM, Erg.heft 272. Gotha, Leipzig.

World Bank (2004): Making Services for Poor People. World Development Report 2004. New York.

WRIGLEY, E. A. (1965): Geography and Population. In: CHORLEY, R. J. und HAGGETT, P. (Hrsg.): Frontiers in Geographical Teaching. London. S. 62–80.

Woods, R. I. (1979): Population Analysis in Geography. London, New York.

Woods, R. I. (1986): Theory and Methodology in Population Geography. In: Pacione, M. (Hrsg.): Population Geography. London. S. 13–34.

Zelinsky, W. (1966): A Prologue to Population Geography. Englewood Cliffs/N.J.

2 Bevölkerungsverteilung und Bevölkerungsstruktur

2.1 Methoden der Analyse und Darstellung

Alestalo, J. (1983): The Concentration of Population in Finland between 1880 and 1980. Fennia 161, S. 263–288.

Bachi, R. (1963): Standard Distance Measures and Related Methods for Spatial Analysis. Papers Regional Science Assoc. 10, S. 83–132.

Bahrenberg, G. (1974): Zur Frage optimaler Standorte von Gesamthochschulen in Nordrhein-Westfalen. EK 28, S. 101–114.

Bahrenberg, G. und Giese, E. (1975): Statistische Methoden und ihre Anwendung in der Geographie. Studienbücher d. Geogr. Stuttgart (2. Aufl. zus. mit J. Nipper. Stuttgart, Leipzig 1999).

Birg, H. (1996): Die Weltbevölkerung. Beck'sche Reihe 2050. München.

Blasius, J. (1988): Indizes der Segregation. In: Friedrichs, J. (Hrsg.): Soziologische Stadtforschung. Opladen. S. 410–431.

Bollmann, J. und Koch, W. G. (Hrsg.) (2001): Lexikon der Kartographie und Geomatik. Heidelberg, Berlin.

Boots, B. N. (1979): Population Density, Crowding, and Human Behaviour. Progress in Human Geogr. 3, S. 13–63.

Boustedt, O. (1975): Grundriss der empirischen Regionalforschung. Teil 2: Bevölkerungsstrukturen. Taschenbücher z. Raumplanung 5. Hannover.

Bucher, H. (1989): Regionale Bevölkerungsverteilung, Infrastruktur und Umweltbelastung. In: Recktenwald, H. C. (Hrsg.): Der Rückgang der Geburten. Mainz, Düsseldorf. S. 177–188.

Buckwalter, D. W. und Rugg, D. S. (1986): Delimiting the Physical City. Prof. Geographer 38, S. 258–263.

Callsen, S. und Hirschfeld, M. (1998): Bevölkerungspotentiale für die Regionen der Bundesrepublik Deutschland. Beiträge aus dem Inst. f. Regionalforschung 26. Kiel.

Clark, C. (1951): The Conditions of Economic Progress. 2. Aufl. London.

Clark, P. J. und Evans, F. C. (1954): Distance to Nearest Neighbor as a Measure of Spatial Relationships in Populations. Ecology 35, S. 445–453.

Clarke, J. I. (1960): Persons per Room. TESG 51, S. 257–260.

Cortese, C. F.; Falk, R. F. und Cohen, J. K. (1976): Further Considerations on the Methodological Analysis of Segregation Indices. Amer. Sociol. Rev. 41, S. 630–637.

Czyz, T. (1995): Application of the Population Potential Model in the Structural Regionalisation of Poland. Geographia Polonica 66, S. 13–31.

Dacey, M. F. (1962): Analysis of Central Place and Point Patterns by a Nearest Neighbour Method. Lund Studies in Geogr. 24 B. Lund. S. 55–75.

DUNCAN, O. D. (1957): The Measurement of Population Distribution. PS 11, S. 27–45.

DUNCAN, O. D. und DUNCAN, B. (1955): A Methodological Analysis of Segregation Indexes. Amer. Sociol. Rev. 20, S. 210–217.

DZIEWOŃSKI, K. u. a. (1975): The Population Potential of Poland between 1950 and 1970. Geographia Polonica 31, S. 5–28.

ESENWEIN-ROTHE, I. (1982): Einführung in die Demographie. Stat. Studien 10. Wiesbaden.

FLASKÄMPER, P. (1962): Bevölkerungsstatistik. Hamburg.

GANS, P. und KEMPER, F.-J. (Hrsg) (2001): Nationalatlas Bundesrepublik Deutschland. Bd. 4: Bevölkerung. Heidelberg, Berlin.

GÜSSEFELDT, J. (1996): Regionalanalyse. München, Wien.

HARPER, S. und LAWS, G. (1995): Rethinking the Geography of Ageing. Progress in Human Geogr. 19, S. 199–221.

HART, J. F. (1954): Central Tendency in Areal Distributions. EG 30, S. 48–59.

HEILIG, G. und BÜTTNER, T. (1990): Selected Demographic Aspects of a United Germany. IIASA Working Paper 90–33. Laxenburg.

JENKS, G. F. (1963): Generalization in Statistical Mapping. Annals 53, S. 15–26.

JONES, B. G. (1980): Applications of Centrographic Techniques to the Study of Urban Phenomena. EG 56, S. 201–222.

KEMPER, F.-J. u. a. (1979): Das Bevölkerungspotential der Bundesrepublik Deutschland. Raumf. u. Raumordnung 37, S. 177–183.

KUNZ, D. (1986): Anfänge und Ursachen der Nord-Süd-Drift. Inf. z. Raumentwicklung 1986, S. 829–838.

LENDL, E. (1954/55): Zur Frage der Berechnung der agraren Dichte. Geogr. Taschenbuch 1954/55, S. 424–425.

LONG, L. und NUCCI, A. (1997): The Hoover Index of Population Concentration. Prof. Geographer 49, S. 431–440.

LONGHURST, R. (2002): Geography and Gender. Progress in Human Geogr. 26, S. 544–552.

MARR, R. L. (1964): Der Bevölkerungsschwerpunkt und weitere, die Bevölkerung repräsentierende Punkte. Regio Basiliensis 5, S. 152–174.

MEYNEN, E. und HAMMERSCHMIDT, A. (1967): Die Bevölkerungsdichte in der Bundesrepublik Deutschland nach naturräumlichen Einheiten. Ber. z. dt. Landeskunde 39, S. 138–170.

MÜLLER, H. (1988): Kinder in den Ländern der Erde: Eine isodemographische Weltkarte. PG 18(4), S. 8–9.

NOIN, D. (1996): Atlas de la Population du Monde. 2. Aufl. Montpellier, Paris.

ÖBERG, S. und SPRINGFIELD, P. (Hrsg.) (1991): The National Atlas of Sweden: The Population. Stockholm.

RUDDER, J. DE (1977): Lorenz Curves and Concentration Indices: Applied to Population Densities in Belgium (1970). Bull. Soc. Belge d'Études Géographiques 46, S. 153–170.

RUTZ, W. (1979): Das Bevölkerungszentrum der Erde. Die Erde 110, S. 299–308.

SCHWARZ, K. (1972): Demographische Grundlagen der Raumforschung und Landesplanung. Veröff. d. Akad. f. Raumf. u. Landespl. Abh. 64. Hannover.

SCHYMIK, F. (1980): Bevölkerungsgeographische Forschungsperspektiven und raumbezogene Informationsverarbeitung. Rhein-Mainische Forschungen 92. Frankfurt/M.

SHRYOCK, H. S. u. a. (1971): The Methods and Materials of Demography. Washington D.C.

SKODA, L. und ROBERTSON, J. C. (1972): Isodemographic Map of Canada. Geogr. Paper 50. Ottawa.

SMET, R. E. DE (1962): Degré de Concentration de la Population. Rev. Belge de Géogr. 86, S. 39–57.

STEPHAN, G. E. (1977): An Empirically Standardized Measure of Population Concentration. Geogr. Analysis 9, S. 292–296.

STEWART, J. Q. (1947): Empirical Mathematical Rules Concerning the Distribution and Equilibrium of Population. Geogr. Review 37, S. 461–485.

STEWART, J. C. und WARNTZ, W. (1958): Macrogeography and Social Science. Geogr. Review 48, S. 167–184.

STÖCKL, R. (1952): Die Bevölkerungsdichte und verwandte Begriffe. PGM 96, S. 168–179.

STOKKAN, J. (1975): The Potential Model. Norsk Geografisk Tidsskrift 29, S. 111–132.

STOKOLS, D. (1972): A Social-Psychological Model of Human Crowding Phenomena. Journal Amer. Inst. of Planners 38, S. 72–83.

STRUCK, E. (2000): Die Weltbevölkerung zum Beginn des 21. Jahrhunderts. PGM 144 (1), S. 6–17.

STRÜDER, I. (1999): Altsein in Deutschland. Opladen.

TOBLER, W. u. a. (1997): World Population in a Grid of Spherical Quadrilaterals. IJPG 3, S. 203–225.

United Nations (UN) (2003): World Population Prospects: The 2002 Revision. New York.

VOGEL, F. und GRÜNEWALD, W. (1996): Kleines Lexikon der Bevölkerungs- und Sozialstatistik. München, Wien.

VOS, S. DE (1973): The Use of Nearest Neighbour Methods. TESG 64, S. 307–319.

WARNTZ, W. und NEFT, D. (1960): Contributions to a Statistical Methodology for Areal Distributions. Journal of Regional Science 2, S. 47–66.

WILHELMY, H. (2002): Kartographie in Stichworten. 7. Aufl. von A. HÜTTERMANN und P. SCHRÖDER. Berlin, Stuttgart.

WINSHIP, C. (1977): A Revaluation of Indexes of Residential Segregation. Social Forces 55, S. 1058–1066.

WITT, W. (1971): Bevölkerungskartographie. Veröff. d. Akad. f. Raumf. u. Landespl. Abh. 63. Hannover.

WITTHAUER, K. (1956): Eine dynamische Darstellung von Flächen- und Bevölkerungszahlen. PGM 100, S. 225–234.

WONG, D. W. S. (1999): Geostatistics as Measures of Spatial Segregation. Urban Geogr. 20, S. 635–647.

WOODS, R. I. (1976): Aspects of the Scale Problem in the Calculation of Segregation Indices. TESG 67, S. 169–174.

WRIGHT, J. K. (1937): Some Measures of Distributions. Annals 27, S. 177–211.

2.2 Grundzüge und Regelhaftigkeiten räumlicher Bevölkerungsverteilungen

BÄTZING, W.; PERLIK, M. und DEKLEVA, M. (1996): Urbanisation and Depopulation in the Alps. Mountain Research and Development 16, S. 335–350.

BECKER, H. (1977): Kulturgeographische Prozesse am polaren Nordsaum der Ökumene. Polarforschung 47, S. 47–60.

BRUENIG, E. F. (1989): Internationaler Tropenholzhandel und Waldvernichtung in den Tropen. Kieler Geogr. Schriften 73. Kiel. S. 47–62.

BUCHHOLZ, H. J. (1973): Die Wohn- und Siedlungskonzentration in Hong Kong als Beispiel einer extremen städtischen Verdichtung. EK 27, S. 279–290.

DAHLKE, J. (1976): Die Entwicklung des Weizenfarmens im Westen Australiens. Göttinger Geogr. Abh. 66. Göttingen. S. 137–146.

FURRER, G. und WEGMANN, D. (1977): Bevölkerungsveränderungen in den Schweizer Alpen 1950–1970. Mitt. Österr. Geogr. Ges. 119, S. 52–65.

GAEBE, W. (1983): Ansätze und Hemmnisse des räumlichen Disparitätenabbaus in Sambia. ZfW 27, S. 10–19.

GILLMAN, C. (1936): A Population Map of Tanganyika Territory. Geogr. Review 26, S. 353–375.

GRIGG, D. (1969): Degrees of Concentration: A Note on World Population Distribution. Geography 54, S. 325–329.

GRÖTZBACH, E. (1985): Höhengrenzen und Höhenstufen. GR 37, S. 339–344.

HAIMAYER, P. (Hrsg.) (1988): Probleme des ländlichen Raumes im Hochgebirge. Innsbrucker Geogr. Studien 16. Innsbruck.

HAINING, R. P. (1981): Spatial Interdependencies in Population Distributions. Environment and Planning 13 A, S. 65–96.

HAMBLOCH, H. (1966): Der Höhengrenzsaum der Ökumene. Westfälische Geogr. Studien 18. Münster.

HAMBLOCH, H. (1982): Allgemeine Anthropogeographie. Erdkundl. Wissen 31. 5. Aufl. Wiesbaden.

JAHNKE, H. E. (1976): Tsetse Flies and Livestock Development in East Africa. Afrika-Studien 87. München.

KÜHNE, I. (1974): Die Gebirgsentvölkerung im nördlichen und mittleren Apennin in der Zeit nach dem Zweiten Weltkrieg. Erlanger Geogr. Arb., Sonderbd. 1. Erlangen.

LEIDLMAIR, A. (1958): Bevölkerung und Wirtschaft in Südtirol. Tiroler Wirtschaftsstudien 6. Innsbruck.

LICHTENBERGER, E. (1965): Das Bergbauernproblem in den österreichischen Alpen. EK 19, S. 39–57.

MÜLLER-WILLE, W. (1978): Gedanken zur Bonitierung und Tragfähigkeit der Erde. Westfälische Geogr. Studien 35. Münster. S. 25–56.

NOIN, D. (1988): Géographie de la Population. 2. Aufl. Paris (1. Aufl. 1979).

RICHTER, W. (1980): Jüdische Agrarkolonisation in Südpalästina (Südisrael) im 20. Jahrhundert. Kölner Forschungen z. Wirtschafts- u. Sozialgeogr. 27. Köln.

RIEGLER, F. (1995): Höfe-Erschließung im bergbäuerlichen Siedlungsraum. Innsbrucker Geogr. Studien 25. Innsbruck.

ROBINSON, A. H. und BRYSON, R. A. (1957): A Method for Describing Quantitatively the Correspondence of Geographical Distributions. Annals 47, S. 379–391.

ROBINSON, A. H.; LINDBERG, J. B. und BRINKMAN, L. W. (1961): A Correlation and Regression Analysis Applied to Rural Farm Population Densities in the Great Plains. Annals 51, S. 211–221.

ROTHER, K. und TICHY, F. (2000): Italien. Wiss. Länderkunden. Darmstadt.

ROTHER, K. und WALLBAUM, U. (1975): Die Entvölkerung des Apennins. EK 29, S. 209–213.

SCHULTZ, J. (1976): Land Use in Zambia. Afrika-Studien 95. München.

STASZEWSKI, J. (1957): Vertical Distribution of World Population. Polish Academy of Sciences. Geogr. Studies 14. Warschau.

STASZEWSKI, J. (1959): Die Verteilung der Bevölkerung der Erde nach dem Abstand vom Meer. PGM 103, S. 207–215.

STASZEWSKI, J. (1961): Bevölkerungsverteilung nach den Klimagebieten von W. KÖPPEN. PGM 105, S. 133–138.

TELBIS, H. (1964): Die Verteilung der Bevölkerung der Bundesrepublik Deutschland auf Höhenstufen von 100 zu 100 Meter. Ber. z. dt. Landeskunde 32, S. 134.

TROLL, C. (1943): Die Stellung der Indianer-Hochkulturen im Landschaftsaufbau der tropischen Anden. Z. d. Ges. f. Erdkunde zu Berlin 1943, S. 93–134.

ULMER, F. (1935): Höhenflucht. Schlern-Schriften 27. Innsbruck.

United Nations (UN) (2003): World Population Prospects: The 2002 Revision. New York.

WEBBER, M. J. (1974): Association between Population Density and the Market Areas of Towns. Geogr. Analysis 6, S. 109–134.

WITTHAUER, K. (1979): Qualitative Veränderung der Bevölkerungsdynamik. PGM 123, S. 121–126.

2.3 Städtische und ländliche Bevölkerung

ALONSO, W. (1960): A Theory of the Urban Land Market. Papers Regional Science Assoc. 6, S. 149–157.

AUERBACH, E. (1913): Das Gesetz der Bevölkerungskonzentration. PGM 59, S. 74–76.

BÄHR, J. und MERTINS, G. (2000): Marginalviertel in Großstädten der Dritten Welt. GR 52 (7/8), S. 19–26.

BÄHR, J. und WEHRHAHN, R. (1995): Polarization Reversal in der Entwicklung brasilianischer Metropolen? EK 49, S. 213–231.

BÄTZING, W.; BOLLIGER, M. und PERLIK, M. (1996): Städtische und ländliche Regionen in den Alpen: Definitionen und Abgrenzung mittels des OECD-Indikators „Bevölkerungsdichte" und seine methodische und inhaltliche Bewertung. Ber. z. dt. Landeskunde 70, S. 479–502.

BATTY, M. und KIM, K. S. (1992): Form Follows Function: Reformulating Urban Population Density Functions. US 29, S. 1043–1070.

BEAVERSTOCK, J. V.; TAYLOR, P. J. und SMITH, R. G. (1999): A Roster of World Cities. Cities 16, S. 445–458.

BECKMANN, M. J. (1958): City Hierarchies and the Distribution of City Size. Econ. Development and Cultural Change 6, S. 243–248.

BERRY, B. J. L. (1961): City Size Distribution and Economic Development. Econ. Development and Cultural Change 9, S. 573–588.

BERRY, B. J. L. (Hrsg.) (1976): Urbanization and Counterurbanization. Urban Affairs Annual Reviews 11. Beverly Hills/Cal., London.

BERRY, B. J. L. und HORTON, F. E. (1970): Geographical Perspectives on Urban Systems. Englewood Cliffs/N. J.

BERRY, B. J. L.; SIMMONS, J. W. und TENNANT, R. J. (1963): Urban Population Densities. Geogr. Review 53, S. 389–405.

BLASIUS, J. und DANGSCHAT, J. S. (Hrsg.) (1990): Gentrification. Frankfurt/M., New York.

BLEICHER, H. (1892/95): Statistische Beschreibung der Stadt Frankfurt am Main und ihrer Bevölkerung. 2 Bde. Frankfurt/M.

BLOTEVOGEL, H. H. (2001): Die Metropolregionen in der Raumordnungspolitik Deutschlands. Geographica Helvetica 56, S. 157–168.

BROCKERHOFF, M. P. (2000): An Urbanizing World. Population Bulletin 55 (3). Washington D.C.

BRONGER, D. (1997): Megastädte – Eine Welt? GS 9 (110), S. 2–10 u. 45.

BRUNN, S. D.; WILLIAMS, J. F. und ZEIGLER, D. J. (Hrsg.) (2003): Cities of the World. 3. Aufl. Lanham/Maryland.

Bundesamt für Bauwesen und Raumordnung (BBR) (2002): Aktuelle Daten zur Entwicklung der Städte, Kreise und Gemeinden. Berichte 14. Bonn

BURDACK, J. (1993): Jüngere Tendenzen der Bevölkerungsentwicklung im Städtesystem Frankreichs. EK 47, S. 52–60.

CARROLL, G. R. (1982): National City-Size Distributions. Progress in Human Geogr. 6, S. 1–43.

CASETTI, E. (1967): Urban Population Density Patterns. Canadian Geographer 11, S. 96–100.

CLARK, C. (1951): Urban Population Densities. Journal Royal Stat. Society 114 A, S. 490–496.

CLARK, D. (2000): World Urban Development. Geography 85, S. 15–23.

COY, M. und KRAAS, F. (2003): Probleme der Urbanisierung in den Entwicklungsländern. PGM 147 (1), S. 32–41.

DAVIS, K. (1965): The Urbanization of the Human Population. Scientific American 213(3), S. 41–53.

DAVIS, K. (1969/72): World Urbanization, 1950–1970. 2 Bde. Berkeley/Cal.

DZIEWOŃSKI, K. (1972): General Theory of Rank-Size Distributions in Regional Settlement Systems. Papers Regional Science Assoc. 29, S. 73-86.

ETTLINGER, N. und ARCHER, J. C. (1987): City-Size Distributions and the World Urban System in the Twentieth Century. Environment and Planning 19 A, S. 1161–1174.

FELDBAUER, P. u. a. (Hrsg.) (1997): Mega-Cities. Historische Sozialkunde 12. Frankfurt/M.

FREY, W. H. (1990): Metropolitan America. Population Bulletin 45(2). Washington D.C.

FRIEDMANN, J. und LACKINGTON, T. (1967): Hyperurbanization and National Development in Chile. Urban Affairs Quarterly 2, S. 3–30.

FRIEDRICHS, J. (1981): Stadtanalyse. 2. Aufl. Opladen.

GAEBE, W. (1987): Verdichtungsräume. Studienbücher d. Geogr. Stuttgart.

GANS, P. (2000): Urban Population Change in Large Cities of Germany, 1980–94. US 37, S. 1497–1512.

GANS, P. und OTT, T. (2003): Binnenwanderungen in den Ländern der Europäischen Union. GR 55 (6), S. 20–26.

GEPPERT, K. (1996): Ballungsräume in den USA – anhaltende Reurbanisierung? Vjh. z. Wirtschaftsforschung 65, S. 156–171.

GEYER, H. S. (Hrsg.) (2002): International Handbook of Urban Systems. Cheltenham, Northhampton/Mass.

GEYER, H. S. und KONTULY, T. (1993): A Theoretical Foundation for the Concept of Differential Urbanization. Intern. Regional Science Rev. 17, S. 157–177.

GIBBS, J. P. (1963): The Evolution of Population Concentration. EG 39, S. 119–129.

GÜSSEFELDT, J. (2001): Zur Interdependenz von wirtschaftlicher Entwicklung und Städtesystem. GZ 89, S. 195–210.

HALL, P. (2002): Christaller for a Global Age. 53. Dt. Geographentag Leipzig 2001. Tagungsber. u. wiss. Abh. Leipzig, S. 110–128.

HEINEBERG, H. (2001): Stadtgeographie. UTB 2166. 2. Aufl. Paderborn.

HENKEL, R. (1986): Nationale Städtesysteme im östlichen und südlichen Afrika. ZfW 30, S. 14–26.

HOFMEISTER, B. (1982): Urbanisierung. GS 4(18), S. 1–11.

JEFFERSON, M. (1939): The Law of the Primate City. Geogr. Review 29, S. 226–232.

JOHNSON, G. A. (1980): Rank-Size Convexity and System Integration: A View from Archaeology. EG 56, S. 234–247.

KAHIMBAARA, J. A. (1986): The Population Density Gradient and the Spatial Structure of a Third World City: Nairobi. US 23, S. 307–322.

KANAROGLOU, P. S. und BRAUN, G. O. (1992): The Pattern of Counterurbanization in the Federal Republic of Germany, 1977–1985. Environment and Planning 24 A, S. 481–496.

KARSCH, C. (1977): Zur Theorie der Siedlungsgrößenverteilungen. Schriftenreihe d. Österr. Ges. f. Raumf. u. Raumpl. 23. Wien, New York.

KONTULY, T. und DEARDEN, B. (1998): Regionale Umverteilungsprozesse der Bevölkerung in Europa seit 1970. Inf. z. Raumentwicklung 1998, S. 713–722.

KONTULY, T. und GEYER, H. S. (Hrsg.) (2003): Differential Urbanisation. TESG 94 (1).

LANGE, N. DE (1993): Die regionale Entwicklung der USA in den achtziger Jahren. EK 47, S. 61–74.

LAUX, H.-D. (1984): Dimensionen und Determinanten der Bevölkerungsentwicklung preußischer Städte in der Periode der Hochindustrialisierung. In: RAUSCH, W. (Hrsg.): Die Städte Mitteleuropas im 20. Jahrhundert. Linz. S. 87–112.

LINSKY, A. S. (1965): Some Generalisations Concerning Primate Cities. Annals 55, S. 506–513.

MAIER, J. u. a. (1977): Sozialgeographie. Das Geogr. Seminar. Braunschweig.

MARSDEN, B. S. (1970): Temporal Aspects of Urban Population Densities: Brisbane, 1861–1966. Australian Geogr. Studies 8, S. 71–83.

MERTINS, G. (1994): Verstädterungsprobleme in der Dritten Welt. PG 24 (1), S. 4–9.

MILLS, E. S. und JEE, T. P. (1980): A Comparison of Urban Population Density Functions in Developed and Developing Countries. US 17, S. 313–321.

MIRUCKI, J. (1986): Planned Economic Development and Loglinearity in the Rank-Size Distribution of Urban System: The Soviet Experience. US 23, S. 151–156.

MÜLLER, U. (2002): Räumliche Konzentration und Dekonzentration von Bevölkerung und Wirtschaftsstandorten im Großraum von Buenos Aires. PGM 146 (5), S. 8–15.

MUTH, R. F. (1961): The Spatial Structure of the Housing Market. Papers Regional Science Assoc. 7, S. 207–220.

NEWLING, B. E. (1969): The Spatial Variation of Urban Population Densities. Geogr. Review 59, S. 242–252.

NOIN, D. (1979): Géographie de la Population. Paris.

NUHN, H. (1981): Struktur und Entwicklung des Städtesystems in den Kleinstaaten Zentralamerikas und ihre Bedeutung für den regionalen Entwicklungsprozeß. EK 35, S. 303–320.

PARR, J. B. (1976): A Class of Deviations from Rank-Size Regularity. Regional Studies 10, S. 285–292.

PARR, J. B. und JONES, C. (1983): City Size Distributions and Urban Density Functions. Journal of Regional Science 23, S. 283–307.

PHILLIPS, P. D. und BRUNN, S. D. (1978): Slow Groth: A New Epoch of American Metropolitan Evolution. Geogr. Review 68, S. 274–292.

REID, C. E. (1977): Measuring Residential Decentralisation of Blacks and Whites. US 14, S. 353–357.

RICHARDSON, H. W. (1973): Theory of the Distribution of City Sizes. Regional Studies 7, S. 239–251.

RICHARDSON, H. W. (1980): Polarization Reversal in Developing Countries. Papers Regional Science Assoc. 45, S. 67–85.

ROSEN, K. T. und RESNICK, M. (1980): The Size Distribution of Cities: An Examination of the Pareto Law and Primacy. Journal of Urban Economics 8, S. 165–186.

SCHMIED, D. (2000): Counterurbanisierung und der ländliche Raum in Großbritannien. GR 52 (1), S. 20–26.

SCHÖN, K. P. (1996): Agglomerationsräume, Metropolen und Metropolitanregionen Deutschlands im statistischen Vergleich. Veröff. d. Akad. f. Raumf. u. Landespl. Forschungs- u. Sitzungsber. 199. Hannover. S. 360–401.

SHACHAR, A. (1975): Patterns of Population Densities in the Tel-Aviv Metropolitan Area. Environment and Planning 7 A, S. 279–291.

SJOBERG, G. (1965): The Origin and Evolution of Cities. Scientific American 213(3), S. 55–62.

STEWART, C. T. (1958): The Size and Spacing of Cities. Geogr. Review 48, S. 222–245.

STEWIG, R. (1983): Die Stadt in Industrie- und Entwicklungsländern. UTB 1247. Paderborn.

TAUBMANN, W. (2003): Binnenwanderung in der Volksrepublik China. GR 55 (6), S. 46–53.

THRALL, G. I. (1988): Statistical and Theoretical Issues in Verifying the Population Density Function. Urban Geogr. 9, S. 518–537.

United Nations (UN) (2001): The Components of Urban Growth in Developing Countries. New York.

United Nations (UN) (2002, 2004): World Urbanization Prospects: The 2001 (2003) Revision. New York.

VAUGHAN, S. und SCHWIRIAN, K. P. (1979): A Longitudinal Study of Metropolitan Density Patterns in a Developing Country: Puerto Rico, 1899–1970. Environment and Planning 11 A, S. 423–433.

VOGELSANG, R. und KONTULY, T. (1986): Counterurbanisation in der Bundesrepublik Deutschland. GR 38, S. 461–468.

ZIPF, G. K. (1949): Human Behavior and the Principle of Least Effort. Cambridge/Mass.

2.4 Gliederung der Bevölkerung nach Geschlecht, Alter, Familien- und Haushaltsstruktur

ACHENBACH, H. (1976): Studien zur räumlichen Differenzierung der Bevölkerung der Lombardei und Piemonts. EK 30, S. 176–186.

ACHENBACH, H. (1981): Nationale und regionale Entwicklungsmerkmale des Bevölkerungsprozesses in Italien. Kieler Geogr. Schriften 54. Kiel.

BACKÉ, B. (1971): Altersstruktur und regionale Bevölkerungsprognose, dargestellt am Beispiel des Landes Niedersachsen. Neues Archiv f. Niedersachsen 20, S. 17–29.

BÄHR, J. (1994): Frauen in der Weltbevölkerung. GR 46, S. 174–179.

BILLETER, E. P. (1954): Eine Maßzahl zur Beurteilung der Altersverteilung einer Bevölkerung. Schweizer. Z. f. Volksw. u. Stat. 90, S. 496–505.

BÖHM, H. (1985): Demographische Strukturen deutscher Mittel- und Großstädte in der Hochindustrialisierungsperiode. Colloquium Geographicum 18. Bonn. S. 16–49.

BÖHM, H.; KEMPER, F.-J. und KULS, W. (1975): Studien über Wanderungsvorgänge im innerstädtischen Bereich am Beispiel von Bonn. Arb. z. Rhein. Landeskunde 39. Bonn.

BONGAARTS, J. (2001): Household Size and Composition in the Developing World in the 1990s. PS 55, S. 263–279.

BREUER, T. (2003): Deutsche Rentnerresidenten auf den Kanarischen Inseln. GR 55 (5), S. 44–51.

CHANT, S. (1997): Women-Headed Households: Diversity and Dynamics in the Developing World. Basingstoke.

CLARKE, J. I. (2000): The Human Dichotomy: The Changing Numbers of Males and Females. Amsterdam.

COULSON, M. R. C. (1968): The Distribution of Population Age Structures in Kansas City. Annals 58, S. 155–176.

COWGILL, D. O. (1978): Residential Segregation by Age in American Metropolitan Areas. Journal of Gerontology 33, S. 446–453.

ENGSTLER, H. und MENNING, S. (2003): Die Familie im Spiegel der amtlichen Statistik. Berlin.

FOGGIN, P. und BISSONNETTE, F. (1976): La Structure d'Âge au Saguenay-Lac-Saint-Jean, Québec. Rev. Géogr. Montréal 30, S. 253–261.

FORREST, J. und JOHNSTON, R. J. (1981): On the Characterization of Urban Sub-Areas According to Age Structure. Urban Geogr. 2, S. 31–40.

FRIEDRICH, K. (1995): Altern in räumlicher Umwelt. Darmstadt.

GANS, P. und TYAGI, V. K. (2000): Natürliche und räumliche Bevölkerungsbewegungen in Indien. PGM 144, S. 72–83.

GRAFF, T. O. und WISEMAN, R. F. (1978): Changing Concentrations of Older Americans. Geogr. Review 68, S. 379–393.

GUSTAFSON, P. (2002): Tourism and Seasonal Retirement Migration. Annals of Tourism Research 29, S. 899–918.

HIMES, C. L. (2001): Elderly Americans. Population Bulletin 56 (4). Washington D.C.

HINZ, H.-M. und VOLLMAR, R. (1993): Sun City (West): Seniorensiedlung im Südwesten der USA. Die Erde 124, S. 209–224.

HÖHN, C. und STÖRTZBACH, B. (1994): Die demographische Alterung in den Ländern der europäischen Gemeinschaft. GZ 82, S. 198–213.

KAISER, C. und FRIEDRICH, K. (2002): Deutsche Senioren unter der Sonne Mallorcas. PG 32 (2), S. 14–19.

KAUFMANN, F. X. (1960): Die Überalterung. Veröff. d. Handelshochschule St. Gallen. 58 A. Zürich, St. Gallen.

KEMPER, F.-J. (1986): Regionale Unterschiede der Haushaltsstruktur in der Bundesrepublik Deutschland. EK 40, S. 29–45.

KEMPER, F.-J. (1997): Wandel und Beharrung von regionalen Haushalts- und Familienstrukturen: Entwicklungsmuster in Deutschland im Zeitraum 1871–1978. Bonner Geogr. Abh. 96. Bonn.

KEMPER, F.-J. (2002): Bevölkerungsentwicklung und Bevölkerungsstruktur in Berlin. Humboldt-Spektrum 9 (2/3), S. 56–59.

KEMPER, F. J. und KOSACK, K. (1988): Bevölkerungsgeographische Skizze der Stadt Bonn. Arb. z. Rhein. Landeskunde 58. Bonn. S. 19–44.

KING, R; WARNES, A. M. und WILIAMS, A. M. (1998): International Retirement Migration in Europe. IJPG 4, S. 91–111.

KLEIN, T.; LENGERER, A. und UZELAC, M. (2002): Partnerschaftliche Lebensformen im internationalen Vergleich. ZfB 27, S. 359–379.

KOCH, J. (1975): Rentnerstädte in Kalifornien. Tübinger Geogr. Studien 59. Tübingen.

KRAAS, F. und SAILER-FLIEGE, U. (1995): Alleinerziehende in Deutschland. GR 47, S. 222–226.

McHUGH, K.; GOBER, P. und BOROUGH, D. (2002): The Sun City Wars. Urban Geogr. 23, S. 627–648.

MACKELLAR, F. L. u. a. (1995): Population, Households, and CO_2 Emissions. PDR 21, S. 849–865.

MITTERAUER, M. und SIEDER, R. (1980): Vom Patriarchat zur Partnerschaft: Zum Strukturwandel der Familie. 2. Aufl. München.

NAGEL, F. N. und OBERBECK, G. (1982): Neue Formen städtischer Entwicklung im Südwesten der USA: Sonnenstädte der zweiten Generation. Mitt. Geogr. Ges. Hamburg 72, S. 37–70.

NIEMEYER, F. (1994): Nichteheliche Lebensgemeinschaften und Ehepaare. Wirtschaft u. Stat. 1994, S. 504–517.

NOIN, D. (1988): Géographie de la Population. 2. Aufl. Paris.

NORDSTRÖM, O. (1953): Verteilung der Altersklassen und Geschlechter in den verschiedenen Gesellschaftsgruppen im südöstlichen Schweden von 1800–1910. Lund Studies in Geogr. 10 B. Lund.

PALM, R. (1976): An Index of Household Diversity. TESG 67, S. 194–201.

PIHET, C. (1999): Le Développement d'une Territorialisation Produite par l'Âge: Les „Retirement Communities" aux Etats-Unis. Anales de Géographie 108 (608), S. 420–435.

ROGERS, A. und WOODWARD, J. A. (1992): Tempos of Elderly Age and Geographical Concentration. Prof. Geographer 44, S. 72–83.

ROTHENBACHER, F. (1997): Historische Haushalts- und Familienstatistik von Deutschland 1815–1990. Frankfurt/M, New York.

ROTHER, K. und TICHY, F. (2000): Italien. Wiss. Länderkunden. Darmstadt.

SCHNEIDER, N. F. u. a. (2001): Alleinerziehen: Vielfalt und Dynamik einer Lebensform. Weinheim, München.

SCHÜTZ, M. W. (1985): Die Trennung von Jung und Alt in der Stadt: Eine vergleichende Analyse der Segregation von Altersgruppen in Hamburg und Wien. Beiträge z. Stadtforschung 9. Hamburg.

SCHULZ, R. (2000): Die Alterung der Weltbevölkerung. ZfB 25, S. 267–289.

SCHWARZ, K. (1997): Bestimmungsgründe der Alterung einer Bevölkerung: Das deutsche Beispiel. ZfB 22, S. 345–359.

STEGMANN, D. (1997): Alleinerziehende in Ost- und Westdeutschland. Materialien z. Bevölkerungswiss. 82e. Wiesbaden.

THOMI, W. (1985): Zur räumlichen Segregation und Mobilität alter Menschen in Kernstädten von Verdichtungsräumen: Das Beispiel Frankfurt a. M. Frankfurter Wirtschafts- u. Sozialgeogr. Schriften 47. Frankfurt/M. S. 15–58.

United Nations (UN) (2003): World Population Prospects: The 2002 Revision. New York.

VASKOVICS, L. A. (1990): Soziale Folgen der Segregation alter Menschen in der Stadt. In: BERTELS, L. und HERLYN, U. (Hrsg.): Lebenslauf und Raumerfahrung. Biographie u. Gesellschaft 9. Opladen. S. 59–79.

VEYRET-VERNER, G. (1971): Populations Vieillies. Rev. Géogr. Alpine 59, S. 433–456.

VOS, S. DE (1987): Latin American Households in Comparative Perspective. PS 41, S. 501–517.

WAGNER, M. und FRANZMANN, G. (2000): Die Pluralisierung der Lebensformen. ZfB 25, S. 151–173.

WEISS, W. und HILBIG, A. (1998): Selektivität von Migrationsprozessen am Beispiel Mecklenburg-Vorpommern. Inf. z. Raumentwicklung 1998, S. 793–803.

WITTHAUER, K. (1970): Bemerkungen zur geographischen Differenzierung von Altersstrukturen. PGM 114, S. 63–65.

WOODS, R. I. (1979): Population Analysis in Geography. London, New York.

2.5 Bevölkerungszusammensetzung nach wirtschaftlichen und sozialen Merkmalen

ABU-LUGHOD, J. L. (1969): Testing the Theory of Social Area Analysis: The Ecology of Cairo, Egypt. Amer. Sociol. Rev. 34, S. 198–212.

ABU-LUGHOD, J. L. (1980): Rabat: Urban Apartheid in Marocco. Princeton/N.J.

ALIHAN, M. A. (1938): Social Ecology. New York.

BÄHR, J. (1977): Zur Entwicklung der Faktorökologie mit dem Beispiel einer sozial-räumlichen Strukturanalyse der Stadt Mannheim. Mannheimer Geogr. Arb. 1. Mannheim. S. 121–164.

BÄHR, J. (1978): Santiago de Chile: Eine faktorenanalytische Untersuchung zur inneren Differenzierung einer lateinamerikanischen Millionenstadt. Mannheimer Geogr. Arb. 4. Mannheim.

BÄHR, J. und MERTINS, G. (1995): Die lateinamerikanische Großstadt. Erträge der Forschung 288. Darmstadt.

BAIROCH, P. (1971): Les Écarts des Niveaux de Développement Économique entre Pays Développés et Pays Sous-Développés de 1770 à 2000. Tiers Monde 12, S. 497–514.

BARTELS, D. (1978): Raumwissenschaftliche Aspekte sozialer Disparitäten. Mitt. Österr. Geogr. Ges. 120, S. 227–242.

BARTELS, D. (1981): Räumliche Disparitäten und Wohlstandsentwicklung. GS 3(9), S. 1–3.

BELL, W. (1955): Economic, Family, and Ethnic Status. Amer. Sociol. Rev. 20, S. 45–52.

BERRY, B. J. L. (1960): An Inductive Approach to the Regionalization of Economic Development. Univ. of Chicago, Dep. of Geogr. Research Paper 62. Chicago. S. 78–107.

BERRY, B. J. L. und REES, P. H. (1969): The Factorial Ecology of Calcutta. Amer. Journal of Sociology 74, S. 445–491.

BERRY, B. J. L. und SPODEK, H. (1971): Comparative Ecologies of Large Indian Cities. EG 47, S. 266–285.

BOBEK, H. (1962): Zur Problematik der unterentwickelten Länder. Mitt. Österr. Geogr. Ges. 104, S. 1–24.

BOBEK, H. (1968): Erwerbstätigenstruktur und Dienstequote als Mittel zur quantitativen Erfassung regionaler Unterschiede der sozialwirtschaftlichen und -kulturellen Entwicklung. Münchner Studien z. Sozial- u. Wirtschaftsgeogr. 4. Kallmünz/Regensburg. S. 119–131.

BOESCH, M. (1989): Engagierte Geographie. Erdkundl. Wissen 98. Stuttgart.

BRATZEL, P. und MÜLLER, H. (1979): Regionalisierung der Erde nach dem Entwicklungsstand der Länder. GR 31, S. 131–136.

CASTLES, I. (1998): The Mismeasure of Nations: A Review Essay on the Human Development Report 1998. PDR 24, S. 831–845.

COATES, B. E.; JOHNSTON, R. J. und KNOX, P. L. (1977): Geography and Inequality. London.

COY, M. und KRAAS, F. (2003): Kann man Entwicklung messen? PGM 147 (1), S. 56–57.

DANGSCHAT, J. S. (1997): Armut und sozialräumliche Ausgrenzung in den Städten der Bundesrepublik Deutschland. In: FRIEDRICHS, J. (Hrsg.): Die Städte in den 90er Jahren. Opladen. S. 167–212.

DUTT, A. K.; D'SA, G. und MONROE, C. B. (1989): Factorial Ecology of Calcutta (1981) Revisited. GeoJournal 18, S. 151–162.

EICHLER, G. (1976): Algiers Sozialökologie 1955–1970. Urbs et Regio 1. Kassel.

ENGSTLER, H. und MENNING, S. (2003): Die Familie im Spiegel der amtlichen Statistik. Berlin.

ESCHER, A. u. a. (1999): Informeller Sektor in der Dritten Welt. GR 51 (12).

FARWICK, A. (2001): Segregierte Armut in der Stadt. Opladen.

FOURASTIÉ, J. (1949): Le Grand Espoir du XXe Siècle. Paris (deutsch: Die große Hoffnung des 20. Jahrhunderts. Köln 1954).

FRIEDRICHS, J. (1981): Stadtanalyse. 2. Aufl. Opladen.

GIESE, E. (1985): Klassifikation der Länder der Erde nach ihrem Entwicklungsstand. GR 37, S. 164–175.

GRÜNHEID, E. (1999): Zur Entwicklung der Erwerbstätigkeit in Deutschland aus demographischer Sicht. ZfB 24, S. 133–163.

GÜSSEFELDT, J. (1983): Die gegenseitige Abhängigkeit innerurbaner Strukturmuster und Rollen der Städte im nationalen Städtesystem. Freiburger Geogr. Hefte 22. Freiburg i. Br.

HAMM, B. (1982): Social Area Analysis and Factorial Ecology. In: THEODORSON, G. A. (Hrsg.): Urban Patterns. University Park. S. 316–337.

HANTSCHEL, R. (1984): Neuere Ansätze in der Anthropogeographie. Geographica Helvetica 39, S. 137–143.

HAUSER, J. A. (1990): Bevölkerungs- und Umweltprobleme der Dritten Welt. Bd. 1. UTB 1568. Bern, Stuttgart.

HÄUSSERMANN, H. und OSTNER, I. (1990): Frauenerwerbstätigkeit, Tertiärisierung und Stadtentwicklung. Inf. z. Raumentwicklung 1990, S. 417–426.

HELBRECHT, I. (1997): Stadt und Lebensstil. Die Erde 128, S. 3–16.

HEMMER, H.-R. (1988): Wirtschaftsprobleme der Entwicklungsländer. Vahlens Handbücher d. Wirtschafts- u. Sozialwiss. 2. Aufl. München.

HEINRICHSMEIER, B. (1986): Sozialräumliche Differenzierung in Freiburg im Breisgau. Hochschulsammlung Philosophie/Sozialwiss. 19. Freiburg i. Br.

HERMANN, S. und MEINLSCHMIDT, G. (1997): Sozialstrukturatlas Berlin. Berlin.

HOFMEISTER, B. (1996): Die Stadtstruktur. Erträge der Forschung 132. 3. Aufl. Darmstadt.

KEMPER, F.-J. (1975): Die Anwendung faktorialanalytischer Rotationsverfahren in der Geographie des Menschen. Gießener Geogr. Schriften 32. Gießen. S. 34–47.

KEMPER, F.-J. (2002): Bevölkerungsentwicklung und Bevölkerungsstruktur in Berlin. Humboldt-Spektrum 9 (2/3), S. 56–59.

KLAGGE, B. (1998): Armut in westdeutschen Städten. GR 50, S. 139–145.

KLEE, A. (2001): Der Raumbezug von Lebensstilen in der Stadt. Münchener Geogr. Hefte 83. Passau.

KNOX, P. L. (1975): Social Well-Being. Oxford.

KRÜGER, F. (2003): Handlungsorientierte Entwicklungsforschung. PGM 147 (1), S. 6–15.

LICHTENBERGER, E.; FASSMANN, H. und MÜHLGASSNER, D. (1987): Stadtentwicklung und dynamische Faktorialökologie. Beiträge z. Stadt- u. Regionalforschung 8. Wien.

LO, C. P. (1975): Changes in the Ecological Structure of Hong Kong 1961–1971. Environment and Planning 7 A, S. 941–963.

LO, C. P. (1986): The Evolution of the Ecological Structure of Hong Kong. Urban Geogr. 7, S. 311–335.

MARUANI, M. (1995): Erwerbstätigkeit von Frauen in Europa. Inf. z. Raumentwicklung 1995, S. 37–47.

MAYER, K. U. (1979): Strukturwandel im Beschäftigungssystem und berufliche Mobilität zwischen den Generationen. ZfB 5, S. 267–298.

MCKENZIE, R. D. (1974): Konzepte der Sozialökologie. In: ATTESLANDER, P. und HAMM, B. (Hrsg.): Materialien zur Siedlungssoziologie. Neue Wiss. Bibliothek 69. Köln. S. 101–112.

NOHLEN, D. und NUSCHELER, F. (1992): Indikatoren von Unterentwicklung und Entwicklung. In: NOHLEN, D. und NUSCHELER, F. (Hrsg.): Handbuch der Dritten Welt. Bd. 1. 3. Aufl. Bonn. S. 76–108.

O'LOUGHLIN, J. V. und GLEBE, G. (1980): Faktorialökologie der Stadt Düsseldorf. Düsseldorfer Geogr. Schriften 16. Düsseldorf.

PARK, R. E.; BURGESS, E. W. und MCKENZIE, R. D. (1925): The City. Chicago.

ROSTOW, W. W. (1971): The Stages of Economic Growth. 2. Aufl. Cambridge.

SCHÄTZL, L. (2000): Wirtschaftsgeographie. Bd. 2. UTB 1052. 3. Aufl. Paderborn.

SCHAMP, E. W. (Hrsg.) (1989): Der informelle Sektor. Aachen.

SCHMIDT-WULFFEN, W.-D. (1980): „Welfare Geography" oder: Leben in einer ungleichen Welt. GZ 68, S. 107–120.

SHEVKY, E. und BELL, W. (1955): Social Area Analysis. Stanford/Cal.

SHEVKY, E. und WILLIAMS, M. (1949): The Social Areas of Los Angeles. Berkeley/Cal.

SMITH, D. M. (1977): Human Geography: A Welfare Approach. London.

SOMMERFELDT-SIRY, P. (1990): Regionale Erwerbsbeteiligung von Frauen. Forschungen z. Raumentw. 18. Bonn.

STEINBACH, J. (1991): Wirtschaftlicher und sozialer Entwicklungsstand in den Staaten der Erde. Mitt. Österr. Geogr. Ges. 133, S. 69–108.

THOMALE, E. (1972): Sozialgeographie. Marburger Geogr. Schriften 23. Marburg/L.

TIMMS, D. W. G. (1971): The Urban Mosaic. Cambridge.

United Nations (UN) (2004): World Urbanization Prospects: The 2003 Revision. New York.

United Nations Development Programme (UNDP) (2003): Millenium Development Goals. Human Development Report 2003. New York.

WARNTZ, W. (1975): The Pattern of Patterns. In: ABLER, R. u. a. (Hrsg.): Human Geography in a Shrinking World. North Scituate/Mass. S. 74–86.

WILS, A. und GOUJON, A. (1998): Diffusion of Education in Six World Regions, 1960–90. PDR 24, S. 357–368.

World Bank (2003): Sustainable Development in a Dynamic World. World Development Report 2003. New York.

World Bank (2004): Making Services for Poor People. World Development Report 2004. New York.

ZEHNER, K. (2004): Zwischen Tradition und Innovation: Die Sozialraumanalyse der Stadt in der Postmoderne. 54. Dt. Geographentag Bern. Tagungsber. u. wiss. Abh. Heidelberg, Bern, S. 485–492.

2.6 Rassisch-ethnischer und kultureller Pluralismus

AUGELLI, J. P. (1962): The Rimland-Mainland Concept of Culture Areas in Middle-America. Annals 52, S. 119–129.

BALTES, H. und FISCHER, F. (2001): Die Mennoniten: Bauern und Pioniere in Europa und Amerika. Blieskastel.

BLOTEVOGEL, H. H. (2003): „Neue Kulturgeographie" – Entwicklung, Dimensionen, Potenziale und Risiken einer kulturalistischen Humangeographie. Ber. z. dt. Landeskunde 77, S. 7–34.

BROOK, S. (1979): Ethnic, Racial and Religious Structure of World Population. PDR 5, S. 505–534.

BROEK, J. O. M. und WEBB, J. W. (1978): A Geography of Mankind. 3. Aufl. New York.

CONZEN, M. P. (1996): Deutsche Spuren in der US-amerikanischen Kulturlandschaft. GR 48, S. 220–227.

EHLERS, E. (1996): Kulturkreise – Kulturerdteile – Clash of Civilizations. GR 48, S. 338–344.

FARLEY, R. und FREY, W. H. (1994): Changes in Segregation of Whites from Blacks. Amer. Sociol. Rev. 59, S. 23–45.

FORD, L. und GRIFFIN, E. (1979): The Ghettoization of Paradise. Geogr. Review 69, S. 140–158.

FRANTZ, K. u. a. (1996): Ethnische Gruppen in Nordamerika. GR 48 (4).

FREY, W. H. (2001): Census 2000 Shows Large Black Return to the South. PSC Research Report 01-433. Ann Arbor/Mich.

GLEBE, G. und O'LOUGHLIN, J. (Hrsg.) (1987): Foreign Minorities in Continental European Cities. Erdkundl. Wissen 84. Stuttgart.

HAEGEN, H. VAN DER (1986): Belgien, ein Land im Umbruch. GR 38, S. 369–376.

HAHN, B. (1996): Schwarze in den USA. GR 48, S. 228–232.

HAMBLOCH, H. (1983): Kulturgeographische Elemente im Ökosystem Mensch-Erde. Darmstadt.

HECKMANN, F. (1992): Ethnische Minderheiten, Volk und Nation. Stuttgart.

HUNTINGTON, S. P. (1993): The Clash of Civilizations? Foreign Affairs 72 (3), S. 22–49.

HUNTINGTON, S. P. (1996): Kampf der Kulturen. München, Wien.

JOHNSTON, R.; POULSEN, M. und FORREST, J. (2003): Ethnic Residential Concentration and a 'New Spatial Order?': Exploratory Analyses of Four United States Metropolitan Areas, 1980–2000. IJPG 9, S. 39–56.

KETTERMANN, G. (2001): Atlas zur Geschichte des Islam. Darmstadt.

KOLB, A. (1962): Die Geographie und die Kulturerdteile. In: Hermann von Wißmann-Festschrift. Tübingen. S. 42–49.

KRAAS-SCHNEIDER, F. (1989): Bevölkerungsgruppen und Minoritäten. Stuttgart.

KRAAS, F. (1992): Ethnolinguistische Bevölkerungsgruppen und Minoritäten in der geographischen Forschung. Die Erde 123, S. 177–190.

KREISEL, W. (1984): Die ethnischen Gruppen der Hawaii-Inseln. Erdkundl. Wissen 68. Wiesbaden.

KREUTZMANN, H. (1996): Ethnizität im Entwicklungsprozeß: Die Wakhi in Hochasien. Berlin.

KREUTZMANN, H. (1997): Kulturelle Plattentektonik im globalen Dickicht. Internationale Schulbuchforschung 4, S. 413–423.

LAUBENFELS, D. J. DE (1968): Australoids, Negroids and Negroes. Annals 58, S. 42–50.

LAUTENSACH, H. (1953): Das Mormonenland als Beispiel eines sozialgeographischen Raumes. Bonner Geogr. Abh. 11. Bonn.

LENZ, K. (1977): Die Siedlungen der Hutterer in Nordamerika. GZ 65, S. 216–238.

LENZ, K. (1996): Multikulturalismus in Kanada. GR 48, S. 240–246.

LERIDON, H. u. a. (1998): La Variable „Ethnie" comme Catégorie Statistique. Population 53, S. 537–630.

MASSEY, D. S. und DENTON, N. A. (1989): Hypersegregation in U.S. Metropolitan Areas. Demography 26, S. 373–391.

MORRILL, R. (1965): The Negro Ghetto. Geogr. Review 55, S. 339–361.

NARR, K. J. (1961): Urgeschichte der Kultur. Stuttgart.

NEWIG, J. (1986): Drei Welten oder eine Welt: Die Kulturerdteile. GR 18, S. 262–267.

NIENHAUS, V. (1996): Wirtschaftsordnungen im Islam. GR 48, S. 566–571.

NOIN, D. (1988): Géographie de la Population. 2. Aufl. Paris.

OTTENSMANN, J. R. (1995): Requiem for the Tipping-Point Hypothesis. Journal of Planning Literature 10, S. 131–141.

PANHOFF, M. und PERRIN, M. (2000): Taschenwörterbuch der Ethnologie. 3. Aufl. Berlin.

PIASECKI, E. (1977): Gestość Zaludnienia a Zróznicowanie Etniczne. Przeglad Geograficzny 49, S. 119–126.

PLETSCH, A. (Hrsg.) (1985): Ethnicity in Canada. Marburger Geogr. Schriften 96. Marburg/L.

PLOSKI, H. A. und WILLIAM, J. (1989): The Negro Almanac. 5. Aufl. Detroit/Mich., New York.

POLLARD, K. M. und O'HARE, W. P. (1999): America's Racial and Ethnic Minorities. Population Bulletin 54 (3). Washington D. C.

POPP, H. (2003): Kulturwelten, Kulturerdteile, Kulturkreise. Bayreuther Kontaktstudium Geographie 2. Bayreuth. S. 19–42.

RAITZ, K. B. und BOERNER, C. (1978): Problems in Defining Ethnicity for Human Geography. Geogr. Survey 7, S. 15–24.

RAY, L. und SAYER, A. (Hrsg.) (1999): Culture and Economy after the Cultural Turn. London.

RINSCHEDE, G. (1985): Rassen- und Minderheitenprobleme. PG 15(2), S. 4–10.

RINSCHEDE, G. (1996): Die Mormonen in den USA. GR 48, S. 372–379.

RINSCHEDE, G. (1999): Religionsgeographie. Das Geogr. Seminar. Braunschweig.

ROSEMAN, C. C.; LAUX, H. D. und THIEME, G. (Hrsg.) (1996): EthniCity. Lanham/Maryland, London.

ROTHER, K. (Hrsg.)(1989): Europäische Ethnien im ländlichen Raum der Neuen Welt. Passauer Schriften z. Geogr. 7. Passau.

ROTHERMUND, D. (1996): Wirtschaftsgesinnung im Hinduismus. GR 48, S. 352–357.

RUTZ, W. (1970): Methoden zur quantitativen Kennzeichnung von Staaten nach ihrer ethnischen Struktur. TESG 61, S. 306–311.

SANDNER, G. (1981): Politisch-geographische Raumstrukturen und Geopolitik im Karibischen Raum. GZ 69, S. 34–56.

SCHWIDETZKY, I. (1979): Rassen und Rassenbildung beim Menschen. Stuttgart, New York.

SPENCER, J. und THOMAS, W. (1978): Introducing Cultural Geography. 2. Aufl. New York.

STADELBAUER, J. (1998): Ethnonationalismus, Regionalismus und staatliche Organisation im östlichen Europa. 51. Dt. Geographentag Bonn 1997. Tagungsber. u. wiss. Abh. Stuttgart, S. 92–105.

STEINICKE, E. (1991): Friaul – Bevölkerung und Ethnizität. Innsbrucker Geogr. Studien 19. Innsbruck.

STENGEL, H. (1986): Rassen, Rassengenese und Rassenmischung beim Menschen. Naturwiss. Rundschau 39, S. 247–253.

TAEUBER, K. E. und TAEUBER, A. F. (1965): Negroes in Cities. Chicago.

TROLL, C. (1966): Die pluralistischen Gesellschaften der Entwicklungsländer. Erdkundl. Wissen 13. Wiesbaden. S. 64–128.

VOGELSANG, R. (1985): Ein Schema zur Untersuchung und Darstellung ethnischer Minoritäten – erläutert am Beispiel Kanadas. GZ 73, S. 145–162.

VOSSEN, J. (2003): Religiöse Identität in einer modernen Welt: Die Old Order Amish in Pennsylvania, USA. PG 33(7/8), S. 19–24.

WILLIAMS, C. H. (1980): Ethnic Separatism in Western Europe. TESG 71, S. 142–158.

WIRTH, E. (1965): Zur Sozialgeographie der Religionsgemeinschaften im Orient. EK 29, S. 265–284.

WRIGHT, R. u. a. (2003): Crossing Racial Lines: Geographies of Mixed-Race Partnering and Multiraciality in the United States. Progress in Human Geogr. 27, S. 457–474.

YEATES, M. (1998): The North American City. New York.

ZELINKSY, W. (1966): A Prologue to Population Geography. Englewood Cliffs/N.J.

ZELINSKY, W. (1973): The Cultural Geography of the United States. Englewood Cliffs/N.J.

ZIMPEL, H.-G. (1963): Vom Religionseinfluß in den Kulturlandschaften zwischen Taurus und Sinai. Mitt. Geogr. Ges. München 48, S. 123–171.

ZIMPEL, H.-G. (2001): Lexikon der Weltbevölkerung. Berlin, New York.

3   Räumliche Aspekte der natürlichen Bevölkerungsbewegung

3.1 Statistische Maße zur Kennzeichnung der natürlichen Bevölkerungsbewegung

ARNOLD, F.; CHOE, M. K. und ROY, T. K. (1998): Son Preference, the Family-Building Process and Child Mortality in India. PS 53, S. 301–315.

BOLTE, K. M.; KAPPE, D. und SCHMID, J. (1980): Bevölkerung. UTB 986. 4. Aufl. Opladen.

BONGAARTS, J. (1999): The Fertility Impact of Changes in the Timing of Childbearing in the Developing World. PS 53, S. 277–289.

BONGAARTS, J. (2002): The End of the Fertility Transition in the Developed World. PDR 28, S. 419–443.

COALE, A. J. (1967): Factors Associated with the Development of Low Fertility. Proceedings of the World Population Conference 1965. Bd. 2. New York. S. 205–209.

DINKEL, R. (1984): Sterblichkeit in Perioden- und Kohortenbetrachtung. ZfB 10, S. 477–500.

ESENWEIN-ROTHE, I. (1982): Einführung in die Demographie. Stat. Studien 10. Wiesbaden.

FEICHTINGER, G. (1973): Bevölkerungsstatistik. Berlin, New York.

FEICHTINGER, G. (1979): Demographische Analyse und populationsdynamische Modelle. Wien, New York.

GRÜNHEID, E. und SCHULZ, R. (1996): Bericht 1996 über die demographische Lage in Deutschland. ZfB 20, S. 345–439.

HENRY, L. (1961): Some Data on Natural Fertility. Eugenics Quarterly 8, S. 81–91.

HILL, K. und PEBLEY, A. R. (1989): Child Mortality in the Developing World. PDR 15, S. 657–687.

HÖHN, C. u. a. (1987): Mehrsprachiges Demographisches Wörterbuch. Deutschsprachige Fassung. Schriftenreihe d. Bundesinst. f. Bev.forschung, Sonderbd. 16. Boppard.

IMHOF, A. E. (Hrsg.) (1990): Lebenserwartungen in Deutschland vom 17. bis 19. Jahrhundert. Acta Humaniora. Weinheim.

KONIETZKA, D. und KREYENFELD, M. (2002): Nichteheliche Geburten in Ostdeutschland in den 90er Jahren. Materialien z. Bevölkerungswiss. 108. Wiesbaden. S. 215–237.

KUNITZ, S. J. (1990): Public Policy and Mortality among Indigenous Populations of Northern America and Australasia. PDR 16, S. 647–672.

LANCASTER, H. O. (1990): Expectations of Life. Berlin.

LUY, M. (2002): Warum Frauen länger leben. Materialien z. Bevölkerungswiss. 106. Wiesbaden.

MACKENROTH, G. (1953): Bevölkerungslehre. Berlin.

MUELLER, U. (1993): Bevölkerungsstatistik und Bevölkerungsdynamik. Berlin, New York.

MUELLER, U.; NAUCK, B. und DIEKMANN, A. (Hrsg.) (2000): Handbuch der Demographie. 2 Bde. Berlin.

RATZAN, S. C.; FILERMAN, G. L. und LE SAR, J. W. (2000): Attaining Global Health. Population Bulletin 55 (1). Washington D.C.

RESCH, S. (2001): Das Konzept der verlorenen Lebensjahre. ZfB 26, S. 203–229.

ROCKETT, I. R. H. (1999): Population and Health. Population Bulletin 54 (4). Washington D.C.

United Nations (UN) (2003): World Population Prospects: The 2002 Revision. New York.

VEYRET-VERNER, G. (1958): Un Nouvel Indice Démographique, l'Indice de Vitalité. Rev. Géogr. Alpine 46, S. 333–342.

WITTHAUER, K. (1959): Zur geographischen Differenzierung der Bevölkerungsdynamik. PGM 103, S. 289–296.

WOODS, R. (1979): Population Analysis in Geography. London, New York.

3.2 Mortalität

AASE, A. (1992): The Changing Geography of Mortality in Norway 1969–1989. Norsk Geografisk Tidsskrift 46, S. 47–62.

BÄHR, J. (1992): Räumliche Differenzierung der Sterblichkeit in Lateinamerika. Mannheimer Geogr. Arb. 34. Mannheim. S. 113–133.

BECKER, C. M. und HEMLEY, D. D. (1998): Demographic Change in the Former Soviet Union during the Transition Period. World Development 26, S. 1957–1975.

BIRG, H. (1982): Regionale Mortalitätsunterschiede in der Bundesrepublik Deutschland. IBS-Materialien 4. Bielefeld.

BOPP, M. (1997): Regionale Sterblichkeitsunterschiede in der Schweiz. Geographica Helvetica 52, S. 115–123.

BREHM, U. (1992): Regionale Disparitäten der Mortalität in West-Malaysia. Bremer Asien-Pazifik-Studien 9. Münster, Hamburg.

BROEK, J. O. M. und WEBB, J. W. (1978): A Geography of Mankind. 3. Aufl. New York.

BUCHT, B. (1994): Mortality Trends in Developing Countries. In: LUTZ, W. (Hrsg.): The Future Population of the World. London. S. 147–165.

Bundesamt für Bauwesen und Raumordnung (BBR) (2002): Aktuelle Daten zur Entwicklung der Städte, Kreise und Gemeinden. Berichte 14. Bonn.

CALDWELL, J. C. (1986): Routes to Low Mortality in Poor Countries. PDR 12, S. 171–220.

CALDWELL, J. C. (2000): Rethinking the African AIDS Epidemic. PDR 26, S. 117–135.

CLIFF, A.; HAGGETT, P. und SMALLMAN-RAYNOR, M. (1993): Measles: An Historical Geography of a Major Human Viral Disease. Oxford.

CROMM, J. und SCHOLZ, R. D. (Hrsg.) (2002): Regionale Sterblichkeit in Deutschland. Göttingen, Augsburg.

DIESFELD, H. J. (1997): Malaria im Vormarsch? GR 49, S. 232–239.

GÄRTNER, K. (1995): Sterblichkeitstrends in ausgewählten Industrieländern. ZfB 20, S. 101–124.

GANS, P. und KEMPER, F.-J. (Hrsg.) (2001): Nationalatlas Bundesrepublik Deutschland. Bd. 4: Bevölkerung. Heidelberg, Berlin.

GANS, P. und LENTZ, S. (2003): Demographische Trends und Transformation in Russland. GR 55 (11), S. 56–60.

GEBHART, M. (1979): Population Aspects of the Black Death. Kansas Geographer 14, S. 23–27.

GRAY, R. H. (1974): The Decline of Mortality in Ceylon and the Demographic Effects of Malaria Control. PS 28, S. 205–229.

GRIGG, D. B. (1982): Modern Population Growth in Historical Perspective. Geography 67, S. 97–108.

GUPTA, H. S. und BAGHEL, A. (1999): Infant Mortality in the Indian Slums. IJPG 5, S. 353–366.

GWATKIN, D. R. (1980): Indications of Change in Developing Country Mortality Trends. PDR 6, S. 615–644.

HAGGETT, P. (1994): Geographical Aspects of the Emergence of Infectious Diseases. Geografiska Annaler 76 B, S. 91–104.

HAUSER, J. A. (1974): Bevölkerungsprobleme der Dritten Welt. UTB 316. Bern, Stuttgart.

HEINS, F. (2002): Regionale Sterblichkeitsunterschiede in Westdeutschland. Demographie 1 (3), S. 7–8.

IMHOF, A. E. (1985): Bevölkerungsprobleme in Deutschland und Brasilien. ZfB 11, S. 3–31.

JONES, H. R. (1981): A Population Geography. London.

KEMPER, F.-J. und THIEME, G. (1991): Regional Disparities of Mortality in the Federal Republic of Germany. Espace-Populations-Sociétés 1991, S. 93–100.

KYTIR, J. (1989): Regionale Unterschiede der Säuglingssterblichkeit in Österreich. Mitt. Österr. Geogr. Ges. 131, S. 47–76.

LALOU, R. und LE GRAND, T. K. (1996): La Mortalité des Enfants du Sahel en Ville et au Village. Population 51, S. 329–352.

LAMPTEY, P. u. a. (2002): Facing the HIV/AIDS Pandemic. Population Bulletin 57 (3). Washington D.C.

LAUX, H.-D. (1985): Mortalitätsunterschiede in preußischen Städten 1905. Colloquium Geographicum 18. Bonn. S. 50–82.

LEE, C. H. (1990): Regional Inequalities in Infant Mortality in Britain, 1861–1971. PS 45, S. 55–65.

LEISCH, H. (2001): Die AIDS-Pandemie – regionale Auswirkungen einer globalen Seuche. GR 53 (2), S. 26–31.

LUCKIN, W. (1977): The Final Catastrophe – Cholera in London, 1866. Medical History 21, S. 32–42.

LÜTZELER, R. (1994): Räumliche Unterschiede der Sterblichkeit in Japan. Bonner Geogr. Abh. 89. Bonn.

MCGLASHAN, N. D. (1995): Omran's Omission? The Forth Stage of the Epidemiological Transition. Erdkundl. Wissen 115. Stuttgart. S. 119–135.

MCKEOWN, T. (1976): The Role of Medicine: Dream, Mirage or Nemesis? London.

MCKEOWN, T. (1978): Fertility, Mortality and Causes of Death. PS 32, S. 535–542.

MERCER, A. J. (1985): Smallpox and Epidemiological-Demographic Change in Europe: The Role of Vaccination. PS 39, S. 287–307.

MERCIER, M. E. und BOONE, C. G. (2002): Infant Mortality in Ottawa, Canada 1901. Journal of Historical Geogr. 28, S. 486–507.

MESLÉ, F. und VALLIN, J. (2002): Mortalité en Europe: La Divergence Est-Ouest. Population 57, S. 171–212.

NEUBAUER, G. (1990): Regionale Sterblichkeitsunterschiede und deren mögliche Ursachen. In: FELDERER, B. (Hrsg.): Bevölkerung und Wirtschaft. Berlin. S. 325–335.

OMRAN, A. R. (1971): The Epidemiologic Transition. Milbank Memorial Fund Quarterly 49, S. 509–538.

OMRAN, A. R. (1980): Epidemiologic Transition in the U.S. Population Bulletin 32(2). 2. Aufl. Washington D.C.

PHILLIPS, D. R. (1994): Epidemiological Transition. Geografiska Annaler 76 B, S. 71–89.

PICHERAL, H. (1989): Géographie de la Transition Epidémiologique. Annales de Géographie 98, S. 129–151.

POPPEL, F. W. A. VAN (1981): Regional Mortality Differences in Western Europe. Social Science and Medicine 15 D, S. 341–352.

PRESTON, S. H. (1975): The Changing Relation between Mortality and Level of Economic Development. PS 29, S. 231–248.

PRESTON, S. H. (1980): Causes and Consequences of Mortality Declines in Less Developed Countries during the Twentieth Century. In: EASTERLIN, R. A. (Hrsg.): Population and Economic Change in Developing Countries. Chicago. S. 289–360.

RILEY, J. C. (2002): Rising Life Expectancy: A Global History. Cambridge.

RIPHAHN, R. T. (1999): Die Mortalitätskrise in Ostdeutschland und ihre Reflektion in der Todesursachenstatistik. ZfB 24, S. 329–363.

ROOT, G. P. M. (1999): Disease Environments and Subnational Patterns of Under-Five Mortality in Sub-Saharan Africa. IJPG 5, S. 117–132.

RYCHTARÍKOVÁ, J. und DZÚROVÁ, D. (1992): Les Disparités Géographiques de la Mortalité en Tschécoslovaquie. Population 47, S. 617–644.

SCHMIED, D. (2003): Kulturelle Aspekte der AIDS-Epidemie in Afrika südlich der Sahara. Bayreuther Kontaktstudium Geographie 2. Bayreuth. S. 173–197.

SCHULZ, R. (1999): Entwicklung von Sterblichkeit und Gesundheit in den Regionen der Welt. ZfB 24, S. 379–410.

SPREE, R. (1989): Der „epidemiologische Übergang" in Deutschland. Demographische Informationen 1988/89, S. 32–38.

THEURL, E. (1991): Regionale Unterschiede der Mortalität in Österreich. In: FICKL, S. (Hrsg.): Bevölkerungsentwicklung und öffentliche Haushalte. Frankfurt/M., New York. S. 169–203.

THIEME, G. (1984): Disparitäten der Lebensbedingungen: Persistenz oder raumzeitlicher Wandel? Untersuchungen am Beispiel Süddeutschlands 1895 und 1980. EK 38, S. 258–267.

United Nations (UN) (2003): World Population Prospects: The 2002 Revision. New York.

VALKONEN, T. (1998): Die Vergrößerung der sozioökonomischen Unterschiede in der Erwachsenenmortalität durch Status und deren Ursachen. ZfB 23, S. 263–292.

VÖGELE, J. (1998): Urban Mortality Change in England and Germany, 1870–1913. Liverpool.

WILMOTH, J. R. (1998): Is the Pace of Japanese Mortality Decline Converging Toward International Trends? PDR 24, S. 593–600.

WITTHAUER, K. (1969): Verteilung und Dynamik der Erdbevölkerung. PGM, Erg.heft 272. Gotha, Leipzig.

WITTWER-BACKOFEN, U. (1999): Disparitäten der Alterssterblichkeit im regionalen Vergleich. Materialien z. Bevölkerungswiss. 95. Wiesbaden.

WOOD, C. H. und CARVALHO, J. A. M. DE (1988): The Demography of Inequality in Brazil. Cambridge Latin American Studies 67. Cambridge.

WOODS, R. I. (1979): Population Analysis in Geography. London, New York.

WÜRZNER, E. (1997): Vergleichende Fallstudie über potentielle Einflüsse atmosphärischer Umweltnoxen auf die Mortalität in Agglomerationen. Heidelberger Geogr. Arb. 107. Heidelberg.

3.3 Heirat und Fertilität

ACHENBACH, H. (1981): Nationale und regionale Entwicklungsmerkmale des Bevölkerungsprozesses in Italien. Kieler Geogr. Schriften 54. Kiel.

ADSERA, A. (2000): Changing Fertility Rates in Developed Countries: The Impact of Labor Market Institutions. Chicago.

AGYEI-MENSAH, S. und AASE, A. (1998): Patterns of Fertility Change in Ghana: A Time and Space Perspective. Geografiska Annaler 80 B, S. 203–213.

ANDERSSON, G. (2002): Fertility Developments in Norway and Sweden since the Early 1960s. Demographic Research 6, Article 4.

BÄHR, J. (2001): Entwicklung der Weltbevölkerung an der Schwelle zum 21. Jh. GR 53 (2), S. 45–50.

BÄHR, J. und GANS, P. (1990): Regionale Differenzierung der Fertilität in Entwicklungsländern. ZfB 16, S. 3–28.

BALABDAOUI, F. u. a. (2001): Space-Time Evolution of Fertility Transition in India, 1961–1991. IJPG 7, S. 129–148.

BIRG, H.; FLÖTHMANN, E.-J. und REITER, I. (1991): Biographische Theorie der demographischen Reproduktion. Frankfurt/M., New York.

BLOTEVOGEL, H. H. und KING, R. (1996): European Economic Restructuring. European Urban and Regional Studies 3, S. 133–159.

BOLTE, K. M.; KAPPE, D. und SCHMID, J. (1980): Bevölkerung. UTB 986. 4. Aufl. Opladen.

BONGAARTS, J. (1990): The Measurement of Wanted Fertility. PDR 16, S. 487–506.

BOTEV, N. (1990): Nuptiality in the Course of the Demographic Transition: The Experience of Balkan Countries. PS 44, S. 107–126.

BROWN, J. C. und GUINNANE, T. W. (2002): Fertility Transition in a Rural, Catholic Population: Bavaria, 1880–1910. PS 56, S. 35–50.

BULATAO, R. und CASTERLINE, J. B. (Hrsg.) (2001): Global Fertility Transition. New York.

Bundesamt für Bauwesen und Raumordnung (BBR) (2002): Aktuelle Daten zur Entwicklung der Städte, Kreise und Gemeinden. Berichte 14. Bonn.

CAIN, M. (1977): The Economic Activities of Children in a Village in Bangladesh. PDR 3, S. 201–227.

CALDWELL, J. C. (1982): Theory of Fertility Decline. London.

CALDWELL, J. C. u. a. (1999): The Bangladesh Fertility Decline. PDR 25, S. 67–84.

CARLSSON, G. (1966): The Decline of Fertility: Innovation or Adjustment Process. PS 20, S. 149–174.

CASETTI, E. und DEMKO, G. J. (1973): A Diffusion Model of Fertility Decline. Acta Geographica Universitatis Comenianae 12, S. 53–67.

CHESNAIS, J.-C. (1983): La Notion de Cycle en Démographie: La Fécondité Post-Transitionelle Est-Elle Cyclique? Population 38, S. 361–390.

CHESNAIS, J.-C. (1986): La Transition Démographique. INED Travaux et Documents 113. Paris.

CLELAND, J. und SCOTT, C. (1987): The World Fertility Survey. Oxford.

CLELAND, J. (1994): A Regional Review of Fertility Trends in Developing Countries: 1960 to 1990. In: LUTZ, W. (Hrsg.): The Future Population of the World. London. S. 55–82.

COALE, A. J. (1969): The Decline of Fertility in Europe from the French Revolution to World War II. In: BEHRMANN, S. J.; CORSA, L. und FREEDMAN, R. (Hrsg.): Fertility and Family Planning. Ann Arbor/Mich. S. 3–24.

COALE, A. J. und WATKINS, S. C. (Hrsg.) (1986): The Decline of Fertility in Europe. Princeton/N.J.

COLEMAN, D. A. (2002): Populations of the Industrial World: A Convergent Demographic Community? IJPG 8, S. 319–344.

CONRAD, C.; LECHNER, M. und WERNER, W. (1996): East German Fertility after Unification: Crisis or Adaptation? PDR 22, S. 331–358.

DÍAZ-BRIQUETS, S. und PÉREZ, L. (1982): Fertility Decline in Cuba. PDR 8, S. 513–537.

DORBRITZ, J. (1997): Der demographische Wandel in Ostdeutschland. ZfB 22, S. 239–268.

DORBRITZ, J. (2000): Europäische Fertilitätsmuster. ZfB 25, S. 235–266.

DORBRITZ, J. und FUX, B. (Hrsg.) (1997): Einstellungen zur Familienpolitik in Europa. Schriftenreihe d. Bundesinst. f. Bev.forschung 24. München.

EBERSTADT, N. (1994): Demographic Shocks after Communism: Eastern Germany, 1989–93. PDR 20, S. 137–152.

EZRA, M. (2001): Demographic Responses to Environmental Stress in the Drought- and Famine-Prone Areas of Northern Ethiopia. IJPG 7, S. 259–279.

FIALOVÁ, L.; PAVLÍK, Z. und VEREŠ, P. (1990): Fertility Decline in Czechoslovakia during the Last Two Centuries. PS 44, S. 89–106.

FUX, B. (1989): Der Prozeß des jüngeren Geburtenrückgangs in der Schweiz. ZfB 15, S. 59–88.

GALLOWAY, P. R.; HAMMEL, E. A. und LEE, R. D. (1998): Urban versus Rural: Fertility Decline in the Cities and Rural Districts of Prussia, 1875 to 1910. European Journal of Population 14, S. 209–264.

GANS, P. (2000): Approaches Explaining Regional Differences in Fertility Decline in India. EK 54, S. 238–249.

GANS, P. (2001): Weltweite Entwicklung der Geburtenhäufigkeit von 1970 bis 2000. GR 53 (2), S. 10–17.

GANS, P. und KEMPER, F.-J. (Hrsg.) (2001): Nationalatlas Bundesrepublik Deutschland. Bd. 4: Bevölkerung. Heidelberg, Berlin.

GANS, P. und TYAGI, V. (1999): Regionale Unterschiede in der Bevölkerungsentwicklung Indiens. GR 51 (3), S. 103–110.

GANS, P. und TYAGI, V. (2000): Natürliche und räumliche Bevölkerungsbewegungen in Indien. PGM 144 (1), S. 72–83.

GEHRMANN, R. (1979): Einsichten und Konsequenzen aus neueren Forschungen zum generativen Verhalten im demographischen Ancien Régime und in der Transitionsphase. ZfB 5, S. 455–485.

HAHN, H. (1950): Der Einfluß der Konfessionen auf die Bevölkerungs- und Sozialgeographie des Hunsrücks. Bonner Geogr. Abh. 4. Bonn.

HAJNAL, J. (1965): European Marriage Patterns in Perspective. In: GLASS, D. V. und EVERSLEY, D. E. C. (Hrsg.): Population in History. London. S. 101–143.

HAJNAL, J. (1982): Two Kinds of Preindustrial Household Formation System. PDR 8, S. 449–494.

HALLAM, H. E. (1985): Age at First Marriage and Age at Death in the Lincolnshire Fenland, 1252–1478. PS 39, S. 55–69.

HANK, K. (2002): Zur Struktur und Kontinuität regionaler Fertilitätsunterschiede in Westdeutschland nach der Wiedervereinigung. ZfB 27, S. 313–326.

HAUB, C. (2000): Flat Birth Rates in Bangladesh and Egypt Challenge Demographer's Projections. Population Today 28 (7), S. 4.

HIRSCHMAN, C. und GUEST, P. (1990): The Emerging Demographic Transitions of Southeast Asia. PDR 16, S. 121–152.

HÖHN, C. (1986): Einflußfaktoren des generativen Verhaltens. ZfB 12, S. 309–323.

JOHANSSON, S. R. (1987): Status Anxiety and Demographic Contraction of Privileged Populations. PDR 13, S. 439–470.

JOHNSON-HANKS, J. (2002): Éducation, Ethnicité et Pratiques Reproductive au Cameroun. Population 58, S. 171–200.

JONES, E. und GRUPP, F. W. (1987): Modernization, Value Change and Fertility in the Soviet Union. Cambridge.

KAA, D. J. VAN DE (1987): Europe's Second Demographic Transition. Population Bulletin 42(1). Washington D.C.

KAA, D. J. VAN DE (1997): Verankerte Geschichten: Ein halbes Jahrhundert Forschung über die Determinanten der Fertilität. ZfB 22, S. 3–57.

KAPLAN, H. (1994): Evolutionary and Wealth Flows Theories of Fertility. PDR 20, S. 753–791.

KNODEL, J. (1974): The Decline of Fertility in Germany, 1871–1939. Princeton/N.J.

KNODEL, J. (1977): Family Limitation and the Fertility Transition. PS 31, S. 219–249.

KNODEL, J. (1988): Demographic Behavior in the Past: A Study of Fourteen German Village Populations in the Eighteenth and Nineteenth Centuries. Cambridge.

KOHLER, H.-P.; BILLARI, F. C. und ORTEGA, J. A. (2002): The Emergence of Lowest-Low Fertility in Europe during the 1990s. PDR 28, S. 641–680.

KRAAS, F. (1998): Population Policy in Thailand. Applied Geogr. and Development 51, S. 7–25.

KULS, W. (1979): Regionale Unterschiede im generativen Verhalten. Innsbrucker Geogr. Studien 5. Innsbruck. S. 215–228.

KULS, W. (1980): Bevölkerungsgeographie. Studienbücher d. Geogr. Stuttgart.

KUMAR, J. (1971): A Comparison between Current Indian Fertility and Late Nineteenth-Century Swedish and Finnish Fertility. PS 25, S. 269–282.

KYTIR, J. (1986): Die „verzögerte" Modernisierung: Räumliche Aspekte des ehelichen Fruchtbarkeitsrückganges in den Bundesländern Tirol und Vorarlberg in den sechziger und siebziger Jahren. Demographische Informationen 1986, S. 45–61.

LAUX, H.-D. (1982): Forschungsschwerpunkte und Zukunftsaufgaben der historischen Geographie: Bevölkerung. EK 36, S. 103–108.

LEE, R. D. und KRAMER, K. L. (2002): Children's Economic Roles in the Maya Family Life Cycle. PDR 28, S. 475–499.

LESTHAEGHE, R. (1977): The Decline of Belgian Fertility, 1800–1970. Princeton/N.J.

LINDE, H. (1988): Das sozialökonomische Gefälle der ehelichen Fruchtbarkeit im Prozeß der Nachwuchsbeschränkung in Deutschland. In: HÖHN, C.; LINKE, W. und MACKENSEN, R. (Hrsg.): Demographie in der Bundesrepublik Deutschland. Boppard. S. 169–186.

LINDSTROM, D. P. (1998): The Role of Contraceptive Supply and Demand in Mexican Fertility Decline. PS 53, S. 255–274.

MACKENROTH, G. (1953): Bevölkerungslehre. Berlin.

MAMMEY, U. (1984): Bevölkerungsentwicklung in den beiden deutschen Staaten. GR 36, S. 553–559.

MATZ, K.-J. (1980): Pauperismus und Bevölkerung: Die gesetzlichen Ehebeschränkungen in den süddeutschen Staaten während des 19. Jahrhunderts. Industrielle Welt 31. Stuttgart.

MITTERAUER, M. und SIEDER, R. (1980): Vom Patriarchat zur Partnerschaft: Zum Strukturwandel der Familie. 2. Aufl. München.

MORGAN, S. P. u. a. (2002): Muslim and Non-Muslim Differences in Female Autonomy and Fertility. PDR 28, S. 515–537.

MÜNZ, R. und ULRICH, R. (1993/94): Demographische Entwicklung in Ostdeutschland und in ausgewählten Regionen. ZfB 19, S. 475–515.

NOIN, D. (1989): La Baisse de la Fécondité en Europe. Espace-Populations-Sociétés 1989, S. 249–256.

NOIN, D. (1991): La Baisse de la Fécondité dans le Monde. Annales de Géographie 100, S. 257–272.

OGAWA, N. und RETHERFORD, R. D. (1993): The Resumption of Fertility Decline in Japan: 1973–92. PDR 19, S. 703–741.

OESTERDIECKHOFF, G. W. (2002): Die vorindustrielle europäische Familie im Kulturvergleich. Materialien z. Bevölkerungswiss. 108. Wiesbaden. S. 177–183.

Population Reference Bureau (2002): Family Planning Worldwide: 2002 Data Sheet. Washington D.C.

SACKMANN, R. (1999): Ist ein Ende der Fertilitätskrise in Ostdeutschland absehbar? ZfB 24, S. 187–211.

SANTOW, G. (1995): Coitus interruptus and the Control of Natural Fertility. PS 49, S. 19–43.

SARDON, J.-P. (1992): La Primo-Nuptialité Féminine en Europe. Population 47, S. 855–891.

SCHMID, J. (1984): Bevölkerung und soziale Entwicklung: Der demographische Übergang als soziologische und politische Konzeption. Schriftenreihe d. Bundesinst. f. Bev.forschung 13. Boppard.

SCHWARZ, K. (1985): Geburtenentwicklung in der Bundesrepublik Deutschland und der Deutschen Demokratischen Republik seit 1965. ZfB 11, S. 113–116.

STROHMEIER, K. P. (1989): „Movers" and „Stayers": Räumliche Mobilität und Familienentwicklung. In: HERTH, A. und STROHMEIER, K. P. (Hrsg.): Lebenslauf und Familienentwicklung. Opladen. S. 165–187.

ULRICH, R. E. (2001): Bevölkerungspolitik. GR 53 (2), S. 51–54.

United Nations (UN) (2003a): World Population Prospects: The 2002 Revision. New York.

United Nations (UN) (2003b): World Population Monitoring 2003: Population, Education and Development. New York.

WALLE, E. VAN DE und KNODEL, J. (1980): Europe's Fertility Transition. Population Bulletin 34 (6). Washington D.C.

WANDER. H. (1979) Ökonomische Theorien des generativen Verhaltens. Schriftenreihe d. Bundesm. f. Jugend, Familie u. Gesundheit 63. Stuttgart. S. 61–76.

WANNER, P. (2000): L'Organisation Spatiale de la Fécondité dans les Agglomérations: Le Cas de la Suisse, 1989–1992. Geographica Helvetica 55, S. 238–250.

WATKINS, S. C. (1981): Regional Patterns of Nuptiality in Europe, 1870–1960. PS 35, S. 199–215.

WATKINS, S. C. (1990): From Local to National Communities: The Transformation of Demographic Regimes in Western Europe, 1870–1960. PDR 16, S. 241–272.

WOODS, R. I. (1979): Population Analysis in Geography. London, New York.

WOODS, R. I. (1987): Approaches to the Fertility Transition in Victorian England. PS 41, S. 283–311.

WOYCKE, J. (1988): Birth Control in Germany 1871–1933. London.

ZACHARIAH, K. C. u. a. (1994): Demographic Transition in Kerala in the 1980s. Trivandrum.

ZACHARIAH, K. C. und IRUDAYA RAJAN, S. (Hrsg.) (1998): Kerala's Demographic Transition. Thousand Oaks/Cal.

3.4 Bevölkerungswachstum

BÄHR, J. (1988): Bevölkerungsgeographie. GR 40(2), S. 6–13.

BÄHR, J. (1999): „Tag der 6 Milliarden Menschen". GR 51, S. 570–573.

BIRABEN, J.-N. (1979): Essai sur l'Évolution du Nombre des Hommes. Population 34, S. 13–25.

BOBEK, H. (1959): Die Hauptstufen der Gesellschafts- und Wirtschaftsentfaltung in geographischer Sicht. Die Erde 90, S. 259–298.

BOSERUP, E. (1965): The Conditions of Agricultural Growth. London.

BOSERUP, E. (1976): Environment, Population, and Technology in Primitive Societies. PDR 2, S. 21–36.

BROEK, J. O. M. und WEBB, J. W. (1978): A Geography of Mankind. 3. Aufl. New York.

CALDWELL, J. C. (1976): Toward a Restatement of Demographic Transition Theory. PDR 2, S. 321–366.

CALDWELL, J. C.; ORUBULOYE, I. O. und CALDWELL, P. (1992): Fertility Decline in Africa: A New Type of Transition? PDR 18, S. 211–242.

CARR-SAUNDERS, A. M. (1936): World Population: Past Growth and Present Trends. Oxford.

CASETTI, E. und KING, L. (1975): Testing for the Spatial Spread of Demographic Change in Modern Europe. Annals of Regional Science 9, S. 8–13.

CHUNG, R. (1970): Space-Time Diffusion of the Transition Model. In: DEMKO, G. J.; ROSE, H. M. und SCHNELL, G. A. (Hrsg.): Population Geography. New York. S. 220–239.

CLARK, C. (1967): Population Growth and Land Use. London, Basingstoke.

COALE, A. J. (1974): The History of Human Population. Scientific American 231(3), S. 40–51.

COHEN, M. N. (1977): The Food Crisis in Pre-History: Overpopulation and the Origins of Agriculture. New Haven/Conn., London.

COWGILL, D. O. (1963): Transition Theory as General Population Theory. Social Forces 41, S. 270–274.

DANGSCHAT, J.; FRIEDRICHS, J. und MARIAK, V. (1986): Eine Zeitreihenanalyse des demographischen Übergangs in sieben europäischen Ländern und deren Hauptstädten. ZfB 12, S. 363–387.

DATOO, B. A. (1978): Toward a Reformulation of Boserup's Theory of Agricultural Change. EG 54, S. 135–144.

DAVIS, K. (1945): The World Demographic Transition. Annals of the Academy of Political and Social Science 237, S. 1–11.

DUPÂQUIER, J. (1998): Six Milliards d'Hommes: Le Peuplement des Continents. Acta Geographica 116, S. 5–22.

DURAND, J. D. (1967): The Modern Expansion of World Population. Proceedings Amer. Phil. Soc. 111, S. 136–159.

DURAND, J. D. (1977): Historical Estimates of World Population. PDR 3, S. 253–296.

DYSON, T. (2001): A Partial Theory of World Development. IJPG 7, S. 67–90.

FIALOVÁ, L.; PAVLÍK, Z. und VEREŠ, P. (1990): Fertility Decline in Czechoslovakia during the Last Two Centuries. PS 44, S. 89–106.

GOULD, W. T. S. und BROWN, M. S. (1996): A Fertility Transition in Sub-Saharan Africa? IJPG 2, S. 1–22.

GRIGG, D. B. (1979): Ester Boserup's Theory of Agrarian Change. Progress in Human Geogr. 3, S. 64–84.

HAUSER, J. A. (1974): Bevölkerungsprobleme der Dritten Welt. UTB 316. Bern, Stuttgart.

HAUSER, J. A. (1981): Zur Theorie der demographischen Transformation. ZfB 7, S. 255–271.

HAUSER, J. A. (1989): Von der demographischen zur demo-ökologischen Transformationstheorie. ZfB 15, S. 13–37.

HOWELL, N. (1979): Demography of the Dobe! Kung. London.

IPSEN, G. (1933): Bevölkerungslehre. In: Handwörterbuch des Grenz- und Auslandsdeutschtums. Bd. 1. Breslau. S. 425–463.

JONES, G. W. u. a. (Hrsg.) (1998): The Continuing Demographic Transition. Oxford.

KIRK, D. (1996): Demographic Transition Theory. PS 50, S. 361–387.

LEE, R. D. u. a. (Hrsg.) (1988): Population, Food and Rural Development. Oxford.

LINDE, H. (1950): Die generative Form spezifischer Bevölkerungen. Veröff. d. Akad. f. Raumf. u. Landespl. Forschungs- u. Sitzungsber. 1. Bremen. S. 25–39.

LINDE, H. (1979): Mackenroths Theorie der Generativen Strukturen aus heutiger Sicht. Schriftenreihe d. Bundesm. f. Jugend, Familie u. Gesundheit 63. Stuttgart. S. 31–41.

LIVI-BACCI, M. (1999): The Population of Europe. Oxford.

LIVI-BACCI, M. (2001): A Concise History of World Population. 3. Aufl. Oxford.

LOSCHKY, D. J. und WILCOX, W. C. (1974): Demographic Transition: A Forcing Model. Demography 11, S. 215–225.

LUTZ, W.; SANDERSON, W. und SCHERBOV, S. (2001): The End of World Population Growth. Nature 412, S. 543–545.

MACKENROTH, G. (1953): Bevölkerungslehre. Berlin.

MACKENSEN, R. (1999): Theoretische Notizen zum Konzept der Transition. ZfB 24, S. 5–28.

MACKENSEN, R. und WEWER, H. (Hrsg.) (1973): Dynamik der Bevölkerung. München.

MARSCHALCK, P. (1979): Zur Theorie des demographischen Übergangs. Schriftenreihe d. Bundesm. f. Jugend, Familie u. Gesundheit 63. Stuttgart. S. 43–60.

MCNICOLL, G. (1999): Population Weights in the International Order. PDR 25, S. 411–442.

MISHRA, V. (2002): Population Growth and Intensification of Land Use in India. IJPG 8, S. 365–383.

MOSK, C. (1995): Une Révision du Concept de Transition Démographique à la Lumière de l'Expérience de l'Asie Orientale. Population 50, S. 474–482.

NOTESTEIN, F. W. (1945): Population – The Long View. In: SCHULTZ, T. W. (Hrsg.): Food for the World. Chicago. S. 36–57.

OECHSLI, F. W. und KIRK, D. (1975): Modernization and the Demographic Transition in Latin America and the Caribbean. Econ. Development and Cultural Change 23, S. 391–419.

REED, C. A. (Hrsg.) (1977): Origins of Agriculture. Den Haag, Paris.

SCHMID, J. (1976): Einführung in die Bevölkerungssoziologie. Reinbek.

SCHMID, J. (1984): Bevölkerung und soziale Entwicklung: Der demographische Übergang als soziologische und politische Konzeption. Schriftenreihe d. Bundesinst. f. Bev.forschung 13. Boppard.

SCHMID, J. (Hrsg.) (1985): Bevölkerungswissenschaft: Die „Bevölkerungslehre" von Gerhard Mackenroth – 30 Jahre danach. Campus Forschung 443. Frankfurt/M., New York.

SCHMID, J. (1987): Bevölkerung als Faktor kultureller Evolution. ZfB 13, S. 29–52.

SCHMID, J. (2000): Bevölkerungswachstum und internationales Konfliktpotential. ZfB 25, S. 477–494.

SOKOLL, T. (1999): Bevölkerungswachstum und Industrialisierung: Der englische Sonderweg im ‚demographischen Übergang'. Materialien z. Bevölkerungswiss. 91. Wiesbaden. S. 293–310.

SZRETER, S. (1993): The Idea of Demographic Transition and the Study of Fertility Change. PDR 19, S. 659–701.

THOMPSON, W. S. (1929): Population. Amer. Journal of Sociology 34, S. 959–975.

TURNER, B. L.; HANHAM, R. Q. und PORTARARO, A. V. (1977): Population Pressure and Agricultural Intensity. Annals 67, S. 384–396.

VALLIN, J. (2002): The End of the Demographic Transition: Relief or Concern? PDR 28, S. 105–120.

VICHNEVSKIJ, A. (1988): Révolution Démographique et Fécondité en URSS du XIXe Siècle à la Période Contemporaine. Population 43, S. 799–814.

WITTHAUER, K. (1969): Verteilung und Dynamik der Erdbevölkerung. PGM, Erg.heft 272. Gotha.

WOODS, R. I. (1979): Population Analysis in Geography. London, New York.

WOODS, R. I. (1982): Theoretical Population Geography. London, New York.

3.5 Tendenzen zukünftiger Bevölkerungsentwicklung

ACHENBACH, H. (1979): Zum räumlichen Beziehungsverhältnis von Bevölkerungsdynamik und agrarer Tragfähigkeit in Tunesien. Kieler Geogr. Schriften 50. Kiel. S. 395–416.

BÄHR, J. (2001): Entwicklung der Weltbevölkerung an der Schwelle zum 21. Jh. GR 53 (2), S. 45–50.

BAUDREXL, L. und KOCH, R. (1988): KURS: Ein Modell zur Erstellung kleinräumiger Bevölkerungsprognosen dargestellt am Beispiel der Region Regensburg. Veröff. d. Akad. f. Raumf. u. Landespl. Forschungs- u. Sitzungsber. 175. Hannover. S. 251–294.

BENDER, W. und SMITH, M. (1997): Population, Food and Nutrition. Population Bulletin 51 (4). Washington D.C.

BIRG, H. (1995): World Population Projections for the 21st Century. Frankfurt/M., New York.

BOHLE, H.-G. (2001): Bevölkerungsentwicklung und Ernährung. GR 53 (2), S. 18–24.

BONGAARTS, J. und BULATAO, R. A. (1999): Completing the Demographic Transition. PDR 25, S. 515–529.

BORCHERDT, C. und MAHNKE, H.-P. (1973): Das Problem der agraren Tragfähigkeit mit Beispielen aus Venezuela. Stuttgarter Geogr. Studien 85. Stuttgart. S. 1–93.

BOUSTEDT, O. (1965): Bedeutung und Probleme der Bevölkerungsprognose insbesondere für kleinere räumliche Einheiten. Veröff. d. Akad. f. Raumf. u. Landespl. Forschungs- u. Sitzungsber. 29. Hannover. S. 1–16.

BUCHER, H.; SCHLÖMER, C. und LACKMANN, G. (2004): Die Bevölkerungsentwicklung in den Kreisen der Bundesrepublik Deutschland zwischen 1990 und 2020. Inf. z. Raumentwicklung 2004 (3/4), S. 107–126.

BÜTTNER, T. (2000): Die Alterung der Weltbevölkerung im 21. Jahrhundert. ZfB 25, S. 441–459.

Bundesministerium des Innern (Hrsg.) (2000): Modellrechnungen zur Bevölkerungsentwicklung in der Bundesrepublik Deutschland bis zum Jahr 2050. Bonn.

BUSLEI, H. (1995): Vergleich langfristiger Bevölkerungsvorausberechnungen für Deutschland. ZEW-Dokumentationen 95–01. Mannheim.

CAROL, H. (1973): The Calculation of Theoretical Fedding Capacity for Tropical Africa. GZ 61, S. 81–94.

COHEN, J. E. (1995): How Many People Can the Earth Support? New York.

DEHLER, K.-H. (1979): Bevölkerungsprognosen in der kommunalen Planungspraxis. ZfB 5, S. 395–437.

DINKEL, R. (1989): Demographie. Band 1: Bevölkerungsdynamik. Vahlens Handbücher d. Wirtschafts– und Sozialwiss. München.

EHLERS, E. (1977): Ägypten: Bevölkerungswachstum und Nahrungsspielraum. GR 29, S. 98–107.

EHLERS, E. (Hrsg.) (1983): Ernährung und Gesellschaft. Stuttgart.

EHLERS, E. (1984): Bevölkerungswachstum – Nahrungsspielraum – Siedlungsgrenzen der Erde. Studienbücher Geogr. Frankfurt/M.

EHRLICH, P. R. und EHRLICH, A. H. (1972): Bevölkerungswachstum und Umweltkrise. Frankfurt/M.

FISCHER, A. (1925): Zur Frage der Tragfähigkeit des Lebensraumes. Z. f. Geopolitik 2, S. 762–779 u. S. 842–858.

GEIST, H. (1989): Agrare Tragfähigkeit im westlichen Senegal. Arb. aus dem Inst. f. Afrika-Kunde 60. Hamburg.

GOLLER, T. (1997): Determinanten der Bevölkerungsentwicklung einer Stadt. Bamberger Wirtschaftsgeogr. Arb. 9. Bamberg.

GRIGG, D. (1997): The World's Hunger: A Review 1930–1990. Geography 82, S. 197–206.

HENNING, S. (2003): Die Bevölkerungsprojektionen der Vereinten Nationen. Standort 27 (1), S. 27–32.

HÖHN, C. (1979): Bedeutung und Ergebnisse von Modellrechnungen zur Bevölkerungsentwicklung. Schriftenreihe d. Bundesm. f. Jugend, Familie u. Gesundheit 63. Stuttgart. S. 95–112.

HÖHN, C. (1986): Amtliche Bevölkerungsvorausschätzungen seit 1925. Angewandte Stat. und Ökonometrie 29, S. 209–231.

HÖHN, C. (1996): Bevölkerungsvorausberechnungen für die Welt, die EU–Mitgliedsländer und Deutschland. ZfB 21, S. 171–218.

HOLLSTEIN, W. (1937): Eine Bonitierung der Erde auf landwirtschaftlicher und bodenkundlicher Grundlage. PGM, Erg.heft 234. Gotha.

HUNTER, J. M. (1966): Ascertaining Population Carrying Capacity under Traditional Systems of Agriculture in Developing Countries. Prof. Geographer 18, S. 151–154.

IGBOZURIKE, U. M. (1981): The Concept of Carrying Capacity. Journal of Geogr. 80, S. 141–149.

International Food Policy Research Institute (IFPRI) (1999): World Food Prospects. Washington D.C.

ISENBERG, G. (1948): Zur Frage der Tragfähigkeit von Staats- und Wirtschaftsräumen. Raumf. u. Raumordnung 6, S. 41–51.

JASCHKE, D. (1987): Die agrarische Tragfähigkeit Australiens. Berliner Geogr. Studien 22. Berlin.

KEILMANN, N. (2001): Data Quality and Accuracy of United Nations Population Projections, 1950–95? PS 55, S. 149–164.

KOCH, R. (1977): Natürliche Bevölkerungsentwicklung und Erwerbspotential in der Raumordnungsprognose 1990. Inf. z. Raumentwicklung 1977, S. 13–25.

KREBS, T. (1988): Strukturen einer Langzeitkrise: Bevölkerung, Nahrungsmittelproduktion und Ernährung in Schwarzafrika. Arb. aus dem Inst. f. Afrika-Kunde 56. Hamburg.

LINDE, H. (1962): Die Bedeutung von Th. Robert Malthus für die Bevölkerungssoziologie. Z. ges. Staatswiss. 118, S. 705–720.

LINKE, W. (1983): Amtliche Bevölkerungsvorausschätzungen seit 1926. Schriftenreihe d. Bundesinst. f. Bev.forschung 11. Boppard. S. 187–197.

LUTZ, W. (Hrsg.) (1996): The Future Population of the World. London.

LUTZ, W. und SCHERBOV, S. (1998): Probabilistische Bevölkerungsprognosen für Deutschland. ZfB 23, S. 83–109.

MALTHUS, T. R. (1798): An Essay on the Principle of Population, as it Affects the Future Improvement of Society, with Remarks on the Speculations of Mr. Godwin, M. Condorcet, and Other Writers. London (dt. Übersetzung von C. M. BARTH, München 1977).

MAMMEY, U. (2000): Die zukünftige Bevölkerungsentwicklung in Deutschland. PGM 144 (1), S. 20–33.

MANSHARD, W. (1984): Bevölkerung, Ressourcen, Umwelt und Entwicklung. GR 36, S. 538–543.

MEADOWS, D. L. (1972): Die Grenzen des Wachstums: Bericht des Club of Rome zur Lage der Menschheit. Stuttgart.

MEADOWS, D. L. und RANDERS, J. (1992): Die neuen Grenzen des Wachstums. Stuttgart.

OTREMBA, E. (1938): Das Problem der Ackernahrung untersucht an ausgewählten Beispielen des nördlichen Rhein-Main-Gebietes. Rhein-Mainische Forschungen 19. Frankfurt/M.

PENCK, A. (1925): Das Hauptproblem der physischen Anthropogeographie. Z. f. Geopolitik 2, S. 330–348.

PFLAUMER, P. (1988): Methoden der Bevölkerungsvorausschätzung unter besonderer Berücksichtigung der Unsicherheit. Volkswirt. Studien 377. Berlin.

RAUCH, T.; HAAS, A. und LOHNERT, B. (1996): Ernährungssicherheit in ländlichen Regionen des tropischen Afrikas zwischen Weltmarkt, nationaler Agrarpolitik und Sicherungsstrategien der Landbevölkerung. Peripherie 63, S. 33–72.

ROGERS, A. (1995): Multiregional Demography. Chichester.

ROWLAND, D. T. (2003): Demographic Methods and Concepts. Oxford.

SAPPER, K. (1939): Die Ernährungswirtschaft der Erde und ihre Zukunftsaussichten für die Menschheit. Stuttgart.

SCHARLAU, K. (1953): Bevölkerungswachstum und Nahrungsspielraum: Geschichte, Methoden und Probleme der Tragfähigkeitsuntersuchungen. Veröff. d. Akad. f. Raumf. u. Landespl. Abh. 24. Hannover.

SCHARLAU, K. (1955): Bevölkerungsmaximum und Bevölkerungsoptimum. EK 9, S. 54–59.

SCHLEGEL, M. (1991): Techniken und Probleme der Bevölkerungsprognosen. Raumplanung 1991(6), S. 87–93.

SCHLÖMER, C. (2004): Die privaten Haushalte in den Regionen der Bundesrepublik Deutschland zwischen 1990 und 2020. Inf. z. Raumentwicklung 2004 (3/4), S. 127–149.

SCHULZ, R. (2001): Neue Trends der Weltbevölkerungsentwicklung. GR 53 (2), S. 4–9.

SIMON, J. L. (1986): Theory of Population and Economic Growth. Oxford.

SINGER, M. (2002): Uncertainties in the Composition of World Population in the Twenty-First Century. PDR 28, S. 539–548.

SKELDON, R. (1985): Population Pressure, Mobility and Socio-economic Change in Mountainous Environment. Mountain Research and Development 5, S. 233–250.

SMIL, V. (1994): How Many People Can the Earth Feed? PDR 20, S. 255–292.

STAGL, J. (1981): Die empirischen Grundlagen der Bevölkerungstheorie von Thomas Robert Malthus. Z. f. Politik 28, S. 169–180.

Statistisches Bundesamt (Hrsg.) (2003): Bevölkerung Deutschlands bis 2050. 10. Koordinierte Bevölkerungsvorausberechnung. Wiesbaden.

STREET, J. M. (1969): An Evaluation of the Concept of Carrying Capacity. Prof. Geographer 21, S. 104–107.

STREMME, H. und OSTENDORFF, E. (1937): Die bäuerliche Siedlungskapazität des Deutschen Reiches. PGM, Erg.heft 228. Gotha.

STRUCK, E. (2000): Die Weltbevölkerung zum Beginn des 21. Jahrhunderts. PGM 144 (1), S. 6–17.

United Nations (UN) (2000): Replacement Migration. New York.

United Nations (UN) (2003a): World Population Prospects: The 2002 Revision. New York.

United Nations (UN) (2003b): World Population in 2300. Nex York.

WAGNER, H.-G. (1987): Übervölkerung, agrare Tragfähigkeit und deren geoökologische Grundlagen in Westafrika. In: LINDAUER, M. und SCHÖPF, A. (Hrsg.): Die Erde unser Lebensraum. Stuttgart. S. 167–209.

WALLER, P. P. und HOFMEIER, R. (1968): Methoden zur Bestimmung der Tragfähigkeit ländlicher Gebiete in Entwicklungsländern dargestellt am Beispiel West-Kenyas. Die Erde 99, S. 340–348.

WEISCHET, W. (1977): Die ökologische Benachteiligung der Tropen. Stuttgart.

WIRTH, E. (1987): Tragfähigkeit, Rohstoffe, Umwelt. Mitt. Geogr. Ges. München 72, S. 9–40.

ZELINSKY, W.; KOSIŃSKI, L. A. und PROTHERO, R. M. (Hrsg.) (1970): Geography and a Crowding World. New York.

4 Bevölkerungsumverteilung durch Wanderungen

4.1 Statistische Erfassung und Typisierung von Migrationen

ALBRECHT, G. (1972): Soziologie der geographischen Mobilität. Stuttgart.

BÄHR, J.; JENTSCH, C. und KULS, W. (1992): Bevölkerungsgeographie. Lehrbuch der Allgemeinen Geographie. Bd. 9. Berlin, New York.

BÄHR, J. (1995): Internationale Wanderungen in Vergangenheit und Gegenwart. GR 47, S. 398–404.

BÄHR, J. (2003): Binnenwanderungen: Konzepte, Typen, Erklärungsansätze. GR 55 (6), S. 4–8.

BOGUE, D. J. und HAGOOD, M. J. (1953): Subregional Migration in the United States. Vol. 2. Oxford/Ohio.

BOYLE, P.; HALFACREE, K. und ROBINSON, V. (1998): Exploring Contemporary Migration. Harlow.

BROWN, J. M. (1983): The Structure of Motives for Moving. Environment and Planning 15 A, S. 1531–1544.

CLARKE, J. I. u. a. (Hrsg.) (1989): Population and Disaster. Inst. of British Geographers. Special Publication Series 22. Oxford, Cambridge/Mass.

DÜRR, H. (1972): Empirische Untersuchungen zum Problem der sozialgeographischen Gruppe: Der aktionsräumliche Aspekt. Münchner Studien z. Sozial- u. Wirtschaftsgeogr. Kallmünz/Regensburg. S. 77–81.

EICHENBAUM, J. (1975): A Matrix of Human Movement. Intern. Migration 13, S. 21–41.

FUCHS, R. J. und DEMKO, G. J. (1978): The Postwar Mobility Transition in Eastern Europe. Geogr. Review 68, S. 171–182.

GENOSKO, J. (1980): Zur Selektivität räumlicher Mobiltät. Kölner Z. f. Soziologie u. Sozialpsychologie 32, S. 726–745.

HAN, P. (2000): Soziologie der Migration. UTB 2118. Stuttgart.

HAUG, S. (2002): Kettenmigration am Bespiel italienischer Arbeitsmigranten in Deutschland 1955–2000. Archiv f. Sozialgeschichte 42, S. 123–143.

HEAR, N. VAN (1998): New Diasporas: The Mass Exodus, Dispersal and Regrouping of Migrant Communities. Seattle.

HOFFMANN-NOWOTNY, H.-J. (1970): Migration: Ein Beitrag zu einer soziologischen Erklärung. Stuttgart.

HUNGER, U. (2000): Vom „Brain-Drain" zum „Brain-Gain". IMIS–Beiträge 16, S. 7–21.

KORTUM, G. (1979): Räumliche Aspekte ausgewählter Theorieansätze zur regionalen Mobilität und Möglichkeiten ihrer Anwendung in der wirtschafts- und sozialhistorischen Forschung. Studien z. Wirtschafts- u. Sozialgeschichte Schleswig-Holsteins 1. Neumünster. S. 13–40.

MACDONALD, J. S. und MACDONALD, D. (1964): Chain Migration, Ethnic Neighborhood Formation, and Social Networks. Milbank Memorial Fund Quarterly 42, S. 82–97.

MACKENSEN, R.; VANBERG, M. und KRÄMER, K. (1975): Probleme regionaler Mobilität. Göttingen.

MAMMEY, U. (1977): Räumliche Aspekte der sozialen Mobilität in der Bundesrepublik Deutschland. ZfB 3(4), S. 23–49.

MAREL, K. (1980): Inter– und intraregionale Mobilität. Schriftenreihe d. Bundesinst. f. Bev.forschung 8. Boppard.

MCHUGH, K. E. (2000): Inside, Outside, Upside Down, Backward, Forward, Round and Round: A Case for Ethnographic Studies in Migration. Progress in Human Geogr. 24, S. 71–89.

MEUSBURGER, P. (1980): Beiträge zur Geographie des Bildungs– und Qualifikationswesens. Innsbrucker Geogr. Studien 7. Innsbruck.

MUELLER, U. (1993): Bevölkerungsstatistik und Bevölkerungsdynamik. Berlin, New York.

PETERSEN, W. (1972): Eine allgemeine Typologie der Wanderung. In: SZÉLL, G. (Hrsg.): Regionale Mobilität. Nymphenburger Texte z. Wiss. 10. München. S. 95–114.

PLANE, D. A. (1984): A Systemic Demographic Efficiency Analysis of U.S. Interstate Population Exchange, 1935–1980. EG 60, S. 294–312.

RAVENSTEIN, E. G. (1885/89): The Laws of Migration. Journal Royal Stat. Society 48, S. 167–227 u. 52, S. 241–301.

ROSEMAN, C. C. (1971): Migration as a Spatial and Temporal Process. Annals 61, S. 589–598.

SCHRETTENBRUNNER, H. (1986): Die Verwendung von Typologien in der Wanderungsforschung. Beiträge z. angewandten Sozialgeogr. 12. Augsburg. S. 387–404.

SCHWARZ, K. (1972): Demographische Grundlagen der Raumforschung und Landesplanung. Veröff. d. Akad. f. Raumf. u. Landespl. Abh. 64. Hannover.

SCHWEITZER, W. (1978): Modelle zur Erfassung von Wanderungsbewegungen. Schriften z. wirtschaftswiss. Forschung 129. Meisenheim.

SKELDON, R. (1990): Population Mobility in Developing Countries. London, New York.

WAGNER, M. (1989): Räumliche Mobilität im Lebensverlauf. Stuttgart.

WALTERS, W. H. (2000): Types and Patterns of Later-Life Migration. Geografiska Annaler 82 B, S. 129–145.

WEBER, P. (1982): Geographische Mobilitätsforschung. Erträge der Forschung 179. Darmstadt.

WEISS, W. und HILBIG, A. (1998): Selektivität von Migrationsprozessen am Beispiel Mecklenburg-Vorpommern. Inf. z. Raumentwicklung 1998, S. 793–802.

WENZEL, H.-J. (2002): Umweltflüchtlinge oder Umweltmigranten? IMIS–Schriften 11. Osnabrück. S. 287–311.

WISEMAN, R. F. und ROSEMAN, C. C. (1979): A Typology of Elderly Migration Based on the Decision Making Process. EG 55, S. 324–337.

WOOD, W. B. (1994): Forced Migration. Annals 84, S. 607–634.

WOODS, R.; CADWALLADER, M. und ZELINSKY, W. (1993): Classics in Human Geography Revisited. Zelinsky, W. 1971: The Hypothesis of the Mobility Transition. Progress in Human Geogr. 17, S. 213–219.

ZELINSKY, W. (1971): The Hypothesis of the Mobility Transition. Geogr. Review 61, S. 219–249.

4.2 Ansätze zur modellhaften Beschreibung und Erklärung von Wanderungsvorgängen

BÄHR, J. (1995): Internationale Wanderungen in Vergangenheit und Gegenwart. GR 47, S. 398–404.

BIRG, H. u. a. (1993): Migrationsanalyse. Forschungen z. Raumentwicklung. 22. Bonn.

BIRG, H.; FLÖTHMANN, E.-J. und REITER, I. (1991): Biographische Theorie der demographischen Reproduktion. Frankfurt/M., New York.

BOYLE, P.; HALFACREE, K. und ROBINSON, V. (1998): Exploring Contemporary Migration. Harlow.

BROWN, L. A. und MOORE, E. G. (1970): The Intra-Urban Migration Process. Geografiska Annaler 52 B, S. 1–13.

BÜCHEL, F. UND SCHWARZE, J. (1994): Die Migration von Ost- nach Westdeutschland. Mitt. aus der Arbeitsmarkt- u. Berufsforschung 27, S. 43–52.

CADWALLADER, M. (1989): A Synthesis of Macro and Micro Approaches to Explaining Migration. Geografiska Annaler 71 B, S. 85–94.

CADWALLADER, M. (1992): Migration and Residential Mobility. Madison/Wisc.

CEBULA, R. J. (1981): The Determinants of Human Migration. Lexington/Mass., Toronto.

COURGEAU, D. (1995): Migration Theories and Behavioural Models. IJPG 1, S. 19–27.

DESBARATS, J. (1983): Constrained Choice and Migration. Geografiska Annaler 65 B, S. 11–22.

FLÖTHMANN, E.-J. (1997): Der biographische Ansatz in der Binnenwanderungsforschung. IMIS-Beiträge 5, S. 25–45.

FRANZ, P. (1984): Soziologie der räumlichen Mobilität. Campus Studium 556. Frankfurt/M., New York.

GANS, P. (1983): Raumzeitliche Eigenschaften und Verflechtungen innerstädtischer Wanderungen in Ludwigshafen/Rhein zwischen 1971 und 1978. Kieler Geogr. Schriften 59. Kiel.

GANS, P. und KEMPER, F. J. (Hrsg.) (1995): Mobilität und Migration in Deutschland. Erfurter Geogr. Studien 3. Erfurt.

GATZWEILER, H.-P. (1975): Zur Selektivität interregionaler Wanderungen. Forschungen z. Raumentw. 1. Bonn-Bad Godesberg.

GENOSKO, J. (1995): Interregionale Migration zwischen Ost- und Westdeutschland. Erfurter Geogr. Studien 3. Erfurt. S. 19–28.

GRIGG, D. B. (1977): E. G. Ravenstein and the „Laws of Migration". Journal of Historical Geogr. 3, S. 41–54.

HÄGERSTRAND, T. (1957): Migration and Area. Lund Studies in Geogr. 13 B. Lund. S. 27–158.

HELLER, W. und BÜRKNER, H.-J. (1995): Bisher vernachlässigte theoretische Ansätze zur Erklärung internationaler Arbeitsmigration. Erfurter Geogr. Studien 3. Erfurt. S. 175–196.

HÖLLHUBER, D. (1982): Innerstädtische Umzüge in Karlsruhe. Erlanger Geogr. Arb., Sonderbd. 13. Erlangen.

HOFFMANN-NOWOTNY, H.-J. (1970): Migration: Ein Beitrag zu einer soziologischen Erklärung. Stuttgart.

HOFFMANN-NOWOTNY, H.-J. (1995): Soziologische Aspekte internationaler Migration. GR 47, S. 410–414.

KALTER, F. (1997): Wohnstandortwechsel in Deutschland: Ein Beitrag zur Migrationstheorie und zur empirischen Anwendung von Rational-Choice-Modellen. Opladen.

KANT, E. (1946): Den Inre Omflyttningen i Estland i Samband med de Estniska Städernas Omland. Svensk Geografisk Arsbok 22, S. 83–124.

KAPLAN, D. H. (1995): Differences in Migration Determinants for Linguistic Groups in Canada. Prof. Geographer 47, S. 115–125.

KARIEL, H. G. (1963): Selected Factors Areally Associated with Population Growth Due to Net Migration. Annals 53, S. 210–223.

KEMPER, F.-J. (1995): Determinanten der Wohnmobilität in Ost- und Westdeutschland. Erfurter Geogr. Studien 3. Erfurt. S. 41–49.

KILLISCH, W. (1979): Räumliche Mobilität. Kieler Geogr. Schriften 49. Kiel.

KREIBICH, V. (1979): Zum Zwangscharakter räumlicher Mobilität. Urbs et Regio 13. Kassel. S. 153–210.

LAWSON, V. A. (2000): Arguments within Geographies of Movement: The Theoretical Potential of Migrants' Stories. Progress in Human Geogr. 24, S. 173–189.

LEE, E. S. (1966): A Theory of Migration. Demography 3, S. 47–57.

MABOGUNJE, A. L. (1970): Systems Approach to a Theory of Rural-Urban Migration. Geogr. Analysis 2, S. 1–18.

MÄLICH, W. (1975): Gegenüberstellung stochastischer und deterministischer Wandlungsmodelle. Veröff. d. Akad. f. Raumf. u. Landespl. Forschungs- u. Sitzungsber. 95. Hannover. S. 21–30.

MASSEY, D. S. u. a. (1993): Theories of International Migration. PDR 19, S. 431–466.

MASSEY, D. S. u. a. (1994): An Evaluation of International Migration Theory: The North American Case. PDR 20, S. 699–751.

NELSON, P. (1959): Migration, Real Income and Information. Journal of Regional Science 1, S. 43–73.

NIPPER, J. (1975): Mobilität der Bevölkerung im engeren Informationsfeld einer Solitärstadt. Gießener Geogr. Schriften 33. Gießen.

O'LOUGHLIN, J. und GLEBE, G. (1984): Intraurban Migration in West German Cities. Geogr. Review 74, S. 1–23.

POPP, H. (1976): The Residential Location Decision Process. TESG 67, S. 300–306.

RITTER, G. und TOEPFER, H. (1992): Aktuelle Binnenwanderungen in der Türkei. PGM 136, S. 267–293.

ROLFES, M. (1996): Regionale Mobilität und akademischer Arbeitsmarkt. Osnabrücker Studien z. Geogr. 17. Osnabrück.

ROSEMAN, C. C. (1971): Migration as a Spatial and Temporal Process. Annals 61, S. 589–598.

SCHWEITZER, W. (1978): Modelle zur Erfassung von Wanderungsbewegungen. Schriften z. wirtschaftswiss. Forschung 129. Meisenheim.

SCHWEITZER, W. und MÜLLER, G. (1979): Interregionale Wanderung in der Bundesrepublik. ZfB 5, S. 439–453.

SIEBERT, H. (1995): Internationale Wanderungen aus wirtschaftswissenschaftlicher Sicht. GR 47, S. 404–409.

SJAASTAD, L. (1962): The Costs and Returns of Human Migration. Journal of Political Economy 70, S. 80–93.

SOMERMEIJER, W. H. (1961): Een Analyse van de Binnenlandse Migratie in Nederland tot 1947 en van 1948–1957. Statistische en Econometrische Onderzoekingen 3, S. 115–174.

STEWART, J. Q. (1948): Demographic Gravitation. Sociometry 11, S. 31–58.

STOUFFER, S. A. (1940): Intervening Opportunities. Amer. Sociol. Rev. 5, S. 845–867.

STOUFFER, S. A. (1960): Intervening Opportunities and Competing Migrants. Journal of Regional Science 2, S. 1–26.

TOBLER, W. (1995): Migration: Ravenstein, Thornthwaite and beyond. Urban Geogr. 16, S. 327–343.

TZSCHASCHEL, S. (1986): Geographische Forschung auf der Individualebene. Münchener Geogr. Hefte 53. Kallmünz/Regensburg.

WAGNER, M. (1989): Räumliche Mobilität im Lebensverlauf. Stuttgart.

WEIDLICH, W. und HAAG, G. (Hrsg.) (1988): Interregional Migration. Berlin.

WEICHHART, P. (1987): Wohnsitzpräferenzen im Raum Salzburg. Salzburger Geogr. Arb. 15. Salzburg.

WEICHART, P. (1993): Mikroanalytische Ansätze der Sozialgeographie. Innsbrucker Geogr. Studien 20. Innsbruck. S. 101–115.

WERLEN, B. (1995): Landschaft, Raum und Gesellschaft. GR 47, S. 513–522.

WIRTH, E. (1981): Kritische Anmerkungen zu den wahrnehmungszentrierten Forschungsansätzen in der Geographie. GZ 69, S. 161–198.

WOLPERT, J. (1965): Behavioral Aspects of the Decision to Migrate. Papers Regional Science Assoc. 15, S. 159–169.

ZIPF, G. K. (1946): The P1 x P2/D Hypothesis. Amer. Sociol. Rev. 11, S. 677–686.

4.3 Internationale Wanderungen

ADAMS, W. P. (1980): Die deutschsprachige Auswanderung in die Vereinigten Staaten: Berichte über Forschungsstand und Quellenbestände. Berlin.

ANDERSON, B. (2000): Doing the Dirty Work? The Global Politics of Domestic Labour. London.

Azcárate, B. und Mertins, G. (1984): Determinanten und Auswirkungen der Arbeitsmigration auf die Bevölkerungs-, Siedlungs- und Wirtschaftsstruktur im ländlichen Raum Galiciens. Marburger Geogr. Schriften 95. Marburg/L. S. 1–56.

Bade, K. J. (1980): Massenwanderung und Arbeitsmarkt im deutschen Nordosten von 1880 bis zum Ersten Weltkrieg. Archiv f. Sozialgeschichte 20, S. 265–323.

Bade, K. J. (Hrsg.) (1992): Deutsche im Ausland – Fremde in Deutschland. München.

Bade, K. J. (2000): Europa in Bewegung: Migration vom späten 18. Jahrhundert bis zur Gegenwart. München.

Bade, K. J. und Oltmer, J. (Hrsg.) (2003): Aussiedler. IMIS-Schriften 8. 2. Aufl. Osnabrück.

Bartels, D. (1968): Türkische Gastarbeiter aus der Region Izmir. EK 22, S. 313–324.

Becker, J. (1998): Die nichtdeutsche Bevölkerung in Ostdeutschland: Eine Studie zur räumlichen Segregation und Wohnsituation. Potsdamer Geogr. Forschungen 15. Potsdam.

Becker, J. und Heller, W. (2002): Polnische Saisonarbeiter in der Bundesrepublik Deutschland. Ber. z. dt. Landeskunde 76, S. 71–87.

Berriane, M. und Hopfinger, H. (1995): Mikrourbanisation in den Herkunftsgebieten internationaler Arbeitskräftewanderungen: Die Geburt einer Kleinstadt in den Außengebieten von Nador/Nordostmarokko. PGM 139, S. 323–337.

Böhm, H. (1979): Bevölkerungsstruktur und Bevölkerungsbewegungen in der zweiten Hälfte des 19. Jahrhunderts unter besonderer Berücksichtigung der preußischen Rheinprovinz. Innsbrucker Geogr. Studien 5. Innsbruck. S. 173–198.

Böltken, F.; Gatzweiler, H.-P. und Meyer, K. (2002): Räumliche Integration von Ausländern und Zuwanderern. Inf. z. Raumentwicklung 2002, S. 397–414.

Bouquet, C. (2003): Le Poids des Étrangers en Côte Ivoire. Annales de Géographie 112, S. 115–145.

Bouvier, L. F.; Shryock, H. S. und Henderson, H. W. (1979): International Migration. Population Bulletin 32 (4). Washington D.C.

Bruijn, M. de; Dijk, R. van und Foeken, D. (Hrsg.) (2001): Mobile Africa. African Dynamics 1. Leiden.

Bürkner, H.-J. (1987): Die soziale und sozialräumliche Situation türkischer Migranten in Göttingen. Schriften d. Inst. f. Entwicklungsforschung, Wirtschafts- u. Sozialplanung 2. Saarbrücken, Fort Lauderdale/Fla.

Bürkner, H.-J.; Heller, W. und Unrau, J. (1987): Rückkehrzwänge und Motivstrukturen türkischer Migranten. ZfB 13, S. 451–472.

Burgdörfer, F. (1930): Die Wanderungen über die Deutschen Reichsgrenzen. Allgemeines Stat. Archiv 20, S. 161–196; S. 383–419; S. 537–551.

Castles, S. und Miller, M. J. (1998): The Age of Migration. 2. Aufl. New York.

Cohen, R. (Hrsg.) (1995): The Cambridge Survey of World Migration. Cambridge.

Coleman, D. A. (1994): Trends in Fertility and Intermarriage among Immigrant Populations in Europe as Measures of Integration. Journal of Biosocial Science 26, S. 107–136.

Conway, D. und Cohen, J. H. (2003): Local Dynamics in Multi-Local, Transnational Spaces in Rural Mexico. IJPG 9, S. 141–161.

Costanzo, S. (1999): Migration aus dem Maghreb nach Italien. Münchener Geogr. Hefte 80. Passau.

COUSENS, S. H. (1960): Regional Death Rates in Ireland during the Great Famine, from 1846–1851. PS 14, S. 55–74.

DEHNE, K. (2003): Deutsche Einwanderer im ländlichen Süd-Indiana (USA). Passauer Schriften z. Geogr. 18. Passau.

DURAND, J.; MASSEY, D. S. und ZENTENO, R. M. (2001): Mexican Immigration to the United States. Latin Amer. Research Rev. 36, S. 107–127.

EHRKAMP, P. und LEITNER, H. (2003): Beyond National Citizenship: Turkish Immigrants and the (Re)construction of Citizenship in Germany. Urban Geogr. 24, S. 127–146.

European Population Committee (2002): The Demographic Characteristics of Immigrant Populations. Population Studies 38. Straßburg.

FASSMANN, H. (1996): Melting-Pot Vienna? Veröff. der Univ. Innsbruck 213. Innsbruck. S. 165–185.

FASSMANN, H. und MÜNZ, R. (Hrsg.) (2000): Ost-West-Wanderung in Europa. Wien.

FASSMANN, H. und MYDEL, R. (2002): Zuwanderung und transnationale Pendelwanderung am Beispiel der Polen in Wien. Mitt. Österr. Geogr. Ges. 144, S. 81–100.

FASSMANN, H. und SEIFERT, W. (1997): Beschäftigungsstrukturen ausländischer Arbeitskräfte in Österreich und Deutschland. EK 51, S. 318–329.

FONSECA, M. L.; CALDEIRA, M. J. und ESTEVES, A. (2002): New Forms of Migration into the European South. IJPG 8, S. 135–152.

FREUND, B. (1999): Ausländische Fach- und Führungskräfte in deutschen Großstädten. Berliner Geogr. Arb. 89. Berlin. S. 99–108.

FREY, M. (1990): Ausländerpolitiken in Europa. Schriftenreihe d. Bundesinst. f. Bev.forschung 20. Boppard. S. 121–147.

FREY, M und MAMMEY, U. (1996): Impact of Migration in the Receiving Countries: Germany. Genf.

FRIEDLANDER, D. und GOLDSCHEIDER, C. (1984): Israel's Population. Population Bulletin 39 (2). Washington D.C.

GAMERITH, W. (2004): Immigration und ethnische Diversität in den USA. PGM 148 (1), S. 66–73.

GANS, P. (1984): Innerstädtische Wohnungswechsel und Veränderungen in der Verteilung der ausländischen Bevölkerung in Ludwigshafen/Rhein. GZ 72, S. 81–98.

GANS, P. (1997): Ausländische Bevölkerung in Großstädten Deutschlands. GR 39, S. 399–405.

GANS, P. und KEMPER, F.-J. (Hrsg.) (2001): Nationalatlas Bundesrepublikk Deutschland. Bd. 4: Bevölkerung. Heidelberg, Berlin.

GENTILESCHI, M. L. (1982): L'Immigrazione Italiana a Wolfsburg. In: Scritti Geografici. Florenz. S. 429–451.

GIESE, E. (1978): Räumliche Diffusion ausländischer Arbeitnehmer in der Bundesrepublik Deutschland 1960–1976. Die Erde 109, S. 92–110.

GLASER, R. und HABERZETTL, P. (1994): Phasen und Einflußgrößen der Bevölkerungsentwicklung Macaus im 20. Jahrhundert. PGM 138, S. 85–97.

GLEBE, G. (1996): Immigration, Labor Market and the Dynamics of Urban Residential Patterns and Segregation of Ethnic Minorities in Germany. Veröff. d. Univ. Innsbruck 213. Innsbruck. S. 135–164.

GLEBE, G. (1997a): Housing and Segregation of Turks in Germany. Comparative Studies in Migration and Ethnic Relations 4, S. 122–157.

GLEBE, G. (1997b): Statushohe ausländische Migranten in Deutschland. GR 49, S. 406–412.

GLEBE, G. und WHITE, P. (2001): Hoch qualifizierte Migranten im Prozess der Globalisierung. GR 53(2), S. 38–44.

GOEBEL, D. und PRIES, L. (2003): Transnationale Migration und die Inkorporation von Migranten. Materialien zur Bevölkerungswiss. 107. Wiesbaden. S. 35–48.

GRANATO, N. (2003): Ethnische Ungleichheit auf dem deutschen Arbeitsmarkt. Schriftenreihe des Bundesinst. f. Bev.forschung 33. Opladen.

GROTZ, R. (1995): Einwanderung nach Australien im Wandel. GR 47, S. 626–632.

HAMPTON, J. (1998): Internally Displaced People. London.

HAN, P. (2003): Frauen und Migration. UTB 2390. Stuttgart.

HATTON, T. J. und WILLIAMSON, J. G. (1994): What Drove the Mass Migrations from Europe in the Late Nineteenth Century? PDR 20, S. 533–559.

HAUG, S. (2000): Soziales Kapital und Kettenmigration: Italienische Migranten in Deutschland. Schriftenreihe des Bundesinst. f. Bev.forschung 31. Opladen.

HECKMANN, F. (2001): Integrationsforschung aus europäischer Perspektive. ZfB 26, S. 341–356.

HECKMANN, F. und SCHNAPPER, D. (Hrsg.) (2003): The Integration of Immigrants in European Societies. Stuttgart.

HELLER, W.; BÜRKNER, H.-J. und HOFMANN, H.-J. (2002): Migration, Segregation und Integration von Aussiedlern. Erlanger Forschungen 95A, S. 79–108.

HILLMANN, F. (1996): Jenseits der Kontinente: Migrationsstrategien von Frauen nach Europa. Stadt, Raum u. Gesellschaft 3. Pfaffenweiler.

HILLMANN, F. (2000): Von internationalen Wanderungen zu transnationalen Migrationsnetzwerken? Kölner Z. f. Soziologie u. Sozialpsychologie, Sonderheft 40, S. 363–385.

HILLMANN, F. (2001): Ethnische Ökonomien. Jahrbuch StadtRegion, S. 35–56.

HOERDER, D. (2002): Cultures in Contact: World Migrations in the Second Millennium. Durham/N. C.

HOFFMANN-NOWOTNY, H.-J. (1973): Soziologie des Fremdarbeiterproblems. Stuttgart.

HOFFMEYER-ZLOTNIK, J. (1977): Gastarbeiter im Sanierungsgebiet: Das Beispiel Berlin-Kreuzberg. Beiträge z. Stadtforschung 1. Hamburg.

HOLZNER, L. (1982): The Myth of Turkish Ghettos. Journal of Ethnic Studies 9, S. 65–85.

HUGO, G. (1996): Asia on the Move. IJPG 2, S. 95–118.

HUSA, K.; PARNREITER, C. und STACHER, I. (Hrsg.): (2000): Internationale Migration. Historische Sozialkunde 17. Frankfurt/M., Wien.

HUSA, K. und WOHLSCHLÄGL, H. (2000): Internationale Arbeitsmigration im Zeitalter der Globalisierung: Das Beispiel Südostasien. Mitt. Österr. Geogr. Ges. 142, S. 269–314.

IGLICKA, K. (2002): Poland: Between Geopolitical Shifts and Emerging Migration Patterns. IJPG 8, S. 153–164.

IMHOF, M. (1998): Migration und Stadtentwicklung: Aktualgeographische Untersuchungen in den Basler Quartieren Iselin und Matthäus. Basler Beiträge z. Geogr. 45. Basel.

IPSEN, G. (1961): Die atlantische und die deutsche Wanderung des 19. Jahrhunderts. Jahrbuch d. Ostdeutschen Kulturrates 8, S. 48–62.

JÜRGENS, U. und BÄHR, J. (2003): Das Südliche Afrika. Perthes Regionalprofile. Gotha.

JÜRGENS, U. und BIRKELAND, N. (2003): Binnenflüchtlinge in Afrika. GR 55 (6), S. 54–57.

KAGERMEIER, A. und POPP, H. (1995): Gastarbeiter-Remigration und Regionalentwicklung in Nordostmarokko. GR 47, S. 415–422.

KAMPHOEFNER, W. D. (1983): 300 Jahre Deutsche in der USA. GR 35, S. 169–173.

KEMPER, F.-J. (1997): Ausländer in Deutschland. GR 49, S. 392–398.

KEMPER, F.-J. (1998): Restructuring of Housing and Ethnic Segregation. US 35, S. 1765–1789.

KEMPER, F.-J. (2000): Außenwanderungen in Deutschland. PGM 144 (1), S. 38–49.

KING, R. (1978): Return Migration. Area 10, S. 175–182.

KING, R. (2002): Towards a New Map of European Migration. IJPG 8, S. 89–106.

KÖLLMANN, W. (1959): Grundzüge der Bevölkerungsgeschichte im 19. und 20. Jahrhundert. Studium Generale 12, S. 381–392.

KÖRNER, H. (1990): Internationale Mobilität der Arbeit. Darmstadt.

KORTUM, G. (1981): Migrationstheoretische und bevölkerungsgeographische Probleme der nordfriesischen Amerikarückwanderung. Studien z. Wirtschafts- u. Sozialgeschichte Schleswig-Holsteins 3. Neumünster. S. 111–201.

KOSER, K. und SALT, J. (1997): The Geography of Highly Skilled International Migration. IJPG 3, S. 285–303.

KROLL, G. (1991): Die deutsch-deutsche Migration und ihre territorialen Konsequenzen aus der Sicht ihrer Quellgebiete in der ehemaligen DDR. Ber. z. dt. Landeskunde 65, S. 223–235.

KULISCHER, E. M. (1948): Europe on the Move: War and Population Changes, 1917–1947. New York.

LAUX, H. D. und THIEME, G. (1995): Asiatische Einwanderer in den USA. GR 47, S. 429–436.

LAZARIDIS, G. und WILLIAMS, A. M. C. (Hrsg.) (2002): European Migration. IJPG 8 (2).

LEDERER, H. W. (1999): Illegale Migration in Deutschland. Materialien z. Bevölkerungswiss. 94. Wiesbaden. S. 84–96.

LEE, S. M. (1998): Asian Americans. Population Bulletin 53 (2). Washington D. C.

LEIB, J. (1986): Neuere Ergebnisse über die Auswirkungen der Gastarbeiterrückwanderung in den mediterranen Herkunftsländern. Marburger Geogr. Schriften 100. Marburg/L. S. 38–62.

LEISTER, I. (1956): Ursachen und Auswirkungen der Entvölkerung von Eire zwischen 1941 und 1951. EK 10, S. 54–68.

LIENENKAMP, R. (1999): Internationale Wanderungen im 21. Jahrhundert: Die Ermittlung von Dispositionsräumen auf der Basis von Fuzzy Logik. Dortmunder Beiträge z. Raumplanung 93. Dortmund.

LOVEJOY, P. E. (1983): Transformations in Slavery. Cambridge.

LUDÄSCHER, P. (1986): Wanderungen und konjunkturelle Entwicklung in der Bundesrepublik Deutschland seit Anfang der sechziger Jahre. GZ 74, S. 43–61.

MALHEIROS, J. (2002): Ethni-Cities: Residential Patterns in the Northern European and Mediterranean Metropolises. IJPG 8, S. 107–134.

MAMMEY, U. und SCHIENER, R. (1998): Zur Eingliederung der Aussiedler in die Gesellschaft der Bundesrepublik Deutschland. Schriftenreihe d. Bundesinst. f. Bev.forschung 25. Opladen.

MARSCHALCK, P. (1973): Deutsche Überseewanderung im 19. Jahrhundert. Industrielle Welt 14. Stuttgart.

MARTIN, P. und MIDGLEY, E. (1994): Immigration to the United States. Population Bulletin 49(2). Washington D.C.

MARTIN, P. und MIDGLEY, E. (2003): Immigration: Shaping and Reshaping America. Population Bulletin 58 (2). Washington D.C.

MARTIN, P. und WIDGREN, J. (2002): International Migration. Population Bulletin 57(1). Washington D.C.

MERTINS, G. (Hrsg.) (1984): Untersuchungen zur spanischen Arbeitsmigration. Marburger Geogr. Schriften 95. Marburg/L.

MEYER, G. (1995): Arbeiterwanderungen in die Golfstaaten. GR 47, S. 423–428.

MOLTMANN, G. (1980): American-German Return Migration in the Nineteenth and Early Twentieth Century. Central European History 13, S. 378–392.

MÜLLER-MAHN, D. (2002): Ägyptische Migranten in Paris. GR 54 (10), S. 40–44.

MUSTERD, S.; OSTENDORF, W. und BREEBAART, M. (1998): Multi-Ethnic Metropolis. Dordrecht.

NEBE, J. M. (1988): Residential Segregation of Ethnic Groups in West German Cities. Cities 5, S. 235–244.

NIPPER, J. (1983): Räumliche Autoregressivstrukturen in Raum-Zeit-Varianten sozioökonomischer Prozesse. Gießener Geogr. Schriften 53. Gießen.

Ó GRÁDA, C. (1999): Black '47 and Beyond: The Great Irish Famine in History, Economy, and Memory. Princeton/N. J.

POSTON, D. L.; MAO, M. X. und YU, M.-Y. (1994): The Global Distribution of the Overseas Chinese Around 1990. PDR 20, S. 631–645.

POTTS, L. (1988): Weltmarkt für Arbeitskraft. Hamburg.

PRIES, L. (Hrsg.) (1997): Transnationale Migration. Soziale Welt, Sonderbd. 12. Baden-Baden.

PÜTZ, R. (2003): Unternehmer türkischer Herkunft in Deutschland. GR 55 (4), S. 26–31.

ROLOFF, J. und SCHWARZ, K. (2002): Bericht 2001 über die demographische Lage in Deutschland mit dem Teil B „Sozio-ökonomische Strukturen der ausländischen Bevölkerung". ZfB 27, S. 3–68.

ROSEMANN, C. C.; LAUX, H. D. und THIEME, G. (Hrsg.) (1996): EthniCity. Lanham/Maryland.

SALT, J. (2001): Europas Migrationsfeld. ZfB, S. 295–325.

SASSEN, S. (1996): Migranten, Siedler, Flüchtlinge. Frankfurt/M.

SCHMALS, K. M. (Hrsg.) (2000): Migration und Stadt. Opladen.

SHAIR, I. M. (1979): Geography of the Islamic Pilgrimage. GeoJournal 3, S. 599–608.

SKELDON, R. (1997): Migration and Development. Harlow.

SKELDON, R. (1999): Migration of Entrepreneurs from Hong Kong. New Zealand Geographer 55, S. 66–71.

STRAUBHAAR, T. (1988): On the Economics of International Labor Migration. Beiträge z. Wirtschaftspolitik 48. Bern, Stuttgart.

STRUCK, E. (1984): Landflucht in der Türkei. Passauer Schriften z. Geogr. 1. Passau.

SWIACZNY, F. (2002): Internationale Migration: Der Mittelmeerraum als Quell- und Zielgebiet. In: MASALA, C. (Hrsg.): Der Mittelmeerraum. Schriften d. Zentr. f. Europ. Integrationsforschung 48. Baden-Baden. S. 74–107.

THISTLETHWAITE, F. (1972): Europäische Überseewanderung im 19. und 20. Jahrhundert. In: KÖLLMANN, W. und MARSCHALCK, P. (Hrsg.): Bevölkerungsgeschichte. Neue Wiss. Bibliothek 54. Köln. S. 323–355.

TOEPFER, H. (1984): Auswirkungen der Rückwanderung im ländlichen Raum: Beispiele aus der Türkei. 44. Dt. Geographentag Münster 1983. Tagungsber. u. wiss. Abh. Stuttgart. S. 189–197.

United Nations (UN) (2002): International Migration 2002. New York.

VOGEL, D. (1999): Illegaler Aufenthalt in Deutschland. ZfB 24, S. 165–185.

VOGELSANG, R. (1994): Einwanderung in ein Einwanderungsland: Die kanadische Erfahrung. Die Erde 123, S. 197–212.

WALDORF, B. S.; ESPARZA, A. und HUFF, J. O. (1990): A Behavioral Model of International Labor and Nonlabor Migration: The Case of Turkish Movements to West Germany, 1960–1986. Environment and Planning 22 A, S. 961–973.

WALDORF, B. (1995): Determinants of International Return Migration Intentions. Prof. Geographer 47, S. 125–136.

WENDT, H. (1994): Von der Massenflucht zur Binnenwanderung. GR 46, S. 136–140.

WENDT, H. (1995): Asylbewerber in Deutschland. GR 47, S. 443–446.

WENZEL, H.-J. (1995): Flüchtlinge und Flüchtlingsintegration in Mosambik. Afrika Spectrum 30, S. 206–223.

WHITE, P. E. (1989): Immigrants, Immigrant Areas and Immigrant Communities in Postwar Paris. In: OGDEN, P. E. und WHITE, P. E. (Hrsg.): Migrants in Modern France. London. S. 195–211.

WHITE, P. (1993): Immigrants and the Social Geography of European Cities. In: KING, R. (Hrsg.): Mass Migration in Europe. London. S. 257–274.

WIEBE, D. (1984): Das afghanische Flüchtlingsproblem. GR 36, S. 484–493.

WIESE, B. (1997): Flüchtlinge zwischen Ruanda und Zaire. GR 49, S. 54–56.

WILLCOX, W. F. (Hrsg.) (1929): International Migrations. Vol. 1: Statistics. New York.

WILLIAMS, P. (Hrsg.) (1999): Illegal Immigration and Commercial Sex. London, Portland.

WIRZ, A. (1984): Sklaverei und kapitalistisches Weltsystem. Edition Suhrkamp, N. F. 256. Frankfurt/M.

4.4 Binnenwanderung

AFSCHAR, Y. E. (1989): Die Dorf-Stadt-Wanderung in Entwicklungsländern als Folge raumbezogener Kulturinnovation. Land, Agrarwirtschaft u. Gesellschaft 6, S. 35–41.

BACCAÏNI, B. (2001): Les Migrants Internes en France de 1990 à 1999. Économie et Statistique 344 (4), S. 39–79.

BADE, J. (Hrsg.) (2002): Migration in der europäischen Geschichte seit dem späten Mittelalter. IMIS-Beiträge 20. Osnabrück.

BÄHR, J. (1975): Migration im Großen Norden Chiles. Bonner Geogr. Abh. 50. Bonn.

BÄHR, J. (1979): Zur Selektivität des Wanderungsprozesses in Lateinamerika, darge-stellt am Beispiel des südchilenischen Seengebietes. Kieler Geogr. Schriften 50. Kiel. S. 491–508.

BÄHR, J. (2003): Stadtentwicklung in Afrika südlich der Sahara unter dem Einfluß der Globalisierung. Bayreuther Kontaktstudium Geographie 2. Bayreuth. S. 139–171.

BÄHR, J.; JENTSCH, C. und KULS, W. (1992): Bevölkerungsgeographie. Lehrbuch der All-gemeinen Geographie. Bd. 9. Berlin, New York.

BÄHR, J. und MERTINS, G. (1995): Die lateinamerikanische Großstadt. Erträge der For-schung 288. Darmstadt.

BÄHR, J. und MERTINS, G. (2000): Marginalviertel in Großstädten der Dritten Welt. GR 52 (7/8), S. 19–26.

BIGGAR, J. C. (1979): The Sunning of America: Migration to the Sunbelt. Population Bulletin 34(1). Washington D.C.

BLEEK, S. (1989): Mobilität und Seßhaftigkeit in deutschen Großstädten während der Urbanisierung. Geschichte u. Gesellschaft 15, S. 5–33.

BÖHM, H. (1979): Bevölkerungsstruktur und Bevölkerungsbewegungen in der zweiten Hälfte des 19. Jahrhunderts unter besonderer Berücksichtigung der preußischen Rheinprovinz. Innsbrucker Geogr. Studien 5. Innsbruck. S. 173–198.

BÖHM, H. (1985): Demographische Strukturen deutscher Mittel- und Großstädte in der Hochindustrialisierungsperiode. Colloquium Geographicum 18. Bonn. S. 16–49.

BONIFAZI, C. und HEINS, F. (2000): Long-Term Trends of Internal Migration in Italy. IJPG 6, S. 111–131.

BORSCHEID, P. (1979): Schranken sozialer Mobilität und Binnenwanderung im 19. Jahrhundert. In: CONZE, W. und ENGELHARDT, U. (Hrsg.): Arbeiter im Industrialisie-rungsprozeß. Stuttgart. S. 31–50.

BORSCHEID, P.; JENNRICH, M. und WESSLING, G. (1981): Saison- und Etappenwanderung im Münsterland 1880–1900. In: BLAICH, F. (Hrsg.): Entwicklungsprobleme einer Region. Berlin. S. 9–45.

BREA, J. A. (2003): Population Dynamics in Latin America. Population Bulletin 58 (1). Washington D.C.

BREHM, K. (1986): Die räumliche Mobilität der Bevölkerung in Zentral-Java. Mitt. d. Inst. f. Asienkunde Hamburg 152. Hamburg.

BREPOHL, W. (1948): Der Aufbau des Ruhrvolkes im Zuge der Ost-West-Wanderung. Recklinghausen.

Bundesamt für Bauwesen und Raumordnung (BBR) (2002): Aktuelle Daten zur Ent-wicklung der Städte, Kreise und Gemeinden. Berichte 14. Bonn.

CHANT, S. (Hrsg.) (1992): Gender and Migration in Developing Countries. London.

COY, M. (1988): Regionalentwicklung und regionale Entwicklungsplanung an der Peripherie in Amazonien. Tübinger Geogr. Studien 97. Tübingen.

COY, M. und NEUBURGER, M. (2002): Brasilianisches Amazonien. GR 54 (11), S. 12–20.

DESBARATS, J. (1987): Population Redistribution in the Socialist Republic of Vietnam. PDR 13, S. 43–76.

FAN, C. C. und HUANG, Y. (1998): Waves of Rural Brides: Female Marriage Migration in China. Annals 88, S. 227–251.

FASSMANN, H. (1986): Migration in Österreich: 1850–1900. Demographische Informationen 1986, S. 22–36.

FIELDING, A. J. (1975): Internal Migration in Western Europe. In: KOSIŃSKI, L. A. und PROTHERO, R. M. (Hrsg.): People on the Move. London. S. 237–254.

FREY, W. H. (1998): Black Migration to the South Reaches Record Highs in 1990s. Population Today 26 (2), S. 1–3.

FRIEDRICH, K. (1995): Altern in räumlicher Umwelt. Darmstadt.

FRIEDRICH, K. und WARNES, A. M. (2000): Understanding Contrasts in Later Life Migration Patterns: Germany, Britain and the United States. EK 54, S. 108–120.

GANS, P. und KEMPER, F.-J. (Hrsg.) (2001): Nationalatlas Bundesrepublik Deutschland. Bd. 4: Bevölkerung. Heidelberg, Berlin.

GANS, P. und KEMPER, F.-J. (2003): Ost-West-Wanderungen in Deutschland: Verlust von Humankapital für die neuen Länder? GR 55 (6), S. 16–18.

GANS, P. und OTT, T. (2003): Binnenwanderungen in den Ländern der Europäischen Union. GR 55 (6), S. 20–26.

GARCÍA COLL, A. und STILLWELL, J. (1999): Inter-Provincial Migration in Spain. IJPG 5, S. 97–115.

GATZWEILER, H.-P. (1975): Zur Selektivität interregionaler Wanderungen. Forschungen z. Raumentw. 1. Bonn-Bad Godesberg.

GEYER, H. S. (Hrsg.): (2002): International Handbook of Urban Systems. Cheltenham, Northhampton/Mass.

GLAESSER, H.-G. (1991): Bevölkerungswachstum und räumliche Mobilitätsprozesse in Kiel während des Kaiserreichs (1880–1914). Kieler Geogr. Schriften 80. Kiel. S. 290–305.

GRUNDMANN, S. und SCHMIDT, I. (1990): Außenwanderung aus der DDR. Z. f. d. Erdkundeunterricht 42, S. 281–288.

HAUSER, J. A. (1974): Bevölkerungsprobleme der Dritten Welt. UTB 316. Bern, Stuttgart.

HEBERLE, R. und MEYER, F. (1937): Die Großstädte im Strome der Binnenwanderung. Leipzig.

HOCHSTADT, S. (1981): Migration and Industrialization in Germany, 1815–1977. Social Science History 5, S. 445–468.

HOCHSTADT, S. (1999): Mobility and Modernity: Migration in Germany, 1820–1989. Ann Arbor/Mich.

HOHN, U. (1991): Die Zerstörung deutscher Städte im Zweiten Weltkrieg. Duisburger Geogr. Arb. 8. Dortmund.

JACKSON, J. H. (1979): Wanderungen in Duisburg während der Industrialisierung 1850–1910. Historisch-Sozialwiss. Forschungen 8. Stuttgart. S. 217–237.

JONES, R. C. u. a. (1998): The Renewed Role of Remittances in the New World Order. EG 74 (1).

KAMPHOEFNER, W. D. (1983): Soziale und demographische Strukturen der Zuwanderung in deutsche Großstädte des späten 19. Jahrhunderts. Städteforschung 16 A. Köln, Wien. S. 95–116.

KEMPER, F.-J. (2003): Binnenwanderungen in Deutschland: Rückkehr alter Muster? GR 55 (6), S. 10–15.

KIRSTEN, E.; BUCHHOLZ, E. W. und KÖLLMANN, W. (1965): Raum und Bevölkerung in der Weltgeschichte. Bd. 4. Würzburg.

KLESSMANN, C. (1978): Polnische Bergarbeiter im Ruhrgebiet 1870–1945. Kritische Studien z. Geschichtswiss. 30. Göttingen.

KLINGEBIEL, T. (1997): Migrationen im frühneuzeitlichen Europa: Anmerkungen und Überlegungen zur Typologiediskussion. Comparativ 7 (5/6), S. 23–38.

KÖLLMANN, W. (1974): Bevölkerung in der industriellen Revolution. Kritische Studien z. Geschichtswiss. 12. Göttingen.

KÖLLMANN, W. (1977): Bevölkerungsentwicklung im Industriezeitalter. Beiträge z. neueren Landesgeschichte d. Rheinlandes u. Westfalens 6. Köln, Berlin. S. 11–30.

KÖSTER, G. (1995): Bevölkerungsstruktur, Migrationsverhalten und Integration der Bewohner von Mittel- und Oberschichtvierteln in der lateinamerikanischen Stadt: Das Beispiel La Paz (Bolivien). Aachener Geogr. Arb. 30. Aachen.

LANGE, N. DE (1993): Die regionale Entwicklung der USA in den 80er Jahren. EK 47, S. 61–74.

LANGEWIESCHE, D. (1977): Wanderungsbewegungen in der Hochindustrialisierungsperiode. Vierteljahresschrift f. Sozial- u. Wirtschaftsgeschichte 64, S. 1–40.

LANGEWIESCHE, D. (1979): Mobilität in deutschen Mittel- und Großstädten. Schriftenreihe d. Arbeitskreises f. moderne Sozialgeschichte 28. Stuttgart. S. 70–93.

LANGEWIESCHE, D. und LENGER, F. (1987): Internal Migration. In: BADE, K. J. (Hrsg.): Population, Labour and Migration in 19th- and 20th-Century Germany. German Historical Perspectives 1. Leamington Spa. S. 87–100.

LAUX, H.-D. (1984): Dimensionen und Determinanten der Bevölkerungsentwicklung preußischer Städte in der Periode der Hochindustrialisierung. Beiträge z. Geschichte d. Städte Mitteleuropas 8. Linz. S. 87–112.

LAWSON, V. A. (1998): Hierarchical Households and Genered Migration in Latin America. Progress in Human Geogr. 22, S. 39–53.

LEINER, S. (1994): Migration und Urbanisierung: Binnenwanderungsbewegungen; räumlicher und sozialer Wandel in den Industriestädten des Saar-Lor-Lux-Raumes 1856–1910. Veröff. d. Kommission f. Saarländische Landesgeschichte u. Volksforschung 23. Saarbrücken.

LIANG, Z. (2001): The Age of Migration in China. PDR 27, S. 499–524.

MACKENSEN, R.; VANBERG, M. und KRÄMER, K. (1975): Probleme regionaler Mobilität. Göttingen.

MALMBERG, G. (1988): Metropolitan Growth and Migration in Peru. Geographical Reports 9. Umeå.

MATZERATH, H. (1985): Urbanisierung in Preußen 1815–1914. Schriften d. Deutschen Inst. f. Urbanistik 72. Stuttgart.

MERTINS, G. (1982): Determinanten, Umfang und Formen der Migration Nordostbrasiliens. GR 34, S. 352–358.

NEWBOLD, K. B. (1997): Race and Primary, Return, and Onward Interstate Migration. Prof. Geographer 49, S. 1–14.

NUHN, H. und SINZ, M. (1988): Industriestruktureller Wandel und Beschäftigungsentwicklung in der Bundesrepublik Deutschland. GR 40(1), S. 42–52.

OBERPENNING, H. und STEIDL, A. (Hrsg.) (2001): Kleinräumige Wanderungen in historischer Perspektive. IMIS-Beiträge 18. Osnabück.

OPPEN, H.-J. VON (1985): Abwanderung, Arbeitskraftentzug und Subsistenzproduktion in einer peripheren Region Sambias. ZfW 29, S. 85–96.

OTT, T. (1995): Die Stellung der norwegischen Provinzen in einem Europa der Regionen. PGM 139, S. 15–30.

PAERREGAARD, K. (2000): Procesos Migratorios y Estrategias Complementarias en la Sierra Peruana. Revista Europea de Estudios Latinoamericanos y del Caribe 69, S. 69–80.

PARNREITER, C. (2001): Die Mär von den Lohndifferenzialen: Migrationstheoretische Überlegungen am Beispiel Mexikos. IMIS-Beiträge 17, S. 55–89.

PEEK, P. und STANDING, G. (1979): Rural-Urban Migration and Government Policies in Low Income Countries. Intern. Labour Rev. 118, S. 747–762.

PRESTON, D. A. und TAVERAS, G. A. (1980): Changes in Land Tenure and Land Distribution as a Result of Rural Emigration in Highland Ecuador. TESG 71, S. 98–107.

SANDBRINK, S. (1998): Sozioökonomische Folgen der innerdeutschen Ost-West-Mobilität: Die Westpendler und ihre Familienangehörigen. In: BERTRAM, H.; KREHER, W. und MÜLLER–HARTMANN, I. (Hrsg.): Systemwechsel zwischen Projekt und Prozeß. Opladen. S. 529–560.

SANDNER, G. (1986): Presión Demográfica y Capacidad Demográfica Territorial en el Area Rural de América Latina. Eichstätter Beiträge 17. Regensburg. S. 29–44.

SCHMIDT, E. und TITTEL, G. (1990): Haupttendenzen der Migration in der DDR im Zeitraum 1981–1989. Raumf. u. Raumordnung 48, S. 244–250.

SCHOLZ, U. (1992): Transmigrasi – ein Desaster? GR 44, S. 33–39.

SCHOTT, S. (1912): Die großstädtischen Agglomerationen des Deutschen Reiches 1871–1910. Schriften d. Verbandes deutscher Städtestatistiker 1. Breslau.

SKELDON, R. (1977): The Evolution of Migration Patterns during Urbanization in Peru. Geogr. Review 67, S. 394–411.

SKELDON, R. (1985): Population Pressure, Mobility and Socioeconomic Change in Mountainous Environments. Mountain Research and Development 5, S. 233–250.

STEINBERG, H. G. (1978): Bevölkerungsentwicklung des Ruhrgebietes im 19. und 20. Jahrhundert. Düsseldorfer Geogr. Schriften 11. Düsseldorf.

STEWIG, R. (1986): Bursa, Nordwestanatolien. Teil 2. Kieler Geogr. Schriften 65. Kiel.

STIMSON, R. J. und MINNERY, J. (1998): Why People Move to the 'Sun–Belt': A Case Study on Long-Distance Migration to the Gold Coast, Australia. US 35, S.193–214.

TAUBMANN, W. (2003): Binnenwanderungen in der Volksrepublik China. GR 55 (6), S. 46–53.

TODARO, M. P. (1980): Internal Migration in Developing Countries. In: EASTERLIN, R. A. (Hrsg.): Population and Economic Change in Developing Countries. Chicago, London. S. 361–402.

United Nations (UN) (2001): The Components of Urban Growth in Developing Countries. New York.

United Nations (UN) (2004): World Urbanization Prospects: The 2003 Revision. New York.

VOGELSANG, R. und KONTULY, T. (1986): Counterurbanisation in der Bundesrepublik Deutschland. GR 38, S. 461–469.

VORLAUFER, K. (1984): Wanderungen zwischen ländlichen Peripherie- und großstädtischen Zentralräumen in Afrika. ZfW 28, S. 229–261.

VORLAUFER, K. (1985): Frauen-Migration und sozialer Wandel in Afrika. EK 39, S. 128–143.

WATTS, S. J. (1983): Marriage Migration, a Neglected Form of Long-Term Mobility. Intern. Migration Review 17, S. 682–698.

WILHELMY, H. und BORSDORF, A. (1984): Die Städte Südamerikas. Teil 1: Wesen und Wandel. Urbanisierung der Erde 3/1. Berlin, Stuttgart.

WILLIAMSON, J. G. (1988): Migrant Selectivity, Urbanization, and Industrial Revolutions. PDR 14, S. 287–314.

WOOD, P. (1976): Inter-Regional Migration in Western Europe. In: SALT, J. und CLOUT, H. (Hrsg.): Migration in Post-War Europe. Oxford. S. 52–79.

4.5 Innerstädtische und intraregionale Wanderungsbewegungen

AFOLAYAN, A. A. (1982): Residential Mobility within Metropolitan Lagos. Geoforum 13, S. 315–325.

BÄHR, J. (1976): Siedlungsentwicklung und Bevölkerungsdynamik an der Peripherie der chilenischen Metropole Groß-Santiago. EK 30, S. 126–143.

BÄHR, J. (2003): Stadtentwicklung in Afrika südlich der Sahara unter dem Einfluss der Globalisierung. Bayreuther Kontaktstudien Geographie 2. Bayreuth. S. 139–171.

BÄHR, J. und MERTINS, G. (1995): Die lateinamerikanische Großstadt. Erträge der Forschung 288. Darmstadt.

BENTINCK, J. V. (2000): Unruly Urbanisation on Delhi's Fringe. Nederlandse Geografische Studies 270. Groningen.

BLEEK, S. (1990): Das Stadtviertel als Sozialraum: Innerstädtische Mobilität in München 1890 bis 1933. In: HARDTWIG, W. und TENFELDE, K. (Hrsg.): Soziale Räume in der Urbanisierung. München. S. 217–234.

BLOTEVOGEL, H. H. und JESCHKE, M. (2001): Determinanten der Stadt-Umland-Wanderung im Raum Duisburg. Inst. f. Geogr. Diskussionspapier 4/2001. Duisburg.

BÖHM, H.; KEMPER, F.-J. und KULS, W. (1975): Studien über Wanderungsvorgänge im innerstädtischen Bereich am Beispiel von Bonn. Arb. z. Rhein. Landeskunde 39. Bonn.

BOHLE, H.-G. (1984): Probleme der Verstädterung in Indien. GR 36, S. 461–469.

BORSDORF, A.; BÄHR, J. und JANOSCHKA, M. (2002): Die Dynamik stadtstrukturellen Wandels in Lateinamerika im Modell der lateinamerikanischen Stadt. Geographica Helvetica 57, S. 300–310.

BRAUN, G. und MÜLLER, H. (1978): Analyse innerstädtischer Wanderungen. In: ELSNER, E. (Hrsg.): Demographische Planungsinformationen. Berlin. S. 239–277.

BRÜCHER, W. und MERTINS, G. (1978): Intraurbane Mobilität unterer sozialer Schichten, randstädtische Elendsviertel und sozialer Wohnungsbau in Bogotá/Kolumbien. Marburger Geogr. Schriften 77. Marburg/L. S. 1–130.

BUCKSTEEG, M. (1996): Umzugswünsche und Umzugsmöglichkeiten älterer Menschen. Stadt u. Gemeinde 1996, S. 80–86.

Bundesamt für Bauwesen und Raumordnung (BBR) (2002): Aktuelle Daten zur Entwicklung der Städte, Kreise und Gemeinden. Berichte 14. Bonn.

BURDACK, J. und HERFERT, G. (1998): Neuere Entwicklungen an der Peripherie europäischer Großstädte. Europa Regional 6, S. 26–44.

CHAN, R.; GU, C. und BREITUNG, W. (2000): Immigration, neue Armut und Segregation in Peking. Geographica Helvetica 55, S. 13–22.

CLARK, W. A. V. und ONAKA, J. L. (1983): Life Cycle and Housing Adjustment as Explanations of Residential Mobility. US 20, S. 47–57.

CUSTERS, G. (2001): Inner-City Rental Housing in Lima. Cities 18, S. 249–258.

DENECKE, D. (1987): Aspekte sozialgeographischer Interpretation innerstädtischer Mobilität im 19. und 20. Jahrhundert. In: HEINEBERG, H. (Hrsg.): Innerstädtische Differenzierung und Prozesse im 19. und 20. Jahrhundert. Köln, Wien. S. 133–157.

FRICKE, W. (1997): Einhundert Jahre Bevölkerungssuburbanisierung im Rhein-Neckar-Raum in ihren raumzeitlichen und sozio-ökonomischen Rahmenbedingungen. Heidelberger Geogr. Arb. 100. Heidelberg. S. 272–306.

GANS, P. (1987): Intraurban Migration of Foreigners in Kiel since 1972. Erdkundl. Wissen 84. Stuttgart. S. 116–138.

GANS, P. (1997): Bevölkerungsentwicklung der deutschen Großstädte (1980–1993). In: FRIEDRICHS, J. (Hrsg.): Die Städte in den 90er Jahren. Opladen, Wiesbaden, S. 12–36.

GANS, P. und KEMPER, F.-J. (Hrsg.) (2001): Nationalatlas Bundesrepublik Deutschland. Bd. 4: Bevölkerung. Heidelberg, Berlin.

GARREAU, J. (1991): Edge City: Life on the New Frontier. New York.

GILBERT, A. und VARLEY, A. (1990): Renting a Home in a Third World City: Choice or Constraint? Intern. Journal of Urban and Regional Research 14, S. 89–108.

HEINRITZ, G. (1981): Beobachtungen zur Land-Stadt-Wanderung in Khartoum/Sudan. GZ 69, S. 267–285.

HEINRITZ, G. und LICHTENBERGER, E. (Hrsg.) (1986): The Take-off of Suburbia and the Crisis of the Central City. Erdkundl. Wissen 76. Stuttgart.

HERDEN, W. (1983): Die rezente Bevölkerungs- und Bausubstanzentwicklung des westlichen Rhein-Neckar-Raumes. Heidelberger Geogr. Arb. 60. Heidelberg.

HERFERT, G. (1996): Wohnsuburbanisierung in Verdichtungsräumen der neuen Bundesländer. Europa Regional 4, S. 32–46.

HERLYN, U. (1990): Leben in der Stadt. Opladen.

HÖHFELD, V. (1984): Gecekondus: Dörfer am Rande türkischer Städte? GR 36, S. 444–450.

HOFMANN, E. (1994): Moderne Migrationsstrukturen in Kumasi/Ghana. Düsseldorfer Geogr. Schriften 33. Düsseldorf.

JANOSCHKA, M. (2002): Wohlstand hinter Mauern: Private Urbanisierungen in Buenos Aires. ISR-Forschungsberichte 28. Wien.

JÜRGENS, U. und BÄHR, J. (2002): Das Südliche Afrika. Perthes Regionalprofile. Gotha.

KEMPER, F.-J. (1985): Die Bedeutung des Lebenszyklus-Konzepts für die Analyse intraregionaler Wanderungen. Colloquium Geographicum 18. Bonn. S. 180–212.

KEMPER, F.-J. (1999): Binnenwanderungen und Dekonzentration der Bevölkerung. Berliner Geogr. Arb. 90. Berlin. S. 105–122.

KLIEST, T. J. und SCHEFFER, H. R. (1981): John Turner's Theory of Intra-Urban Mobility and the African Reality. TESG 72, S. 258–265.

KOOP, K. (1997): Einfluss des staatlichen Bodenmanagements auf die Stadtrandentwicklung in Kumasi/Ghana. Die Erde 128, S. 293–309.

KRANENBURG, R. H. (2002): Buurtconsolidatie en urbane transformatie in El Alto. Nederlandse Geografische Studies 295. Utrecht.

KREIBICH, V.; MEINECKE, B. und NIEDZWETZKI, K. (1980): Wohnungsversorgung und regionale Mobilität am Beispiel München. Dortmunder Beiträge z. Raumplanung 19. Dortmund.

KROSS, E. (1992): Die Barriadas von Lima. Bochumer Geogr. Arb. 55. Paderborn.

LOBODA, J. (1989): Ausgewählte Probleme der räumlichen Gliederung Wroclaws. GZ 77, S. 209–227.

LINDERT, P. VAN (1991): Moving up or Staying down? Migrant-Native Differential Mobility in La Paz. US 28, S. 433–463.

MERTINS, G. (2003): Jüngere sozialräumlich-strukturelle Transformationen in den Metropolen und Megastädten Lateinamerikas. PGM 147 (4), S. 46–55.

MEYER, G. (1989): Bevölkerungsentwicklung und Wohnraumversorgung in der metropolitanen Agglomeration Kairo. Mitt. Österr. Geogr. Ges. 131, S. 145–170.

MEYER, K. und BÄHR, J. (2001): Condominios in Greater Santiago de Chile and their Impact on the Urban Structure. Die Erde 132, S. 293–321.

MIODEK, W. (1986): Innerstädtische Umzüge und Stadtentwicklung in Mannheim 1977–1983. Mannheimer Geogr. Arb. 19. Mannheim.

MISTELBACHER, J. (2004): Wohnstandortwahl und innerstädtische Wanderungsbewegungen unterer Sozialschichten in der indischen Megastadt Delhi. Manuskript. Mannheim.

MORTUZA, S. A. (1992): Rural-Urban Migration in Bangladesh. Abh. d. Geogr. Inst. – Anthropogeogr. 48. Berlin.

MUWONGE, J. W. (1980): Urban Policy and Patterns of Low-Income Settlement in Nairobi, Kenya. PDR 6, S. 595–613.

O'LOUGHLIN, J. und GLEBE, G. (1984): Intraurban Migration in West German Cities. Geogr. Review 74, S. 1–23.

OTISO, K. M. (2002): Forced Evictions in Kenyan Cities. Singapore Journal of Tropical Geogr. 23, S. 252–267.

PACHNER, H. (1982): Hüttenviertel und Hochhausquartiere als Typen neuer Siedlungszellen der venezolanischen Stadt. Stuttgarter Geogr. Studien 99. Stuttgart.

POPP, H. (1976): Die Altstadt von Erlangen: Bevölkerungs- und sozialgeographische Wandlungen eines zentralen Wohngebietes unter dem Einfluß gruppenspezifischer Wanderungen. Mitt. Fränk. Geogr. Ges. 21/22, S. 29–142.

QUIGLEY, J. und WEINBERG, D. (1977): Intraurban Residential Mobility: A Review and Synthesis. Intern. Regional Science Rev. 2, S. 41–66.

RAKODI, C. (Hrsg.) (1997): The Urban Challenge in Africa. Tokyo.

ROSSI, P. H. (1955): Why Families Move. Glencoe/Ill.

RUBE, K.-H. (1985): Beiträge zur Bevölkerungsgeographie der Stadt Erlangen. Mitt. Fränk. Geogr. Ges. 29/30, S. 103–228.

SAILER-FLIEGE, U. (1998): Die Suburbanisierung der Bevölkerung in Mittelthüringen. ZfW 42, S. 97–116.

SANDNER, G. (1969): Die Hauptstädte Zentralamerikas. Heidelberg.

SCHAFFER, F. (1981): Wanderungsverhalten, Wohnumfelder und Verkehrsmittelwahl in Verdichtungsgebieten. Veröff. d. Akad. f. Raumf. u. Landespl. Forschungs- u. Sitzungsber. 136. Hannover. S. 1–34.

SCHENK, H. (1986): Residential Immobility in Urban India. Geogr. Review 76, S. 184–194.

SCHÖN, K. P. (1996): Agglomerationsräume, Metropolen und Metropolitanregionen Deutschlands im statistischen Vergleich. Veröff. d. Akad. f. Raumf. u. Landespl. Forschungs- u. Sitzungsber. 199, S. 360–401.

SCHÖNERT, M. (2003): 20 Jahre Suburbanisierung der Bevölkerung. Raumf. u. Raumordnung 61, S. 457–471.

SCHUBERT, H. (1996): Stadt-Umland-Beziehungen und Segregationsprozesse. Inf. z. Raumentwicklung 1996, S. 277–298.

SIEVERTS, T. (1999): Zwischenstadt zwischen Ort und Welt, Raum und Zeit, Stadt und Land. Bauwelt-Fundamente 118. 3. Aufl. Braunschweig.

STAPLETON, C. M. (1980): Reformulation of the Family Life-Cycle Concept. Environment and Planning 12 A, S. 1103–1118.

STEWIG, R. (2000): Entstehung der Industriegesellschaft in der Türkei. Teil 3: Entwicklung seit 1980. Kieler Geogr. Schriften 102. Kiel.

TAUBMANN, W. (1999): Stadtentwicklung in der Volksrepublik China. Raumf. u. Raumordnung 57, S. 182–190.

TURNER, I. (1968): Housing Priorities, Settlement Patterns, and Urban Development in Modernizing Countries. Journal Amer. Inst. of Planners 34, S. 354–363.

VORLAUFER, K. (1984): Wanderungen zwischen ländlichen Peripherie- und großstädtischen Zentralräumen in Afrika. ZfW 28, S. 229–261.

WARD, P. M. (1976): Intra-City Migration to Squatter Settlements in Mexico-City. Geoforum 7, S. 369–382.

WEHRHAHN, R. (2000): Zur Peripherie postmoderner Metropolen: Periurbanisierung, Fragmentierung und Polarisierung, untersucht am Beispiel Madrid. EK 54, S. 221–237.

WEICHHART, P. (1987): Wohnsitzpräferenzen im Raum Salzburg. Salzburger Geogr. Arb. 15. Salzburg.

WESTEN, A. C. M. VAN (1995): Unsettled: Low-Income Housing and Mobility in Bamako, Mali. Nederlandse Geografische Studies 187. Utrecht.

WILHELMY, H. und BORSDORF, A. (1984): Die Städte Südamerikas. Teil 1: Wesen und Wandel. Urbanisierung der Erde 3/1. Berlin, Stuttgart.

YONDER, A. (1982): Gecekondu Policies and the Informal Land Market in Istanbul. Built Environment 8, S. 117–124.

Sachregister